백창선 저

소방 기계 시설론

Ⅰ. 소방기계·시설 개요

Ⅱ. 소방흡방수기구

Ⅲ. 수(물)계소화설비

Ⅳ. 가스계소화설비

화수목

머리말

최근 제4차 산업혁명은 기술이 사회와 심지어 인간의 신체에도 내장되는 새로운 방식을 대표하는 디지털 혁명 위에 구축되었다. 제4차 산업혁명은 로봇공학, 인공지능, 나노기술, 생명공업으로 획기적인 기술발전을 향상시키며 더 나은 자연 및 사회적인 환경을 이루어낼 수 있는 커다란 잠재력을 가지고 있다고 한다. 이러한 추세에 비하여 융복합 시대는 초고층 건축물과 대단위의 위험성 증가와 더불어 다양한 재난(지진, 폭발, 화재, 붕괴 등)이 예고 없이 발생하고 있어 국민의 안전에 대한 위험성을 주고 있는 실정이다.

특히 특정소방대상물 적용되는 소방기계시설 등은 화재 시에 긴급하게 사용할 수 있도록 설계, 공사, 점검, 유지관리가 되어야 하며, 인명피해 및 재산손실 방지 등의 목적으로 유사시에 제 기능 발휘를 위한 각종 시설이 성능 보장이 확보되어야 하는 특징을 가지고 있다. 또한 특정소방대상물 및 인구밀집과 산업의 고도화로 인한 건축물의 대한 환경여건의 급격한 발전으로 인하여 소방기계설비 종류의 다양화 및 융복합화가 요구되고 있다.

따라서, 보다 재난 즉 화재로부터 신속하게 대응할 수 있는 융복합화된 새로운 소방기계시설 및 장치 등이 요구됨에 따라 지속적인 연구개발 되어 보급되고 사용될 수 있도록 하여야 한다는 것이 당면의 과제이다. 각종 소방기계시설은 우리가 쉽게 사용할 수 있도록 설치되고 유지되어야 하는 것으로 화재 시 초기에 그 기능을 발휘하도록 함으로서 목적을 달성하여야 하는 성능을 가지고 있어야 한다.

이에 소방기계시설 중 진압(소화)을 위한 기계시설을 주축으로 크게 물계통 및 가스계통, 피난, 소화용수, 소화활동으로 분류하였으며, 소방기계시설의 종류별로 적응성, 기능성, 사용 용도에 따라 각각 내용서술 하였고 손쉽게 누구나 알 수 있고, 쉽게 습득하여 현장에서 직접 사용할 수 있도록 하였다.

그러므로 최근 융복합 및 맞춤형 시대에서 복합건축물, 밀집지역, 공공주택, 공장, 사무실 등의 재난(화재)가 빈번히 발생하는 경우가 많아 융복합 및 맞춤형의 소방기계시설등이 설치, 유지 함으로서 재난(화재)이 우리 주변에 쉽게 접근할 수 있도록 하여 예상 밖의 피해를 최소화하고, 소방기계시설을 맞춤형화하기 위한 새로운 시각에서 대응체계를 구축을 지속적으로 노력하여야 하며, 세계적인 수준의 소방기계시설를 구비함으로서 국민이 안전하게 생활 할 수 있도록 진력하여야 할 것이다.

목 차

Chapter IV 가스계소화설비

Chapter V 피난구조설비

Chapter VI 소화용수설비

Chapter VII 소화활동설비

Chapter VIII 기타 소방설비

소방시설

1. 소화설비

물 또는 그 밖의 소화약제를 사용하여 소화하는 기계·기구 또는 설비로서 다음 각 목의 것

가. 소화기구

1) 소화기

2) 간이소화용구: 에어로졸식 소화용구, 투척용 소화용구 및 소화약제 외의 것을 이용한 간이소화용구

3) 자동확산소화기

나. 자동소화장치

1) 주거용 주방자동소화장치

2) 상업용 주방자동소화장치

3) 캐비닛형 자동소화장치

4) 가스자동소화장치

5) 분말자동소화장치

6) 고체에어로졸자동소화장치

다. 옥내소화전설비(호스릴옥내소화전설비를 포함한다)

라. 스프링클러설비등

1) 스프링클러설비

2) 간이스프링클러설비(캐비닛형 간이스프링클러설비를 포함한다)

3) 화재조기진압용 스프링클러설비

마. 물분무등소화설비

1) 물 분무 소화설비

2) 미분무소화설비

3) 포소화설비

4) 이산화탄소소화설비

5) 할론소화설비

6) 할로겐화합물 및 불활성기체 소화설비

7) 분말소화설비

8) 강화액소화설비

9) 고체에어로졸소화설비

바. 옥외소화전설비

2. 경보설비

화재발생 사실을 통보하는 기계·기구 또는 설비로서 다음 각 목의 것

가. 단독경보형 감지기

나. 비상경보설비

1) 비상벨설비

2) 자동식사이렌설비

다. 시각경보기

라. 자동화재탐지설비

마. 비상방송설비

바. 자동화재속보설비

사. 통합감시시설

아. 누전경보기

자. 가스누설경보기

3. 피난구조설비

화재가 발생할 경우 피난하기 위하여 사용하는 기구 또는 설비로서 다음 각 목의 것

가. 피난기구

1) 피난사다리

2) 구조대

3) 완강기

4) 그 밖에 법 제9조제1항에 따라 소방청장이 정하여 고시하는 화재안전기준(이하 "화재안전기준"이라 한다)으로 정하는 것

나. 인명구조기구

1) 방열복, 방화복(안전헬멧, 보호장갑 및 안전화를 포함한다)

2) 공기호흡기

3) 인공소생기

다. 유도등
  1) 피난유도선
  2) 피난구유도등
  3) 통로유도등
  4) 객석유도등
  5) 유도표지
라. 비상조명등 및 휴대용비상조명등

4. 소화용수설비

화재를 진압하는 데 필요한 물을 공급하거나 저장하는 설비로서 다음 각 목의 것

가. 상수도소화용수설비
나. 소화수조·저수조, 그 밖의 소화용수설비

5. 소화활동설비

화재를 진압하거나 인명구조활동을 위하여 사용하는 설비로서 다음 각 목의 것

가. 제연설비
나. 연결송수관설비
다. 연결살수설비
라. 비상콘센트설비
마. 무선통신보조설비
바. 연소방지설비

CHAPTER I

소방기계·시설 개요

I 소방기계·시설 개요

개요

소방기계시설 중에서 가장 중요한 것은 건축물 내의 방호면적 및 방호체적에서 화재가 발생하는 경우 신속하게 진압(소화) 할 수 있는 능력 즉 방호면적 또는 체적에서의 고체, 액채, 기체의 소화약제로 화재를 진압하는 것이다. 따라서 소방시설을 명확하게 설계, 시공, 감리, 유지관리를 위해서는 화재를 진압하는 모든 부분에 대한 이해와 적응할 수 있는 역학적 상태를 충분히 이해하고 있어야 한다. 또한 소방기계시설의 최종 종착점은 화재를 신속하게 진화(소화)시키는 것으로서 마지막의 장치가 어느 것이든지 화재를 원활하게 진화(소화)하는 충분한 가능과 성능을 요구하고 있기 때문에 소방기계 등의 기본적인 역학 특성을 이해하고 그에 따라 모든 소방계기·기구 및 시설의 구성을 파악하는 것이 중요하다. 그러므로 소방기계·시설은 다음의 각 분야에 적용되는 사항을 다루고자 한다.

1.1 단위 및 차원(Unit & dimension)

1.1.1 단위(Unit)

물리량(길이, 무게, 시간 등)을 측정하려면 기준이 되는 일정한 기본 크기를 정해놓고, 이 크기와 비교해서 몇 배가 되는가를 수치로 표시하게 되는데 이 기본 크기를 단위(Unit)라 하는데. 단위의 종류에는 절대단위와 공학(중력)단위가 있다.

1.1.2 단위의 종류

1.1.2.1 절대단위

길이, 질량, 시간의 단위로 각각 m, kg, sec를 기본단위로 하며, 절대단위계를 MKS(CGS) 단위계라고도 부르며, 이 단위계에서 힘의 단위로는 N(Newton)을 사용한다. 1 Newton이란 질량 1kg의 물체에 $1m/s^2$의 가속도를 생기게 하는 힘으로써 다음과 같이 표시한다.

$$1N(Newton) = 1kg \times 1[m/s^2] = 10^5 dyne$$

$$1dyne = 1g \times 1[cm/s^2]$$

힘이란

가. 밀거나 당기는 작용이며, 물체의 모양이나 운동 상태를 변화시킨다.

나. Newton의 제 2법칙, 질량(m)인 물체에 힘(force)을 가하면 가속도(a)가 생긴다.
즉 $F = m \times a$. 질량에 가속도를 가하면 힘으로 정의 할 수 있다.

힘의 단위

N(Newton) 또는 kgf(킬로그램중)을 사용한다.

가. 물체 1kg을 드는데 필요한 힘은 대략 9.8N이다.

나. 1kgf란 질량이 1kg인 물체에 작용하는 중력(중력가속도 $9.8m/s^2$)의 크기로, 지구표면에서(1kg× $9.8m/s^2$)약 9.8N이다.
예) 10kg을 드는 데 필요한 힘 = 10kgf= 98N

일이란?

물체에 작용한 힘과 물체가 힘(F)의 방향으로 이동한 거리(d)의 곱을 힘이 한 일이라고 하며, 즉 힘(force)×이동거리(distance)로 표현된다.

W(work)= FD의 식으로 나타낸다.

일의 단위

J(Jule)을 사용한다. 1J은 1N의 힘으로 1m를 이동시켰을 때의 일의 량으로 1N·m와 같다.

일률

단위시간에 하는 일의 량을 일률이라고 하며, 일률(p) = w/t로 나타낸다.

일률의 단위

W(Watt)를 사용하며, 1W는 1초 동안 1J의 일을 할 때의 일률을 말한다. 따라서 1W = 1J/s이며, 1,000W = 1Kw이다. 또한, 1Wh는 1W일률로 1시간동안 할 수 있는 일의 량으로 3,600J이다.

1.1.2.2 공학단위(중력단위)

길이,시간의 단위로 m, sec.를 사용하고, 힘의 단위로는 질량1kg의 물체에 중력가속도 ($9.8m/sec^2$)가 가해진 1kg중(무게 Weight, kgf)을 단위로 사용한다. 절대단위와 중력단위의 관계는 다음과 같다.

1kg중(kgf) = 1kg×중력가속도[g, $9.8m/sec^2$] = $9.8\ kg \cdot m/sec^2$ = 9.8×1N

1.1.3 SI단위

1.1.3.1 SI단위의 정의

국제도량협회에서 채택한 단위로 국제단위계(The International System of Unit. SI)로 7개의 기본단위, 2개의 보조단위 및 위들로 짝지어지는 17개의 조합단위와 16개의 SI접두어, 10의 정수승배로 구성된 단위로 구성된다.

SI 기본단위 및 보조단위

단위 구분	물리량	명칭	기호
기본단위	길이	미터	m
	질량	킬로그램	kg
	시간	초	s
	전류	암페어	A
	열역학 온도	캘빈	K
	물질의 양	몰	mol
	광도	칸델라	cd
보조단위 (유도단위)	평면각	라디안	rad
	입체각	스텔 라디안	sr

SI 조립단위

물리량	명칭	기호	SI 기본단위 및 보조단위에 의한 표시법
주파수	헤즈쯔	Hz	1Hz = 1/s
힘	뉴톤	N	1N = 1kg·m/s = 10^5dyne
압력·응력	파스칼	Pa	1Pa = 1N/m
에너지·일·열량	주울	J	1J = 1N·m
공률	와트	W	1W = 1J/s

참고 1. SI란 프랑스어 "Le Système International d'Unités"에서 온 약어로서 "국제단위계"를 가리킨다. 이 국제단위계는 우리가 흔히 "미터법"이라고 부르며 사용하여 오던 단위계가 현대화 된 것이다.

단위에 곱해지는 배수의 접두어

단위에 곱해지는 배수	접두어		단위에 곱해지는 배수	접두어	
	명칭	기호		명칭	기호
10^{15}	페타(peta)	P	10^{-1}	데시(deci)	d
10^{12}	테라(tera)	T	10^{-2}	센티(centi)	c
10^{9}	기가(giga)	G	10^{-3}	밀리(milli)	m
10^{6}	메가(mega)	M	10^{-6}	마이크로(micro)	μ
10^{3}	킬로(kilo)	k	10^{-9}	나노(nano)	n
10^{2}	핵토(heto)	h	10^{-12}	피코(pico)	p
10	데카(deca)	da	10^{-15}	펨토(femto)	f

국제단위계(SI단위계)

국제적으로 규정한 단위로서, 길이(m), 질량(kg), 시간(sec)를 기본단위로 하고, 힘(N)으로 표시하는 단위계.

힘의 단위

1dyne = 1g · cm/sec^2	1N = 1kg · m/s^2 = 10^5 dyne	
1kgf = 9.8N	1Lb = 0.4536 kgf	

일의 단위

1erg = 1dyne · cm	1Joule = 1N · m = 10^{7}erg	
1Watt = 1J/s	1Ps = 75 kgf · m/s	1HP = 76 kgf · m/s

압력의 단위

1bar = 10^{5}Pa	1Pa = 1N/m^2	1kgf/m^2 = 9.8Pa

1.1.4 차원(dimension)

1.1.4.1 정의

물리량을 길이, 질량, 시간을 기본으로 잡아 각각 L, M, T로 나타내고, 물리량을 (1–1)과 같이 나타낸다. 여기서 α, β, γ는 정수이다. 이 지수 α, β, γ를 Q의 각각 L, M, T에 대한 차원이라고 하고, $L^{\alpha}M^{\beta}T$를 Q의 차원식이라 한다.

$$Q = L^{\alpha}M^{\beta}T \tag{1–1}$$

차원식에는 질량단위계인 MLT계와 공학단위인 FLT계가 있으며, SI단위계에서는 MLT계를 사용한다.

MLT계 : mass, length, time

$$속도 = \frac{거리}{시간}\ \frac{[L]}{[T]}\ [LT^{-1}].$$

$$힘 = 질량 \times 가속도 = [M] \times [LT^{-2}] = [MLT^{-2}]$$

FLT계 : force, length, time

$$압력 = \frac{힘}{면적}\ \frac{[F]}{[L^2]}\ [FL^{-2}]$$

$$질량 = \frac{힘}{가속도}\ \frac{[F]}{[LT^{-2}]}\ [FL^{-1}T^2]$$

그리스문자

소문자	대문자	알파벳	소문자	대문자	알파벳
α	A	alpha	ν	N	nu
β	B	beta	ξ	Ξ	xi
γ	Γ	gamma	o	O	omicron
δ	Δ	delta	π	Π	pi
ε	E	epsilon	ρ	P	rho
ζ	Z	zeta	σ	Σ	sigma
η	H	eta	τ	T	tau
θ	Θ	theta	υ	Υ	upsilon
ι	I	iota	φ	Φ	phi
κ	K	kappa	χ	X	chi
λ	Λ	lambda	ψ	Ψ	psi
μ	M	mu	ω	Ω	omega

1.1.4.2 차원의 표시방법

(1) 기본차원

구분	FLT계(공학단위계와 관련)	MLT계(국제, 절대단위계와 관련)
힘	F (Force)	
질량		M (Mass)
길이	L (Length)	L (Length)
시간	T (Time)	T (Time)

(2) 유도차원 : 기본 차원들로부터 유도되는 차원

물리량	관련식	공학, 국제단위계	FLT 계	절대단위계	MLT 계
힘(중량)	F=ma	kgf, gf, N, lb, dyne	[F]	$kg \cdot m/s^2$, $g \cdot cm/s^2$	$[MLT^{-2}]$
압력	p=F/A	kgf/m^2, gf/cm^2, Pa	$[FL^{-2}]$	$kg/m \cdot s^2$	$[ML^{-1}T^{-2}]$
일(에너지)	W=Fd	kgf·m, gf·cm, N·m, dyne·cm	[FL]	$kg \cdot m^2/s^2$	$[ML^2T^{-2}]$
동력(일률)	L=W/t	kgf·m/s, N·m/s,	$[FLT^{-1}]$	$kg \cdot m^2/s^3$	$[ML^2T^{-3}]$
질량	m=F/a	$kgf \cdot s^2/m$	$[FL^{-1}T^2]$	kg	[M]
비중량	γ=w/v	kgf/m^3, gf/cm^3	$[FL^{-3}]$	$kg/m^2 \cdot s^2$	$[ML^{-2}T^{-2}]$
밀도	ρ=m/v	$kgf \cdot s^2/m^4$	$[FL^{-4}T^2]$	kg/m^3	$[ML^{-3}]$
점도	μ	$kgf \cdot s/m^2$	$[FL^{-2}T]$	$kg/m \cdot s$	$[ML^{-1}T^{-1}]$
표면장력	σ=N/m	kgf/m	$[FT^{-2}]$	kg/s^2	$[MT^{-2}]$
속도	v=d/t	m/s, cm/s	$[LT^{-1}]$	m/s, cm/s	$[LT^{-1}]$
가속도	a=v/t	m/s^2, cm/s^2	$[LT^{-2}]$	m/s^2, cm/s^2	$[LT^{-2}]$
주파수	rev/t	1/s	$[T^{-1}]$	1/s	$[T^{-1}]$

* 참고 : 주요상태량의 단위

㉮ 길이 : 1ft = 12inch = 0.3048m, 1mile = 5280ft = 1.609km, 1해리 = 1.852m

㉯ 체적 : 1cc = 1g = $1cm^3$, 1ℓ = 1,000cc = 1,000g = 1.057quarts

㉰ 질량 : 1lb = 0.4536kg, 1slug = 32.2lb

열용량

열을 정량적으로 표현한 경우로 물체가 보유하는 열량을 열용량(quantity of heat)이라 하고 기호는 Q로 표시한다. SI단위에서는 kJ, 공학단위에서는 kcal를 사용한다.

여기서 1kcal란 표준대기압 하에서 4℃의 순수한 물1kgf의 온도를 섭씨 0℃로부터 100℃까지 높이는 데 필요한 열량의 1/100을 단위로 하는 값으로 정의한다.

– 1kcal = 4.27kJ = 4,270J = 4,270N·m = 4.27 kgf·m

4. 운동량의 차원을 [FLT] 및[MLT]계로 나타내어라.

해) "운동량 = 질량×속도"로 정의된다. 즉, $p = mv$ 이므로

1) [MLT]계

$$p = mv = 질량 \times \frac{힘}{면적} = kg \times \frac{m}{s} = [MLT^{-1}] \text{ 또는}$$

$$p = kg \times m/s = (kg \cdot m/s) = [MLT^{-1}]$$

2) [FLT]계

질량의 차원을 [FLT]계로 나타내면 $[FL^{-1}T^{2}]$이므로

$$p = mv = [MLT^{-1}] = [F\,L^{-1}\,T^{2}\,L\,T^{-1}] = [FT]$$

1.1.2 힘

힘은 질량 곱하기 가속도로 표현한다.

$F = m{\cdot}a(kg.m/s^{2})$ 단위는 N(뉴튼)이다.

1.1.3 밀도

밀도는 단위체적당 질량으로 나타낸다. 물의 밀도는 일반적으로 항상 일정한 값을 가지는 것으로 간주하여, 공학적 계산이나 실무에 응용한다. 그러나 엄밀히 말하면 온도에 따라 그 값이 변화하나 그 변화량이 극히 미미하므로 무시하는 것뿐이다. 실험에 의하면 물의 밀도는 4℃에서 가장 큰 값을 가지는 것으로 알려져 있다.

$\rho = m/V(kg/m^{3})$

물의 밀도는 4℃에서 1,000kg/m^{3}이다.

1.1.4 비중량

단위체적당 중량을 뜻한다.

$\gamma = \rho g$ (kgf/m^3)

g는 중력가속도(9.8m/s^2)이며, 물의 경우 1,000kgf/m^{3}이다.

1.1.5 압력

압력은 단위면적당 가해지는 힘을 뜻한다.

$P = F/A$(N/m^2)(Pa)

유체에서 가장 많이 접하게 되는 것이 압력 일 것이다.
압력은 SI 단위로는 Pa(파스칼)을 사용하며,

1Pa = 1 N/m^2 이다.

즉, 1m^{3}의 면적에 1N의 힘을 받는다면 1Pa로 나타 낼 수 있다.

만일 60kg의 몸무게를 가진 사람이 가로, 세로가 각각 0.1m인 판위에 서있다고 가정할 때, 이판을 누르고 있는 압력이 어느 정도 되는가를 계산해보자. 우선 F = 60kg×9.8m/s^2 = 588kg.m/s^2 = 588N이 된다. 따라서, P = 588N/0.12m^2 = 5.8800Pa = 58.8KPa이 된다. 이렇게 구한압력은 대기압을 0으로 간주하였을 경우이다. 공학적으로 압력이 0이라는 것은 절대진공상태를 말한다. 즉 우주공간의 압력이 절대적으로 0이라 할 수 있다. 지구상에는 대기가 존재하며 항상 대기의 압력을 받으며 살아가고 있다. 마치 현실적으로는 아무런 압력이 없는 것처럼 느껴지나 실제로 우리의 몸은 엄청난 압력을 받으며 살고 있는 것이다. 지구상의 대기압과 우리 몸 내부의 압력이 적절한 균형을 이루고 있기 때문에 느끼지를 못하는 것일 뿐이다. 만일 대기압보다 높은 바닷속 깊숙이 내려가면 몸을 압박하는 압력을 느낄 수가 있을 것이다. 반대로 완전진공상태인 우주공간에서 입고 있던 우주복을 벗어버리면 우리의 몸은 팽창하여 터져버릴 것이다.

물리시간에 자주 응용하였던 방식중 물기둥에 대한 것이 나온다. 시험관 내를 완전진공상태로 만든 뒤 수면위에 거꾸로 세울 경우 수면으로부터 10.332m까지 물기둥의 높이가 형성된다(그림 1). 이 높이는 해수면을 기준으로 한 것으로 대기압도 지표면에서의 고도에 따라 변동되는 값이나, 실무에서의 적용은 특수한 경우를 제외하고는 대기압을 기준으로 계산한다. 이것은 대기압과 물기둥의 중량이 평형을 이룬 것이므로, 물기둥의 중량의 힘이 곧 대기압을 나타내는 것이라 할 수 있다. 압력은 단위면적인 1m^{3}당의 힘으로 표현되므로, 물의 힘은 대기압에서의 물의 중량과 같다. 식으로 나타내면, P=F/m^3=ma/m^3=mg/m^3=(1000kg×10.332m×9.8m/sec)/m^3=101253.62N/m^3(Pa)=101.3KPa국내단위인 kgf/cm^{3}로 표현하면, (0.001kgf×1033.2cm)/cm^3 =1.0332kgf/cm^{3}이 된다.

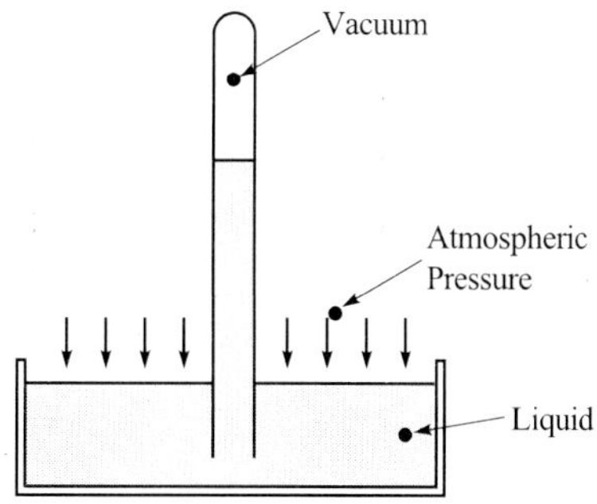

그림 1.1.1 표준 대기압의 측정

공학에서 대기압을 1atm 이라고 정하였으므로 1atm = 101.3KPa 이다. 미국에서는 Psi 단위계를 많이 사용하고 있다. Psi 단위계는 lb/in2를 말하는 것이며, 단위환산을 해보면 1kgf는 2.205 lb, 1cm^{3}은 0.39372in^2 이다. 따라서, 1kgf/cm^3=2.20 5lb/0.39372in2=14.2Psi이다.

다음으로 100KPa을 기준으로 하는 1bar와 수두를 나타내는 mmAq, 수은주의 수두로 나타내는 mmHg 등의 압력단위가 여러 가지 존재한다. 주로 소방에서는 미국식 단위인 Psi와 bar, Pa 단위를 많이 사용하고 있으며, 국내에서는 kgf/cm^{3}을 관습적으로 많이 사용하고 있으나, 국외에서는 일본을 제외한 나라에서는 거의 사용하지 않는 단위이기 때문에 SI 단위체계인 Pa 단위체계에 익숙해지도록 노력해야 할것이다. 지금까지의 단위를 정리하면 다음과 같다.

1 atm = 1.0332kg/cm^3 = 101.3 KPa = 14.7Psi = 1.013bar

단위 환산표

Pa	bar	kgf/cm3	atm	mmH_2O	mmHg, Torr	lb/in^2(Psi)
1	1.000×10^{-5}	1.020×10^{-5}	9.869×10^{-6}	1.020×10^{-1}	7.501×10^{-3}	1.451×10^{-4}
1.000×10^{5}	1	1.01972	9.869×10^{-1}	1.020×10^{4}	7.501×10^{2}	1.451×10
9.807×10^{4}	9.807×10^{-1}	1	9.678×10^{-1}	1.000×10^{4}	7.356×10^{2}	1.422×10
1.013×10^{5}	1.01325	1.03323	1	1.033×10^{4}	7.600×10^{2}	1.471×10
9.807	9.807×10^{-5}	1.000×10^{-4}	9.678×10^{-5}	1	7.356×10^{-2}	1.421×10^{-3}
1.333×10^{2}	1.333×10^{-3}	1.360×10^{-3}	1.316×10^{-3}	1.359×10^{4}	1	1.934×10^{-2}
6.890×10^{3}	6.890×10^{-2}	7.031×10^{-2}	6.800×10^{-2}	7.037×10^{-1}	5.171×10	1

절대압과 계기압에 대해 알아보자. 절대압과 게이지압은 다음의 관계가 성립한다.

절대압 = 대기압 + 게이지압

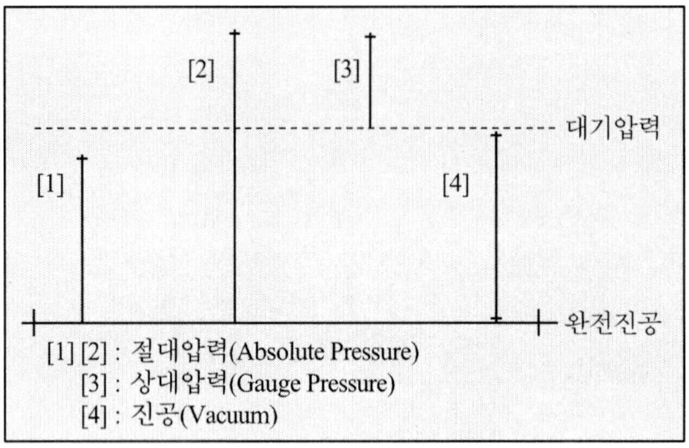

그림 1.1.2 압력의 상관관계

일반적으로 장비나 기계의 계측과 같은 실무에서는 계기압을 사용하며, 공학적 이론이나 분석에서는 절대압을 사용한다. 만일 소화펌프의 토출측 압력게이지가 3kg/cm^{3}을 가리켰다고 할때, 절대압은 3kg/cm^3+대기압이 된다. 대기압이 1.0332kg/cm^{3}이므로 절대압은 4.0332kg/cm^{3}이 될 것이다.

국내에서의 계측기는 대부분이 kg/cm^{3}단위를 많이 사용하고 있으나, 일부 게이지는 KPa 또는 bar의 단위도 많이 사용하고 있다. 그럴 경우에는 위의 단위변환 값을 이용하여 단위를 환산하여 계산하면 쉽게 알 수 있다. 예를 들어 1.2MPa이라고 표기가 되어있을 경우 kg/cm^{3}로 환산하면, 1kg/cm^{3}이 101.3KPa 이므로 1.2 MPa=1200KPa, 따라서 1,200/101.3=11.8kg/cm^{3}이 된다.

NFPA 13에서는 배관 내 정수압시험압력을 200psi에서 2시간을 요구한다. 여기에서 200psi를 환산하면 200/14.22 = 14.1kg/cm^{3}이다. 건식밸브의 공기압 시험 시 40psi에서 24시간을 요구한다. 40psi는 40/14.22 = 2.8kg/cm^{3}이 된다.

1.1.6 정력학

정지상태인 물의 과학적 법칙을 규명하는 학문이다. 수리정역학의 좋은 예로 건식 스프링클러의 1차측의 정지된 가압수가 밸브시트에 미치는 압력을 예를 들 수 있다. 또 고가수조로부터 지하소방펌프의 토출측에 작용하는 자연 낙차압 등이 정수력학의 좋은 예 이다.

물이 가득찬 물탱크에서 물깊이 아래로 내려갈수록 압력이 증가한다는 사실은 잘 알고 있다. 즉 아래로 내려간 깊이에 따라 압력이 증가하는 것이다. 식으로 표현하면,

$P = \rho gh$

여기서, P = 압력, Pa ρ = 밀도, kg/m^3

g = 9.807m/sec^2 h = 깊이, m

수위로부터 1m 아래의 압력을 구해보면,

$$P = 1{,}000\text{kg/m}^3 \times 9.8\text{m/sec}^2 \times 1\text{m} = 9{,}800(\text{kg.m/sec}^2)/(\text{m}^3) = 9800\text{N/m}^3 = 9800\text{Pa}$$

1kg/cm^{3}이 98,000Pa이므로 9,800Pa = 0.1kg/cm^{3}이 된다. 즉 수두 1m당 압력 0.1kg/cm^{3}이 작용하는 것이다. 일반적으로 건물의 고가수조로부터의 자연낙차압을 계산할 때 많이 사용된다. 소화펌프의 토출측 밸브로부터 고가수조의 수위까지의 높이가 50m일 경우에는 자연낙차압력이 5kg/cm^3 걸릴 것으로 예상할 수 있다. 소화펌프의 기동, 정지압력 설정 시 이러한 낙차압력을 계산하여 설정을 한다.

1.2 베르누이 정리

베르누이의 일반정리는 모든 열역학적상태의 유체에 다 같이 적용된다. 그러나 관내를 흐르는 유체로서 물을 대상으로 하는 소화배관의 경우에는 비교적 간단한 공식으로 표현 될 수 있다. 엄격하게는 열역학적 상태함수로서 내부 에너지와 일(work)의 변화에 따른 Enthalpy의 변화를 빼놓을 수는 없겠으나 열기관등을 제외한 일반수리 배관에서의 유수에는 온도에너지에 따른 내부에너지의 변화를 상대적으로 무시하는 것을 전제하기 때문에 배관을 흐르는 물이 갖는 에너지로는 역학적 에너지만을 고려함으로써 결과적으로 매우 간단한 식으로 표현 될 수 있어 이해하기가 쉽다. 이러한 조건에 입각하여 베르누이의 정리를 관내를 흐르는 물에 대해 설명하면 에너지 손실이 없는 정상류(Steady flow), 위치에너지(Gravity energy) 및 압력에너지(Pressure energy)의 합은 일정하다라고 표현할 수 있다. 이것을 그림 3과 같은 임의의 배관에 대해 수식으로 나타내면 다음과 같이 전개 될 수 있다.

$$\frac{1}{2}mv^2 + mgh + PV = E = \text{일정} \qquad (1)$$

여기서 m = 배관내의 임의 수직단면을 통과하는 물의 질량유량(kg/sec)

v = 그 단면을 통과하는 물의 평균유속(m/sec)

h = 기준위치로부터 그 단면의 중심점까지의 높이(m)

P = 그 단면을 통과하는 물의 압력(N/m^3)

V = 질량 m의 체적(m^3)

윗 식에서 좌변의 항들은 왼쪽의 것으로부터 각각 운동에너지, 위치에너지, 압력에너지이다. 이 물성량 들은 일의 정의에 의하여 힘(F)와 미분변위 ds의 적을 적분함으로서 얻어진다.

운동에너지 $= \int Fds = \int mads = \int m \frac{dv}{dt} ds = \int mvdv = \frac{1}{2} mv^2$($a$는 가속도)

위치에너지 $= \int Fds = \int mgds = mg$($g$는 중력가속도)

압력에너지 $= \int Fds = \int PAds = \int PdV = PV$($A$는 체적 V의 표면적. ds는 미분체적 변화 시의 표면에 수직한 변화의 길이)

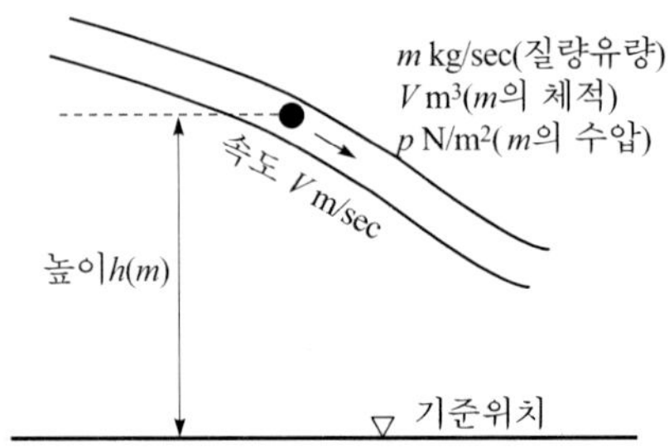

그림 1.2.1 배관 내 유체의 에너지 예

위의 식에서 나타난 모든 물리량들의 단위로는 국제표준단위(SI Unit)를 사용하였다. 그런데 실제 관내의 유수 시에는 점성유동에 의한 관내 벽과의 마찰 및 Turbulence로 인하여 이른 바 마찰손실에너지라고 부르는 에너지 손실이 존재한다. 따라서 실제에 부합되도록 배관에서 어느 두 개의 임의 지점을 선정하여 그림4와 같이 각각 1 및 2 라고하고 두지점간의 구간을 흐르는 유수를 예로 취하여 고찰대상으로 한다.

이 계에서 일어나는 에너지손실을 E_f 라고하면 다음과 같이 된다.

$$\frac{1}{2} mv_1^2 + mgh_1 + P_1V = \frac{1}{2} mv_2^2 + mgh_2 + P_2V + E_f \qquad (2)$$

위의 식에서 질량 m과 그 체적 V에 대해서는 번호를 표기하지 아니하였다. 왜냐하면 유체의 정상유동에 대해 고찰하는 것이므로 질량유량 m은 배관의 모든 지점에서 일정한데다가 물은 통상 비압축성유체로 간주하게 되므로 배관의 모든 지점에서 물의 밀도와 m의 체적은 일정한 값을 갖기 때문이다. 기준위치 또한 임의로 정하여도 무방하며 수압은 절대압력과 계기압력중 어느것을 택하여도 좋다. 왜냐하면 흐르는 물의 물성량(여기서는 에너지)의 변화만이 관찰의 대상이 되기 때문이다.

2식은 Energy balance에 따라 얻어진 것이지만, 이식에서 mg의 값은 상수이므로 2식을 mg로 나누면 다음가 같다.

$$\frac{v_1^2}{2g} + h_1 + \frac{P_1V}{mg} = \frac{v_2^2}{2g} + h_2 + \frac{P_2V}{mg} + \frac{E_f}{mg} \qquad (3)$$

여기서, $\frac{P_1V}{mg} = \frac{P_1}{(\frac{m}{V})g} + \frac{P_1}{\rho g}$ (ρ = 물의 밀도), $\frac{P_2V}{mg} = \frac{P_2}{\rho g}$ 이며,

g의 값이 1,000kg/m³, 9.8m/sec²이므로,

결국 $\frac{P_1V}{mg} = \frac{P_1}{9800}$ $\frac{P_2V}{mg} = \frac{P_2}{9800}$이다.

3식에 이것을 대입하여 다시 쓰면 다음과 같다.

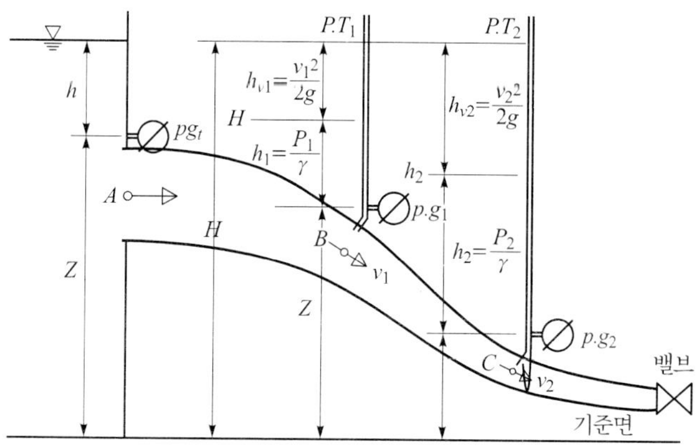

그림 1.2.2 베르누이 방정식 예

$$\frac{v_1^2}{2g} + h_1 + \frac{P_1}{9800} = \frac{v_2^2}{2g} + h_2 + \frac{P_2}{9800} + \frac{E_f}{mg} \qquad (4)$$

여기서 4식이 갖는 물리적 의미를 생각해보자.

2식이 성립되므로 반드시 1식도 성립된다. 그런데 2식의 각항은 에너지를 뜻하지만 4식은 에너지 관계식은 아니다. 그러나 4식의 각항은 이와 대응되는 2식의 각항이 갖고 있는 물리적 성격을 다른 물성량으로서 대변하고 있는 것은 분명하다. 이런 관점에서 4식 중의 h_1 및 h_2의 위치에너지의 성격을 대변하는 물성량으로서 그 크기는 단지 기준위치로부터 두지점간의 수직높이만으로 나타나있다. 이 사실은 매우 흥미 있고 중요한 의미를 제시하고 있다.

각종에너지는 기계적 또는 열역학적 조건의 변화에 따라 상호 전환이 가능하므로 운동에

너지와 압력에너지가 각각 위치에너지로 전환되었다고 가상할 때(이 경우 에너지의 성격만 바꾸어서 생각해 볼 뿐 그 크기는 마찬가지이다) 이들 양의 상대적인 비교는 전환된(가상된) 위치에너지의 성격을 대변하는 수직높이를 상호 비교함으로서도 가능해진다는 사실을 4식은 뜻하고 있다. 그래서 이와 같은 의미를 제공하는 4식의 각항을 수두(Head)라고 부른다. 수두를 대표하는 문자로서 H를 사용하기로 하고

$\frac{v^2}{2g} = H_v$(속도수두), $h = H_h$(위치수두), $\frac{P}{9800} = H_p$(압력수두), $\frac{E_f}{mg} = H_f$라고 표현하면

4식은 다음과 같이 쓸 수 있다.

$$H_{v1} + H_{h1} + H_{p1} = H_{v2} + H_{h2} \qquad (5)$$

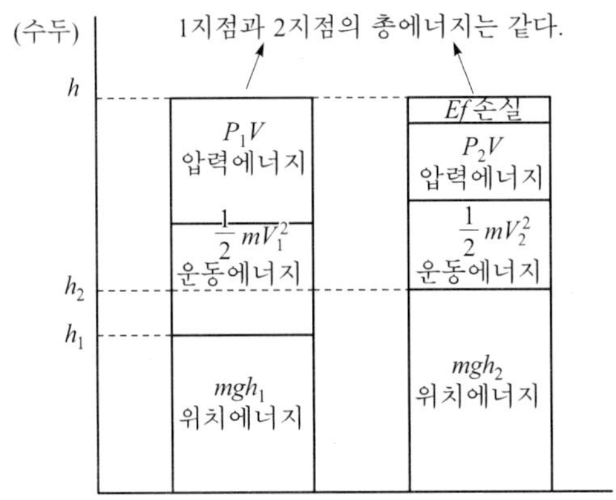

그림 1.2.3

배관 내 유체의 에너지의 총합은 같다.

여기서 H_f는 곧 마찰손실수두이며 모든 수두값의 SI단위는 미터이다. 5식에서 볼 때 물의 총 수두는 2지점에서의 물의 총수두와 두지점간의 마찰손실수두와의 합과 같으며 각 지점에서의 총 수두는 그 지점에서의 속도수두, 위치수두 및 압력수두의 합과 같다. 4식에서 압력수두의 값은 각각 P_1/9,800 및 P_2/9,800인 바, 여기서 P_1, P_2의 단위는 N/m^{3}즉 Pascal이었다. 그런데 우리는 현실적으로 압력의 단위를 kg/cm^{3}라는 중력단위를 사용하는 것이 관습이므로 이 단위를 사용하는 식으로 환산해볼 필요가 있다. 두 지점에서의 수압을 중력단위의 크기로 P_1kg/cm^3, P_2kg/cm^{3}이라 하면

P_1kg/cm^3 = 98,000 P_1 N/m^3

P_2kg/cm^3 = 98,000 P_2 N/m^3 이므로

이 값들을 P_1, P_2에 대입하면 4식은 다음과 같이 될 수 있다.

$$\frac{v_1^2}{2g} + h_1 + 10P_1 = \frac{v_2^2}{2g} + h_2 + 10P_2 + H_f \quad (6)$$

이제 다시 6식을 10으로 나누어 보면 다음과 같이 된다.

$$\frac{v_1^2}{20g} + 0.1h_1 + P_1 = \frac{v_2^2}{20g} + 0.1h_2 + P_2 + 0.1H_f \quad (7)$$

여기서 위의 7식이 갖는 의미를 생각해볼 때, 이번에는 압력에너지의 성격을 대변하는 물성량 P_1이 압력 그 자체로서 표출되고 있다. 수두의 개념과 같은 방식으로 논리를 전개하여 운동에너지와 위치에너지가 압력에너지로 전환되었다고 가상할 때 각각 그 압력의 크기는 7식 좌변의 경우 $\frac{v_1^2}{20g}$ 및 $0.1h_1$, 우변의 경우 $\frac{v_2^2}{20g}$ 및 $0.1h_2$가 될 것이므로 이 값들을 각각 P_{v1} 및 P_{h1}, P_{v2} 및 P_{h2} 그리고 P_1및 P_2를 P_{n1} 및 P_{n2}, $0.1H_f$를 P_f로 나타내면 7식은 다음과 같이 된다.

$$P_{v1} + P_{h1} + P_{n1} = P_{v2} + P_{h2} + P_{n2} + P_f \quad (8)$$

여기서 P_{v1} 및 P_{v2}는 동압(Velocity pressure), P_{h1} 및 P_{h2}는 위치압 또는 낙차압, P_{n1} 및 P_{n2}는 정압(Normal pressure)이라고 말하며, P_f는 마찰손실압력이 된다.

동압의 Vector 방향은 관내의 물의 속도벡터 방향과 일치하며, 정압에 있어서 그 Vector 방향은 관내벽에 수직으로 작용한다. 따라서 통상 부르돈압력계로 측정되는 배관의 수압은 곧 정압을 뜻하는 것 이다. 6식과 7식을 비교할 때 상호 대응되는 항들의 물리적 성질은 다르지만 그 양들간의 수치상의 크기는 10배의 관계가 있음을 알 수 있다.

지금까지 베르누이정리가 갖는 물리적 의미를 여러 가지 물성량의 측면에서 고찰하였다. 배관내의 수리계산은 이와 같은 베르누이 정리에 그 근거를 두고 진행되는 것이다.

1.3 압력의 측정

평행한 배관내에 물이 흐르지 않고 정체된 상태에서 가압되어 있을 경우의 배관내 압력은 쉽게 측정할수 있을 것이다. 만일 압력게이지가 설치되어 있다면 게이지의 압력을 그대로 읽으면 된다. 그런데 배관 내에 유수가 발생하면 처음 정체되어 있었던 경우의 압력중 일부의 압력이 물의 운동에너지로 변환되는 것이다. 유수를 발생시키기 위해서는 배관의 내의 압력에너지의 일부가 필요하다. 필요한 압력의 일부분이 운동에너지로 변환되는 것이다.

이렇게 운동에너지로 변환된 압력을 동압이라고 하며, 변환되지 않은 압력을 정압이라고 정의한다. 동압과 정압을 합한 값을 전압이라고 한다.

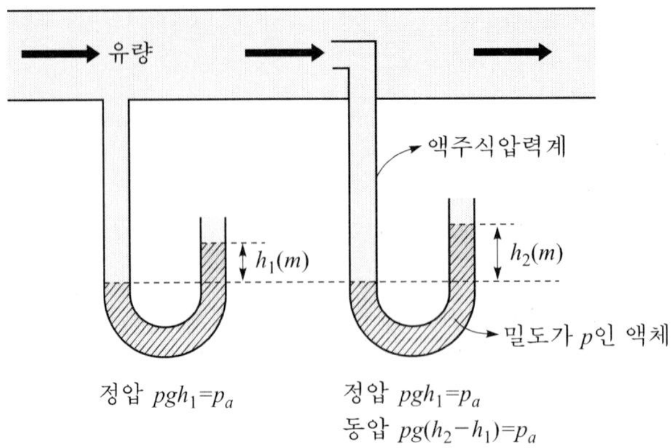

그림 1.3.1 압력의 측정 예

$$P_t = P_s + P_v$$

여기서, P_t = 전압(Total Pressure)

P_s = 정압(Static Pressure)

P_v = 동압(Dynamic Pressure)

그림 1.3.1은 전압과 정압을 측정하는 방법을 설명하고 있다. 동압은 전압과 정압과의 차이이다. 유체가 정지되어있을 경우에는 정압과 전압은 같을 것이다. 일반적으로 압력게이지의 측정값은 정압을 측정하는 것이다. 즉 소화배관 내 유량이 흐르고 있을 때 압력게이지에서 읽는 값은 정압을 읽는 것이다. 수리계산을 할 경우에는 정압만을 고려하여 계산하고 있는데, 그 이유는 동압의 영향이 미미하기 때문이다. 만일 소화배관 내 유속이 4m/sec 일 경우의 동압을 구해보면, 베르누이정리에서,

$\frac{v^2}{20g} = \frac{4^2}{20 \times 9.8} = 0.08\text{kg/cm}^2$이 된다. 이정도의 값이라면, 수리계산시 고려를 하지 않아도 전체적인 영향은 미미할것이며, 오히려 동압을 고려하지 않음으로서 약간의 보수적인 결과를 가져올 수 있는 이점도 있다. 그러나 배관 내를 흐르는 유체가 공기일 경우에는 동압의 비율이 크기 때문에 계산과정에서 반드시 고려하여야 한다.

1.4 유량의 측정

1.4.1 벤츄리를 이용한 유량측정

유량은 단위시간당 통과하는 유체의 체적 또는 질량으로 표현할 수 있다. 일반적으로 소화배관에서의 유량은 체적유량만을 고려한다. 소화펌프의 경우 성능시험배관을 통하여 정기적

으로 소화펌프의 성능을 검사하도록 되어있다. 펌프의 성능검사 시 유량측정은 매우 중요하다. 특히 오래된 펌프의 경우에는 경년변화에 따른 성능의 부족을 초래할 수 있기 때문에, 정기적인 소화펌프의 성능검사를 통하여 경년변화에 따른 유량의 감소를 측정하고 또한 예측하는 것이 중요하다.

소화펌프의 성능검사 시 유량측정은 유량계를 통하여 쉽게 측정이 가능하나, 벤츄리를 이용하여 유량을 측정하는 방법에 대해 알아보도록 한다.

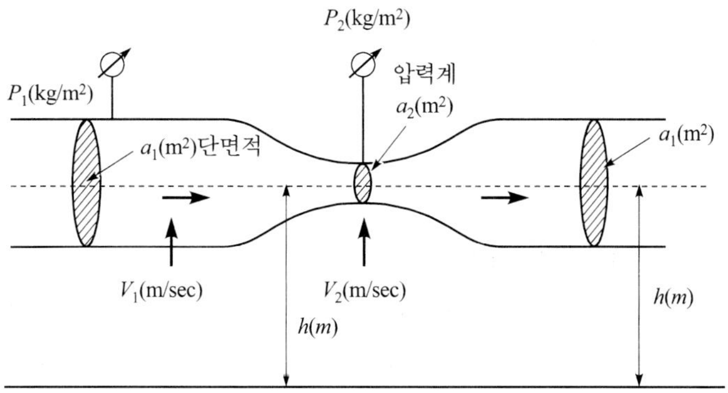

그림 1.4.1 벤츄리 작용을 응용한 유량측정 예

유량 $Q = a_1 \times v_1 = a_2 \times v_2 (m^3/sec)$ (9)

$$v^2 = \frac{a_1 \times v_1}{a_2} \quad (10)$$

베르누이정리를 응용하여,

$$\frac{v_1^2}{20g} + 0.1h_1 + P_1 = \frac{v_2^2}{20g} + 0.1h_2 + P_2$$

$$P_1 - P_2 = \frac{v_2^2 - v_1^2}{20g} \quad (11)$$

$P_1 - P_2 = \Delta P$로 나타내고, 11식에다 10식을 대입하면,

$$\Delta P = \frac{(\frac{a_2 \times v_1}{a_2})^2 - v_1^2}{20g}, \ \Delta P = \frac{\frac{a_1^2 v_1^2 - a_2^2 v_1^2}{a_2^2}}{20g}, \ \Delta P = \frac{a_1^2 v_1^2 - a_2^2 v_1^2}{20ga_2^2}, \ 20ga_2^2 \Delta P = a_1^2 v_1^2 - a_2^2 v_1^2,$$

$$v_1^2 = \frac{20ga_2^2 \Delta P}{(a_1^2 - a_2^2)}, \ v_1 = \sqrt{\frac{20ga_2^2 \Delta P}{a_1^2 - a_2^2}}$$

따라서 유량 Q는,

$$Q=\frac{a_1 a_2}{\sqrt{a_1^2-a_2^2}}\sqrt{20g\,\Delta P} \tag{12}$$

즉, 단면적 a_1과 a_2를 알고 압력차를 알면 배관을 통과하는 유량을 구할 수 있다. 그러나 12식은 벤츄리를 통과하는 동안 손실이 발생하지 않는다는 전제가 있다. 실제로는 벤츄리 자체의 효율과 손실을 보정하기 위해서는 12번 식에 보정계수 C를 곱하여 구해야 한다. 보정계수 C의 범위는 0 ~1 사이의 값이며, 식 12는 다음과 같이 다시 표현된다.

$$Q=C\frac{a_1 a_2}{\sqrt{a_1^2-a_2^2}}\sqrt{20g\,\Delta P}$$

1.4.2 오리피스를 통과하는 유량측정

다음은 스프링클러헤드를 통하여 방출되는 유량 및 소화전호스를 통하여 방출되는 노즐을 통한 유량의 측정에 대해 알아보자. 오리피스를 통과하는 방출유량은 다음과 같이 표현할 수 있다.

$$Q = A\times v \tag{13}$$

Q = 체적유량(m^3/sec), A = 오리피스단면적(m^3)
v = 유속(m/sec)

베르누이정리에서 동압 P_v(kg/cm^3) = $\frac{v^2}{20g}$

$$v=\sqrt{20gP_v}=\sqrt{20\times 9.8P_v}=\sqrt{196P_v}=14\sqrt{P_v} \tag{14}$$

따라서 식 14를 식 13에 대입하면,

$$Q(\text{m}^3/\text{sec}) = \text{A}\times 14\sqrt{P_v}=\frac{\pi d^2}{4}\times 14\sqrt{P_v}=10.9956\,d^2\sqrt{P_v}$$

위식의 유량을 LPM으로 치환하고 d를 mm로 변환하면,

$$Q(\text{m}^3/\text{sec})/60000 = 10.9956\left(\frac{d}{1000}\right)^2\sqrt{P_v}$$

$$Q(\text{LPM}) = 60000\times 10.9956\left(\frac{d}{1000}\right)^2\sqrt{P_v}=0.6597\,d^2\sqrt{P_v}$$

P_v는 노즐로 방출될 경우 방출압력이 되므로 그대로 P로 써도 무방하다. 따라서

$$Q = 0.6597\, d^2 \sqrt{P} \tag{15}$$

위의 식 15에서 헤드로부터 방출되는 유량은 오리피스구경의 제곱에 비례하고 방출압력의 제곱근에 비례하는 것을 알수 있다. 그런데 오리피스의 구조와 재질 및 내부면의 가공에 따른 차이등에 의해 실제로는 이론치에 미달하며, 같은 구경의 오리피스라도 그 구조와 종류에 따라 방출율에 차이가 있기 때문에 방출계수를 도입함으로써 실제와 합치 시킬수 있다. 방출계수를 C라고 하면 15식은 다음과 같이 된다.(C의 값은 $0 < C < 1$의 관계가 있다)

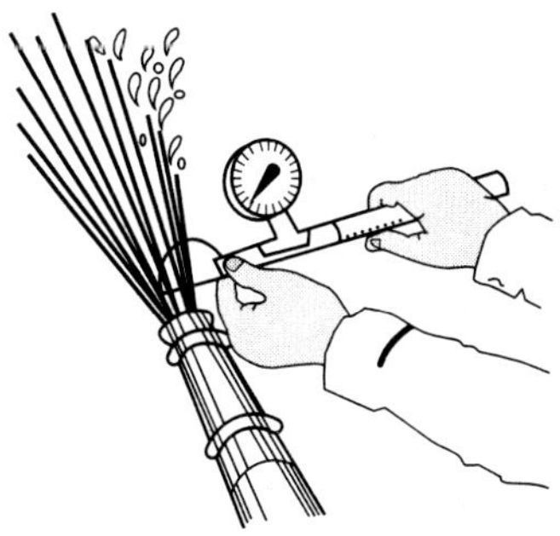

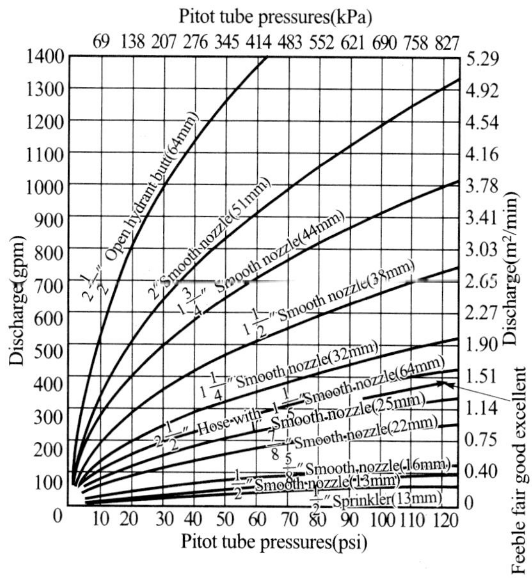

그림 1.4.2 피토게이지를 이용한 방수량 측정 예

$$Q = 0.6597\, C\, d^2 \sqrt{P}$$

방출계수가 1에 가까울수록 에너지의 손실 없이 100%에 가까운 효율을 보여줄 것이다. 표에서 모니터와 같은 방수총의 경우 무려 0.997의 방출계수를 보여주고 있다.

노즐의 방수압력과 구경, 그리고 방출계수를 안다면 방출유량을 계산할 수가 있는 것이다. 흔히 옥내소화전의 유량측정에 사용되는 피토게이지는 이러한 원리를 응용한 것으로, 노즐 끝에서의 방수압력을 측정하여 유량을 계산하는 것이다.

식에서 $0.6597\, C$ = K 라고 두면

$$\therefore Q = K \tag{16}$$

K는 정해진 오리피스에 따라 결정되는 값으로서 노즐의 제조업체마다 고유의 값을 제시해 주는 것이 보통인데, 이것을 K Factor라고 부른다. 표준형스프링클러의 경우 K값은 80으로 알려져 있다.

Spray sprinkler, average(nominal 1/2-in.dia.)	0.75
Spray sprinkler, average(nominal 17/32-in.dia.)	0.95
Large-drop sprinkler(0.64 in. dia.)	0.90
Standard orifice(sharp edge)	0.62
Smooth-bore nozzles, general	0.96-0.98
Underwriter playpipes or equal	0.97
Deluge or monitor nozzles	0.997
Open pipe, burred dpening	0.80
Open pipe, smooth, well rounded	0.90
Hydrant butt, smooth and well-rounded outlet, flowing full[a]	0.90
Hydrant butt, square and sharp at hydrant barrel[a]	0.82
Hydrant butt, outlet square, projecting into barrel[a]	0.70

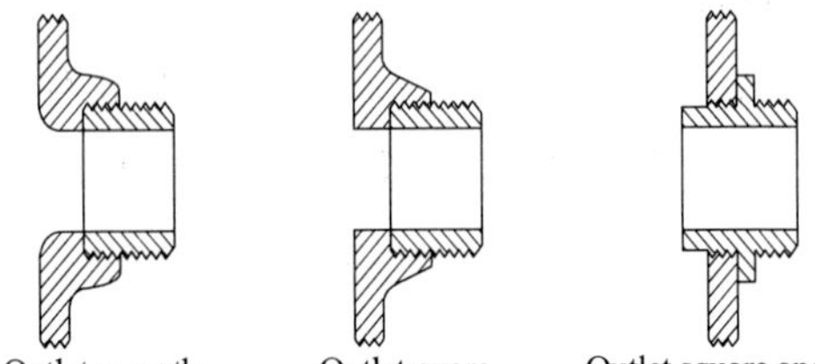

그림 1.4.3 형태와 종류에 따른 여러 가지 방출계수 C 및 소화전출구형태 관련 C

여러가지 헤드 및 노즐 등의 K값 에

Type of Orifice	Norminal Diameter (in.)	Norminal Diameter (mm)	K-Factor gpm/p$^{1/2}$	K-Factor Lpm/Pm$^{1/2}$
Sprinkler	1/4	7	1.3-1.5	1.9-2.2
Sprinkler	5/16	8	1.8-2.0	2.6-2.9
Sprinkler	3/8	10	2.6-2.9	3.7-4.2
Sprinkler	7/16	11	4.0-4.4	5.8-6.3
Sprinkler	1/2	13	5.3-5.8	7.6-8.4
Sprinkler	17/32	14	7.4-8.2	10.6-11.8
Sprinkler	5/8	16	11.0-11.5	15.9-16.6
Sprinkler	3/4	19	13.5-14.5	19.5-20.1
Sprinkler	25/32	19.8	16.0-17.6	23.1-25.4
Sprinkler	15/16	23.6	23.9-26.5	38.9-43.0
Nozzle	1/2	13	7.2	10.3
Nozzle	7/8	22	22.2	32.0
Nozzle	1	25	29.1	41.9
Nozzle	1 1/16	27	32.8	47.2
Nozzle	1 1/8	29	36.8	53.0
Nozzle	1 3/16	30	41.0	59.0
Nozzle	1 1/4	32	45.4	65.4
Nozzle	1 5/16	33	50.1	72.1
Nozzle	1 3/8	35	54.9	79.1
Nozzle(c=0.97 for all nozzles)	1 7/16	37	60.0	86.4
Nozzle	1 1/2	38	65.4	94.2
Nozzle	1 9/16	40	70.9	102.0
Nozzle	1 5/8	41	76.8	110.6
Nozzle	1 11/16	43	82.8	119.2
Nozzle	1 3/4	44	89.0	128.2
Nozzle	1 13/16	46	95.5	137.5
Nozzle	1 7/8	48	102.0	146.9
Nozzle	2 15/16	49	109.0	157.0
Nozzle	2	51	116.0	167.0
Hydrant butt(c=0.90)	2	51	107.4	154.7
Hydrant butt(c=0.90)	2 1/4	57	135.9	195.7
Hydrant butt(c=0.90)	2 1/2	64	167.8	241.6

1.5 K 값과 방수량의 관계

만일 스프링클러헤드로부터의 방수량이 200LPM이 요구된다고 하자. K값이 80일 경우에는 방수압력이 6.25kg/cm^{3}이 요구되며, K값이 160일 경우에는 1.6kg/cm^{3}가 요구된다. 같은 양을 방수하기위해서는 K값이 작을수록 높은 방수압력이 요구된다(그림 1.5.1). 이러한 높은 방수압력의 요구는 소화펌프의 고양정을 요구하게 되므로 시스템의 성능에는 비효율적일 수밖에 없을 것이다.

NFPA에서는 K값이 80인 경우에는 단위면적당 살수밀도가 8.2LPM/m^3 이하의 장소에만 사용하도록 권장하고 있으며, K값이 114인 헤드는 살수밀도가 13.9 LPM/m^3 이하의 장소 그리고 살수밀도가 13.9LPM/m^{3}을 초과하는 장소에서는 K값이 최소 160 이상인 것을 사용하도록 권장하고 있다.

K값은 국내의 경우 80과 114의 두 종류가 생산되고 있는데 반하여 외국의 경우 다양한 K값을 가진 헤드가 출시되고 있다. 현재 등록된 K값의 경우 27, 40, 43, 57, 60, 70, 79, 80, 111, 114, 160, 200, 207, 240, 243, 357, 360등의 제품이 생산되는 것으로 알려져 있다. 이외에도 더 많은 종류가 현재에도 계속 개발되고 있을 것으로 생각된다.

1.5.1 스프링클러헤드별 K값의 범위

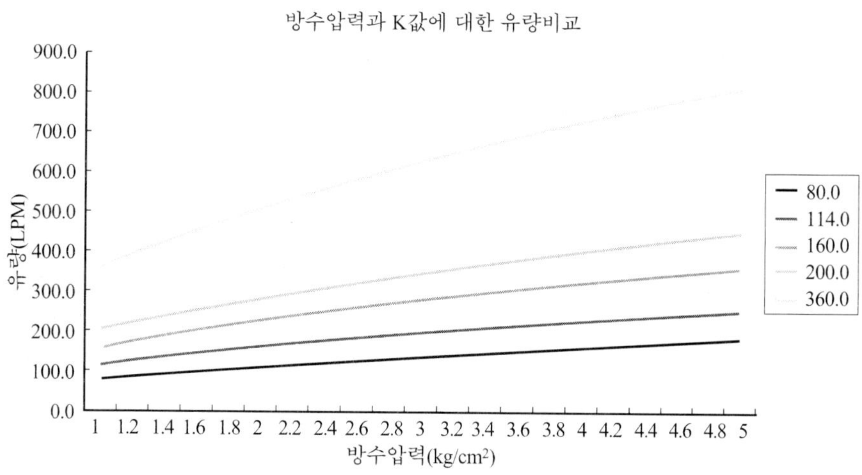

그림 1.5.1 여러가지 K값과 방수압력에 대한 방수량과의 관계 비교곡선 예

디플렉터 분류에 따른 스프링클러의 종류와 현재까지 알려진 K값의 범위 예

스프링클러헤드 분류		K Factor	국내기준	UL기준
Conventional			-	
Residential		43~79	50	
Standard	Standard Response	27~114	80,114	
	Quick Response	27~114	80,114	
	Extended Coverage	80~360	-	
	Quick Response Extended Coverage	80~360	-	
Large Drop		160	-	
Early Suppression Fast Response		200~660	203	
Special			-	

위 표에서는 스프링클러헤드 K값의 범위는 매우 다양한 것을 알 수 있다. 헤드의 종류별로 각각 여러 범위의 K값을 가진 스프링클러헤드가 출시되고 있다. 다만 국내에서 생산되는 헤드의 K값의 종류는 매우 한정되어있는데, 이는 여러 가지 K값을 적용하는 것이 현행법상 불가능하도록 되어있는 이유이기 때문이다. 국가화재안전기준은 매우 소극적이며 제한적인 규정이다. 엄밀하게 말하자면 스프링클러설비화재안전기준의 경우 표에서의 Standard 중 Standard Response(표준반응형)과 Quick Response(속동형)에 대한 기준이다. 현재는 표준형스프링클러와 ESFR스프링클러(K값이 203인 것 만)이외의 스프링클러헤드에 대한 기준이 없기 때문에 사실상 국내에서의 적용이 불가능하도록 되어있다.

1.5.2 국내 스프링클러 헤드의 K값과 오리피스 구경

국내의 표준형 스프링클러헤드의 K값은 80이 대부분이며 드물게 K값이 114정도가 출시되고 있다. 표는 국내표준형스프링클러의 제원의 예다.

국내 스프링클러헤드 제원 예

모델번호	(FH211-1)FH221-1(주조) (FH211-2)FH221-2(단조)	(FH212-1)FH222-1(주조) (FH212-2)FH222-2(단조)	(FH241-1)FH251-1(주조) (FH241-2)FH251-2(단조)	(FH242-1)FH252-1(주조) (FH242-2)FH252-2(단조)
작동온도	68℃	93℃	68℃	93℃
최고사용주위온도	39℃	56℃	39℃	56℃
온도표시색상	적색	녹색	적색	녹색
접합부나사규격	15A(PT 1/2")		20A(PT 3/4")	
구경(Orifice Size)	ø11.1mm		ø13.5mm	
시험압력	25kgf/cm²		25kgf/cm²	
방수량	80ℓ/min-1kgf/cm² (K=80)		114ℓ/min-1kgf/cm² (K=114)	
중량	8kg/상장			
단위포장수량	100개			

국내 ESFR 스프링클러헤드 제원 예

모델번호	FH921	FH922
작동온도	68℃	93℃
최고사용주위온도	39℃	57℃
표준재질	EC6	
접합부나사규격	20A(PT 3/4")	
구경(Orifice Size)	ø17.9mm	
시험압력	35kgf/cm²	
방수량	203ℓ/min–1kgf/cm²(K=203±8)	
중량	14kg/상자	
단위포장수량	50개	

국내의 표준형 K값이 80인 헤드의 오리피스구경은 표의 사양에서 11.1mm를 포함하여 11.2mm, 11.3mm, 11.8mm정도인 것으로 확인되고 있다. 구경은 약간씩 차이는 있으나 K값은 80으로 모두 동일하므로, 오리피스 방출계수 C의 값이 약간 차이가 나는 것으로 볼 수 있다.

식1에서 오리피스의 방출계수가 얼마인지 구할 수 있다.

$Q = 0.6597\ C\ d^2 \sqrt{P}$ 이므로,

$C = \dfrac{Q}{0.6597\ d^2 \sqrt{P}}$ 가 된다.

이식을 이용하여 오리피스구경 11.1mm, 11.2mm, 11.3mm, 11.8mm 그리고 K값이 114인 13.5mm, 10.5mm 주거용 스프링클러헤드, 17.9mm ESFR 스프링클러헤드에 대한 방출계수를 구한 것이 표이다.

주거용 스프링클러헤드 제원 예

모델번호	FH731QR	FH732QR
작동온도	72℃	105℃
최고사용주위온도	39℃	67℃
표면처리	니켈 - 크롬 도금	
접합부나사규격	15A(PT 1/2")	
구경(Orifice Size)	ø10.5mm	
시험압력	25kgf/cm²	
방수량	50ℓ/min–1kgf/cm²(K=50)	
중량	11.5kg/상자	
단위포장수량	100개	

스프링클러헤드의 오리피스구경과 방출계수 예

오리피스구경(mm)	방출계수(C)	K-Factor	종류
11.1	0.9842	80	표준형
11.2	0.9667	80	표준형
11.3	0.9497	80	표준형
11.8	0.8709	80	표준형
13.5	0.9482	114	표준형
10.5	0.6875	50	주거용
17.9	0.9604	203	ESFR

방출계수는 주거용을 제외하고는 매우 효율적인 값인 것을 알 수 있다. 주거용 스프링클러헤드의 경우에는 오리피스구경이 상대적으로 작기 때문에 보다 많은 손실저항이 발생하여 C값이 작은 것으로 판단된다.

1.6 마찰 손실

1.6.1 유체의 점성

유체의 점성은 유체의 물리적 성질 중에서 가장 중요한 것 중의 하나로 유체의 유동 특성을 지배하는 요소로서 유체 분자간 또는 유체분자와 고체경계면 사이에서와 같이 서로 인접하여 상대운동을 하는 유체층 사이에 마찰력을 유발하는 성질을 말하며 이는 유체 분자의 응집력 및 유체 분자간의 상호작용으로 생긴다.

다음과 같이 전단응력 τ와 속도구배 dV/dy 간의 비례상수 μ를 점성계수(viscosity)라고 하며 점성계수가 일정하면 뉴유톤(Newton)유체라고 하며, 그렇지 않고 변하면 비 뉴유톤(non-Newtonian) 유체라고 한다.

$$\tau = \mu \frac{dV}{dy}$$

보통 실무에서는 점성계수 μ대신에 다음 동점성계수(kinematic viscosity)를 사용하는 경우가 많다.

동점성계수 $\upsilon = \dfrac{\mu}{\rho}$ (ρ : 밀도, kg/m^3)

온도에 따른 대기압 상태에서의 물의 점성계수(Dynamic viscosity) 및 동점성계수(Kinematic viscosity)와 기타 물성에 관한 값은 표와 같다.

물의 점성계수와 동점성계수의 예

Temperature	Density	Specific weight	Dynamic viscosity	Kinematic viscosity	Vapor pressure
	kg/m^3	N/m^3	$N{\cdot}s/m^2$	m^2/s	N/m^2 abs.
0°C	1,000	9,810	1.79×10^{-3}	1.79×10^{-6}	611
5°C	1,000	9,810	1.51×10^{-3}	1.51×10^{-6}	872
10°C	1,000	9,810	1.31×10^{-3}	1.31×10^{-6}	1,230
15°C	999	9,800	1.14×10^{-3}	1.14×10^{-6}	1,700
20°C	998	9,790	1.00×10^{-3}	1.00×10^{-6}	2,340
25°C	997	9,781	8.91×10^{-4}	8.94×10^{-7}	3,170
30°C	996	9,771	7.97×10^{-4}	8.00×10^{-7}	4,250
35°C	994	9,751	7.20×10^{-4}	7.24×10^{-7}	5,630
40°C	992	9,732	6.53×10^{-4}	6.58×10^{-7}	7,380
50°C	988	9,693	5.47×10^{-4}	5.53×10^{-7}	12,300
60°C	983	9,643	4.66×10^{-4}	4.74×10^{-7}	20,000
70°C	978	9,594	4.04×10^{-4}	4.13×10^{-7}	31,200
80°C	972	9,535	3.54×10^{-4}	3.64×10^{-7}	47,400
90°C	965	9,467	3.15×10^{-4}	3.26×10^{-7}	70,100
100°C	958	9,398	2.82×10^{-4}	2.94×10^{-7}	101,300

1.6.2 유체의 흐름

흐름 종류는 유속의 크기에 따라 다음과 같이 층류와 난류로 분류된다.

1) 층류 : 유속이 느릴 때 착색액이 일직선으로 흐르는 경우, 즉, 물의 입자가 흐트러지지 않고 일직선의 층을 형성하여 흐르는 흐름.
2) 난류 : 유속이 빠를 때 착색액이 흐트러져 흐르는 경우 즉, 물의 입자가 상하 전후 흐트러져서 흐르는 흐름.

층류와 난류의 경계층 유속을 한계유속이라 하는데 다음과 같이 상한계 유속과 하한계 유속이 있다.

1) 상한계 유속 : 흐름상태가 층류 상태로부터 유속이 증가되어서 난류상태로 변할 때의 한계유속을 말하며 이것을 상한계 레이놀즈 수라고도 한다.
2) 하한계 유속 : 이 경우는 난류 상태로부터 유속을 감소시켜 층류상태로 변화시킬 때의 한계유속을 뜻한다. 이것을 하한계 레이놀즈수라고도 한다.

층류와 난류는 다음 Reynolds 수에 의하여 구별된다.

$$Re = \frac{\upsilon D}{\upsilon} \quad \frac{\rho \upsilon D}{\mu}$$

레이놀즈의 이론에 의하면 층류의 상한은 12,000~14,000으로 알려져 있으나 이 한계 레이놀즈 수는 유체의 초기 정체 정도와 관입구의 모양 및 관의 조도 등에 따라 다르고 실험방법에 따라서 큰 차이가 있다고 하나, 실질적인 상한계 레이놀즈 수는 2,700~4,000 정도로 알려져 있다.

하한계 레이놀즈 수로 정의되는 난류의 하한은 공학적 문제 해결의 입장에서 볼 때 상한계치보다 중요하며 하한계 레이놀즈 수보다 낮은 흐름의 경우에는 난류 성분은 유체의 점성에 의해 모두 소멸된다. 지금까지의 여러실험자의 결과에 의하면 관수로에서의 하한계 레이놀즈 수는 약 2,000으로 알려져 있다.

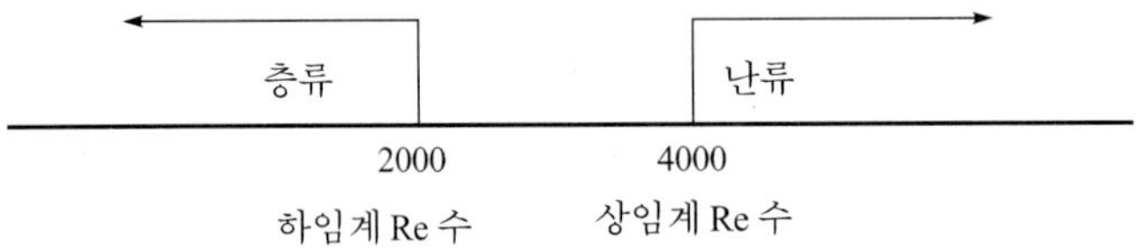

그림 1.6.1 층류와 난류 구분 예

즉, 흐름의 레이놀즈수가 2,000보다 작으면 흐름은 점성력이 지배하는 층류이고 2,000~4,000 사이이면 불완전 층류(층류, 와류가 공존)라 하며 4,000 이상이면 관성력이 지배하는 난류로 분류한다.

예 1) 직경 d = 150mm, 유속 v =3.5m/sec, (밀도) = 1258kg/m^3, (점성계수)=9.60×10^{-1}Pa.s 일 경우에 이 유체의 흐름은 층류인지 난류인지를 구하여라.

$Re = \frac{\rho v d}{\mu} \quad \frac{1258\times3.5\times0.15}{0.96} = 688 < 2000$이므로, 이 흐름은 층류흐름이다.

예 2) 직경 d = 40mm, 동점성계수 = 1.79×10^{-6}m^3/sec, 유속 v =0.5m/sec 일 경우에 이 유체의 흐름은 층류인지 난류인지를 구하여라.

$Re = \frac{v d}{\upsilon} \quad \frac{0.5\times0.04}{1.79\times10^{-6}} = 11173 > 2000$이므로, 이 흐름은 난류흐름이다.

1.6.3 하겐-포와제유 방정식(Hagen-Poiseuille Equation)에의한 마찰손실 계산

층류흐름인 경우에 한하여 점성유체의 마찰손실을 구하는 식이다. 물이외의 모든 유체에 적용이 가능하며, 마찰손실에 의한 압력강하를 나타내는 식이다. 난류일 경우에는 사용이 불가능하므로 직접적으로 이식을 이용하는 경우는 거의 드물기 때문에 공식정도만 알아두기로 한다.

$$\Delta P = \frac{128\mu l Q}{\pi d^4}$$

여기서, ΔP = 압력손실, Pa

μ = 유체의 점성계수, $N.s/m^3$

l = 배관의 길이, m

Q = 유량, m^3/sec

d = 배관의 직경, m

위의 하겐-포와제유 방정식을 사용하기 위해서는 우선 배관내의 유체의 흐름이 층류인지 난류인지를 계산하여 층류일 경우에 한해서만 계산식을 적용하여 사용하여야 **한다.**

1.6.4 달시-웨버 방정식(Darcy-Weisbach Equation)에 의한 마찰손실 계산

일반적으로 공학에서나 산업현장에서 많이 사용하는 범용 계산식이다. 이 계산식은 모든 유체에 적용이 가능할 뿐만 아니라, 난류유동에서의 마찰손실도 계산할 수 있다. 이 방정식에서 가장 중요한 부분은 관마찰계수 f를 결정하는 것이다. 계산결과 값은 손실수두로 계산된다.

$$h = f\frac{l}{d}\frac{v^2}{2g}(\Delta P = f\frac{l}{d}\frac{\gamma v^2}{2g}) \tag{17}$$

여기서, h = 손실수두, m

f = 마찰손실계수

l = 배관의 길이, m

d = 배관의 구경, m

v = 유속, m/sec

g = 중력가속도, $9.8m/sec^2$

γ = 비중량, kgf/m^3

(1) 층류일 경우

층류일 경우의 관마찰계수 f의 값은 Re수만의 함수가 된다. 이것은 하겐-포와제유 방정식으로 구하는 것인데, 만약 이를 달시-웨버 방정식으로 구할 수도 있다. 그 방법은 하겐-포와제유 방정식과 동일한 결과가 나오도록 달시-웨버 방정식의 관마찰계수를 만들면 된다. 즉,

하겐-포와제유방정식 $\Delta P = \frac{128\mu lQ}{\pi d^4}$, 달시-웨버방정식 $\Delta P = f\frac{l}{d}\frac{\gamma v^2}{2g}$을 등치시키면,

$$\Delta P = \frac{128\mu lQ}{\pi d^4} = f\frac{l}{d}\frac{\gamma v^2}{2g}\text{에서} = \frac{128\mu lQ}{\pi d^4}\frac{d}{l}\frac{2g}{\gamma v^2}\text{이되고,}$$

여기서 $Q = Av = -\frac{\pi d^4}{4}v$, $\gamma = \rho g$의 관계를 대입하면,

$$f = \frac{128\mu l\frac{\pi d^2}{4}v}{\pi d^4}\frac{d}{l}\frac{2g}{\rho g v^2} = \frac{64\mu}{d\rho v} = 64(\frac{\mu}{vd\rho}) = \frac{64}{Re}$$

따라서, 층류인 경우 하겐-포와제유 방정식대신에 달시-웨버 방정식을 사용하려면 관마찰 계수 $f = \frac{64}{Re}$로 잡아주면 동일한 결과가 된다.

(2) 난류일 경우

난류일경우의 마찰손실계수 f는 Re수와 상대조도의 함수가 된다.

상대조도란 관벽의 거칠기를 나타낸 값으로 무차원 상수값을 가진다. 그림에서의 e로 표시한 부분이 관벽의 조도를 나타낸 것이며, 상대조도로서 d/e(관의 내경에 대한 관의 거칠기비로 무차원임)를 사용한다.

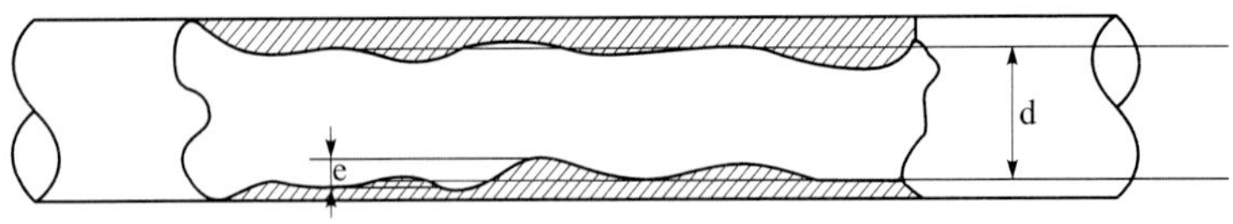

그림 1.6.2 관 직경과 조도의 관계 예

관의 상대조도가 작을수록 손실이 커질것이라는 것은 상식적으로 알수 있다. 층류인 경우 관벽의 조도는 손실에 큰 영향을 미치지 않지만, 난류인 경우에는 관벽의 상대조도는 Re수와 함께 손실의 크기를 결정하는 요인이 된다.

관 종류에 대한 상대조도표 예

관의 종류	상대조도
구리, 놋쇠, 납	0.015×10^{-4}
강철, 연철	0.46×10^{-4}
아스팔트 도복 주철관	1.22×10^{-4}
아연도금 강관	1.52×10^{-4}
소방호스	1.6×10^{-4}
주철관	2.6×10^{-4}
콘크리트관	12×10^{-4}

마찰계수 f를 구하는 방법으로는 Moody 선도를 이용하는 방법과 계산식을 이용하는 방법이 있다. 스와미-자인(Swamee-jain)계산식은 가장 일반적으로 가장 광범위한 Re수에 대해 적용할 수 있다. 식으로 표현하면 다음과 같다.

$$f = \frac{0.25}{\{\log(\frac{1}{3.7(\frac{d}{e})} + \frac{5.74}{Re^{0.9}})\}^2}$$

상대조도 : 100 < d/e < 1×106, Re수 : 5×103 < Re < 1×108

이밖에도 마찰계수 f를 구하는 계산식으로 Blasius 식과 Nikuradse 식이 있다. 일반적으로 무디선도나 스와미-자인식이 가장 무난하다.

그렇다면, 소화배관 내를 흐르는 물은 층류흐름일까? 난류흐름일까? 이 물음에 대한 답은 '거의 대부분 난류흐름이다'가 정답이다. 소화배관내의 유속은 대략 2~10m/sec 정도의 분포라고 볼수있는데, 예를 들어 100mm 배관내 유속이 2m/sec의 속도로 흐를 경우의 Re수를 구해보면,

우선 $Re = \dfrac{vd}{\upsilon}$ 이고, 물의 동점정계수는 20 일때의 값 $1.0\times10^{-6}m^3/sec$을 사용한다.

$Re = \dfrac{2\times0.1}{1.0\times10^{-6}} = 200{,}000 = 2\times105 > 2{,}000$이므로, 난류흐름이다. 즉, 대부분의 Re값이 층류제한한계 값인 2000을 훨씬 넘는 값이 나오므로, 소화배관 내 물의 흐름은 거의 난류흐름일 것으로 추정하여도 무리가 없을 것이다. 물의 동점성계수는 온도가 낮을수록 커지기 때문에 이론적으로는 낮은 온도의 물일수록 층류흐름에는 유리할 것이다. 그러나 그 차이가 매우 미미하므로 그다지 많은 영향은 없다고 할 수 있다. 무디선도에 의해 마찰계수 f를 구한다음 달시-웨버 방정식에 의해 배관의 마찰손실을 구해보도록 하자.

예) 아연도 강관이며, 배관구경 d = 80mm, 배관길이 =50m, 동점성계수 = $1.0\times10^{-6}m^3/sec$, 유량 Q 2000 LPM일 때의 압력강하를 구하면,

<무디선도에 의해 구하기>

첫 번째, Re 구하기

$$Re = \frac{vd}{\upsilon} = \frac{v0.08}{1.0\times10^{-6}} = \frac{\dfrac{2000\times4}{60000\times\pi\times0.08^2}\ 0.08}{1.0\times10^{-6}} = 5.3\times10^5 > 2{,}000$$이므로 난류이다.

두 번째, 상대조도 구하기

상대조도는 아연도강관의 경우 $1.52\times10^{-4}m$ 이므로,

$\dfrac{d}{e} = \dfrac{0.08}{1.52\times10^{-4}} = 526m$가 된다. 따라서, $\dfrac{e}{d} = 0.0019$ 이고,

세 번째, 무디선도에서 마찰계수 f를 찾으면 된다.

$f = 0.024$가 된다.

<스와미-자인식으로 구하기>

$$f = \frac{0.25}{\{\log(\frac{1}{3.7(\frac{d}{e})} + \frac{5.74}{Re^{0.9}})\}^2}$$ 이므로,

$$f = \frac{0.25}{\{\log(\frac{1}{3.7(526)} + \frac{5.74}{(5.3\times10^5)^{0.9}})\}^2} = 0.24$$가 된다.

무디선도를 통하여 구한값과 스와미-자인식으로 구한값이 동일한 것을 알 수 있다.

다음은 달시-웨버 방정식에 대입하기 위해 유속 v를 구해야 한다. 배관의 구경이 80mm 이고 유량이 2,000LPM이 흐르므로, $Q = Av$에서 유속 $v = Q/A$가 된다.

따라서,

$$유속\ v = \frac{Q}{\frac{\pi d^2}{4}} = \frac{\frac{2000}{1000\times60}}{\frac{\pi\times0.08^2}{4}} = 6.63\text{m/sec}$$ 된다.

다음, 달시-웨버 방정식에 대입하여 마찰 손실을 구하면,

$$h = f\frac{l}{d}\frac{v^2}{2g} = 0.024\frac{50}{0.08}\frac{6.63^2}{2g} = 33.64\text{m}$$이 값을 압력으로 환산하면

3.364kg/cm^{3}이 마찰손실압력이 된다.

1.6.5 하젠-윌리엄 방정식(Hazen-Williams Equation)에의한 마찰손실 계산

스프링클러설비의 수리계산에서 사용하는 마찰손실계산식은 Hazen-Williams 식을 가장 일반적으로 사용하고 있다. 이 식은 실험에 의해 도출된 식으로, Allen Hazen 이라는 토목기사와 Gardner Stewart Williams라는 미시건대학 토목공학과 교수가 20세기 초에 개발하였다. 이 마찰손실식은 물을 유체로 한 것만 계산이 가능하므로, 다른 유체에는 적용할 수가 없다.

달시-웨버 방정식이 복잡한 마찰계수 f를 구하는 과정에 비하여 하젠-윌리엄 방정식은 관내의 유량과 구경, 길이, 관의 조도를 알경우에는 쉽게 마찰손실을 구할 수 있는 것이 특징이다. 현재 대부분의 소화배관의 수리계산에서는 하젠-윌리엄식을 사용하고 있다. 다음과 같이 표현할 수 있다.

$$배관내의\ 압력강하(\text{kg/cm}^3) = 6.174\times10^5\times\frac{Q^{1.85}L}{C^{1.85}D^{4.87}}$$

여기서, Q = 유량(LPM) L = 배관의 길이(m)

C = 관의 조도(무차원상수) D = 관경(mm)

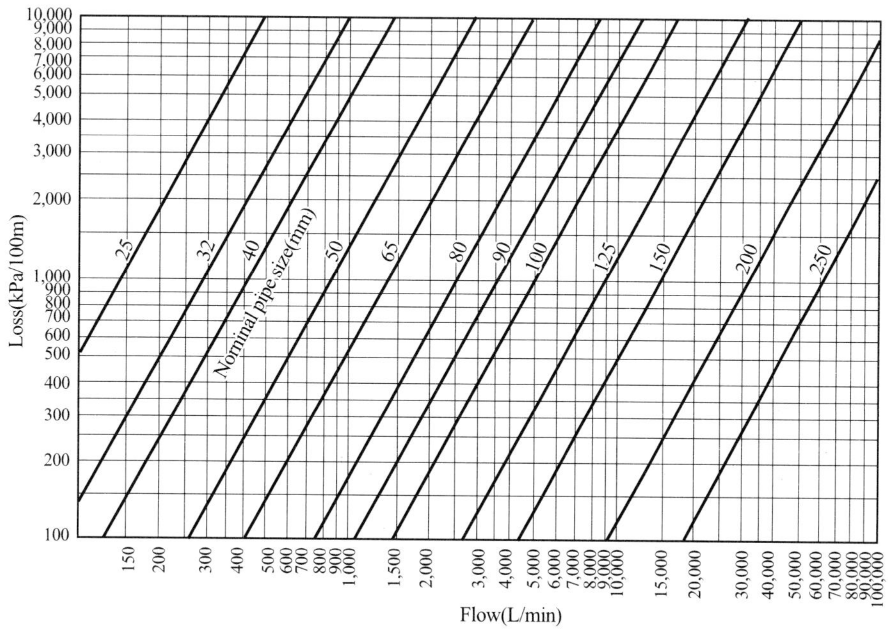

그림 1.6.3 다양한 유량값에대한 C=120의 #40 강관의 하젠-윌리엄 마찰손실표 예

표 6은 하젠-윌리엄 방정식에서의 여러 가지 관의 조도 C를 보여주고 있다.

하젠-윌리엄 방정식에서의 여러 가지 관의 조도 C 예

Kind of Pipe	Value of *C* 1[a]	2[b]	3[c]
Cast iron, unlined			
10 years old	110	90	75
15 years old	100	75	65
20 years old	90	65	55
30 years old	80	55	45
50 years old	70	50	40
Cast iron, unlined, new		120	
Cast iron, cement-lined		140	
Cast iron, bitumastic enamel-lined		140	
Average steel, new		140	
Riveted steel, new		110	
Asbestos-cement		140	
Reinforced concrete		140	
Plastic		150	

[a] Water mildly corrosive. Use same values for fire-protection mains having no mill-use or domestic draft.
[b] Water moderately corrosive.
[c] Water severly corrosive.
Note : *C* values chosen for design of piping systems should be based on applicable NFPA standard or the authority having jurisdiction.

이전에 언급하였던 달시-웨버 방정식으로 구한 마찰손실값을 하젠윌리엄식으로 구해보면 어떤 차이가 있는지 계산해보자. 예에서 배관의 조도는 120으로 하고 나머지는 전부 똑같다고 보면,

배관내의 압력강하(kg/cm³) = $6.174\times10^5\times\frac{Q^{1.85}L}{C^{1.85}D^{4.87}} = 6.174\times10^5\times\frac{2000^{1.85}\times50}{120^{1.85}\times80^{4.87}}$ = 3.033kg/cm²이 된다.

앞에서의 달시-웨버 방정식에 의하여 구한 3.364kg/cm³과 비교 하였을 때 하젠-윌리엄 방정식에서 구한값이 약간 작으나 거의 비슷한 것을 알 수 있다.

1.7 배관의 형태변화에 따른 부차적 마찰손실의 계산

배관이 급격하게 축소되거나 확장되는 경우, 즉 배관의 형태가 변할 때 부차적 마찰손실이 발생하게 된다. 이러한 부차적 마찰손실의 계산식은 달시-웨버 방정식에 근거한다. 달시-웨버 방정식 $h = f\frac{l}{d}\frac{v^2}{2g}$ 에서 $f\frac{l}{d}$ 를 k 값으로 표현하고 이 k값을 실험에 의해 구한 값으로 부차적인 손실을 계산한다.

그림 1.7.1에서 유수의 흐름이 분류되는 배관의 형태가 날카로운 모서리 형태일 때가 부드러운 경우보다 마찰손실이 큰 것을 알 수 있으며, 내부에 돌출된 저항을 가진 배관의 경우에는 손실이 더욱 큰 것을 알 수 있다.

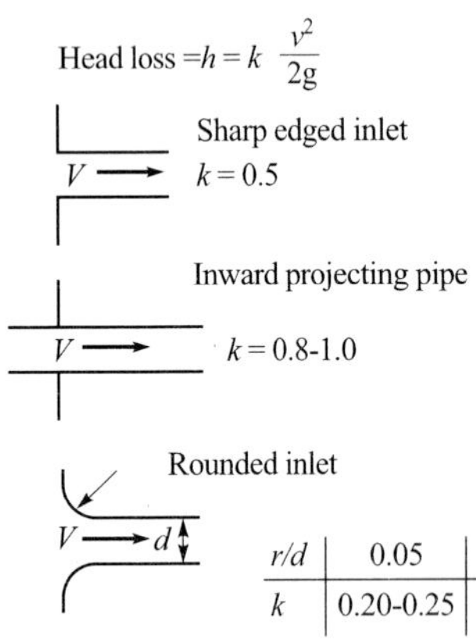

r/d	0.05	0.1	0.2	0.3	0.4
k	0.20-0.25	0.09-0.17	0.08	0.05	0.04

그림 1.7.1 날카로운 모서리, 내부돌출, 부드러운 모서리 형태의 K값의 계산 예

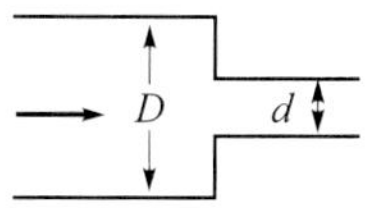

D/d	1.1	1.5	2.0	3.0	10
k	0.15	0.28-0.30	0.36-0.40	0.42-0.50	0.50

그림 1.7.2 급작스런 축소관의 마찰손실계수 K 예

Note : Use k with V of small pipe section

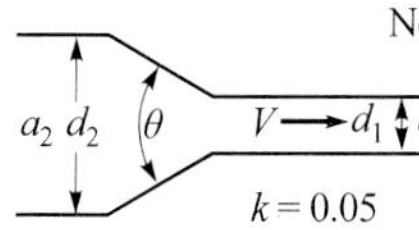

Note : Use k with V from large pipe

$$2 \quad \beta = \frac{d_1}{d_2}$$

If θ <45 degrees

$$k = \frac{0.8 \sin \frac{\theta}{2}(1-\beta^2)}{\beta^4}$$

θ > 45 degrees

$$k = \frac{0.5(1-\beta^2)\sqrt{\sin\frac{\theta}{2}}}{\beta^4}$$

그림 1.7.3 각도를 가진 축소관의 마찰손실계수 K 예

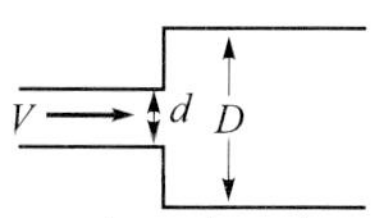

d/D	0.1	0.2	0.3	0.4	0.5	0.6	0.7	0.8	0.9
k	0.98	0.92	0.83	0.71	0.56	0.41	0.28	0.13	0.04

그림 1.7.4 급작스런 확대관의 마찰손실계수 K 예

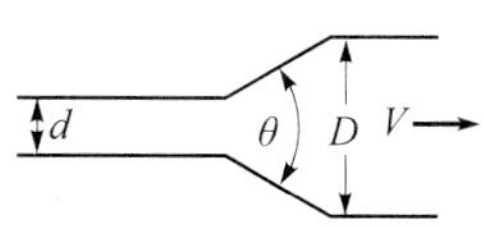

Note : Use k with V in large pipe

$\beta = d/D$

If θ <45 degrees

$$k = \frac{2.6 \sin \frac{\theta}{2}(1-\beta^2)}{\beta^4}$$

If θ >45 degrees $k = \frac{(1-\beta^2)^2}{\beta^4}$

그림 1.7.5 각도를 가진 완만한 확대관의 마찰손실계수 K 예

실제로 소방배관에서 이러한 형태를 가지는 경우는 매우 드물 것이다. 보통 배관 부속류의 손실을 고려하게 되는데, 배관 부속류의 손실은 동일한 구경의 배관의 길이로 표시를 하는 등가 배관 길이로 표현을 한다. 이러한 부속류의 마찰손실도 위와 같은 달시-웨버 방정식으로부터 기인하여 실험에 의하여 구한 값들이다. 배관 내 부차적 손실을 줄이기 위해서는 수류이 방향이 분기되는 지점이 완만하게 이루어지도록 하는 것이 마찰손실을 줄이는 방법이 될 것이다.

1.8 스프링클러설비의 스프링클러헤드 방수 시 수리역학 해석

1.8.1 스프링클러헤드 방수

스프링클러헤드로 부터 방수가 이루어지는 상태에 대해 수리 역학적으로 해석해보도록 하자. 그림에서처럼 하나의 노즐로부터 방수가 될 경우, 노즐의 방출압력은 P_2이며, 노즐이 연결된 배관의 출발점1번 지점에서의 압력은 P_{t1}이다(그림 1.8.1). 유량 Q가 흐르는 동안 압력손실압 P가 발생하게 된다. 따라서 노즐에서의 최종방사압력 $P_2 = P_{t1} - P$가 된다. $P_{t1} = P_{s1} + P_v$ 이므로, $P_2 = P_{s1} + P_v - P$가 된다.

즉, 스프링클러헤드로부터의 최종 방사압력 P_2는 1번 지점의 정압과 동압을 합한 값에 1~2번 지점간의 마찰손실을 뺀 값이 되는 것이다. 헤드로부터 방사되는 순간 압력은 대기압으로 떨어지게 되며, 압력 P_2는 모두 동압으로 변하게 된다. 헤드로부터의 방출압력은 피토게이지를 통하여 측정할 수 있다. 방출유량 Q는 K로 구할 수 있다.

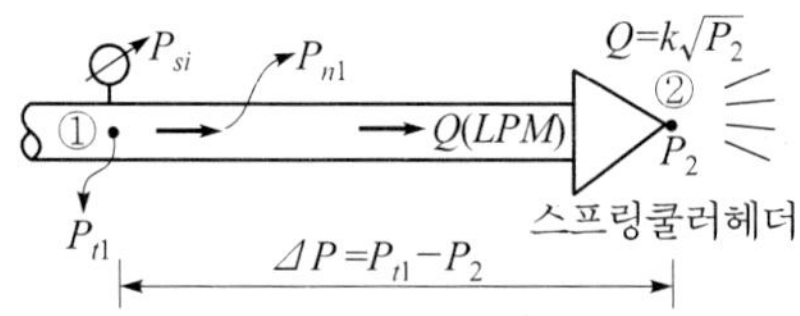

그림 1.8.1 스프링클러헤드로부터 방출 시 수리역학 관계 예

여기에서 중요한 것은 동압 P_v의 존재이다. 통상적으로 수리계산시에는 동압을 포함하지 않는 것이 보수적인 접근방식이라고 하였다. 즉, 동압을 고려하지 않음으로서 약간의 여유율을 주는 것과 마찬가지라는 것이다. 만일 노즐의 방출압력이 1kg/cm^{3}이 요구될 경우를 가정하여 계산을 해보자. 마찰손실을 계산하였더니 0.5kg/cm^{3}이었다. 그러면 지점 1에서 요구되는 압력은 1 + 0.5 = 1.5kg/cm^{3}가 될 것이다. 유량은 스프링클러헤드의 K값이 80일 경우에는 80 = $\sqrt{1.0}$ =80LPM 이므로 배관 내 유속을 구할 수 있다. 유속이 구해지면 동압 $P_v = \frac{v^2}{20g}$에 의해 동압을 구할 수 있다. 만일 동압이 0.3kg/cm^{3}이 구해졌다면, 지점1에서의 요구압력 P_{t1}은 정압 P_{s1} 1.2kg/cm^3 + 동압 P_{v1} 0.3kg/cm^{3}이 될 것이다.

만일 동압을 고려하지 않는다면, P_{t1}인 1.5kg/cm^{3}가 모두 정압으로 가정한다는 것이 되는 것이다. 만일 지점1에 펌프의 토출측을 연결한다면 동압을 고려할 경우에는 펌프의 양정이 1.2 × 10 = 12m가 요구될 것이고, 동압을 고려하지 않았을 경우에는 1.5 × 10 = 15m가 되므로, 동압을 고려하지 않는 경우의 펌프 용량이 다소 커지는 것을 알 수 있다. 즉 동압을 고려하지 않는 방법이 약간은 보수적인 계산방식임을 증명된 셈이다.

1.8.2 스프링클러설비의 수리계산의 기본개념

(1) 반복계산에 의한 정밀 접근방식

그림 18에서 말단 노즐에 해당하는 1번 노즐에서 최소 방수량에 해당하는 80LPM, 1kg/cm^{3}을 얻기 위해 5번 지점에서 필요한 압력과 유량을 구해 보도록 한다. 먼저 계산의 편의성을 위해 아래 7가지의 가정을 한다.

* 노즐 k값 = 80
* 관 내경은 통상 배관 호칭 규격과 동일하다고 본다.
* 관부속류의 등가관장에서 직류 티는 무시 한다.
* 관의 조도 C = 120으로 한다.
* 손실압력 계산은 HAZEN WILLIAM 식을 사용한다.
* 관내 동압은 무시 한다.
* 유체가 흐르는 동안 온도변화는 없는 것으로 한다.

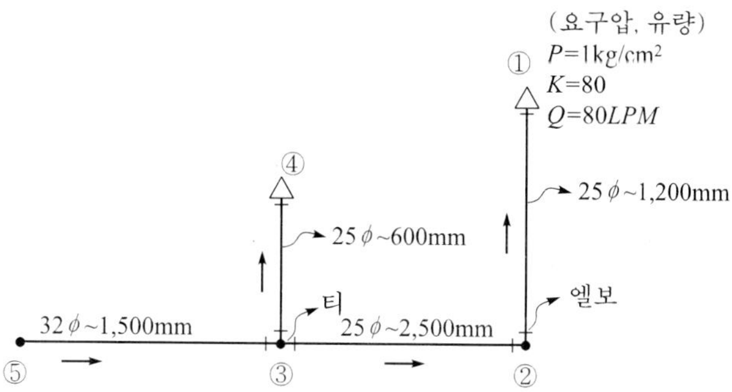

그림 1.8.2 수리학적 계산 예

$$배관내의 압력강하(kg/cm^3) = 6.174 \times 10^5 \times \frac{Q^{1.85}L}{C^{1.85}D^{4.87}}$$

여기서, Q = 유량(LPM) L = 관길이(m)

C = 관 조도(120) D = 관경(mm)

1번 지점에서 최소 소요압력 1kg/cm^{3}과 소요유량 80LPM을 만족하기 위해서는 3-2-1에 80LPM이 흘러야 한다. 관 길이 L = 2.5m + 1.2m = 3.7m에 엘보 등가관장 0.95를 더하면 총 등가 배관길이는 4.65m가 된다. 따라서 3-2-1 배관의 압력강하는

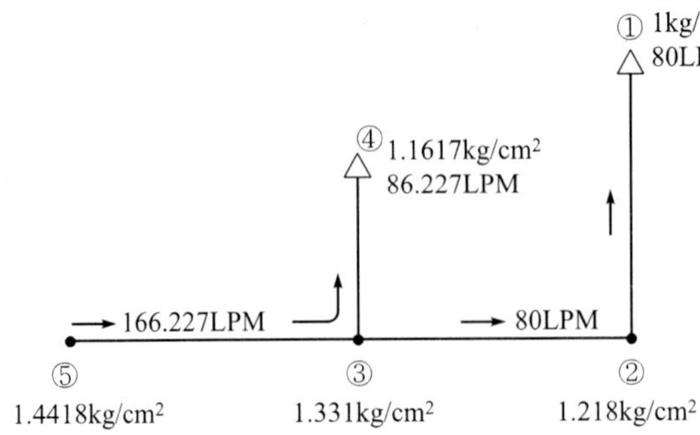

그림 1.8.3 수리학적 예의 결과

$\Delta P3-2-1$ = (6.174 × 105 × 801.85 × 4.65) / (1201.85 × 254.87) = 0.211kg/cm³

높이에 의한 압력손실은 1.2/10kg/cm³을 더하면 0.211 + 0.12 = 0.331kg/cm3이 총 압력손실이 되며, 따라서 3번 지점에서의 요구압력은 1 + 0.211 + 1.2/10 = 1.331kg/cm³이 된다.

다음 3번 지점의 압력이 1.331kg/cm³ 일 때 4번 노즐의 유량과 압력을 구하여야 한다.

3번 지점 압력 = 4번 노즐 방출압력 + (3–4)구간의 압력손실 + 높이 보정압력

총 등가관장(L)은 관 길이 0.6m + 1.5m(분류 티 등가관장) = 2.1m

*P*3 (kg/cm³) = (*Q*/*K*)2 + (6.174 × 105 × *Q*1.85 × L) / (*C*1.85 × *D*4.87) + EL/10

1.331 = (*Q*/80)2 + (6.174 × 105 × *Q*1.85 × 2.1) / (1201.85 × 254.87) + 0.6/10

1.331 = (*Q*/80)2 + Q1.85 × 0.000028729 + 0.06

만족하는 *Q*값을 찾으면 86.227LPM이 된다. 만족하는 *Q*값을 찾기 위해서는 반복계산을 통하여 구할 수 있으나, 수 계산으로는 어렵고 컴퓨터 프로그램에 의해서 해답을 찾는 것이 좋다.

이때 4번 노즐 방출압력은 *Q* = *K*에서 *P* = (*Q*/*K*)2 = (86.227/80)2 = 1.1617kg/cm³

다음은 5–3에 흐르는 유량 = 80 + 86.227 = 166.227LPM이 되며, 5번 지점에서의 요구압력은 3번지점 압력에 5–3번구간의 압력강하 0.079kg/cm³을 더하면 1.41kg/cm³이 된다.

따라서 계산결과는 그림 19와 같다

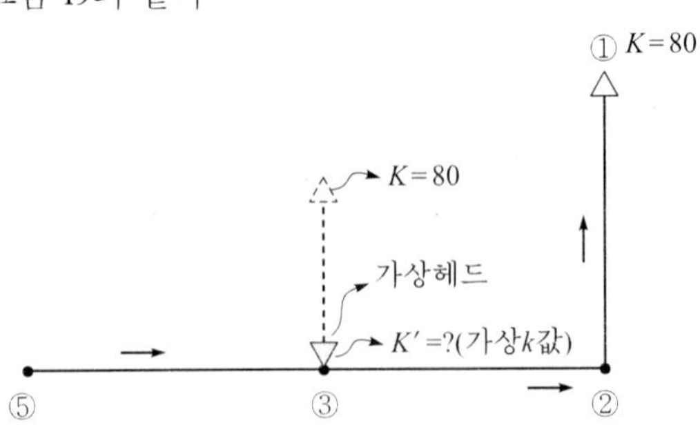

그림 1.8.4 가상 K 값을 사용한 수리계산 예

(2) 가상 K값을 산정하는 약식 수리계산법

수작업으로 수리계산을 할 때는 이 방식으로 계산하는 것이 간단하면서도 계산시간을 단축할 수 있다. 일반적으로 알려져 있는 수리계산방법이며 NFPA에서도 이러한 방법으로 언급되어 있다. 그림 18의 예제를 가상 *K*값을 구하는 방식으로 다시 풀어보자.

1번 지점에서 3번 지점까지는 정밀계산방식과 계산과정은 동일하다. 4번 노즐의 유량을 계산할 때 정밀계산방법에서는 반복계산을 통하여 구하였으나, 가상 *K*값 방식에서는 3번 지점에 바로 스프링클러헤드가 직결된 것으로 가장하여, 그 직결된 헤드의 가상 *K*값을 구하는 것이다.

우선, 4번 노즐에서 기준유량 80LPM이 방수된다고 가정하여 3번 지점까지 마찰손실을 계산하면 0.027kg/cm³이된다. 따라서 3번 지점에서의 압력은 1 + 0.027 = 1.027kg/cm³이 된다.

즉, 4번 헤드는 3번 지점의 압력이 1.027kg/cm³일 경우 일 때 유량 80LPM이 방수된다는 것이다. 이것을 근거로 4번 지점에 직결된 헤드의 가상 *K*값을 구하는 것이다.

$Q = K\sqrt{P}$ 에서 $K = \dfrac{Q}{\sqrt{P}}$ 이므로, 가상 *K*값은 $\dfrac{80}{\sqrt{1.027}} = 78.94$가 된다.

따라서, 4번 노즐의 유량은

3~5번 구간의 유량은 80 + 91.07 = 171.07LPM이 된다. 3~5번 구간의 마찰손실은,

$$\Delta P3-5 = (6.174 \times 105 \times 171.071.85 \times 1.5) / (1201.85 \times 324.87) = 0.083\text{kg/cm}^3$$

5번 지점의 압력은 1.331 + 0.083 = 1.414kg/cm³이 된다.

반복계산에의한 정밀계산방법과 약식수리계산방식의 계산결과는 약간의 차이가 있으나, 실무에서는 약식수리계산방식을 많이 사용하며, 최근에는 컴퓨터를 이용한 수리계산방식도 많이 보급되고 있는 실정이다.

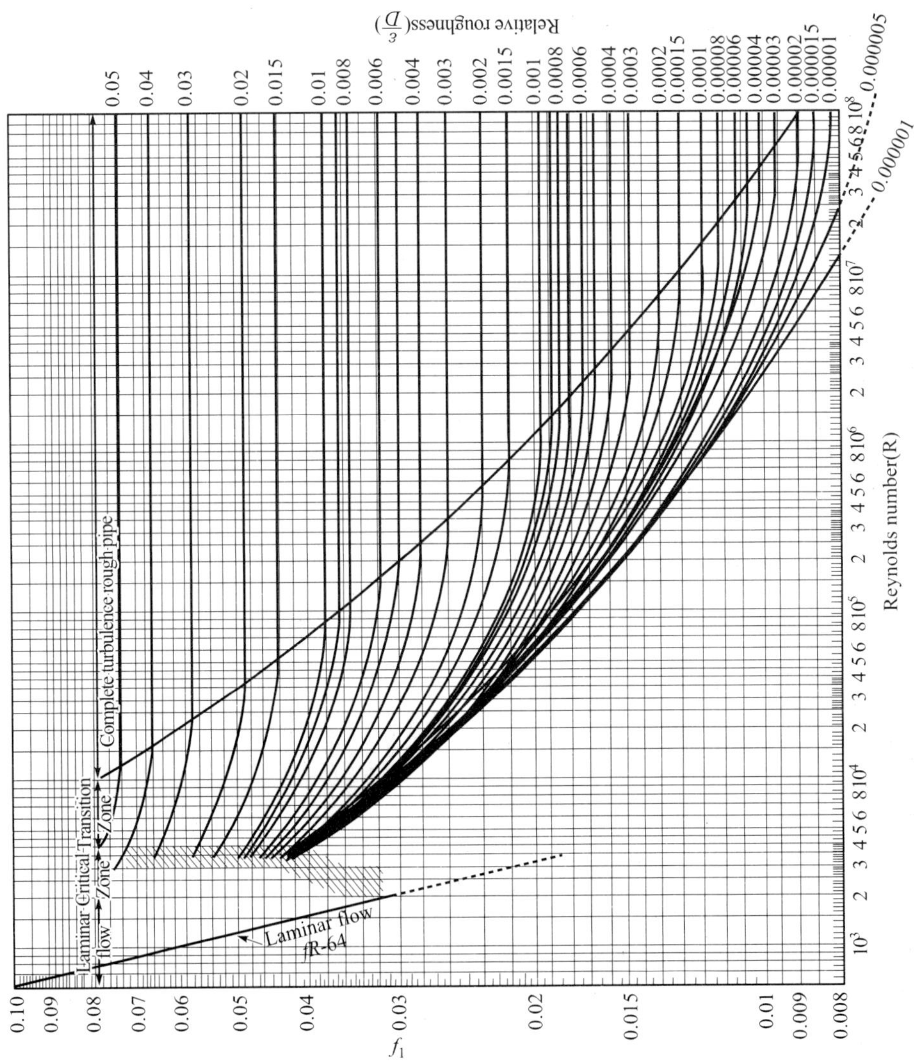

그림 1.8.5 달시-웨버 방정식을 위한 마찰계수에 대한 매개변수를 보여주는 Moody 선도 예

CHAPTER II

소방방수기구

II 소방방수기구

2.1 흡수기구

2.1.1 소방용흡수관 개요

펌프가 양수할 때 저수조 등으로부터 소요수량을 흡입하는 도관을 일반적으로 소방용 흡수관이라고 한다. 고정식인 경우는 주로 강관등으로 만들어지며 고정되어 있지만 여기서 말하는 소방용 흡수관은 이동식 소방용 흡수관으로 만들어진 것이다. 소방자동차는 물탱크소방자동차, 화학소방자동차와 같이 물이 가득 찬 탱크를 적재하지 않는 한 화재현장 도착과 동시에 방수할 수는 없다. 일반적으로 소방자동차를 화재현장 부근의 저수조에 연결하여 펌프에 흡수하는 데는 소방용 흡수관을 필요로 한다. 소방용 흡수관의 신장, 결합, 투입 등의 취급에 숙달하는 것은 상당히 중요하며 그것은 평소의 훈련에 의해서만 배양하는 것이다.

소방용 흡수관은 흡수기능을 수행하기 위한 모든 성능을 갖추고 있어야 하는 것이 필요조건이다. 즉 가벼울 것, 강할 것, 가소성이 있을 것, 흡수저항이 적을 것 등을 들 수 있다. 일반적으로 펌프차 적재용으로서 내경 76.2mm(호칭75mm), 길이 8~12m, 길이 4m의 고무 소방용 흡수관이 가장 많이 사용되고 있다. 현재에는 일반적으로 흡수관을 사용하지 아니하고 다른 방법으로 사용한다.

2.1.2 소방용흡수관의 변천

1956년경까지는 소방용흡수관으로서 소위「봉상소방용흡수관 또는 3쌍소방용흡수관」이라 부르는 내경 100mm, 길이 3m의 대소방용흡수관 3개와 소화전용인 내경 65mm의 소방용흡수관 1개를 표준으로 소방펌프자동차에 적재하였다. 1957년부터 경량 소방용흡수관으로서 내경 75mm 길이 12m가 개발되어 이것을 차량의 양쪽에 각 1개씩 원형으로 말아서 적재하여 사용하게 되었다. 그러나 최근에는 약 3m정도의 소방용흡수관을 여러개 적재하여 필요한 길이만큼 연결하여 사용되고 있는 실정이다.

2.1.3 소방용흡수관의 종류

(1) 구조에 따른 종류

① 포선식(包線式) : 와이어가 고무층에 의해 완전히 뒤덮여 있는 것

② 반노선식(半路線式) 또는 반매선식 : 와이어의 대부분이 고무층으로 싸여져 있고 일부가 소방용흡수관 내면에 노출되어 있는 것

③ 노선식 : 와이어가 소방용흡수관의 내면에 노출되어 있는 것

※ 반노선식, 노선식은 소방용흡수관 내면이 요철모양이 되기 때문에 흡수마찰손실이 크므로 현재는 거의 사용되지 않는다.

(2) 재질에 따른 종류

① 고무소방용흡수관 : 내면고무의 외면에 강선 및 보강포 등으로 보강하여 외면을 고무로 덮어 씌운 소방용흡수관이다. 보강포로서 합성섬유원사 자켓 혹은 자동차용 타이어코드 등을 사용하고 있다. 최근들어 보강층을 합성섬유와 강선으로 꼬아 짠 자켓식 보강 층이 만들어져 소방용흡수관의 경량화가 이루어져 있다.

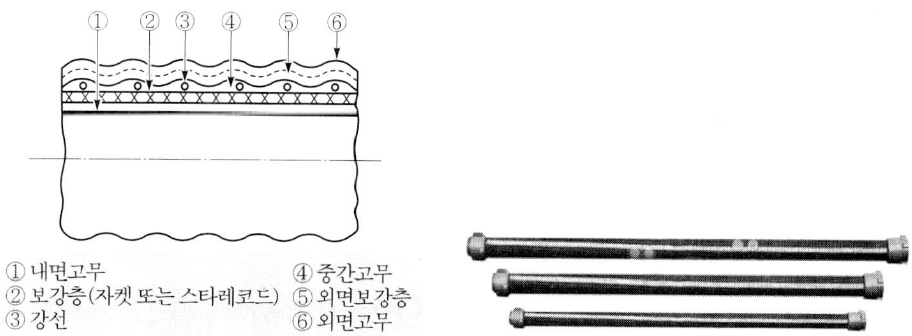

그림 2.1.1 일반고무 흡수관의 구조

아래 그림에서 나타난 것과 같이 소방용흡수관은 이전의 범포(帆包)보강 소방용흡수관을 다루기 쉽게 개량한 것으로, 가소성을 주기 위하여 보강층에 소방호스자켓 또는 스타레코드 등을 사용하고 있다. 보강와이어는 소방용흡수관 내경에 따라 차이는 있으나 75mm 소방용흡수관의 경우는 직경 2.3mm의 강선이 일반적으로 사용되며, 강선은 아연도금등으로 방식처리가 되어 있다. 보강포는 1~2층으로 하여 고무층을 가능한 얇게 함으로써 중량을 경감시키고, 강선을 가늘게하고 피치를 작게하여 가소성을 좋게 했다.

최근에는 소방호스와 같은 구조로 위사를 대신해서 가는 와이어로 짠 자켓을 보강층으로 한 소방용흡수관도 있다.

② 합성수지소방용흡수관 : 강도를 유지하기 위해 경질의 합성수지 외면에 연질의 합성수지를 사용한 것 또는 수지 사이에 합성섬유 등으로 보강한 것이다. 이 소방용흡수

관은 플라스틱공업의 발달에 의하여 출현한 것으로서, 특징은 와이어 대신에 수지를 스파이럴 모양으로 넣어 결합금속구장착부를 특별히 설치할 필요가 없으며 필요치수로 절단하여 사용할 수 있다는 점이다. 성능상으로는 경량이지만 부압, 가압에 대한 신축의 차이가 크다. 내후성, 내한성에 어려움이 있었으나 어느 정도 개선되어 일부 실용화되게 되었다.

(3) 내경(內徑)에 따른 종류

소방펌프자동차용으로 사용되는 소방용흡수관의 크기는 기술기준에서 규정한 호칭 25, 40, 50, 65, 75, 90, 100, 115, 125, 140, 150의 것이 있다. 펌프의 흡수성능에 따라(또는 펌프의 급별에 따라)다르나 일반적으로 65mm, 75mm, 100mm가 가장 많이 사용되고 있다.

2.1.4 소방용흡수관의 일반 이론

(1) 흡수손실

펌프의 흡수손실 중에서 가장 큰 것은 소방용흡수관의 흡수손실로 이것은 소방호스의 송수손실과 마찬가지로 물과 소방용흡수관 내벽과의 사이에 생기는 마찰과 유수에 의해 생기는 난류에 의해 발생하는 것이다. 흡수손실은 소방용흡수관과 물과의 마찰손실 및 난류에 의한 유동손실 등으로 발생하며 소방용흡수관의 1개소 흡수의 경우나 병렬 2개소 흡수의 경우, 소방용흡수관 1개당의 손실은 흡수 조건에 관계없이 항상 유량에 따라 정해진다고 할 수 있다. 실험결과는 그림과 같다. 이 그림에서 나타나 듯이 흡수량 1,000ℓ/min 부근부터 손실이 급속히 증가한다. 이러한 이유로 펌프운용에 있어서 방수량이 1,000ℓ/min을 초과할 때는 병렬운용하는 것이 바람직하며, 자연수리일 경우도 마찬가지로 1,000ℓ/min 이상(21mm노즐로 노즐압력 3kg/cm^{2}로 2개소 방수)방수할 때는 소방용흡수관을 병렬로 사용(2개소 동시흡수)하는 것을 원칙으로 하여야 한다.

그리고 위의 그림은 호칭 75, 길이 12m인 소방용 흡수관을 대상으로 한 것이므로 길이 10m 소방용 흡수관에 대해서는 이 손실에 5/6을 곱하면 구할 수 있다. 또한 소방용 흡수관 병렬흡수시의 흡수손실은 그 때

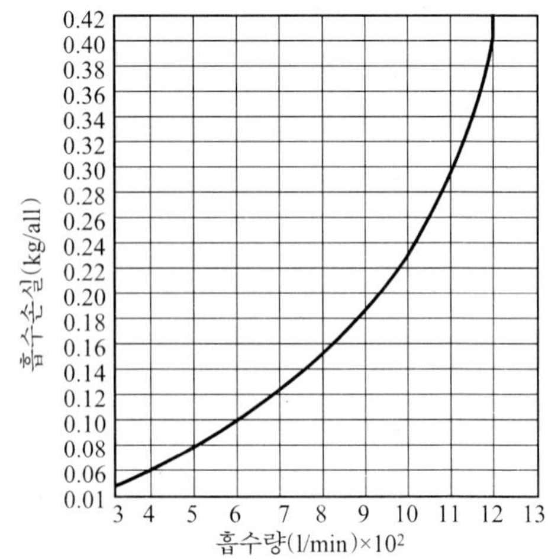

그림 2.1.2 소방용 흡수관 1개당의 흡수손실

의 전흡수량이 1/2에 해당하는 흡수량일 때의 흡수손실로 나타내진다. 가령 전 흡수량은 1,800ℓ/min으로 할 때는 소방용 흡수관 1개당 900ℓ/min이며 이때의 흡수손실은 위의 그림을 통하여 구하면 0.185kg/cm²이 된다.

(2) 소방용흡수관의 마찰계수

일반적으로 소방용흡수관과 같은 직관마찰손실은 다음 식으로 구할 수 있다.

$$FL = f\frac{L}{d} \cdot \frac{v^2}{2g}$$

FL : 마찰손실(m)　　f : 마찰손실계수
L : 소방용소방용흡수관의 길이(m)　　d : 소방용소방용흡수관의 내경(m)
v : 평균유속(m/sec)　　g : 중력가속도(9.8m/sec²)

흡수량을 늘림에 따라 마찰손실계수는 감소되지만 흡수량은 900ℓ/min을 경계로 이 이상에서도 마찰손실계수는 급격히 증가된다.

방용흡수관의 흡수손실

흡수량(ℓ/m)	300	400	500	600	700	800	900	1,000	1,100	1,200	1,300
흡수손실(cmHg)	3.3	4.5	5.9	7.3	9.0	11.2	13.8	17.4	22.6	30.4	39.8

(3) 흡수낙차에 의한 손실계수

펌프의 흡수낙차에 대해서는 진공 펌프에 의해 소방용흡수관의 압력이 대기압보다 낮아짐에 따라 대기압에 의해 소방용흡수관의 물이 상승하여 대기압과의 밸런스를 유지하기 때문에 펌프는 양수할 수가 있는 것이다. 표준기압 1기압은 수은주 760mmHg 및 수주(물기둥) 10.33m에 상당하며 진공도와 흡수높이와의 관계는 다음 그림과 같다.

아울러 펌프로 양수할 경우, 흡수낙차가 커지면 양수에 커다란 진공도를 필요로 하기 때문에 손실로서 작용하여 흡수량은 당연히 감소하게 된다.

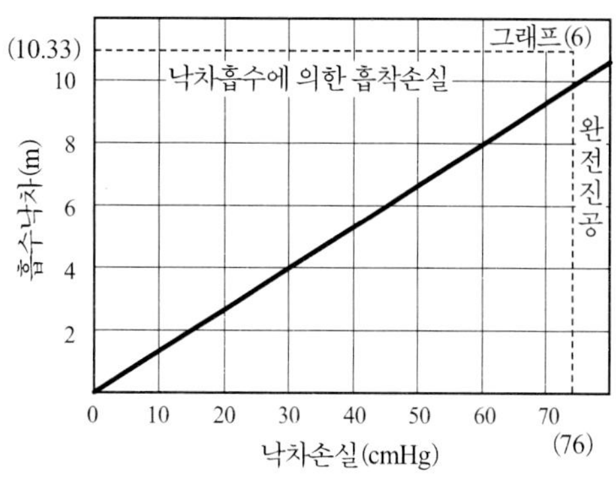

그림 2.1.3 흡수낙차에 의한 흡수손실

2.2 방수기구

옥내·외소화전에 사용하는 노즐(직사 및 방사)과 소방차등에서 사용하는 관창을 구분하고 있으나 우리나라에서는 전자와 후자를 모두 관창이라고 부르고 있다. 관창은 펌프에서 토출된 수류를 노즐까지 정류(整流)하면서 속도를 증가시키기 위한 기구로서 대부분은 테이퍼관으로 만들어져 있으며 결합부분의 종류에 따라 차입식 또는 나사식 관창으로 불리운다.

방수총(放水銃)에 사용되는 관창에는 정류날개라든가 정류파이프가 내장된 것이 있으며, 유량이 많은 것은 주로 직관이 사용된다. 관창의 원부(元部)를 구부러진 모양으로 설치하여 방수시의 반동력과 소방호스 내압에 의한 직선이 되려고 하는 힘을 상쇄함으로서 반동력을 감소시켜 조작하기 쉽도록 한 관창도 사용되고 있다.

2.2.1 일반관창

손잡이 부분이나 관창끝 부분에 결합용 금속구(청동 또는 경합금제)를 테이퍼관(동 또는 경합금제) 혹은 직관(황동제)에 일체형으로 하거나 용접 또는 스냅링방식으로 결합한 것으로서 테이퍼관은 미끄러짐과 변형 방지를 위해 면 또는 꼬임실과 고무카바를 뒤집어 씌운것 등이 있다. 또한 대구경이고 직관구조로서 특별히 방수를 지연시킬 필요가 있는 것에는 정유날개를 조립한 것이 사용되며 대유량 방수시 두사람이 잡고 방수할 수 있도록 핸들을 부착함으로서 조작이 편리하도록 한 것도 있다.

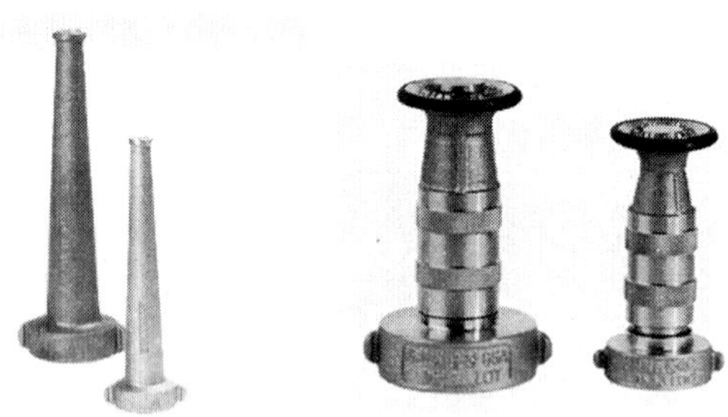

2.2.2 무반동관창

종래의 관창과 약간 다른 것으로 무반동 관창이 있으며 차이점은 손잡이측에서 전체 길이의 1/3정도의 위치에 곡관부를 설치한 것이다. 유럽에서는 DIN 14368에 노즐홀더로서 규격화되기 이전부터 사용되어 왔으며 특별히 다른 종류의 관창이라고 볼 수는 없다. 소방활동에 적당한 30° 각도로 구부린 본체는 알루미늄주물(AC 7A)로 제작되었고 중량은 약 3kg정도이다. 이것은 사용할 때에는 핸들을 상향으로 하여야 하며 손잡이가 달린 관창으로 사용할 경우에는 호칭65 소방호스에 20mm 노즐을 사용하여 보조원 1명으로 약 10kg/cm^{2}의 방수 압력으로 작업을 할 수 있다. 그러나 호칭40 소방호스를 사용할 때는 반동력 상쇄 효과가 감소한다. 방수대와 함께 사용할 경우에는 핸들을 하향으로 향하여야 하고 소방호스를 될 수 있는 데로 직선으로 설치하는 것이 좋다. 아울러 접합부는 송수압의 증감에 따라 소방 호스의 꼬임과 함께 회전될 수 있도록 되어 있어 본체에는 영향을 주지 않고 방수할 수 있는 구조로 되어 있다.

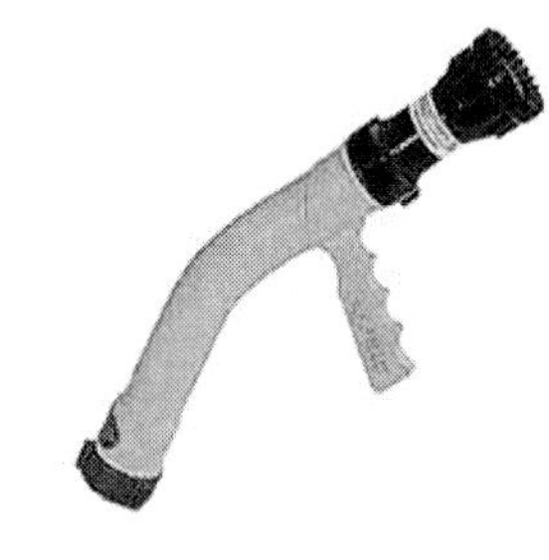

2.2.3 소방차용 관창

소방차용관창은 봉상방수(막대모양으로 공동(空洞)부분이 없는 것)를 하는 노즐팁으로 대부분은 재료는 청동주물이고 내면을 매끄럽게 가공한 것이다. 구경의 단면은 관테이퍼 모양이며 스무스하게 출구까지 작아지고, 출구에는 길이가 구경의 1.0~1.5배인 평행부분이 만들어져 있다. 평행부분은 통과되는 물의 마찰손실을 줄여주고 유속은 차츰 증가시켜 유효사정거리가 길어지게 된다. 소방펌프자동차용 노즐구경에 의한 방수량은 다음식에 따라 계산할 수 있다.

$$Q = cd^2\sqrt{P}$$

여기서 Q : 방수량(ℓ/min)　　d : 노즐구경(mm)

c : 유량계수(0.653)　　P : 노즐압력(kg/cm^2)

표준구경의 방수압력에 따른 방수량과, 유효사정거리는 위의 그림과 같으며 노즐압력에 따른 반동력 곡선은 아래 그림과 같다.

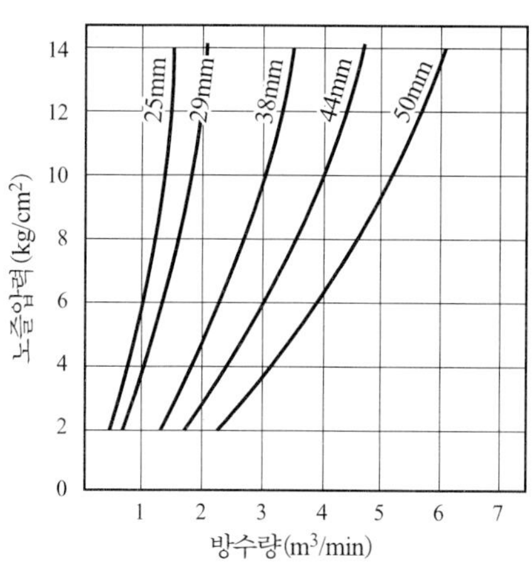

그림 2.2.1 방수량곡선

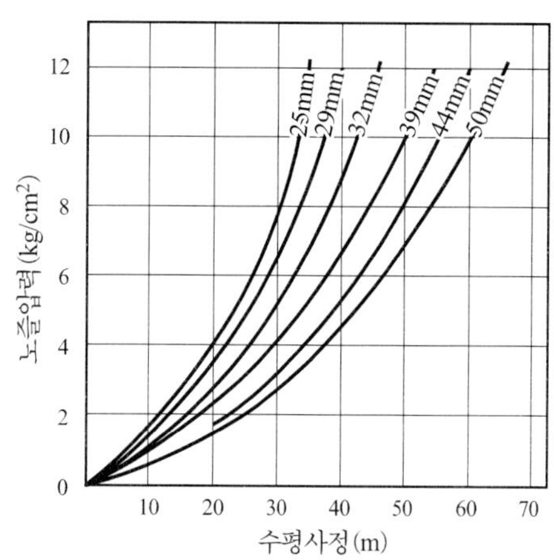

그림 2.2.2 수평유효사정거리

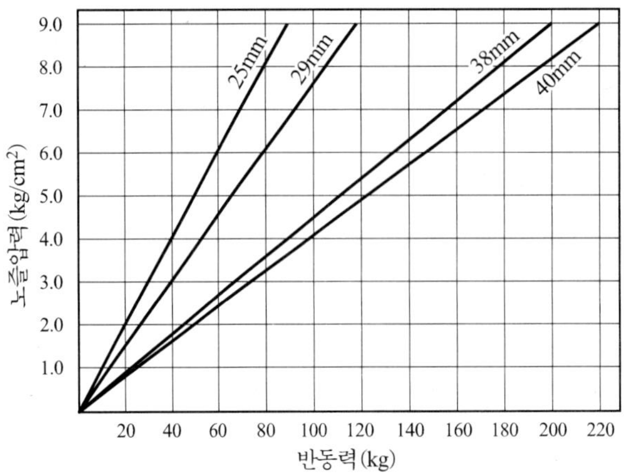

그림 2.2.3 반동력

2.2.3 방수총

(1) 개요

대규모 화재시에는 강렬한 복사열과 열기류, 짙은 연기 또는 건물붕괴 등의 위험성 때문에 화점에 접근하여 방수하는 일이 곤란하다. 또한 화재현장에는 상승기류가 심하게 발생하거나 바람이 강하게 불어 방수가 날아버리는 현상이 발생할 수 있다. 따라서 이것들에 대해서는 고압의 대량방수를 이용하여 원거리 소화작업이 필요하며 이때 방수반동력이 크기 때문에 인력으로 관창를 유지하거나 조작하는 것이 불가능하므로 방수총을 사용한다. 방수총은 방수유량에 따른 반동력을 잘 견디도록 설계되어 있으며 방수방향의 전환은 레바 또는 웜기어 등으로 수동전환하거나 수압·유압·전기에 의해 원격조작 할 수 있는 구조로 된 것이 많이 사용되고 있다.

일반적으로 사용되고 있는 것으로는 1,300ℓ/min, 1,500ℓ/min, 1,700ℓ/min, 3,000ℓ/min, 5,000ℓ/min등이 있고 보통 5,000ℓ/min 이상은 방수포라고 부르기도 한다.

(2) 종류

방수총의 종류를 분류하면 다음과 같다.

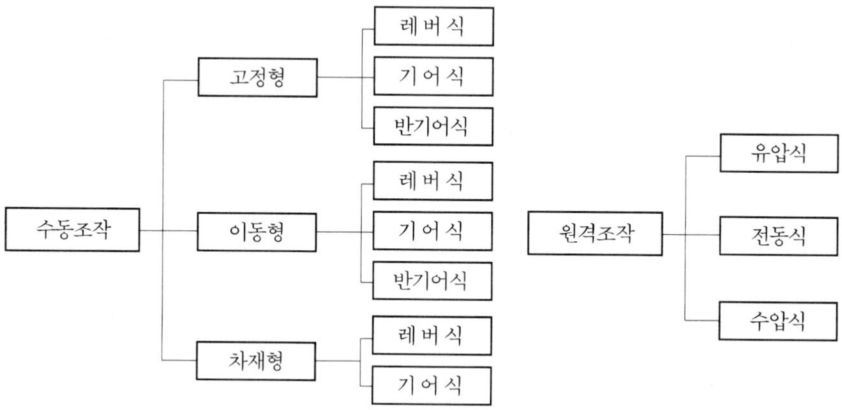

(3) 구조

1) 수동조작

방수총은 주로 설치대, 선회 및 부앙곡관 등으로 구성되어 있다. 회곡관은 좌우로 빙글빙글 회전할 수 있는 송수배관으로 정상부분이 상하로 기복하는 부앙곡관의 축수부를 이루고 있는 것으로서 이 선단에 관창이 설치된다 레버식인 경우의 조작은 부앙곡관에 결합된 핸들레버를 잡고 작동하며 기어식은 웜기어의 핸들을 돌려 작동시킨다. 또한 부앙용 웜기어만이 있는 반기어식으로 선회는 선회곡관을 손으로 들고 작동하는 것도 있다. 차재형은 차대 또는 트레일러의 고정식 배관에 접속하여 고정하고 호스접속구에 의해 급수한다.

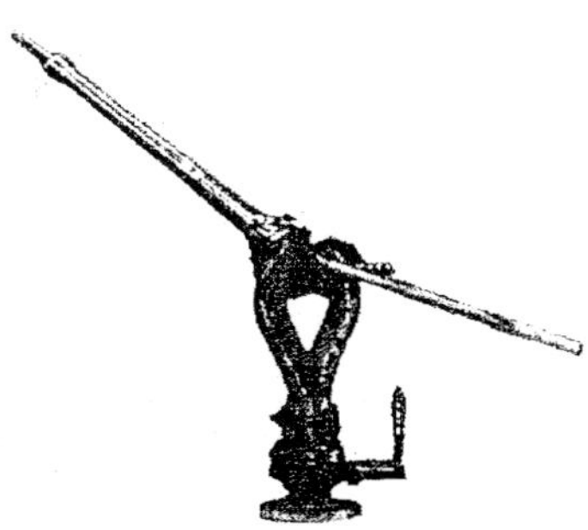
그림 2.2.4 레버식고정용 방수총 예

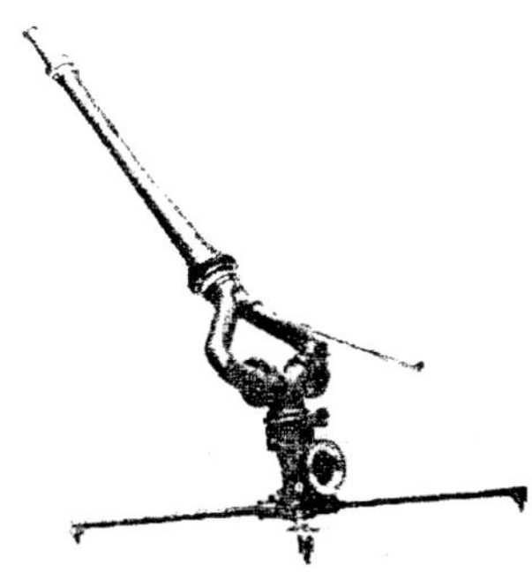
그림 2.2.5 레버식이동형 방수총 예

2) 원격조작

방수총의 원격조작은 수압·유압·전기를 이용하여 제어하기 때문에 주로 기어식 방수총에, 수압 또는 유압실린더, 유압모타 또는 전동모타를 조합하여 원격제어할 수 있는 구조로 되어 있다.

① 수압식 : 대부분 이동형 레버식 구조의 방수총에 수압실린더를 조합하여 부착하고 직접 수동 전환밸브에 의하거나 혹은 케이블을 연장하여 전자전환밸브를 간접적으로 제어함으로서 선회, 부앙동작을 시키는 것이다. 다른 제어매체를 필요로 하지 않는 이점은 있지만 언제나 깨끗한 물을 사용할 수는 없기 때문에 수압기기내의 눈금이 막히는 등의 결점이 있다. 또한 선회동작에 실린더를 사용할 경우는 직선운동을 회전운동으로 바꾸기 때문에 작동각도가 작게 제한된다는 단점도 있다.

② 유압식 : 유압식은 차재형과 선박에 대부분 사용되고 있으며, 고정형 기어식 구조에 유압모타 혹은 유압실린더를 조합하여 부착한 구조이다. 수압에 비해 형태가 작고 미세한 작동이 가능하며 특히 방폭할 필요가 있는 경우에 적합한 이점은 있지만 유압원, 배관 및 조정밸브 등을 필요로 하고 또한 대부분의 것은 선회동작일때에 유압호스를 굴곡시키기 때문에 각도 제한이 있는 단점이 있다. 그러나 특수기구에 의하여 360° 회전할 수 있는 것도 있다.

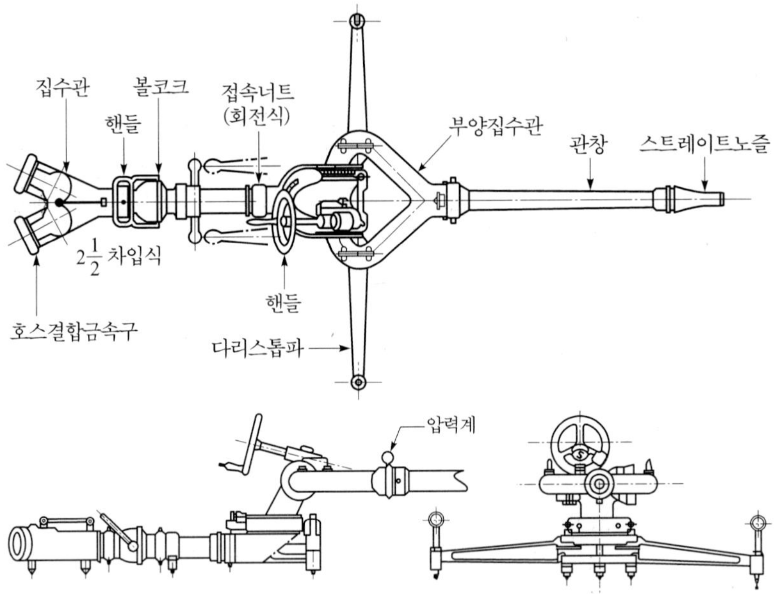

그림 2.2.6 반기어식 이동형 방수총 예

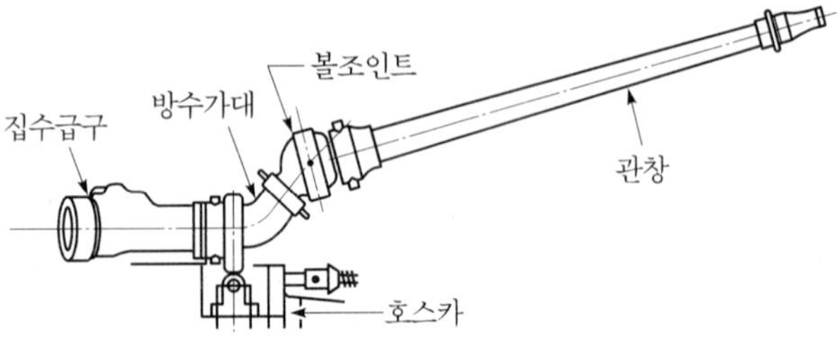

그림 2.2.7 호스카 부착 방수총

3) 전동식

고정형 기어식 구조의 방수총에 감속전동기를 조합하여 부착한 형태이다. 다른 형식에 비해 미세한 반복작동을 할 수 있고 전원배선이 쉽고 비교적 싼 가격으로 할 수 있는 장점이 있어(방폭구조는 다르다) 대부분의 용도에 사용되고 있다. 각형으로 된 것은 모두 선박용으로 사용되고 특수기구에 의하여 360°회전 할 수 있는 것도 있다.

2.2.4 소방호스

(1) 개요

소방호스의 기원은 유럽으로서 지금부터 약 400년전으로 거슬러 올라간다. 당시의 소방호스는 소방용이라기 보다는 급수용 등으로 사용된 것으로 가죽을 기워서 만들었으며 길이도 짧은 것이었다. 1650년경 가죽을 기워만든 호스를 소방용으로 이용했다는 것이 독일의 문헌에 나오게 되며 1670년대에는 가죽호스가 보급되었다. 가죽호스는 기운부분이 약해서 1810년경 구미에서는 징으로 누른 가죽호스가 보급되기 시작하였으나, 가죽호스는 무겁고 휘기 힘들며 취급이 곤란하기 때문에 다음에 등장한 마호스에 그 지위를 물려주고 1800년대 말에 자취를 감추게 되었다. 섬유직물로 호스를 만들어 쓴 예로는 1700년경부터 있었으나 누수등의 문제 때문에 좀처럼 실용화되지 못하다가 1780년경에 마침내 대마(大麻)호스가 상업화되기 시작하였다. 1875년부터 1890년대에 걸쳐 자동직기가 등장하여 좋은 물건을 만들 수 있게 되어 내압력의 향상과 누수의 감소가 달성되었으며 10년 내지 20년 정도 사이에는 마호스가 주류를 이루게 되었다. 그러나 마호스도 취급에는 어려움이 있어 내부에 고무를 넣어 누수를 없애려고 하는 시도가 1830년경부터 시작되었고 이후의 고무공업의 발전에 따라 1890년에는 어느정도의 성능을 만족할 수 있는 것이 제조 및 생산될 수 있게 되었고 1915년경에는 구미에서 상당수 사용하게 되었다. 1940년대가 되어 영국에서 라텍스고무를 쓴 가벼운 소방호스가 개발되었으며 특히 제2차 대전후에는 세계적으로 고무내장호스가 주류를 이루어 마호스는 쇠퇴하게 되었다.

현재 세계적으로 고무내장 호스는 다음 4가지의 흐름으로 분류할 수 있다.

첫째는 미국식 더블 쟈켓으로 고무가 두꺼운 호스

둘째로는 영국식 얇은 라텍스고무가 내장된 가벼운 호스

세째로는 독일식의 능직(綾織)으로 경사를 적게하고, 위사가 보이는 쟈켓을 가진 호스 (위사노출형 호스)

넷째로는 소방호스에 합성수지가 내장된 경량의 호스

(2) 소방용 호스와 호스릴의 특성

호스릴은 자켓트의 위사를 WIRE 같은 일정한도의 外力에 견디는 재질로 보강하여 직조하는 것으로 환형 상태가 항상 유지될 수 있도록 제작한 일반소방용 호스의 문제점을 보완한 호스이다.

릴(Reel)용 호스에 대한 각국의 용어 사용을 보면 영국에서는 소방용릴호스, 일본에서는 고무내장호스라 하여 자켓트 보형 호스로 지칭되고, ISO규격에 서는 소방용 접을 수 없는 호스의 용어가 각각 사용되고 있다. 현재 국내에서는 섬유 자켓트에 고무튜브를 코팅한 호스는 생산되지 않고 있으며, 다만 고정식 소화설비인 하론소화설비, 이산화탄소소화설비, 분말소화설비, 포소화소화설비 등에서 일부 호스릴식 설비를 수납 가능하도록 하여 사용하고 있다.

고무호스는 한냉지에서 호스 표면이 얼어 부러지는 것을 방지하기 위한 목적으로 사용되는 것으로 실질적으로 중량이 무겁고 강한 조작력이 필요하기 때문에 옥내소화전설비에 종전에는 적용하였으나 현재에는 합성수지을 사용하는 소방호스를 대부분 사용하고 있다.

(3) 일반소방호스와 호스릴의 장단점 비교

일반소방용 호스	소방용 호스릴
방수량이 많고 중량이 무거워 신체 건강한 사람 및 전문 소방인을 제외한 노약자, 부녀자 등의 사용 곤란	조작력 감소로 인하여 누구나 간단하게 사용가능
구조적으로 꺼임, 접힘 등의 요인 발생으로 즉각적인 방수가 불가능하며 압력손실이 증가	환형을 유지하고 있어 압력손실 감소 가능
소화전으로부터 火災지점까지의 수평거리가 소방용 호스 전장이하일 경우에 호스 전길이를 펼쳐야 하므로 신속한 소화활동을 하지 못함	火災지점이 호스 전장 이하일 경우에 어느 곳에서도 자유롭게 신속하게 방사가능
소화시 1인 조작이 곤란하고 2인 이상의 공동조작과 전문 소방인의 사용에 따른 지휘가 요구됨	조작용이(1인조작 가능)조작력 10kg 이내
접혀져 있는 상태로 보관유지 되기 때문에 내장재의 점착현상이 경년에 따라 증가	항상 환형 상태를 유지하고 있어 점착 방지효과 발휘

2.3 소방펌프

2.3.1 펌프의 종류

액체에 에너지를 주어 액체를 낮은 곳에서 높은 곳으로 송출하는 기계를 펌프(pump)라 정의 한다. 펌프의 전반적인 분류를 표시하면 다음과 같다.

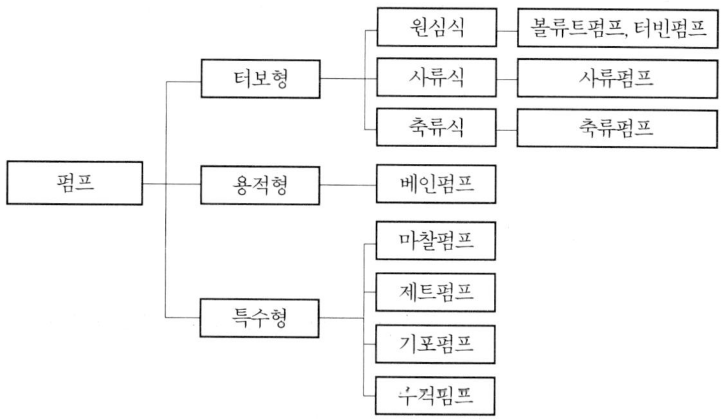

(1) 터보펌프(turbo pump)

회전차(impeller)의 형상에 따라 원심식, 사류식, 축류식으로 분류된다.

1) 원심식 : 액체가 회전차(impeller)의 입구에서 반지름방향 또는 경사방향으로 유입되고 회전차 출구에서 반지름방향으로 유출되는 구조로 된 펌프
2) 사류식 : 액체가 회전차(impeller)의 입구·출구에서 다같이 경사방향으로 유입되어 경사방향으로 유출되는 구조로 된 펌프
3) 축류식 : 액체가 회천차의 입구·출구에서 다같이 축방향으로 유입하여 축방향으로 유출하는 구조로 된 펌프이다.

이들 펌프에서는 회전차의 회전에 의하여 깃의 원심력(원심펌프의 경우), 양력(축류펌프의 경우), 원심력과 양력(사류펌프의 경우)을 이용하여 회전차의 깃 사이를 돌아나가는 사이에 액체에 압력 및 운동에너지를 공급하는 것이다.

(2) 용적펌프(positive displacement pump)

왕복식과 회전식으로 구분된다

1) 왕복식 : 피스톤(piston) 또는 플런저 (plunger)를 실린더 내에서 왕복운동시켜 액체를 수송하는 구조로 된 펌프

2) 회전식 : 회전자(rotor)를 케이싱 안에서 회전시켜 액체를 밀어내는 형식으로 된 펌프

2.3.2 원심펌프

한 개 또는 여러 개의 회전하는 회전차(impeller)에 의하여 액체를 수송하거나 압력을 발생시키는 펌프를 원심펌프(centrifugal pump)라고 한다. 현재 산업계에서 가장 많이 사용되는 펌프로서 소방설비 분야에서도 특별한 경우를 제외하고는 대부분 원심펌프를 사용하고 있다.

(1) 기본 구성요소

회전차(impeller), 펌프 본체(casing), 안내깃, 와류실, 주축, 베어링, 축이음, 베어링 본체, 패킹상자 드응로 구성되어 있다.

1) 회전차 : 여러 개의 변곡된 깃이 달린 바퀴. 재질은 청동, 주강, 주철, 스테인리스스틸 등이다.

2) 안내깃 : 회전차에서 송출된 물을 와류실로 유도하여 속도에너지를 압력 에너지로 변환하는 장치이다.

3) 와실 : 회전차의 바깥둘레에 배치된 환상부분으로서 그 내부에 안내깃이 있다.

4) 와류실 : 와실에서 나온 물을 모아서 토출관으로 보내는 스파이럴형의 동체이다.

5) 흡입관 : 회전차의 중심부에 접속되어 1차부에서 액체를 흡입한다.

6) 푸트밸브: 흡입관의 하단에 끼워져 있고 푸트밸브 속에 장치된 체크밸브와 밸브 하단에 스트레이너(strainer)로 구성되어 흡입관 내 액체의 역류방지기능과 불순물 침입 을 방지하는 여과기능을 한다.

7) 주축 : 회전차와 고정되어 모터의 회전동력을 전달한다.

8) 패킹상자 : 주축이 케이싱을 관통하는 부분에서 액체가 새는 것을 방지하는 장치로서 중요한 기계요소이다.

(2) 원심펌프의 분류

1) 안내깃의 유무에 의한 분류

- 볼류트 펌프(vo|ute pump): 안내날개(깃)이 없다
- 터빈펌프(turbine pump) : 안내날개(깃)이 있다.

일반적으로 양정이 낮은 곳에는 볼류 트펌프를 사용하고, 양정이 높은 곳에는 터빈펌프를 사용한다.

2) 흡입구에 의한 분류

회전차의 한 쪽에서만 흡입되는 펌프를 편흡입펌프(single suction pump)라 하고 펌프 양

쪽에서 흡입되는 펌프를 양흡입펌프(double suction pump)라 한다.

회전차의 지름이 같을 경우 양정은 동일하지만 유량은 양흡입이 두배가 된다.

3) 단수에 의한 분류

펌프 1대에 회전차가 1개인 것을 단단(single stage) 펌프라 한다. 단단펌프로 양수할 수 있는 한계는 대개 80-100m정도이다. 더 이상의 양정이 요구될 때에는 여러개의 회전차를 일렬로 배치하여 1단에서 나온 물을 2단에서 흡입하여 가압하고 차례로 다음 단으로 송수함으로써 고압을 얻을 수 있다. 이런 펌프를 다단(multi stage) 펌프라 한다.

4) 축의 방향에 따른 분류

- 횡축펌프(horizontal shaft) : 보통펌프는 대부분 횡축펌프
- 입축펌프, 종축펌프(vertical shaft) : 깊은 우물용 펌프, 오배수 펌프

(3) 펌프의 크기

펌프의 크기는 흡입구경과 송출(토출)구경으로 나타내는 것이 원칙이지만 토출구경만으로 나타내는 경우도 많다.

예를들면 100×80 볼류트 펌프, 또는 PMV 8003, HTM 65/6 등이다.

(4) 펌프 배관시 간과하기 쉬운 요소

1) 에어 포켓의 발생

그림 상단의 경우 레듀서를 어떻게 사용할 것인가를 잘 보여주고 있다.

2) 배관 정류길이

그림의 하단은 정류길이의 부족을 나타내는데, 정류길이의 부족은 흡입구에서 난류 발생으로 공기가 발생하기 쉬워 공동현상의 원인이 된다.

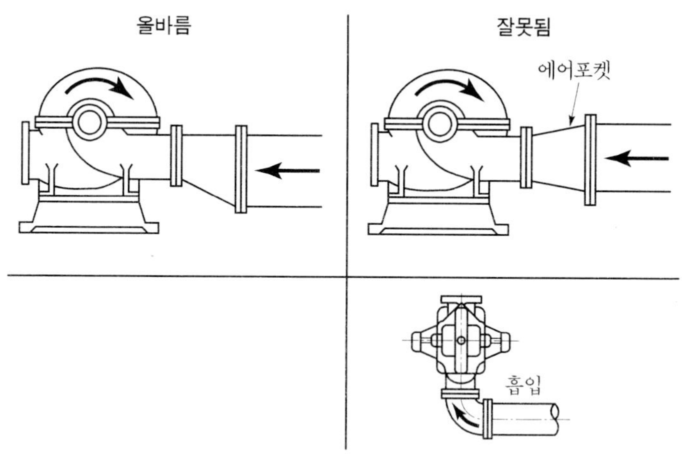

2.3.3 펌프의 양정

펌프의 양정은 펌프의 위치를 기준으로 흡입양정과 토출양정으로 구분하며, 에너지의 변환 상태에 따라 실 양정, 손실수두, 속도수두 등으로 구성된다. 그림에서 펌프의 중심에서 상하로 나누어 흡입 수면까지의 수직 높이를 흡입 실양정(actual suction head) : *Hs*, 송수면까지를 토출실양정(actual discharge head or actual delivery head) : Hd라고 한다.

따라서 실양정(*Ha*) = 토출실양정 + 흡입실양정

= 토출수면과 흡입수면의 높이차 = *Hd* + *Hs*

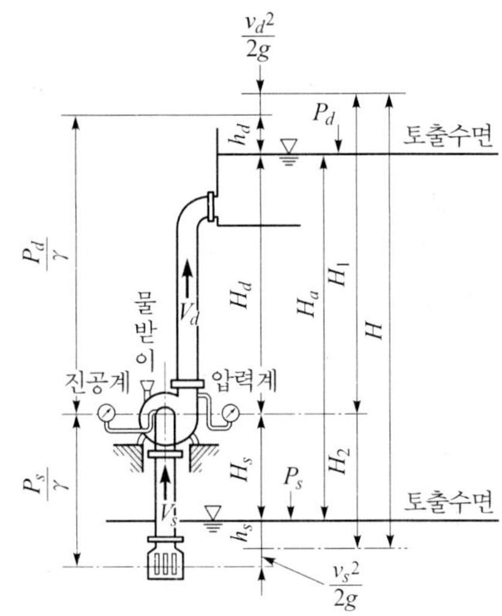

그러나 물은 흡입관과 송출관 속을 흐르기 때문에 물의 마찰저항에 이겨낼 만한 동력이 펌프에 걸리게 된다. 그러므로 흡입관 쪽의 마찰손실수두((hs)와 송출관 쪽의 마찰손실수두(hd)는 당연히 펌프가 부담하여야 할 동력이 된다. 또 그림에서와 같이 송출관이 수조에 접속되어 있을 때에는 $\frac{V_d^2}{2g}$에 상당하는 수두는 잔유속도수도로 수조에 방출되어 전부 손실이 된다. 펌프는 이 동력도 부담해야 한다.

따라서 펌프로서는 실양정 *Ha* 외에 *hs*, *hd* 및 $\frac{V_d^2}{2g}$의 에너지를 부담하지 않으면 토출수면까지 양수할 수 없다. 이 총손실수두를 실 양정에 합친 것을 전 양정(total head) *H*라 한다. 전 양정을 흡입쪽과 송출쪽으로 나누어 각각 H_1, H_2라 하면 全양정은 다음과 같이 된다.

$$H = H_1 + H_2 = (Hd + hd + \frac{V_d^2}{2g}) + (Hs + hs)$$

$$= Ha + (hd + hs) + \frac{V_d^2}{2g}$$

펌프의 중심과 같은 높이에 진공計와 압력계를 달았을 때, 계기의 읽음과 양정과의 관계를 알아보자. 송출구에 단 압력계의 읽음 $\frac{p_d}{\gamma}$는 다음과 같다.

$$\frac{p_d}{\gamma} = Hd + hd$$

여기서 p_d는 (kg/cm^2) . γ=1,000(kg/m^3)(물일 때)이다. 따라서 위식은 수두(m)가 된다.

다음에 흡입구에 단 진공計의 읽음에는 $\frac{V_s^2}{2g}$에 상당하는 속도수두가 가산되므로 진공계의 읽음 $\frac{p_s}{\gamma}$는 다음과 같이 된다.

$\frac{p_s}{\gamma} = Hs + hs + \frac{V_s^2}{2g}$ (*속도수두가 토출측에는 없고 흡입측에는 있다.)

이상의 계기의 읽음에서 양정을 구하면

$$H_1 = \frac{p_d}{\gamma} + \frac{V_d^2}{2g}$$

$$H_2 = \frac{p_s}{\gamma} - \frac{V_s^2}{2g}$$

따라서, $H = H_1 + H_2 = \frac{p_d}{\gamma} + \frac{p_s}{\gamma} + \frac{V_d^2}{2g} - \frac{V_s^2}{2g}$

만일 $V_d = V_s$라 하면 $H = \frac{p_d}{\gamma} + \frac{p_s}{\gamma}$가 되고, 전 양정은 진공계와 압력계의 읽음을 합한 것이 된다. 배관조건이 복잡하지 않을 때에는 $H = 1.3 \times Ha$ 정도로 잡아도 좋다.

2.3.4 펌프에서 발생하는 여러 가지 손실

(1) 수력손실

펌프 내부에서의 유체의 흐름때문에 마찰, 와류, 충돌 등으로 인하여 발생하는 수두 손실 대체로 축동력의 8–20%의 범위

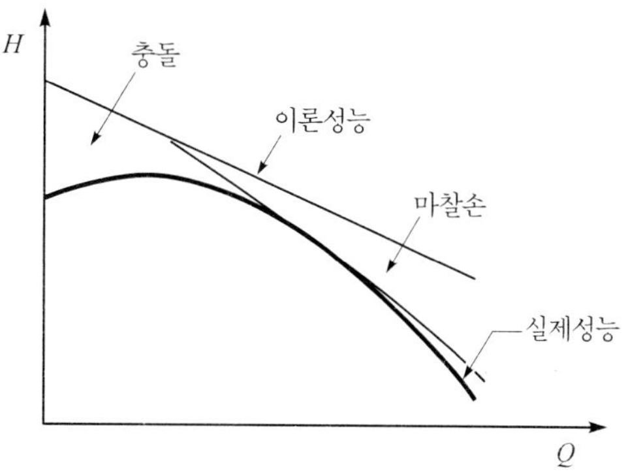

(2) 누설손실

펌프케이싱에서의 누설 때문에 발생하는 손실

(3) 기계손실

베어링과 패킹 등에서 발생하는 기계적 마찰 손실. 누설을 줄이기 위해 패킹을 세게 조이면 패킹과 축간의 마찰이 늘어나므로 기계손실이 커지게 된다. 그러므로 어느정도의 누설은 허용하는 것이 좋다. 축동력의 약 1%로 본다.

2.3.5 특성곡선

원심펌프와 축류펌프의 특성을 표시하자면 보통 아래 그림에 표시한 바와 같이 회전수 N과 흡입양정 Hs.를 일정하게 하여 횡축에 유량 Q, 종축에 양정 H, 동력 L, 효율 η를 잡아 $H \sim Q$, $L \sim Q$ 및 $\eta \sim Q$의 3곡선을 그리는데, 이것을 펌프의 특성곡선(characteristic curve)이라고 한다.

적당한 설계의 결과 구해진 특성곡선인 경우에는 효율곡선($\eta \sim Q$)의 최고점, 즉 최고효율점 η_{max}의 위치가 양정곡선($H \sim Q$)상의 요구점(Hn, Qn)과 동일좌표가 되어야 한다. 여기서 Hn은 규정양정(normal head), Qn은 규정유량의 점이다.

$H \sim Q$곡선이 종축과 만나는점, 즉 $Q=0$일 때의 양정 $H0$를 체절양정(shut off head)이라고 한 다. 체절양정이 최고양정 H_{max}이고, Q가 증가함에 따라 양정이 감소하는 특성곡선을 하향 특성곡선이라 한다.

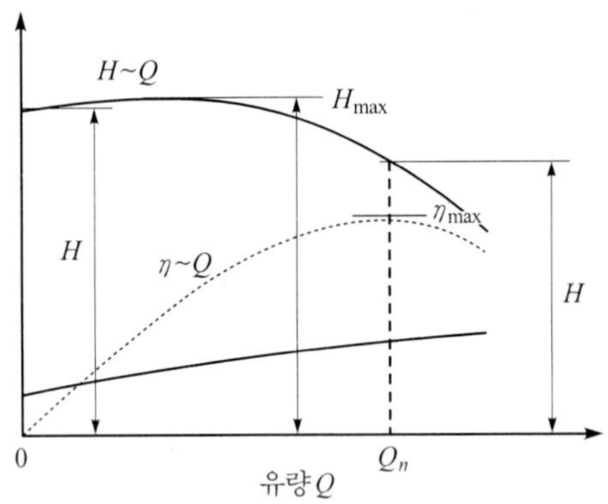

그림 2.3.1 원심펌프의 특성곡선(회전수와 흡입양정이 일정할 때)

2.3.6 NPSH

펌프케이싱 속의 임펠러에 도달한 물은 임펠러의 원심력에 의해 에너지를 받아 압력 또는 속도 에너지를 얻게 된다. 임펠러에 의해 밀려난 물은 토출구를 가득 채우고 있으므로 공기가 침입할 수 없어, 펌프의 흡입구 쪽은 공기의 관점에서 보아 진공상태가 되며 이 진공압에 의해 흡입구 쪽의 물이 빨려 올라오는 과정이 연속적으로 일어난다. 다른 조건을 무시한다면 수면에 작용하는 대기압에 의해 물은 이 진공 쪽으로 10.33m 가량 밀려 올라가게 되므로 펌프는 최대 10.33m의 흡입양정을 갖게 된다. 일단 물이 펌프 임펠러에 도달하기만 하면 토출 에너지는 임펠러의 원심력에 의해 다시 만들어지므로, 토출 양정은 펌프의 구조와 배치에 따라 얼마든지 만들어 낼 수가 있다. 그러나 흡입 양정은 오로지 주변환경(일반적으로 대기압)에 의존하므로 흡입구 쪽의 시스템에 대해서는 기술적 배려가 필요하다.

모든 액체는 온도와 외부 압력에 따라 증발하는 정도가 달라지는데, 이 성질을 증기압이라는 용어로 나타낸다. 물은 대기압(1.0332kg/cm² a)하에서는 100℃에서 끓는데, 이때 증발 수증기에 의해서 압력이 높아지면 끓는 것이 멈추게 되고, 용기가 개방되어 증발 수증기를 계속 방출함으로써 압력이 더 높아지지 않으면 계속 끓게 된다. 만일 진공 상태에서 물의 온도가 100℃로 유지되는 경우라면 어떻게 될까?. 물은 맹렬히 끓어 증발하며 수증기가 공간을 가득 채워 압력이 1.0332kg/cm² a가 되면 끓는 것이 멈출 것이다. 즉, 끓는 물은 스스로 어느 정도의 내부압력을 가지고 외부로 튀어나가려는 성질이 있는데 그 내부압력을 증기압이라 한다. 100℃의 물은 포화증기압이 1.0332kg/cm² a이므로 그보다 높은 주변 압력 하에서는 끓지 못하고 평온한 모습을 보이며, 겉으로만 보아서는 그 온도를 짐작할 수가 없게 된다.

6.7℃의 물은 포화증기압이 0.01kg/cm²a이므로 대기압 하에서는 평온히 있지만 주변 압력이 0.01kg/cm² a이하로 떨어지면 급격히 증발하고, 증발 수증기가 공간을 가득 채워 압력이 0.01kg/cm² a가 되면 끓는 것이 멈추게 된다.

펌프의 흡입측에서는 이론적으로 진공상태를 가정하게 되는데, 바로 이 증기압 때문에 실제 진공상태는 될 수가 없다. 즉, 100℃의 물은 포화증기압이 대기압과 같으므로 스스로 흡입구 쪽 관내를 대기압으로 채우기 때문에 흡입이 전혀 불가능하고, 45.45℃의 물은 포화증기압이 0.1kg/cm² a 이므로 증기가 관내에 0.1kg/cm² a의 압력을 만들어 내기 때문에 실제 흡입 가능한 양정은 이론적으로(1.0332−0.1=0.9332kg/cm² a = 9.332m)가 된다. 흡입 가능한 양정에 부담을 주는 또 다른 요인은 관 벽의 마찰 손실이다. 펌프가 정지해 있는 상태에서는 관내에 물이 이론 흡입양정 만큼 차 있겠지만, 물이 어떤 속도로 움직이든 마찰손실은 반드시 발생하므로 그 손실수두만큼의 에너지를 더해 주지 않으면 정상적인 흐름(규정 유량)은 발생하지 않는다. 그러나 주변 환경이 대기압인 상태에서는 손실수두만큼을 더해줄 수가 없으므로 그 대신 흡입 양정을 낮추어서 보정해 줄 수밖에 없다.

결국, 펌프 흡입측에서의 압력(수두) 균형은 다음과 같이 된다.

실제 흡입 가능한 양정 = 대기압 수두 − (증기압 수두 + 마찰손실 수두)

펌프가 아래쪽에 있는 수조에서 물을 빨아올릴 때에는 실제 흡입 가능한 양정 이내의 높이에 설치되어야 하며, 상온에서의 설치높이 한계는 보통 수면으로부터 7m 이내로 본다.

"실제 흡입 가능한 양정 "과 "설치 높이(실 흡입양정)"의 차이는 물이 펌프 속으로 가지고 들어가는 여유 에너지가 되는 셈인데, 이 여유 에너지를 사용가능한 유효흡입양정(Available Net Positive Suction Height = *Av* NPSH 또는 NPSHav)이라 한다.

즉, Av NPSH = 실제 흡입가능한 양정 − 실 흡입양정
= 대기압 수두 − (증기압 수두+마찰손실 수두+실 흡입양정)
= Pata − $(hv + hL + hs)$

여기서 *hv*는 물의 온도에 따라 정해지는 수치이고
*hL*는 배관의 상태와 유량에 따라 정해지는 수치이며
*hs*는 펌프의 설치 위치에 따라 정해지는 수치로서, 펌프가 수면보다 높은위치에 있으면 *Av* NPSH는 작아지고, 펌프가 수면보다 낮은 위치에 있으면 *Av* NPSH는 커진다.

따라서, *Av* NPSH는 펌프의 특성과는 관련이 없이 주변 조건에 의해 결정된다.

1차측 수조가 개방상태가 아니고 압력탱크인 경우에는 위 식의 대기압 수두(Pata) 대신 탱크 수면에 작용하는 절대압력을 써야한다. 또한 펌프의 최대용량은 정격용량의 150%를 요구하므로 흡입측의 마찰손실(hL)을 구할 때는 150%의 유량으로 구하여야 한다.

펌프 케이싱 안에서 임펠러가 물을 회전시켜 에너지를 가하는 과정은 아주 복잡한 동역학적 과정을 거치는데, 임펠러에서 빠져나간 물은 새로운 에너지를 얻었지만 임펠러 내에서의 유동과정 중에는 좁은 유로를 통하여 물이 가속됨으로써 압력에너지의 손실이 발생하게 된다. 이 에너지의 손실은 임펠러에 의한 새로운 에너지를 얻기 전이므로 임펠러에 도달한 물이 가지고 있는 여유에너지를 소모하게 된다. 만일 흡입된 물이 충분한 여유에너지를 가지고 있지 못하면(Av NPSH가 너무 적으면) 임펠러 내부는 압력이 떨어져 물의 증기압 이하로 내려가게 되므로, 제일 속도가 빠른 임펠러 끝 부분에서 일부 증발이 일어나 물은 정상적으로 토출되지 못하고 다량의 증기를 발생하게 된다. 이 증기는 임펠러의 끝 부분에서 기포의 형태로 발생하였다가 비교적 단면적이 넓은 케이싱 부분에서 속도가 떨어져 급격히 소멸하게 되는데 이 때의 충격으로 캐비테이션이 발생하게 된다.

이런 현상을 막으려면 임펠러에 도달한 물이 어느 정도의 여유에너지(NPSH)를 가지고 있어야 하는데, 그 크기는 펌프의 구조에 따라 결정되는 고유 수치이다. 이 수치를 필요한 유효흡입양정(Required Net Positive Suction Height = Re NPSH 또는 NPSHre)이라 하며, 펌프의 데이터 시트에 이 수치가 나와 있으므로 펌프 및 배관 설계시에 고려해야 한다.

이론적으로 *Av* NPSH가 *Re* NPSH보다 커야만 펌프의 정상작동이 가능하다는 것을 바로 알 수가 있는데, 안전을 위하여 *Av* NPSH $\geq$1.3 *Re* NPSH의 관계를 요구하므로 펌프 설치높이를 결정할 때 반드시 고려해야할 요소이다.

건물의 증축시 소화전이 증설되면 기존 펌프의 유량을 늘려 사용할 때가 있는데, 기존 펌프의 성능이 성능곡선 상에서는 증설된 유량을 감당할 수가 있더라도, 흡입 배관 속의 유속이 빨라짐으로써 Av NPSH가 떨어져 Re NPSH보다 작아지면 사용할 수 없게 되는 수가 있

으므로 잘 검토하여야 한다.

2.3.7 펌프에서 발생하는 여러 가지 현상

펌프속에서 발생하는 현상에는 공동현상(캐비테이션,cavitation), 수격작용(water hamering) 맥동현상(서징, surging) 등이 있다. 어느 것이나 소음과 진동을 동반하는 것이지만 이들은 각각 전혀 다른 원인에 의하여 생기는 것이다.

(1) 공동현상(cavitation)

물이 관 속을 유동하고 있을 때 흐르는 물 속 어느 부분의 정압이 그때 수온의 포화증기압 이하로 되면 부분적으로 증기가 발생하고, 물에 용입된 공기가 물과 분리되어 기포로 나타나는데 이와 같은 현상을 공동현상이라 한다. (유체가 넓은 유로에서 좁은 곳으로 고속으로 유입할 때, 또는 벽면을 따라 흐를 때 벽면에 요철이 있거나 만곡부가 있으면 흐름은 직선적으로 되지 못하며 낮은 부위가 저압이 되어 cavity(공동)가 발생한다.)

이렇게 생긴 기포는 고압의 영역에 이르렀을 때 갑자기 파괴되어 다시 물속으로 녹아들어가 소멸되는데 이 때 심한 충격과 소음, 진동이 발생 한다. 이런 원인으로 펌프의 벽면이 침식되고 성능저하의 원인이 된다.

1) 공동현상의 발생원인

① 펌프와 흡수면 사이의 수직거리가 부적당하게 너무 길 때

② 펑프의 물이 과속으로 인하여 마찰손실이 증가할 때

③ 관 속을 유동하고 있는 물의 어느 부분이 고온이 되어 포화증기압이 상승할 때(체절운전)

2) 공동현상에 따른 결과

① 진동(vibration)과 소음(noise)이 발생한다.

② 양정과 효율이 저하한다.

③ 날개(깃)에 대한 침식(erosion)이 생긴다.

3) 공동현상 방지법

① 펌프의 설치높이를 낮추어 흡입양정을 짧게 한다.

② 압축펌프를 사용하고 회전차를 수중에 완전히 잠기게 한다.

③ 펌프의 회전수를 낮추어 흡입 비교 회전도를 적게 한다.

④ 단흡입보다는 양흡입의 펌프를 사용한다.

⑤ 2대 이상의 펌프를 사용한다.

⑥ 흡입관의 지름을 크게하고 밸브 등 부품의 수를 적게하여 손실수두를 줄인다.

(2) 수격작용(Water hammering)

관로 속을 흐르고 있는 유체를 관단의 밸브로 갑자기 닫거나, 토출하던 펌프가 갑자가 멈추는 경우 유체의 감속된 운동에너지가 압력에너지로 변하기 때문에 닫은 밸브의 직전에서 고압이 발생하고 이 고압의 영역은 다시 반대쪽인 상류로 압축파의 전파속도로 진행하다 reservoir나 막힌곳을 만나면 다시 밸브쪽으로 되돌아간다. 이와 같은 진행이 반복하여 실시된다. 이와 같은 현상을 수격작용이라 한다.

1) 발생원인

관속의 유속이 급격히 변할 때 속도수두가 압력수두로 변환되어 배관계통에 충격이 발생 하는 현상을 말한다.

2) 수격작용의 완화 및 방지법

① 관내유속을 작게 한다.

② 밸브를 vjavm 토출구 가까이 설치하고 밸브 조작을 서서히 한다.

③ 밸브를 서서히 닫은 후 체절상태에서 펌프를 정지한다.

④ 펌프에 플라이 휠을 설치하여 펌프속도가 급변하는 것을 막는다.

⑤ 수격방지기를 설치한다.

(3) 맥동현상(서어징 surging 현상)

토출압력과 토출유량이 주기적으로 변하는 현상이다(펌프가 운전중에 일정 주기로 압력과 유량이 변화하는 현상). 그러나 펌프에는 그다지 발생하지 않는다.

1) 맥동현상의 문제점

한번 발생하면 그 변동 주기는 비교적 일정하고 송출밸브로 송출량을 조작하여 인위적으로 운전상태를 바꾸지 않는 한 이 상태가 지속된다.

2) 맥동현상의 발생원인

① 펌프의 H-Q곡선이 산형곡선(우상향부가 존재)이고 산형부에서 운전

② 배관 중에 수조나 공기조가 있을 때 (공기부가 압축 팽창을 반복)

③ 유량조절밸브가 탱크의 뒤쪽에 있을 때 (공기부가 압축 팽창을 반복)

3) 맥동현상의 방지책

① 펌프의 H-Q곡선이 우하향구배를 갖는 펌프를 선정한다.

② By-pass관을 사용하여 운전점이 서징범위를 벗어난 범위(Q1 이후)에서 운전하도록 한다.

③ 유량조절밸브를 펌프 토출측 직후에 설치한다.

④ 배관 중에 수조 또는 기체 상태인 부분이 존재하지 않도록 배관한다.

⑤ 회전차나 안내깃의 형상치수를 바꾸어 그 특성을 변화시킨다.

(4) 채터링 현상

릴리프밸브 등에서 스프링장력이 저감하거나 스프링의 고유진동으로 밸브가 닫힐 때 밸브가 떨리는 현상을 말한다. 이 때에 고음 및 잡음이 발생한다.

2.3.8 pump의 상사법칙

1) 유량에 대해서 $\dfrac{Q_1}{D_1^3 \cdot N_1} = \dfrac{Q_2}{D_2^3 \cdot N_2}$ (속도×단면적에 비례)

2) 전양정에 대해서 $\dfrac{H_1}{D_1^2 \cdot N_1^2} = \dfrac{H_2}{D_2^2 \cdot N_2^2}$ (속도에 제곱 비례)

3) 동력에 대해서 $\dfrac{L_1}{\gamma \cdot D_1^5 \cdot N_1^3} = \dfrac{L_2}{\gamma \cdot D_2^5 \cdot N_2^3}$ $(L = \gamma HQ \rightarrow HQ = \dfrac{L}{\gamma})$

4) 비속도 $n_s = N \dfrac{Q^{1/2}}{H^{3/4}}$

어떤 펌프에서 단위 유량과 단위 양정을 나타낼 때의 회전수를 뜻하며, 비속도가 같은 펌프는 성능이 같은 펌프이다.

2.3.9 동력계산

FAN에서 압력은 송풍높이를 뜻하지 않고, 덕트 관로의 마찰저항을 이겨내는데 필요한 에너지를 뜻하며, 기체의 종류에 관계없이 수주압(물기둥 높이)으로 나타낸다.

따라서,

$1\ \text{mmAq} = 10^{-3}\ \text{mAq} = 10^{-4}\text{kgf/cm}^2 = 1\ \text{kgf/m}^2 = 9.8\text{Pa}$

공기동력 $L = P(\text{mmAq}) \times Q(\text{m}^3/\text{s})$

$= P(\text{kgf/m}^2) \times Q(\text{m}^3/\text{s}) = P \cdot Q(\text{kgf} \cdot \text{m/s})$

PUMP에서는 유체의 종류에 따라서 물성이 다르고, 실제 압송높이를 중요시하므로 비중량과 양정으로 압력을 계산하여야 한다. 따라서

수동력 $L = \gamma(\text{kgf/m}^3) \times \text{H(m)} \times Q(\text{m}^3/\text{s})$

$= \gamma \cdot H(\text{kgf/m}^2) \times Q(\text{m}^3/\text{s}) = P \cdot Q\ (\text{kgf} \cdot \text{m/s})$

$= \gamma(\text{kgf/m}^3) \times Q(\text{m}^3/\text{s}) \times H(\text{m}) = \gamma \cdot Q(\text{kgf/s}) \times H(\text{m})$

$= \gamma H Q(\text{kgf} \cdot \text{m/s})$

* 물의 경우 γQ는 바로 무게로 환산하면 편리함
* 양정 몇 m에 대해 초당 몇 kg의 액체를 밀어 올리는가

물의 유량을 lpm으로 나타낼 경우

Q lpm = 1 / 1000 · 60 Q (m^3/s) 이고 γ = 1000kgf/m^3이므로

$$L = \frac{\gamma HQ}{1000 \cdot 60} = \frac{1000HQ}{1000 \cdot 60} = \frac{HQ}{60}(\text{kgf} \cdot \text{m/s})$$

물의 유량을 m^3/min 으로 나타낼 경우

Q(m^3/min) = 1/60 Q(m^3/s) 이고 γ = 1000kgf/m^3이므로

$$L = \frac{\gamma HQ}{60} = \frac{1000HQ}{60}(\text{kgf} \cdot \text{m/s}) = \frac{1000HQ}{102 \cdot 60}(\text{kW}) = 0.163HQ(\text{kW})$$

$$\text{효율}(\eta) = \frac{\text{수동력 or 공기동력}}{\text{축동력}} \rightarrow \text{축동력 LS} = \text{L}/\eta$$

원심펌프의 효율은 편흡입 60~75%, 양흡입 70~ 85%(유량에 따라 달라짐)

모터동력 Ld = k·LS (k는 연결효율로서 모터 직결식일 때 1.1~1.2 정도)

2.3.10 마찰손실 공식

Hazen-Williams 공식

$$P = \frac{4.52Q^{1.85}}{C^{1.85} d^{4.87}}$$

여기서 P : 마찰저항 (psi/ft, Q : 유량 (gal/min)
d: 배관의 실제내경(인치), C : 마찰손실 계수

SI 단위로는

$$Pm = \frac{6.05Q^{1.85}}{C^{1.85} d_m^{4.87}} \times 105$$

여기서 P : 마찰저항 (bar/m), Q : 유량 (lpm)
d : 배관의 실제내경(mm), C : 마찰손실 계수

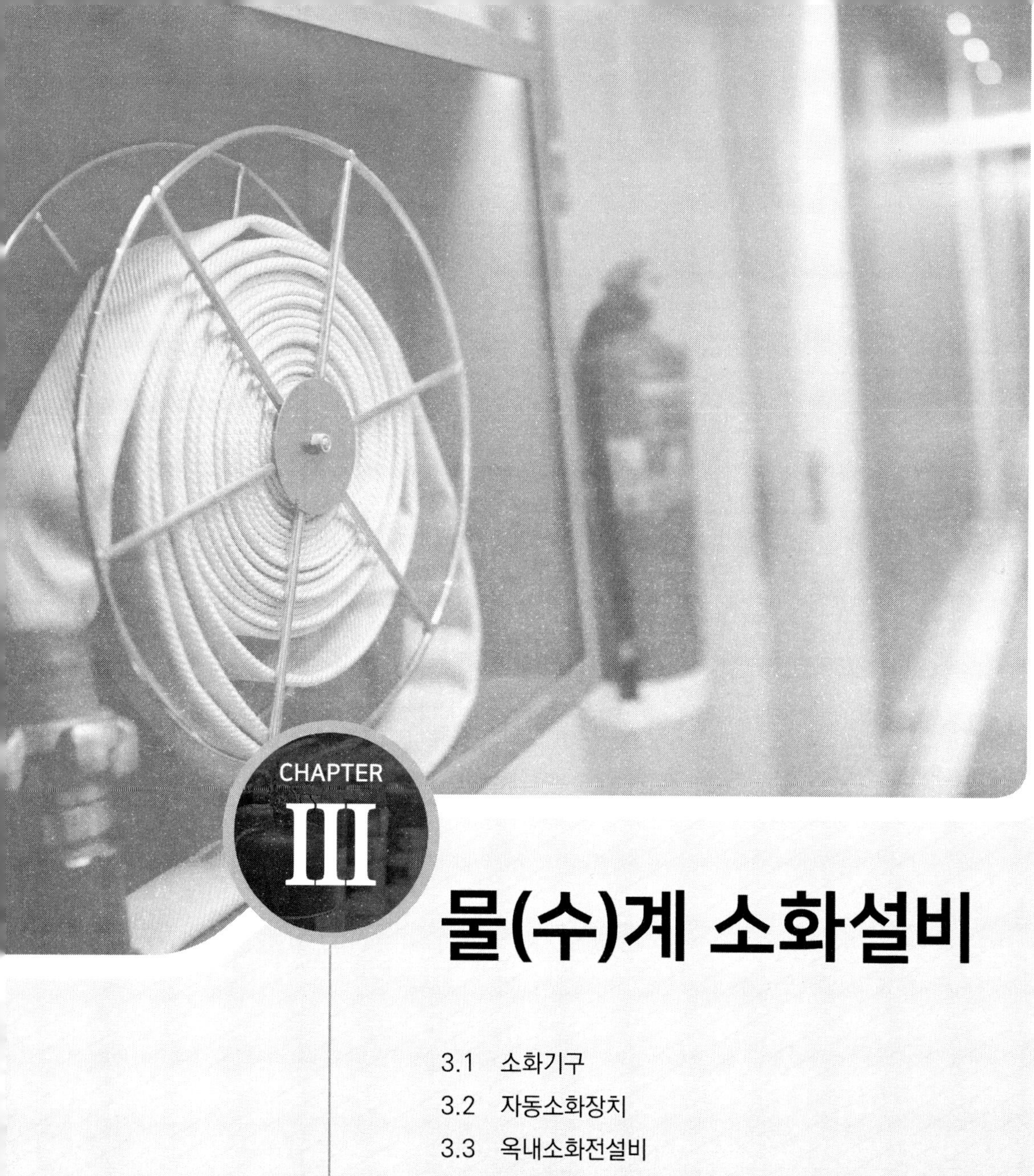

CHAPTER III

물(수)계 소화설비

III 물(수)계 소화설비

3.1 소화기구

3.1.1 개요

소화기구라 함은 화재 발생 시 화재를 소화할 수 있는 소화약제인 물리. 화학적으로 제조된 물품 등을 일정한 용기에 충전시켜 사람이 조작 또는 자동으로 작동하여 사용할 수 있도록 제조된 소방용품을 말하는 것으로서 소화기, 소화약제, 자동확산소화기, 간이소화용구, 자동소화장치로 구분된다.

3.1.2 소화기

소화약제를 압력에 따라 방사하는 기구로서 사람이 수동으로 조작하여 소화하는 다음의 것을 말한다.

가. "소형소화기"란 능력단위가 1단위 이상이고 대형소화기의 능력단위 미만인 소화기를 말한다.

나. "대형소화기"란 화재 시 사람이 운반할 수 있도록 운반대와 바퀴가 설치되어 있고 능력단위가 A급 10단위 이상, B급 20단위 이상인 소화기를 말한다.

(1) 설치기준

① 각층마다 설치하되, 특정소방대상물의 각 부분으로부터 1개의 소화기까지의 보행거리가 소형소화기의 경우에는 20m 이내, 대형소화기의 경우에는 30m 이내가 되도록 배치할 것. 다만, 가연성물질이 없는 작업장의 경우에는 작업장의 실정에 맞게 보행거리를 완화하여 배치할 수 있으며, 지하구의 경우에는 화재발생의 우려가 있거나 사람의 접근이 쉬운 장소에 한하여 설치할 수 있다.

② 특정소방대상물의 각층이 2 이상의 거실로 구획된 경우에는 가목의 규정에 따라 각 층마다 설치하는 것 외에 바닥면적이 $33m^2$ 이상으로 구획된 각 거실(아파트의 경우에는 각 세대를 말한다)에도 배치할 것

(2) 소화기 구조 및 부품 등

① 본체용기

소화기는 높은 압력으로 충전되어 있거나 사용 시에 높은 압력이 가해지기 때문에 유지관리를 잘못하면 흉기로 변하는 사고로 이어질 수 있다. 또한 물 계통의 소화기는 소화약제를 충전할 때에 물과 접촉하는 기회가 많으므로 녹 발생에 주의하여야 한다. 따라서 충분하게 주의를 기울여 점검을 실시하는 것이 매우 중요하다.

- 이산화탄소소화기 및 할론1301소화기 이외에는 용기두께가 얇기 때문에 부식·손상 등의 발생방지를 위한 충분한 육안점검과 처리 및 판단 등이 요구된다.
- 핀홀(pinhole), 균열(crack) 발생은 육안점검으로 확인하기 어려우나 사고로 이어질 위험성이 매우 높다.

※ 유의사항
- 용접부의 손상 또는 현저한 변형으로 기능상 지장을 초래할 우려가 있는 것은 폐기하여야 한다.
- 현저한 부식 및 녹이 발생한 것은 폐기하여야 한다.
- 받침대(skirt)의 용접부분이나 용기 밑부분은 바닥의 습기 등에 의해 부식이 발생되므로 소화기를 거꾸로 하여 확인하여야 한다.

② 덮개(뚜껑)

축압식은 항상 축압력(최고 0.98 MPa(kg/cm^2))을 받으며, 가압식은 사용시 작동압력(분말소화기의 경우 1.5MPa(kg/cm^{2}정도)을 받는다. 균열(crack), 사용공구에 의한 상처 등 변형은 작동압력에 의해 위험한 사고를 초래할 수 있다.

※ 유의사항
- 강도상 지장이 있는 변형, 손상 등이 있는 것은 교체할 것. 또는 소화약제가 분말인 것은 기능점검을 하여야 한다.
- 커버의 조임이 느슨한 것은 완전하게 조여주고 나사가 마모되거나 잘 조여지지 않는 것은 교체 또는 폐기하여야 한다.

③ 호스

직사일광, 기름 등에 의해 노화하기 쉬운 고무제품 또는 합성수지제품으로, 내압력에 의한 파열이나 호스연결금구(nipple) 탈락 등의 우려가 있으므로 주위 환경상태도 충분히 고려하여 점검하여야 한다.

④ 지시압력계

기능상 지장이 있는 변형, 손상, 지침의 작동이 원활하지 않은 것, 내부에 소화약제가 누출되어 있는 것 등은 교체할 것. 지시압력치가 녹색범위를 벗어난 것은 기능점검을 실시하여야 한다.

⑤ 기타 부품

노즐, 방사 혼, 노즐마개 등 기타부품이 현저한 변형, 손상, 노화 등으로 기능상 지장을 초래할 우려가 있는지 확인하여 교체 또는 기능점검을 실시한다.

⑥ 소화약제

소화약제량에 따른 수동식소화기 총중량의 허용범위는 표와 같다. 강화액소화기, 기계포소화기, 할로겐화물소화기, 이산화탄소소화기 및 분말소화기에 대하여 적용한다.

※ 유의사항
- 고화, 이물질, 침전물, 변색, 오염, 악취 등이 있는 것은 교체하여야 한다.
- 보충 또는 교체할 소화약제는 반드시 명판에 표시되어 있는 소화약제를 사용하여야 한다.
- 이산화탄소소화기 및 할로겐화물소화기의 중량점검결과 이상이 있는 것에 대한 점검 등은 전문업체에 의뢰하여 확인하여야 한다.

⑦ 가압용가스용기

이산화탄소를 충전한 것은 총중량을 측정하고, 질소가스를 충전한 것은 내부압력을 측정하였을 때 그림의 충전압력의 허용범위 이내이어야 한다.

총중량의 허용범위

충전 가스량(g)	허용 범위(g)
5 이상 10 미만	±1
10 이상 20 미만	±3
20 이상 50 미만	±5
50 이상 200 미만	±10
200 이상 500 미만	±20
500 이상	±30

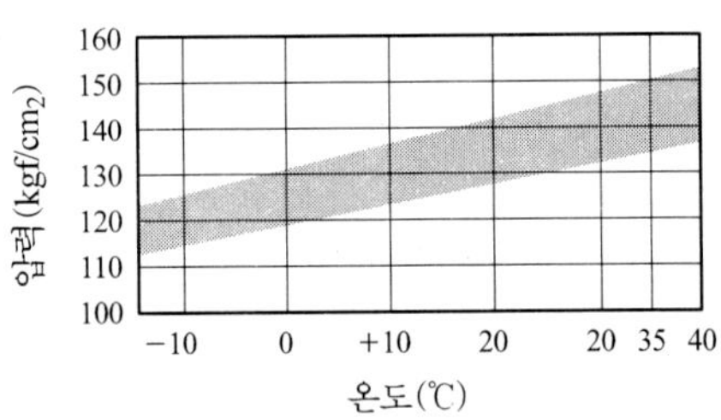

그림 3.1.1 충전압력의 허용범위

(3) 소화기의 종류

1) 소화약제 방출방식에 따른 분류

가) 가압식소화기

소화약제의 방출원이 되는 압축가스를 별도의 전용압력용기(가압용가스용기)에 충전하여 설치되어 있어 레바를 작동하면 가압용가스용기가 개방되어 방사압력원(N_2, CO_2)이 가스방출관을 통하여 소화약제 저장용기 내에 가압되고 일정 압력 이상이 되면 소화약제가 약제방출관을 통하여 방사되는 것을 말한다.

나) 축압식소화기

소화약제와 방출원이 되는 축압가스(질소 등)를 소화기 본체용기중에 함께 충전한 방식의 소화기로서 축압된 압력에 의하여 수동식소화기의 밸브를 개방하면 소화약제가 약제방출관을 통하여 방사되는 구조의 소화기를 말한다. 내부의 압력을 확인할 수 있도록 대부분 지시압력계가 부착되어 육안으로 압력을 체크할 수 있다.

2) 소화약제의 중량 및 소화능력에 따른 분류

가) 대형소화기 : 대형소화기는 화재시 사람이 운반할 수 있도록 운반대와 바퀴가 설치되어있고 능력단위가 A급 10단위 이상, B급 20단위 이상인 소화기를 말한다.

① 대형소화기의 소화약제 종류별 중량

㉮ 물소화기 : 80L 이상

㉯ 강화액소화기 : 60L 이상

㉰ 할로겐화합물소화기 : 30kg 이상

㉱ 이산화탄소소화기 : 50kg 이상

㉲ 분말소화기 : 20kg 이상

㉳ 포소화기 : 20L 이상

② 대형소화기의 소화능력단위

㉮ A급 화재용 수동식소화기는 A급 10단위 이상

㉯ B급 화재용 수동식소화기는 B급 20단위 이상

나) 소형소화기

소형소화기는 능력단위가 1단위 이상이고 대형수동식소화기의 능력단위미만인 소화기를 말한다.

3) 운반 방식에 따른 분류

가) 멜빵식소화기

사람의 어깨, 다리, 허리 등에 멜 수 있도록 멜빵끈이 부착되어 있는 형태의 수동식 소화기를 말한다.

나) 차륜식소화기

소화기의 중량이 35kg을 초과한 것으로 차량이나 사람이 소화기를 끌고 이동할 수 있도록 차륜이 장착된 형태의 수동식소화기를 말한다.

다) 휴대식소화기

멜빵식 및 차륜식을 제외한 가장 일반적인 수동식소화기로 손잡이가 부착된 수동식

소화기를 말한다.

4) 소화약제의 성분에 따른 분류

소화기용기에 충전되어 있는 소화약제에 따라 물소화기, 산·알카리소화기, 강화액소화기, 이산화탄소소화기, 할로겐화합물소화기, 포소화기 및 분말소화기 등으로서 소화약제의 특성에 따라 소화능력이나 적응범위가 달라지기 때문에 일반적으로 가장 많이 분류되고 있다.

(4) 소화기의 세부분류

1) 수(물)계 소화기

① 물소화기

물을 소화약제로 사용하는 소화기로 물은 모든 물질중에서 비열, 기화잠열이 가장 크고, 냉각을 필요로 하는 화재에서 가장 가까이 있는 등 가장 좋은 소화약제로서 사용되고 있다. 그러나 물은 동결하는 등의 결점이 있어 추운 지방에서 사용하는 데는 한계가 있다. 오늘날에는 물이 갖고 있는 가장 큰 장점인 냉각효과를 살리면서 다른 소화성능이 있는 물질을 첨가하는 연구가 이루어져 여러 형태로 발전한 것이 산·알카리 소화기, 포소화기, 강화액 소화기 등이다.

- 물에 의한 냉각작용으로 소화효과를 증대하기 위해 인산염, 계면활성제 등의 침윤제를 수용액으로 첨가한다.
- 방사형태 : 봉상방사 – 냉각, 무상방사 – 냉각, 질식작용 ⇒ A급 화재
- 종류 : 축압식, 가스가압식(별도로 CO_2 가압봄베), 수동펌프식

a. 구조 및 특성

물소화기는 물을 방사하는 원리에 따라 수동펌프식, 가압식 및 축압식으로 분류하며, 침윤제(인산염, 황산염, 계면활성제)가 들어 있는 물소화기에 압축되어 있는 질소가스나 수동펌프의 레바를 작동시키면 노즐을 통하여 방사되는 것이다.

ⓐ 수동펌프식

개폐용 뚜껑이 있는 수동식소화기 용기에 공기실린더가 부착된 수동펌프를 장치한 것으로, 펌프의 핸들을 상하로 작동시키면 본체용기내의 물이 공기실린더에서 가압되어 노즐을 통하여 방사되는 구조이다.

수동펌프식소화기에 주로 사용하는 물의 양은 보통 16ℓ 정도로 방사시간은 약 90초이고 보통화재(A급) 3단위 정도의 능력이 있으며, 펌프의 주요 재질은 황동제이다. 펌프의 피스톤 내에는 항상 물이 충만 되어 있어야 한다.

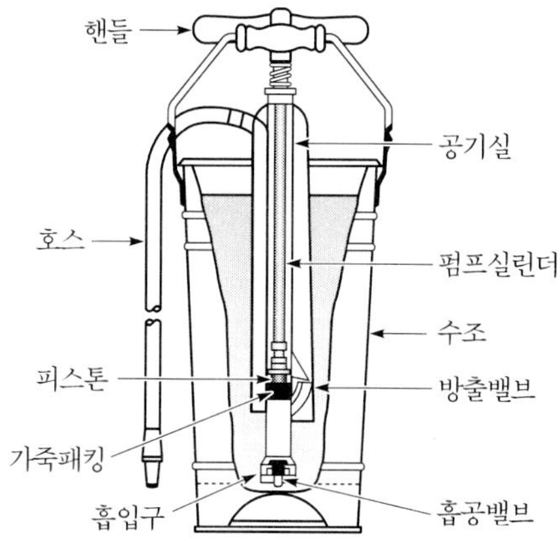

그림 3.1.2 수동펌프식 물소화기 예

ⓑ 가압식

주로 차륜형태의 대형소화기에 사용되며 방사원리는 가압식소화기와 같이 용기안의 소화약제인 물과 방사압력원(가압용가스용기)인 별도의 가압용기(용기외부에 설치되는 경우도 있음)가 설치되어 있다. 레바를 작동하면 가압용가스용기가 개방되어, 방사압력원(N_2, CO_2)이 가스방출도관을 하여 소화약제 저장용기 내에 가압되고, 일정압력 이상이 되면 개폐밸브를 개방하여 소화약제가 방사되는 것이다. 안전밸브와 호스 및 노즐이 장치되어 있는데 노즐은 봉상주수 및 무상주수 전환식이다. 차륜형태의 경우 물의 양은 155ℓ 정도이고 방사시간은 약 200초, 방사거리는 약 15~20m이며, 보통화재(A급) 10단위 정도의 능력이 있다.

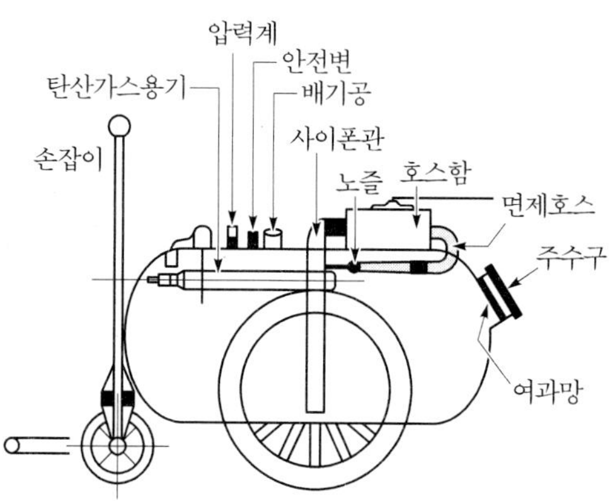

그림 3.1.3 가압식물소화기(차륜식) 예

ⓒ 축압식

용기안에 물과 방사압력이 동시에 존재하는 것으로서 항상 축압된 상태로 있다.

레버식 개폐밸브와 지시압력계가 부착되어 있으며, 밸브를 개방하면 저장용기 내의 물이 약제방출도관을 통하여 방사되는 구조로 노즐은 봉상 주수용이다.

b. 작동원리

일반적으로 물소화기의 작동원리는 분말소화기의 작동원리와 같으며, 수동펌프식물소화기의 작동원리는 ㉠발판을 고정시키고 ㉡소화기의 노즐이 화점을 향하게 하며 ㉢펌프의 핸들을 상하로 움직이면서 ㉣화점에 좌우로 방사하여 소화시킨다.

② 산, 알칼리소화기

종전에는 9.5ℓ가 가장 많이 사용되고 있다. 봉상주수의 경우 능력단위는 일반화재(A급) 3단위로 방사시간은 약 60초 방사거리는 8~12m이다. 무상주수의 경우에는 보통화재(A급) 2단위로 전기화재에도 적응성이 있으며, 방사시간은 약 40초이고 방사거리는 4~8m이다. 현재에는 우리나라에서는 사요하지 않고 있다.

- 중탄산나트륨($NaHCO_3$),황산(H_2SO_4)을 별도 용기에 수납하여, 전도 또는 파병에 의해 두 약제를 혼합시킨다.

$$H_2SO_4 + 2NaHCO_3 = 2CO_2 + 2H_2O + Na_2SO_4$$

화학식에서와 같이 질식, 냉각이 소화의 주체이다.

물 소화기의 일종으로 산과 알칼리 반응에서 생기는 CO_2의 가스압을 이용, 물 송출

- 방사형태 : 봉상 - 냉각, 무상 - 냉각, 질식 ⇒ A급 화재

a. 구조 및 특성

소화약제를 반응시키는 방법에 따라 전도식과 파병식으로 구분한다.

ⓐ 전도식

전도식산·알칼리소화기 본체용기에는 탄산수소나트륨의 수용액이 충전되어 있고 별도 의 황산수용액용기가 소화기 본체용기의 주입구에 설치되어 있으며 사용시 소화기 본체용기를 뒤집어 전도시키면 두수용액이 반응하여 소화약제가 방사되는 구조이다. 또한 호스연결구에는 스트레이너가 부착되어 있다.

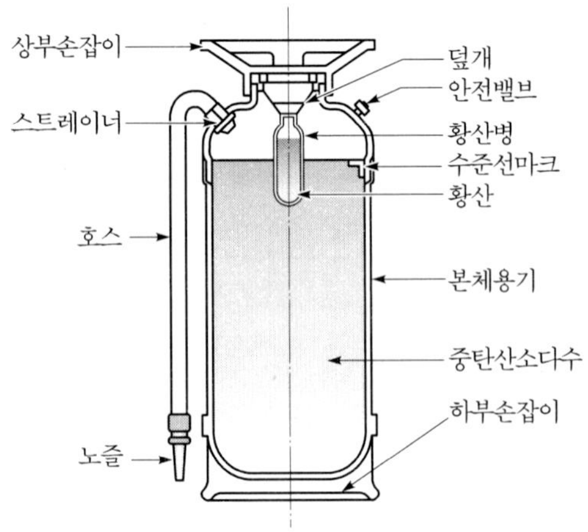

그림 3.1.4 전도식산·알카리소화기 예

ⓑ 파병식

파병식산·알칼리소화기에는 본체용기를 2중으로 하여 밑에는 탄산수소나트륨 수용액을, 주입구쪽에 황산수용액의 유리병이 설치된 형태이거나 황산수용액을 봉입한 유리앰플이 탄산수소나트륨수용액 용기중에 설치되어 있는 구조이다. 누름장치를 조작하여 황산수용액의 유리병을 파열시키면 탄산수소나트륨과 황산수용액이 화학반응하여 약제가 방출되며 온도상승에 의한 소화약제의 누출을 방지하기 위하여 용기 내에 공기부와 지부를 통기시키는 밸브가 설치되어 있다.

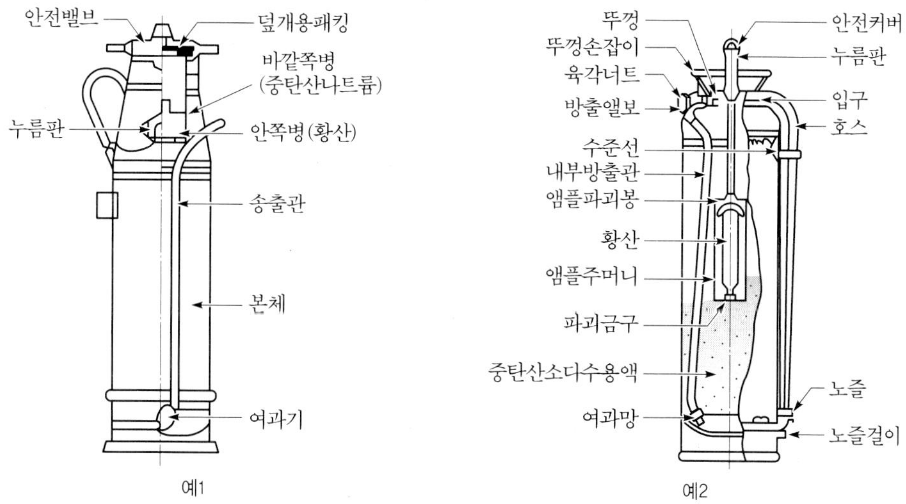

그림 3.1.5 파병식산·알카리소화기 예

③ 강화액소화기

물이 동절기에 어는 것을 방지하면서 소화효과를 높이기 위하여 알카리금속염 등을 첨가한 소화기이다. 봉상주수의 경우는 보통화재(A급)에 적응하고 무상주수의 경우에는 보통화재(A급), 유류화재(B급) 및 전기화재(C급)에 적응하며 능력단위는 표와 같다.

강화액 소화기의 능력단위 예

소화약제량	능력단위	방사시간	방사거리
3ℓ	A급 1단위, B급 1단위, C급 적응	15~25초	4~10m
6ℓ	A급 2단위, B급 1단위, C급 적응	30~40초	4~10m
60ℓ	A급 10단위, B급 3단위, C급 적응	120~140초	6~10m

– 강화액{알칼리 금속염류의 수용액(보통 K_2CO_3 를 사용), 침윤제 등을 혼합 또는 첨가하는 것을 포함}을 압력에 의해 방사하여 소화하는 소화기

연쇄반응을 단절하는 부촉매효과와 냉각소화가 소화의 주체이다.

– 종류 : 축압식, 가압식, 반응압식

– 방사형태 : 봉상 – 냉각, 억제, 무상 – 냉각, 질식, 억제 ⇒ A.B.C급화재

a. 구조 및 특성

강화액소화기는 방사원리에 따라 축압식, 가압식 및 반응압식으로 구분하며 가장 많이 사용되는 것은 축압식 형태이다. 또한 강화액은 탄산칼륨과 같은 알칼리금속류 등의 수용액을 사용하여 알칼리성이 강하고, –20℃에서도 응고하지 않아 냉한지에서도 사용이 가능하며, 용기안에 강화액이 충전되어 있어 레바를 작동하면 노즐을 통하여 방사되는 것이다.

ⓐ 축압식

용기안은 소화약제와 방사압력이 항상 축압된 상태로 있으며 소화기의 밸브를 개방하면 소화약제 저장용기내의 약제가 약제방출도관을 통하여 방사되는 구조로서 주로 소형소화기에 많이 사용된다.

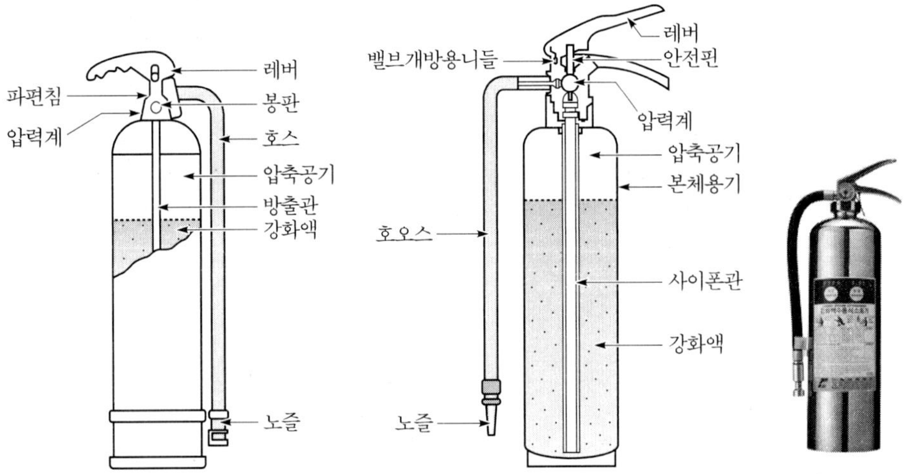

그림 3.1.6 축압식강화액소화기 예

ⓑ 가압식

용기안은 소화약제와 방사압력원(가압용 가스용기)인 별도의 용기가(차륜식 및 대형소화기는 용기 외부에 설치되어 있는 형태도 있음) 설치되어 있는 상태로 되어 있으며, 레바를 작동하면 가압용가스용기가 개방되어 방사압력원(N_2, CO_2)이 가스 방출도관을 통해 소화약제 저장용기 내에 가압되고 일정압력 이상이 되면 소화약제 방출도관 밑의 방습막을 뚫고(차륜식 및 대형소화기는 별도의 개페밸브를 개방)소화약제가 방사 되는 것을 말하며 대형소화기의 경우 노즐은 봉상 및 무상 방사의 전환식이 있다.

ⓒ 반응식

산·알카리소화기의 파병식 작동원리와 같으며, 탄산수소나트륨수용액 대신 알카리금속염의 수용액인 탄산칼륨이 용해되어 있다.

b. 작동원리

ⓐ 축압식에 있어서는 ㉠소화기의 안전핀을 제거한다 ㉡소화기의 노즐을 화점에 향하도록 하고 ㉢레바를 움켜주면서 화점을 향하여 좌우로 방사함으로서 소화한다.

ⓑ 가압식에 있어서는 ㉠소화기의 안전 카바를 제거한다. ㉡소화기의 노즐을 화점에 향하도록 하고 ㉢타격용 플랜지로 타격 후 ㉣화점을 향하여 좌우로 방사하여 소화한다.

ⓒ 반응식에 있어서는 ㉠소화기의 안전 카바를 제거한다. ㉡소화기의 노즐을 화점에 향하도록 하고 ㉢타격용 플랜지로 타격 후 ㉣화점을 향하여 좌우로 방사하여 소화한다.

④ 포소화기: 국내 제조중단

포소화기는 방출방식에 따라 가압식 및 축압식으로 분류하며 방출원리에 따라 화학포 및 기계포 소화기로 분류된다. 방출방식에 따른 가압식 및 축압식은 물소화기의 방법과 같으므로 여기에서는 화학포 및 기계포에 대하여 서술하고자 한다.

- 종류 : 단순 전도식, 파괴 전도식
- 외통 : 중탄산나트륨, 내통 : 황산알루미늄
- 방사형태 : 포상 – 냉각, 질식 ⇒ A, B급

a. 구조 및 특성

포소화기의 외통에는 알칼리성의 A제(탄산나트륨을 주성분으로 한 약제수용액)를 넣고 내통에는 B제(황산알루미늄의 수용액)를 넣어 사용시에 용기를 뒤집으면 내측과 외측 의 소화약제가 화학반응하여 발포되는 소화기이다.

ⓐ 화학포소화기

서로 다른 두 소화약제(용제)를 혼합시켜 방사하는 방식으로 조작방법에 따라 전도식, 파괴전도식 및 개폐전도식으로 구분하며 두 소화약제는 내통용약제와 외통용약제로 구성되어 있고, 분말상의 소화약제이지만 소화기 내에 충전할 때에는 수용액으로 충전한다. 전도식 및 파괴전도식은 산·알카리소화기의 원리와 같으며, 개폐전도식은 소화기의 용기캡에 장치된 핸들에 내통 뚜껑이 고정되어 있는 구조로서 평상시에는 내통을 밀폐해 두었다가 사용할 때는 핸들을 돌려 내통 두껑을 연후 전도시키는 형태의 소화기를 말한다. 내통용 소화약제는 황산알루미늄 소화약제를 사용하며 외통용 소화약제는 기포안정제가 첨가된 탄산수소나트륨을 주성분으로 사용하고 있다.

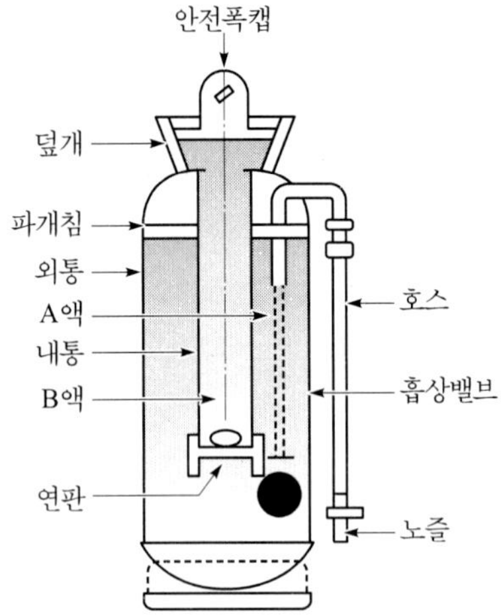

그림 3.1.7 전도식화학포소화기 예

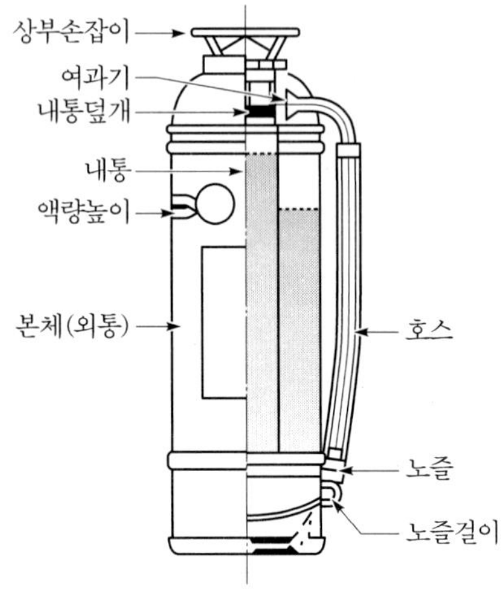

그림 3.1.8 개폐전도식화학포소화기 예

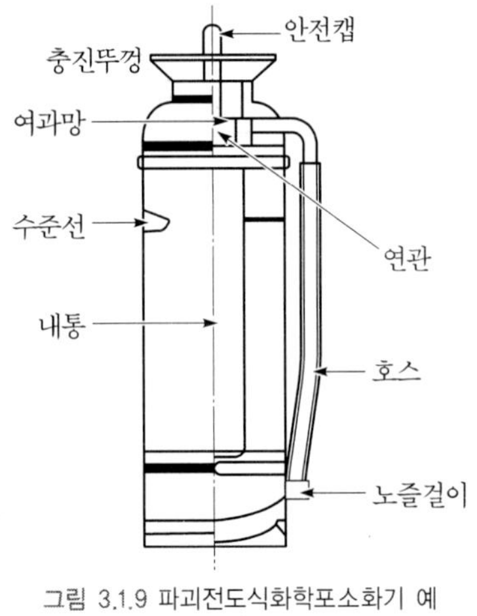

그림 3.1.9 파괴전도식화학포소화기 예

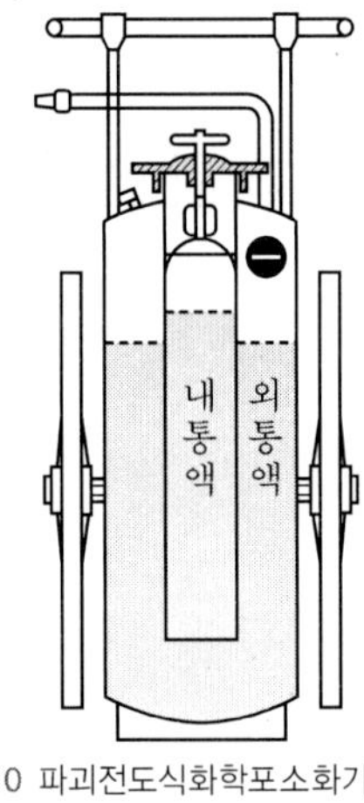

그림 3.1.10 파괴전도식화학포소화기(차륜식) 예

ⓑ 기계포소화기

소화약제는 단백포, 합성계면활성제포, 수성막포 등이 있는데 소화기용으로는 주로 수성막포를 사용하며, 소화약제 농도를 3% 및 6%의 수용액으로 만들어 소화기용기내에 충전하여 사용한다. 가압방식에 따라 가압식과 축압식이 있으며 그 구조는 강화액소화기와 같으나 구조상의 특징은 노즐에서 방사될 때 공기를 흡입하여 발포한다.

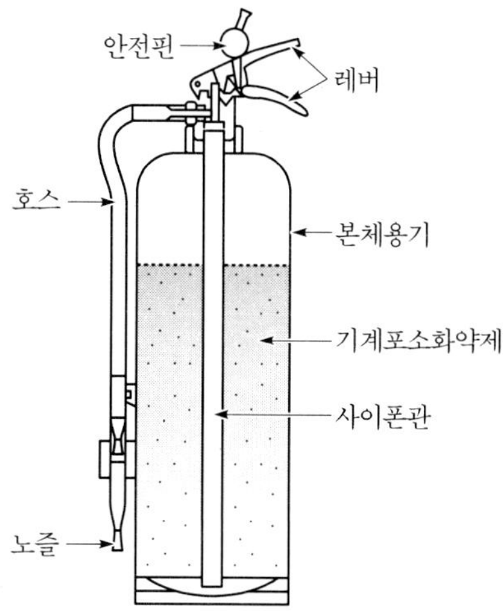

그림 3.1.11 축압식기계포소화기 예

b. 작동원리

ⓐ 축압식에 있어서는 ㉠소화기의 안전핀을 제거한다 ㉡소화기의 노즐을 화점에 향하도록 하고 ㉢레바를 움켜주면서 화점을 향하여 좌우로 방사함으로서 소화한다.

ⓑ 가압식에 있어서는 ㉠소화기의 안전 카바를 제거한다. ㉡소화기의 노즐을 화점에 향하도록 하고 ㉢레바를 움켜 주면서 ㉣화점을 향하여 좌우로 방사하여 소화한다.

2) 기체(가스) 소화기

① 이산화탄소(CO2)소화기

이산화탄소소화기는 이산화탄소를 소화약제로 하는 소화기로 고압가스용기에 저장한 이산화탄소를 특정소방대상물에 방사하여 소화하는 것이다. 또한 이산화탄소(CO2)가 고압용기에 충전되어 있어 레버를 작동하면 노즐을 통하여 방사되는 것이다. 이산화탄소는 장기간 동안 변질, 용기의 부식 등이 없으며, 특정소방대상물에 대하여도 오염이 없다. 다만, 인체에 영향을 주므로 좁은 공간 등에서 사용시 주의하여야 한다.

② 이산화탄소소화기의 구조 및 특성

용기는 250kg/cm^{2}의 내압시험을 행한 용기를 사용하고 있다. 또한 충전비는 1.5이상으로 하고, 안전밸브의 작동압은 일반적으로 용기내압시험 압력의 10분의 8이하로 하고 있으나, 소화기용은 200~250kg/cm^{2}의 범위에서 파열하는 봉판식 안전변을 밸브에 설치하고 있다. 밸브는 황동재질로 레버개폐식으로 되어 있고 용기 밑부분에 도달하는 사이폰관이 접속되어 있다. 밸브의 방출구에는 내압호스 또는 연결관이 접속되어 있다. 호스 및 연결관은 160kg/cm^{2}의 수압에 견디는 강도를 가진 것으로 연결관은 방사할 때 심하게 냉각되므로 고무 등 열의 불량도체로 덮혀 있다. 호스 또는 연결관 끝부분에 노즐 및 방사혼이 부착되어 있다. 노즐은 황동제로, 혼은 합성수지 등의 전기 절연성이 있는 강인한 재료로 만들어지고 있다. 특히 이산화탄소소화기는 다른 종류의 소화기에 비해 중량이 무거워 이동 및 취급 등에 불편함이 있으나 이산화탄소의 특성에 따라 소화 후에 오손이 없고, 대전성에도 강하므로 대부분 정밀기기, 전기기기, 차량 등에 비치하고 있다.

이산화탄소소화기 제원 예

소화약제량(kg)	총중량(kg)	전 장(mm)	방사거리(m)	방사시간(sec)	능력단위
2.3	8.5	660	2	15	B1.C
3.2	11	530	3	15	B2.C
4.6	14	700	3	20	B3.C
6.8	20	740	3	30	B4.C
23	110	1,000	5	50	B6.C
50	205	1,500	5	65	B20.C

그림 3.1.12 이산화탄소소화기

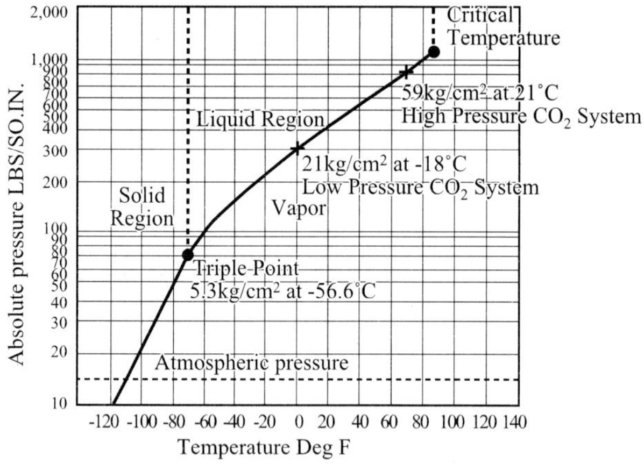

그림 3.1.13 이산화탄소온도-압력 곡선

- 방사 시 기화열에 의한 냉각과 질식작용이 소화의 주체이며 A,B,C급 화재에 적응성이 있다.
- 방사형태 : 기상 – 질식작용, 냉각작용 ⇒ A,B,C급

③ 할론소화기

할론1211, 할론1301, 할론1011, 할론2402 등과 같은 소화약제를 사용하는 소화기를 할로겐화합물소화기라고 말하는데 할론1011 및 할론2402 소화약제를 사용하는 소화기는 우리나라에서 거의 사용되고 않고 있으며 할론1211 및 할론1301 소화약제를 사

용하는 소화기만이 생산되고 있으나 2011년 현재는 하론소화약제는 생산이 전면 중단되었고, 하론 대체 소화약제를 사용하는 HCFC-123, HFC-236fa, HCFC BLEND B 및 FK-5-1-12등를 사용하는 소화기가 생산되고 있다.

a. 할론소화약제의 특징

할론소화약제 중에 최초로 사용된 것은 4염화탄소이고, 제2차대전 후 1염화 1브롬화 메탄이 출현하고 이어서 1965년경부터 2브롬화 4플루오르화 에탄이 사용되기 시작했다. 구미에서는 이 계통의 소화약제로서 근년 브로모클로로디플루오르메탄과 브로모트리플루오르메탄이 일반화되고 있다.

할론번호는 네 자리수로 되고 좌로부터 각각 분자중의 탄소, 플로오르, 염소 및 브롬의 원자수를 나타낸다. 이밖에 냉매 명명법에 의해 프레온 번호 및 통칭 약호가 있다.

할론 소화약제 비교

분자식	CH_2BrCl	$C_2Br_2F_4$	$CBrClF_2$	$CBrF_3$
관습명	1브롬화 1염화메탄	2브롬화 4플로오르화에탄	1브롬화 1염화 1플로오르화메탄	1브롬화 1플로우르화메탄
화학명	브로모클로드메탄	디브로모테트라 플루오르에탄	디브로클로로디 플루오르메탄	브로모트리 플루오르메탄
할론번호	1011	2402	1211	1301
후레온번호	30B1	114B2	12B1	13B1
약 호	CB	FB_2	BCF	BTM

할론소화약제의 소화작용은 다른 소화약제와 달리 화학적 작용이 주체이다. 즉 연소는 일반적으로 물질의 산화연쇄반응이라 알려져 있는데, 할론소화약제의 분자 안에 존재하는 브롬이 가열로 인해 원자상태로 유리되고 이것이 연쇄반응을 확대시키는 활성물질과 결합함으로서 연쇄반응을 차단하여 소화하게 되는 것이다. 이 작용을 억제작용 또는 부촉매작용이라 한다. 할론소화약제는 화학적 작용 외에 냉각효과와 질식효과도 있으나 냉각효과는 물의 10%이하이고, 질식효과를 발휘할 수 있는 농도에 도달하기 이전에 억제효과로 소화하게 됨으로서 효과는 미미하다고 볼 수 있다.

b. 할론소화기의 구조 및 특성

㉮ 할론 1301소화기

자체증기압은 온도에 따라서 변화하나 상온에서는 약 14kg/cm^{2}이기 때문에 방사압력원이 필요 없고 자체증기압으로서 방사한다. 용기 및 밸브는 고압가스안전관리법에 따라 검사에 합격한 제품을 사용하여야 하며, 밸브에 사용되는 나사규격은 이산화탄소소화기와는 달리 테이퍼나사외에 평행나사규격을 사용하여도 된다. 방사원리는 소화기의 손잡이를 움켜쥐면 누름핀이 눌려져 용기가 개방되고 소화약제는 약제방출관(싸이폰관)을 통하여 노즐로 방사된다. 일반적으로 국내에서 제작되고 있는 제품은 스테인레스용기를 주로 사용하고 있으며 소화약제에 대한 내용적의 비는 0.9로 이산화탄소소화기보다 내구성에 대한 위험도가 낮다. 할론1301소화약제는 특성상 소화기보다는 설비용으로 이용된다.

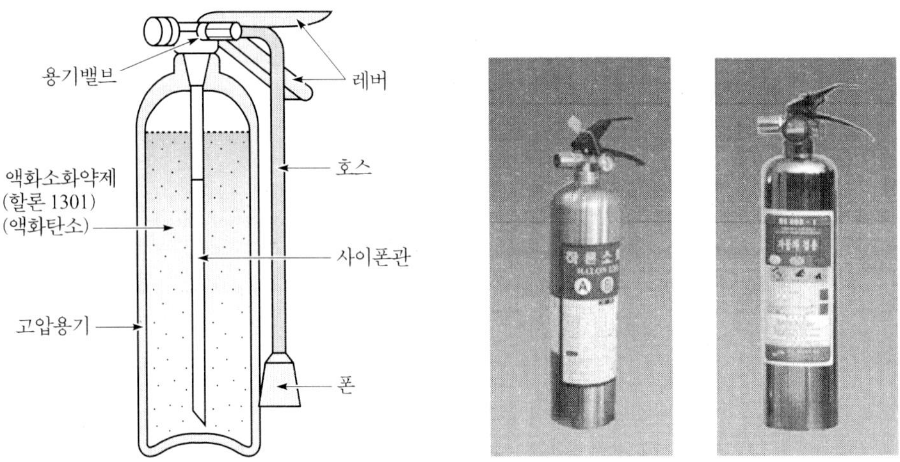

축압식 할로겐화합물 소화기 2.0kg SUS (자동차겸용) 3.0kg SUS (자동차겸용)

그림 3.1.14 할론1301소화기

㉯ 할론 1211소화기

방사원리 및 구조는 할론1301소화기와 같으나 할론1211소화기는 방사압력원인 가스를 별도로 축압(축압식)하거나 가압(가압식)하여 사용하여야 한다 축압식의 경우는 지시압력계가 부착되어 있는 것이 할론1301소화기와 다르며 소화약제에 대한 내용적 비는 0.7이다.

할론1211소화기 제원 예

소화약제량(kg)	총중량(kg)	전 장(mm)	방사거리(m)	방사시간(sec)	능력단위
1	1.8	272	2	10	B1, C
2	3.8	435	3	11	A1, B2, C
3	5.0	431	3	10	A1, B3, C
4.5	7.6	406	4	17	A2, B4, C
6.8	10.6	522	4	23	A3, B5, C

연쇄반응을 억제하는 부촉매효과가 소화의 주체이다.

- 종류 : 축압식, 수동펌프식, 자기증기압식, 수동 축압식
- 방사형태 : 봉상 - 냉각, 질식, 억제 ⇒ A,B,C급

④ 할로겐화합물소화기

FK-5-1-12(Novec-1230), HCFC-123, HFC-236fa(FE-36), HCFC BLEND B(HALOTRON) 등으로 이산화탄소 및 할로겐화합물소화기와 같이 가스상태로 소화약제를 방출하기 때문에 소화 후 약제의 잔재물이 남지 않으며 목재화재와 유류화재, 전기화재에 사용 가능하다.

㉠ FK-5-1-12을 활용한 소화기는 약제의 증발열이 물보다 25배(끓는 점 49℃) 적고 증기압은 물보다 12배나 크기 때문에 증기화를 통한 열흡수 원리(냉각작용)로 화재를 효과적으로 소화한다. 주로 '젖지 않는 물'로 잘 알려져 있는 이 약제는 Novec-1230이라는 브랜드로 국내 시장에 공급되고 있다.

㉡ HCFC-123소화약제 소화기는 ODP, GWP 및 대기잔존년수가 낮아 2010년 전면 사용금지 된 할론에 비해 장기간 동안 안정적 사용이 가능한 소화기이다.

㉢ HFC-236fa를 주원료로 한 소화기는 사용 후 부식을 유발하는 물질인 솔벤트 성분이 없다는 특징을 가지고 있다.

㉣ HCFC-BLEND B는 냉매의 성격이 강한 소화약제로 부촉매 효과와 냉각효과, 질식효과 등을 통해 화재를 진압한다.

할론 대체소화약제 비교

분자식	$CHCl_2CF_3$	$CF_3CH_2CF_3$	CF_3CCl_2H, Ar, and CF_4	$CF_3CF_2C(O)CF(CF_3)_2$
관습명	HCFC-123	HFC-236fa	HCFC BLEND B	FK-5-1-12
화학명	Dichlorotri-fluoroethane	Hexafluoro-propane	2,2-dichloro-1,1,1-trifluoroethane	Dodecafluoro-2-methylpentan-3-one
상품명	-	FE-36	Halotron-I	Novec 1230
내부용적비	0.9	0.83	0.9	0.9

- 종류 : 축압식, 수동펌프식, 자기증기압식, 수동 축압식
- 방사형태 : 봉상 - 냉각, 질식 억제 ⇒ A,B,C급

3) 고체(분말) 소화기

분말소화기의 종류는 중량에 따라 대형 및 소형소화기로 분류하고 소화기의 형태에 따라 휴대식·멜빵식 및 차륜식 소화기로 분류하며 작동방식에 따라 가압식 및 축압식으로 구분한다. 사용 소화약제는 중탄산나트륨, 중탄산칼륨 또는 제1인산암모늄 등을 주성분으로 충전한다. 질소가스가 충전되어 있어 레바를 작동하면 노즐을 통하여 방사되는 소화기이다. 소화약제는 건조한 미분말에 방습처리를 실시하고 분산제를 첨가하여 유동성을 준 것으로 주성분 및 첨가제에 따라 적응하는 화재가 달라진다. 분말소화약제의 주성분으로서는 중탄산나트륨, 중탄산칼륨 등을 주성분으로 하는 분말(BC)소화약제와 인산암모늄을 주성분으로 한 분말(ABC)소화약제가 있다

① BC급 화재용 분말소화약제

중탄산나트륨(탄산수소나트륨)을 주성분으로 한다. 분말소화약제로서 최초로 개발된 것이고 널리 BC급 화재용으로서 사용된다. 또한 주성분으로 중탄산칼륨(탄산수소칼륨)을 사용한 것은 중탄산나트륨과 비교해서 약 2배의 소화능력이 있다.

어떤 경우나 화염을 접하면 다음과 같이 열분해를 하고 탄산가스를 발생하지만 탄산가스로 인한 질식효과 보다 약제가 갖는 억제효과가 소화능력에 크게 영향을 갖고 있다고 알려져 있다.

$$2NaHCO_3 \rightarrow Na_2CO_3 + CO_2 + H_2O$$
$$2KHCO_3 \rightarrow K_2CO_3 + CO_2 + H_2O$$

중탄산칼륨과 요소로 만드는 소화약제가 근년 소개되고 있으며 이것은 중탄산칼륨 단독의 것보다도 더욱 소화능력이 크다.

② 분말(ABC)급화재용 분말소화약제

인산암모늄 및 기타 방염성을 갖는 염류를 주성분으로 하는 것으로 열분해를 일으키고 억제효과로 불을 끄는 것과 더불어 융해해서 목재 등의 표면을 덮어버리므로 「숯불」 상태가 된 목재 등 소위 심층부화재도 소화할 수가 있으므로 분말(ABC) 소화약제라고 불린다.

화염을 접하면 다음과 같이 분해한다.

$$NH_4H_2PO_4 \rightarrow H_3PO_4 + NH_3$$
$$2H_3P`O_4 \rightarrow H_4P_2O_7 + H_2O$$
$$H_4P_2O_7 \rightarrow 2HPO_3 + H_2O$$

또한 분말(ABC)소화약제는 BC급 화재용과 구별하기 위하여 담홍색 또는 황색으로 착색하도록 하고 있다. BC급 화재용이 알칼리성인데 대하여 ABC급 화재용은 산성이므로 충전 때 섞이지 않도록 주의하여야 한다.

③ 분말소화기의 구조 및 특성

구조 및 원리는 앞에서 설명한 소화기의 종류와 같고 소화약제의 종류에 따라서는 BC급 화재용과 ABC급 화재용 두 가지로 구분된다. 어느 경우라도 불꽃을 동반한 화재(기체연소)에 큰 소화력을 갖는 것이 분말소화약제의 장점이고 분출하는 가스화재, 분출하는 가연성액체의 화재에도 적응된다.

㉮ 가압식분말소화기

용기 안에 분말소화약제와 방사압력원(가압용가스용기)인 별도의 용기가(차륜식 및 대형소화기는 용기 외부에 설치되어 있는 형태도 있음) 설치되어 있으며, 레바를 작동하면 가압용가스용기가 개방되고, 방사압력원(N_2, CO_2)이 가스방출관을 통하여 소화약제 저장용기 내에 가압되어, 일정 압력이상이 되면 소화약제방출관 밑의 방습막을 뚫고(차륜식 및 대형소화기는 별도의 개폐밸브를 개방)소화약제가 방사되는 것을 말한다.

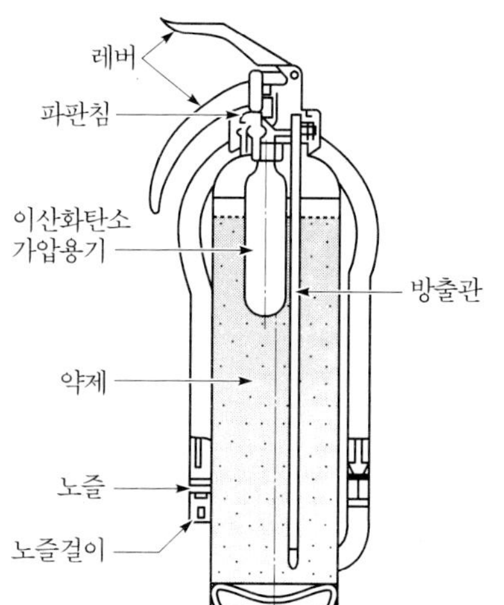

그림 3.1.15 가압식(CO_2) 분말소화기(가압용기 내장형)

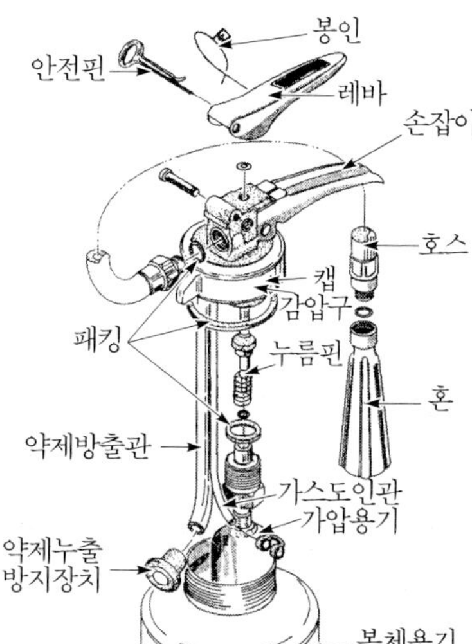

그림 3.1.16 가압식(CO_2)분말소화기 헤드의 구조

㉯ 축압식 분말소화기

용기 안에 소화약제와 방사압력이 동시에 존재하는 것으로서 항상 축압된 상태로 있으며 소화기의 밸브를 개방하면 소화약제저장용기내의 약제가 약제방출관을 통

하여 방사되는 구조의 소화기를 말한다. 압력상태를 확인할 수 있는 지시압력계가 부착되어 7.8~9.8kg/cm^{2}의 범위를 지시하고 있는 구조이다.

- 화면 접촉시 즉시 분해 → CO_2 발생, 질식작용, 복사열 차단
- 방사형태 : 분상 - 냉각, 질식 억제 ⇒ A.B.C.E.K급

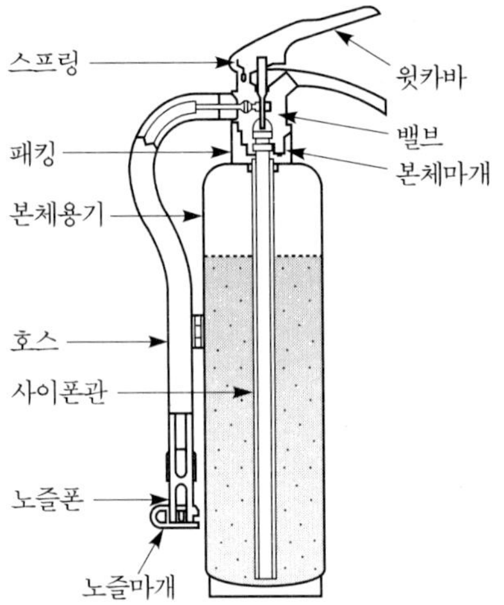

그림 3.1.17 축압식분말소화기

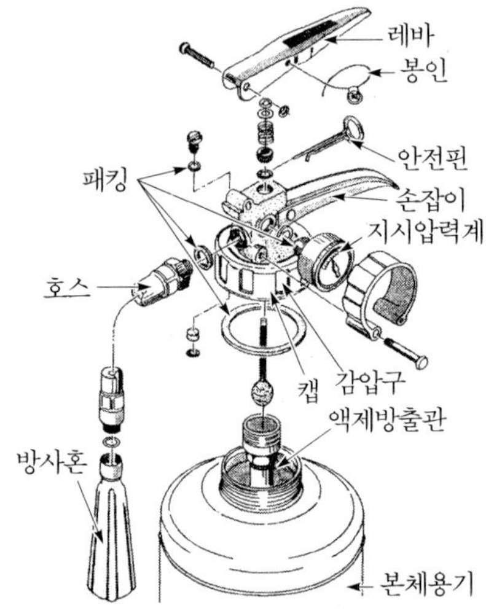

그림 3.1.18 축압식분말소화기헤드의 구조

3.1.2 소화약제

소화기구 및 자동소화장치에 사용되는 소화성능이 있는 고체·액체 및 기체의 물질을 말한다.

3.1.2.1 물소화약제

(1) 개요

주로 냉각작용을 소화할 수 있으며 어디서나 쉽게 구할 수 있으며 값도 싸고, 약제에 대한 독성도 없다. 또한 주로 냉각작용에 의한 소화이며 기화 시 는 질식작용으로 소화에 영향을 줄 수 있다.

또한, 가장 오래되고 널리 사용되는 소화약제로 비열과 잠열이 크기 때문에 냉각효과가 우수한 소화약제이다. 물은 일반적으로 일반화재(A급)에 적응성이 가장 뛰어난 것으로 알려져 있으며, 보편적인 소화약제로서 물리적 조건은 다음과 같다.

1) 상온에서 물은 무겁고 비교적 안정된 액체이다.

2) 물의 융해잠열은 80 kcal/kg이다.

3) 물의 비열은 1 kcal/kg℃이다.

4) 물의 증발잠열은 539 kcal/kg(1기압, 100℃)이다.

5) 물이 증발하면 그 체적은 약 1,650배로 증가한다.

6) 더욱 효과적인 소화방법은 물을 분무하는 방법인데 이는 물을 증기로 쉽게 바꿔 냉각효과를 증대시키기 때문이다.

7) 표면 장력 크다.

(2) 소화방법(원리)

1) 질식효과 : 100℃ 기화시 체적 팽창 크므로(1,600배) 공기와 치환 또는 배재, 산소(산소를 불활성 가스로 대체) – CO_2 소화기, – 분말 소화기

2) 냉각효과 : 열(증발하지 못하도록 냉각)

① 타고 있는 물체가 냉각되어 가연성 증기가 연소하한계 이하로 농도가 떨어지면 화염은 소화된다.

② 상온보다 낮은 인화점의 액체소화에는 물 소화방법을 적용하기 곤란하다.

③ 소화시간은 얼마나 빨리 물이 공급되느냐에 달려있다.

④ 물은 증발하면서 가장 열을 많이 흡수하는데 이는 봉상주수보다 무상주수가 더욱 효과적이다.

⑤ 분무된 물은 다음 원칙에 따라 화염을 냉각한다.

㉠ 열전달량은 공급되는 물의 표면적에 비례한다.

$(Q = KA\Delta T)$ ∴ 봉상보다 무상이 효과적

㉡ 열 전달량은 두 유체의 온도차에 비례한다.

대류열 = $h{\cdot}\Delta T$, 복사열 = $\Phi\varepsilon\sigma T4$

h : 열전달계수 (W/m^2℃), ΔT : 고온유체와 저온유체와의 온도차

㉢ 열 전달량은 수증기 분압의 영향을 받는다.

3) 제거소화 : 연료(연료제거)

– 가연물질 사용억제, – 화재 확산 방지할 수 있는 wet full

4) 연쇄반응(할론 같은 억제제 사용)

– 화재3요소 제거 시까지 원자나 분자는 주위 산소와 계속 분해, 재결합하는 것 을 억제

5) 유화작용 – 무상참조

6) 희석작용 : 물과 혼합하는 액체 (메칠, 에틸알코올 누설 화재)

7) 타격 및 파괴효과 → 봉상, 적상 주수 시 연소물을 파괴

(3) 물소화약제의 성질

1) 물은 비열, 증발잠열, 기화 팽창율이 매우 큰 물질로서 소화의 주체는 냉각소화이고, 보조적으로 질식작용이 있다.
   ① 비열(1 kcal/kg)이 커서 물 입자가 많은 열량을 흡수한다.
   ② 증발잠열(539 kcal/kg)이 커서 기화시 다량의 열을 탈취한다.
   ③ 기화팽창율(1,650배)이 커서 수증기가 연소면을 덮어 질식효과를 발생한다.
2) 물 입자는 공기저항, 기류, 중력 등을 이기고 화점에 도달하여야 소화가 될 수 있으며 가연성 액체의 경우 인화점이 100°F(37.8℃)미만에서는 적응성이 없다.

(4) 주수방법

1) 봉상(Stream): 소방용 방수노즐이용 굵은 물줄기형태로 방출 → 열용량 큰 일반 고체 가연물의 대규모 화재 유효. 예) 옥내소화전, 옥외소화전
2) 입자상(Drop) : 스프링클러 헤드에 의한 주수로 살수라고도 한다. 물방울 평균 직경 0.5~0.6mm 정도로 고체가연물 화재 적용. 예) Sprinkler, 연결살수설비
3) 분무상(Spray): 분무헤드 or 분무노즐에서 고압으로 방수, 물방울 평균 직경0.1~1.0mm 정도, 0.35mm가 소화효과 측면에서 최적 입경으로 알려짐. 유류화재(중질유 화재에 더 효과적)에 이용하려면 (급속한 증발에 따른 질식효과, 물의 미립자 가 기름의 연소면을 두드려서 표면을 유화상으로 하여 기름의 연소성을 상실케 하는 에멀젼 효과가 있다.) 속도에너지 부가를 위해 질식효과 때 보다 입경 더 크게 해야 한다. 예) 물분무설비

(5) 물소화약제 장점

1) 어디서나 쉽게 구할 수 있고 가격이 저렴하여 경제적 부담 없다.
2) 냉각소화, 질식소화의 효과가 매우 높은 물질이다.
   [증발잠열 大(물 1g 기화잠열 529cal), 수증기 기화 시 약 1650배 체적 팽창]
3) 변질의 우려가 없으며, 장기간 보관이 가능하고, 사용방법 간단
4) 인체에 무해하며, 각종 약제를 혼합하여 수용액으로 사용할 수 있다. ⇒ 화학적으로 비반응성이며 안정하다.
5) 보통의 온도와 대기압상태에서 저장될 수 있다.
6) 물은 적외선 흡수

(6) 물소화약제 단점

1) 영하에서는 동파 및 응고현상으로 적응성이 없다.

2) 물과 혼합하지 않는 액체연료의 연소에는 쓸 수 없다.

3) 필요이상 물을 요하며, 소화 후 물에 의한 2차 피해가 발생한다.

4) 금수성 화재 및 C급화재에는 적응성이 없다.

5) 불순물 때문에 전기전도성이 되어 어떤 물건을 회복불능으로 손상 입힐 수 있다.

3.1.2.2 강화액소화약제

(1) 개요

일반적으로 소화약제는 유류화재나 가스화재에 치중하여 만들었으며 일반화재의 속 불(솜뭉치, 종이뭉치, 스펀지, 낙엽 등)을 소화하는 데는 부적절하다. 일반가연물의 속 불을 신속히 소화하며 유류화재에도 효력이 있는 소화제가 요망되어 개발된 것이 강화액(Loaded Stream)소화약제이다.

(2) 소화효과

액체이면서 겨울철 -20℃에 얼지 않도록 되어 있으며 가연물의 속으로 잘 침투해서 일반가연물과 결합하여 화염이 일어나지 않게 방염제와 침투제 등과 혼합용액으로 되어있어 일반화재에 잘 듣는다. 유류화재에 대하여는 미세한 물방울로 화염에 분무하여 냉각작용, 공기희석작용 및 미세한 물방울 속에 함유되어 있던 탄산칼륨, 인산암모늄 등의 일부가 화염에 의하여 분말이 되어 부촉매작용으로 연쇄반응을 억제한다.

(3) 적응화재

소화약제로 진한 탄산칼륨(K2CO3)수용액을 충전한 것이 강화액소화기이며, 액성은 강알칼리성이다. 구조는 물소화기와 동일하여 노즐구조에 따라 봉상 또는 무상으로 방사된다.

{분무상태 : A,B,C급(냉각효과, 질식효과), 봉상 : A급(냉각)}

(4) 소화작용

1) 물의 냉각작용

2) 탄산칼륨 피막의 질식작용

3) 탄산칼륨의 부촉매 억제작용

4) 공기 희석작용

(5) 특징

1) 알칼리금속염류의 수용액으로 비중이 1.3~1.4, 응고점이 -23~-30℃, 사용 온도범위는

-20~40℃이다.

2) 강알칼리성으로 독성이 없고 장기 보관시에도 분해, 침전, 노화가 일어나지 않는다.

3) 방사시간 및 투시성이 우수하다.

4) 전기화재에 사용할 때 절연열화의 결점이 있다.

5) 소화 후 재연방지용

6) 한랭지역 및 겨울철에 적응

강화액은 내한성에 중점을 두고 응고점(-20-℃)을 보완하여 한냉시에도 사용하도록한 물계통의 소화기이다. 무색 또는 황색인 약간의 점성이 있는 액체로서 알칼리금속염류 등의 수용액이다. 소화약제는 물에 중량비로 40-%에 가까운 탄산칼륨염을 용해시키고 그 이외에 방청제(녹방지) 및 안정제를 첨가하여 제조하며 제원은 아래들과 같다.

강화액 물성의 예

비중	1.36~1.38(20℃)
응고점	-26℃~-30℃
점도	3.7(C.P)
pH	11~12
표면장력	27 dyne/cm

강화액 조성의 예

탄산칼륨	36%
유기안정제	2%
방청첨가제	2%
착색제	약간
물	60%

강화액 소화약제 수동식 소화기용 | 강화액 소화약제 에어졸 소화기용/설비용

3.1.2.3 침윤제소화약제

(1) 개요

물은 이용이 쉽고, 가격이 저렴하여, 소화능력이 우수하여 소화용으로 가장 널리 사용되고 있는 소화약제이다. 소화용수의 성능을 더욱 강화하기 위한 A급 가연물질용 첨가제를 사용한다. A급 가연물질인 목재, 종이, 면 등의 진화에는 통상 소화용수에 첨가제를 사용하지 않았으나 최근 그 사용이 증가되고 있다. A급 가연물질용 첨가제는 Wetting Agent(Wet Water

라고도 부름)와 Class A포의 형태로 사용되기 시작하였다.

(2) 첨가제의 종류

1) Antifreeze Agent(부동액)

① 물은 0℃ 이하에서 얼기 때문에 소화약제로서의 기능을 상실하며, 또한 배관 및 기기파괴를 초래한다. 빙점하에서 습식 설비의 동파 및 물의 응고현상을 방지하기 위하여 물의 응고점을 0℃ 이하로 낮추는 소화약제, 한냉지 또는 난방을 하지 않은 거실, 옥외 노출배관이 있을 경우 많이 사용 한다.

② 소화약제로는 염화갈륨($CaCl_2$), 글리세린, Propylene Glycol, Diethylene Glycol 등이 사용되며, 부식방지제를 첨가하기도 한다.

③ 보통 4℃ 이하인 장소에 사용하며 미국의 경우 최근에는 $LiCl_2$의 알칼리금속염 용액을 이용하기도 한다.

2) Wetting Agent(Wet Water)(침윤제, 적심제)

① Wetting Agent는 물의 표면장력을 감소시켜 물방울의 형성 또는 방사된 물이 흘러가 버리는 대신에 물이 가연물 위로 확산되고, 내부로의 침투성을 증가시키기 위한 값싼 첨가제이다.

② 물의 침투가 용이하지 않은 화재(예 : 원면화재, 산림화재)에 매우 효과적이며, 섬유 톱밥 등 심부화재의 소화에서 물이 가연물속으로 깊숙이 침투할 수 있도록 사용한다. 그러나 전기화재에는 사용을 제한 한다.

③ 표면장력의 약화는 액체의 표면적을 넓게 하여 열 흡수능력을 증가시킨다.

④ 탄화수소 계면활성제이므로 대부분의 A급 가연물과 물리적 친화력을 가진다.

⑤ Wetting Agent는 냉각능력을 갖고 있지 않으며 단순히 물의 확산과 침투만을 돕는다.

⑥ NFPA 231E의 "면표의 심부화재시 잔화정리를 위해 Wetting Agent를 보유토록 권장

3) Viscosity Agent(증점제, 점성수용액 增粘液)

건물, 수목의 수직면(입체면)에 물이 오랫동안 부착할 수 있도록 물에 증점제(Viscosity agent)를 가하여 소화효과를 발휘할 수 있도록 물의 점성을 높여 주는 물질을 첨가한다. 증점제에는 알기산(alginic acid)의 나트륨염, 카복실메칠 셀룰로즈의 나트륨염(CMC), 폴리옥시에칠렌계 비이온 계면활성제 등이 있다.

① 일명 Thickening Agent라고도 한다.

② 물의 유실방지 : 가연물의 입체면 에 부착하여 잔류한다.

③ 공중 소화약제로 사용시 높은 곳에서 물을 낙하시키는 경우 목표로 물의 도달 확률이 높기 때문이다. 따라서 증점제를 첨가한 물을 산림화재의 소화약제로 사용한다.

④ 종류 : CMC, DAP, Gelgard 등이 있다.

☞ CMC 수용액 : 소화효과를 더 높이기 위하여 CMC 수용액에 제1또는 제2인산암모늄을 첨가하기도 함.

- 물과의 중량비 : 일반적으로 0.5~3%, - 점도 : 약 250CP

4) Density Modifier(밀도 개질재, 변형제)

물의 소화능력을 증가시키기 위해 물의 밀도를 보충(수정)하는 물질로서 대표적인 것이 수용성Foam이다.

5) Class A포

① Class A포는 포블랭킷(Foam blanket)을 형성하고, 물의 침투력과 확산성을 크게 한다.

② Class A포는 심부화재에서 물의 성능강화를 입증한 기록이 있으며, 시카고의 대화재 및 캔사스의 쓰레기 매립장 대 화재에서 유효하게 사용되었다.

③ 가연물화재는 물 자체로 화세를 제압하거나 소화하기가 매우 어렵다. 따라서 미국 내 많은 도시 소방서에서 현재 Class A포를 사용하며, 일반 소화용수의 소화능력 개선을 경험하고 있다.

④ Wetting Agent 와 Class A포는 모든 A급 가연물화재에서 실질적으로 유효하다.

⑤ Wetting Agent 와 Class A포는 물의 표면장력을 감소시키는 역할을 하며 물이 심부화재에 도달하게 한다.

6) Emulsifier(유화제)

가연물과 Emulsion을 형성하여 기름표면에 산란하여 유면을 덮는 유화층 형성을 돕는 Agent이다. 유화제로 주로 사용하는 계면활성제는 Polyoxyethylene, Alkylether 등의 비이온계이다.

3.1.2.4 산알칼리소화약제

화학반응에 의해서 생성된 이산화탄소의 가스압력에 의하여 방사되며 소화원리는 물과 마찬가지의 효과로 일반화재에 적용된다.

$$H_2SO_4 + 2NaHCO_3 \rightarrow 2CO_2 \uparrow + 2H_2O + Na_2SO_4$$

약제는 알카리성의 중탄산나트륨(중조)을 외통(A제)에 수용액으로서 충전되고 황산 약 70% 용액의 내통제(B제)와 반응시켜서 이산화탄소의 발생에 따르는 가스압력을 방출원으로 하고 있다.

구분	물	약제
내통액	30%	황산70%
외통액	93%	탄산수소나트륨7%

3.1.2.5 포 소화약제

(1) 개요

물에 의한 소화능력을 향상시키기 위해서 포를 첨가시켜 질식작용 을 추가한 형태의 약제이다. 즉 물이 가지는 냉각소화 외에 질식 소화작용을 효과적으로 소화에 적용시킬 수 있는 약제이다. 원액의 종류에 따라 단백포 소화약제, 합성계면 활성제 포소화약제, 수성막포 소화약제가 있다.

(2) 단백포와 수성막포

1) 개요

포소화약제란 화학적으로 제조된 소화약제로서 2가지 이상의 소화약제를 혼합하여 생성된 소화약제로서 화학포와 기계포(공기포)가 있다.

2) 포소화약제의 구비조건

① 포의 안정성이 좋아야 한다.

② 포의 유동성이 좋아야 한다.

③ 포의 접착성이 좋아야 한다.

④ 포의 독성이 적어야 한다.

⑤ 포가 표면에 잘 분산되어야 한다.

⑥ 포의 소포성이 적어야 한다.

3) 단백포와 수성막포의 비교

구 분	단백포	수성막포
① 포팽창비	6~20배	5~20배
② 소화성능	수성막포보다 적다	포소화약제중 소화성능이 가장 우수하다
③ 포방출구	II형 방출구	특히 표면하 주입식 방출구에 적합하다
④ 보존성	부패, 변질 우려가 있다	보존성이 타약제에 비하여 우수하다
⑤ 타약제 혼합사용		타약제와 혼합사용이 가능하다
⑥ 내열내화성		단백포에 비해 내열성이 우수하다
⑦ 소화능력		단백포를 1로 보았을 때 3배이상
⑧ 소화약제량		단백포를 1로 보았을 때 1/3이하
⑨ 기타		A급 화재에도 타약제 보다 우수하다

그림 3.1.19 수성막알콜포

그림 3.1.20 수성막포

(3) 불화단백포

1) 성분 및 소화특성

① 단백포 소화약제에 불소계면활성제를 소량 첨가한 것으로 단백포와 수성막포의 단점인 유동성과 열안정성을 보완한 것이다.

② 표면하 주입방식에도 효과적이다.

2) 사용농도 : 3%, 6%형이 있다.

3) 방호대상 : 석유류 화재 및 석유화학공장에 쓰인다.

(4) 합성계면활성제포

1) 성분 및 소화특성

① 계면활성제를 기제로 하여 안정제 등을 첨가한 것

② 저팽창에서 고팽창까지 범위가 넓어 고체 및 기체 연료등 사용범위가 매우 넓다.

③ 유동성이 좋은 반면에 내유성이 약하고 포가 빨리 소멸되는 단점이 있다.

④ 소화성능은 수성막포에 비하여 낮다(수성막포 〉 계면활성제포 〉 단백포).

⑤ 장시간 저장해도 부패, 변질이 없다.

⑥ 고발포, 저발포로도 사용이 가능하다.

(5) 알콜형포

1) 성분 및 소화특성

① 천연단백질 분해물계와 합성계면 활성제계가 있다

② 물과 혼합하면 알콜과 같은 수용성 위험물에 불용성이 되므로 알콜류와 같은 수용성위험물 소화에 사용된다.

③ 소화효과는 희석효과가 주가 된다.

2) 사용농도 : 3%(저발포형)

3) 방호대상 : 수용성 액체위험물(알콜, 케톤류)

(6) 포소화약제의 Transit Time [포소화약제의 경과시간]

물과 포소약제를 혼합하여 발포시키기 까지의 시간을 말하며 경과시간은 포소약제의 성질, 물의 온도에 따라 좌우된다. 포소화약제의 최대경과시간은 약제 제조사의 제한하는 범위내로 하여야 한다.

3.1.2.6 이산화탄소(CO_2)소화약제

(1) 이산화탄소소화약제의 특성

이산화탄소를 소화약제로 사용하려면 KS K 1106 액화탄산의 2종 또는 3종에 적합한 것으로 규정하고 있다. 이산화탄소는 공기중에 0.03%(용량) 존재하나 공업적으로는 석유등을 원료로 하는 수소의 제조공정 중에서 발생한 기체에서의 회수 또는 발효공업의 부산물의 포집(捕集) 등에 의해 만들어진다. 그 용도는 소화제 외에 탄산나트륨, 요소의 제조원료, 주물, 용접, 냉동용 등이 있다.

이산화탄소 소화약제는 용기내에 규정량이 충전된 이산화탄소는 압축되어 액화하고 있지만 온도에 따라 그 압력은 변화한다. 압력변화의 정도는 충전비에 따라 다르다. 충전비란 소화약제 1kg당의 용기내용적의 L수이다.

$$충전비(L/kg) = 용기내용적(L)/충전소화약제량(kg)$$

용기내에서 방사된 후에는 가스상태로 되므로 좁은 공간에서도 침투가 잘되고, 전기에 대한 절연성 및 방사후 소화약제에 의한 오손이 없으나 다른 소화약제에 비하여 소화효과는 비교적 적다. 따라서 약제 사용후 정비나 수리가 곤란한 특정소방대상물의 소화에 적합하다.

KS K 1106 액화탄산의 품질

구분	1종	2종	3종
CO_2 (용량%)	99.0 이상	99.5 이상	99.5 이상
수분 (중량%)	–	0.05 이하	0.005 이하
냄새 느낌	이상한 냄새가 없을 것	–	–

(2) 소화원리

공기의 산소함유량은 통산 21%이지만 이것이 15%가 되면 수소, 아세틸렌, 이황화탄소, 일산화탄소 등의 특수한 물질을 제외한 통상의 가연물은 연소할 수 없게 된다. 이산화탄소는 불활성가스이고 이것을 공기중에 40% 혼합하면 산소 농도는 15%가 되고 연소물은 질식작용에 따라 소화된다. 또 노즐에서 이산화탄소가 방출될 때의 단열팽창에 따라 온도가 저하해서 드라이아이스가 생기고 그 냉각작용으로 소화를 돕는 효과가 있으나 이는 부가적 효과라고 생각해야 한다.

1) 물리·화학적 특성(분자식 CO_2, 분자량 44, 삼중점 −56.6℃)
   ① 상온 상압 무색 무취 기체
   ② 비전도성 불연성가스
   ③ 임계온도 31.25℃에서 쉽게 액화할 수 있다.
   ④ 3중점 (4.2kg/cm^2, −56.6℃)에서 기체, 액체, 고체가 공존한다.
2) 소화특성
   ① 열 흡수에 의한 냉각작용
   ② 산소농도를 15%이하로 하여 질식소화를 한다.
   ③ 한계산소농도 이하로 하므로 고정식 소화설비에 적합하다.
3) 적응화재
   B급(유류), C급(전기)화재
4) 장점
   ① 화재진화 후 소화약제의 잔존물이 없다.
   ② 심부화재에 효과적이다.
   ③ 증거 보존이 가능하다.
   ④ 전기·유류·기계 화재에 유효하다
   ⑤ 오존층을 파괴시키지 않는다 (ODP = O)
5) 단점
   ① 고압가스로서 배관 관부속이 고압용이다.
   ② 인명, 가축등에 질식의 해가 있다.
   ③ 설비비가 고가이다.
   ④ 소화력이 약하다.(1301의 $\frac{1}{3}$, 분말의 $\frac{1}{3}$)
   ⑤ 동상의 우려가 있다.

3.1.2.6 할론소화약제

연소물에서 유리된 기가 산소와 반응하기 전에 할로겐 원소에 대한 작용으로 소화하는 약제로 연소를 소화하는 형태로 화재에 대한 신속성은 있으나 약제가 분해 중에 독성이 있는 유독물을 생성하는 우려가 있다.

(1) 개요

할로겐화합물 소화약제는 지방족 탄화수소의 분자중 수소원자를 1개 이상 할로겐 원소로 치환된 형태의 화합물중 소화약제로 사용할 수 있는 것의 총칭이다.

(2) 소화특성

① 연쇄반응 억제 효과

② 냉각효과

③ 희석효과

(3) 적응화재

① B급(유류), C급(전기)화재

② 분자중에 Cl, Br이 있는 것은 A급화재에도 효과가 있다.

(4) 장점

① 소화후 기기를 오염시키지 않는다.

② 약제의 변질, 분해 염려 등이 없다.

③ 화학적 부촉매에 의한 연소억제 작용이 크고 소화능력이 우수하다.

④ 금속에 대한 부식성이 없다.

(5) 단점

① 유해가스(HBr, HF 등)를 발생 한다.

② 오존층을 파괴한다

③ 밀폐된 곳의 고정식 소화설비에 적합하다.

(6) 소화약제 종류별 특성

1) 할론 1301

① 분자식 : CF_3Br (분자량 : 148.9)

② 비점 : -57.8℃

③ 소화농도 : 2.9~3.9% (N-Heptan)

④ ODP : 14.1 GWP : 4900

⑤ NOAEL : 5% LOAEL : 7.5%

⑥ 무색, 무취, 전기 전도성이 없다.

⑦ 상온상압하에서 기체로 존재하며 증기는 공기보다 5배 무겁다.

⑧ 약제 방출시 액화 할론이 급격히 기화하면서 공기 중 수분을 냉각하여 운무 현상이 일어난다.

⑨ 연쇄반응에 대하여 강한 억제작용을 한다.

⑩ 약 550℃ 이상에서 HBr, HF 등의 유독기체가 발생하므로 소화후 실내를 환기한다.

⑪ 할론 1211, 2402, CO_2 와 비교하였을 시 소화농도가 가장 낮다.

⑫ 할론 1211, 2402에 비교하여 독성이 가장 낮고 시계 저하 현상이 적어 피난이 용이하다.

⑬ 약제량이 소량이므로 밀폐된 실에서의 압력상승 우려가 거의 없다.

⑭ 이산화탄소와 할론 1301 과의 소화특성 비교

가. 할론 1301의 주된 소화효과

- 연쇄 반응 차단(유리기)효과로 소화속도가 빠르다.

나. CO_2의 주된 소화효과

- 공기중의 산소농도를 15% 이하로 질식 및 희석에 의한 소화를 하며
- CO_2는 방사시 저온효과(냉각효과)를 얻을 수 있다.

2) 할론 1211

① 분자식 : C F_2 Cl Br (분자량 : 165.4)

② 비점 : −3.4℃

③ 소화농도 : 3.8% (N−Heptan)

④ ODP : 2.4

⑤ 할론 1211의 비점이 −4℃ 가까이에 있기 때문에 0℃로 방출시 액체로도 방출된다.

⑥ 저장 압력이 높지 않으므로 질소가스를 가압하여야 하므로 일부 질소가스는 용해되므로 내압변화의 밸런스는 복잡하다.

3) 할론 2402

① 분자식 : C_2F4 Br_2(분자량 : 259.9)

② 비점 : 47.5℃

③ 소화농도 : 2.1%(N−Heptan)

④ 비점이 47.5℃로서 상온에서 액체이다.

⑤ 유일한 에탄의 유도체이다.

⑥ 특수가연물 중 제1종, 제2종 가연물에 소화효과가 우수하다.

⑦ 독성은 사염화탄소(CCl4)보다는 약하나 할론 1211, 1301 보다 강하다.

(7) 할론 소화약제의 명명 방법

여러 종류가 있으나 국내소방법에서는 할론 1301, 1211, 2402외에 행정안전부장관이 소화약제로서 효과가 있다고 인정한 것 등이 있다.

① 이 소화약제는 숫자로 표시한다.

② 숫자는 소화약제의 문자로 구성하고 있으며 C, F, Cl, Br(탄소, 불소, 염소, 브롬)순이다.

1) Halon 계열

〈예〉 Halon 1 3 0 1

C F Cl Br ⇒ C F3 Br

〈예〉 Halon 2 4 0 2

C F Cl Br ⇒ C_2 F4 Br_2

〈예〉 Halon 1 2 1 1

C F Cl Br ⇒ C F_2 Cl Br

2) C F C 계열 (Hydro Chloro Fluoro Carbon)

〈예〉 C F C 1 1

C F (나머지 Cl원자수) ⇒ C F Cl_3

* 메탄계 탄화수소 CH4에서 F와 Cl3로 치환된 것임

3) HFC 계열 (Hydro Fluoro Carbon)

〈예〉 H F C 2 2 7 ⇒ C3 H F7

- 7 → F수
- 2 → H+1=2에서 H=1개
- 2 → C−1=2에서 C=3개

4) HCFC 계열 (Hydro Chloro Fluoro Carbon)

〈예〉 H C F C 1 2 3 ⇒ C_2 H F_3 Cl_2

- 3 → F수
- 2 → H+1=2에서 H=1개
- 1 → C−1=1에서 C=2개

* Cl수 : 메탄계수소 수량중 나머지 수

C_2H_6에서 6−4=2개

(8) 할론 소화약제 소화에 있어서의 Soaking Time

1) 개요

할론소화약제는 저농도(5~10%) 소화약제로서 초기에 소화가 가능한 표면화재에 주로 사용 하나 심부화재에 적용할 경우에도 소화가 가능한 고농도로 일정시간 유지하여야 한다. 이때 필요한 시간을 「Soaking Time」이라고 한다.

2) 할론 소화약제의 Soaking Time

할론 1301은 표면화재시 초기진화에 유용하며 심부화재에 적용하는 것은 비경제적이므로 통상 사용하지 않는다. 그러나 심부화재의 경우에도 할론을 고농도로 장시간 방사하면 화재 심부에 침투하여 소화가 가능해지며 보통 Soaking Time은 10분이며 화염이 재발하는 것을 방지하기 위하여 사용한다.

(9) 지구 환경을 위한 CFC 규제 관련 국제적 동향 및 오존층 파괴 시 지구에 미치는 영향

1) CFC 규제관련 국제적 동향

① 1987. 8 오존층 파괴 물질에 관한 몬트리올 의정서 채택

② 1989. 1 몬트리올 의정서 발효

③ 1990. 7 몬트리올 의정서 개정 및 할론 생산 및 사용 규제(2000년에 생산중단)

④ 1991. 1 오존층 보호를 위한 특정물질의 제조, 규정 등에 관한 법률 공포

⑤ 1992. 2 우리나라 몬트리올 의정서 가입, 우리나라는 개도국으로 분류되 10년간 유예(2005년까지 50% 폐기, 2010년까지 전폐)

⑥ 1995. CFC물질 관세부과

⑦ 2000 CFC 사용금지

2) 오존층 파괴시 지구에 미치는 영향

자외선차단 불능으로 인하여 인체건강에서부터 자연생태계를 파괴한다.

① 인체에 미치는 영향 : 피부암, 백내장의 원인

② 해양식물에 미치는 영향 : 해양 생태계의 파괴(플랑크톤의 소멸)

③ 육상식물에 미치는 영향 : 농작물의 흉작으로 식량감소 초래

④ 지구환경에 미치는 영향 : 기후 변동 예상

3) Halon 소화약제를 대체해야하는 주된 이유

할론은 CFC계열 물질로서 Ozon층 파괴의 주된 물질이다.

3.1.2.7 할로겐화합물소화약제

(1) 할로겐화합물소화약제의 종류

① HFC − 23 [C H F_3]

② HFC − 125 [C_2 H F_5]

③ HFC − 227ea [C3 H F_7] − 상품명 : FM200

④ HCFC − 124 [C_2 H F_4 Cl]

⑤ HCFC BLEND A : 4가지 약제 혼합 (상품명 : NAFS−Ⅲ)

HCFC−22 [82%] + HCFC−124 [9.5%] + HCFC 123 [4.75%] + $C_{10}H_{16}$

⑥ FC−3−1−10 [PFC410] : C4F10

(2) 할로겐화합물소화약제의 특성

1) HFC−23 [상품명 : FE−13, 제조사 : Du Pont]

① HFC계열의 소화약제로서 1301의 대체물질로 수용가능하나 사용조건의 제약을 받는다.

② NOAEL(30% 이상)이 설계사용농도(14.4%)보다 높으므로 주거지역에서 사용가능(최대설계 허용농도 50%)

③ 1301을 대체하기 위하여는 고압의 설비가 필요하다.

④ ALT (280년)으로 온실가스 이다.

* ALT [Atmospheric Life Time] : 대기권 잔존 수명

− 대기권에서 분해되지 않고 존재하는 기간을 말한다.

− ALT가 높은 가스는 온실가스로 분류 된다.

2) HFC−227ea [상품명 : FM 200, 제조사 : Great Lakes Chemical. Co]

① HFC 계열의 소화약제로서 할론 1301의 대체물질로 수용가능하나 사용조건의 제약을 받는다.

② HFC 계열 물질중 할론 1301 대체 소화약제로서 가장 효과적이다.

③ NOAEL(9%)이 설계농도(7%)보다 높으므로 정상거주지역에서 사용이 가능하다. (ODP = O, GWP = 3400, 최대허용설계농도 : 9%)

④ 소화약제 자체만 UL/FM 인증을 받았다.

⑤ 소화약제 및 Pre−Engineered System에서 미국 최초로 UL/FM 인증

3) HCFC−124 [상품명 : FE−241, 제조사 : Du Pont]

① 할론 1301의 대체물질로 수용가능하나 사용조건의 저촉을 받는다.

② NOAEL(2.5%)이 설계농도(8.4%)보다 낮으므로 정상거주지역에서 사용할 수 없다 (최

대설계허용농도 : 1%)

4) HFC-125 [상품명 : FE-25, 제조사 : Du Pont]

① HFC 계열의 소화약제로서 할론 1301의 대체물질로 수용가능하나 사용조건의 제약을 받는다.

② NOAEL(7.5%)이 소화농도(9.4%)이므로 비거주지역에서만 사용할 수 있다.

③ 최대설계허용농도(7.5%)

5) HCFC BLEND A [상품명 : NAFS-Ⅲ, 제조사 : North American Fire Guardian Tech.Co]

① HCFC 계열의 혼합물질로서 할론1301의 대체물질로 수용가능하나 사용조건의 저촉을 받는다.

② 이물질의 최대 구성물질인 HCFC 123, HCFC 124, HCFC-22는 HCFC 계열의 생산이 단계적 중단으로 인하여 전면 사용 중단해야 한다.

③ 국내법상 이 물질의 구성물질 모두가 『오존층 보호를 위한 특정물질 제조규정에 관한법률』에 저촉을 받으며, 각종 규제를 받을 어려움이 있다.(2030년 전면사용중단)

④ 우리나라에서는 할론 1301의 방출방식이 30초인데 비하여 외국은 10초이다.
소화약제 변경 사용시 고압의 설비로의 변경이 필요하다.

⑤ 소화후 검정액의 끈적끈적한 검댕 잔여물이 있다.

⑥ 소화농도(7.2%), 최대설계허용농도(10%), NOAEL(10%)

6) FK-5-1-12(NOVEC-1230)

① 상품명 : Novec은 근로자 안전문제, 환경 적합성, 최적의 성능을 의미하는 3M의 상품명임

② 1230 : 1230은 화학성질과는 전혀 관계없는 3M의 제품번호임

③ 화학 및 물리적 성질

- Novec 1230은 플루오르화 케톤(fluorinated ketone)이다.
- 끓는점은 섭씨 49°C로서 상온에서 액체상태이기 때문에 압축가스보다는 다루기 쉽다.
- 다른 물질들과 쉽게 반응을 하지 않고 보관 중에도 안정적이다.
- 환경적 특성
  - 끓는 점 : 49°
  - 설계농도 : 5~6(%) [하론 : 5%, FM200 : 7~9.5]
  - 최대허용설계농도(NOAEL) : 10% [하론 : 5%, FM200 : 9]
  - ODP : 0.0 [하론 : 16.0, FM200 : <<0.001]

- GWP : 1 [하론 : 5800, FM200 : 2050]
  * NOAEL : 독성이 나타나지 않는 농도(No Observable Adverse Effecgts Level)
  * ODP : 오존 파괴 지수(Ozone Depletion Potential)
  * GWP : 지구 온난화 지수(Global Warming Potential)

(3) 할로겐화합물 소화약제가 가져야 할 구비조건 및 소화설비 선정 시 고려하여야 할 사항

1) 개요

할로겐화합물 소화약제란

- 소화 시 기화로 인한 잔여물을 남기지 않으며
- 전기적으로는 비전도성, 증발성 가스상태의 소화약제로서
- 지구환경파괴에 미치는 영향이 없거나 낮은 약제를 말한다.

2) 할로겐화합물의 구비조건

① ODP가 0일 것

$$\text{ODP(오존파괴지수)} = \frac{\text{비교물질. 1kg이 파괴하는. 오존량}}{\text{CFC-11,1kg이 파괴하는. 오존량}}$$

② GWP가 낮을 것

$$\text{GWP(지구온난화지수)} = \frac{\text{비교물질. 1kg이, 기여하는, 지구온난화 정도}}{\text{CFC-11,1kg이, 기여하는, 지구온난화 정도}}$$

③ 소화능력이 우수할 것

④ 독성이 낮을 것

⑤ 가격이 적당할 것

⑥ 유지관리측면에서 경제적일 것

3) 할로겐화합물 소화설비 선정 시 고려사항

① 인명측면 : 거주지역인 경우 NOAEL 이하에서 소화가 가능한 농도의 소화약제일 것

② 환경측면 : ODP, GWP, ALT(대기잔존시간) 고려

③ 재산보호 측면 : 전기설비 등 고가장비 소화 시 물 소화는 재산보호가 불가능하다.

④ 경제적인 측면 : 가격이 저렴하고 유지관리 비용이 저렴하여야 한다.

(4) ODP(Relative Value of Ozone Depletion Potential based on CFC-11)와 GWP(Relative Value of Global Warming Potential based on CFC-11)

1) ODP [오존 파괴지수]

① 개요

어떤물질이 오존파괴에 기여하는 능력을 상대적으로 나타내는 지표로서 기준물질인

CFC-1의 ODP를 1로하여 같은 무게의 어떤 물질의 오존 파괴량을 나타낸 것을 말한다.

$$\text{즉. ODP} = \frac{\text{비교물질.1kg이 파괴하는. 오존량}}{\text{CFC-11.1kg이 파괴하는. 오존량}}$$

② 소화약제의 ODP

할론1301	할론2402	할론1211	CO2
14	6.6	2.4	0.05

③ Ozon층 파괴 Mechanism

Cl 혹은 Br을 포함한 프레온가스가 지상에 발효하면 성층권에 도달하여 자외선에 분해되어 오존과 반응하여 오존을 파괴하고 또한 연쇄반응을 한다.

* CFC-11 [CF Cl_3]의 오존파괴 Mechanism

$$CFCl_3 \rightarrow CFCl_2 + Cl$$
$$Cl + O_3 \rightarrow ClO + O_2$$
$$ClO + O \rightarrow Cl + O_2$$

즉, 한 개의 염소원자 [Cl]는 안정된 화합물을 형성할 때 까지 수천~수십만개의 오존[O_3]을 파괴한다.

2) GWP [지구온난화지수]

① 개요

어떤물질의 지구온난화에 기여하는 능력을 상대적으로 나타내는 지표로서 기준물질 CFC-11의 GWP를 1로하여 같은 무게의 어떤 물질의 지구 온난화에 기여하는 양의 비로 나타낸 것 을 말한다.

$$\text{즉 GWP} = \frac{\text{비교물질. 1kg이, 기여하는, 지구온난화 정도}}{\text{CFC-11,1kg이, 기여하는, 지구온난화 정도}}$$

② 지구온난화의 원인

a. 온실가스의 영향으로 자외선을 흡수한 온실가스가 지구 저층의 대기중에 다시 방출하여 대기 온도를 상승시킨다. 이러한 효과를 온실효과 [Green House Effect]라고 한다.

b. CO_2를 1이라고 할 때 CFC의 GWP는 10,000~20,000배이다.

③ 지구 온난화의 영향

a. 지구 온도 상승
b. 빙하의 해빙
c. 생태계의 변화
d. 수자원의 영향
e. 질병발생 및 인류 희생 초래

④ 대책

a. 냉매누설을 줄인다

b. 대체 소화제 개발 및 사용

c. 기술진흥 및 보급

3) NOAEL 과 LOAEL

① NOAEL (No Observable Adverse Effect Level)

신체에 아무런 악영향도 감지 할 수 없는 최대농도. 즉, 심장에 독성을 미치지 않는 최대농도를 말한다.

② LOAEL (Lowest Observable Adverse Effect Level)

신체에 악영향을 감지할 수 있는 최소농도 즉, 심장에 독성을 미칠 수 있는 최소농도를 말한다.

(5) 할론 대체 소화약제의 NOAEL과 LOAEL

1) 사람이 존재하는 곳의 경우 소화약제의 소화농도는 NOAEL보다 낮아야 하는 것이 바람직하다.

2) 할론 대체 소화약제는 주로 NOAEL과 LOAEL에 의해 독성을 상대적으로 평가하고 있다.

3) 할론 1301의 소화농도는 3.5%로서 NOAEL이 5%보다 낮아야 한다.

3.1.2.8 불활성기체소화약제

불연성 기체 혼합물로 약제가 고압용기에서 연소물에 뿌려질 때 냉각을 얻을 수 있으며 공기 중의 산소농도를 저하시켜 연소시키는 질식작용 외에 가연성 가스 중 하한농도를 연소범위 이하로 저하 시켜 연소를 하지 못하게 하는 희석소화를 한다.

(1) IG-541 [상품명 : Inergen, 제조사 : Ansul사]

1) 불활성 가스 혼합물질(N_2, Ar, CO_2)로 할론 1301의 대체물질로 수용가능하나 사용 조건의 저촉을 받는다.

2) 화재시 산소농도가 안전수준 이하로 감소할 우려가 있으므로 화재구역 내 사람이 있을 경우 대피하거나 호흡장비가 필요하다.

3) ODP = 0, GWP = 0, ALT : 무시할만한 수준

4) 소화약제는 UL/FM 인증 취득

5) 다른 소화약제에 비하여 소화약제량이 많아(약 24배)넓은 저장공간이 필요하다.

① 불활성기체의 고압압축가스이므로 양이 많아진다.

6) 고압의 설비 및 가스 재충전을 위한 특수시설이 필요하며 미국에서는 안전상의 문제로 많은 회사들이 이 약제의 사용을 거부하고 있다.

7) 설비 작동시 산소를 고갈시키고 소화에 필요한 소화농도에 도달하기 위하여 다른 청정 소화약제는 10초미만에 도달하는데 비하여 IG-541은 적어도 1분간이 소요된다.

① 안전을 보장하기 위하여 산소농도가 10%이하로 떨어지면 사람들은 30초 이내에 대피할 수 있어야 하므로 산소가 10% 이상, 이산화탄소가 5%이하가 되도록 설계농도를 설정할 경우 거주지역에 수용가능하다.

8) NOAEL(43%), LOAEL(52%), 최대설계허용농도(43%)

3.1.2.9 분말소화약제

분말소화약제를 연소물 위에 뿌리면 약제가 열분해하여 생성한 생성물이 소화할 수 있는 소화약제를 말한다.

분류	주성분	적용화재	약제색깔	충전비	분해식	비고
제1종분말	탄산수소나트륨	B,C	백색	0.8	$2NaHCO_3 \rightarrow Na2CO_3 + CO_2 + H_2O$	
제2종분말	탄산수소칼륨	B,C	담홍색	1.0	$2KHCO_3 \rightarrow K2CO_3 + CO_2 + H_2O$	
제3종분말	제일인산암모늄염	A,B,C	보라색	1.0	$NH_4H_2PO_4 \rightarrow NH_3 + HPO_3 + CO_2 + H_2O$	
제4종분말	탄산수소칼륨+요소	B,C	회색	1.25		

(1) 분말소화약제의 구비조건 및 종류

1) 개요

분말소화약제는 유일하게 고체상태로 소화에 사용할 수 있는 물질로 미세한 분말로 말들어 유동성을 높인 것으로 흡습을 방지하기 위하여 스테아린산과 실리콘 오일 등에 의해 방습가공 되어 장기간 저장할 수 있는 소화성능이 우수한 소화약제이다.

2) 분말소화약제의 구비조건

① 내습성이 좋아야 한다.

② 자유 유동성이 좋아야 한다.

③ 비고화 경향성이 있어야 한다.

④ 입자가 미세해야 한다.

⑤ 일정한 겉보기 비중이 있어야 한다.

⑥ 부식성과 독성이 없어야 한다.

⑦ 경년기간이 길고, 안정성이 높아야 한다.

(2) 제1종분말($NaHCO_3$, 중탄산나트륨)

1) 성분

주성분은 중탄산나트륨으로서 스테아린산아연, 마그네슘으로 방습가공되어 있으며 백색으로 착색되어져 있다.

2) 소화특성

① 약제의 열분해에 의해 생성되는 CO_2수증기에 의한 질식 및 냉각효과

② 흡열반응에 의한 냉각 효과

③ 분말 미립자에 의한 희석효과

④ 연쇄반응을 억제하는 부촉매효과

3) 적응화재 : B급(유류화재), C급(전기화재), 알칼리금속화재

4) 장점

① 값이 싸다.

② 소화력이 우수하다.

③ 유류와 전기화재에 사용된다.

5) 단점

① A급(일반화재)화재에는 소화력이 없다.

② 소화후 불씨가 남아 있으면 재연한다.
(단, 식용유나 지방질유 화재시 포를 형성하여 재발방지 효과가 있다 → 비누화효과)

③ 불꽃이 꺼져도 주위에 과열된 금속이 있으면 재연한다.

(3) 제2종분말($KHCO_3$, 중탄산칼륨)

1) 성분

① 주성분은 중탄산칼륨으로서 스테아린산아연과 마그네슘으로 방습가공 되어 있으며 자색으로 착색되어져 있다.

② 1종 분말보다 약 2배 소화효과가 있다.

2) 소화특성

① 약제의 열분해에 의하여 생성되는 CO_2와 수증기의 질식작용과 냉각작용

② 흡열반응에 의한 냉각효과

③ 분말 미립자에 의한 희석작용

④ 연쇄반응을 억제하는 부촉매효과

3) 적응화재 : B급, C급

4) 장점

① 소화성능은 중탄산나트륨 소화약제(1종 분말)보다 2배 크다.

② 전기화재에 사용할 수 있다.

5) 단점

① A급(일반)화재에는 소화력이 없다.

② 소화 후 불씨가 남아 있으면 재연한다.

③ 불꽃이 꺼져도 주위에 과열된 금속이 있으면 재연한다.

(4) 3종분말($NH_4H_2PO_4$) : ABC분말소화약제

1) 성분

주성분은 제1인산암모늄으로서 실리콘오일로 방습 가공되어 있으며 담홍색으로 착색되어 있다.

2) 소화특성

① 약제의 열분해에 의하여 생성되는 CO_2와 수증기의 질식작용과 냉각작용

② 흡열반응에 의한 냉각작용

③ 분말미립자에 의한 희석작용

④ 연쇄반응을 억제하는 부촉매효과

⑤ 메타인산(HPO_3)의 방진작용에 의한 재 연소 방지 효과

⑥ 우리나라 소방법에서는 주차장, 차고에는 제3종분말을 사용하도록 규정되어 있다.

⑦ 166℃ 분해반응식: $NH_4\ H_2\ PO_4 \rightarrow NH_3 + H_3PO_4$ (올토인산 : 탈수작용)

⑧ 360℃ 분해반응식: $NH_4\ H_2\ PO_4 \rightarrow NH_3 + HPO_3 + H2O - \Delta H$ 메타인산

3) 적응화재 : A(일반), B(유류), C(전기)화재

4) 장점

① 소화성능이 우수하다

② A, B, C급 화재에 사용되어진다.

5) 단점

① 소화 후 불씨가 남아 있으면 재연 한다.

② 불꽃이 꺼져도 주위에 과열된 금속이 있으면 재연 한다.

③ 일반화재 중 솜뭉치, 종이뭉치 등에는 약제가 내부까지 침투하지 못하므로 소화효과를 기대할 수 없다.

(5) 제4종분말 소화약제 [$KHCO_3$ + $(NH_2)2CO$: 중탄산칼륨 + 요소]

1) 성분

① 중탄산칼륨($KHCO_3$)와 요소 [$(NH_2)2CO$]의 혼합물질로 소화성능이 대단히 우수하다.

② 우리나라에서는 제조되지 않고 있다.

2) 소화특성

① 열분해로 발생되는 NH_3, CO_2 등의 불연성가스에 의한 질식작용

② 흡열반응에 의한 냉각작용

③ 분말미립자에 의한 희석작용

④ 연쇄반응을 억제하는 부촉매작용

3) 적응화재 : B급(유류), C급(전기)화재

4) 장점

① 소화효과가 우수하다

② B급, C급 화재에 사용한다.

5) 단점

① A급 화재에는 효과가 없다.

② 다른 약제에 비하여 고가이다.

③ 아직 우리나라에서는 제조되지 않고 있다.

(6) 분말소화설비의 Knock-Down 효과

분말소화약제는 연소중의 불꽃을 부촉매작용에 의해 연소반응을 억제하여 순식간에 불꽃을 사그러지게 하는 효과를 Knock-Down 효과라고 한다.

① 보통 약제 방사후 10~20초 이내에 소화한다.

② 30초 이내에 Knock-Down이 되지 않으면 「소화불가능」으로 판정되며 원인은 소화약제량의 방출이 부족하기 때문이다.

(7) 분말소화약제의 비누화현상

가연상태의 식용유(유지)에 1종분말소화약제($NaHCO_3$)를 방출시 반응하여 금속비누를 만들고 이 비누가 거품을 생성하여 질식효과를 갖는 현상을 분말소화약제의 「비누화현상」이라고 말한다.

① 이러한 비누화 효과를 이용한 식용유, 지방질유 화재시 제1종분말 소화약제에 의한 소화효과는 매우 우수하다.

(8) 식용유 화재에 대해 인산암모늄약제 ($NH_4H_2PO_4$)보다 중탄산나트륨계($NaHCO_3$)가 재발화방지 효과가 좋은 이유

1) 인산암모늄계 소화약제($NH_4H_2PO_4$, 제3종분말)

① 화재 시 열분해에 의해 메타인산, 암모니아, 수증기 생성물이 생기는데, 메타인산은 가연물의 표면에 부착되어 산소와 접촉을 차단하기 때문에 1, 2종 분말소화약제보다 20~30% 소화효과가 더 우수하다.

② 그러나 식용유 화재에는 비누화현상을 일으키지 못하므로 소화력은 떨어진다.

2) 중탄산나트륨계 소화약제 ($NaHCO_3$, 제1종분말)

① 식용유화재에는 가연물과 직접 반응하여 비누화현상을 일으키므로 질식소화 및 재발방지효과가 있다.

② 이 경우 비누화가 일어나고 수증기와 비누가 포를 형성하여 이때 발생하는 탄산가스 및 글리세린 막이 소화를 돕게 된다.

(9) CDC 분말소화약제 (Compatible Dry Chemical)

1) 개요

분말소화약제는 모두 속소성으로 그 소화성능이 큰 것이 특징인데 오일화재에 사용하는 경우 단숨에 전체 오일표면을 소화하지 않으면 불꽃이 역화되며 한번에 소화를 하더라도 재차 발화할 수 있는 단점이 있다. 따라서,『분말의 속소성』과『거품의 지속 안정성』의 2가지 장점을 갖춘 소화약제를「CDC 분말소화약제」라고 하며 이를 Twin Agent System(2소화약제 소화방식)이라고 한다.

2) Twin Agent System(분말소화약제와 포소화약제의 조합)

① Twin 20/20 : ABC 분말소화약제 20kg + 수성막포 20ℓ

② Twin 40/40 : ABC 분말소화약제 40kg + 수성막포 40ℓ

3) 용도

항공기의 불시착시 인명구조는 시각을 다투므로 분말의 속소성과 포의 지속안정성이 모두 요구되므로 이러한 약제가 사용된다.

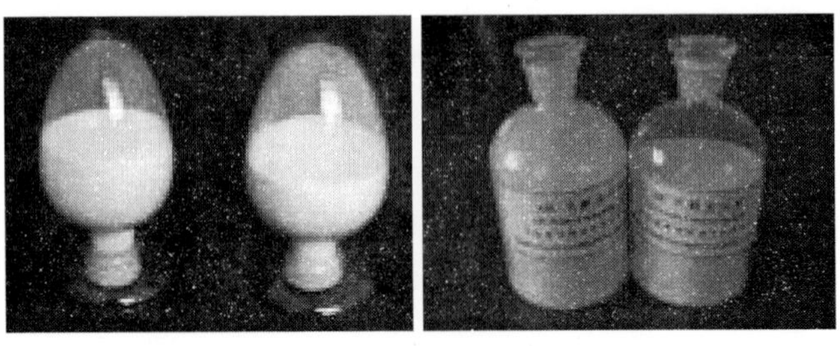

3.1.2.10 금속소화약제

(1) Dry Powder

1) 금속화재용 분말약제로 고온의 가연성 금속화재에 사용하는 소화약제들을 말한다.
2) 많은 금속들이 물과는 격렬하게 발열반응을 하기 때문에 Wet Chemical이나 물을 금속화재에 사용할 수는 없다. 고온의 금속이 물과 접촉하면 수소를 발생하며 급격히 연소하기 때문이다.
3) 따라서 다음과 같은 Dry Powder들이 금속화재의 소화약제로 이용된다.

약제명	주성분	사용금속화재
Pyrene G-1 또는 Metal Guard	Graphitized Coke+Organic Phosphate	Mg, Al, U, Na, K
Met-L-X	Nacl=$Ca_3(PO_4)_2$	Na
Foundry Flux	Mixed Chlorides+Fluorides	Mg
Lith-X	Graphite+첨가제	Li, Mg, Zr, Na
Pyromet	$(NH_4)_2H(PO_4)$+Nacl	Na, Ca, Zr, Ti, Mg, Al
T.E.C	KCl+Nacl+$BaCl_2$	Mg, Na, K
Sodium Chloride	Nacl	Na, K
Soda Ash	Na_2CO_3	nA, K
Lithium Chloride	LiCl	Li
Zirconium Silicate	$ZrSiO_4$	Li
Dry Sand	SiO_2	각종 금속화재

(2) 대표적 Dry Powder 약제의 작용

1) Pyrene G-1

① 분말상 Graphite(흑연)와 인산화합물이 주성분이다.

② 가열될 때 인산화합물은 증기를 발생하여 연소되는 금속으로의 산소공급을 차단하며, Graphite는 전도에 의한 열의 방출로 금속 자체온도를 발화점 이하로 냉각시킨다.

③ 심한 역화의 위험성 때문에 쇼벨이나 손수레로만 적용되며 매우 근접한 위치에서 주의 깊게 한꺼번에 적용 하여 금속세공 부스러기, chip, 분진 등의 화염확산이나 폭발을 방지하여야 한다.

④ Dry Powder는 연소되는 금속 위에 1인치 두께의 피막을 형성하도록 하여 금속이 냉각될 때까지 교란 받지 않고 그 상태가 유지되도록 하여야 한다.

2) Met-L-X

① 염화나트륨이나 일반 소금에 고화방지용 첨가제나 플라스틱이 첨가되면 플라스틱은 녹아서 파우더를 연소되는 금속의 속으로 스며들게 한다.

② Met–L–X와 이와 유사한 파우더들은 소화기내에 그 한계는 약 10ft까지이다.

③ 분출되는 파우더와 함께 연소 금속의 조각들이 주위로 날리지 않도록 상당한 주의를 기울여야 한다.

④ 금속의 수직표면에 달라붙어 커다란 금속화재에 이용될 때 좋다.

3) T.E.C

① 알칼리금속의 화재에 대하여 영국에서 개발한 특수소화제로써, 나트륨, 칼륨, 리튬, 바륨염화물의 혼합물분말소화제이며 융점은 545℃이다. 알맞게 점조하게 붙는 작용을 나타내어 공기차단과 화염의 억제작용으로 소화하는 것이다. 사용할 때는 항상 염화바륨의 독성에 주의하여야 한다.

② T.E.C의 조성 : $BaCl_2$: 51%, KCl : 20%, Nacl : 20%

4) TMB(Tri Methoxy Boroxyn)

① 개요

1957년에 미국 해군 연구소에서 개발한 특수소화제로써 금속화재에 대하여 효과가 있는 액체소화제이다.

② 분자식 및 구조식($BOOCH_3$)

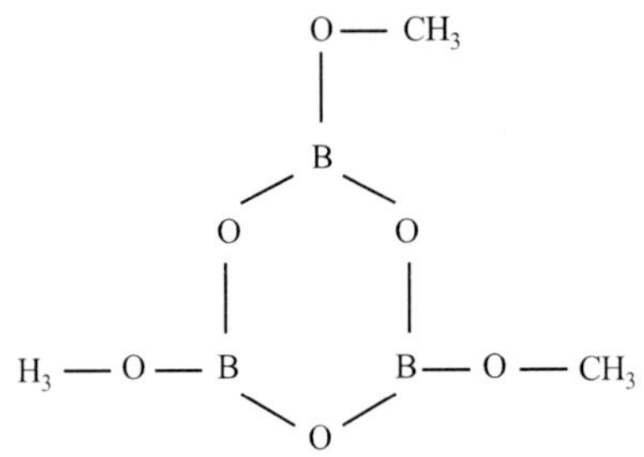

③ Mechanism

이것을 분사시킬 때에는 용해성의 면에서 건조된 질소 또는 공기가 사용된다.

금속화재에 사용할 때는 :

㉮ 이것 자신이 타서

㉯ 잔사로써 산화붕소의 glass상 피막을 형성시켜

㉰ 산소와의 접촉을 차단하여 소화시키고

㉱ 물과 반응성이 있는 금속을 피복함으로써

㉲ 이것을 사용한 후 물이나 포소화제의 사용도 가능하게 된다.

※ 금속화재에 물을 사용할 수 없는 이유

- 대체적으로 금속은 고온(약 1,500℃ 이상)에서 연소한다.
- 고온에서 연소하는 금속에 물을 접촉시키면 물분자내의 화학결합(수소결합)을 끊을 수 있는 고에너지 상태이므로 물이 분해되어 극렬히 연소한다.
- 분해된 수소와 산소의 혼합가스가 격렬히 폭발하게 되는데 이러한 이유로 금속화재에는 물을 사용할 수 없다.
- 모든 물질들은 사용상태에 따라 위험성이 가변적이며 증감될 수 있으므로 법정위험물은 물론 모든 물질은 취급 전에 사용상태(온도, 압력, 부피, 형태 등)에 준한 물리적, 화학적 위험특성 등을 확인해야만 한다.
- 물질의 위험특성에 대한 학인은 모든 물질의 유통 시에 항상 따라다니도록 법적으로 규정하고 있는 물질안전보건자료(MSDS)를 이용하여 할 수 있다.
- 고온의 금속에 물이 접촉시 격렬히 폭발하는 예로는 금속제련소에서 고온의 용융된 금속이 pit내의 수분 또는 다른 방법의 수분 존재에 의해 폭발을 일으키는데 이를 수증기 폭발이라 한다.

3.1.3 자동확산소화기

화재를 감지하여 자동으로 소화약제를 방출 확산시켜 국소적으로 소화하는 소화기를 말한다

(1) 설치기준

1) 방호대상물에 소화약제가 유효하게 방사될 수 있도록 설치할 것
2) 작동에 지장이 없도록 견고하게 고정할 것

(2) 구조 및 부품, 성능 등

밀폐 또는 반밀폐된 장소에 고정시켜 화재시 화염이나 열에 의하여 자동적으로 소화약제가 확산하여 소화하는 소화용구로 파열식, 분사식자동확산소화용구를 말한다.

1) 파열식

투척용소화용구와 같이 경질유리로 된 용기에 무기산염인 요소, 암모늄염, 알카리 금속염, 알카리토 금속염 등의 소화약제를 봉입한 제품으로 화재시 일정온도가 되면 용기내의 자체압력이 증가하여 용기가 파열되면서 소화약제가 화재지역에 뿌려져 소화된다.

2) 분사식

퓨즈블링크(이융성금속) 및 유리벌브형의 감지부가 소화약제저장용기에 부착되어 있어 화재발생시 감지부의 작동온도 까지 온도가 상승하면 자동적으로 파열 이탈되어 노즐을 통하여 소화약제가 방사되는 소화용구이다.

방사압력원에 따라 가압식 축압식의 형태가 있으며 용기, 밸브(축압식의 경우 지시압력계

가 부착되어 있음), 노즐 및 감지부로 구성되어 있어 감지부작동시 용기에서 노즐을 통하여 직접 방사되는 구조이다. 즉 수동식소화기의 소화약제방출관 같은 것이 없는 구조이다.

NOFIRE

자동확산소화기 구조

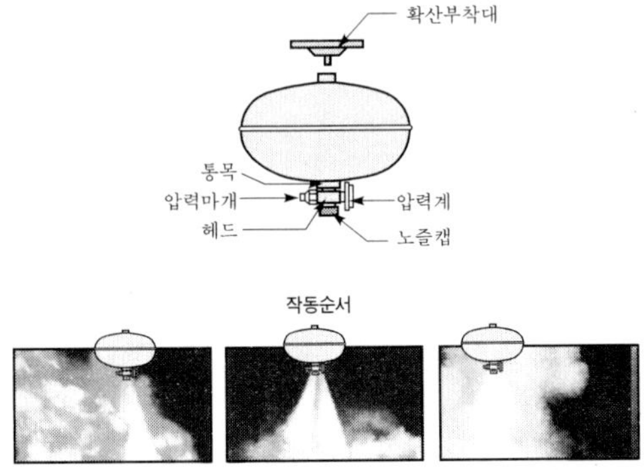

3.1.4 간이소화용구

소화기 및 자동소화장치를 제외한 소화능력단위 1단위 이하의 소화용구로 서 화재발생 초기단계에서 사용하지 않으면 소화효과를 기대하기 어려우며 일반적으로 1회용으로 제작되는 보조 소화용구. 간이소화용구의 종류에는 투척용소화용구, 에어졸식소화용구 및 소화약제 외의 것을 이용한 간이소화용구로 구분한다.

(1) 투척용소화용구

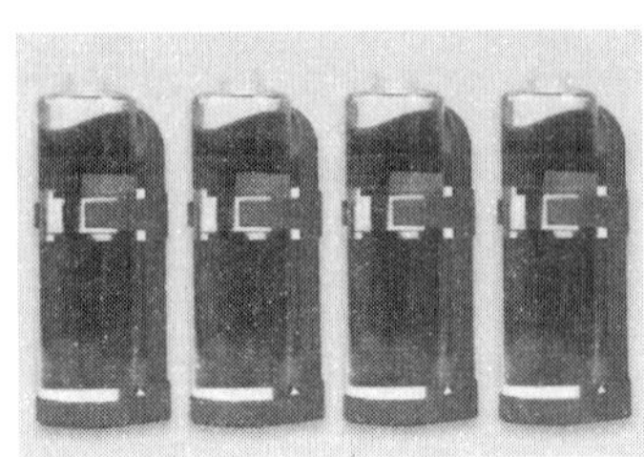

용기(원통형 모양)는 경질유리 및 합성수지류로 화재지역에 투척시 쉽게 깨지도록 되어 있으며, 소화약제는 무기산염인 요소, 암모늄염, 알칼리금속염, 알칼리토금속염 등을 봉입하여 사용한다.

(2) 에어졸식 소화용구

사람이 조작하여 압력에 의해 방사하는 기구로써 소화능력단위 수치가 1 단위 미만이고, 소화약제 중량은 0.7kg 미만이며, 한 번 사용한 후에는 다시 사용할 수 없는 소화용구를 말한다.

에어졸식간이소화용구는 보호카바 및 안전핀을 제거한 후 누름핀을 손가락으로 누르면 약제 방출관(싸이폰관)을 통화여 노즐을 거쳐 소화약제가 방출되는 구조이다. 소화약제는 주로 할론 1211을 사용하며 분말(ABC, BC), 강화액 및 침윤제 등의 소화약제를 사용한다.

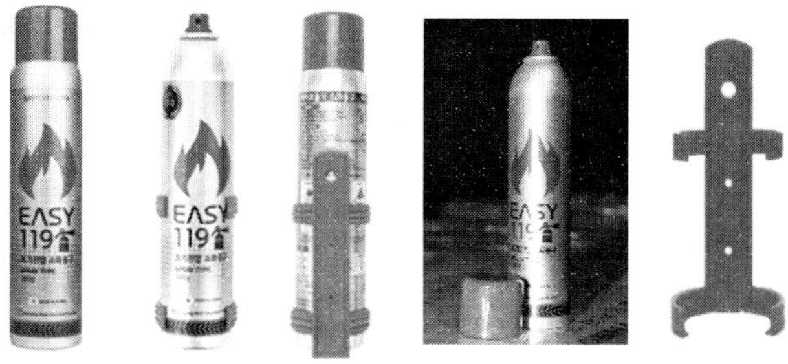

(3) 소화약제외의 것을 이용한 간이소화용구

1) 팽창질석(蛭石)

① 알루미늄·마그네슘·철의 수산화규산염으로 된 점토광물이다.

② 회백색 또는 갈색이며, 진주광택이 난다.

③ 산(酸)에 쉽게 분해되고, 양이온 교환능력 이 크다.

④ 가열하면 팽창한다.

⑤ 사문암 지대에서 산출된다.

⑥ 다공질(多孔質)이며, 흡수능력이 좋아서 내열재료 및 방음재(防音材)로서 널리 이용

⑦ 가열하면 팽창되는 성질을 이용해 산업적으로는 여러 분야에 쓰임

⑧ (900 ~ 1,000)℃로 가열하면 층 사이에 있던 수분이 증기로 변하며 격자층이 부풀어 오르거나 벌레 모양으로 분리

⑨ 부피는 상업적인 품질 일 경우 8-20배 증가하나 개별 편들은 최대 30배까지도 늘어남

⑩ 팽창시킬 경우 저밀도에 최적의 절연 성질을 지니며 흡수력과 이온교환 능력도 좋음

⑪ 화학적으로는 독성이 없으며 안정됨

2) 팽창진주암(眞珠岩)

① 암석이 작은 진주 모양의 조각으로 부서지는 동심원 또는 소용돌이 모양 의 균열을 가지는데 이와 같은 균열 구조를 진주상(眞珠狀)이라고 하며,

② 이는 점성이 큰 용암이나 마그마의 냉각시의 수축 또는 냉각 후의 가수(加水) 로 인한 팽창 때문에 생긴 것으로 보고 있음, 천연유리를 조각으로 분쇄한 것

③ 팽창진 주암 조각에 형성된 얇은 공기막으로부터 반사에 의해 진주와 같은 빛을 발하기도함

④ 평상시는 백색가루로 보임

⑤ 팽창진주암은 (3~4)%의 수분을 함유하고 있으며, 화재시에 (820 ~1,100)℃의 온도에 노출 되면 체적이 약 (15~20)배 정도 팽창하는 특성

- 방음·방수·단열의 판넬제품(불연재), 친환경 소재의 건축재
- 광석분쇄품의 (7~15) 배의 팽창으로 인하여 초경량으로 지진 대비용 건축재
- 농업, 원예단지의 인공토양으로 사용, 용광로의 잡성분 제거제
- 산소산생기, 냉동고, 액체산소 액체질소 수송에 첨가식보온과 열차단에 사용
- 주류(酒類), 유류(油類), 약품, 식품, 폐수 등 여과 제품에 사용, 기름 흡착제로 사용

3) 마른 모래

습기가 없이 충분히 건조된 모래를 의미하여, 원활한 소화작업을 위하여 반드시 삽을 함께 비치하여야 한다.

(4) 설치기준

1) 능력단위가 2단위 이상이 되도록 소화기를 설치하여야 할 특정소방대상물 또는 그 부분에 있어서는 간이소화용구의 능력단위가 전체 능력단위의 2분의 1을 초과하지 아니하게 할 것 다만, 노유자시설의 경우에는 그렇지 않다.

2) 거주자 등이 손쉽게 사용할 수 있는 장소에 바닥으로부터 높이 1.5m 이하의 곳에 비치하고, 소화기에 있어서는 "소화기", 투척용소화용구에 있어서는 "투척용소화용구", 마른

모래에 있어서는 "소화용모래", 팽창질석 및 팽창진주암에 있어서는 "소화질석"이라고 표시한 표지를 보기 쉬운 곳에 부착할 것

3.1.5 기타사항

1) "능력단위"란 소화기 및 소화약제에 따른 간이소화용구에 있어서는 법 제36조제1항에 따라 형식승인 된 수치를 말하며, 소화약제 외의 것을 이용한 간이소화용구에 있어서는 별표 2에 따른 수치를 말한다.
2) "일반화재(A급 화재)"란 나무, 섬유, 종이, 고무, 플라스틱류와 같은 일반 가연물이 타고 나서 재가 남는 화재를 말한다. 일반화재에 대한 소화기의 적응 화재별 표시는 'A'로 표시한다.

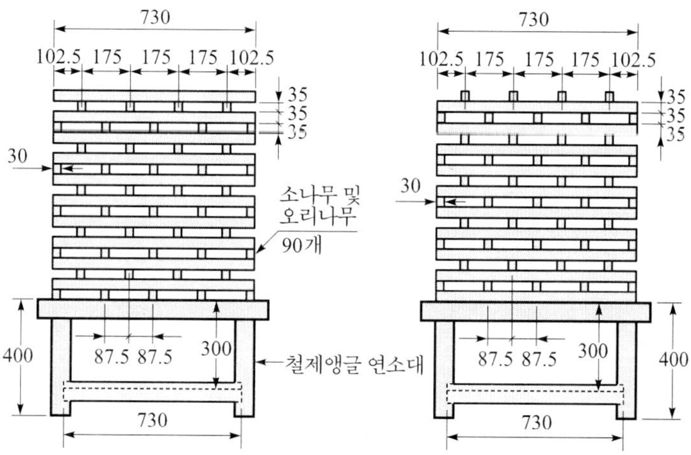

(단위: 밀리미터)

3) "유류화재(B급 화재)"란 인화성 액체, 가연성 액체, 석유 그리스, 타르, 오일, 유성도료, 솔벤트, 래커, 알코올 및 인화성 가스와 같은 유류가 타고 나서 재가 남지 않는 화재를 말한다. 유류화재에 대한 소화기의 적응 화재별 표시는 'B'로 표시한다.

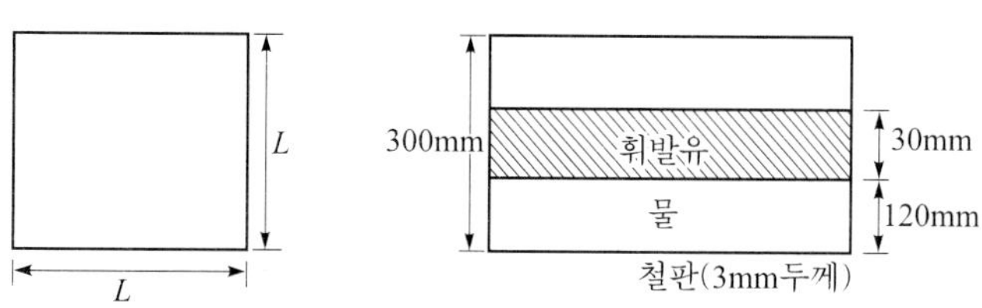

평면도
(L은 모형평면 한변의 치수임)

단면도

4) "전기화재(C급 화재)"란 전류가 흐르고 있는 전기기기, 배선과 관련된 화재를 말한다. 전기화재에 대한 소화기의 적응 화재별 표시는 'C'로 표시한다.
5) "주방화재(K급 화재)"란 주방에서 동식물유를 취급하는 조리기구에서 일어나는 화재를 말한다. 주방화재에 대한 소화기의 적응 화재별 표시는 'K'로 표시한다.

3.2 자동소화장치

3.2.1 개요

소화약제를 자동으로 방사하는 고정된 소화장치로서 소방설치법 제36조 또는 제39조에 따라 형식승인이나 성능인증을 받은 유효설치 범위(설계방호체적, 최대설치높이, 방호면적 등을 말한다) 이내에 설치하여 소화하는 다음의 것을 말한다.

1) "주거용 주방자동소화장치"란 주거용 주방에 설치된 열발생 조리기구의 사용으로 인한 화재 발생 시 열원(전기 또는 가스)을 자동으로 차단하며 소화약제를 방출하는 소화장치를 말한다.
2) "상업용 주방자동소화장치"란 상업용 주방에 설치된 열발생 조리기구의 사용으로 인한 화재 발생 시 열원(전기 또는 가스)을 자동으로 차단하며 소화약제를 방출하는 소화장치를 말한다.
3) "캐비닛형 자동소화장치"란 열, 연기 또는 불꽃 등을 감지하여 소화약제를 방사하여 소화하는 캐비닛형태의 소화장치를 말한다.
4) "가스자동소화장치"란 열, 연기 또는 불꽃 등을 감지하여 가스계 소화약제를 방사하여 소화하는 소화장치를 말한다.
5) "분말자동소화장치"란 열, 연기 또는 불꽃 등을 감지하여 분말의 소화약제를 방사하여 소화하는 소화장치를 말한다.
6) "고체에어로졸자동소화장치"란 열, 연기 또는 불꽃 등을 감지하여 에어로졸의 소화약제를 방사하여 소화하는 소화장치를 말한다.

3.2.2 주거용 주방자동소화장치

주거용 주방에 설치된 열발생 조리기구의 사용으로 인한 화재 발생 시 열원(전기 또는 가스)을 자동으로 차단하며 소화약제를 방출하는 소화장치로서 가스식, 전기식으로 구분한다.

(1) 설치기준

1) 소화약제 방출구는 환기구(주방에서 발생하는 열기류 등을 밖으로 배출하는 장치를 말한다. 이하 같다)의 청소부분과 분리되어 있어야 하며, 형식승인 받은 유효설치 높이 및 방호면적에 따라 설치할 것
2) 감지부는 형식승인 받은 유효한 높이 및 위치에 설치할 것
3) 차단장치(전기 또는 가스)는 상시 확인 및 점검이 가능하도록 설치할 것
4) 가스용 주방자동소화장치를 사용하는 경우 탐지부는 수신부와 분리하여 설치하되, 공기보다 가벼운 가스를 사용하는 경우에는 천장 면으로 부터 30cm 이하의 위치에 설치하고, 공기보다 무거운 가스를 사용하는 장소에는 바닥 면으로부터 30cm 이하의 위치에 설치할 것
5) 수신부는 주위의 열기류 또는 습기 등과 주위온도에 영향을 받지 아니하고 사용자가 상시 볼 수 있는 장소에 설치할 것

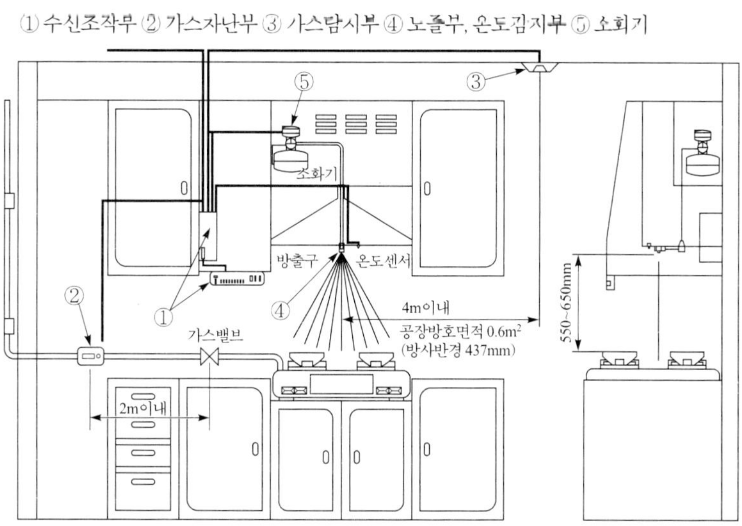

NO	Description	설치위치
1	수신부/조작부	가스렌지로부터 측면으로 0.5~1.0m
2	차단부	도면참조
3	탐지부	LNG : 천장으로부터 0.3m이내 LPG : 바닥으로부터 0.3m이내
4	온도센서/방출구	가스사용장소 중앙부
5	소화기	도면 참조

방출구 및 온도센서는 유효설치높이 범위 내 가스사용장소 중앙에 위치하도록 설치한다.

다만, 별도로 형식승인을 받은 경우에는 그 성능 인정범위 내에서 설치할 수 있다.

(2) 구조 및 부품, 성능 등

가연성가스의 누출이나 화재발생시 경보를 발하고 가연성가스의 누출을 자동으로 차단하고, 소화약제를 자동으로 방사하여 소화하는 장비로서 화재발생에 따른 열 또는 불꽃 등을 자동적으로 감지하는 감지부와 가스누설을 탐지하는 탐지부, 감지부 또는 탐지부에서 발신하는 신호를 수신하여 음향장치로 경보 등을 발하고 가스차단장치 및 작동장치(소화약제를 방사하는 장치)에 신호를 발신하는 수신부, 저장용기, 작동장치, 방출도관, 방출구 등으로 구성 되어 있다.

(3) 주방용 자동소화장치의 종류

1) 가압형소화기

소화약제의 방출원이 되는 가압용가스를 소화약제저장용기와 별도로 전용용기(소화기가압용가스용기)에 충전하여 장치하고 소화기가압용가스용기의 작동봉판을 파괴하는 등의 조작에 의하여 방출되는 가스의 압력으로 소화약제를 방사하는 방식을 말한다.

2) 축압형소화기

소화약제저장용기에 소화약제와 함께 소화약제의 방출원이 되는 압축가스(질소등)를 봉입한 방식을 말한다.

(4) 주방용 자동소화장치의 부품 등

1) 감지부

화재에 의해 발생하는 열, 연기 또는 불꽃을 이용하여 자동적으로 화재의 발생을 감지하는 것을 말한다.

① 1차 온도감지부 : 가스기구의 과열시 감지하여 경보를 발하고 가스밸브를 차단하며, 수신기에 신호를 전달한다.

② 2차 온도감지부 : 주위온도가 140℃ 전후가 되면 이를 화재로 인식하여 소화약제를 방출하며 수신기에 방출신호를 보낸다.

온도센서

2) 탐지부

가스누설을 감지하여 수신부에 가스누설신호를 발신하는 부분 또는 가스누설을 감지하여 이를 음향으로 경보하고 동시에 수신부에 가스누설신호를 발신하는 부분을 말한다.

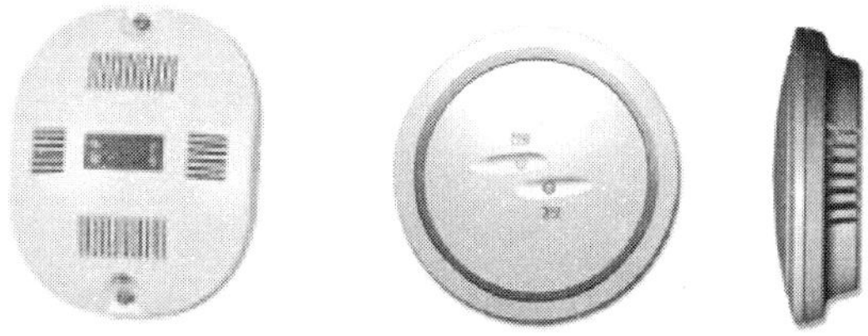

3) 수신부

감지부 또는 탐지부에서 발하는 신호를 수신하여 음향장치(음성장치를 포함)로 경보를 발하고 가스차단장치 또는 작동장치에 신호를 발신하는 것을 말한다.

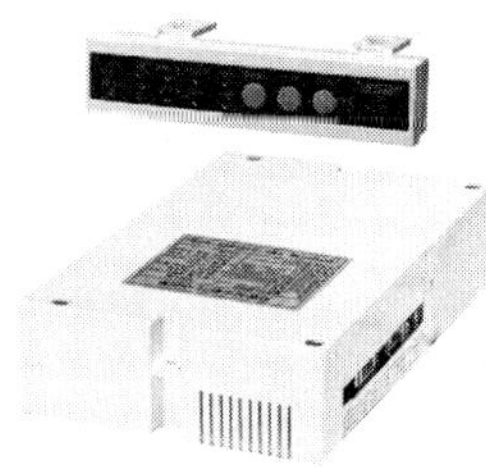

4) 가스차단장치

수신부에서 발하는 신호를 받아 가스를 자동적으로 차단할 수 있는 것을 말한다.

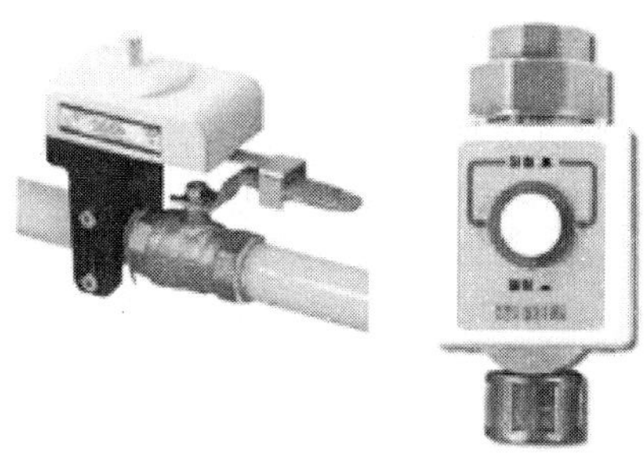

5) 전기차단장치

수신부에서 발하는 신호를 받아 전기를 자동적으로 차단할 수 있는 것을 말한다.

6) 본체 등

본체는 소화기, 작동부 박스와 감지부로 구성되어 있다. 또한, 수신부 또는 감지부에서 발하여진 신호를 받아 밸브 등을 개방하여 소화약제 저장용기 등으로부터 소화약제를 방출하기 위한 장치를 말한다.

방출구(동관직결형)

방출구(압출바형)

3.2.3 상업용 주방자동소화장치

상업용 주방에 설치된 열발생 조리기구의 사용으로 인한 화재 발생 시 열원(전기 또는 가스)을 자동으로 차단하며 소화약제를 방출하는 소화장치로서 설치장소에 따라 각각 다른 형태로 구분된다.

(1) 설치기준

1) 소화장치는 조리기구의 종류 별로 성능인증 받은 설계 매뉴얼에 적합하게 설치 할 것
2) 감지부는 성능인증 받는 유효높이 및 위치에 설치할 것
3) 차단장치(전기 또는 가스)는 상시 확인 및 점검이 가능하도록 설치할 것
4) 후드에 방출되는 분사헤드는 후드의 가장 긴 변의 길이까지 방출될 수 있도록 약제 방출 방향 및 거리를 고려하여 설치할 것
5) 덕트에 방출되는 분사헤드는 성능인증 받는 길이 이내로 설치할 것

(2) 구조 및 부품, 성능 등

상업용 주방자동소화장치는 후드, 덕트 및 레인지, 튀김기 등에서 발생하는 온도 상승을 고감도 센서로 안전하고 친환경적인 강화액(중성) 소화약제를 자동적으로 방출, 완벽히 소화하는 안정성과 신뢰성이 있는 소화장치이다.

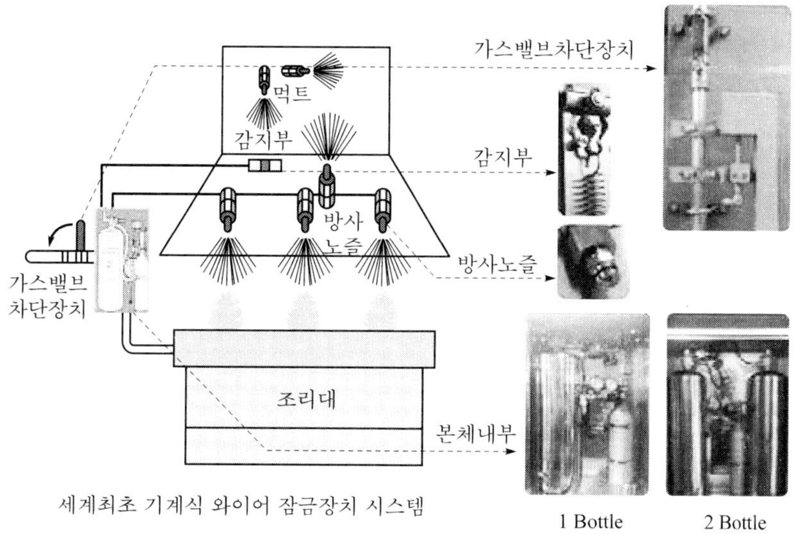

세계최초 기계식 와이어 잠금장치 시스템

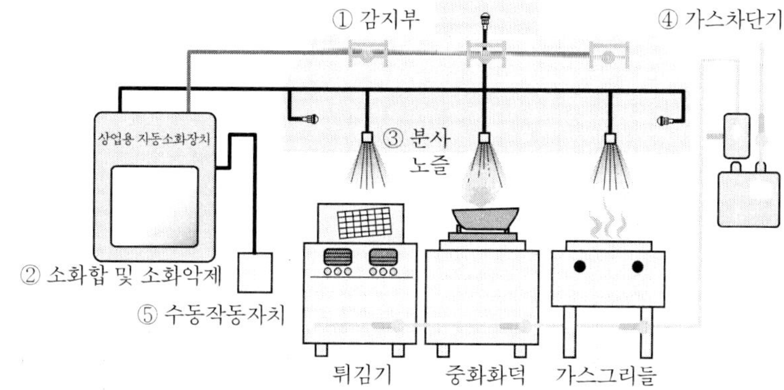

3.2.4 캐비닛형 자동소화장치

열, 연기 또는 불꽃 등을 감지하여 소화약제를 방사하여 소화하는 캐비닛형태의 소화장치로서 소하약제별로 구분된다.

(1) 설치기준

1) 분사헤드의 설치 높이는 방호구역의 바닥으로부터 최소 0.2m 이상 최대 3.7m 이하로 하여야 한다. 다만, 별도의 높이로 형식승인 받은 경우에는 그 범위 내에서 설치할 수 있다.
2) 화재감지기는 방호구역내의 천장 또는 옥내에 면하는 부분에 설치하되 「자동화재탐지설비 및 시각경보장치의 화재안전기준(NFSC 203)」 제7조에 적합하도록 설치할 것
3) 방호구역내의 화재감지기의 감지에 따라 작동되도록 할 것

4) 화재감지기의 회로는 교차회로방식으로 설치할 것. 다만, 화재감지기를 「자동화재탐지설비 및 시각경보장치의 화재안전기준(NFSC 203)」 제7조제1항 단서의 각 호의 감지기로 설치하는 경우에는 그러하지 아니하다.
5) 교차회로내의 각 화재감지기회로별로 설치된 화재감지기 1개가 담당하는 바닥면적은 「자동화재탐지설비 및 시각경보장치의 화재안전기준(NFSC 203)」 제7조제3항제5호·제8호 및 제10호에 따른 바닥면적으로 할 것
6) 개구부 및 통기구(환기장치를 포함한다. 이하 같다)를 설치한 것에 있어서는 약제가 방사되기 전에 해당 개구부 및 통기구를 자동으로 폐쇄할 수 있도록 할 것. 다만, 가스압에 의하여 폐쇄되는 것은 소화약제방출과 동시에 폐쇄할 수 있다.
7) 작동에 지장이 없도록 견고하게 고정시킬 것
8) 구획된 장소의 방호체적 이상을 방호할 수 있는 소화성능이 있을 것

(2) 구조 및 부품, 성능 등

열, 연기 또는 불꽃 등을 감지하여 소화약제를 방사하여 소화하는 캐비넷형태의 소화장치를 말한다.

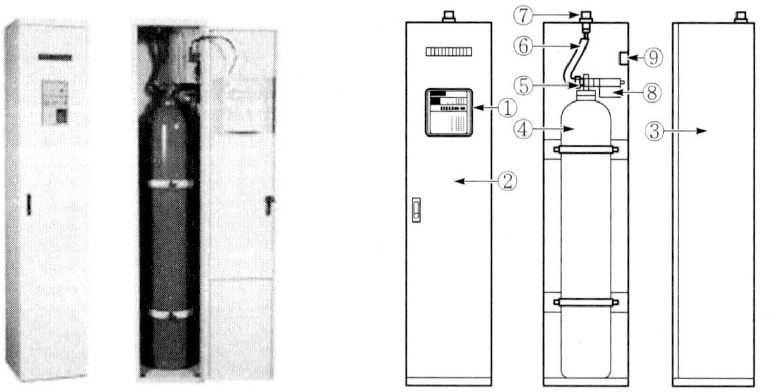

①콘트롤 부 ②도어 ③외함 ④저장용기 ⑤용기밸브
⑥후렉시블튜브 ⑦방출헤드 ⑧작동장치(솔레노이드밸브) ⑨단자대 ⑩니들밸브

3.2.5. 가스자동소화장치

열, 연기 또는 불꽃 등을 감지하여 가스계 소화약제를 방사하여 소화하는 소화장치로서 소화약제에 따라 구분된다.

(1) 설치기준

1) 소화약제 방출구는 형식승인 받은 유효설치범위 내에 설치할 것
2) 자동소화장치는 방호구역내에 형식승인 된 1개의 제품을 설치할 것. 이 경우 연동방식으로서 하나의 형식을 받은 경우에는 1개의 제품으로 본다.
3) 감지부는 형식승인된 유효설치범위 내에 설치하여야 하며 설치장소의 평상시 최고주위온도에 따라 다음 표에 따른 표시온도의 것으로 설치할 것. 다만, 열감지선의 감지부는 형식승인 받은 최고주위온도범위 내에 설치하여야 한다.
4) 다목에도 불구하고 화재감지기를 감지부를 사용하는 경우에는 제3호 나목부터 마목까지의 설치방법에 따를 것

(2) 구조 및 부품, 성능 등

3.2.6 분말자동소화장치

열, 연기 또는 불꽃 등을 감지하여 분말의 소화약제를 방사하여 소화하는 소화장치로서 소화약제에 따라 구분된다.

(1) 설치기준

1) 소화약제 방출구는 형식승인 받은 유효설치범위 내에 설치할 것
2) 자동소화장치는 방호구역내에 형식승인 된 1개의 제품을 설치할 것. 이 경우 연동방식으로서 하나의 형식을 받은 경우에는 1개의 제품으로 본다.
3) 감지부는 형식승인된 유효설치범위 내에 설치하여야 하며 설치장소의 평상시 최고주위온도에 따라 다음 표에 따른 표시온도의 것으로 설치할 것. 다만, 열감지선의 감지부는 형식승인 받은 최고주위온도범위 내에 설치하여야 한다.
4) 다목에도 불구하고 화재감지기를 감지부를 사용하는 경우에는 제3호 나목부터 마목까지의 설치방법에 따를 것

(2) 구조 및 부품, 성능 등

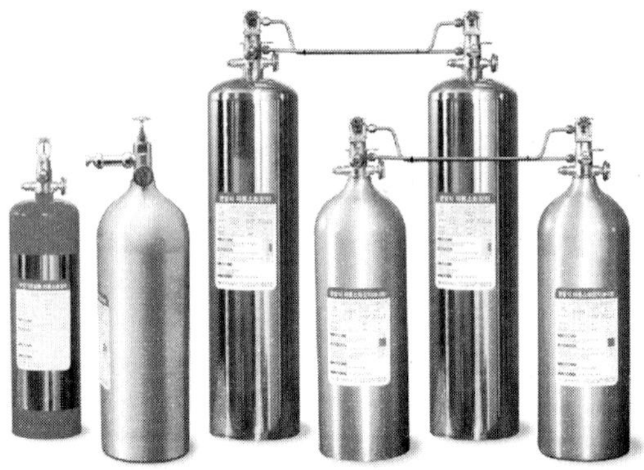

3.2.7 고체에어로졸자동소화장치

열, 연기 또는 불꽃 등을 감지하여 에어로졸의 소화약제를 방사하여 소화하는 소화장치로서 용량에 따라 구분된다.

(1) 설치기준

1) 소화약제 방출구는 형식승인 받은 유효설치범위 내에 설치할 것
2) 방호구역내에 형식승인 된 1개의 제품을 설치할 것. 이 경우 연동방식으로서 하나의 형식을 받은 경우에는 1개의 제품으로 본다.
3) 감지부는 형식승인된 유효설치범위 내에 설치하여야 하며 설치장소의 평상시 최고주위온도에 따라 다음 표에 따른 표시온도의 것으로 설치할 것. 다만, 열감지선의 감지부는 형식승인 받은 최고주위온도범위 내에 설치하여야 한다.
4) 다목에도 불구하고 화재감지기를 감지부를 사용하는 경우에는 제3호 나목부터 마목까지의 설치방법에 따를 것

(2) 구조 및 부품, 성능 등

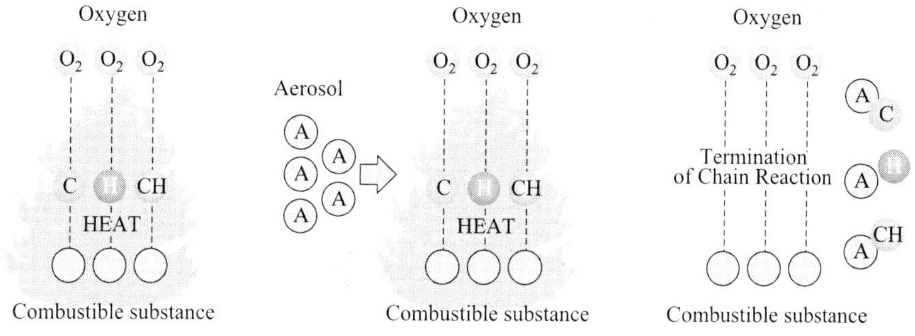

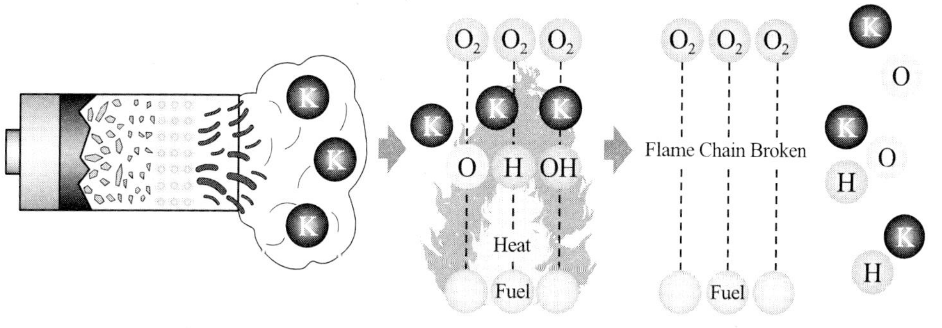

3.3 옥내소화전설비

3.3.1 개요

1) 옥내소화전설비는 건축물에 화재가 발생하는 경우 화재 발생 초기에 자체 관리자 또는 재실자에 의하여 신속하게 화재를 진압할 수 있도록 건축물 내에 설치하는 고정식, 수동식의 물(수계)소화설비이다.
2) 옥내소화전설비는 건축물내의 화재시 해당 소방대상물의 관계자·자위소방대원 또는 상시인이 이를 사용하여 화재 발화 초기에 신속하게 진압(소화)할 수 있도록 함을 목적으로 한다.
3) 옥내소화전설비는 수원을 저장한 수조, 가압송수장치(펌프), 충압펌프, 배관, 방수구, 제어반, 옥내소화전방수구, 관창, 결합금속구, 소방호스(호스릴), 기동용수압개폐장치, 표시등, 옥내소화전함, 배선(내화,내열), 개폐표시형밸브, 소방용스트레이너, 소방용압력스위치, 소방용릴리프밸브, 소방용푸트밸브, 물올림장치, 체크밸브, 유량측정기, 소방용합성수지배관, 송수구, 성능시험배관, 연성계, 진공계 압력계 등으로 구성되어 있다.

3.3.2 옥내소화전설비의 계통도

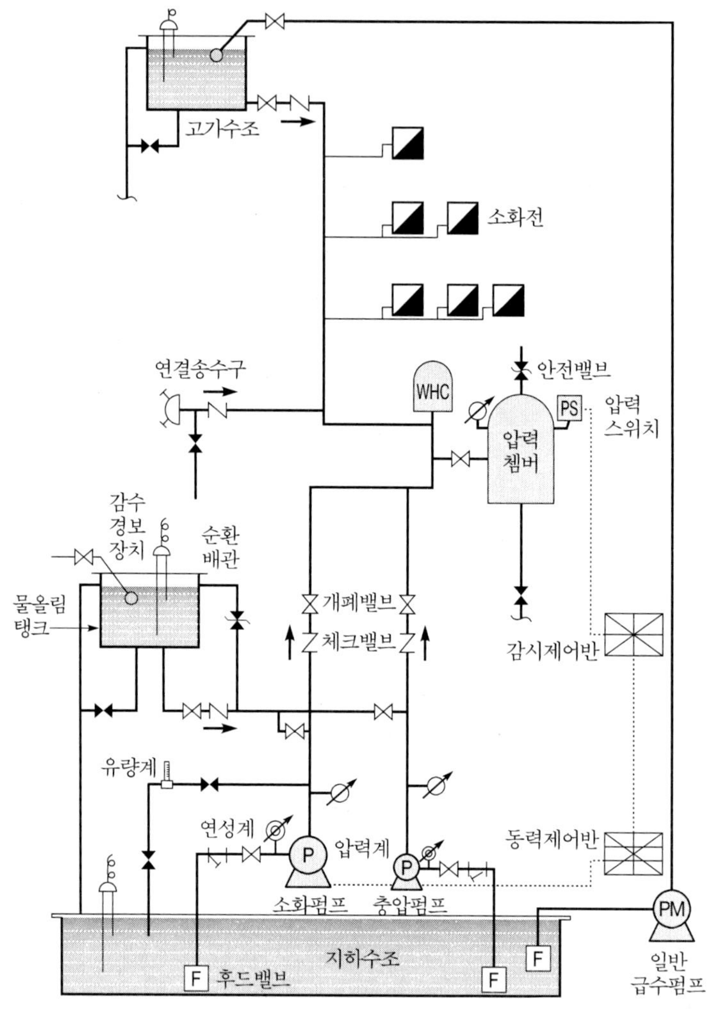

3.3.3 옥내소화전설비의 기계, 기구에 대한 기능 및 성능

옥내소화전설비는 각 종기계기구등으로 구성되어 하나의 시스템(설비)을 구성하고 있으며 각각의 기능과 성능에 대하여 서술하고자 한다.

3.3.3.1 수원의 저장하는 수조

수조는 지하수조, 고가수조, 압력수조, 가압수조로 구분하고 있다.

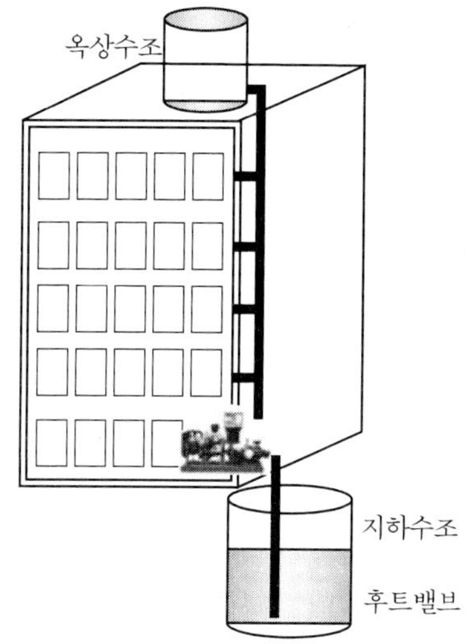

(a) 지하수조 방식

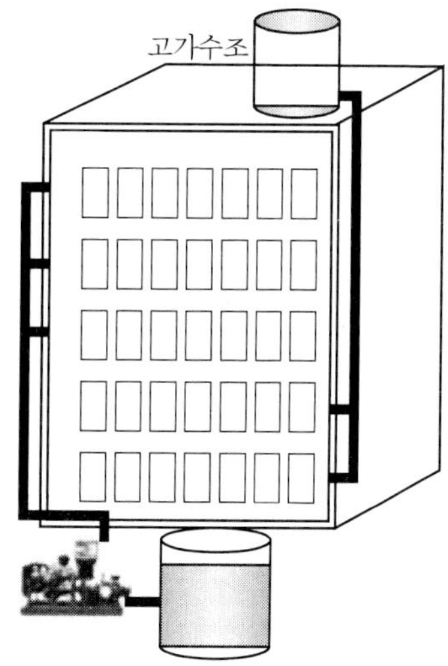

(b) 고가수조 방식

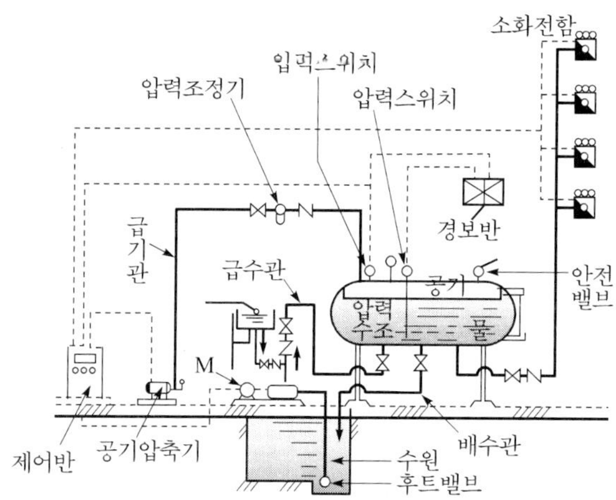

(c) 압력수조 방식

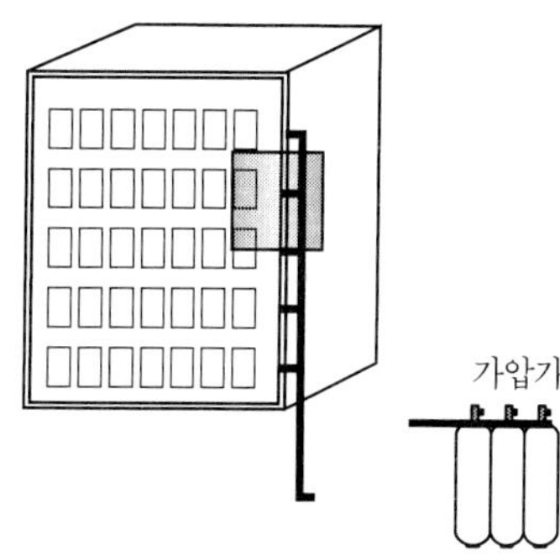

(d) 가압수조 방식

(1) 옥상수조의 구조 및 기능

유효수량의 1/3 이상을 추가로 옥상에 설치하는 근본적인 취지는 옥내소화전설비에서 지하수조 등의 펌프가 비상시 작동되지 않는 경우 자연낙차에 의하여 옥내소화전 방수구로 소화용수가 방수되도록 하여 화재를 진압하기 위해 소방대상물의 옥상에 필수적으로 설치토록 하는 것이다. 건물 최상부의 5~6개 층은 낙차가 작아 노즐에서 정상압력이 되지 않을지라도 자연낙차을 이용한 고가수조의 개념으로 사용하기 위해 옥상수조를 설치한다. 옥상수조를 설치하지 않으려면 펌프 고장과 정전 이 두 가지의 경우에 모두 소화용수를 공급할 수 있도록 설비를 하여야 한다.

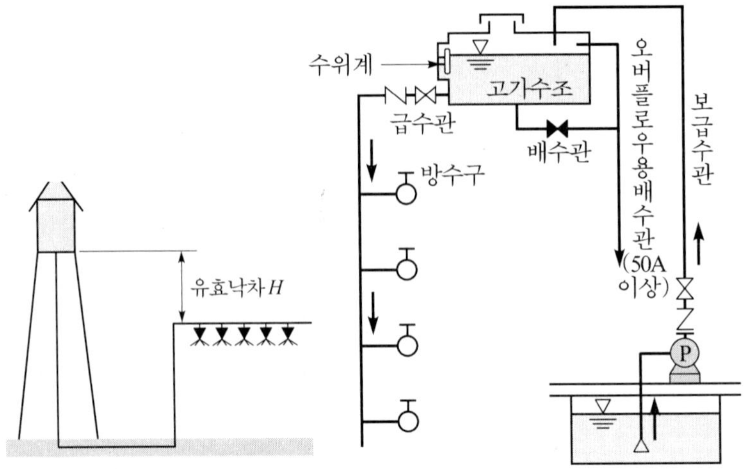

고가 수조 방식

(2) 고가수조

고가수조란 소화용 물탱크를 높은 장소에 설치하여 얻을 수 있는 위치에너지, 즉 자연낙차 압력을 이용한 가압 송수 방법이다. 고가수조 방식은 가압펌프 또는 압력수조 등이 필요 없는 무동력의 장치이므로 고장이나 부작동 등의 요소가 거의 없는 이상적인 설비라고 할 수 있지만, 소요 낙차압력을 얻을 수 있는 높은 장소에 물탱크를 설치할 수 있는 조건이 필요하다.

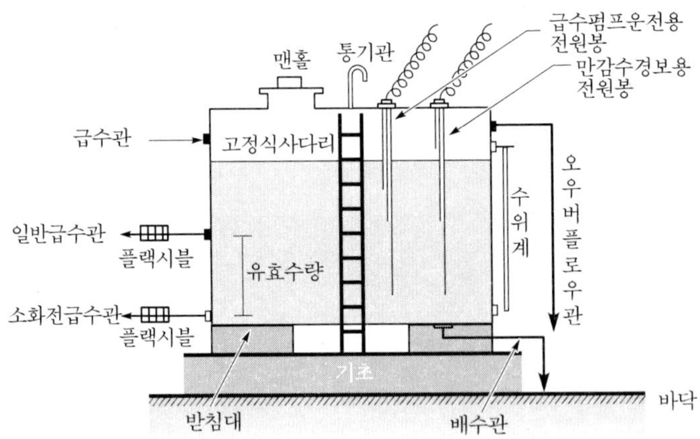

(3) 압력수조

이 방식은 주로 초대형 건축물에 설치되는 경우가 많은 수조로서 압력수조를 이용하여 소정의 압력을 얻는 방식이다. 수조의 수량은 압력수조 부피의 2/3이하로 하여야 하며 압력수조에는 압력계, 수위계, 배수관, 보급수관, 급기관, 안전장치, 맨홀 및 공기압력을 유지하는 자동공기압축기 등으로 구성되어 있다.

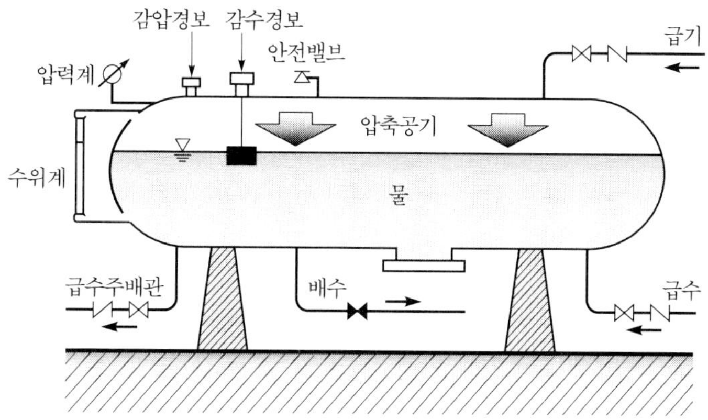

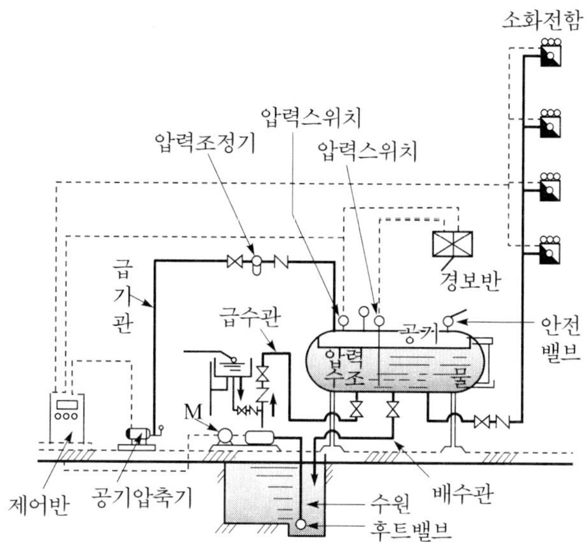

(4) 지하수조

소방대상물(건축물)의 지하 또는 그 부지내의 지하에 수조를 설치하여 소방대상물의 고층부까지 물을 공급하는 방식으로 가압송수장치(소화펌프)가 필요하다.

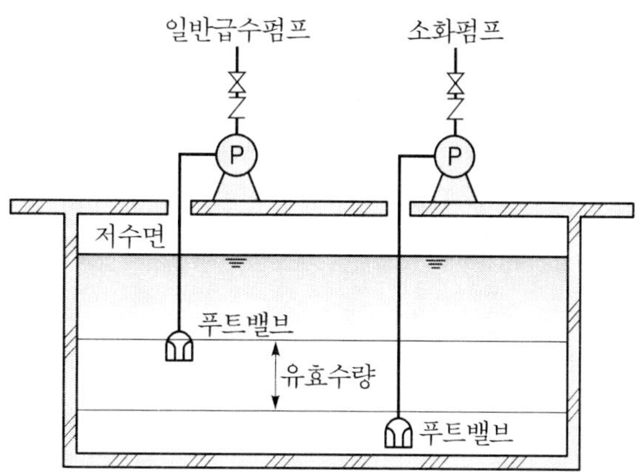

(5) 가압수조

가압원인 압축공기 또는 불연성 고압기체에 따라 소방용수를 가압시키는 수조를 말한다. 수조의 외부로부터 가압원인 압축공기 또는 불연성고압기체에 의하여 소방용수를 가압시키는 것으로서 수조를 포함한다.

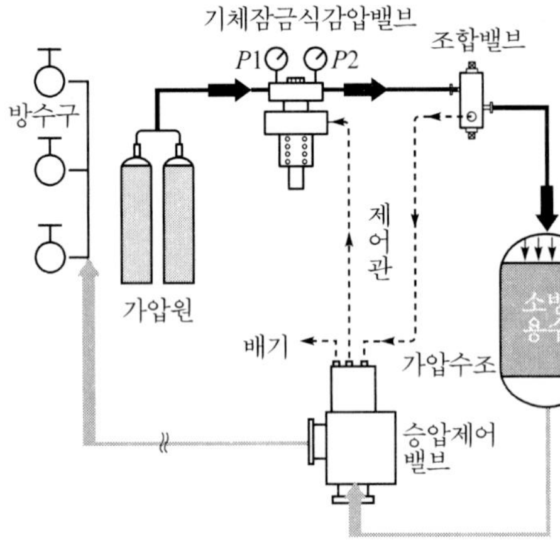

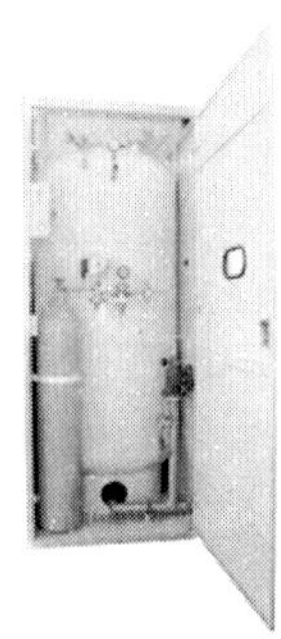

3.3.3.2 가압송수장치(펌프)

가압송수장치로 전동기를 구동장치로 이용하는 소화펌프가 가장 일반적으로 사용된다. 그러나, 전기를 전원으로 사용하므로 전원에 이상이 있을 경우에는 펌프를 운전할 수 없는 문제점이 있다. 이를 해결하기 위하여, 전원 이상시에 비상전원을 공급할 수 있는 비상발전기를 별도로 설치하거나, 전원의 이상 유무와 관계없이 축전지를 사용하여 항상 펌프를 기동할 수 있는 내연기관(주로 디젤엔진)을 구동장치로 하는 디젤엔진구동 소화펌프를 설치한다. 또한, 전동기에 따른 펌프를 이용하는 가압송수장치는 주로 원심펌프를 사용하며, 구동장치로 전동기와 디젤엔진 또는 터빈 등을 사용한다. 건축물인 소방대상물에서는 대부분 전동기 구동방식이 사용되고 있으며, 산업설비분야에서 스팀터빈 방식을 사용하는 곳도 있다. 내연기관구동 펌프의 경우에는 비상시 예비용으로 많이 설치하고 있다.

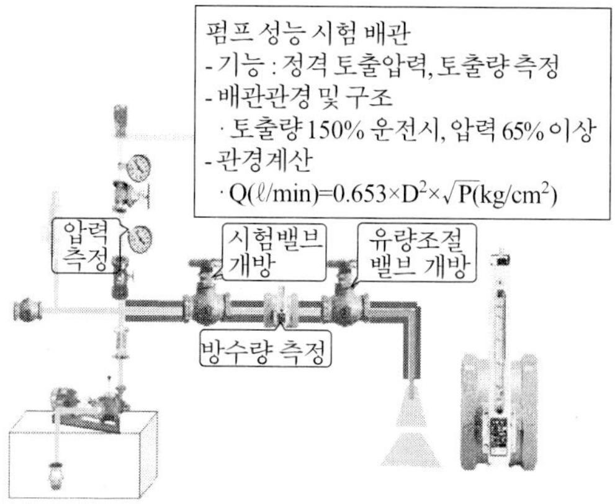

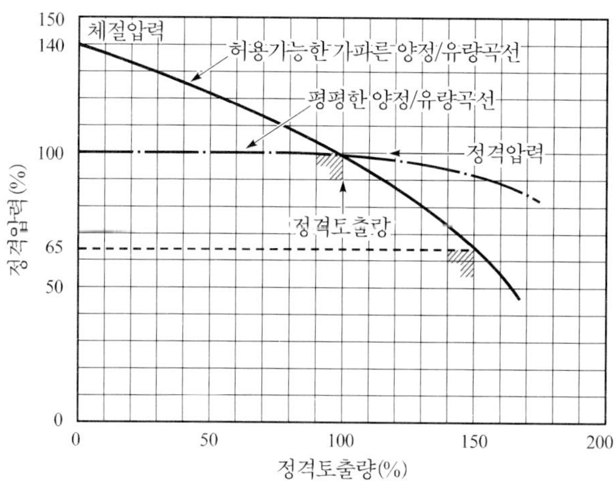

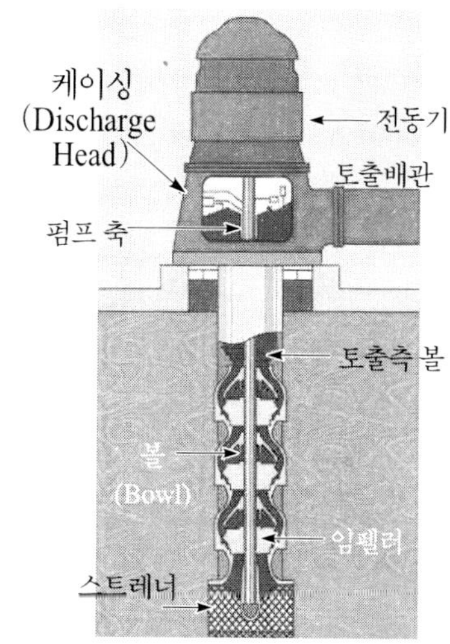

(1) 공동현상(케비테이션 : Cavitation)

표준대기압 상태에서 펌프가 끌어 올릴 수 있는 물의 높이는 이론적으로 약 10.33m 이지만 관 마찰이나 기타의 손실 때문에 실제로는 약 6~7m 정도밖에 안된다. 그러나 흡입높이가 그 이상이 되거나 또는 물의 온도가 높아지면 펌프의 흡입구 측에서 물의 일부가 증발하여 기포가 되어 펌프로 흡입되고 펌프에 흡입된 증기의 기포는 임펠러를 거쳐 토출구 쪽으로 넘어가면 압력이 상승되므로 기포는 물속으로 다시 소멸된다. 이 소멸되는 순간에 격심한 음향과 진동이 일어나게 되는 현상을 케비테이션(Cavitation)이라 하며, 케비테이션은 소음, 진동, 관 부식 및 심하면 펌프의 흡입불능 현상을 가져온다.

(2) 수격작용(Water Hammer)

관내를 흐르고 있는 물의 유속이 급격히 바뀌면 관내압력이 이상 상승하게 되어 배관과펌프에 손상을 주는 현상이다. 수석현상은 펌프의 운전중은 물론이고 펌프가 정지될 때에도 발생할 수 있음으로 대용량인 펌프와 배관이 길어지는 경우에는 적절한 대비책이있어야 한다. 관속의 압력파장과 진행속도는 다음 식에 의하여 계산할 수 있다.

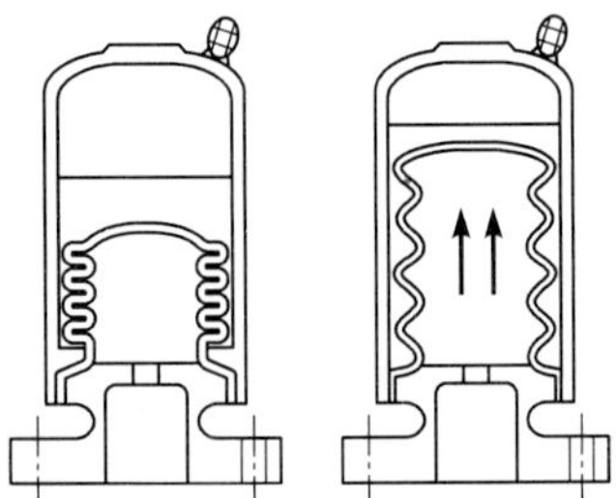

(a) 수격방지기의 작동

(b) 수격방지기의 외형

3.3.3.3 충압펌프

충압펌프는 소방 주펌프쪽의 토출측으로부터 설치된 소방설비로 소화용수를 공급하는 배관내의 압력을 일정 기준이상으로 항상 유지시켜 주기 위하여 설치한다. 미국의 경우는 상시 가압되는 배관의 연결부위에서 발생할 수 있는 누수 예상량을 계산하여 충압펌프가 10분 이내에 기동하도록 보충할 수 있는 용량과 약 3.8ℓ/min 중 큰 쪽을 기준으로 충압펌프의 용량을 결정하도록 되어 있다.

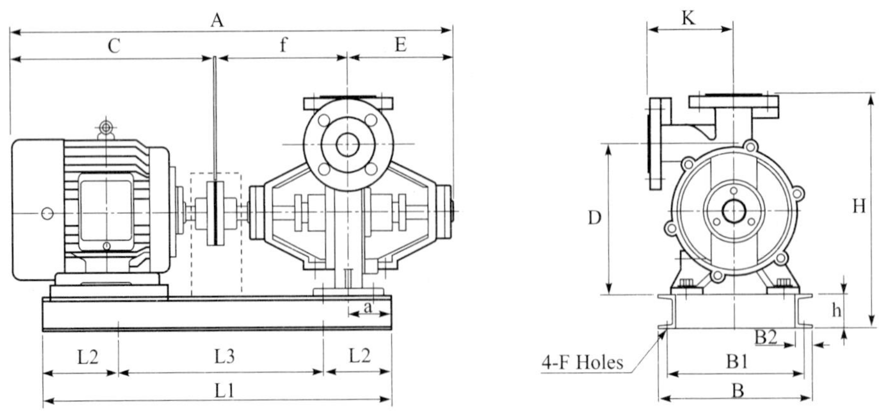

3.3.3.4 기동용수압개폐장치

소화설비의 배관 내 압력변동을 검지하여 자동적으로 펌프를 기동 및 정지시키는 것으로서 압력챔버 또는 기동용압력스위치 등을 말한다.

(1) 압력챔버방식

국내에서 일반적으로 사용되어 온 방식은 압력챔버에 압력스위치를 설치하는 방식으로 압력챔버가 맥동압력을 흡수하도록 되어있는 구조이다. 압력챔버 내부에는 아무것도 없이 텅 비어 있기 때문에 가압수를 채우게 되면 상부에는 공기가 압축되어 고여 있게 되어 맥동압력을 흡수해주는 역할을 하게 된다. 만일 상부의 공기가 누설되어 없어지게 되면 맥동압력의 흡수가 불가능해져 압력스위치의 고장을 초래하거나 펌프의 기동 및 정지가 불완전하게 되는 원인이 되므로, 주기적으로 공기의 누설에 대한 점검이 필요하다.

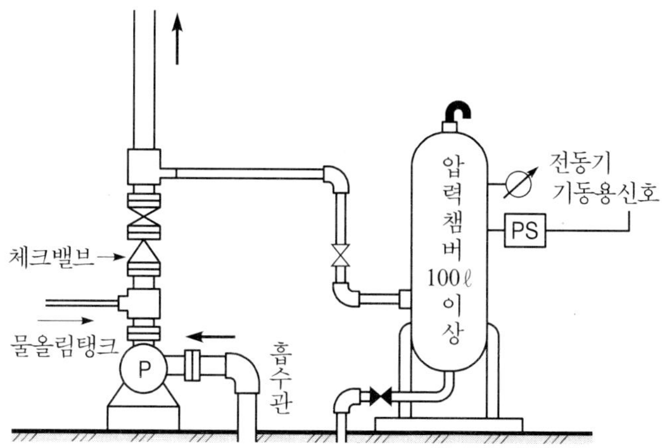

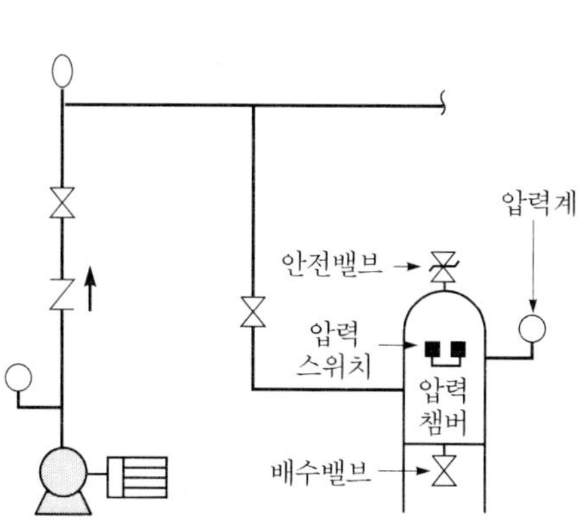

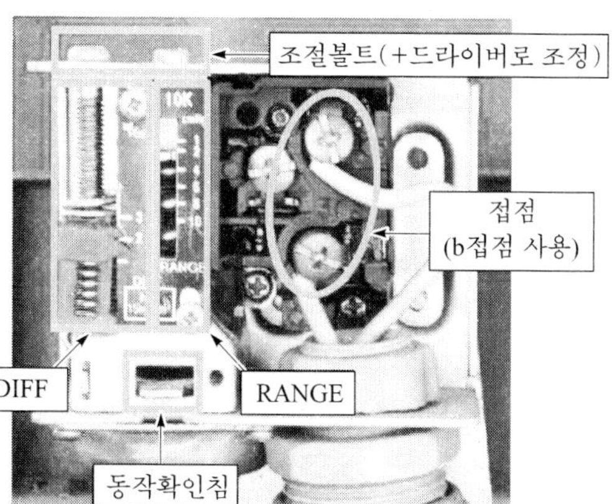

(2) 기동용압력스위치방식

압력챔버를 사용하지 않고 배관에 압력스위치를 직접 연결하는 방법은 NFPA13기준에서 채택하고 있는 방식이다. 압력스위치를 배관에 직접 연결하여 사용하기 위해서는 맥동압력을 완화하기 위하여 배관 양쪽에 체크밸브를 설치하고체크밸브 내부의 디스크에 2.4mm 크기의 오리피스구멍을 뚫는다.

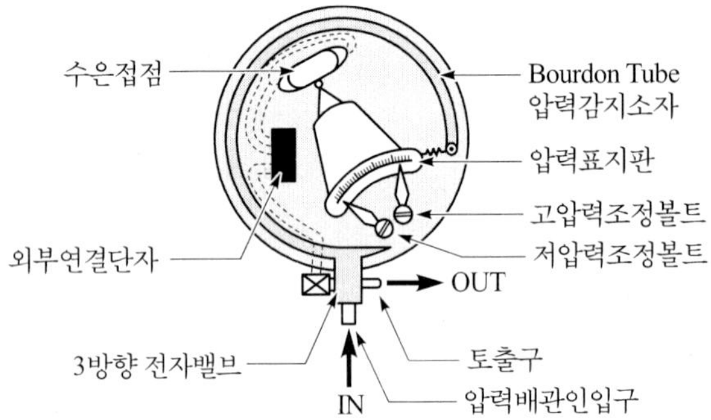

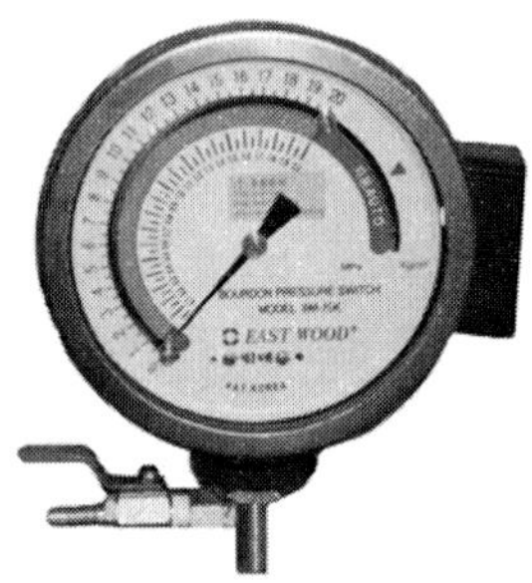

(3) 전자식기동용압력스위치

수격 또는 순간압력변동 등으로부터 안정적으로 압력을 검지할 수 있도록 부르동관 또는 압력검지신호 제어장치(이하 '전자식'이라 한다) 등을 사용하는 기동용수압개폐장치를 말한다. 또한 전자식 기동용압력스위치의 구조는 압력표시부, 접속나사부, 압력조정부, 신호제어부 및 시험밸브 등으로 구성되어야 한다.

3.3.3.5 물올림장치

가압송수장치의 설치위치가 수원보다 높은 경우에는 가압송수장치 및 흡입측 배관에 공기 고임을 방지하기 위하여 가압송수장치 및 흡입측 배관에 상시 물을 보급할 수 있도록 하는 장치를 말하며 그 구성은 물올림탱크, 배수관, 오버플로우용배수관, 물올림관, 감수경보장치의수신부 표시와 물올림 탱크에 물을 자동적으로 보급할 수 있는 장치 등으로 되어 있다.

물올림장치는 다음과 같은 기능을 갖춰져야 한다.

1) 전용의 물올림탱크를 설치한다.
2) 물올림탱크는 일반적으로 약 100ℓ ~150ℓ의 용량이어야 한다.
3) 물올림탱크에는 감수경보장치(레벨스위치, 플로트스위치등)와 물올림탱크로 물을 자동적으로 보급하기 위한 장치 등을 설치하여야 한다.
4) 감수경보의 작동은 비정상으로 물이 감해진 경우에 작동되어야 하며, 경보장치는 중앙관리실 등 항상 사람이 상주하는 장소에 설치하여야 한다.

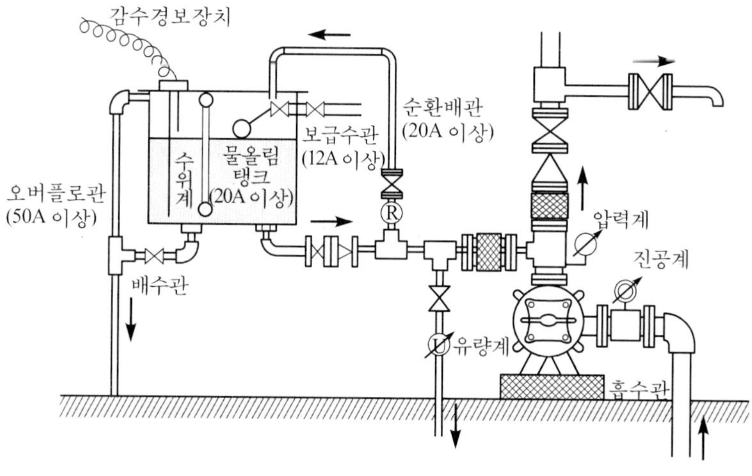

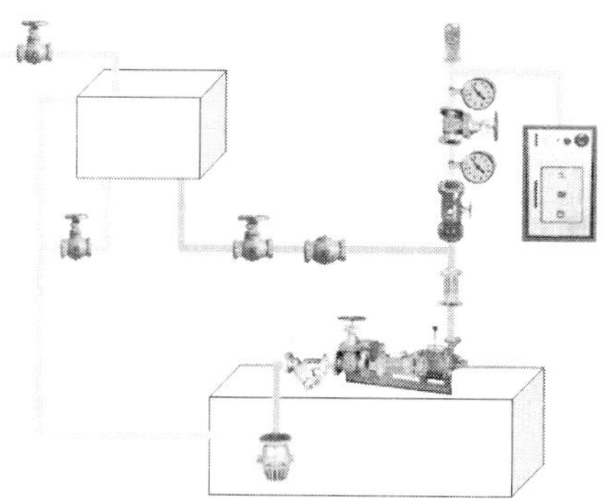

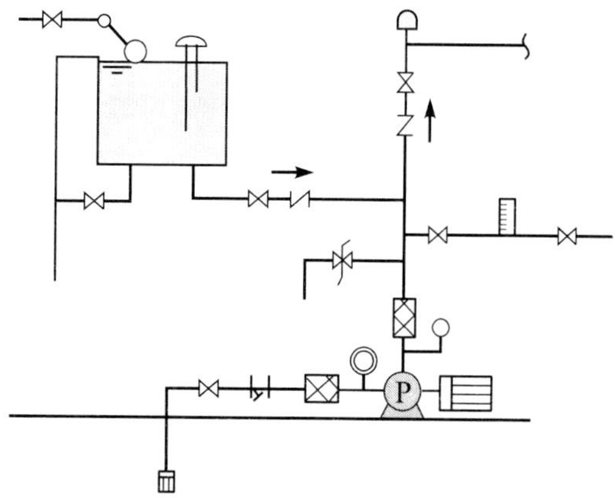

3.3.3.6 성능시험배관

성능시험배관은 펌프의 토출측 체크밸브 이전에서 분기시키고 관로에 유량계를 설치하게 되어 있다. 차압식 유량계 등과 이에 접속되는 배관을 총칭하며 소화전의 관창에서 방수하지 않으면서 펌프의 성능 확인이 가능하도록 설치하는 장치이다. 유량계 2차측 배관은 굴곡 이음새를 적게 하고 배관이 긴 경우에는 배관구경을 크게 하여 마찰저항을 줄여 소화수조로 방출하여야 한다. 성능시험배관은 정격토출량의 175%까지 측정할 수 있는 유량측정장치를 설치하여야 하며 성능시험배관의 관경은 다음 계산식에 대입하여 산출한다.

$$Q = 0.653 \times D^2 \times \sqrt{P}$$

여기서, Q : 분당토출량(ℓ/min), D : 관의 내경(mm), P : 방수압력(kg/cm^2)이다.

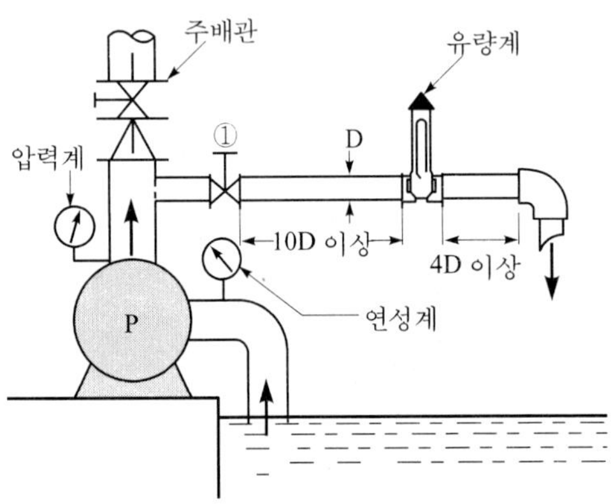

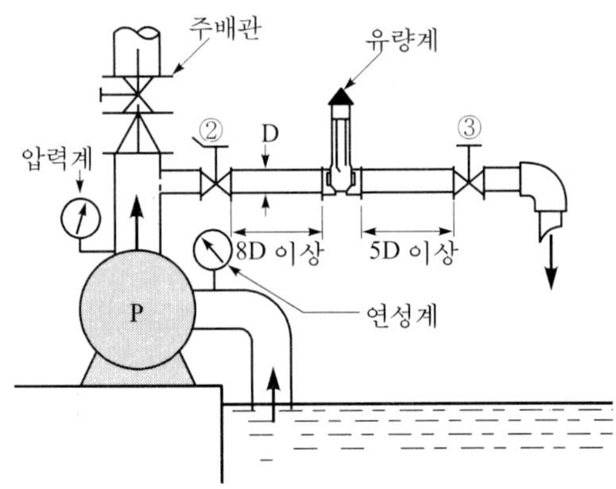

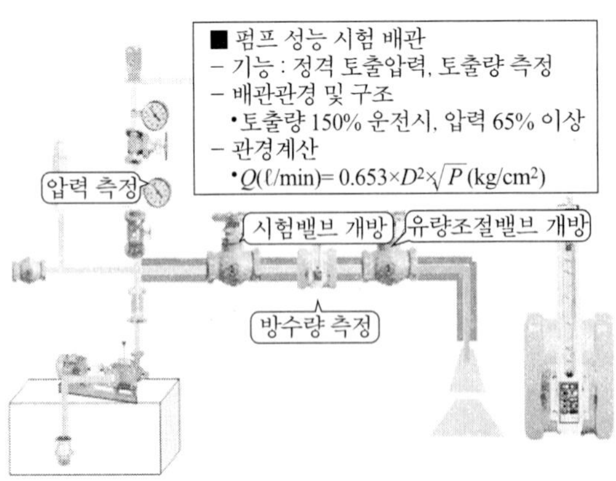

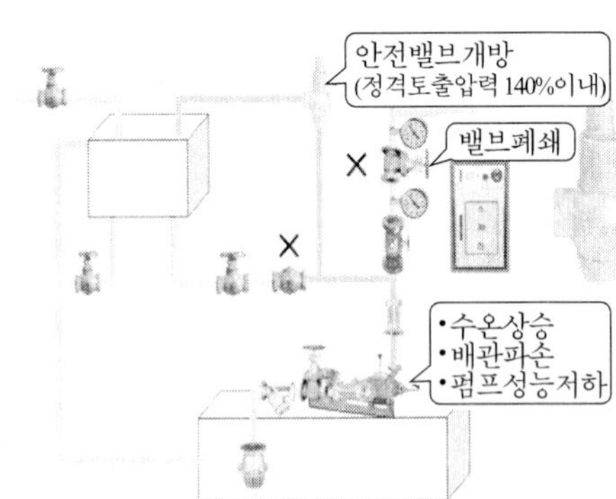

(1) 설치방법

1) 부착은 KSD 3507(배관용 탄소강관) 또는 KSD 3562(압력배관용 탄소강관)를 사용한 수평배관에 본 유량계를 수직으로 부착하고, 상류측에 호칭구경의 8배이상, 하류측에 칭구경의 5배이상의 직관부 설치
2) 주배관의 직경 (D1)과 시험배관의 직경(D2)은 반드시 일치할 필요는 없음
3 시험용배관은 유량계의 호칭구경과 같은 배관용 탄소강관 사용
4) 시험용배관의 절단한 자리는 상처가 없도록 마감을 잘하고 또한 절단을 할 때 힘을 너무 주어 절단된 끝부분이 조금이라도 가늘어 지지 않도록 주의(정확한 측정을 기하기 위함)
5) 유량계 전후에는 물의 흐름을 안정시키기 위한 직관부 설치를 필요로 함(엘보우를 사용할 경우에는 "앞쪽 5D2 뒤쪽 4D2" 이상의 직관부를 설치)

(2) 유량계의 규격 및 표준유량범위

1) Orifice Type (나사식, 플랜지식)

구분	25A	32A	40A	50A	65A	80A	100A	125A	150A
유량범위 (ℓ/min)	35/ 180	70/ 360	110/ 550	220/ 1,100	450/ 2,200	700/ 3,300	900/ 4,500	1,200/ 6,000	2,000/ 10,000
1눈금 (ℓ/min)	5	10	10	20	50	100	100	200	200

주 : 측정정밀도 = 유효측정 범위내의 각 측정점에 있어서 유량계 최대 눈금치의 ± 2.5 이내

2) Clamp Type (밴드형)

구분	25A	32A	40A	50A	65A	80A	100A	150A	200A
유량범위 (ℓ/min)	20/ 150	55/ 275	750/ 375	150/ 550	250/ 900	300/ 1,125	500/ 2,000	900/ 3,900	1,800/ 7,200

3.3.3.7 개폐표시형밸브

소화설비에서는 제어밸브로서 개폐표시형 밸브를 사용하도록 규정하고 있으며 이는 평소에 밸브의 개방 상태를 용이하게 식별하기 위함이다. 개폐표시형 밸브로서는 OS & Y (OutsideScrew & Yoke)밸브와 버터플라이밸브가 있으며, 최근에는 스톱(Stop)밸브와 체크(Check)밸브를 겸하는 것이나 밸브 외부에 탬퍼스위치 등을 부착하여 개폐상태를 수신반에서 확인할 수 있도록 한 밸브가 많이 사용되고 있다.

밸브외부에서 개폐상태를 확인하는 방법은 모니터 스위치나 탬퍼스위치를 게이트밸브의

밸브대 주변에 설치하는 것으로서 게이트밸브를 열고 닫을 때 밸브대가 안쪽과 바깥쪽으로 이동됨에 따라 여기에 전기적 스위치를 달아서 스위치를 ON-OFF하게 되어 개폐밸브의 개폐상태를 전기적신호로 내 보내는 것이다. 그러나 소방시설의 유지관리가 취약한 대상물에서는 고의 적으로 게이트밸브를 폐쇄한 곳도 많으므로 유럽 쪽에서와 같이 밸브가 개방된 상태에서 체인이나 가죽끈으로 자물쇠 고리를 만들어 잠그는 엄격한 설비관리를 제도화할 필요성도 있다.

급수 차단	주펌프 및 보조펌프의 흡입측 개폐밸브
	주펌프 및 보조펌프의 토출측 개폐밸브
개폐 밸브	고가수조와 소화전 입상관과 연결된 부분의 개폐밸브
	소화수조로부터 소화전 흡입측 배관에 설치한 개폐밸브

OS & Y

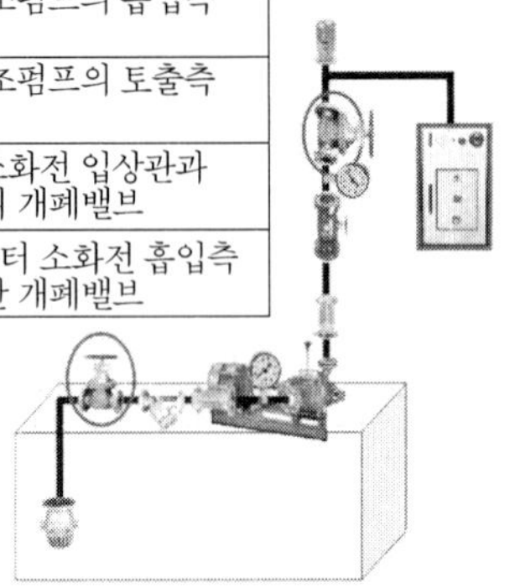

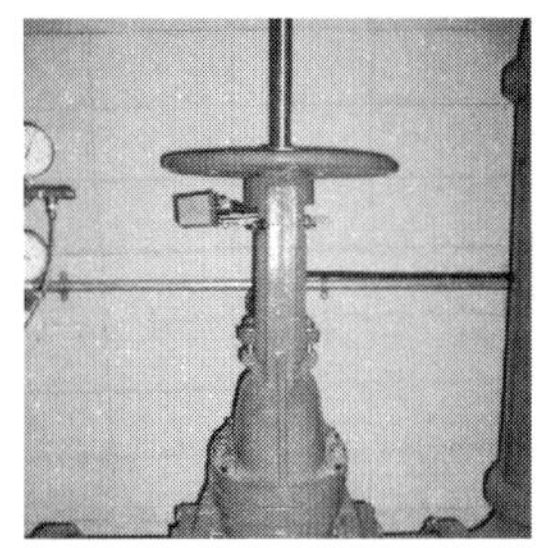

3.3.3.8 소방용압력스위치

압력스위치는 압력챔버에 설치되는 것으로서 압력변화를 항상 감시하여 화재발생 및 누수 등으로 배관 내에 압력이 저하되면 자동으로 기동신호를 발생시켜 가압송수장치를 기동시킴으로서 소화용수를 일정압력으로 보충하거나 화재발생 장소로 유수를 공급하는 중요한 기능을 가지고 있는 기기이다. 스위치의 내부구조에 따라 브르돈관식 및 스프링식으로 구분한다.

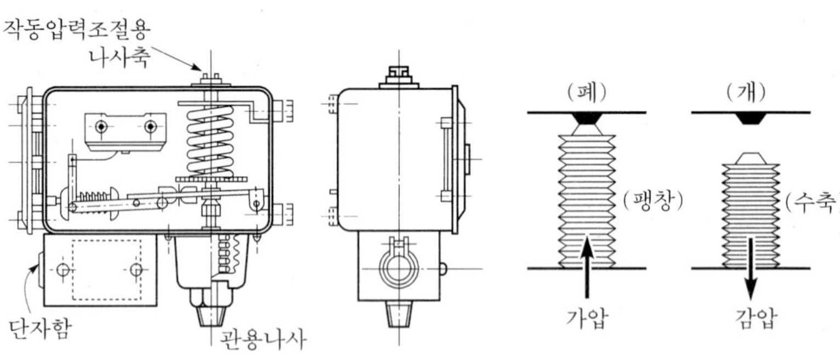

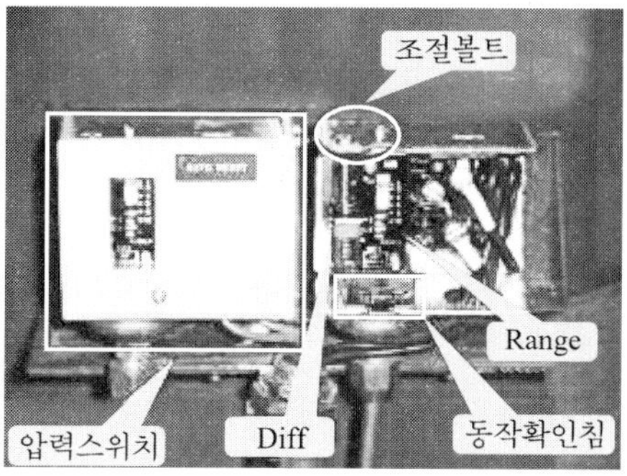

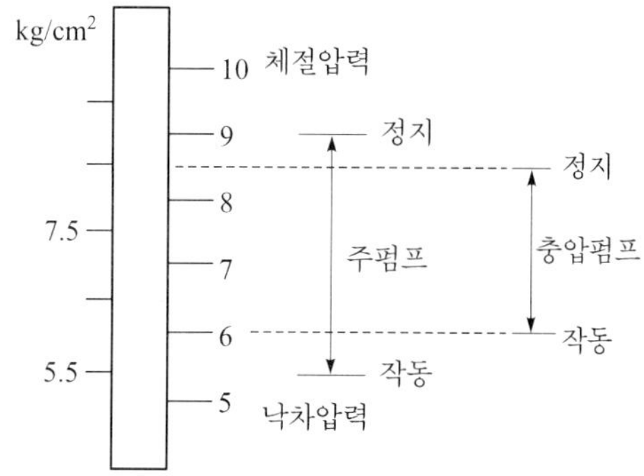

3.3.3.9 소방용릴리프밸브

릴리프밸브는 펌프의 토출측에 부착하는 밸브로서 펌프의 체절압력 즉 토출측의 게이트밸브를 폐쇄하고 펌프가 올라갈 수 있는 최대압력 미만에서 개방되도록 압력치를 설정하여 설치하는 밸브이다. 소방에 사용하는 릴리프밸브는 1MPa10kg/cm^2, 20kg/cm^2 용이 대부분 사용되고 있으며 펌프의 토출측밸브를 잠그고 펌핑하여 14kg/cm^{2}의 압력이 상승한다면 현장에서 13kg/cm^2~13.5kg/cm^{2}로 세팅하여야 한다.

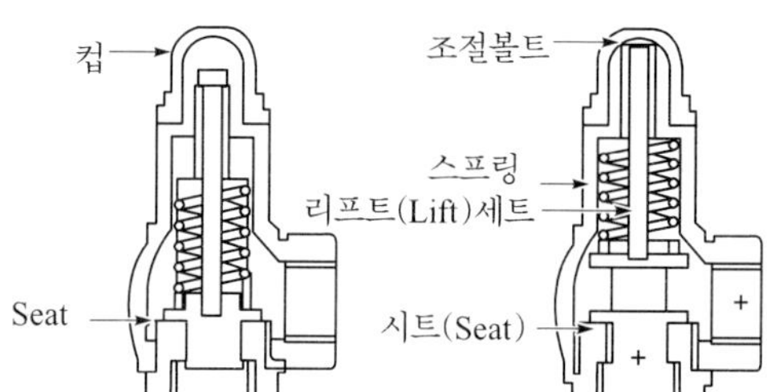

3.3.3.10 감압밸브

소화전의 노즐선단 방수압력은 방수거리를 확보하고 반동력을 제한하기 위해 0.17MPa (1.7kg/cm^2) 이상이 되고,0.7MPa(7kg/cm^2)를 초과하지 않도록 규정하고 있으므로, 이러한 압력 범위를 확보하고 제한하기 위해 감압장치를 하도록 되어 있다. 따라서 노즐압력이 0.7MPa(7kg/cm^2) 이상이 되는 부분은 감압이 필요하며 설계 시에는 다음과 같은 5가지 방법 중 한 가지를 사용한다.

(1) 말단 감압밸브 또는 오리피스를 설치하는 방식

가장 많이 사용하는 방식으로 호스 접결구의 인입구 측에 감압용 밸브 또는 오리피스를 설치하여 방사 시 방수압력을 낮춘다.

1) 수리계산을 통하여 층별로 최대 방사압력 이상이 되는 곳을 선정하고 해당 호스접결구의 인입구측에 감압밸브 또는 오리피스를 설치한다.
2) 설치가 용이하며 기존 건물에도 적용할 수 있다.

(2) 고가수조 방식

고가수조를 고층부와 저층부로 분리한 후 Zone별로 입상관 등을 각각 별도로 설치하여 방수압력을 낮춘다.

1) 가압펌프와 비상전원이 불필요한 설비로서 신뢰도가 가장 높은 방법이다.
2) 고층건물에서는 고층부와 저층부로 구분하여 설치한다.

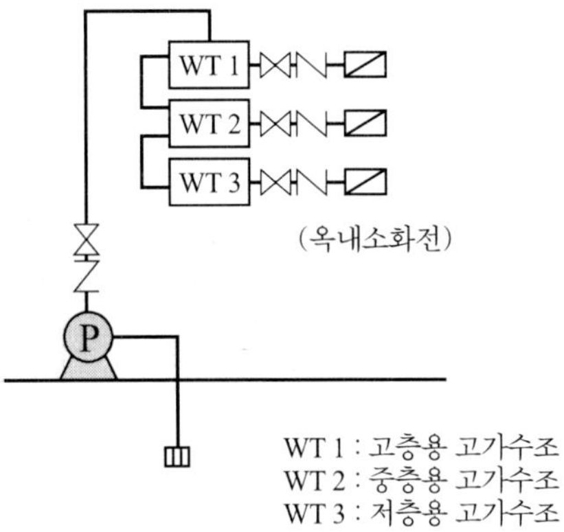

고가수조 방식의 감압방법 예

(3) 펌프를 구분하는 방식

펌프를 고층용, 저층용으로 분리, 별도로 설치하여 방수압력을 낮춘다. 이 방식의 적용상 주의할 점은 2차 수원으로서의 고가수조를 층 구역별로 별도로 구분 설치하여야 한다는 점이다. 펌프를 저층부용 및 고층부용으로 구분 배치하면서도 옥상에 설치된 하나의 고가수조로서 공동으로 각 펌프의 토출측 상단에 연결시킬 경우 펌프 실양정 중 가장 비중이 큰 정수두에 의해 저층부의 감압효과는 상실되기 때문이다.

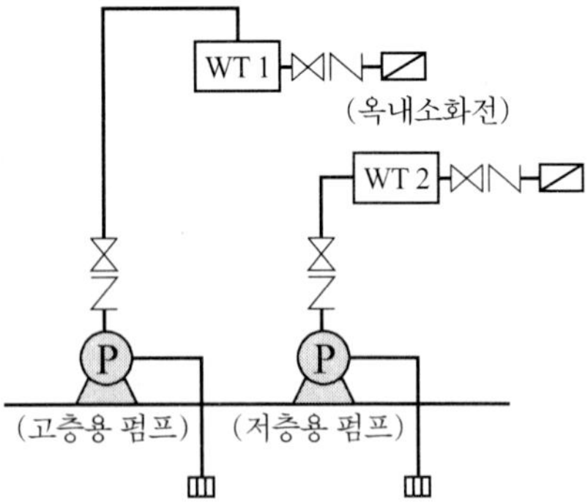

펌프를 구분하여 설치하는 방법 예

(4) 중계펌프 (Boosting Pump) 방식

저층부와 고층부로 Zone을 구분한 후 고층부용 중계펌프 및 수조를 별도로 설치하여 방수압력을 낮춘다.

1) 건물의 중간부에 펌프실 및 수조를 별도로 설치하여야 한다.

2) 공사비용이 많이 소요된다.

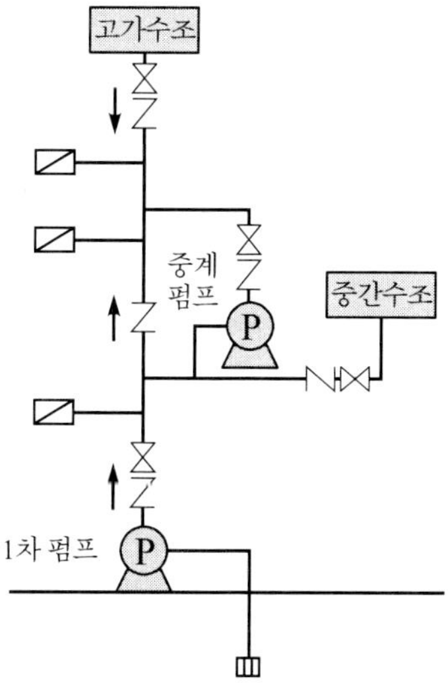

중계펌프를 설치하는 방법 예

(5) 계통별 감압변을 설치하는 방식

저층부의 주배관에 작동형 감압밸브를 설치하여 압력을 낮춘다. 작동형 감압밸브는 소용량에는 직동형 대용량에는 파이롯트형을 채용하며 정지 시에 오리피스형과는 달리 2차측 압력을 정해진 압력으로 유지할 수 있다. 이 방식은 건축 공간 및 설비비용의 절감 측면에서 탁월한 경제성을 지닌다.

1) 고층부용과 저층부용의 배관을 달리하여 저층부 배관 전체를 감압한다.

2) 공사비용이 많이 소요된다.

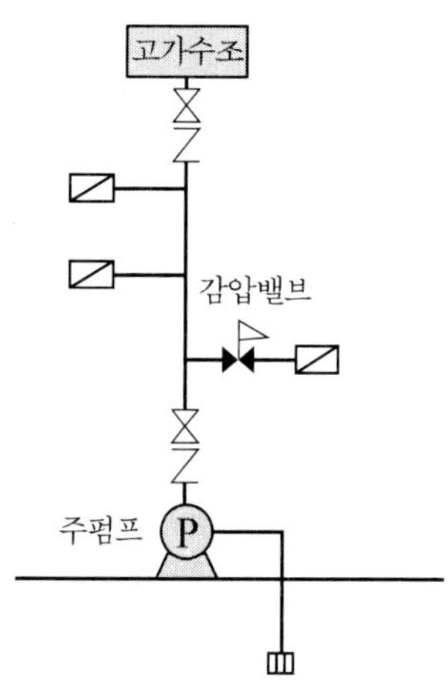

계통을 달리하여 감압하는 방법 예

3.3.3.11 순환배관

순환배관은 가압송수장치의 토출측 체크밸브 이전에 분기시켜 설치하고 배관 상에 개폐밸브를 설치하여서는 아니되며 체절운전(펌프토출측의 배관을 모두 폐쇄한 상태로 하여 물이 전혀 방출하지 않고 펌프가 계속 작동하여 최고압력 이상으로 더 올라갈 수 없는 상태에 펌프가 공회전한 것을 말한다)시 체절압력 미만에서 개방되는 릴리프밸브를 설치하여 과압을 방출하고 펌프내의 체절운전 시 공회전에 의한 수온상승을 방지한다.

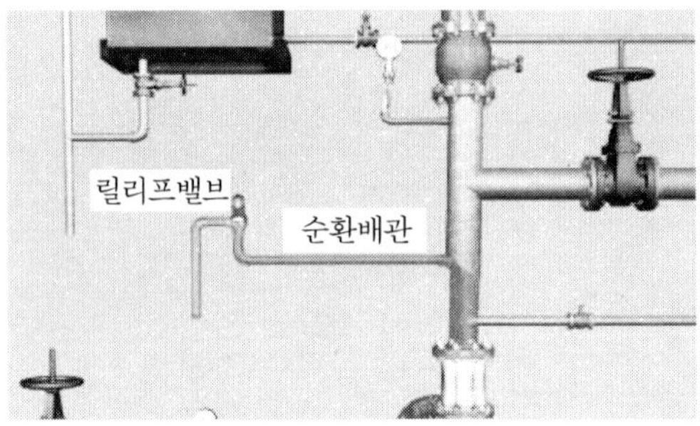

펌프가 토출유량이 없이 장시간 운전이 될 경우에는 펌프의 회전에너지가 모두 열로 바뀌게 된다. 물의 경우 증발하여 기체화되고 펌프내부의 압력을 과다하게 증가시켜, 펌프케이싱의 파손을 초래할 수가 있다. 이러한 상황에 대응하기 위한 안전장치로서 펌프의 체절운전 시에 일정량의 물을 방출시켜 펌프내부의 온도상승(외기온도의 (10~15)℃ 이하로 제한)을 방지하기 위해 릴리프밸브 또는 순환배관을 설치 한다.

3.3.3.12 소방용푸트밸브(Foot Valve)

후드밸브는 수원이 펌프의 임펠러의 위치보다 낮은 경우에, 흡수구와 임펠러사이의 배관에 물을 채워 주기 위하여 흡수구의 끝부분에 체크밸브가 달려있고, 이물질이 흡입되는 것을 방지하기 위하여 여과망이 부착되어 있는 밸브이다. 체크밸브가 고장 나게 되면, 펌프 기동 시 흡입배관이 비워 있게 되어 정상적으로 물이 흡입되지 않는 결과를 초래할 수 있다. 또한 여과망의 입자가 너무 촘촘하면 임펠러로 흡입이 잘 되지 않아 펌프의 흡입성능을 현저하게 저하시키므로 여과망의 크기는 12.7mm를 넘지 않게 하되, 너무 촘촘하지 않도록 하여야 한다. 이 밸브는 소방시설뿐 아니라 여타 설비에 있어서도 유지관리가 어렵고 하자가 발생해도 쉽게 접근하여 보수하기 어렵다. 수조내의 불순물에 의하여 체크 기능을 상실할 우려가 높기 때문에 시공완료 후에는 수조내의 불순물을 정기적으로 제거 하여야 한다. 후드밸브를 선정할 때 스트레이너 부분이 엉성하게 생긴 것은 가급적 피하고 촘촘히 제작된 것을 선정하되 밸브 내 유속 통과 직경에 비하여 바스켓의 유속통과면적이 2배 이상 되는지를 계산하여야 한다. 이 흡입단면적이 좁으면 펌프의 임펠러 부분에 캐비테이션현상을 일으켜 펌프를 손상시킬 우려가 있기 때문이다. 후드밸브는 소방용푸트밸브의 성능시험기술기준(소방방재청장 고시)에 의거 제품승인 및 제품시험에 합격한 제품을 사용하여야 한다.

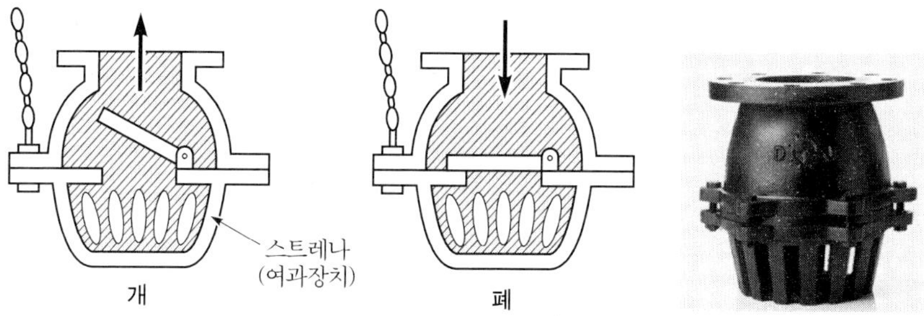

그림 3.2.0 후드밸브 예

3.3.3.13 소방용스트레이너

소화설비의 배관에 설치하여 오물 등의 불순물을 여과시켜 원활하게 소화용수를 공급하는 장치를 말한다.

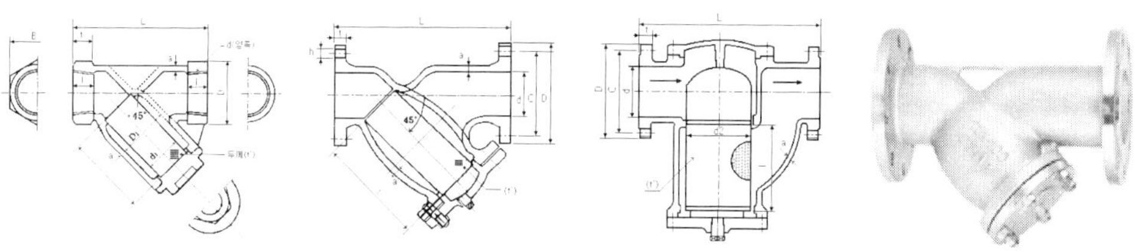

(1) 나사식 Y형 (2) 플랜지식 Y형 (3) 플랜지식 U형

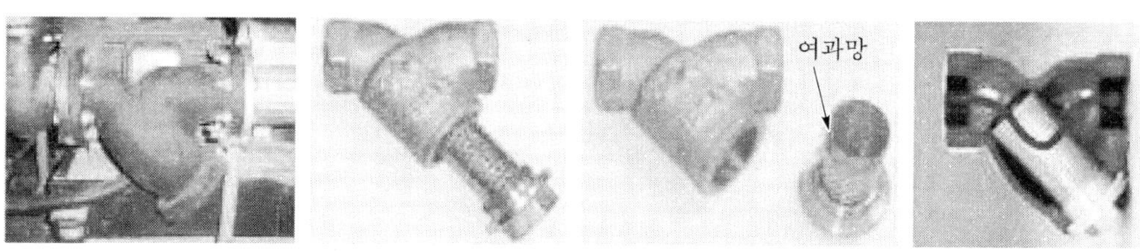

3.3.3.14 체크밸브

유체의 흐름을 한 방향으로만 유지하기 때문에 Non-return 밸브라고도 한다. 체크밸브로는 대표적으로 스윙체크식, 리프트체크식, 틸팅디스크식 등이 있다. 스윙체크밸브의 운전특징은 힌지핀을 중심으로 디스크가 유체의 흐름에 따라 열리면 개방되고 유체가 정지하면 밸브 2차측의 압력과 디스크의 무게에 따라 닫히는 구조이다. 이 밸브의 시트(Seat)와 디스크(Disk)의 맞닿는 부분은 선반 가공만으로는 완전한 밀폐가 되지 않아 랩핑(Lapping)가공을

하여야 하는 등 공정상의 어려움이 뒤따르며, Hinge Pin–Hole 가공시 수평이 맞지 않아 일일이 재가공을 해야하는 번거로움과 하자 발생으로 인하여 분규사례가 많이 있다. 리프트체크밸브는 맥동이 있는 유체나 비교적 유속이 높은 배관계통에 적합한 구조를 갖고 있다. 우리나라에서는 스모렌스키체크밸브로 소개된 리프트(Lift)타입의 밸브가 많이 사용되고 있으나 이런 종류의 체크밸브는 마찰손실이 큰 단점이 있다.

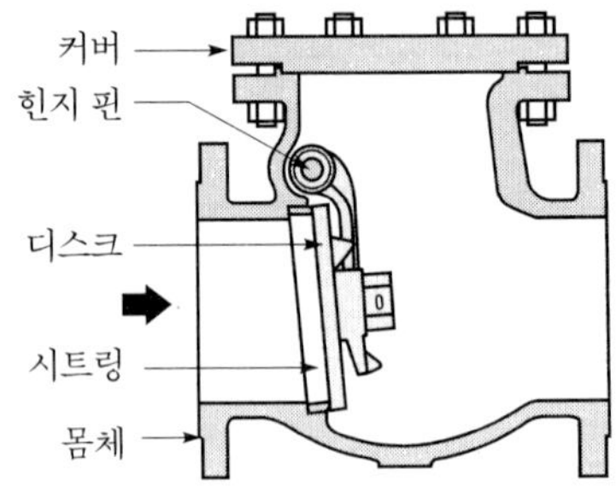

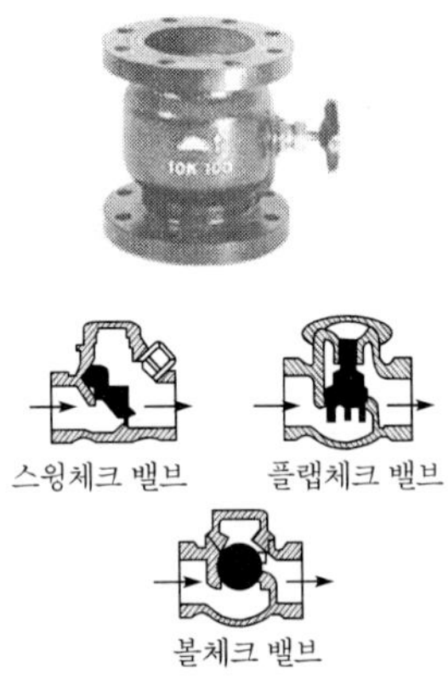

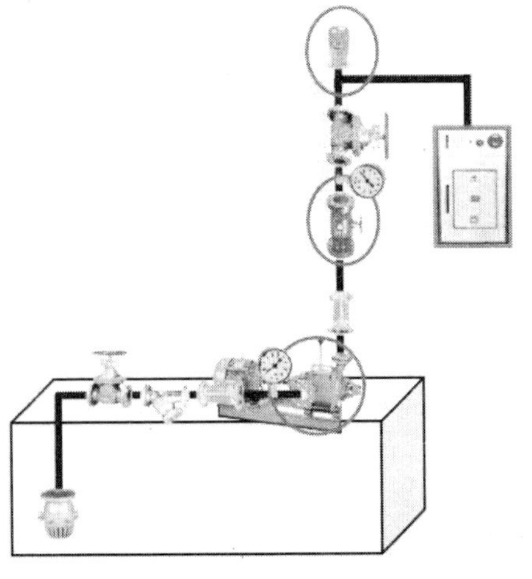

체크 밸브

3.3.3.15 압력계, 연성계, 진공계, 유량측정기, 여과장치,

진공계는 펌프의 흡입측 전방에 설치하며, 연성계는 펌프의 흡입측에 설치할 경우에는 흡입압력을 측정하게 되며, 토출측에 설치할 경우에는 토출압력을 나타낸다.

1) 압력계 : 펌프의 토출측의 압력을 압력을 측정할 수 있는 계측기를 말한다.

2) 연성계 : 대기압 이상의 압력과 대기압 이하의 압력을 측정할 수 있는 계측기를 말한다.

3) 진공계 : 대기압 이하의 압력을 측정하는 계측기를 말한다

4) 유량측정기 : 펌프의 토출성능을 측정하기 위한 것을 계측기를 말한다.

5) 여과장치흡입배관 내에 공기가 고이게 되면, 펌프로 물이 흡입되는 것을 방해하고, 임펠

러로 이송된 공기가 임펠러의 회전에 의하여 증기압이 높아지면서, 펌프의 송수능력을 저하시키고, 임펠러 및 케이싱의 손상을 초래하는 요인이 된다. 공기고임이 생기지 아니하도록 배관의 수평을 유지하고, 흡입배관의 구경과 펌프의 흡입측 플랜지의 구경이 달라서 레듀셔를 설치하는 경우에는 레듀셔의 상부가 평평한 편심 레듀셔를 사용하여야 한다.

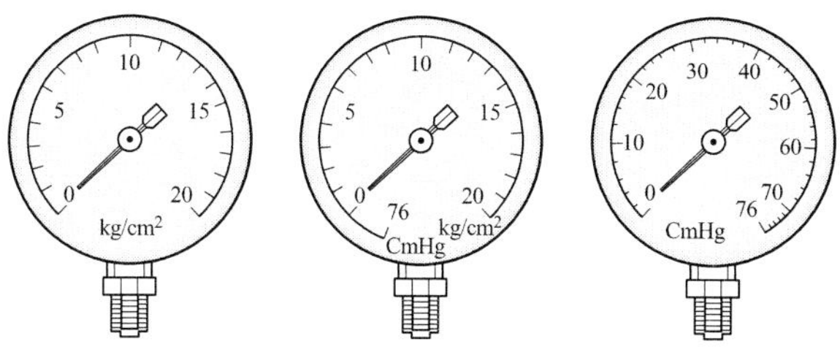

3.3.3.16 배관(합성수지배관 포함)

일반적으로 사용되는 배관은 0.7~1.2MPa(7~12kg/cm²)정도 또는 그 이내로 공장, 고층건물 등 사용압력의 특수여건에 따라 배관내의 압력이 증가하나 소방에서는 최대 2.0MPa(20kg/cm²) 이하의 배관이 사용되고 있다. 용접에 의한 배관은 접합접속에 의한 용접이므로 관단은 충분히 융합할 수 있는 구조이어야 한다. 배관용접시 유의사항은 용접에 의한 찌꺼기(용접똥)가 배관내로 떨어져 유체의 흐름을 방해하고 체크밸브 및 유수검지장치내 기밀부(Seat)의 기능을 방해하여 오작동을 일으키는 경우가 많음으로 이의 방지를 위한 방안으로 플랜지 용접 또는 홈조인트에 의한 배관연결을 고려하는 것이 바람직하다.

강관

합성수지배관

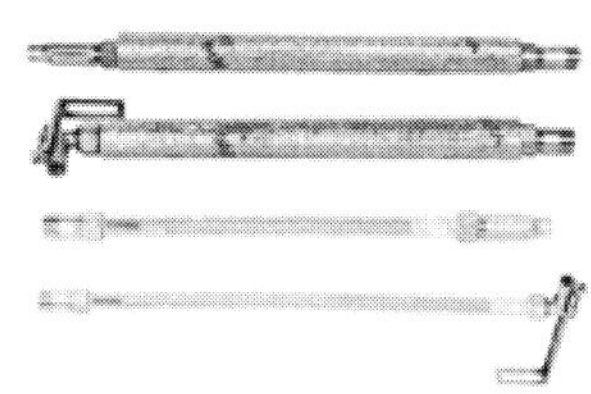

신축배관

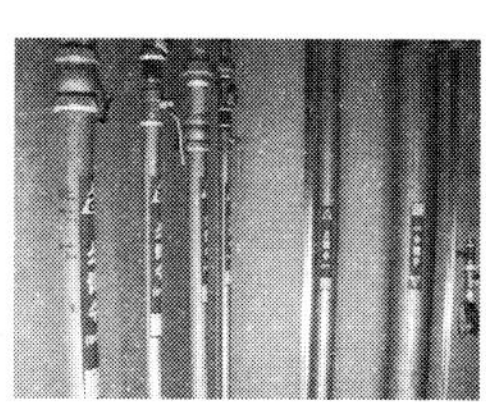

배관식별

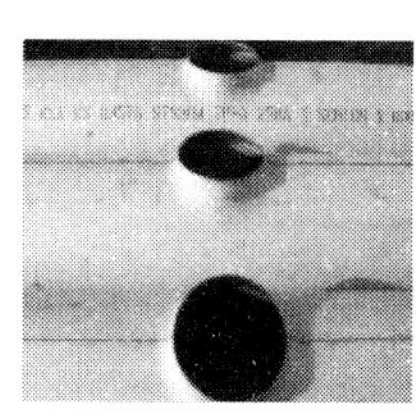

분기배관

3.3.3.17 송수구, 방수구

송수구는 소화설비에 소화용수를 보급하기 위하여 건물 외벽 또는 구조물의 외벽에 설치하는 관을 말한다.

방수구는 소화설비로부터 소화용수를 방수하기 위하여 건물내벽 또는 구조물의 외벽에 설치하는 관을 말한다.

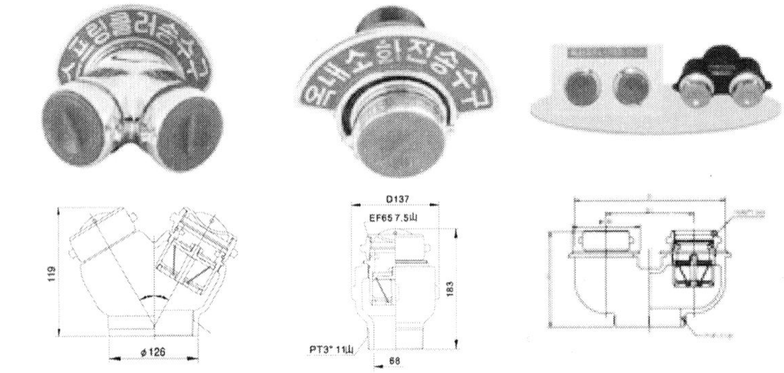

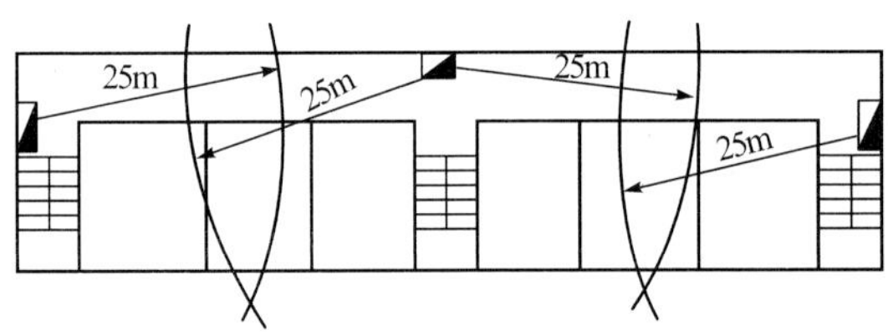

3.3.3.18 옥내소화전함(옥내소화전방수구, 소방호스, 결합금속구, 관창, 표시등)

(1) 옥내소화전함

옥내소화전함은 원래 초기 화재에 사용하는 것으로 관계자 이외의 사람도 사용할 수 있도록 눈에 띄는 장소에 설치하는 것이 좋다. 특히 한사람에 의한 조작이나 불특정다수인의 사용이 충분히 예상되므로 구획된 비상용 엘리베이터 로비, 계단실내에 설치하는 것을 피하는 것이 좋다. 또한 옥내소화전방수구의 조작이 용이하고 소방호스, 관창등을 수납할 수 있도록 충분한 내부공간을 가지는 것이어야 한다. 상부에는 위치표시등(적색등), 가압송수장치의 기동표시등, P형발신기, 음향장치(경종) 등으로 구성되어 있다. 특히, 수동기동방식은 소화전함 상단에 녹색과 적색의 누름버튼이 있으며, 이것이 가압송수장치의 기동 및 정지용 스위치로서 작동버튼을 누르면 가압송수장치가 작동하면서 기동표시등이 점등하게 된다.

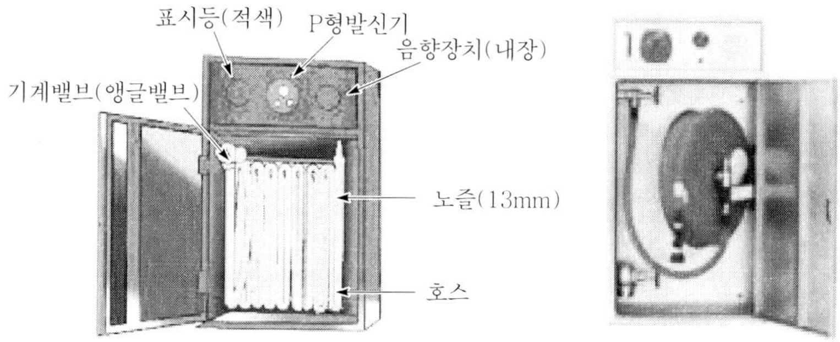

옥내소화전함

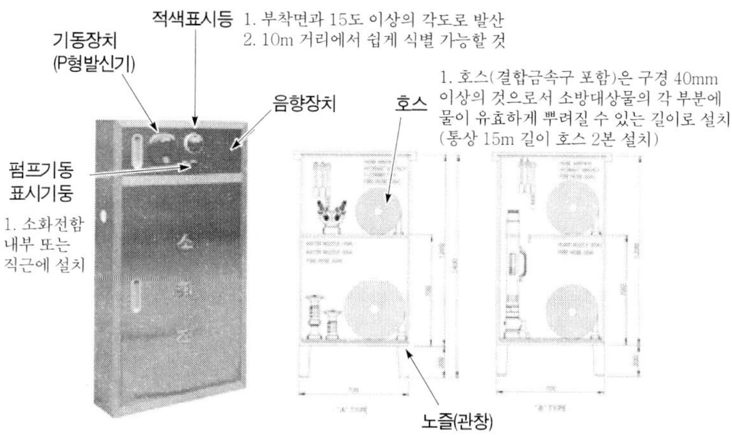

내부에 개패밸브(앵글밸브)와 호스가 연결되어 있다.

(2) 옥내소화전방수구

옥내소화전방수구는 건물내부에 설치되어 있는 소화전을 말하며 나사식 또는 차입식으로 구분한다.

옥내소화전방수구(소방호스연결)는 특정소방대상물 층마다 설치하며 층의 각 부분으로부터 수평거리는 25m 이하로 설치하여야 한다. 옥내소화전방수구의 높이는 바닥면으로부터 1.5m 이하로 설치하여야 한다.

(3) 소방호스

화재 시 소화전 또는 소방펌프의 방수구 등에 연결하여 소화용수를 방수하기 위한 도관으로서 호스와 연결금속구로 구성되어 사용되는 것을 말한다.

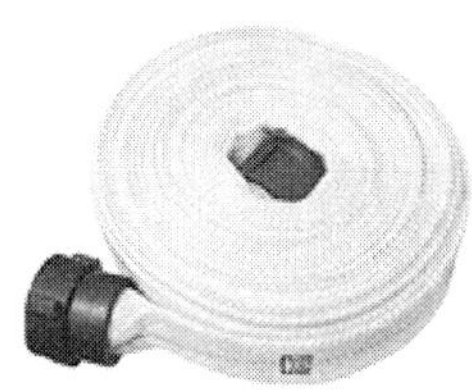

(4) 결합금속구

소방호스 및 흡수관등 소화용수를 흡·방수하는 관로와 소방장비 등을 상호간 연결하여 결합하는 이음쇠로서 호환성을 유지하기 위하여 일정 규격으로 관리하고 있으며 체결방식에 따라 나사식 이음과 차입식 이음으로 구분할 수 있습니다.

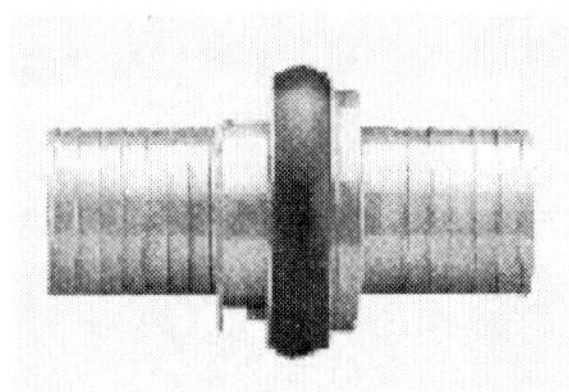

(5) 관창

소방호스용연결금속구 또는 중간연결금속구 등의 끝에 연결시켜 소화용수를 방수하게 하는 나사식 또는 차입식 토출기구를 말한다. 표준형 관창은 옥내소화전설비 및 옥외소화전설비에 사용되는 관창을 말한다.

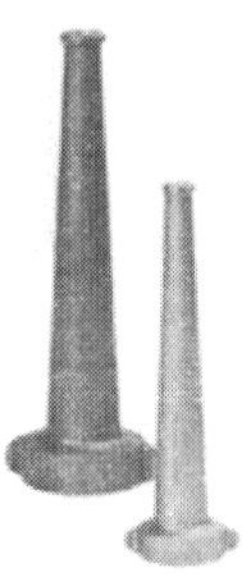

(6) 표시등

옥내소화전설비의 화재안전기준 제7조, 자동화재탐지설비의 화재안전기준 제9조 및 연결송수관설비의 화재안전기준 제6조의 규정에 의한 옥내소화전설비·자동화재탐지설비의 발신기 및 연결송수관설비의 방수구 등의 위치를 표시하는 것을 말한다.

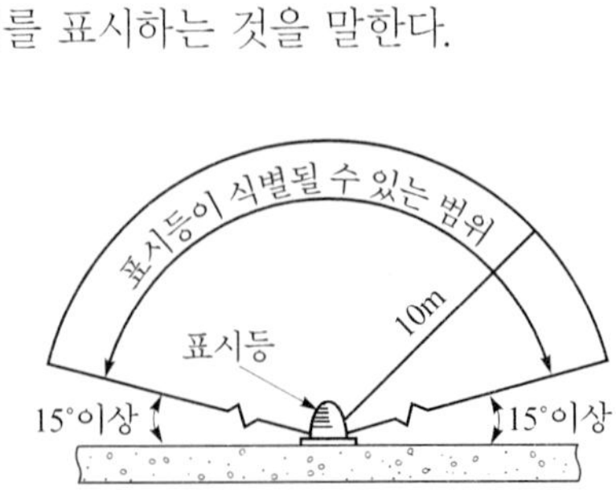

(7) 발신기

화재발생신호를 수신기 또는 중계기에 수동으로 발신하는 것을 말한다. 발신기의 조작부는 작동스위치의 동작방향으로 가하는 힘이 2kg을 초과하고 8kg 이하인 범위에서 확실하게 동작되어야 하며, 2kg의 힘을 가하는 경우 동작되지 아니하여야 한다. 이 경우 누름판이 있는 구조로서 손끝으로 눌러 작동하는 방식의 작동스위치는 누름판을 포함한다.

3.3.3.19 배선(내화, 내열)

배선공사란 내열배선은 차열성이 있는 배선이고 내화배선은 화재에 견디는 내력이 있는 배선을 의미하며 Flashover 이후에도 신뢰성을 확보 할 수 있다. 따라서 차열성과 화재에 대한 내력이 있으면 케이블 공사방법에 따라 케이블Try 등에 설치되고, 내력이 없으면 별도의 수납방법이나 구획된 실내에 설치한다.

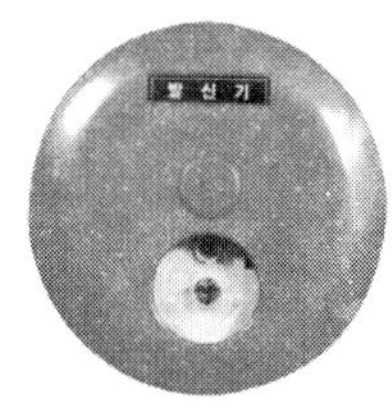

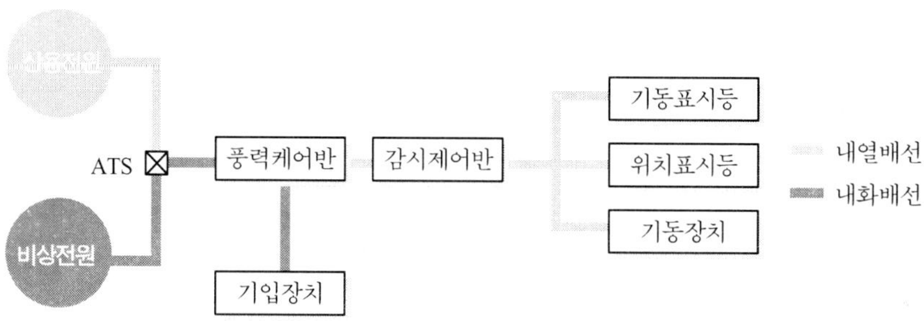

(1) 케이블공사란

케이블을 금속관내에 배선할 경우는 금속관공사로 분류되고, 가요전선 관내에 배선할 경우에는 가요전선관공사로 분류된다. 따라서, 케이블공사라 함은 케이블을 관로내에 배선하지 아니하고 Cable Try, 조영재의 아랫면 또는 옆면을 따라 붙이는 방법으로 공사하는 것을 말한다.

※ 조영재(造營材)란 조영물을 구성하는 부분을 말한다.(조영물(造營物)이란 건축물, 광고탑 등 토지에 정착하는 시설물 중 지붕)

(2) 금속관공사

금속관공사는 시설장소의 제한이 없는 공사방법으로 배선을 금속관에 수납하여 시공하는 것으로 노출된 벽면 및 천장속 은폐배선공사에 주로 사용된다. 또는 벽을 가지는 시설물을 말한다.

(3) 합성수지관공사

합성수지관(경질비닐전선관)공사는 중량물의 압력 또는 기계적 충격을 받지 않는 장소에 설치할 수 있는 공사방법으로 합성 수지관 특성상 절연성이 우수하고 작업성이 뛰어나며 경제적인 공사방법이나 화재에 약한 단점이 있어 내화구조의 벽체등에 매립공사를 할 경우에 사용된다.

(4) 가요전선관공사

금속재 가요전선관은 굴곡이 심한 장소에 적합하게 구부러지기 쉽도록 되어있는 전선관은 1종 및 2종 가요전선관으로 구분이 되며, 주로 소방펌프 및 제연 FAN 전동기와 금속관사이, 천장과 반자 사이의 은폐된 부분 등 비교적 짧은 거리에 적용되는 배선공사방법이다.

1) 1종 금속제 가요전선관
외적 충격이나 하중에 대해서 튼튼하지 않아서 건조하고 전개된 장소 또는 건조하고 점검할 수 있는 은폐된 장소에 한하며 또한 사용 전압이 400V 이상인 경우는 전동기에 접속하는 부분에서 가요성을 필요로 하는 부분으로 한정하여 사용할 수 있으며, 가요 전선관 의 두께를 0.8mm 이상인 것을 사용하도록 규정하고 있다.

2) 2종 금속제 가요전선관
2종은 시설장소 및 사용전압에 제한을 받지 않으며, 2종 금속제 가요전선관은 1종 금속제 가요전선관에 비해 기계적 강도 및 내수성이 우수하기 때문에 은폐공사(콘크리트 내에 매입배선 등)에서 사용하는 것이 인정되고 있다.

3) 금속덕트공사
금속덕트공사는 두께 1.2mm 이상인 철판 또는 동등 이상의 세기를 가지는 금속재 덕트에 다량의 전선을 수납할 수 있는 공사방법으로 덕트의 내면 및 외면에는 아연도금 등으로 피복 하여 부식을 방지하고 금속덕트에 넣는 전선의 단면적의 합계는 덕트의 내부 단면적의 20% 이하(동일 트내에 넣는 전선은 30본 이하)가 되도록 한다.

3.3.3.20 제어반(동력 및 감시)

동력제어반이란 가압수송장치의 펌프 또는 제연설비의 송풍기에 필요한 상용전원 또는 비상전원을 공급하는 장치로써 일반적으로 소방용MCC또는 소방용 동력분전반이라 한다. 동력제어반의 내부 회로를 구성하는 기기에는 배선용 차단기, 전자접촉기, 열동계전기, 표시등, 퓨즈 등이 있다.

감시제어반은 감시 및 제어기능이 있는 것을 말하며, 일반적으로 소방시설 들을 집중, 감시하는 별도장소(방제센터)에 자동화재탐지설비 화재수신기에 함께 설치된다.

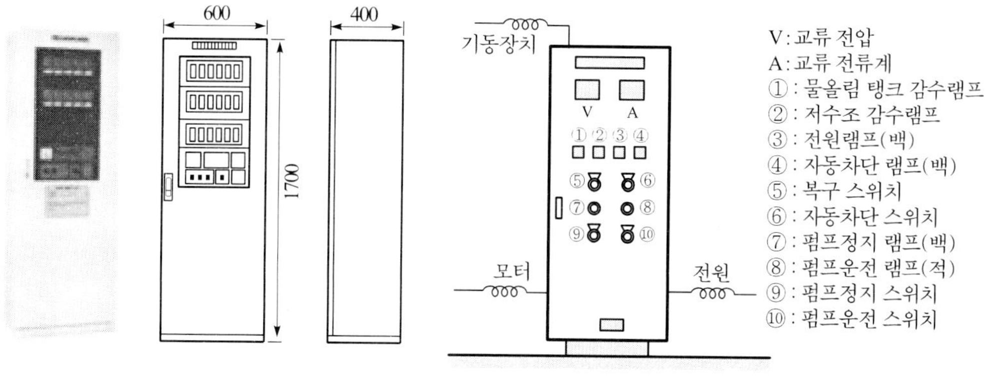

제어반

3.3.3.21 전원

(1) 저압수전인 경우

인입개폐기의 직후에서 분기하여 전용배선으로 전용의 전선관에 보호되도록 할 것

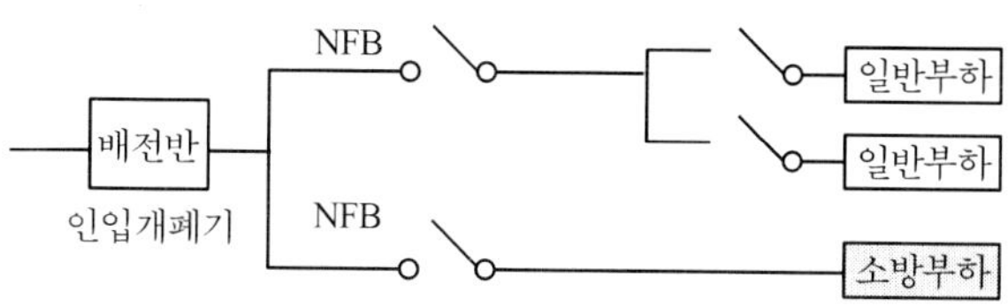

(2) (특별)고압수전일 경우

전력용 변압기 2차측의 주차단기 1차측에서 분기하여 전용배선으로 하며, 상용전원의 상시공급에 지장이 없을 경우 주차단기 2차측에서 분기하여 전용배선으로 하여야한다. 다만, 가압송수장치의 정격입력전압이 수전전압과 같은 경우에는 제①호의 기준에 따를 것

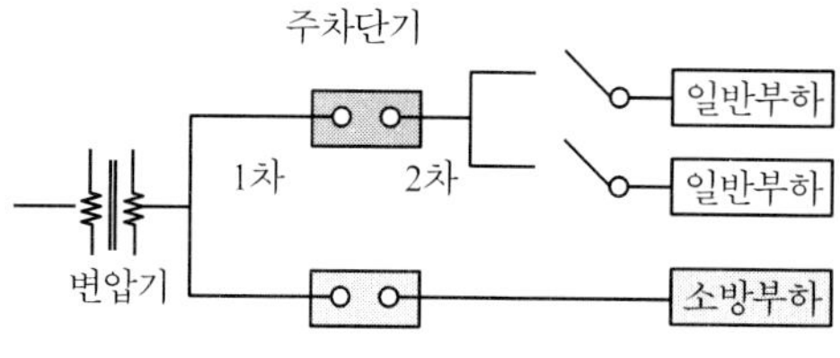

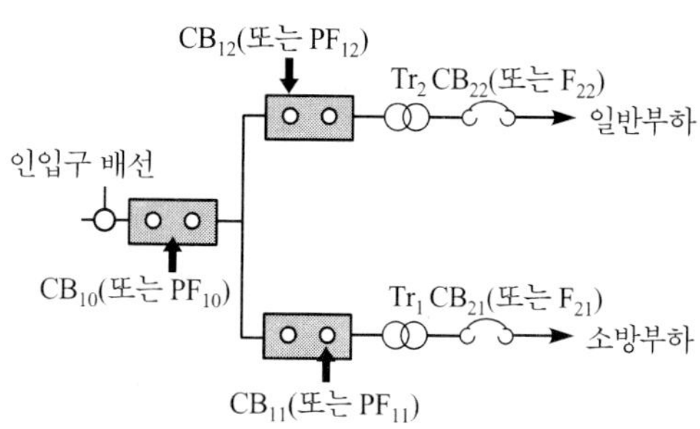

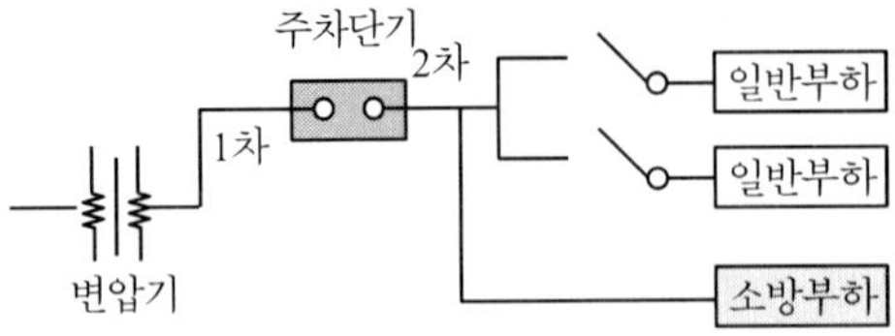

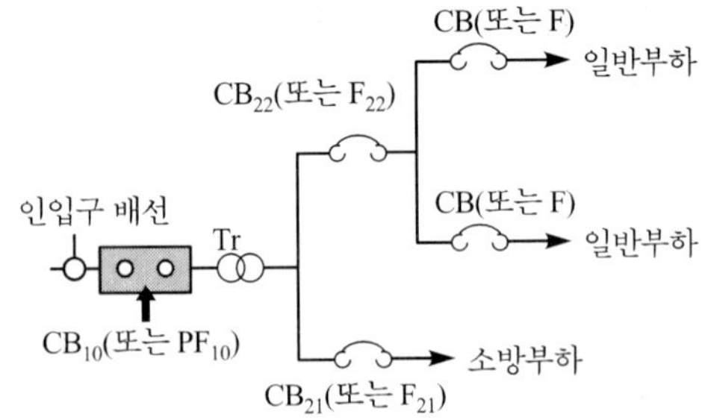

3.3.3.22 옥내소화전설비와 일반급수용설비의 연결 예

기존 건물이 증개축 되는 경우에는 기존에 설치한 소화설비를 이설하거나 추가 또는 철거하는 경우가 발생할 수 있다. 이러한 경우에도 화재안전기준에 적합하게 추가증설, 이설, 철거가 이루어져야 하지만, 건물의 구조와 용도 특성 등의 이유로 화재안전기준을 만족할 수 있도록 설치할 수 없는 경우가 발생할 때 설비의 기능과 사용에 지장이 없는 범위 안에서는 화재안전기준을 엄격히 적용하지 않겠다는 의미이다.

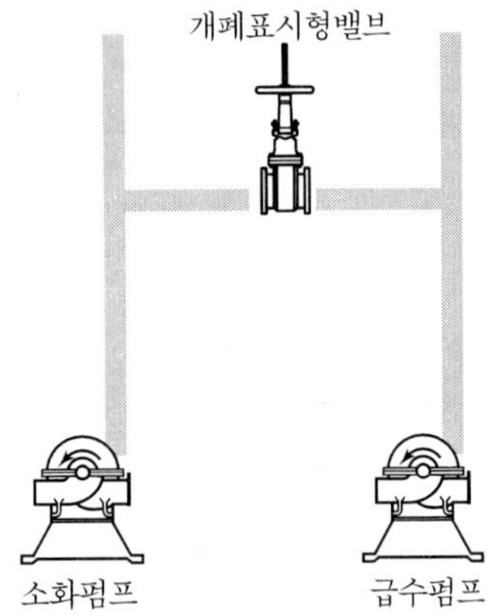

3.4 스프링클러소화설비

3.4.1 개요

1) 스프링클러설비는 건축물내의 화재 시 해당 특정소방대상물의 보호를 목적으로 자동으로 화재를 감지하여 신속히 화재를 진압할 수 있도록 함을 그 목적으로 한다.
2) 소화설비로서 필요한 성능수준 확보 및 설치의 품질을 향상시키는데 있으며 제품의 성능수준 확보를 위한 시험(Test) 기준이나 제품의 품질향상을 위한 방법 등은 포함하지 않는다.
3) 스프링클러설비를 구성하는 제품은 수조, 가압송수장치(소화펌프), 충압펌프, 배관, 스프링클러헤드, 유수검지장치, 일제개방밸브, 기동용수압개폐장치, 소방용내화전선, 소방용내열전선, 개폐표시형밸브, 소방용스트레이너, 소방용압력스위치, 소방용릴리프밸브, 소방용푸트밸브, 소방용합성수지배관, 송수구, 방수구, 제어반, 표시등, 개폐표시형밸브, 소방용스트레이너, 소방용압력스위치, 소방용릴리프밸브, 소방용푸트밸브, 물올림장치, 체크밸브, 유량측정기, 소방용합성수지배관, 성능시험배관, 연성계, 진공계 압력계

등으로 구성되어 있다.

3.4.2 스프링클러 소화설비의 종류

(1) 국내 화재안전기준에 의한 분류

습식스프링클러소화설비, 건식스프링클러소화설비, 부압식스프링클러소화설비, 준비작동식스프링클러소화설비, 일제살수식스프링클러소화설비로 구분하고 있다.

(2) NFPA Code에 의한 분류 : 설비방식에 따라

1) 습식스프링클러시스템
2) 건식스프링클러시스템
3) 준비작동식스프링클러시스템
4) 일제살수식스프링클러시스템
5) 건식/준비작동식조합(Combined)스프링클러시스템
6) 동결방지 스프링클러시스템
7) 일반급수설비에 연결된 스프링클러시스템
8) 노출보호 스프링클러시스템으로 분류한다.

① 습식스프링클러시스템

소화용수가 채워져 있는 배관에 폐쇄형스프링클러헤드를 부착하여 화재의 열로 인하여 스프링클러헤드가 개방되면 즉시 방수되도록 하는 시스템을 말한다.

② 건식스프링클러시스템

압축공기 또는 질소가 들어 있는 배관에 폐쇄형 스프링클러헤드가 부착되어 있는 스프링클러시스템으로서 스프링클러헤드가 개방되어 압축공기가가 방출되면 수압에 의하여 건식유수검지장치가 개방되고 배관 내에 소화용수가 흘러 개방되어 있는 스프링클러헤드를 통하여 방사된다.

※ 건물 내 방호구역의 실내온도를 4 ℃ 이상으로 유지할 수 없는 장소에 사용

③ 준비작동식스프링클러시스템

배관누설감시용 압축공기 또는 대기압상태의 공기가 들어있는 배관에 폐쇄형 스프링클러헤드를 부착한 스프링클러시스템으로서 스프링클러헤드가 설치되어 있는 동일지역 내에 화재감지설비가 설치되어 있다.

※ 인터록준비작동식 스프링클러시스템은 방호구역 내 스프링클러의 우발적인 살수로 인한 침수피해로부터 시설물을 보호하기 위하여 사용된다.

④ 일제살수식스프링클러시스템

일제개방밸브를 통하여 급수배관과 연결되어 있는 배관에 개방형스프링클러헤드를 부착하는 스프링클러시스템으로서 일제개방밸브는 스프링클러헤드가 설치되어 있는 동일구역 내의 감지장치에 의하여 개방되며, 일제개방밸브가 개방 될 때 배관으로 소화용수가 흘러 그 배관에 부착된 스프링클러헤드를 통하여 방사된다.

⑤ 건식/준비작동식 조합스프링클러시스템

압축공기가 들어있는 배관에 부착되어 있는 스프링클러헤드를 사용하는 스프링클러시스템으로서 스프링클러헤드가 설치되어 있는 동일구역 내에 화재감지장치가 설치되어 있으며, 화재감지장치가 작동되면 기동장치가 작동하여 즉시 배관 내 압축공기의 손실이 없이 건식밸브가 개방된다. 또한 화재감지장치가 작동 될 때 급수배관의 말단에 설치되어 있는 공기배출밸브가 개방된 다음에 스프링클러헤드가 개방된다.(감지장치는 자동화재탐지설비의 역할도 동시에 수행함)

※ 사용되는 장소 : 부두, 여객선터미널 및 선창 등

⑥ 동결방지용 스프링클러시스템

습식스프링클러설비가 설치되는 지역의 일부분이 동파의 우려가 있는 장소에 노출되는 경우에는 스프링클러헤드로부터 동결우려가 있는 부분까지의 배관 내에 부동액이 채워져 있어 화재가 발생되면 배관내의 부동액이 즉시 방출되고 이어서 소화용수가 방사되는 시스템이다.

⑦ 일반급수설비와 연결된 스프링클러시스템 (순환식밀폐형루프시스템)

난방 또는 공조장치를 통하여 물을 순환시키는 냉난방설비의 순환밀폐배관으로 스프링클러시스템 배관을 이용하는 시스템이다. 정상상태에서는 난방 또는 공조장치로 사용하다가 화재 발생 시에는 스프링클러헤드를 통하여 물(소화용수)을 방사한다. 이 시스템은 냉난방설비에 이상이 있을 수 있거나 거주자의 생활에 즉시 불편을 초래하므로 항상 시스템을 최적상태로 유지하여야 하기 때문에 자체감시특성을 가지고 있다고 할 수 있다.

⑧ 노출보호 스프링클러시스템

건물 실내에 스프링설비를 설치하는 것에 관계없이 건물 외벽의 창문, 개구부를 보호 및 외벽 또는 지붕을 보호하거나 인접한 건물로 화재가 전이되는 것을 방지하기 위하여 설치하는 스프링클러시스템이다.

* NFPA 13-2007 Chapter 7 (7.1~7.8 참조)

3.4.3 스프링클러소화설비의 계통도

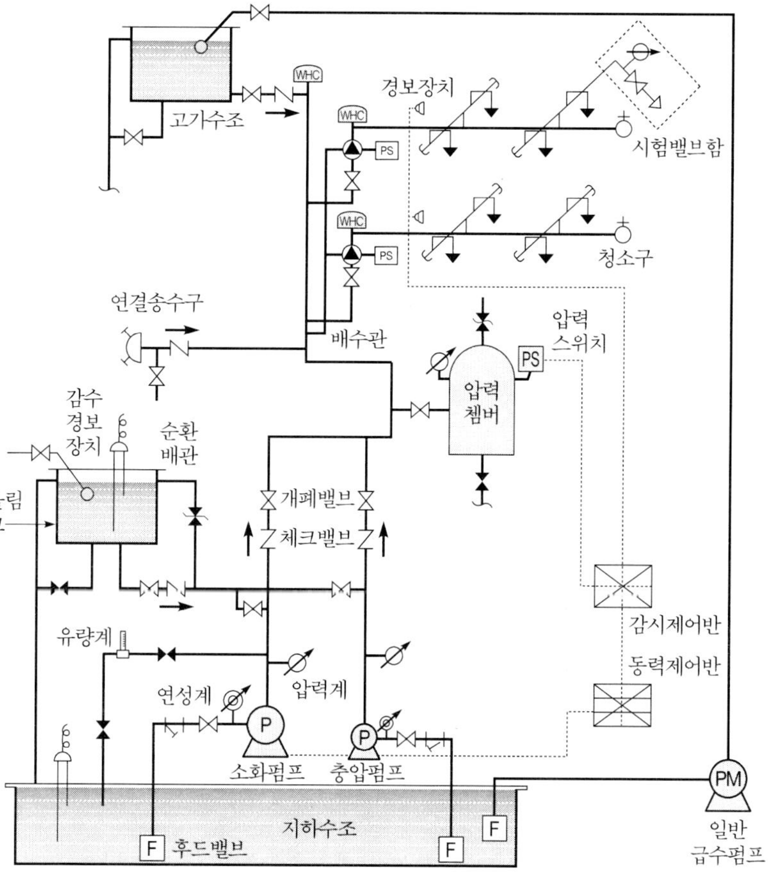

3.4.4 스프링클러소화설비의 분류

(1) 습식스프링클러소화설비(Wet Pipe Sprinkler System)

가압송수장치에서 폐쇄형스프링클러헤드까지 배관 내에 항상 물이 가압되어 있다가 화재로 인한 열로 폐쇄형스프링클러헤드가 개방되면 배관 내에 유수가 발생하여 습식유수검지장치가 작동하게 되는 스프링클러설비를 말한다. 또한 유수검지장치의 1, 2차 배관에 가압수가 충만 되어 있다가 헤드의 감열부가 화재로 인해 개방 되면 가압수가 방출됨으로서 압력의 균형이 깨지고, 이로 인하여 유수검지장치의 작동 및 가압송수장치가 기동하게 됨으로서 소화하게 되는 소화설비이다. 기타 스프링클러설비에 비하여 구조가 간단한 장점이 있으나 동결의 위험이 있으므로 주의하여야 한다.

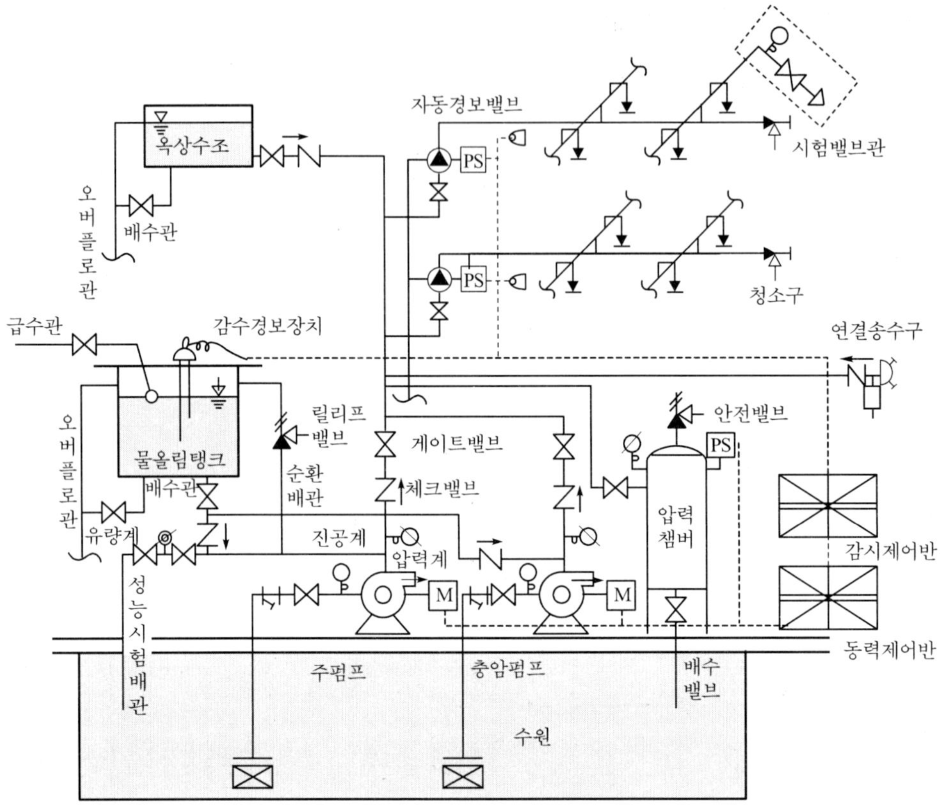
자동경보밸브
옥상수조
오버플로관
배수관
PS
시험밸브관
청소구
급수관
감수경보장치
연결송수구
릴리프 밸브
게이트밸브
안전밸브
물올림탱크
배수관
순환 배관
체크밸브
압력 챔버
유량계
진공계
압력계
감시제어반
M
성능시험배관
주펌프
충압펌프
배수 밸브
동력제어반
수원

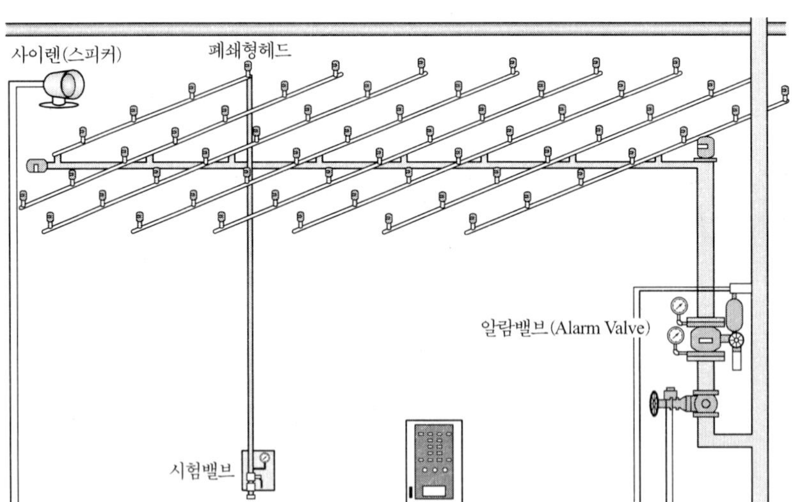
사이렌(스피커)
폐쇄형헤드
알람밸브(Alarm Valve)
시험밸브
수신반

(2) 부압식스프링클러소화설비

가압송수장치에서 준비작동식유수검지장치의 1차측까지는 항상 정압의 물이 가압되고, 2차측 폐쇄형 스프링클러헤드까지는 소화수가 부압으로 되어 있다가 화재 시 감지기의 작동에 의해 정압으로 변하여 유수가 발생하면 작동하는 스프링클러설비를 말한다.

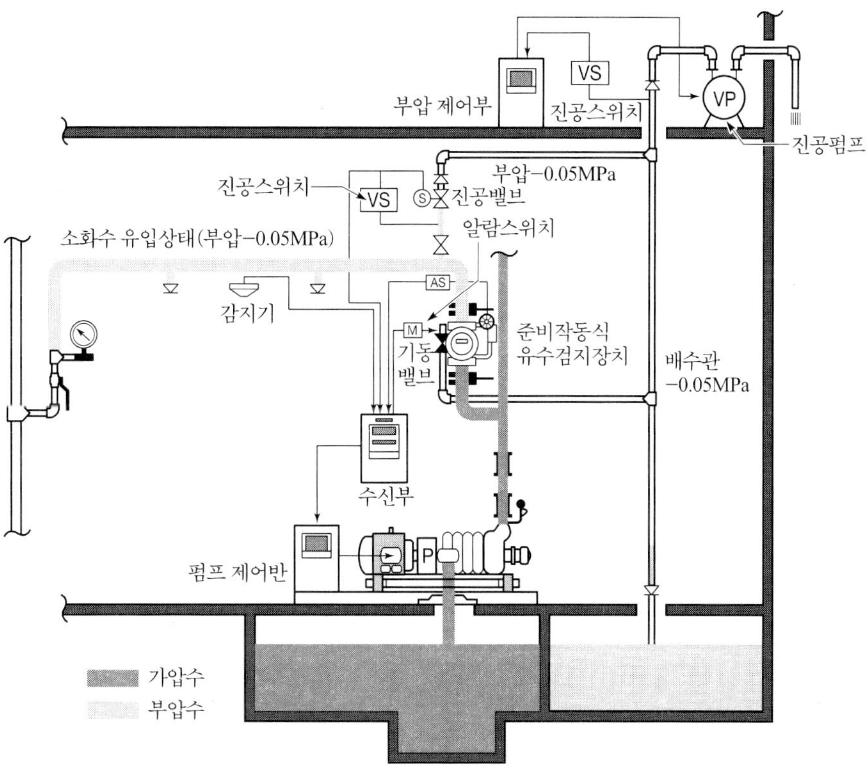

(3) 준비작동식스프링클러소화설비(Pre-Action Sprinkler System)

가압송수장치에서 준비작동식유수검지장치 1차 측까지 배관 내에 항상 물이 가압되어 있고 2차 측에서 폐쇄형스프링클러헤드까지 대기압 또는 저압으로 있다가 화재발생시 감지기의 작동으로 준비작동식유수검지장치가 작동하여 폐쇄형스프링클러헤드까지 소화용수가 송수되어 폐쇄형스프링클러헤드가 열에 따라 개방되는 방식의 스프링클러설비를 말한다.

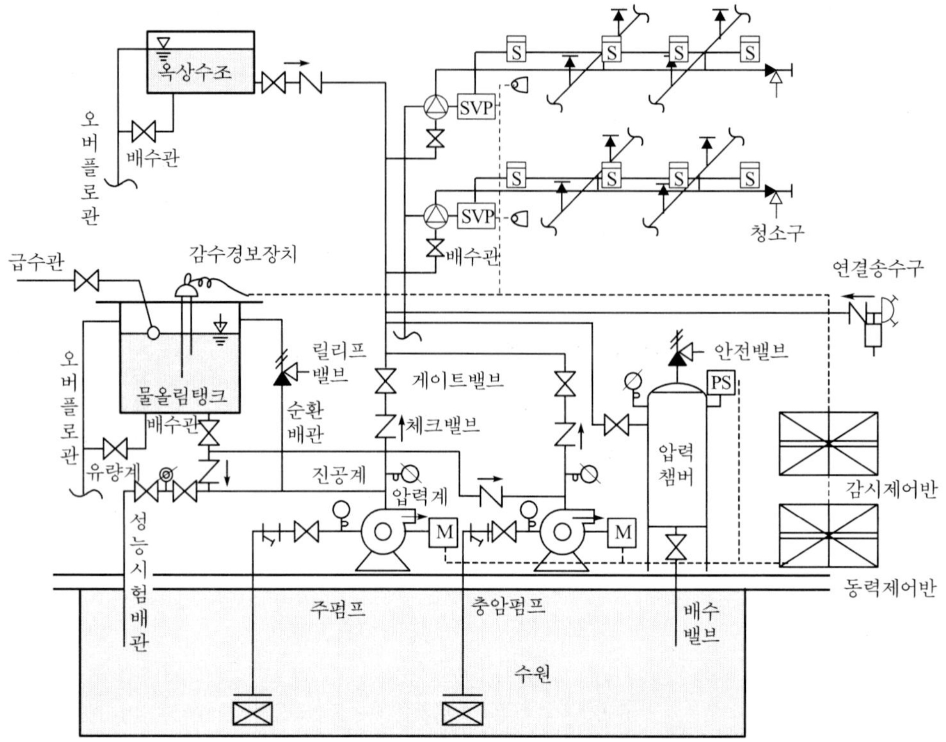
옥상수조
오버플로관
배수관
S
SVP
청소구
급수관
감수경보장치
연결송수구
오버플로관
물올림탱크
배수관
유량계
릴리프 밸브
순환 배관
게이트밸브
체크밸브
진공계
압력계
안전밸브
PS
압력 챔버
감시제어반
성능시험배관
주펌프
충압펌프
M
배수 밸브
동력제어반
수원

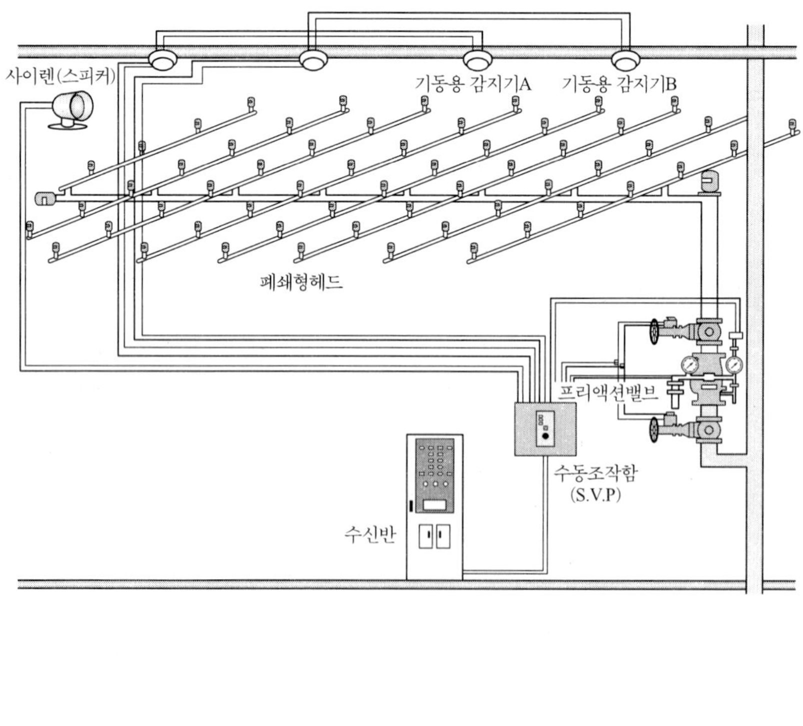
사이렌(스피커)
기동용 감지기A
기동용 감지기B
폐쇄형헤드
프리액션밸브
수동조작함 (S.V.P)
수신반

(4) 건식스프링클러소화설비(Dry Pipe Sprinkler System)

건식유수검지장치 2차 측에 압축공기 또는 질소 등의 기체로 충전된 배관에 폐쇄형스프링클러헤드가 부착된 스프링클러설비로서, 폐쇄형스프링클러헤드가 개방되어 배관내의 압축공기 등이 방출되면 건식유수검지장치 1차 측의 수압에 의하여 건식유수검지장치가 작동하게 되는 스프링클러설비를 말한다.

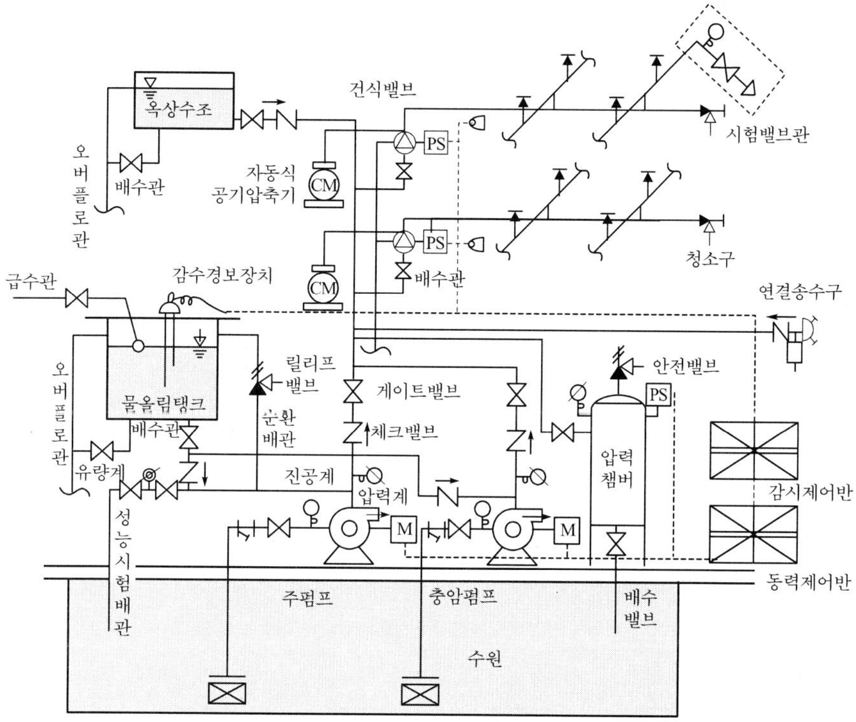

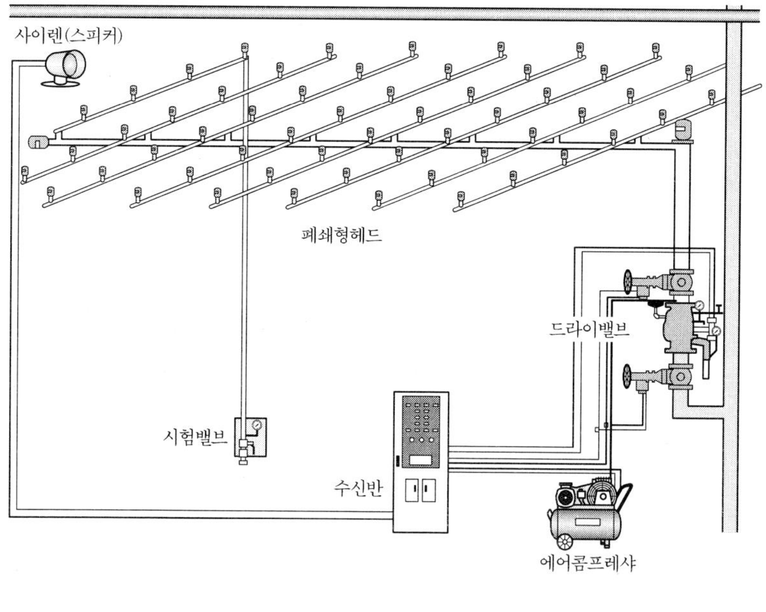

(5) 일제살수식스프링클러소화설비(Deluge system)

가압송수장치에서 일제개방밸브 1차 측까지 배관 내에 항상 물이 가압되어 있고 2차 측에서 개방형스프링클러헤드까지 대기압으로 있다가 화재발생시 자동감지장치 또는 수동식 기동장치의 작동으로 일제개방밸브가 개방되면 스프링클러헤드까지 소화용수가 송수되는 방식의 스프링클러설비를 말한다.

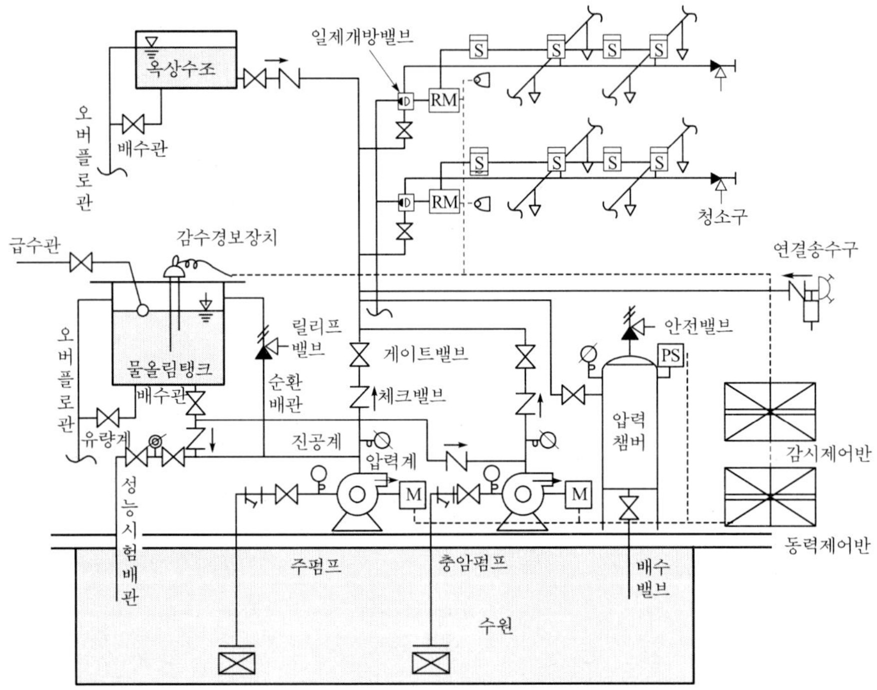

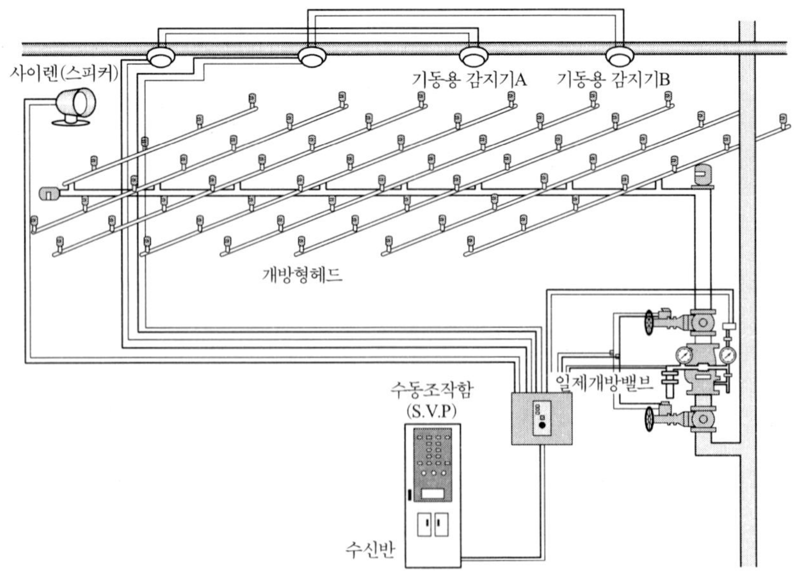

3.4.5 수원의 저장하는 수조

수조는 옥상수조, 지하수조, 압력수조, 가압수조로 구분하고 있다.

(1) 옥상수조의 구조 및 기능

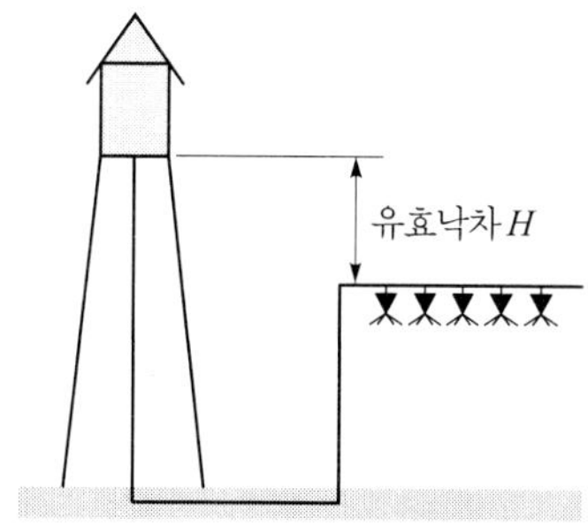

유효수량의 1/3이상을 추가로 옥상에 설치하는 근본적인 취지는 스프링클러소화설비에서 지하수조 등의 펌프가 비상시 작동되지 않는 경우 자연낙차에 의하여 스프링클러헤드로 소화용수가 방수되도록 하여 화재를 진압하기 위해 특정소방대상물의 옥상에 필수적으로 설치토록 하는 것이다. 건물 최상부의 층은 낙차가 작아 스프링클러헤드에서 정상압력이 되지 않을지라도 자연낙차을 이용한 고가수조의 개념으로 사용하기 위해 옥상수조를 설치한다. 옥상수조를 설치하지 않으려면 펌프 고장과 정전 이 두 가지의 경우에 모두 소화용수를 공급할 수 있도록 설비를 하어야 한다.

(2) 고가수조

고가수조는 가압송수장치의 일종으로서 건축물의 옥상 또는 별도의 구축물 등에 설치되는 수원을 말하며 낙차압력을 이용하여 스프링클러설비에 규정된 방사조건으로 물을 공급하기 위해서는 소방대상물에 설치되는 스프링클러헤드의 위치보다 수원의 위치가 높아 중력에 의하여 수원의 자연낙차 압력을 이용하여 급수할 수 있는 위치에 설치되어야 한다. 또한 동절기 난방이 안 되는 장소에 설치되는 경우에는 동파방지조치를 하여야 한다.

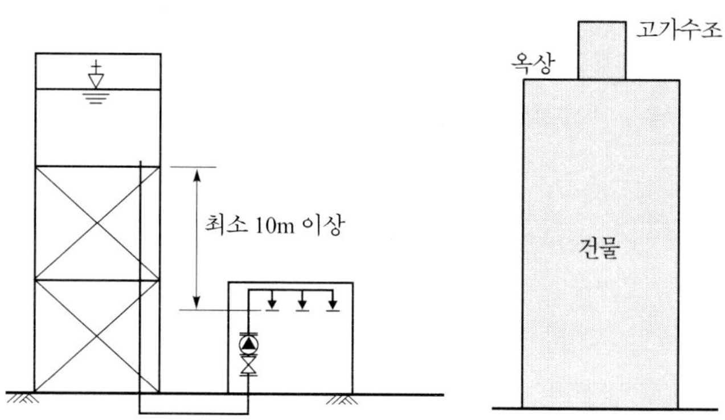

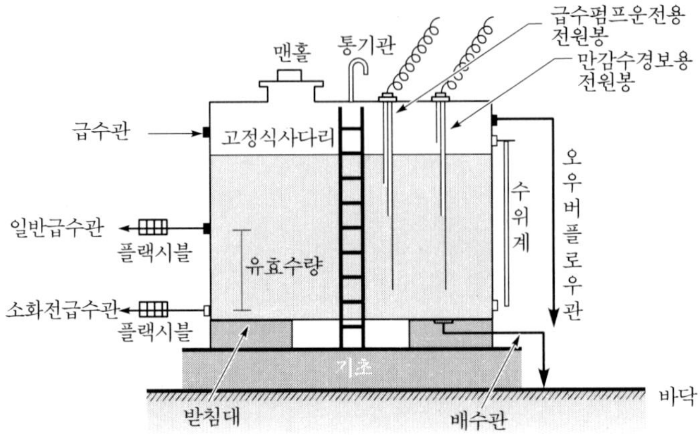

(3) 압력수조

압력수조는 가압송수장치의 일종으로서 대형 압력탱크를 이용하여 스프링클러설비에 규정된 방사조건으로 물을 공급하는 가압송수장치로서 압력수조방식은 압력탱크 내에 물을 압입하고 압력탱크 내의 압축된 공기압력에 의하여 송수하는 방식이다. 이 방식은 압력탱크의 설치장소에 따르는 이점이 있지만 압력탱크 용량의 약 2/3정도만 사용할 수 있고(만수하였을 때 물의 용적은 약 2/3로 한정) 방수와 동시에 수압이 감소되기 때문에 저수량의 모두를 유효수량으로 볼 수 없어 설계 시에 충분한 량의 수원을 확보할 수 있도록 하여야 한다.

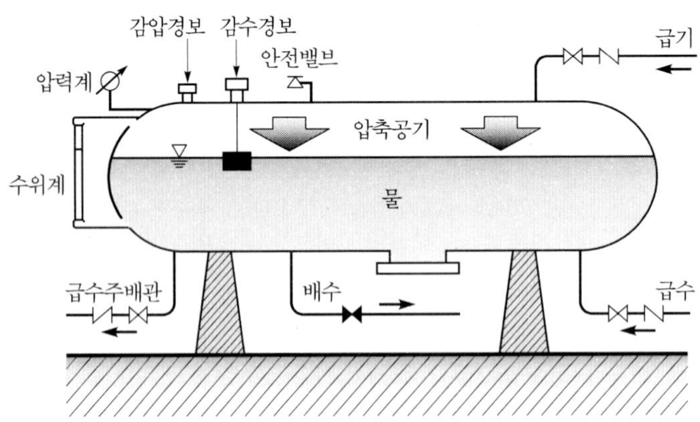

(4) 지하수조

소방대상물(건축물)의 지하 또는 그 부지내의 지하에 수조를 설치하여 소방대상물의 고층부까지 물을 공급하는 방식으로 가압송수장치(소화펌프)가 필요하다.

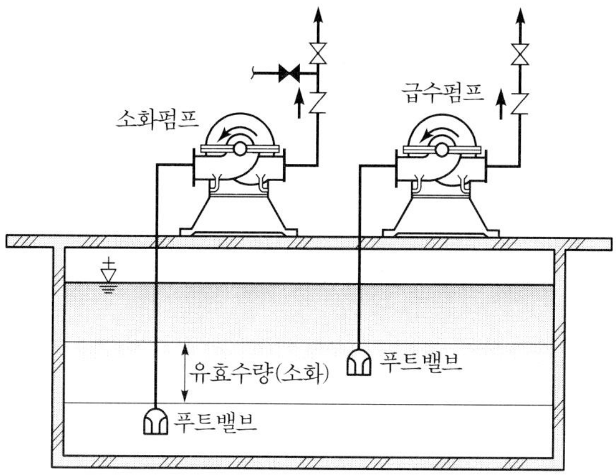

(5) 가압수조

가압원인 압축공기 또는 불연성 고압기체에 따라 소방용수를 가압시키는 수조를 말한다. 수조의 외부로부터 가압원인 압축공기 또는 불연성고압기체에 의하여 소방용수를 가압시키는 것으로서 수조를 포함한다.

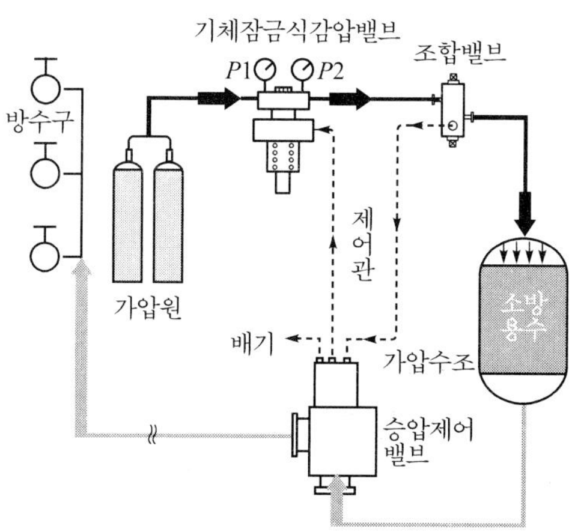

3.4.6 가압송수장치(펌프)

가압송수장치로 전동기를 구동장치로 이용하는 소화펌프가 가장 일반적으로 사용된다. 그러나, 전기를 전원으로 사용하므로 전원에 이상이 있을 경우에는 펌프를 운전할 수 없는 문제점이 있다. 이를 해결하기 위하여, 전원 이상시에 비상전원을 공급할 수 있는 비상발전기를 별도로 설치하거나, 전원의 이상 유무와 관계없이 축전지를 사용하여 항상 펌프를 기동할 수 있는 내연기관(주로 디젤엔진)을 구동장치로 하는 디젤엔진구동 소화펌프를 설치한다. 또한, 전동기에 따른 펌프를 이용하는 가압송수장치는 주로 원심펌프를 사용하며, 구동장치로 전동기와 디젤엔진 또는 터빈 등을 사용한다. 건축물인 소방대상물에서는 대부분 전동기 구동방식이 사용되고 있으며, 산업설비분야에서 스팀터빈 방식을 사용하는 곳도 있다. 내연기관구동 펌프의 경우에는 비상시 예비용으로 많이 설치하고 있다.

(1) 펌프의 토출능력

임펠러의 회전에 의한 펌프 내부 진공형성에 의해 흡입된 물을 펌프가 많이 가압하고자 여러개의 단(stage)을 거치도록하고 있다. 단은 가압된 물을 다시한번 더 가압시키는 방식으로 이 단에 의한 가압으로 토출능력을 상승시키는데 단을 많이 설치할수록 가압능력은 상승하게 된다. 또한, 소방용으로 사용되는 주펌프는 주로 볼류트펌프가 사용되고 있으며, 이 펌프 중단이 여러개인 펌프를 다단볼류트 펌프라고한다. 현재 소방용 주펌프로 적용되는 펌프는 주로 3~6단 정도가 적용되고 있다.

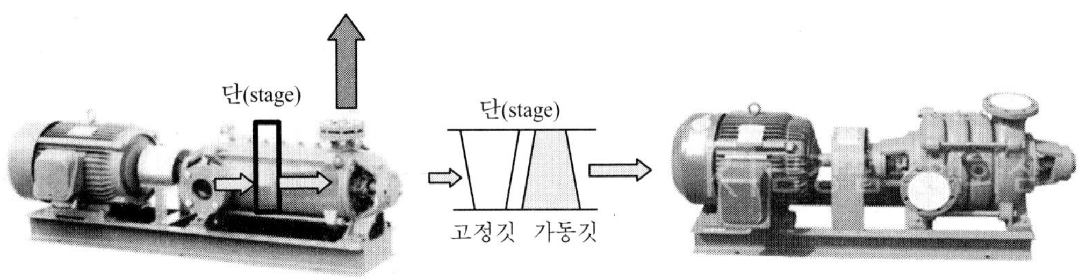

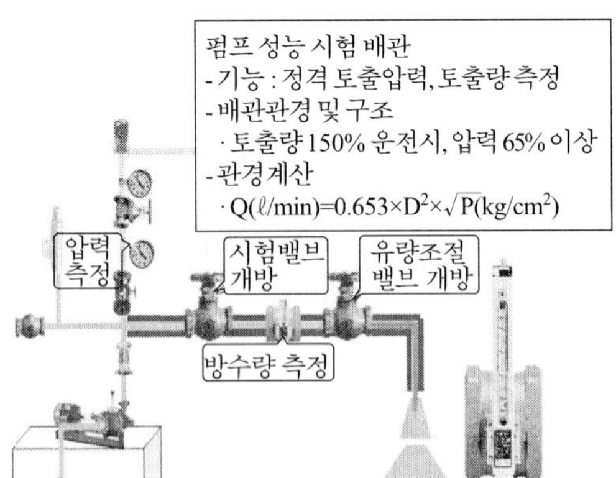

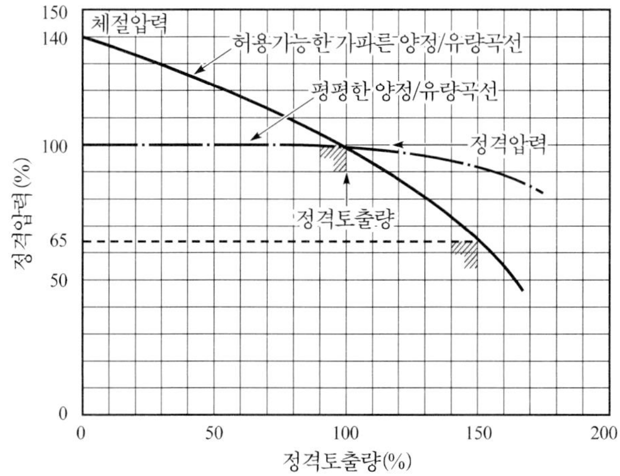

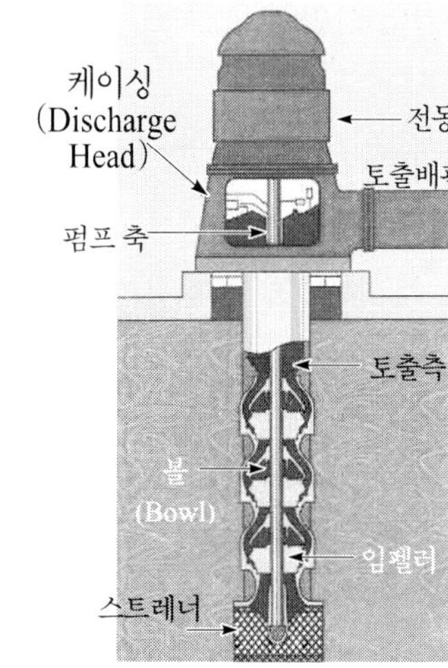

1) 공동현상(케비테이션 : Cavitation)

표준대기압 상태에서 펌프가 끌어 올릴 수 있는 물의 높이는 이론적으로 약 10.33m이지만 관 마찰이나 기타의 손실 때문에 실제로는 약 6~7m 정도밖에 안된다. 그러나 흡입높이가 그 이상이 되거나 또는 물의 온도가 높아지면 펌프의 흡입구 측에서 물의 일부가 증발하여 기포가 되어 펌프로 흡입되고 펌프에 흡입된 증기의 기포는 임펠러를 거쳐 토출구 쪽으로 넘어가면 압력이 상승되므로 기포는 물속으로 다시 소멸된다. 이 소멸되는 순간에 격심한 음향과 진동이 일어나게 되는 현상을 케비테이션(Cavitation)이라 하며, 케비테이션은 소음, 진동, 관 부식 및 심하면 펌프의 흡입불능 현상을 가져온다.

2) 수격작용(Water Hammer)

관내를 흐르고 있는 물의 유속이 급격히 바뀌면 관내압력이 이상 상승하게 되어 배관과 펌프에 손상을 주는 현상이다. 수셕현상은 펌프의 운전중은 물론이고 펌프가 정지될 때에도 발생할 수 있음으로 대용량인 펌프와 배관이 길어지는 경우에는 적절한 대비책이 있어야 한다. 관속의 압력파장과 진행속도는 다음 식에 의하여 계산할 수 있다.

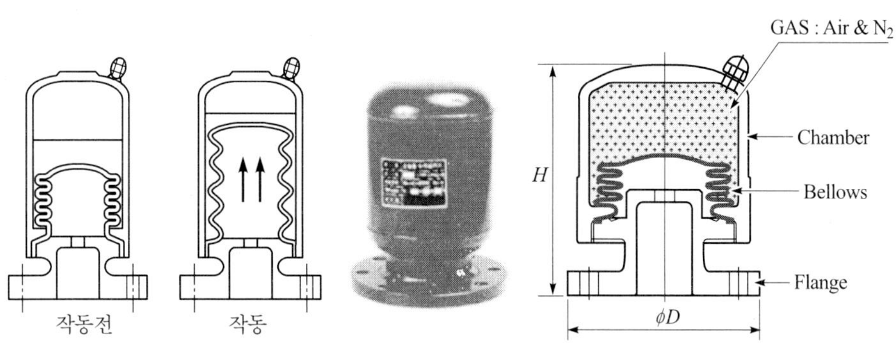

(a) 수격방지기의 작동 (b) 수격방지기의 외형

3.4.7 충압펌프

충압펌프는 소방 주펌프쪽의 토출측으로부터 설치된 소방설비로 소화용수를 공급하는 배관내의 압력을 일정 기준이상으로 항상 유지시켜 주기 위하여 설치한다. 미국의 경우는 상시 가압되는 배관의 연결부위에서 발생할 수 있는 누수 예상량을 계산하여 충압펌프가 10분 이내에 기동하도록 보충할 수 있는 용량과 약 3.8ℓ/min 중 큰 쪽을 기준으로 충압펌프의 용량을 결정하도록 되어 있다.

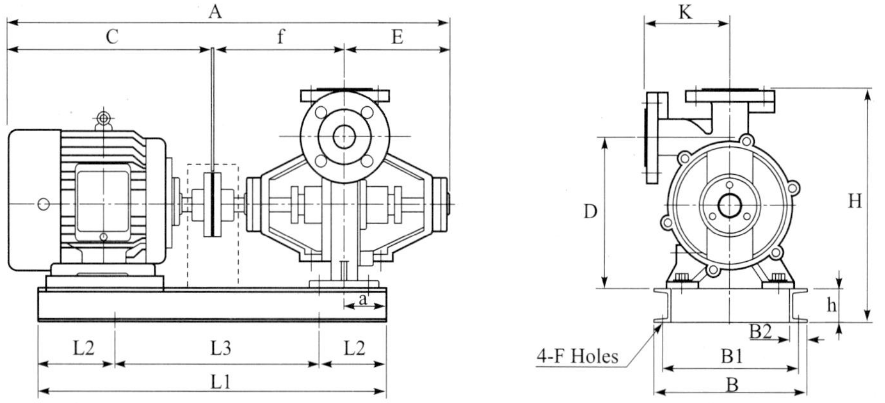

(1) 충압펌프의 기동 및 정지압력

1) 충압펌프의 토출압력이 소방대상물의 가장 높은 곳에 설치된 살수장치보다 0.2MPa ($2kg/cm^2$) 높은 경우,

① 충압펌프의 정지압력 : 릴리프밸브의 세팅압력보다 약간 적게
(릴리프밸브의 세팅압력 – 0.05 MPa($0.5kg/cm^2$))

② 충압펌프의 기동압력 : 충압펌프의 정지압력 – (0.1~0.3 MPa($1\sim3kg/cm^2$))

2) 충압펌프의 토출압력이 주펌프의 토출압력과 같을 경우

충압펌프의 정지압력 = 주펌프의 체절운전압력 + 주펌프 흡입측의 최소정압*

* 주펌프 흡입측의 최소정압은 주펌프의 중심축보다 상부에 소화수조가 있는 경우로서 소화수조의 최저수면과 주펌프의 중심축까지의 낙차를 말한다.

충압펌프의 기동압력 = 충압펌프의 정지압력 − 0.07 MPa(0.7kg/cm²)

* 실제 현장 적용 시에는 약 0.1 MPa(1.0kg/cm²) 정도로 맞추면 된다.

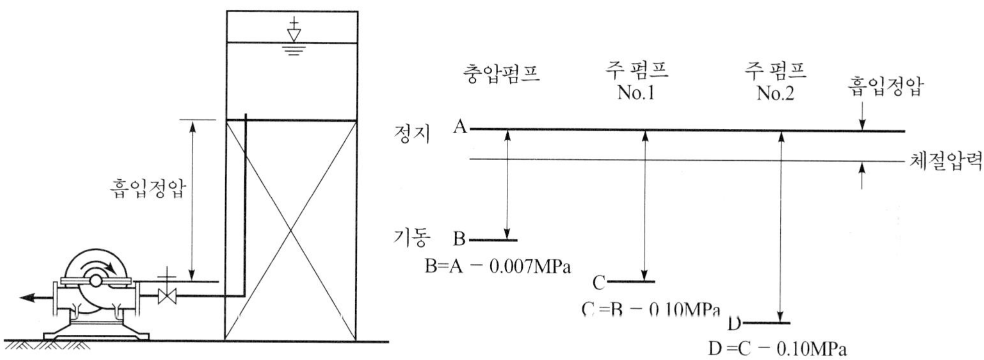

3.4.8 기동용수압개폐장치

소화설비의 배관 내 압력변동을 검지하여 자동적으로 펌프를 기동 및 정지시키는 것으로서 압력챔버 또는 기동용압력스위치 등을 말한다.

(1) 압력챔버방식

국내에서 일반적으로 사용되어 온 방식은 압력챔버에 압력스위치를 설치하는 방식으로 압력챔버가 맥동압력을 흡수하도록 되어있는 구조이다. 압력챔버 내부에는 아무것도 없이 텅 비어 있기 때문에 가압수를 채우게 되면 상부에는 공기가 압축되어 고여 있게 되어 맥동압력을 흡수해주는 역할을 하게 된다. 만일 상부의 공기가 누설되어 없어지게 되면 맥동압력의 흡수가 불가능해져 압력스위치의 고장을 초래하거나 펌프의 기동 및 정지가 불완전하게 되는 원인이 되므로, 주기적으로 공기의 누설에 대한 점검이 필요하다.

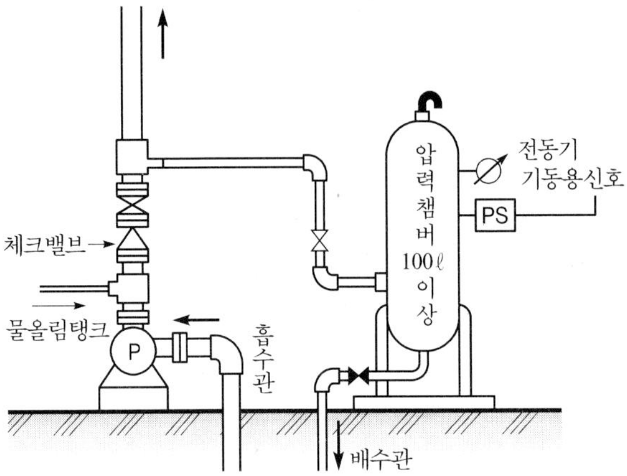

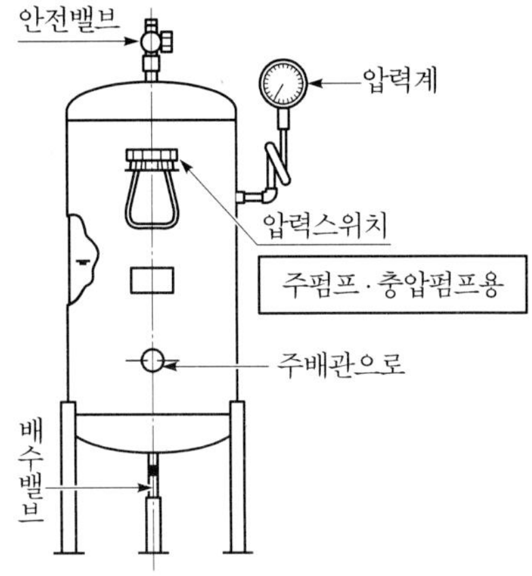

(2) 기동용압력스위치방식

압력챔버를 사용하지 않고 배관에 압력스위치를 직접 연결하는 방법은 NFPA13기준에서 채택하고 있는 방식이다. 압력스위치를 배관에 직접 연결하여 사용하기 위해서는 맥동압력을 완화하기 위하여 배관 양쪽에 체크밸브를 설치하고체크밸브 내부의 디스크에 2.4mm 크기의 오리피스구멍을 뚫는다.

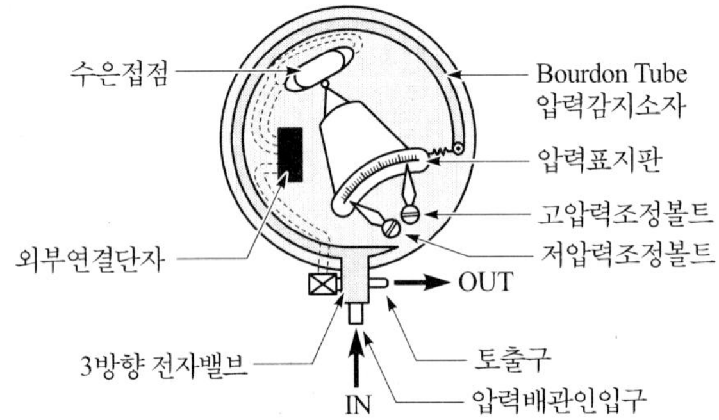

(3) 전자식기동용압력스위치

수격 또는 순간압력변동 등으로부터 안정적으로 압력을 검지할 수 있도록 부르동관 또는 압력검지신호 제어장치(이하 '전자식' 이라 한다) 등을 사용하는 기동용수압개폐장치를 말한다. 또한 전자식 기동용압력스위치의 구조는 압력표시부, 접속나사부, 압력조정부, 신호제어부 및 시험밸브 등으로 구성되어야 한다.

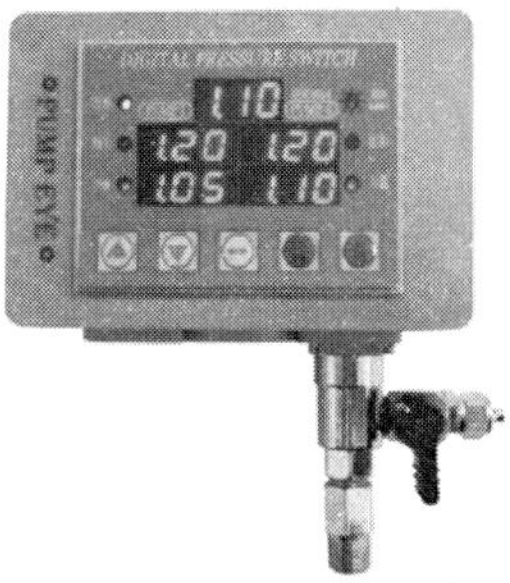

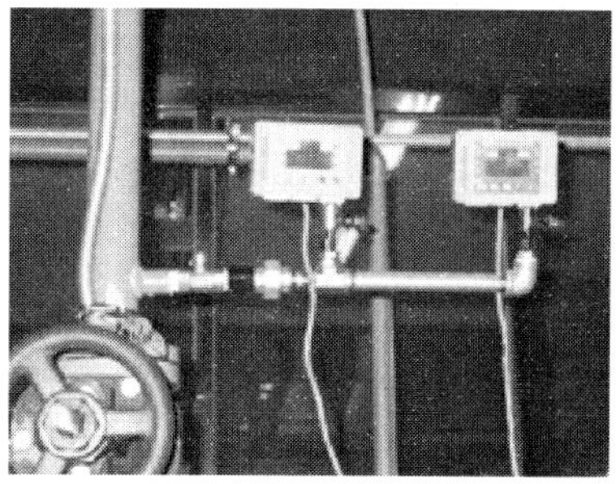

3.4.9 물올림장치

가압송수장치의 설치위치가 수원보다 높은 경우에는 가압송수장치 및 흡입측 배관에 공기고임을 방지하기 위하여 가압송수장치 및 흡입측 배관에 상시 물을 보급할 수 있도록 하는 장치를 말하며 그 구성은 물올림탱크, 배수관, 오버플로우용배수관, 물올림관, 감수경보장치의수신부 표시와 물올림 탱크에 물을 자동적으로 보급할 수 있는 장치 등으로 되어 있다.

물올림장치는 다음과 같은 기능을 갖춰져야 한다.

1) 전용의 물올림탱크를 설치한다.
2) 물올림탱크는 일반적으로 약 100ℓ ~150ℓ의 용량이어야 한다.
3) 물올림탱크에는 감수경보장치(레벨스위치, 플로트스위치등)와 물올림탱크로 물을 자동적으로 보급하기 위한 장치 등을 설치하여야 한다.
4) 감수경보의 작동은 비정상으로 물이 감해진 경우에 작동되어야 하며, 경보장치는 중앙관리실 등 항상 사람이 상주하는 장소에 설치하여야 한다.

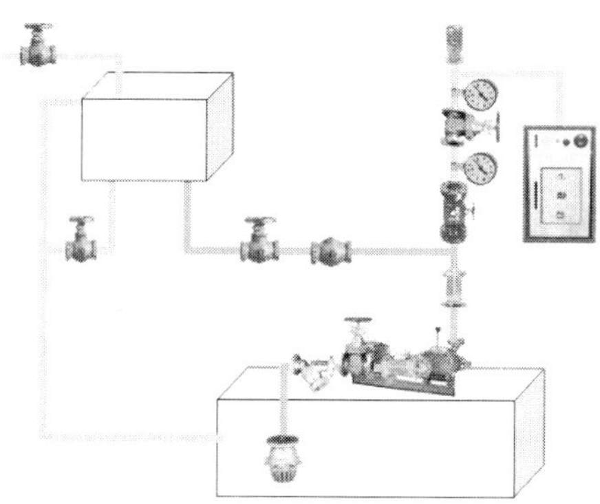

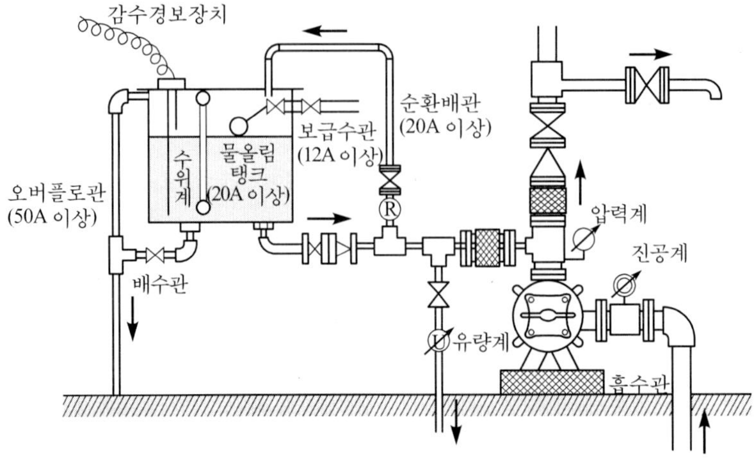

3.4.10 성능시험배관

성능시험배관은 펌프의 토출측 체크밸브 이전에서 분기시키고 관로에 유량계를 설치하게 되어 있다. 차압식 유량계 등과 이에 접속되는 배관을 총칭하며 소화전의 관창에서 방수하지 않으면서 펌프의 성능 확인이 가능하도록 설치하는 장치이다. 유량계 2차측 배관은 굴곡 이음새를 적게 하고 배관이 긴 경우에는 배관구경을 크게 하여 마찰저항을 줄여 소화수조로 방출하여야 한다. 성능시험배관은 정격토출량의 175%까지 측정할 수 있는 유량측정장치를 설치하여야 하며 성능시험배관의 관경은 다음 계산식에 대입하여 산출한다.

$$Q = 0.653 \times D^2 \times \sqrt{P}$$

여기서, Q : 분당토출량(ℓ/min), D : 관의 내경(mm), P : 방수압력(kg/cm^2)이다.

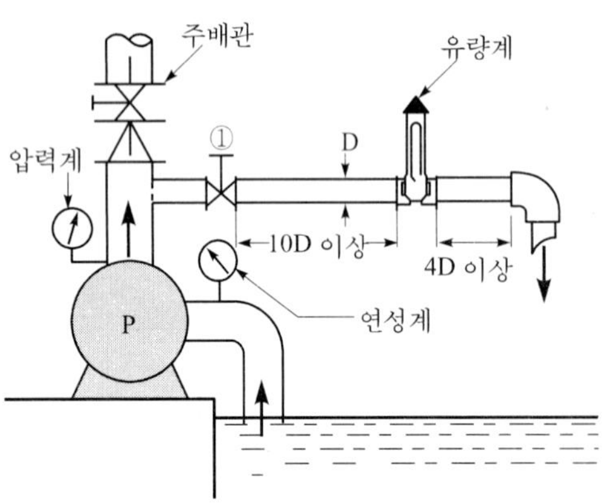

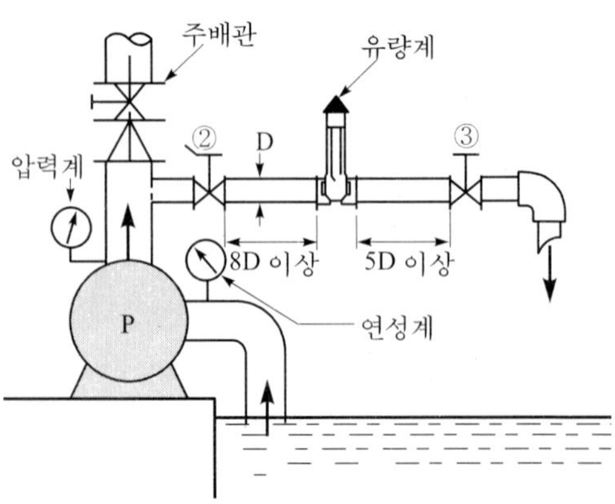

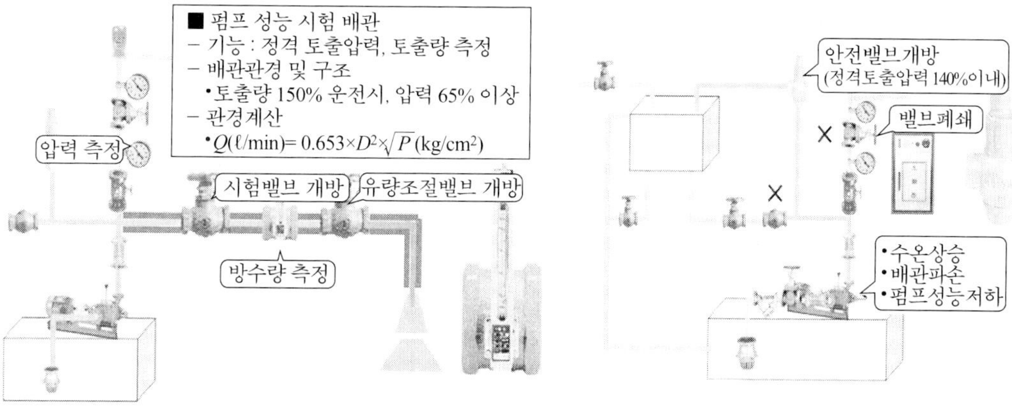

(1) 설치방법

1) 부착은 KSD 3507(배관용 탄소강관) 또는 KSD 3562(압력배관용 탄소강관)를 사용한 수평배관에 본 유량계를 수직으로 부착하고, 상류측에 호칭구경의 8배이상, 하류측에 칭구경의 5배 이상의 직관부 설치
2) 주배관의 직경 (D1)과 시험배관의 직경(D2)은 반드시 일치할 필요는 없음
3) 시험용배관은 유량계의 호칭구경과 같은 배관용 탄소강관 사용
4) 시험용배관의 절단한 자리는 상처가 없도록 마감을 잘하고 또한 절단을 할 때 힘을 너무 주어 절단된 끝부분이 조금이라도 가늘어 지지 않도록 주의(정확한 측정을 기하기 위함)
5) 유량계 전후에는 물의 흐름을 안정시키기 위한 직관부 설치를 필요로 함(엘보우를 사용할 경우에는 "앞쪽 5D2 뒤쪽 4D2"이상의 직관부를 설치)

(2) 유량계의 규격 및 표준유량범위

1) Orifice Type (나사식, 플랜지식)

구분	25A	32A	40A	50A	65A	80A	100A	125A	150A
유량범위 (ℓ/min)	35/ 180	70/ 360	110/ 550	220/ 1,100	450/ 2,200	700/ 3,300	900/ 4,500	1,200/ 6,000	2,000/ 10,000
1눈금 (ℓ/min)	5	10	10	20	50	100	100	200	200

주 : 측정정밀도 = 유효측정 범위내의 각 측정점에 있어서 유량계 최대 눈금치의 ± 2.5 이내

2) Clamp Type (밴드형)

구분	25A	32A	40A	50A	65A	80A	100A	150A	200A
유량범위 (ℓ/min)	20/ 150	55/ 275	750/ 375	150/ 550	250/ 900	300/ 1,125	500/ 2,000	900/ 3,900	1,800/ 7,200

3.4.11 개폐표시형밸브

소화설비에서는 제어밸브로서 개폐표시형 밸브를 사용하도록 규정하고 있으며 이는 평소에 밸브의 개방 상태를 용이하게 식별하기 위함이다. 개폐표시형 밸브로서는 OS & Y (OutsideScrew & Yoke)밸브와 버터플라이밸브가 있으며, 최근에는 스톱(Stop)밸브와 체크(Check)밸브를 겸하는 것이나 밸브 외부에 탬퍼스위치 등을 부착하여 개폐상태를 수신반에서 확인할 수 있도록 한 밸브가 많이 사용되고 있다.

밸브외부에서 개폐상태를 확인하는 방법은 모니터 스위치나 탬퍼스위치를 게이트밸브의 밸브대 주변에 설치하는 것으로서 게이트밸브를 열고 닫을 때 밸브대가 안쪽과 바깥쪽으로 이동됨에 따라 여기에 전기적 스위치를 달아서 스위치를 ON-OFF하게 되어 개폐밸브의 개폐상태를 전기적신호로 내 보내는 것이다. 그러나 소방시설의 유지관리가 취약한 대상물에서는 고의 적으로 게이트밸브를 폐쇄한 곳도 많으므로 유럽 쪽에서와 같이 밸브가 개방된 상태에서 체인이나 가죽끈으로 자물쇠 고리를 만들어 잠그는 엄격한 설비관리를 제도화할 필요성도 있다.

급수 차단	주펌프 및 보조펌프의 흡입측 개폐밸브
	주펌프 및 보조펌프의 토출측 개폐밸브
개폐 밸브	고가수조와 소화전 입상관과 연결된 부분의 개폐밸브
	소화수조로부터 소화전 흡입측 배관에 설치한 개폐밸브

OS & Y

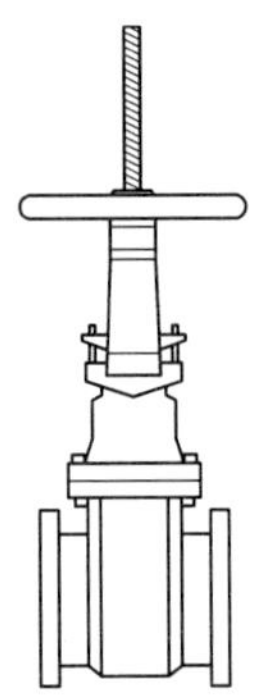

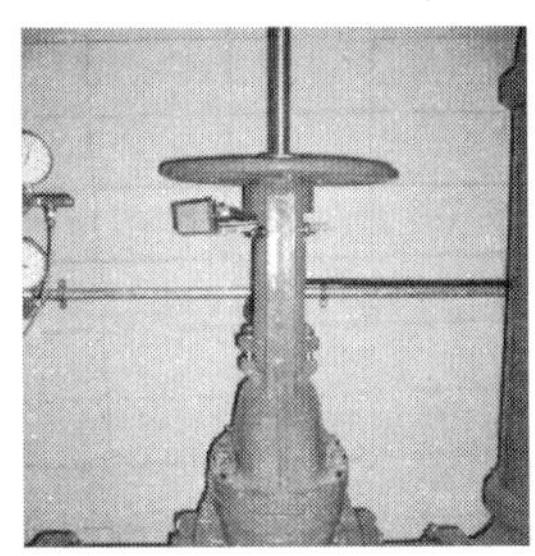

열림·닫힘 표시형 버터플라이밸브(Indicating Butterfly Valve) 몸체의 상부 에 열림, 담힘 표시기가 있어 외부에서 육안으로 확인이 가능하다.

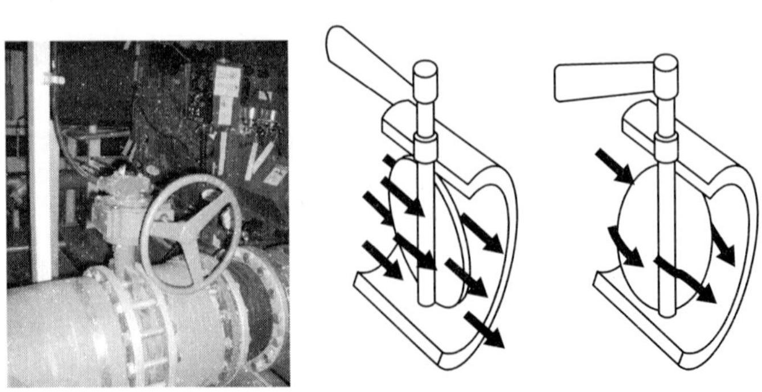

버터플라이밸브 예

3.4.12 소방용압력스위치

압력스위치는 압력챔버에 설치되는 것으로서 압력변화를 항상 감시하여 화재발생 및 누수 등으로 배관 내에 압력이 저하되면 자동으로 기동신호를 발생시켜 가압송수장치를 기동시킴으로서 소화용수를 일정압력으로 보충하거나 화재발생 장소로 유수를 공급하는 중요한 기능을 가지고 있는 기기이다. 스위치의 내부구조에 따라 브르돈관식 및 스프링식으로 구분한다.

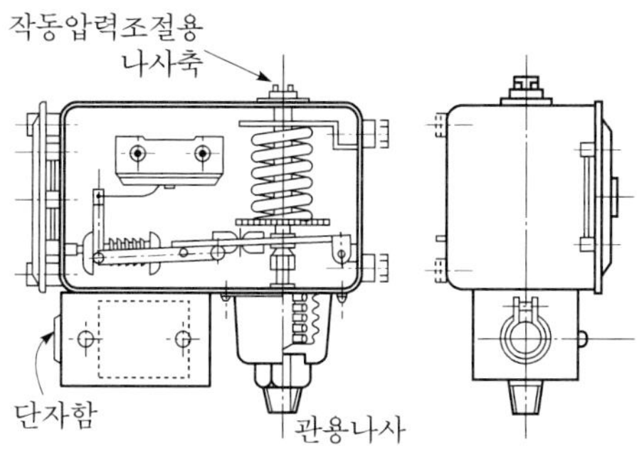

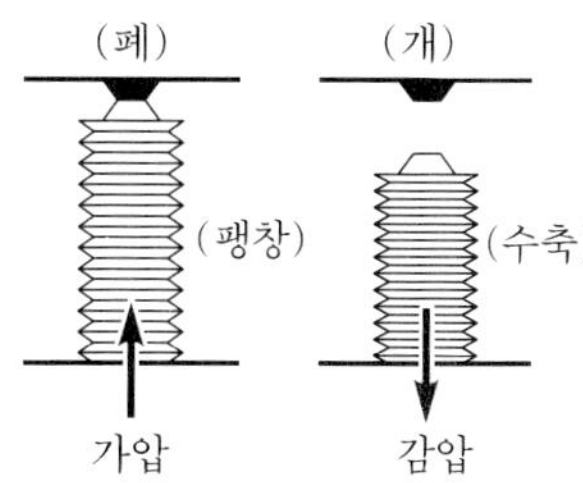

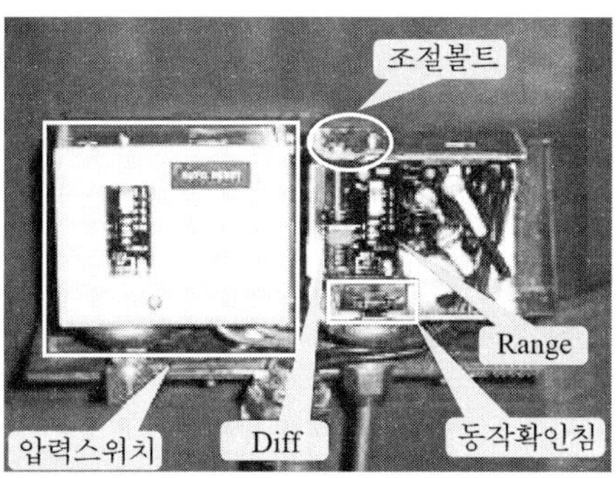

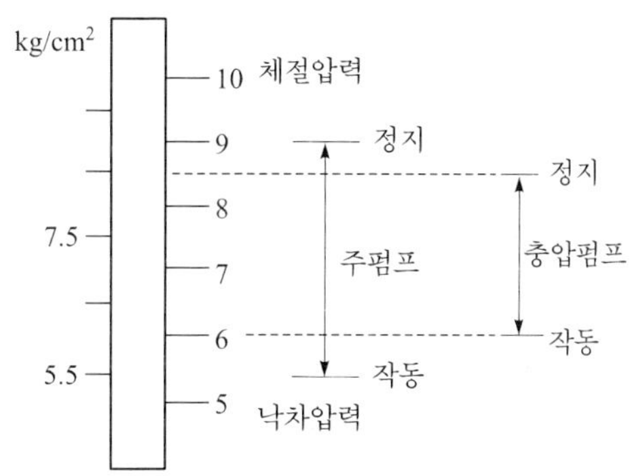

3.4.13 소방용릴리프밸브

릴리프밸브는 펌프의 토출측에 부착하는 밸브로서 펌프의 체절압력 즉 토출측의 게이트밸브를 폐쇄하고 펌프가 올라갈 수 있는 최대압력 미만에서 개방되도록 압력치를 설정하여 설치하는 밸브이다. 소방에 사용하는 릴리프밸브는 1MPa10kg/cm^2, 20kg/cm^{2}용이 대부분 사용되고 있으며 펌프의 토출측밸브를 잠그고 펌핑하여 14kg/cm^{2}의 압력이 상승한다면 현장에서 13kg/cm^2~13.5kg/cm^{2}로 세팅하여야 한다.

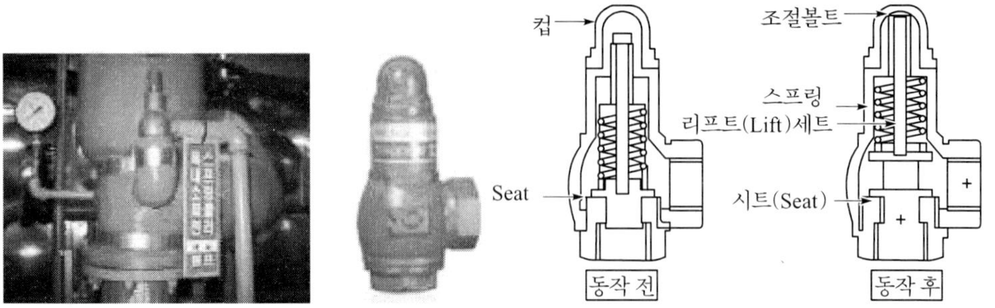

3.4.14 순환배관

순환배관은 가압송수장치의 토출측 체크밸브 이전에 분기시켜 설치하고 배관 상에 개폐밸브를 설치하여서는 아니되며 체절운전(펌프토출측의 배관을 모두 폐쇄한 상태로 하여 물이 전혀 방출하지 않고 펌프가 계속 작동하여 최고압력 이상으로 더 올라갈 수 없는 상태에 펌프가 공회전한 것을 말한다)시 체절압력 미만에서 개방되는 릴리프밸브를 설치하여 과압을 방출하고 펌프내의 체절운전 시 공회전에 의한 수온상승을 방지한다.

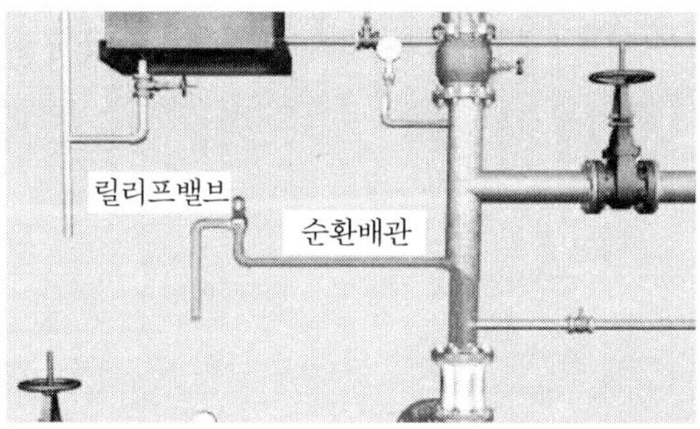

펌프가 토출유량이 없이 장시간 운전이 될 경우에는 펌프의 회전에너지가 모두 열로 바뀌게 된다. 물의 경우 증발하여 기체화되고 펌프내부의 압력을 과다하게 증가시켜, 펌프케이싱의 파손을 초래할 수가 있다. 이러한 상황에 대응하기 위한 안전장치로서 펌프의 체절운전 시에 일정량의 물을 방출시켜 펌프내부의 온도상승(외기온도의 (10~15) ℃ 이하로 제한)을 방지하기 위해 릴리프밸브 또는 순환배관을 설치한다.

3.4.15 소방용푸트밸브(Foot Valve)

후드밸브는 수원이 펌프의 임펠러의 위치보다 낮은 경우에, 흡수구와 임펠러사이의 배관에 물을 채워 주기 위하여 흡수구의 끝부분에 체크밸브가 달려있고, 이물질이 흡입되는 것을 방지하기 위하여 여과망이 부착되어 있는 밸브이다. 체크밸브가 고장 나게 되면, 펌프 기동 시 흡입배관이 비워 있게 되어 정상적으로 물이 흡입되지 않는 결과를 초래할 수 있다. 또한 여과망의 입자가 너무 촘촘하면 임펠러로 흡입이 잘 되지 않아 펌프의 흡입성능을 현저하게 저하시키므로 여과망의 크기는 12.7mm를 넘지 않게 하되, 너무 촘촘하지 않도록 하여야 한다. 이 밸브는 소방시설뿐 아니라 여타 설비에 있어서도 유지관리가 어렵고 하자가 발생해도 쉽게 접근하여 보수하기 어렵다. 수조내의 불순물에 의하여 체크 기능을 상실할 우려가 높기 때문에 시공완료 후에는 수조내의 불순물을 정기적으로 제거 하여야 한다. 후드밸브를 선정할 때 스트레이너 부분이 엉성하게 생긴 것은 가급적 피하고 촘촘히 제작된 것을 선정하되 밸브 내 유속 통과 직경에 비하여 바스켓의 유속통과면적이 2배 이상 되는지를 계산하여야 한다. 이 흡입단면적이 좁으면 펌프의 임펠러 부분에 캐비테이션현상을 일으켜 펌프를 손상시킬 우려가 있기 때문이다. 후드밸브는 소방용푸트밸브의 성능시험기술기준(소방방재청장 고시)에 의거 제품승인 및 제품시험에 합격한 제품을 사용하여야 한다.

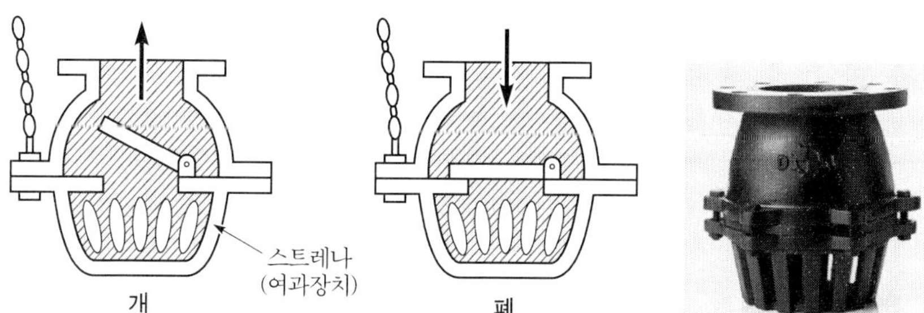

후드밸브 예

3.4.16 소방용스트레이너

소화설비의 배관에 설치하여 오물 등의 불순물을 여과시켜 원활하게 소화용수를 공급하는 장치를 말한다.

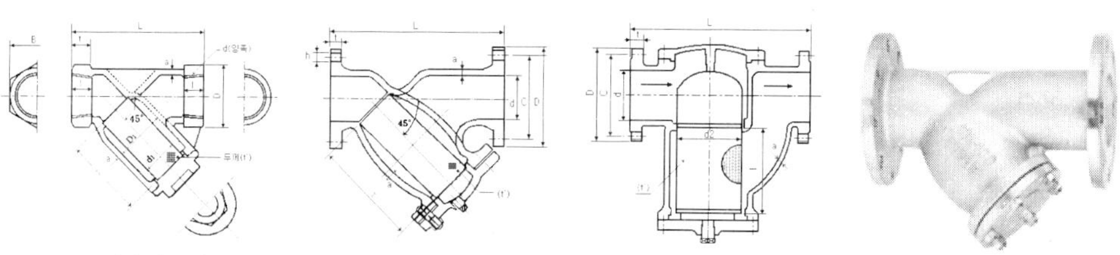
(1) 나사식 Y형 (2) 플랜지식 Y형 (3) 플랜지식 U형

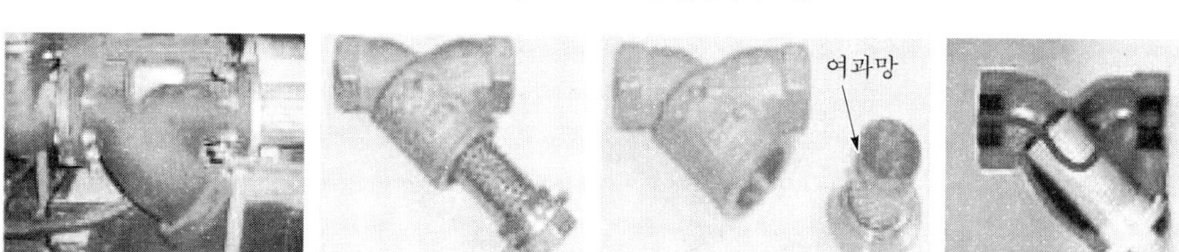

3.4.17 체크밸브

유체의 흐름을 한 방향으로만 유지하기 때문에 Non-return 밸브라고도 한다. 체크밸브로는 대표적으로 스윙체크식, 리프트체크식, 틸팅디스크식 등이 있다. 스윙체크밸브의 운전특징은 힌지핀을 중심으로 디스크가 유체의 흐름에 따라 열리면 개방되고 유체가 정지하면 밸브 2차측의 압력과 디스크의 무게에 따라 닫히는 구조이다. 이 밸브의 시트(Seat)와 디스크(Disk)의 맞닿는 부분은 선반 가공만으로는 완전한 밀폐가 되지 않아 랩핑(Lapping)가공을 하여야 하는 등 공정상의 어려움이 뒤따르며, Hinge Pin-Hole 가공시 수평이 맞지 않아 일일이 재가공을 해야하는 번거로움과 하자 발생으로 인하여 분규사례가 많이 있다. 리프트체크밸브는 맥동이 있는 유체나 비교적 유속이 높은 배관계통에 적합한 구조를 갖고 있다. 우리나라에서는 스모렌스키체크밸브로 소개된 리프트(Lift)타입의 밸브가 많이 사용되고 있으나 이런 종류의 체크밸브는 마찰손실이 큰 단점이 있다.

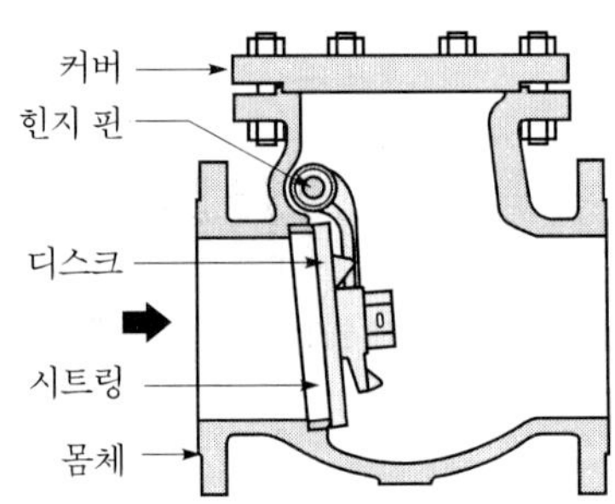

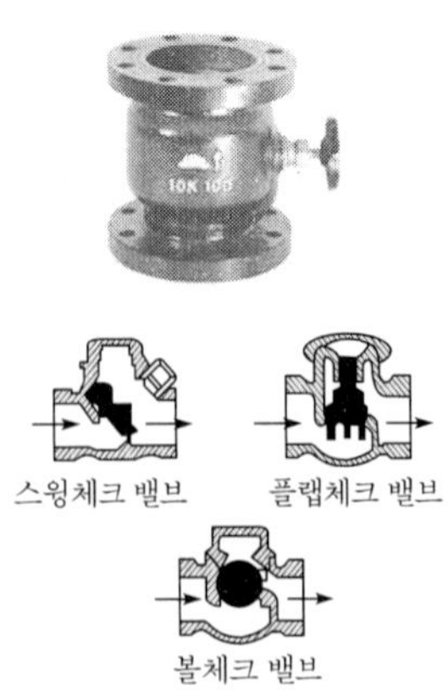

체크 밸브

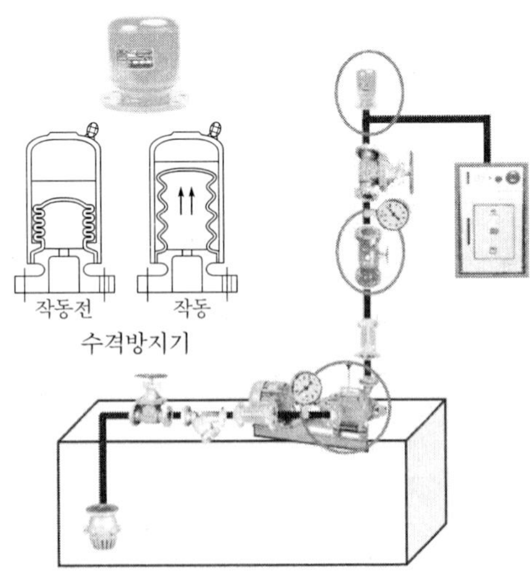

수격방지기

3.4.18 압력계, 연성계, 진공계, 유량측정기, 여과장치,

진공계는 펌프의 흡입측 전방에 설치하며, 연성계는 펌프의 흡입측에 설치할 경우에는 흡입압력을 측정하게 되며, 토출측에 설치할 경우에는 토출압력을 나타낸다.

1) 압력계 : 펌프의 토출측의 압력을 압력을 측정할 수 있는 계측기를 말한다.
2) 연성계 : 대기압 이상의 압력과 대기압 이하의 압력을 측정할 수 있는 계측기를 말한다.
3) 진공계 : 대기압 이하의 압력을 측정하는 계측기를 말한다
4) 유량측정기 : 펌프의 토출성능을 측정하기 위한 것을 계측기를 말한다.
5) 여과장치흡입배관 내에 공기가 고이게 되면, 펌프로 물이 흡입되는 것을 방해하고, 임펠러로 이송된 공기가 임펠러의 회전에 의하여 증기압이 높아지면서, 펌프의 송수능력을 저하시키고, 임펠러 및 케이싱의 손상을 초래하는 요인이 된다. 공기고임이 생기지 아니하도록 배관의 수평을 유지하고, 흡입배관의 구경과 펌프의 흡입측 플랜지의 구경이 달라서 레듀셔를 설치하는 경우에는 레듀셔의 상부가 평평한 편심 레듀셔를 사용하여야 한다.

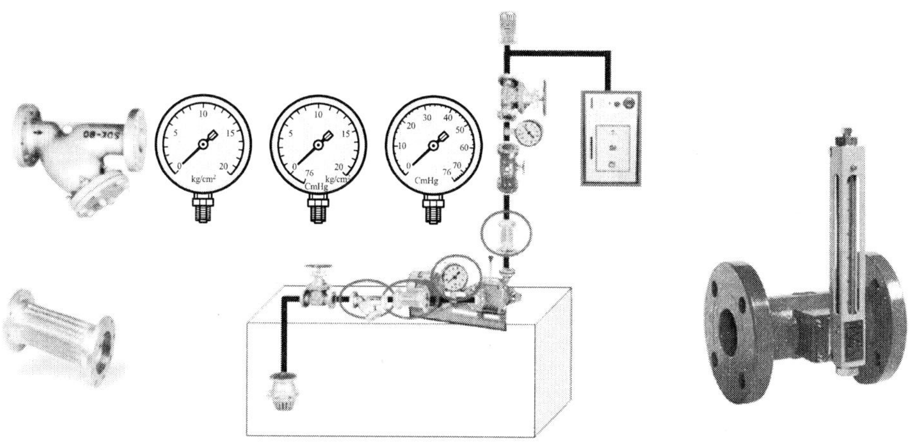

3.4.19 유수검지장치 종류

(1) 습식유수검지장치

1차측 및 2차측에 가압수를 가득 채운 상태에서 폐쇄형 스프링클러헤드가 열린 경우 2차측의 압력저하로 시트가 열리어 가압수가 2차측으로 유출되도록 하는 장치를 말한다. 습식유수검지장치에는 알람체크밸브, 패들형 유수검지장치, 패들형스위치 등이 있다.

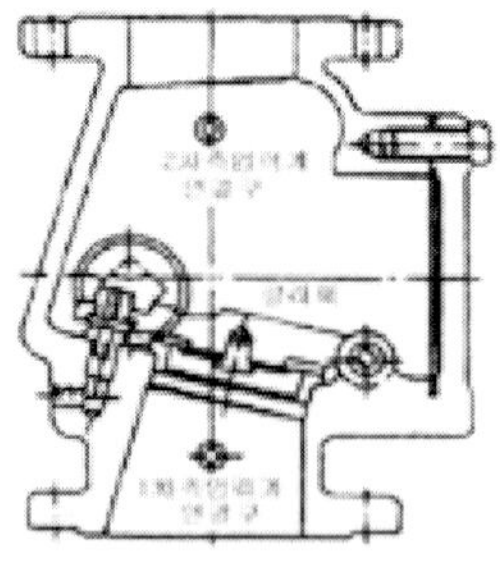

<작동전>

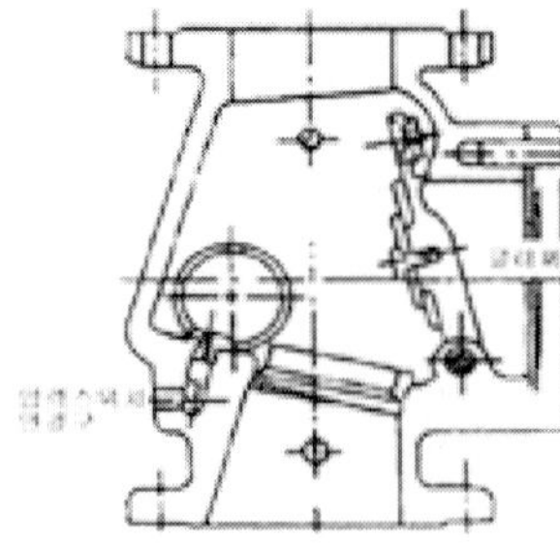

<작동후>

(2) 패들형

패들형에는 패들형유수검지장치와 패들형스위치를 모두 말한다. 패들형스위치는 소방용압력스위치의 성능시험기술기준(소방방재청장고시)에 의하여 성능이 있는 제품을 사용하여야 한다. 이 경우 습식유수검지장치(알람체크밸브)를 반드시 사용하여야 한다. 패들형유수검지장치는 패들형스위치, 압력계, 경보시험오리피스, 배수, 사이트글라스로 구성된 일종의 간이형 유수검지장치다고 볼 수 있다.

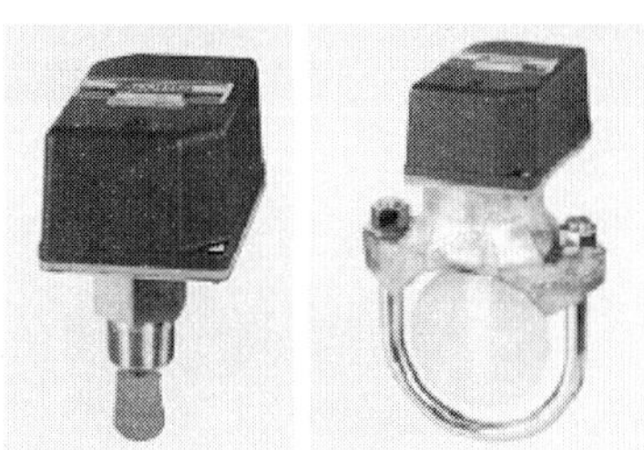

패들형스위치의 예

패들형유수검지장치의 예

(3) 리타딩챔버

습식유수검지장치에 사용하는 리타딩챔버의 역할은 흡입측의 압력이 일정하지 않을 경, 흡입측의 순간적인 압력상승에 의하여 순간적으로 습식유수검지장치밸브의 클리퍼가 열렸다 닫히는 경우에 화재 시가 아닌 경우에도 유수검지장치의 경보가 동작되는 것을 방지하기 위하여, 유수지장치의 밸브 본체와 경보장치 사이에 리타딩챔버를 설치하여 리타딩챔버를 통과한 물만 경보장치에 도달하게 한다. 리타딩챔버를 채우기 위해서는 리타딩챔버에 입구에 설치된 작은 오리피스구멍을 통과하도록 함으로서 시간이 걸리도록 하여, 클리퍼가 계속하여 열려있지 않는 한, 경보장치가 작동되지 않도록 하는 것이다. 리타딩챔버가 없는 경우에는 경보스위치 내에 시간지연장치를 갖추고 있어야 한다.

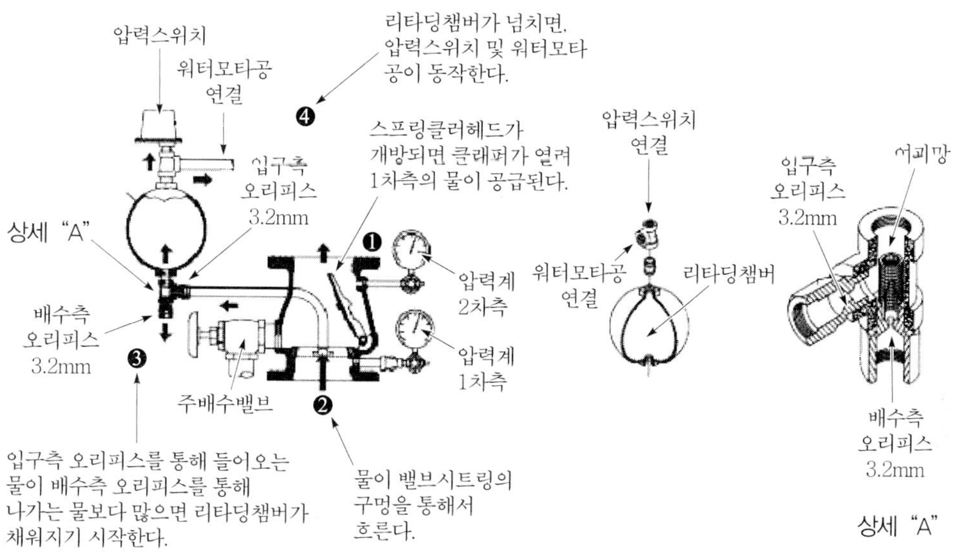

(3) 건식유수검지장치

1차측에 가압수 등을 채우고 2차측에 압축공기를 가득 채운상태에서 폐쇄형스프링클러헤드가 열리는 경우 2차측의 압력저하에 의하여 시트가 열리어 가압수가 2차측으로 유출하는 장치를 말한다. 건식스프링클러설비의 경우에는 스프링클러헤드의 개방면적(살수면적)을 습식스프링클러설비보다 30% 증가시키도록 요구하고 있다. 또한, 배관의 형태도 소화용수 방출에 많은 영향을 미치기 때문에 건식스프링클러설비의 경우에는 가지배관을 격자형 배관으로 설치하는 것이 허용되지 아니 한다. 건식스프링클러설비의 배관 내 용적이 2,840ℓ 이상인 경우에는 방출지연시간을 줄이기 위하여 부가적으로 공기배출가속장치(Exhauster,

Accelerator 등)를 별도로 설치하여야 한다. 4" 이하의 유수검지장치를 사용하는 건식스프링클러설비 또는 6"이상의 유수검지장치를 사용하나 배관내의 용적이 1,890L 이하인 경우에는 별도의 가속장치를 필요로 하지 아니한다.(NFPA 13 /11.2.3.2.5, 7.2.3.3참조)

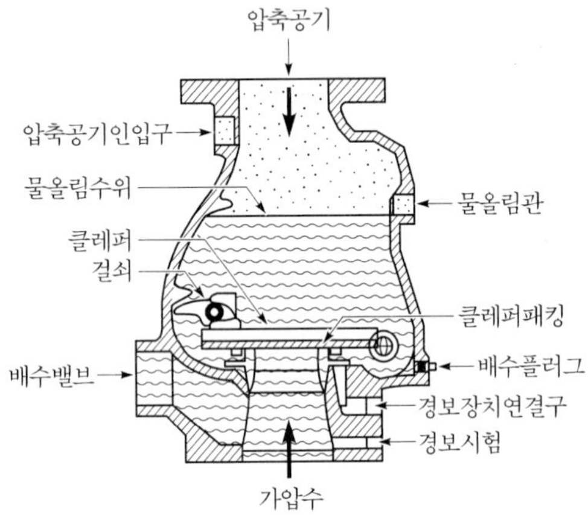

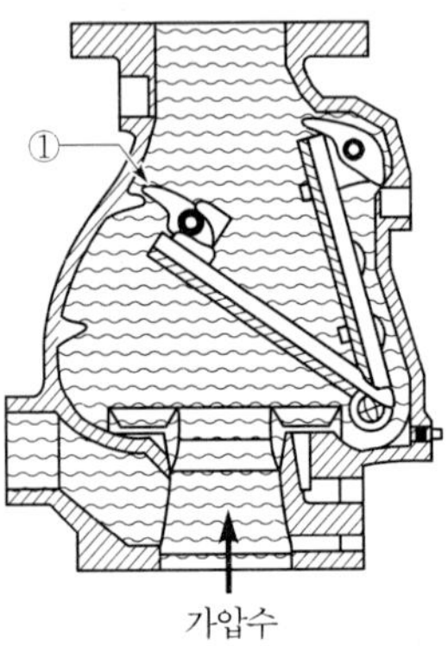

1차측(수압력)	2차측(공기압력)	
최대 P.S.I(kg/cm²)	최소 P.S.I(kg/cm²)	최대 P.S.I(kg/cm²)
20(1.4)	10(0.7)	20(1.4)
50(3.5)	15(1.0)	25(1.8)
75(5.3)	20(1.4)	30(2.1)
100(7.0)	25(1.8)	35(2.5)
125(8.8)	30(2.1)	40(2.8)
150(10.5)	35(2.5)	45(3.1)
175(12.3)	40(2.8)	50(3.5)

1) 신속개방장치(Quick Opening Devices)

신속개방장치는 가속기(Accelerator)와 공기배출기(Exhauster)가 있으며, 이 장치는 배관이 약 1,900ℓ 이상인 설비에서 공기의 배출로 인한 작동시간이 문제될 때에 설치한다.

① 가속기(Accelerator)

건식유수검지장치 2차측의 스프링클러헤드가 작동되어 공기압력이 일정압력 이상 낮아지면, 가속기가 이를 감지하여 2차측의 압축공기 일부를 클레퍼의 하부에 있는 중간실(챔버)로 보냄으로서 1차측에 수압과 중간실의 공기압으로 클레퍼를 쉽게 개방되도록 하는 장치이다.

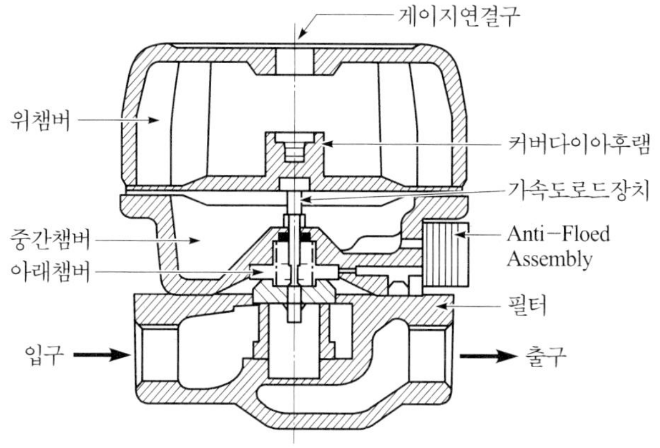

② 공기배출기(Exhauster)

건식유수검지장치 2차측의 스프링클러헤드가 작동되어 공기압력이 설정압력보다 낮아지면 공기배출기로 2차측의 압축공기를 대기중으로 신속하게 방출하여 클레퍼가 신속히 개방되도록 하는 장치이다. 이 장치는 2차측 공기가 스프링클러헤드를 통하여 화재지역에 공급되는 것을 막는 역할도 한다.

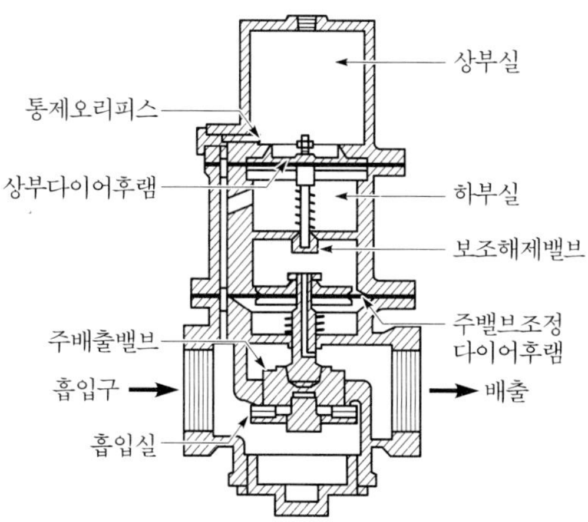

2) 공기압력유지장치(Air Pressure Maintenance Device)

공기압력유지장치는 압력제어장치로서 공기의 충압장치와 연결되었을 때 셋팅해 둔 필요량에 맞추어서 공기압력을 자동적으로 조절하여 주는 장치이다.

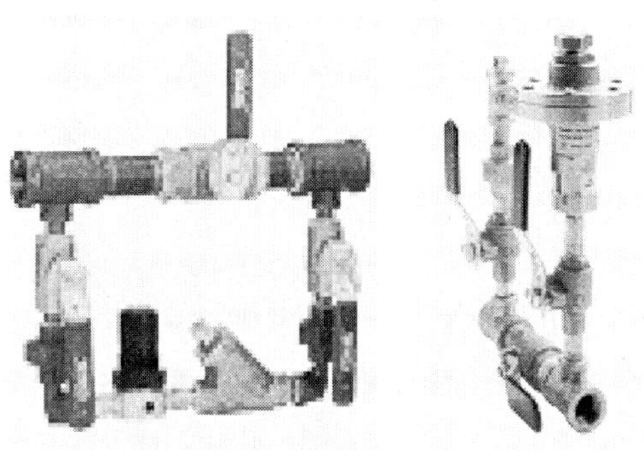

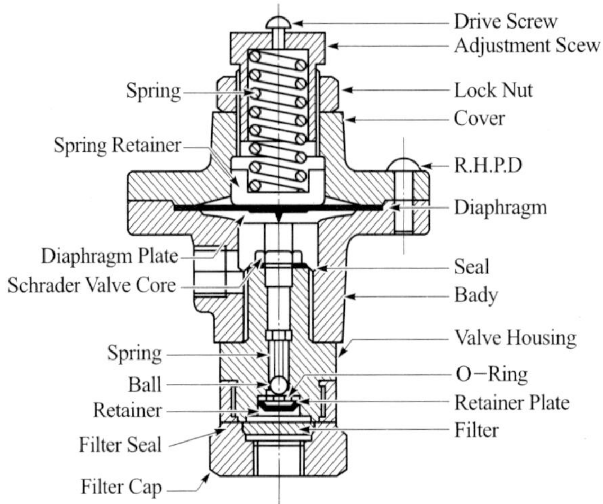

3) 공기압축기(Air Compressor)

건식스프링클러설비의 밸브 2차측으로부터 스프링클러헤드까지의 배관내에 압축공기를 충전시키기 위한 압축기이다. 이 공기압축기는 스프링클러설비 전용으로 할 경우에는 공기조절기(에어 레귤레이터)가 필요 없으며, 타설비와 겸용하는 일반 압축기를 사용한 경우에는 건식유수검지장치와 주공기공급관 사이에 공기조절기를 부착하여야 한다.

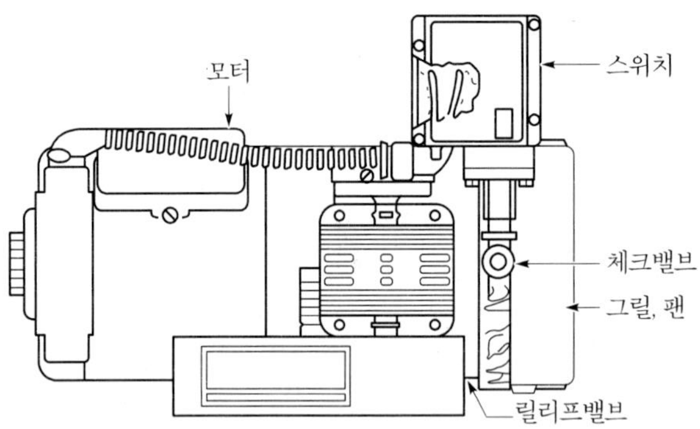

4) 공기조절기(Air Regulater)

건식스프링클러설비의 밸브와 공기압축기 사이에 설치하는 것으로서 수동 또는 자동으로 조절할 수 있는 구조이며, 2차측 배관내에 공기압력을 일정하게 조절하는 것이다.

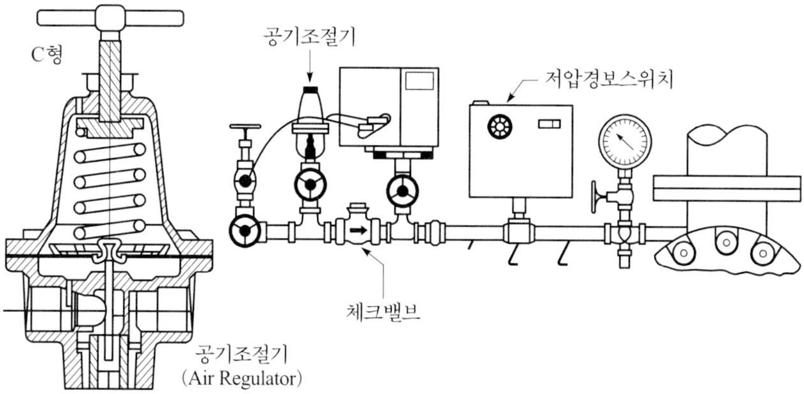

(4) 준비작동식스프링클러설비

1차측에 가압수를 채우고 2차측이 비워져 있거나 저압의 배관누설감시용 공기를 가득 채운 상태에서 화재감지설비의 감지기·화재감지용 헤드, 그 밖의 감지를 위한 기기(감지부)의 작동에 의하여 시트가 열리어 가압수가 2차측으로 유출하는 장치를 말한다.

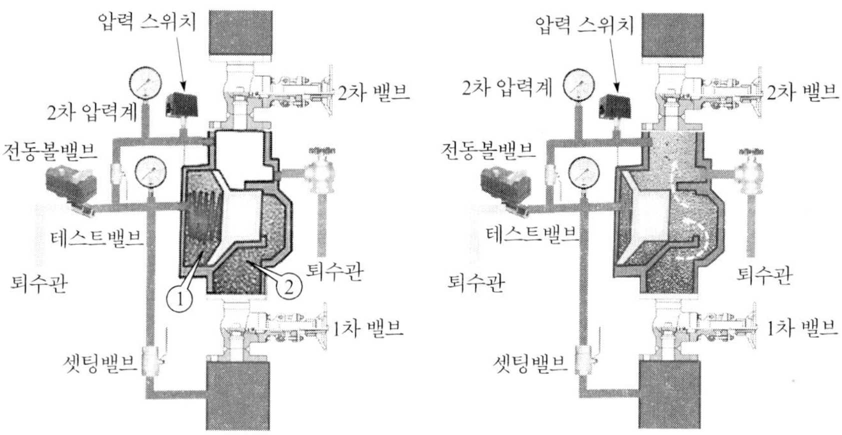

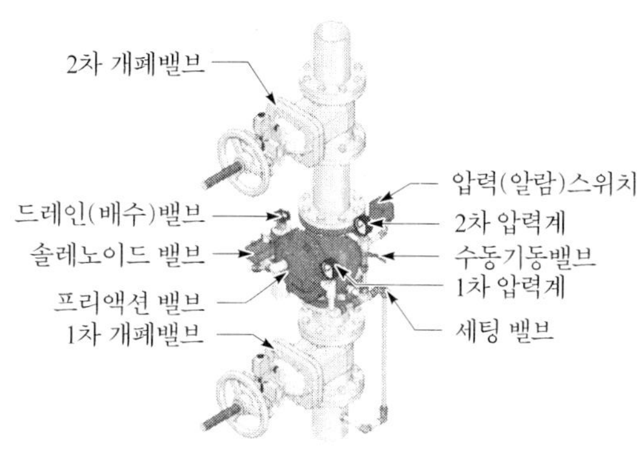

준비작동식스프링클러설비는 제어 계통이 비교적 복잡하게 구성되어 있어 신뢰성 측면에서는 습식스프링클러설비 또는 건식스프링클러에 비하여 매우 불리한 것이 사실이다. 이러한 원인으로 준비작동식스프링클러설비는 습식스프링클러설비 또는 건식스프링클러설비의 적용이 어려운 극히 제한된 장소에만 적용하는 것이 권장된다. 준비작동식스프링클러설비는

1) 작동수단에 따라 3가지 형태 구분

① 비인터록 (Non-Interlocked) 방식

이 방식은 화재감지기가 작동하거나 스프링클러헤드가 개방이 되면 밸브의 클리퍼가 개방되어 방수된다. 즉 화재감지기에 고장이 발생하더라도 스프링클러헤드가 감열이 되면 작동이 되기 때문에 그만큼 신뢰성이 높은 특징이 있다. 이 방식이 스프링클러헤드로 작동되기 위해서는 유수검지장치의 2차측 배관 내에 공기(또는 질소)로 충압이 되어 있어야 하는 전제가 따른다. 이것은 준비작동식설비의 구성요소 중에서 매우 중요한 부분으로서 2차측에 가압하는 공기압으로서 평상 시 2차측 배관의 이상유무를 감시하는 기능도 함께 가진다. 2차측의 가압 공기압력은 보통 0.07MPa(0.7kg/cm^2) 정도의 가압을 요구하고 0.035MPa(0.35kg/cm^2) 정도 압력이 감소될 경우에는 경보신호를 발하도록 구성하고 있다.

② 단일 인터록(Single-Interlocked)방식

화재감지기의 작동에 의해서만 유수검지장치가 개방되는 방식이다.(현재 국내에서 보편적으로 사용하고 있는 방식이다)

③ 이중 인터록(Double-Interlocked) 방식

화재감지기가 작동하고 스프링클러헤드가 개방이 되어야 비로소 유수검지장치가 개방되는 방식이다. 이러한 2중의 안전장치는 설비의 오작동을 줄 일수 있는 장점이 있으나 설비의 신뢰성은 매우 떨어지는 단점을 가지고 있다. 즉, 어느 한 요소에 이상이 발생하여도 준비작동식스프링클러설비가 작동하지 않는다. 이 설비방식의 적용은 소화용수가 급속히 동결될 우려가 있는 냉동창고 등의 장소처럼 매우 제한된 장소로 한정되어야 한다. 구형준비작동식유수검지장치의 경우에는 클램프방식(클램프방식은 준비작동식유수검지장치의 개방을 클리퍼를 누르는 걸쇠가 해제됨으로서 이루어진다. 이후 초기상태로 세팅할 경우에는 이 걸쇠를 원래위치로 이동시켜줌으로서 세팅이 이루어진다)이 사용되기도 하였으나 최근에는 거의 대부분이 다이어프램방식으로 제조되고 있다. 준비작동식유수검지장치의 작동구조는 건식유수검지장치와 유사한 파스칼의 원리에 의해 이루어진다. 그림에서 보이는 스프링은 항상 준비작동식유수검지장치를 열리도록 힘을 가하고 있다. 즉 아무런 힘이 가해지지 않을 경우에는 스프

링의 인장력으로 인하여 준비작동식유수검지장치가 항상 열려있게 된다. 준비작동식 유수검지장치를 폐쇄하기 위해서는 스프링을 눌러주어야 하는데 그러한 힘의 원천을 1차측 배관의 수압으로부터 공급을 받는다.

2) 설치방식에 의한 분류

① 횡형(수평형)

유수검지장치를 수평 배관에 설치하고자 할 때 사용하는 형식으로서 특수한 경우를 제외하고는 선택되지 않는 방법이다. 밸브의 원리는 수직형과 동일하나 유수검지장치 외부의 배관 구성(trim)모양에 차이가 있다.

② 종횡(수직형)

a. 다이아후렘식

가압부에 가압수를 충압함으로서 버켓(또는 클레퍼)을 폐쇄하여 1차측의 유수가 2차측으로 넘어가는 것을 막는 구조이다.

b. 클레퍼식

가압부를 충압함으로서 레치가 클레퍼를 폐쇄하도록 하여 1차측의 유수가 2차측으로 넘어가는 것을 막는 구조이다. 이러한 형태의 밸브는 다이아후렘방식에 비하여 유지관리가 어려운 단점이 있어 80년대 이후 국내에서는 생산되고 있지 않은 형태의 밸브이다.

c. 엘보우형

설치장소 등의 조건을 고려하여 유수의 방향이 전환되는 배관을 설치할 필요가 있을 때 주로 사용하는 유수검지장치로서 일반적으로 일제살수설비(Deluge system)에 설치되어 왔으나 설치된 예는 많지 않다.

3) 전자밸브(솔레노이드밸브)

화재감지기의 화재신호에 의해 작동되며 작동과 동시에 가압부의 충압수를 배출함으로서 폐쇄부(버켓)을 개방시키는 역할을 하는 밸브이다. 전자석의 원리로 밸브가 개방되며 작동전원은 12V, 24V, 허용작동압력은 $10kg/cm^2$, $20kg/cm^2$용 등이 있다.

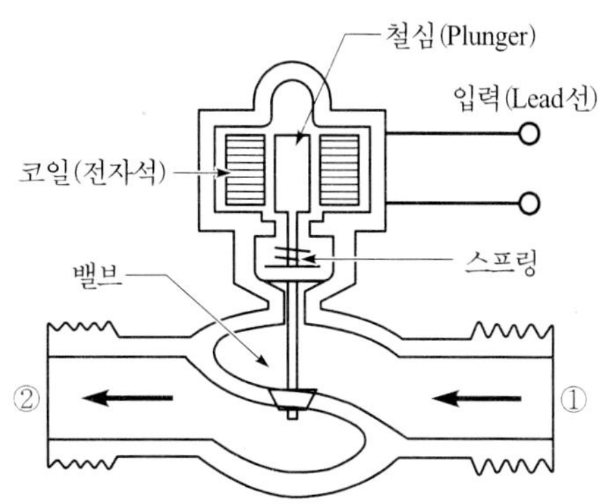

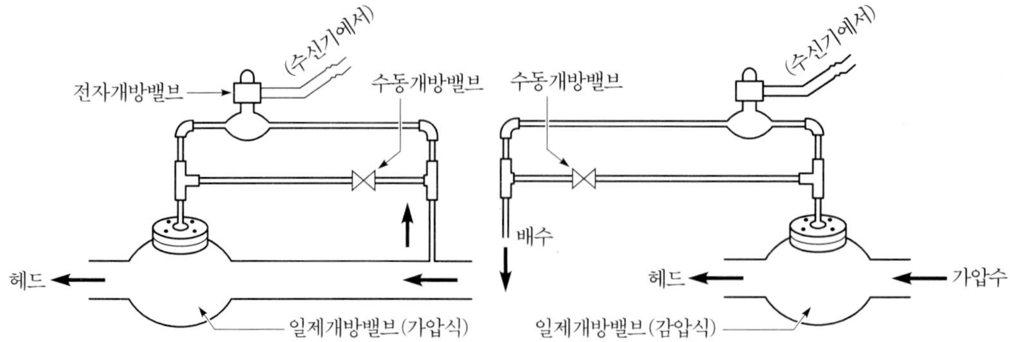

4) 슈퍼비조리 패널(Supervisory & Control Panel)

준비작동식스프링클러설비의 제어기능을 하며 밸브를 작동시키고(스위치 작동시 솔레노이드밸브를 전기적으로 개방함으로서 가압부의 압력배출 및 클레퍼 개방) 전원차단, 자체 고장시 경보장치작동 및 개구부 폐쇄작동 기능도 한다.

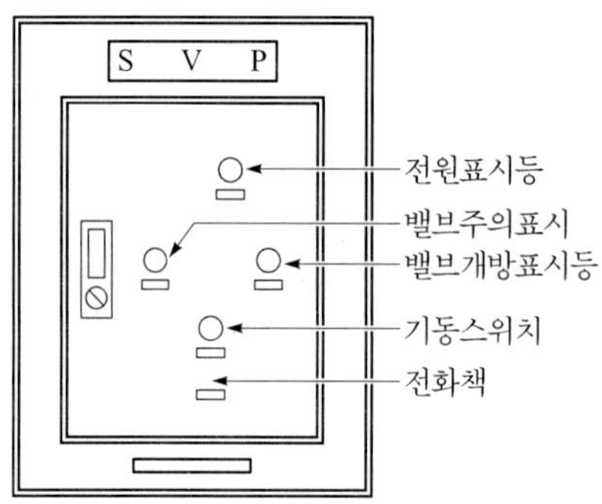

5) 수동기동밸브(긴급해제밸브)

수동방식에 의하여 강제적으로 가압부의 충압수를 배출시킴으로서 다이아후렘내 버켓을 음직여 폐쇄상태의 밸브를 개방시키는 밸브이다. 대부분 볼밸브가 설치된다.

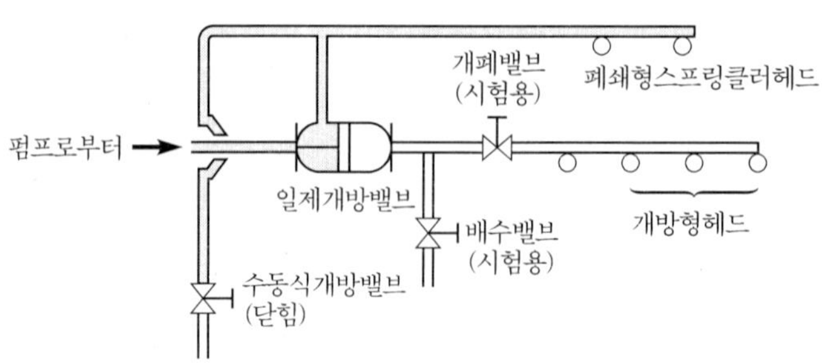

6) 감지기의 회로구성

준비작동식스프링클러설비의 감지기회로는 교차회로방식으로 한다. 이러한 회로는 준비작동식유수검지장치의 오작동을 줄이기 위한 것으로 2개의 회로내의 감지기가 동시에 작동할 때만 화재신호로 인식하여 유수검지장치의 솔레노이드밸브를 작동시키게 되는 것이다. 특히 준비작동식유수검지장치에 개방형스프링클러헤드를 사용하는 설비의 경우는 유수검지장치의 오작동은 직접적인 물피해를 발생시킴으로서 오작동을 최소화하기 위한 방법으로 채택되게 되었다.

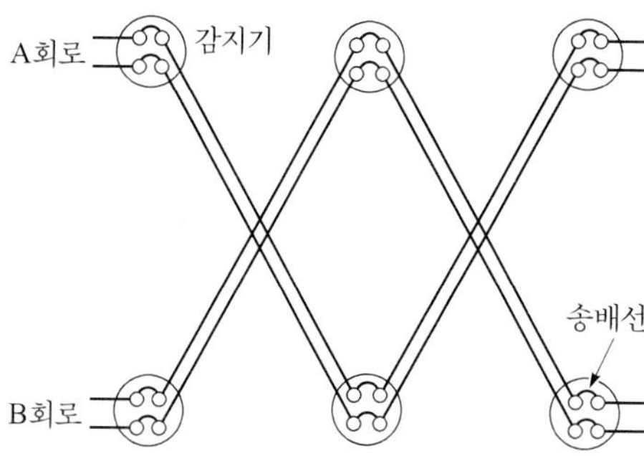

5) 일제개방밸브

일제개방밸브는 1차측과 다이아프램실의 압력수가 압력균형을 유지하고 있다가 전자밸브(솔레노이드밸브) 또는 수동기동장치에 의하여 다이아프램실의 물이 배수되면서 압력균형이 깨지면 밸브를 막고 있던 다이아프램이 개방되어 일제개방밸브를 통하여 소화용수가 방출된다.

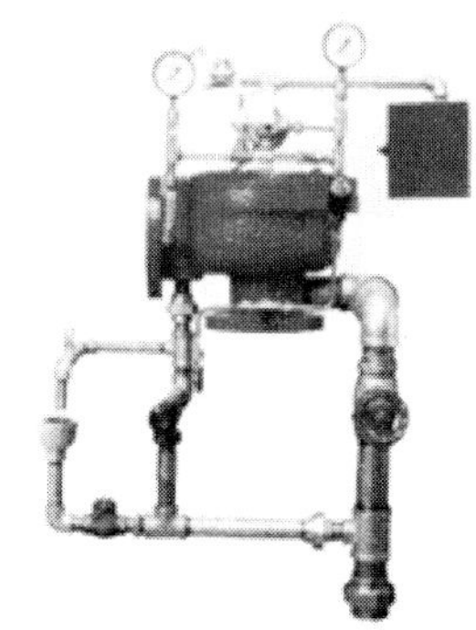

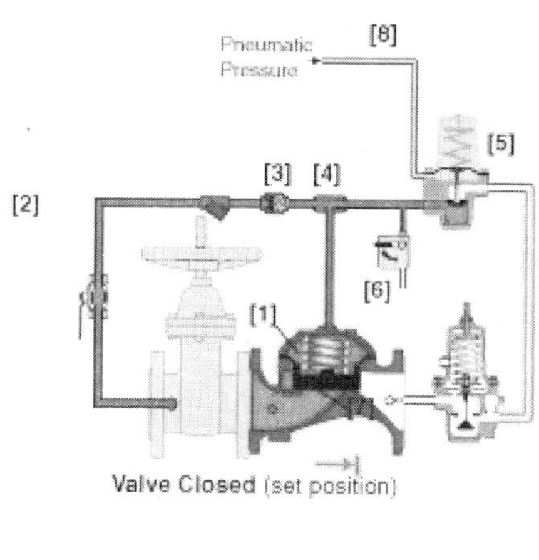

Valve Closed (set position)

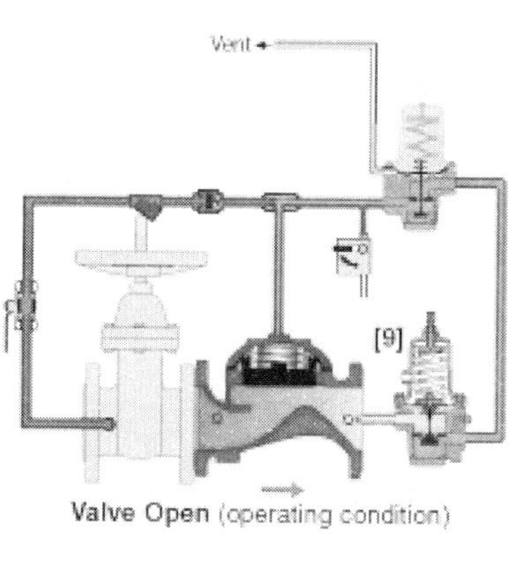

Valve Open (operating condition)

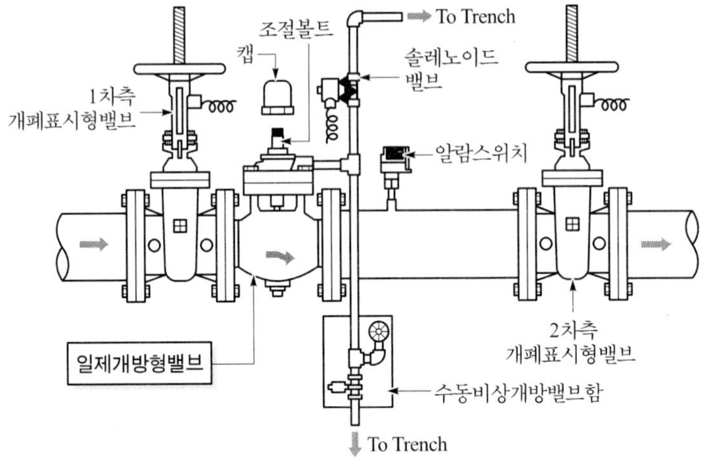

NFPA 13 기준의 경우 준비작동식유수검지장치 2차측 배관에 공기 또는 질소로 가압을 하고 있으며 일제개방 설비의 경우에는 2차측이 개방형스프링클러헤드이기 때문에 가압이 무의미 하다. 이러한 차이로 준비작동식 설비에서의 유수검지장치는 2차측 공기 또는 질소 가압 배관과 감압경보 스위치가 별도로 부착되는 것이 차이점이라 할 수 있다.

① 가압식 일제개방밸브

가압식은 밸브 1차측과 가압부에는 가압공기, 물 등이 충만되어 있어 폐쇄상태를 유지 하고 전자개방밸브 또는 수동개방밸브가 작동하면 클레퍼가 가압부쪽으로 작동하여 열리면서 물을 방수하는 형식이다.

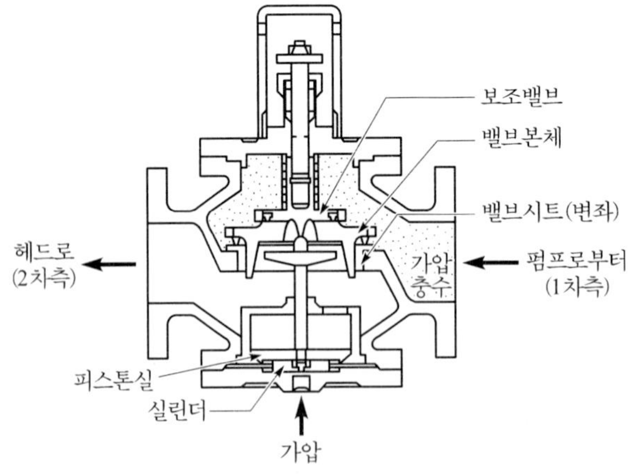

② 감압식 일제개방밸브

감압식은 1차측과 가압부내에는 물이 충만되어 있어 폐쇄상태를 유지하고 2차측에 부착되어 있는 전자개방밸브 또는 수동개방밸브가 작동하면 가압부내의 압력이 저하되면서 클레퍼가 작동하여 열리면서 물을 방수하는 형식이다.

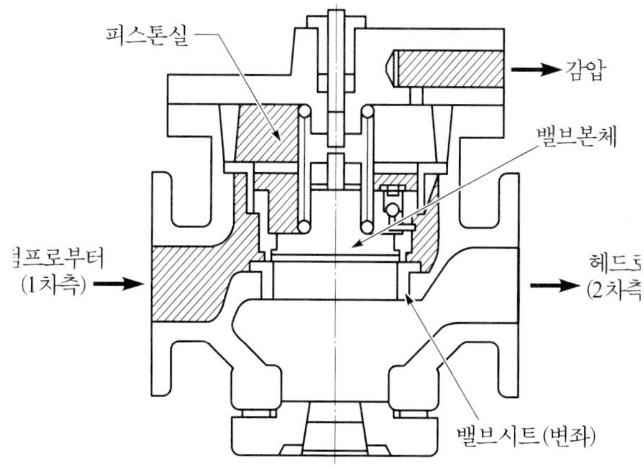

3.4.20 스프링클러소화설비 배관 분류

스프링클러소화설비의 배관은 입상배관, 수평주행배관, 교차배관, 가지배관 등으로 구성되어 있다. 따라서, 배관은 주 배관(가압송수장치~입상배관) → 수평주행배관 → 교차배관 → 가지배관 순으로 시공되며 자세한 내용은 배관의 분류를 참고한다.

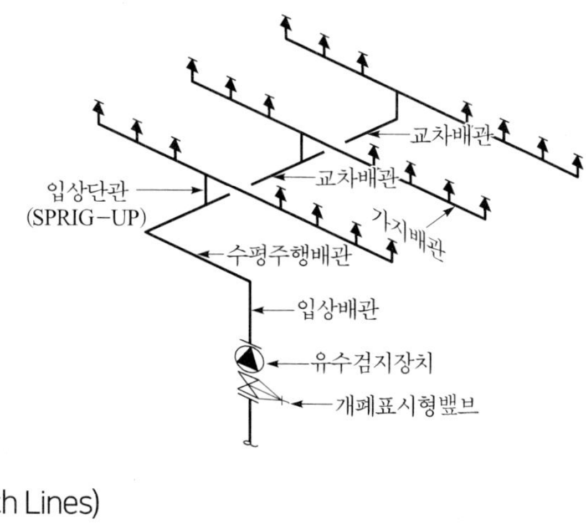

(1) 가지배관(Branch Lines)

스프링클러헤드는 가지배관에 설치된 관 이음쇠(티, 엘보우, 메카니칼티 또는 스프링클러헤드 접속용 이음쇠 등)에 직접설치하거나 스프링클러헤드와 가지배관 사이에 짧은 단관(sprig, drops, 리턴밴드 또는 arm over)을 설치하고 단관의 끝에 스프링클러헤드를 설치한다.

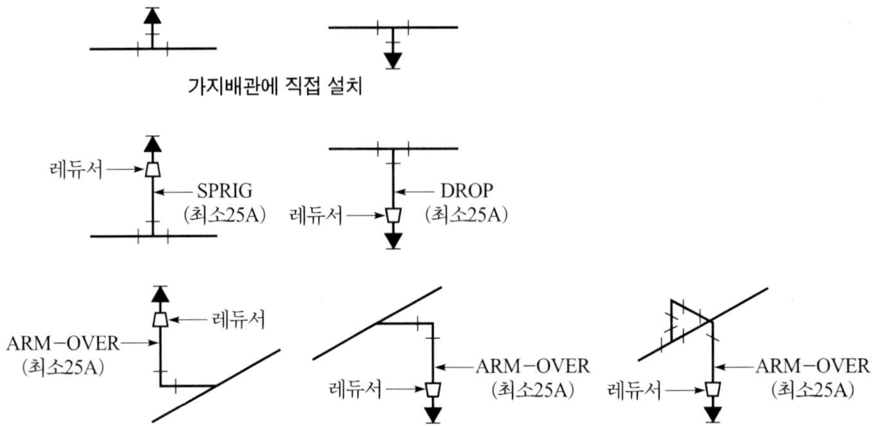

50층 이상인 건축물의 스프링클러 헤드에는 2개 이상의 가지 배관 양방향에서 소화 용수 가공급될 수 있도록 하고, 수리 계산에 의한 설계를 하여야 한다.

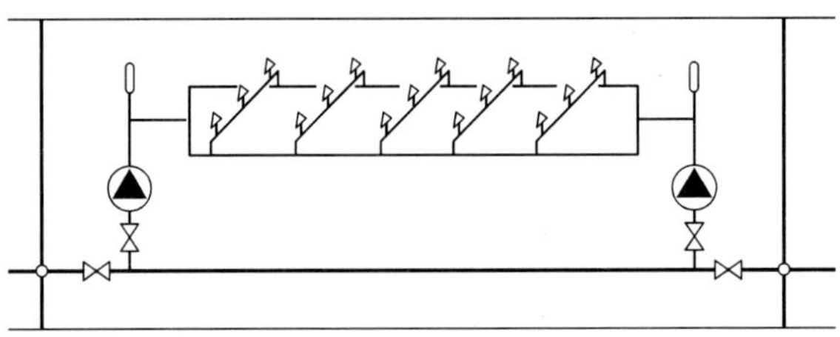

(2) 교차배관(Cross Mains)

수평주행배관 중 가지배관에 소화용수를 공급하는 배관으로 가지배관의 하부 또는 측면에 설치되어 가지배관과 교차되는 배관을 말한다.

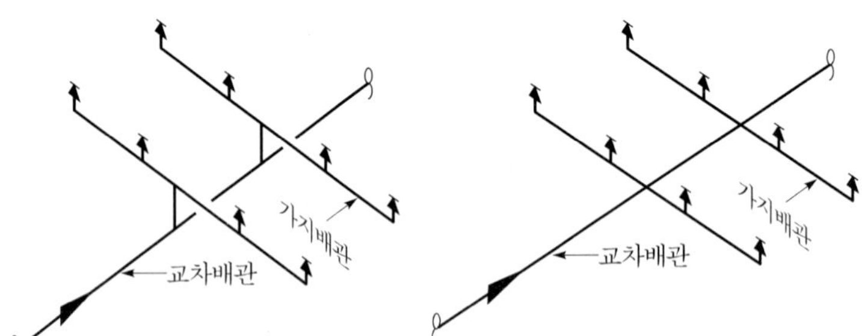

가지배관 : 교차배관의 상부에서 분기　　가지배관 : 교차배관의 측면에서 분기

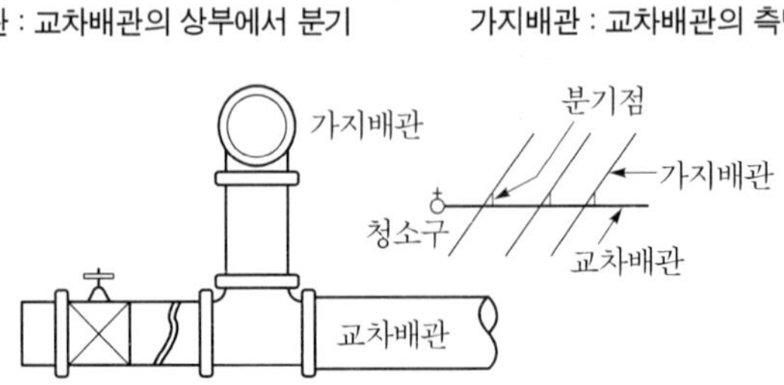

(3) 수평주행배관

직접 또는 입상관을 통하여 교차배관에 소화용수를 공급하는 배관을 말한다. 수평주행배관은 입상배관에서 분기되어 교차배관 사이를 연결하는 배관으로서 교차배관에 유수를 분리하여 주는 배관을 말한다.

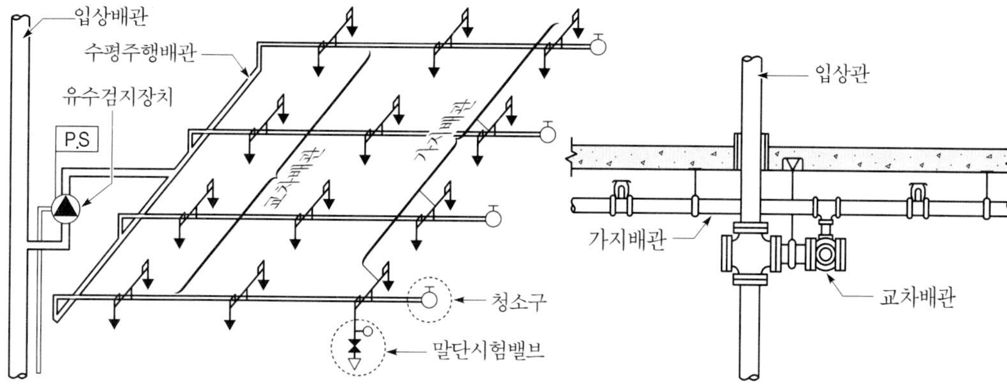

(4) 하향식헤드설치배관

가지배관에 헤드를 설치하는 경우에는 회향식배관으로 설치하여야 하며 이는 배관 내에 있는 이물질 등이 헤드의 방수구에 침전 또는 고화되는 것을 방지하기 위한 것이다.

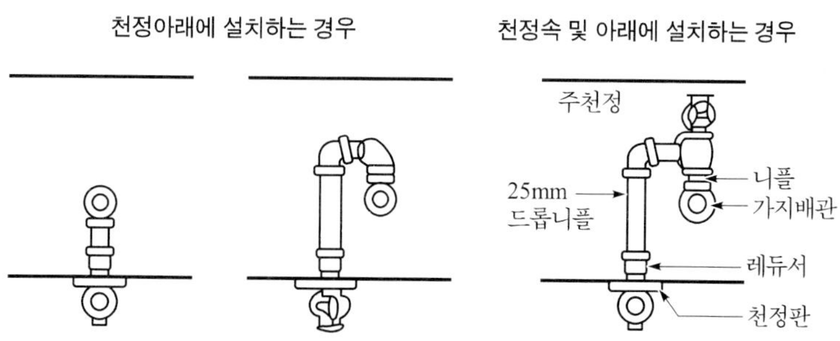

(a) 건식의 경우　(b) 습식의 경우　(c) 습식의 경우

(5) 주 배관 (Feed Mains)

직접 또는 입상관을 통하여 교차배관에 급수하는 배관을 말한다. 입상관(Riser)은 스프링클러설비의 모든 수직 급수배관을 말하며 시스템입상관(System Riser)은 스프링클러설비의 배관 중 유수검지장치 및 제어밸브가 설치되는 수직배관(또는 수평배관)을 말한다. 넓은 의미의 주 배관은 가압송수장치로부터 시스템 입상관까지의 모든 배관을 말한다.

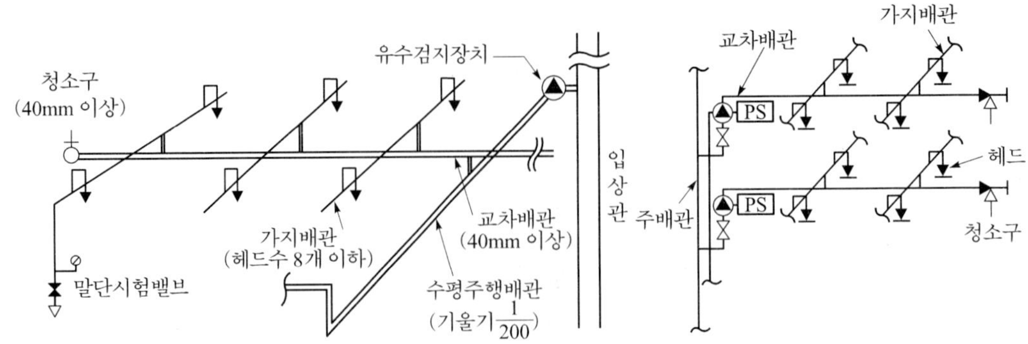

배관의 명칭

- 수직배관 ; 50층 이상인 건축물의 스프링클러설비 주배관 중 수직 배관은 2개 이상(주배관 성능을 가지는 동일 호칭 배관)으로 설치하고, 하나의 수직 배관이 파손 등 작동불능일 때에도 다른 수직 배관으로부터 소화 용수가 공급되도록 구성하여야 하며, 각각의 수직 배관에 유수검지장치를 설치하여야 한다.

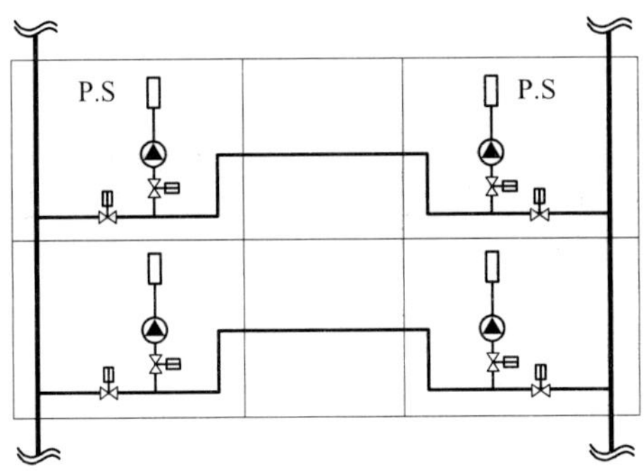

(6) 신축배관

신축배관의 정확한 명칭은 배관의 설치를 용이하게 하기위하여 배관이 쉽게 구부러지는 특성을 가진 가요성배관 (Flexible Tube) 이다. 가요성배관은 스프링클러설비의 신축배관의 성능시험기술기준 (소방방재청장 고시)에 의하여 제품승인 및 제품시험에 합격한 제품을 사용하여야 한다. 또한 스프링클러설비용 가요성배관 (Flexible Tube)에서 요구되는 최소한의 성능기준이 제8조 제9항 제3호에 규정되어 있다. 가요성배관은 배관접속부, 가요성배관부 및 스프링클러헤드 접속부로 구성된다.

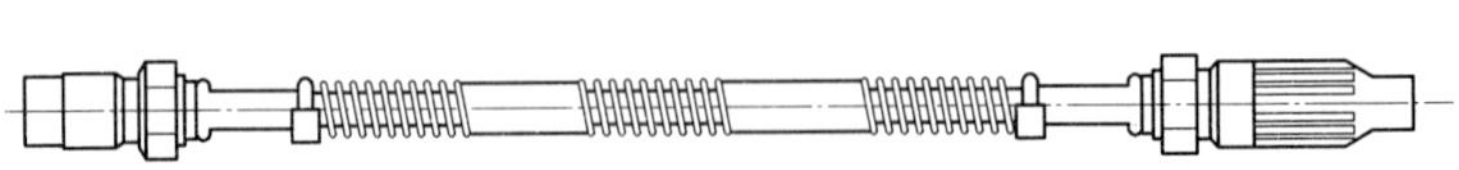

(7) 급수배관

급수배관은 수원 – 소화펌프 – 주 배관(옥외소화배관~건물내 입상배관) – 수평주행배관 – 교차배관 – 가지배관 – 신축배관 – 스프링클러헤드 또는 옥외송수구 – 주배관(건물내 입상배관) – 수평주행배관 – 교차배관 – 가지배관 – 신축배관 – 스프링클러헤드까지의 경로에 있는 모든 배관을 말한다.

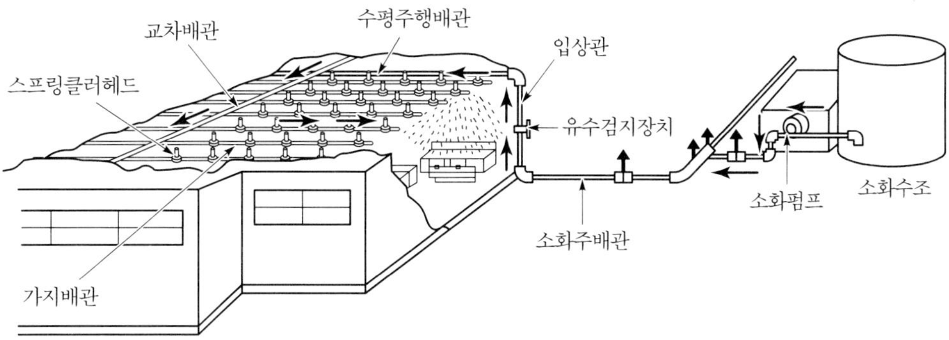

3.4.21 배관(합성수지배관 포함)

일반적으로 사용되는 배관은 0.7~1.2MPa(7~12kg/cm^2)정도 또는 그 이내로 공장, 고층건물 등 사용압력의 특수여건에 따라 배관내의 압력이 증가하나 소방에서는 최대 2.0MPa(20kg/cm^2) 이하의 배관이 사용되고 있다. 용접에 의한 배관은 접합접속에 의한 용접이므로 관단은 충분히 융합할 수 있는 구조이어야 한다. 배관용접 시 유의사항은 용접에 의한 찌꺼기(용접똥)가 배관내로 떨어져 유체의 흐름을 방해하고 체크밸브 및 유수검지장치 내 기밀부(Seat)의 기능을 방해하여 오작동을 일으키는 경우가 많음으로 이의 방지를 위한 방안으로 플랜지 용접 또는 홈죠인트에 의한 배관연결을 고려하는 것이 바람직하다.

(a) 강관

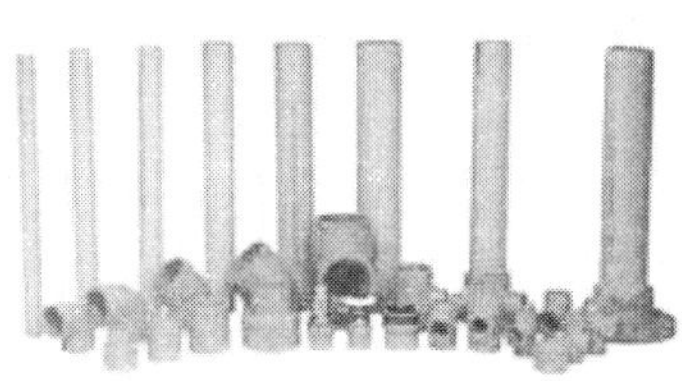
(b) 합성수지배관

(c) 신축배관

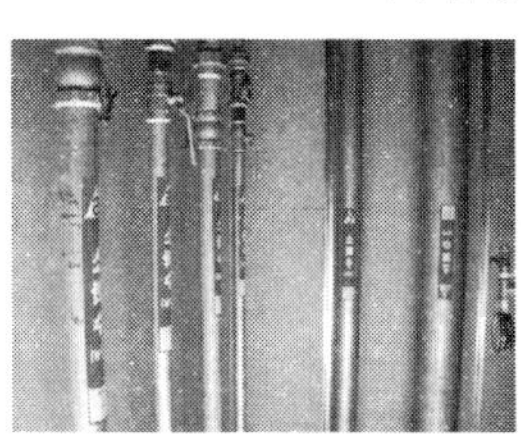
(d) 배관식별

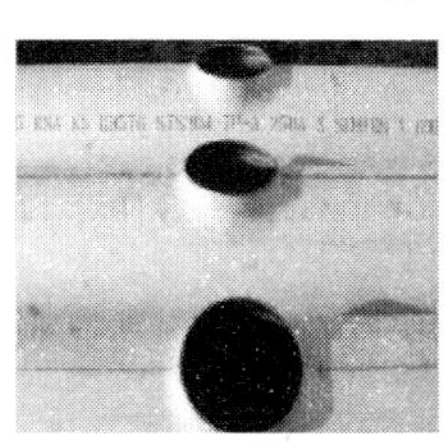
(e) 분기배관

3.4.22 스프링클러헤드

3.4.22.1 구성

스프링클러헤드의 구조는 부착나사, 방수구, 후레임, 디프렉타를 포함하는 본체부분과, 감열체 등의 분해부분(퓨지블링크, 유리벌브)으로 구성되어 있으며 부착나사 및 본체는 KS D 6024(구리 및 구리합금 주물), 디프렉타는 KS D 5201(동 및 동합금판의 판 및 띠)와 KS D 6024(구리 및 구리합금 주물)에 적합하거나 이와 동등 이상의 강도, 내식성 및 내열성이 있는 것이 사용한다.

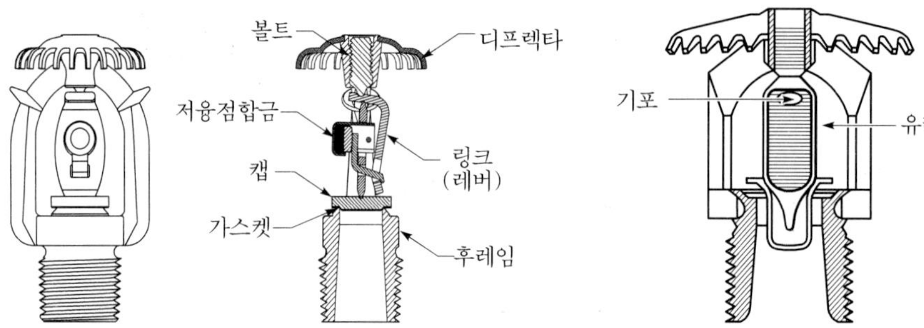

3.4.22.2 작동원리

화재가 발생되었을 때, 열기류가 스프링클러헤드의 감열체부분을 용융시키면 링크구조물이 이탈되면서 오리피스가 개방되어 물이 방사되고 방출된 물은 디프렉타에 부딪혀 사방으로 방수한다.

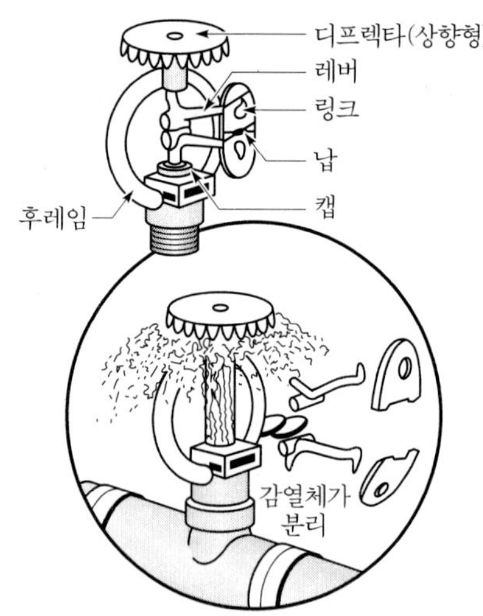

3.4.22.3 스프링클러헤드의 종류

(1) 스프링클러헤드 형태에 의한 구분

스프링클러헤드라 함은 화재시의 가압된 물이 내뿜어져 분산됨으로써 소화기능을 하는 헤드를 말하며, 감열체가 설치되어 정상상태에서 방수구를 막고 있는 폐쇄형스프링클러헤드의 경우에는 감열체의 감도특성에 따라 표준반응형, 특수반응형, 조기반응형 스프링클러헤드로 분류된다.

1) 폐쇄형스프링클러헤드라 함은 정상상태에서 방수구를 막고 있는 감열체가 일정온도에서 자동적으로 파괴·용해 또는 이탈됨으로써 방수구가 개방되는 스프링클러헤드를 말한다.

2) 개방형스프링클러헤드라 함은 감열체 없이 방수구가 항상 열려져 있는 스프링클러헤드를 말한다.

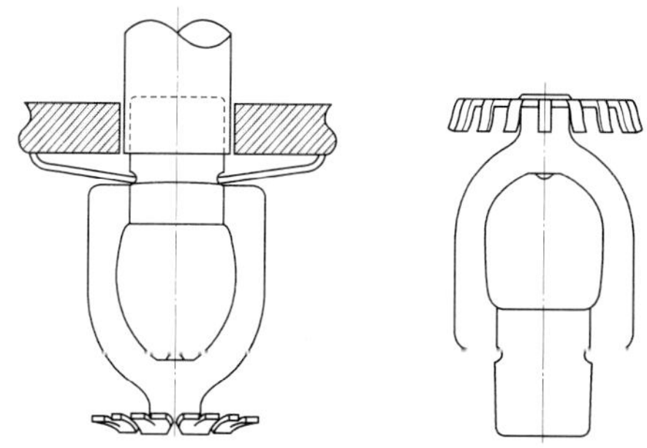

3) 조기반응형헤드라 함은 표준형스프링클러헤드 보다 기류온도 및 기류속도에 조기에 반응하는 것을 말한다.

표준반응형스프링클러헤드보다 반응속도가 빠른 스프링클러헤드를 말하며, 반응시간지수(RTI)가 50이하인 스프링클러헤드를 말한다. 유리벌브안의 액체는 표준반응형 스프링클러헤드가 알코올 또는 글리세린이며, 조기반응형 스프링클러헤드의 경우 현재 알코올이 사용되고 있다. 다음 그림은 이융성금속형(좌)과 유리벌브(우)를 사용한 조기반응형 스프링클러헤드이다. 조기반응형 스프링클러헤드의 유리벌브의 구경는 2.5mm, 3.0mm로서 표준형스프링클러헤드헤드의 유리벌브의 구경 5.0mm보다 가늘다.

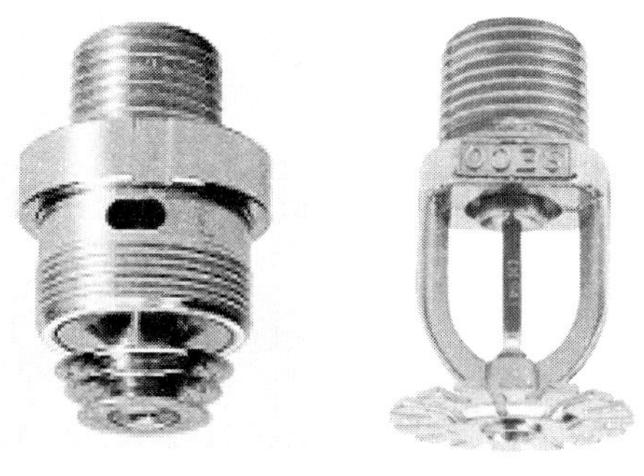

4) 측벽형스프링클러헤드"라 함은 가압된 물이 분사될 때 헤드의 축심을 중심으로 한 반원상에 균일하게 분산시키는 헤드를 말한다.

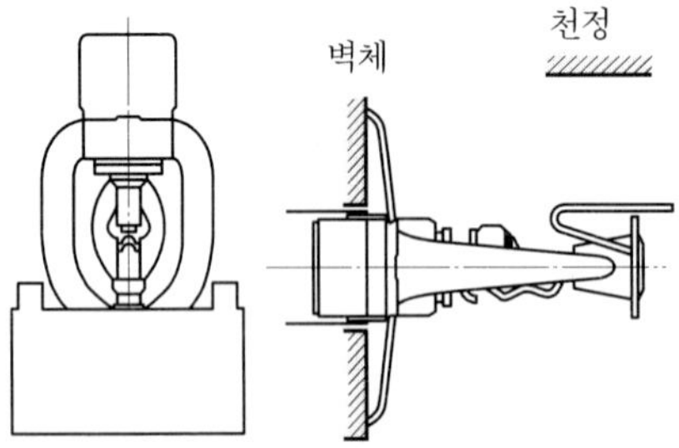

(a) 수평형

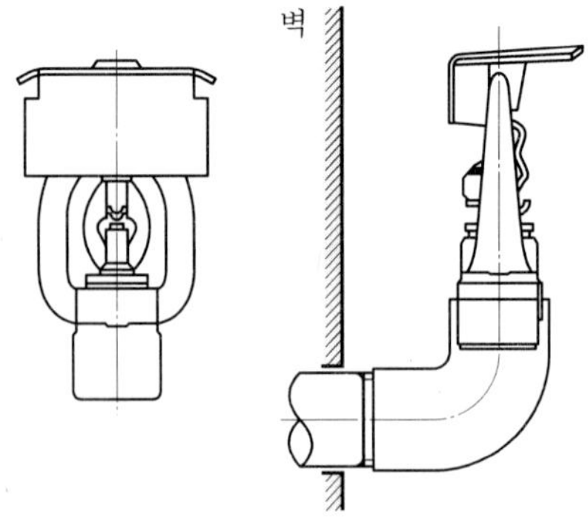

(b) 수직형

(c) 유리벌브

5) 건식스프링클러헤드라 함은 물과 오리피스가 분리되어 동파를 방지할 수 있는 스프링클러헤드를 말한다. 동파의 우려가 있는 장소의 경우에는 건식 또는 준비작동식 설비가 설치되며, 이때 사용하는 스프링클러헤드를 하향형 또는 측벽형으로 설치하는 경우에는 배관내의 공기 속에 있는 습기가 동절기 온도저하에 따른 결로현상에 의하여 스프링클러헤드가 동파 될 우려가 있다. 이와 같이 건식스프링클러설비 또는 준비작동식스프링클러설비에 폐쇄형스프링클러헤드를 하향형 또는 측벽형으로 설치하는 경우에는 동파의 우려가 있으므로 방수구(오리피스) 부분이 급수배관의 물과 분리되도록 연결배관(특수배관 내에 질소가스 또는 부동액등이 충전) 등을 일체형으로 제작한 스프링클러헤드를 건식스프링클러헤드라고 한다.

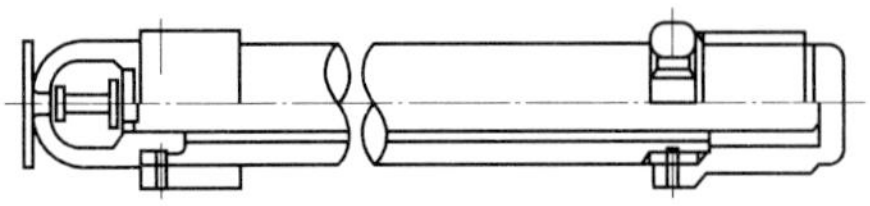

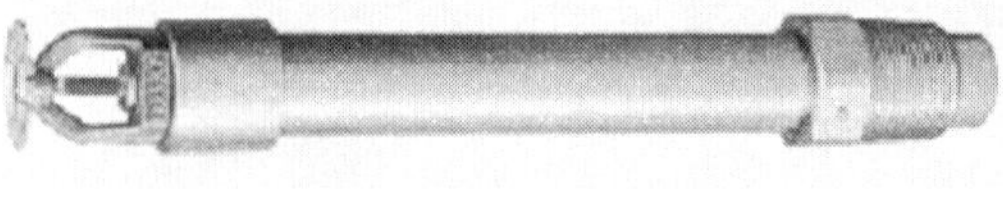

(2) 설치장소 및 사용목적(FM, UL 등의 분류기준)에 의한 구분

1) 스프링클러헤드(Standard Sprinkler Head)

상향 또는 하향으로 설치되며 살수형태는 아래쪽으로 우산 모양이 되게 설계된 스프링클러헤드를 말한다. 이 스프링클러헤드의 오리피스는 일반적으로 Ø 1/2" :11.3mm이고 방수량은 80ℓ/min 이다. 이 스프링클러헤드는 1.2m 아래의 방호면적(직경 4.8 m의 원)내 화재를 제어할 수 있다.

헤드종류	공칭온도(℃)	설치장소	최대설치 높이	방수압력 방수량	설비시스템
퓨지블링크·유리벌브, 표준·특수·조기반응, 호칭 15, 20	58~74 93~100 121~183	경급 위험도	4.0m 이내 (적정높이 2.4–3.0m)	1kg/cm^2 76~84ℓ/min 112~117ℓ/분	습식, 건식 준비작동식

플러쉬형스프링클러헤드(Flush Ceiling Sprinkler Head)

컨실드형스프링클러헤드(Concealed Ceiling Sprinkler Head)

2) 확장형스프링클러헤드(EC : Extended Coverage Sprinkler Head)

표준 공간보다 넓은 곳에 사용하기 위한 것으로서 감열체의 반응시간이 표준 공간에 사용되는 표준형스프링클러헤드 보다 같거나 짧고, 규정된 최소 방출유량이 장애물이 없는 천장의 규정된 적용면적에 살수되는 스프링클러헤드를 말한다(EC 스프링클러 헤드는 가벼운 위험이 발생된 경우에만 사용된다) EC 스프링클러헤드는 적용면적, 최소작동 유량, 오리피스 치수 및 "K"계수에 따라 분류된다.

3) 주거용스프링클러헤드(Residential Sprinkler Head)

주거지역에 설치할 목적으로 제작한 스프링클러헤드로서 방수구(오리피스)가 닫혀 있다가 열반응 방출 메커니즘의 작동에 의해 자동적으로 열린다. 수원은 상수도를 이용하기 때문에 낮은 압력으로 화재를 진압할 수 있도록 살수면적과 방수량이 작도록 설계되어 있다.

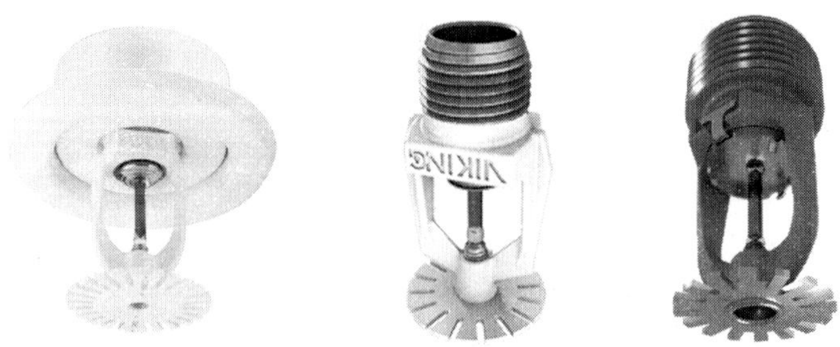

헤드종류	공칭온도(℃)	설치장소	최대설치 높이	방수압력 방수량	설비시스템
주거형(1/2")	68~105	일 반 주택 등	3m 이내	0.7kg/cm^2 50~76ℓ/min	습식설비

4) 조기화재진압형 스프링클러헤드(ESFR : Early Suppression Fast Response)

일정한 규모(13.7m 이하)의 랙크식 창고에서 화재가 발생할 경우 초기 진압에 적절하도록 조기반응형 감열체(RTI : 50 이하)를 사용하고, 오리피스는 23.6mm, 19.0mm, 17.5mm로서 사용압력 3.4~6.1kg/cm^{2}에서 대유량 380~667ℓ/min)의 물을 살수하여 화재를 소화할 수 있도록 만든 스프링클러헤드를 말한다.

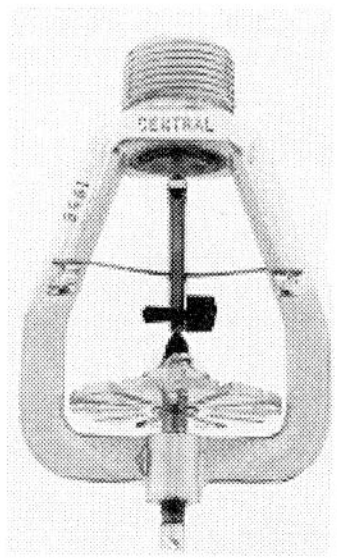

k = 14, 17

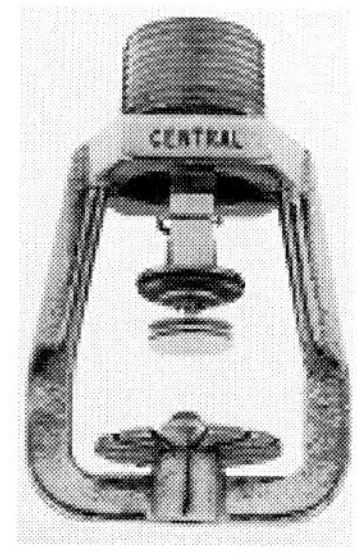

k = 25

헤드종류	공칭온도(℃)	설치장소	최대설치 높이	방수압력 방수량	설비시스템
ESFR (퓨지블링크, 유리벌브) 상향형, 하향형 호칭 15, 20	71	중급위험도, 상급위험도 (Roll종이, 에어로졸 등 제품)	13.7m 이하	$-6.1kg/cm^2$ 500ℓ/min $-3.4kg/cm^2$ 667ℓ/min	습식설비
	100				
	141				

5) 인랙스프링클러헤드(In-Rack Sprinkler Head)

창고의 높이가 고층화되면서 적재물의 적재 높이도 점점 높아지는 추세이므로 기존의 스프링클러설비에 사용되는 헤드로서는 적재물의 심층부에서 발생한 화재를 진화하기가 곤란하다. 따라서, 창고 내에 선반과 선반 사이에 설치하여 화재의 효율적 진화를 기하기 위한 스프링클러헤드이다.

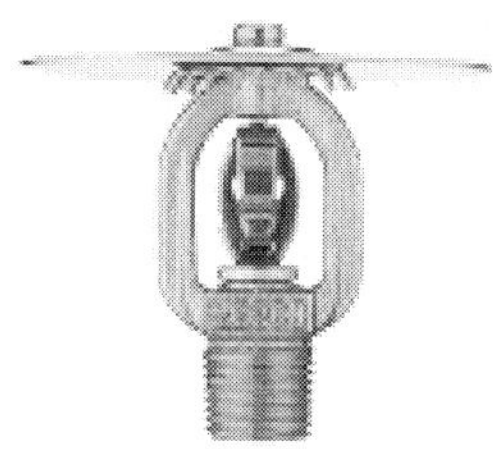

헤드종류	공칭온도(℃)	설치장소	최대설치 높이	방수압력 방수량	설비시스템
In-Rack (1/2 ", 3/4") 상향, 하향	68~72	중급위험도, 상급위험도 장소	Rack의 선반과 선반사이	$1kg/cm^2$ 114ℓ /min	습식설비
	93~100				
	141				

6) 개방형스프링클러헤드(Open Sprinkler Head)

감열체를 갖고 있지 않는 스프링클러헤드로서 방수구(오리피스)가 개방되어 있는 스프링클러헤드를 말한다.

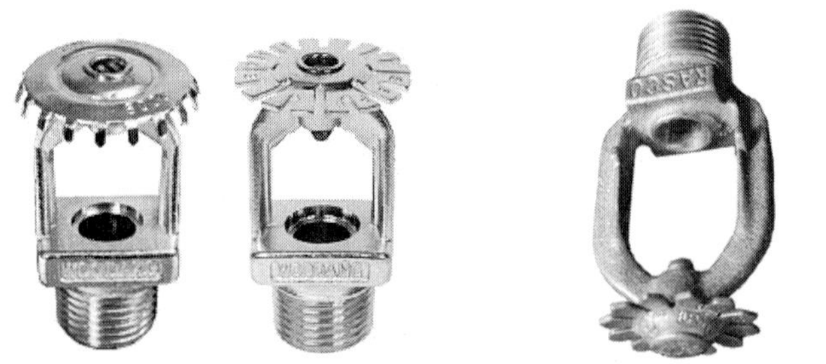

7) 라지드롭형스프링클러헤드(Large-Drop Sprinkler Head)

플라스틱 제품들이 저장된 고층의 래크식 창고에 설치되는 스프링클러헤드로서 화염의 전파속도가 빠르고 발열량이 커서 스프링클러헤드로는 진화가 불가능한 경우에 사용되는 스프링클러헤드를 말한다.

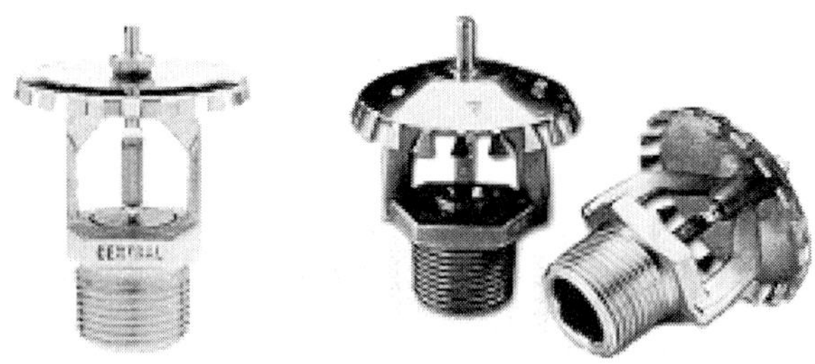

헤드종류	공칭온도(℃)	설치장소	최대설치 높이	방수압력 방수량	설비시스템
Large-Drop (3/4" =17/32") 상향	68~72 93~100 141	상급위험도 (Roll 종이, 플라스틱, 타이어 등 제품저장)	7.6 ~ 10.7m	1kg/cm² 153ℓ /min	습식설비

8) ELO스프링클러헤드(ELO Sprinkler Head)

표준형스프링클러헤드를 사용하여야할 장소의 수압이 표준형을 사용할 수 있을 만큼 높지 않는 경우에 낮은 압력으로도 고압의 스프링클러헤드를 사용한 효과를 내기 위하여 사용하는 스프링클러헤드를 말한다.

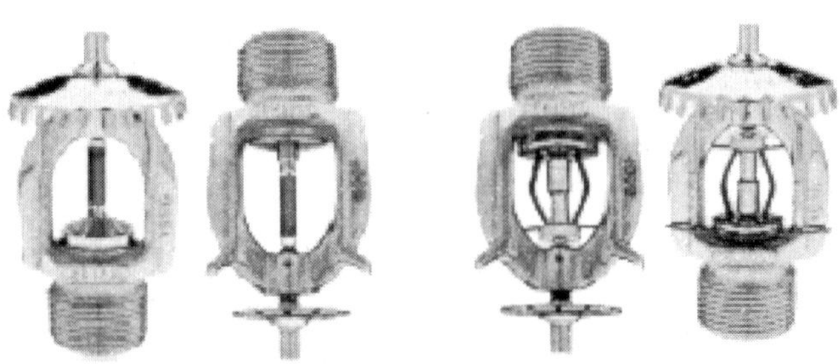

헤드종류	공칭온도(℃)	설치장소	최대설치 높이	방수압력 방수량	설비시스템
ELO(퓨지블링크, 유리벌브) 상향형,하향형 호칭15, 20	68~74	경급위험도, 중급위험도	7.6m 이하	$1kg/cm^2$ 161~163ℓ/min	습식설비
	93~100				
	141				

9) 기타스프링클러헤드

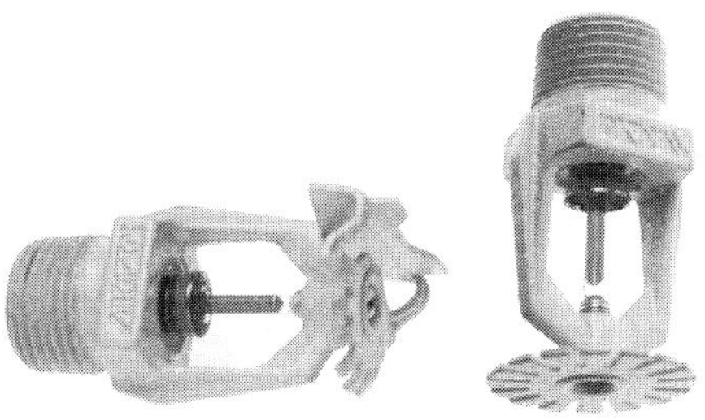

코팅, 페인트 또는 도금된 스프링클러헤드
(Coated, Painted or Plated Sprinkler Head)

유량제어형스프링클러헤드
(FC : Flow Control Head)

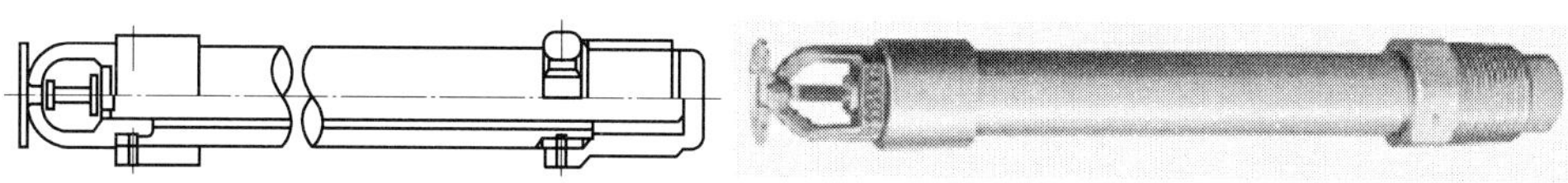

건식스프링클러헤드

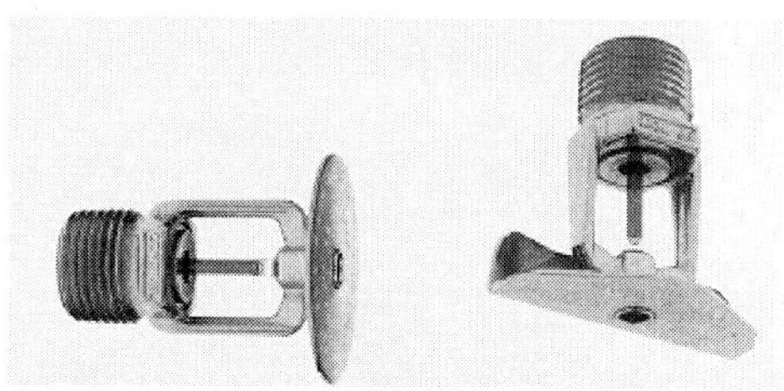

창문형스프링클러헤드

(3) 감열체(감도특성)에 의한 구분

1) 표준반응형스프링클러헤드(Standard Response Sprinkle Head)

일반건축물(사무실등)에 사용되고 있는 헤드로서 감열체의 반응시간지수(RTI)가 80~350(m·s)1/2범위이며, 전도열전달계수는 2.0(m·s)1/2를 초과하지 않는 스프링클러헤드를 말한다.

2) 특수반응형스프링클러헤드(Special Response Sprinkler Head)

특수한 건축물에 특정 장소를 방호하기 위해 사용되는 스프링클러헤드로서 감열체의 반응시간지수(RTI)가 50~80(m·s)1/2범위로 설치하는 스프링클러헤드를 말한다

3) 조기반응형스프링클러헤드(QR : Quick Response Sprinkler Head)

주거 및 랙창고(13.7m 이하)에 사용되는 스프링클러헤드로서 감열체의 반응시간지수(RTI)가 50(m · s)1/2이하이며, 전도열전달계수가 1.0(m · s)1/2이하인 스프링클러 헤드를 말한다.

4) 표시온도의 구분

유리벌브형		퓨지블링크형	
표시온도(℃)	액체의색별	표시온도(℃)	후레임의색별
57	오렌지	77미만	없 음
68	빨 강	78~120	흰 색
79	노 랑	121~162	파 랑
93	초 록	163~203	빨 강
141	파 랑	204~259	초 록
182	연한자주	260~319	오렌지
227 이상	검 정	320 이상	검 정

Response	Type	Length	RTI Response Time Index		Strength Average Crush Load		Temperature Additional temperatures available							Applications
		(mm)	(ms)½	(fts)½	kN	lb	57℃ 135°F orange	68℃ 155°F red	79℃ 175°F yellow	93℃ 200°F green	141℃ 286°F blue	182℃ 360°F mauve	260℃ 500°F black	Further details on request
Standard	G8	20	200	360	4	880	■	■	■	■	■	■		[UL,FM,LPC,VdS]
	G5	16/20	105	190	4	880	■	■	■	■	■	■	■	[UL*,FM,LPC*,VdS]
	G5-XS	16/20	105	190	5.5	1210	■	■	■	■	■	■		[UL,FM,LPC,VdS]
Intermediate	F5	16/20	75	135	4	880	■	■	■	■	■			[KENTE,KFEIC,TFRI] Ext.Coverage
	F4	16/20	55	100	4	880	■	■	■	■	■	■	■	[UL*,VdS] Ext.Coverage,ELO,CONCEALED
	F4-XS	16/20	55	100	5.5	1210	■	■	■	■	■	■		[UL,FM] Ext.Coverage,VELO,CONCEALED
Fast	F3	16/20	36	65	3.5	770	■	■	■	■	■			[UL*,FM,LPC*,VdS] CONCEALED
	F3-XS	16/20	36	65	4.5	990	■	■	■	■	■			[UL,FM,LPC] Ext.Coverage,ELO
	F3-XXS	16/20	36	65	5.5	1210	■	■	■	■	■			[UL,FM,LPC] VELO
Super Fast	F2.5	16/20	27	50	2.5	550	■	■	■	■	■			[UL*,FM] ESFR,VELO,CONCEALED
	F2.5-XS	16	27	50	3.5	770	■	■	■	■	■			[FM] ESFR,ELO,VELO,CONCEALED
	F2	16	22	40	2	440	■	■	■	■	■			[UL] Spec.Appl.,WATER MIST
Ultra	F1.5	16	16	30	1	220	■	■	■	■	■			Spec,Appl.,WATER MIST

*Component reoogrised

※ 유리벌브 종류별 작동시간

- 표준반응형: G5 - 33.3초, G8 - 63.0초
- 특수반응형: F4~5 - 17.4초
- 조기반응형: F2 - 7.3초, F3 : 11.4초

5) 부착장소의 최고주위온도

부착장소의 최고주위온도(℃)	사용되는 스프링클러헤드의 표시온도(℃)
39 미만	79 미만
39 이상 64 미만	79 이상 121 미만
64 이상 106 미만	121 이상 162 미만
106 이상	162 이상

(4) 살수형태에 의한 구분

1) 구형스프링클러헤드(Old Style SprinklerHead)

상향 또는 하향으로 천정에 설치되는 스프링클러헤드로서 방수량이 상향으로 40% 하향으로 60%가 방수되도록 되어 있다. 상향으로 설치되었을 때는 스프링클러헤드에서 3.05m 아래에서 방호면적은 직경 3.05m로 살수되며 방수량은 0.95ℓ/sec이다.

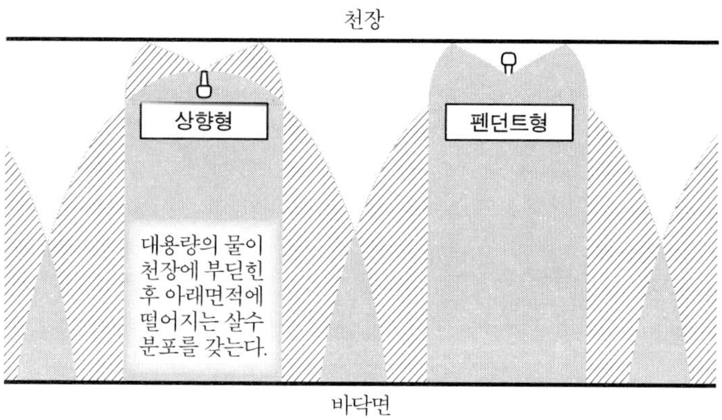

2) 하향형스프링클러헤드(Pendent Sprinkler Head)

방수구(오리피스) 하부에 디플렉터가 위치하고, 방출된 물이 아래로 살수되도록 설치되는 스프링클러헤드를 말한다.

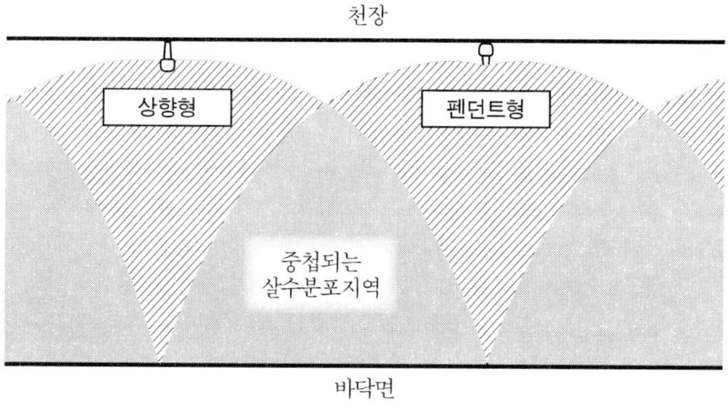

3) 상향형스프링클러헤드(Upright Sprinkler Head)

방수구(오리피스) 위에 디플렉터가 위치하고 물이 오리피스를 통해 위로 살수되도록 설치되는 스프링클러헤드를 말한다.

4) 측벽형스프링클러헤드(Sidewall Sprinkler Head)

벽이나 천장 가까이에 설치되는 스프링클러헤드로서 벽 안쪽 및 1/4원 모양으로 살수되는 스프링클러헤드를 말한다. 오리피스는 일반적으로 Ø 1/2" :11.3mm이고 방수량은 80ℓ /min 이다.

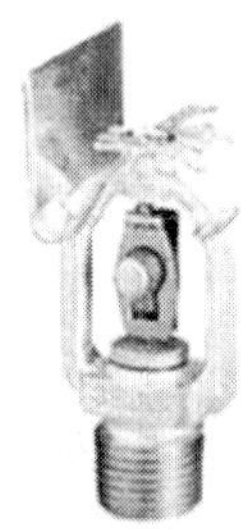

헤드종류	공칭온도(℃)	설치장소	최대설치 높이	방수압력 방수량	설비시스템
퓨지블링크·유리벌브, 표준·특수·조기반응, 호칭 15, 20	58~74 93~100 121~183	경급위험도, 중급위험도 그룹Ⅰ	4.0m 이내 (적정높이 2.4-3.0m)	1kg/cm² 76~84ℓ/min 112~117ℓ/분 112~117ℓ/분	습식,건식, 준비작동식설비

5) 특수형태에 의한 구분

① 플러시천장형스프링클러헤드(Flush Ceiling Sprinkler Head)

스프링클러헤드에 최소 돌출부분(감열체부분)만 천장 아래로 돌출되고 그 이외 부분은 천정 내부에 설치되는 스프링클러헤드를 말한다. 오리피스는 일반적으로 Ø1/2" :11.3mm이고 방수량은 80ℓ/min이다.

헤드종류	공칭온도(℃)	설치장소	최대설치 높이	방수압력 방수량	설비시스템
플러시형(퓨지블링크), 표준·특수·조기반응, 호칭 15, 20	58~74 93~100 121~183	경급 위험도	4.0m 이내 (적정높이 2.4-3.0m)	1kg/cm² 76~84ℓ/min 112~117ℓ/분	습식, 건식 준비작동식

② 리세스드스프링클러헤드(Recessed Sprinkler Head)

스프링클러헤드가 홀더 안에 설치되어 천장이나 벽안으로 들어갈 수 있도록 구성된 스프링클러헤드를 말한다.

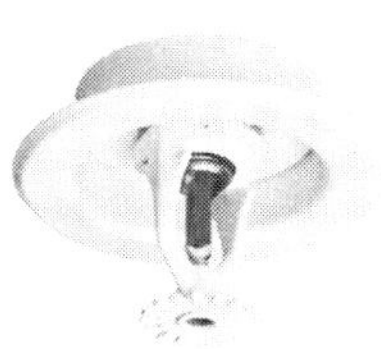

헤드종류	공칭온도(℃)	설치장소	최대설치 높이	방수압력 방수량	설비시스템
리세시드시형 (퓨지블링크 유리벌브), 표준·특수·조기반응, 호칭 15, 20	58~74 93~100 121~183	보통 또는 경급위험도	4.0m 이내 (적정높이 2.4-3.0m)	1kg/cm² 76~80ℓ/min 112~117ℓ/분	습식, 건식 준비작동식

③ 컨실드천장형스프링클러헤드(Concealed Ceiling Sprinkler Head)

미관상의 목적으로 천장재와 플러시에 거의 맞게 설치되도록 덮개판(스프링클러헤드 보호 판)을 갖는 리세스드(recessed) 스프링클러헤드로서 화재가 발생되었을 때에는 열기류에 의하여 덮개판이 먼저 이탈된 후 스프링클러헤드의 감열체가 작동되는 스프링클러헤드를 말한다.

헤드종류	공칭온도(℃)	설치장소	최대설치 높이	방수압력 방수량	설비시스템
컨실드형 (퓨지블링크 유리벌브), 표준·특수·조기반응, 호칭 15, 20	58~74 93~100 121~183	보통 또는 경급위험도	4.0m 이내 (적정높이 2.4-3.0m)	1kg/cm² 76~80ℓ/min, 112~117ℓ/분	습식, 건식 준비작동식

④ 건식스프링클러헤드(Dry Type Sprinkler Head)

설치장소가 영하로 내려갈 때 노출되는 배관 또는 스프링클러 시스템에 사용되는 스프링 클러헤드로서 스프링클러헤드에 부착된 배관내에는 부동액, 대기압 또는 가압공기가 충만한 상태로 설치되며 사용된 스프링클러헤드의 형태는 상향형, 하향형, 측벽형, 플러시 등이 사용된다.

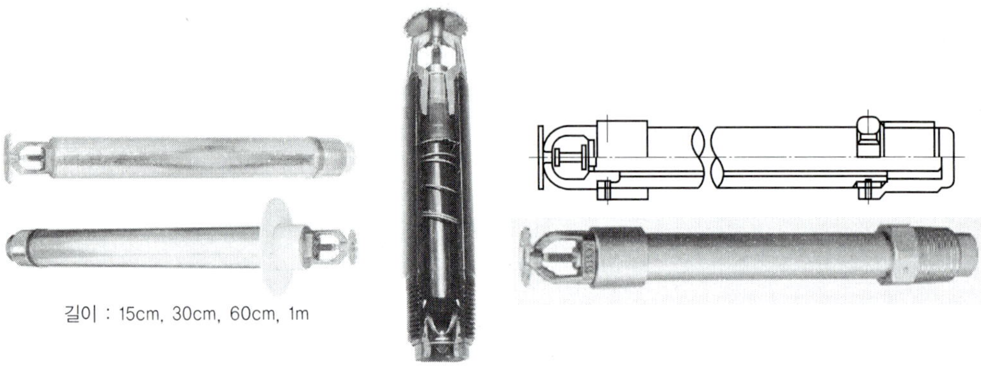

⑤ 코팅, 페인트 또는 도금된 스프링클러헤드(Coated, Painted or Plated Sprinkler Head)

방식 또는 방청(외장이 코팅, 페인트 또는 도금 처리) 처리 된 스프링클러헤드를 말한다.

⑥ 유량제어형스프링클러헤드(FC : Flow Control Sprinkler Head)

특정온도 범위내에서 자동적으로 개폐됨으로써 유량을 제어(물피해방지)하는 스프링클러헤드를 말한다.

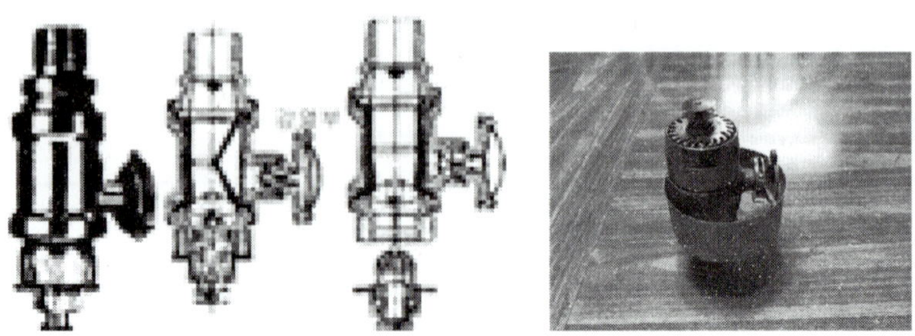

⑦ 청정스프링클러헤드(Clear Room Sprinkler Head)

이 헤드는 반도체공장등에 사용되며, 헤드가 부식이 되지 않도록하여야 하고, 오리피스는 11.1mm , 12.7mm 등으로 다양하다.

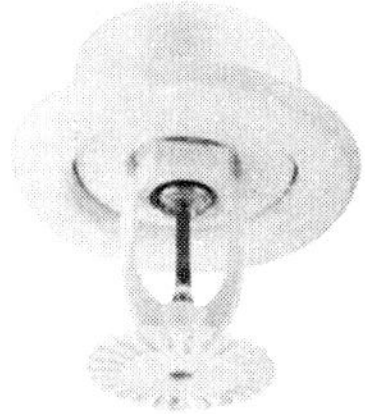

⑧ 지붕형스프링클러헤드(Attic Sprinkler Head)

이 헤드는 지붕의 바로 밑에 설치되어 천장과 지붕사이의 화재를 소화하는 것으로서 헤드종류는 단일방향, 귀마루형, 연속형이며, 오리피스는 11.1, 12.7, 13.5mm 등으로 다양하다.

⑨ 창문스프링클러헤드(Window Sprinkler Head)

이 헤드는 창문등이 화재하중에 견딜 수 있도록 창문에 살수 하는 것으로서 2,000°F에서 2시간 견딜 수 있도록 하였으며, 오리피스는 12.7mm 등이 있다.

⑩ 구형스프링클러헤드(Conventional Type Sprinkler Head)

이 헤드는 지붕의 바로 밑에 설치되어 천장과 지붕사이의 화재를 소화하며, 작동방법은 화재감지 및 불꽃에 의하여 즉시 가스켓지지 부분과 유리벌브를 파괴시켜 방수하는 형과 가스압력에 의하거나 밸브가 작동하여 방수되는 것이다. 오리피스는 11.1, 12.7, 13.5 mm 등으로 다양하다.

⑪ 기타 헤드류

a. 설치높이 : 7.5m, 노즐압력 : 11.7~17.2kg/cm^2

b. 방호면적 : 8m^2, 체적 : 1,200m^3

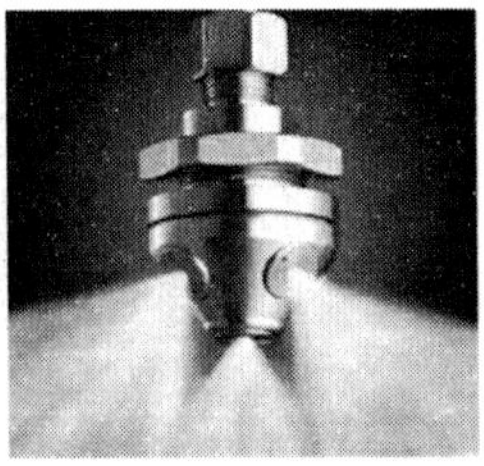

3.4.23 스프링클러헤드의 배치

(1) 헤드의 수평거리

소방 대상물		수평 거리(R)
무대부·특수가연물을 저장 취급하는 장소		1.7m 이하
랙크식창고		2.5m 이하
아파트		3.2m 이하
기타 소방대상물	비내화구조	2.1m 이하
	내화구조	2.3m 이하

(2) 헤드의 배치 및 간격

1) 정사각형 배치

헤드간의 거리와 급수관 상호간의 거리가 같게 배치된 형태로서 헤드의 간격 S = 2

Rcos45° (cos45° = $1/\sqrt{2}$)를 적용한다. 헤드의 수평거리(R)에 따른 스프링클러설비의 헤드간격은 다음과 같다.

① 수평거리 1.7m 인 경우 S = 2.40m

② 수평거리 2.1m 인 경우 S = 2.97m

③ 수평거리 2.3m 인 경우 S = 3.25m

④ 수평거리 2.5m 인 경우 S = 3.54m

⑤ 수평거리 3.2m 인 경우 S = 4.53m

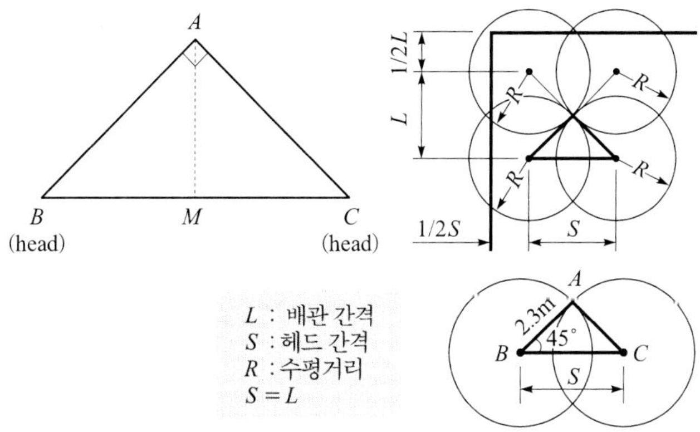

2) 직사각형배치

헤드간의 거리와 배관간의 거리가 같지 않은 경우로서 헤드의 대각선 간격 X = 2R을 적용한다.

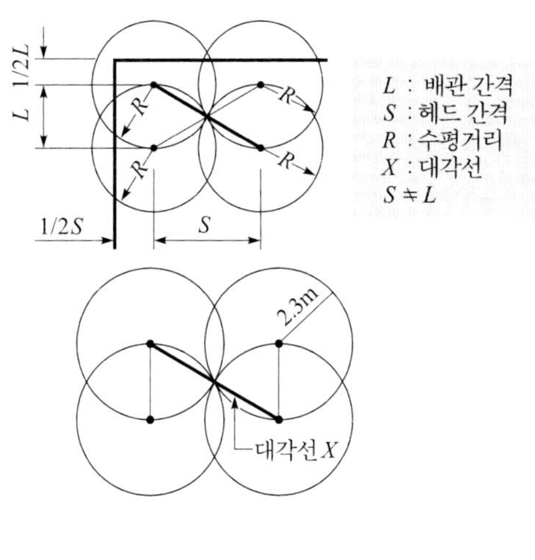

3) 나란히꼴 배치

3개의 헤드가 정삼각형을 이루고 4개의 헤드는 나란히꼴을 이루는 배치형태로서 일반적으로 직사각형이나 정사각형이 아닌 형태의 건물내 헤드 배치형태이다.

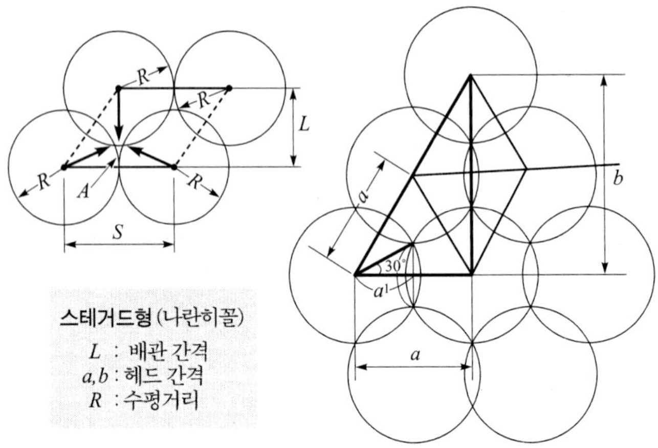

수평거리(R)	a의 간격(2Rcos30°)	b의 간격(2acos30°)	배관간격(L)
1.7m	2.94m	5.10m	2.55m
2.1m	3.64m	6.30m	3.15m
2.3m	3.98m	6.90m	3.44m
2.5m	4.33m	7.50m	3.75m
3.2m	5.54m	9.60m	4.78m

3.4.24 송수구, 방수구

송수구는 소화설비에 소화용수를 보급하기 위하여 건물 외벽 또는 구조물의 외벽에 설치하는 관을 말한다.

방수구는 소화설비로부터 소화용수를 방수하기 위하여 건물내벽 또는 구조물의 외벽에 설치하는 관을 말한다.

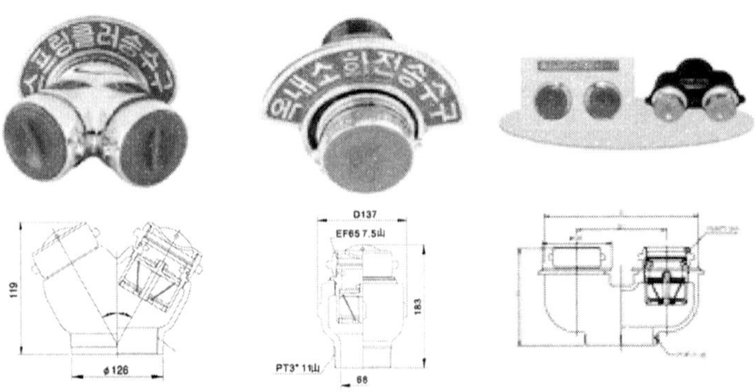

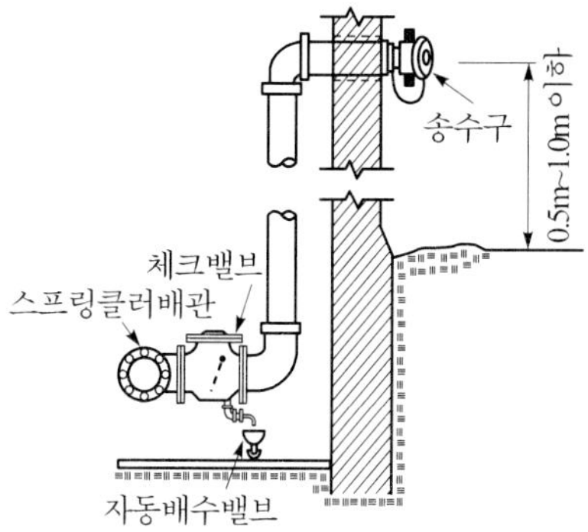

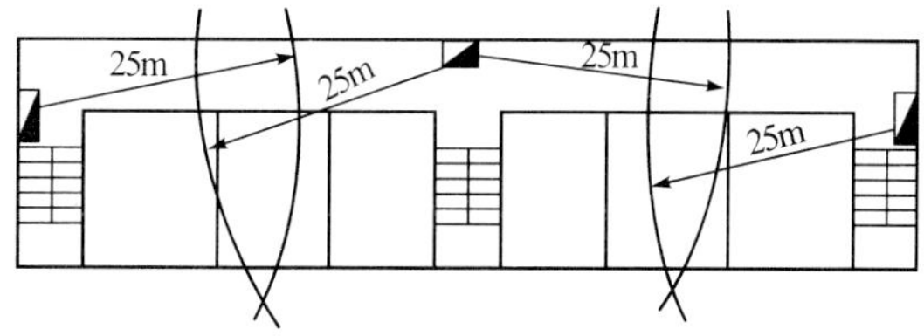

3.4.25 배선(내화,내열)

배선공사란 내열배선은 차열성이 있는 배선이고 내화배선은 화재에 견디는 내력이 있는 배선을 의미하며 Flashover 이후에도 신뢰성을 확보 할 수 있다. 따라서 차열성과 화재에 대한 내력이 있으면 케이블 공사방법에 따라 케이블Try 등에 설치되고, 내력이 없으면 별도의 수납 방법이나 구획된 실내에 설치한다.

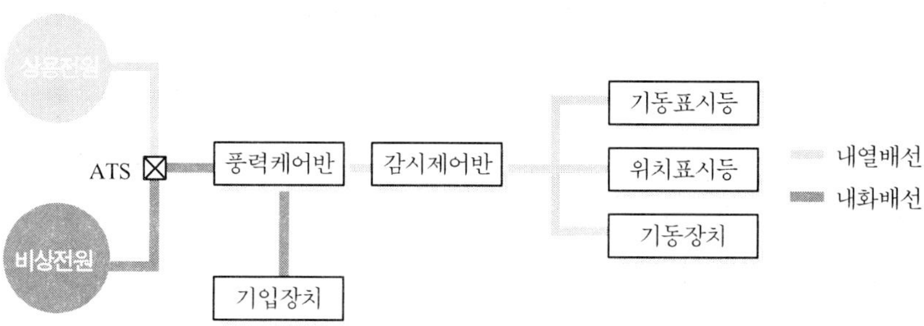

(1) 케이블공사란

케이블을 금속관내에 배선할 경우는 금속관공사로 분류되고, 가요전선 관내에 배선할 경우에는 가요전선관공사로 분류된다. 따라서, 케이블공사라 함은 케이블을 관로내에 배선하지 아니하고 Cable Try, 조영재의 아랫면 또는 옆면을 따라 붙이는 방법으로 공사하는 것을 말한다.

※ 조영재(造營材)란 조영물을 구성하는 부분을 말한다.(조영물(造營物)이란 건축물, 광고탑 등 토지에 정착하는 시설물 중 지붕)

(2) 금속관공사

금속관공사는 시설장소의 제한이 없는 공사방법으로 배선을 금속관에 수납하여 시공하는 것으로 노출된 벽면 및 천장속 은폐배선공사에 주로 사용된다. 또는 벽을 가지는 시설물을 말한다.

(3) 합성수지관공사

합성수지관(경질비닐전선관)공사는 중량물의 압력 또는 기계적 충격을 받지 않는 장소에 설치할 수 있는 공사방법으로 합성 수지관 특성상 절연성이 우수하고 작업성이 뛰어나며 경제적인 공사방법이나 화재에 약한 단점이 있어 내화구조의 벽체등에 매립공사를 할 경우에 사용된다.

(4) 가요전선관공사

금속재 가요전선관은 굴곡이 심한 장소에 적합하게 구부러지기 쉽도록 되어있는 전선관은 1종 및 2종 가요전선관으로 구분이 되며, 주로 소방펌프 및 제연 FAN 전동기와 금속관사이, 천장과 반자 사이의 은폐된 부분 등 비교적 짧은 거리에 적용되는 배선공사방법이다.

1) 1종 금속제 가요전선관

외적 충격이나 하중에 대해서 튼튼하지 않아서 건조하고 전개된 장 소 또는 건조하고 점검할 수 있는 은폐된 장소에 한하며 또한 사용 전압이 400 V 이상인 경우는 전동기에 접속하는 부분에서 가요성을 필요로 하는 부분으로 한정하여 사용할 수 있으며, 가요전선관의 두께를 0.8mm 이상인 것을 사용하도록 규정하고 있다.

2) 2종 금속제 가요전선관

2종은 시설장소 및 사용전압에 제한을 받지 않으며, 2종 금속제 가요전선관은 1종 금속제 가요전선관에 비해 기계적 강도 및 내수성이 우수하기 때문에 은폐공사(콘크리트 내에 매입배선 등)에서 사용하는 것이 인정되고 있다.

3) 금속덕트공사

금속덕트공사는 두께 1.2mm 이상인 철판 또는 동등 이상의 세기를 가지는 금속재 덕트에 다량의 전선을 수납할 수 있는 공사방법으로 덕트의 내면 및 외면에는 아연도금 등으로 피복 하여 부식을 방지하고 금속덕트에 넣는 전선의 단면적의 합계는 덕트의 내부 단면적의 20% 이하(동일 트내에 넣는 전선은 30본 이하)가 되도록 한다.

3.4.26 제어반(동력 및 감시)

동력제어반이란 가압수송장치의 펌프 또는 제연설비의 송풍기에 필요한 상용전원 또는 비상전원을 공급하는 장치로써 일반적으로 소방용MCC또는 소방용 동력분전반이라 한다. 동력제어반의 내부 회로를 구성하는 기기에는 배선용 차단기, 전자접촉기, 열동계전기, 표시등, 퓨즈 등이 있다.

감시제어반은 감시 및 제어기능이 있는 것을 말하며, 일반적으로 소방시설 들을 집중, 감시하는 별도장소(방제센터)에 자동화재탐지설비 화재수신기에 함께 설치된다.

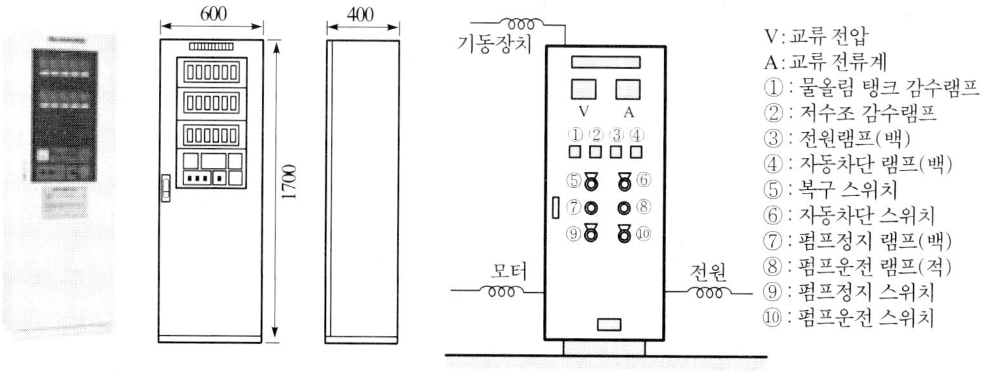

제어반

3.4.27 전원

(1) 저압수전인 경우

인입개폐기의 직후에서 분기하여 전용배선으로 전용의 전선관에 보호되도록 할 것

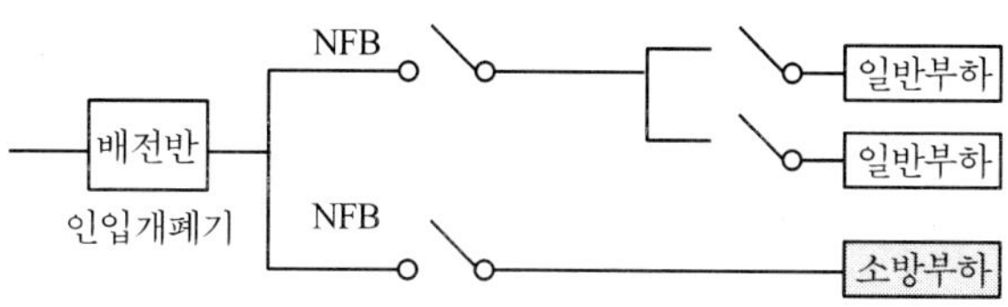

(2) (특별)고압수전일 경우

전력용 변압기 2차측의 주차단기 1차측에서 분기하여 전용배선으로 하며, 상용전원의 상시공급에 지장이 없을 경우 주차단기 2차측에서 분기하여 전용배선으로 하여야한다. 다만, 가압송수장치의 정격입력전압이 수전전압과 같은 경우에는 제①호의 기준에 따를 것

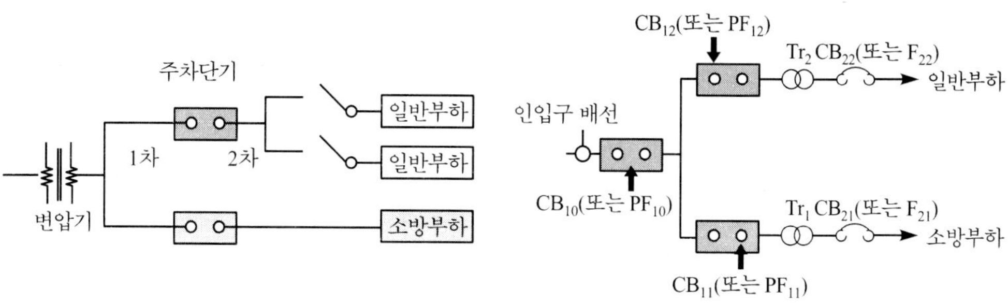

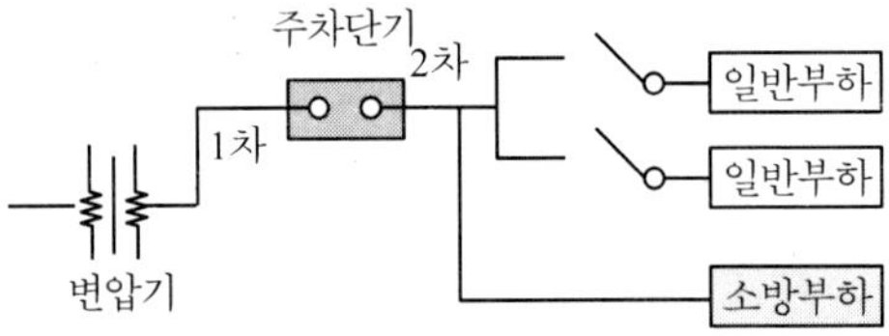

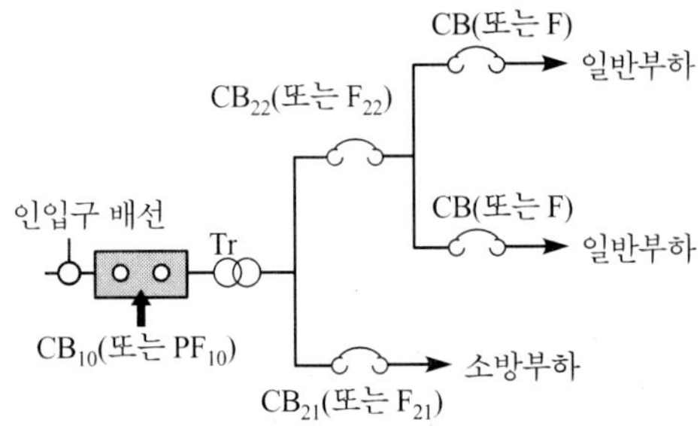

3.4.28 스프링클러소화설비와 일반급수용설비의 연결 예

기존 건물이 증개축 되는 경우에는 기존에 설치한 소화설비를 이설하거나 추가 또는 철거하는 경우가 발생할 수 있다. 이러한 경우에도 화재안전기준에 적합하게 추가증설, 이설, 철거가 이루어져야 하지만, 건물의 구조와 용도 특성 등의 이유로 화재안전기준을 만족할 수 있도록 설치할 수 없는 경우가 발생할 때 설비의 기능과 사용에 지장이 없는 범위 안에서는 화재안전기준을 엄격히 적용하지 않겠다는 의미이다.

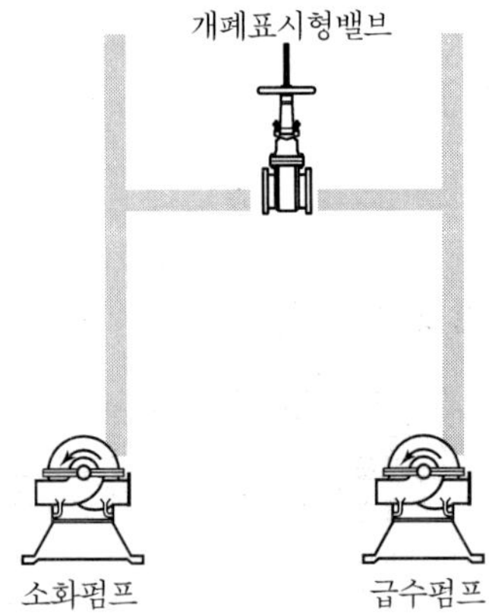

3.4.29 Sprinkler의 Skipping

Skipping 현상은 헤드간 거리가 너무 가까울 경우, 먼저 개방된 헤드로부터 살수된 물이 주변의 Jet기류를 냉각 시켜 인접한 스프링클러헤드의 개방을 방해하는 현상으로서 국내에서는 아직 헤드간 최소거리에 대한 기준이 없다.

- 헤드간 최소거리

  NFPA = 1.8 m 이상(ESFR ; 2.4 m 이상)

  FM = 2.1m 이상

  IRI = 2.4m 이상

  ※ 고온층 : 실 높이의 5~12%

(1) 차폐판(Baffle)의 설치 (NFPA 13-4.4.1.7)

스프링클러 헤드간 이격거리가 6ft(≒ 1.8m)이하인 경우 인접헤드가 물에 젖어 작동지연 또는 제약을 받게 됨으로 이러한 지역에 설치한다.

(2) Baffle의 설치기준

① 스프링클러 헤드사이의 중앙에 위치하도록 한다.

② 재질은 불연성으로 한다.

③ 규격은 폭 12″ * 높이 6″로 한다.

④ 상향형 헤드의 경우 차폐판 상단은 헤드 위로 2~3″까지 위치할 수 있으며, 차폐판 하단은 디플렉터와 평행하게 설치하여야 한다.

3.4.30 K Factor란

방출계수를 칭하며, 스프링클러 헤드의 방출계수는 오리피스의 구경과 형태에 따르는 고유값으로서 노즐의 상수이며 그 수치는 제조사에서 제시한다.

(1) Factor에 따른 방수량과 방수압력

$Q = K\sqrt{10p}$ 에서 (유량은 압력의 평방근에 비례하므로)
압력이 증가할수록 유량이 증가하나 침투력은 감소한다.
압력이 상승할 경우

1) 장점

① 압력상승시 방수량 증가

② 압력상승시 물방울의 비산범위가 넓어짐

③ 압력상승시 물방울의 입자가 적어지며 증발효과가 커지고 냉각소화 효과 증대

2) 단점

① 물방울이 비산 하여 화재의 상승기류에 의해 연소면에 도달하기 전에 증발한다.

② 방수량 증가로 인하여 수원의 조기고갈로 방수시간이 단축된다.

※ 실험상 5kg/cm^{2}까지는 원형으로 점점 커지나, 5kg/cm^2 이상에서는 타원형으로 된다.
※ 기준에서 헤드 방사압을 12kg/cm^{2}으로 제한하는 이유 : 물방울의 크기가 적어짐으로 인하여 침투력이 감소한다.

(2) 각 헤드별 K-Factor

- 국내 : 헤드 80
- 외국 : 주거형 헤드 47.5~52.5, Large Drop SP 헤드 157~166, 화재조기 진압형(ESFR) 헤드 203

3.4.31 격자형(Grid)과 루프형(Loop)방식

(1) 개요

1) 소화설비 가지관의 배관방식은 가지식방식, 토너먼트방식, 격자형방식, 루프형방식 등이 있으며 이 중 토너먼트 방식은 분말소화설비에 사용되며 나머지 3가지의 방식이 스프링클러설비의 배관에 사용되는 방식이다.
2) 현재 국내에서 가장 많이 사용되는 스프링클러설비의 배관방식은 규약배관방식에 의한 가지식배관방식이며, 격자형(Grid Type)방식과 루프형(Loop Type)방식은 수리계산 방법에 의하여 설계하여야 한다.

(2) 격자형 설비(Gridded System)

1) 평행 교차본관이 다중 가지관에 연결된 스프링클러
2) 작동중인 스프링클러 헤드에 소화수의 공급은 그 가지관의 양끝으로부터 이루어지며, 다른 가지관은 교차본관의 물 이송을 보조한다.
3) 격자형 설비에서는 작동되는 스프링클러헤드에 도달하는 소화수의 경로가 복수임으로 압력손실이 다른 방식보다 작음으로 배관의 크기가 작게 되는 장점이 있다.
4) 복잡한 특성 때문에 압력손실 계산에는 반드시 컴퓨터 프로그램을 이용해야 한다.

(3) 격자형 설비(Gridded System)의 제한성

1) 건식과 준비작동식 시스템에는 적용 불가
2) RELIEF VALVE가 있어야 한다.
3) 수리적으로 가장 물의 소요량이 많게 되는 스프링클러 조합을 선정하기 위해 Peak 값이 정해져야 한다.

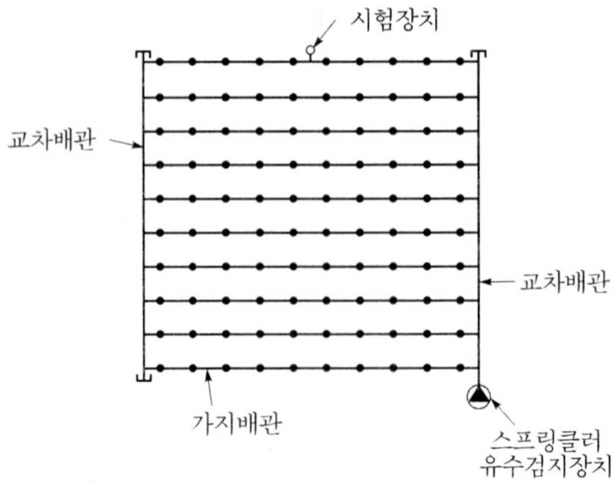

(4) 루프형 설비(Looped System)

1) 여러 개의 교차본관이 서로 접속되어 작동중인 스프링클러로 유입되는 물의 통로를 하나이상 제공
2) 가지관은 서로 접속하지 않는다.
3) 루프형 설비(Looped System)도 수리학적 특성에 의해 평가될 때 이로운 점이 있다.
4) 컴퓨터 프로그램의 도움 없이도 해석될 수 있음으로 격자형 설비(Gridded System)에서와 같은 제한성은 두지 않는다.

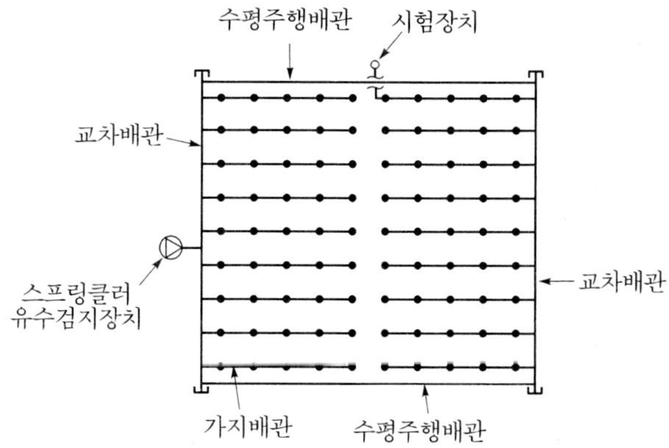

(5) 배관 구분 용어정의

1) 가지배관 : 스프링클러가 직접 또는 입상관을 통하여 접속된 배관.
2) 교차배관 : 직접 또는 입상관을 통해 가지관에 급수되는 배관.
3) 급수배관 : 입상관 또는 교차본관에 급수하는 배관.
4) 입상배관 : 스프링클러에서 수직 급수배관

(6) 소방배관을 Grid배관으로 하는 이유.

1) 유수의 흐름이 분산되어 압력손실이 적고 중간이나 말단에서 공급압력차이를 줄일 수 있으며 고른 압력분포가 가능하다.
2) 중간에 배관이 차단될 경우 대처가 가능하며, 고장 수리시에도 공급이 가능하여 소화수 공급의 안정성을 기할 수 있다.
3) 관내 압력변동이 적고 충격파가 발생되어도 분산이 가능하다.
4) 소화설비의 중 개축 시 유리하다.
5) 소화용수 및 가압장치의 분산배치가 용이하다.

3.4.32 스프링클설비의 헤드에 대한 화재시험

(1) 헤드 방수 장면

(2) ESFR헤드 소화장면

(a) Ignition

(b) 2 minutes

(c) 4 minutes(center head working)

(d) 10 minutes(Not control the fire)

3.5 물분무소화설비

3.5.1 개요

물분무소화설비의 장치 및 구성은 개방형스프링클러설비와 같으나, 사용되는 헤드가 개방형스프링클러헤드 대신 물분무헤드 사용하는 차이점이 있다. 이 설비는 화재 시 물분무헤드에서 미립자의 물을 무상으로 방사하여 소화하는 설비로서 냉각작용, 질식작용, 희석작용을 한다. 주로 가연성액체, 전기설비 등의 화재에 유효하며 소화 및 연소방지의 목적으로 사용되는 설비이기도 한다. 설비의 종류로는 다음과 같다.

(1) 이동식

소화전의 동력소방펌프 기타 소화용배관의 호스에 물분무노즐을 결합하여 사용하거나 스프링클러배관에 물분무헤드를 접속하여 사용할 수 있는 방식이다.

(2) 고정식

수원, 가압송수장치, 제어밸브, 배관, 물분무헤드 등의 설비가 고정으로 설치되는 것으로 스프링클러설비의 준비작동식, 일제살수방식의 작동원리와 유사하며 수동식 및 자동식으로 대별된다. 수동식은 화재시 일제개방밸브의 수동기동에 의하여 가압송수장치를 기동 하고 가압수를 물분무헤드에서 분무하는 방식이며, 자동식은 자동화재탐지설비 또는 폐쇄형스프링클러헤드로 화재를 감지하여 유수검지장치 또는 일제개방밸브를 작동하고 가압송수장치를 기동하므로서 가압수를 물문무헤드에서 분사하는 방식이다.

3.5.2 물분무소화설비의 소화원리

(1) 냉각작용

미세한 물방울 입자가 화열에 의해 증발하면서 주위의 열을 흡수하여 냉각작용을 한다. 그러나 인화점이 60℃ 미만인 가연성가스 또는 인화성액체에서는 적응성이 낮다.

(2) 질식작용

물방울이 기화되면서 증기가 연소면을 차단하여 가연물에 산소공급을 차단하는 것으로서 물분무헤드가 화재발생구역 전역에 설치되어 있고 화재강도가 충분히 수증기를 발생시킬 수 있는 상태가 되어야 질식효과가 나타난다.

(3) 유화작용

비수용성 액체화재의 경우 물분무 입자가 유포면에 방사되면 유면에 부딪치면서 산란 하여 불연성의 유화(乳化, Emulsification)층을 형성하게 되며 이러한 유화층이 유면을 덮는 것을 유화작용이라 하며 물분무소화의 한가지 역할로 작용한다.

(4) 희석효과

수용성 액체를 희석하여 비인화성의 농도로 희석하는 효과이다.

3.5.3 물분무소화설비의 계통도

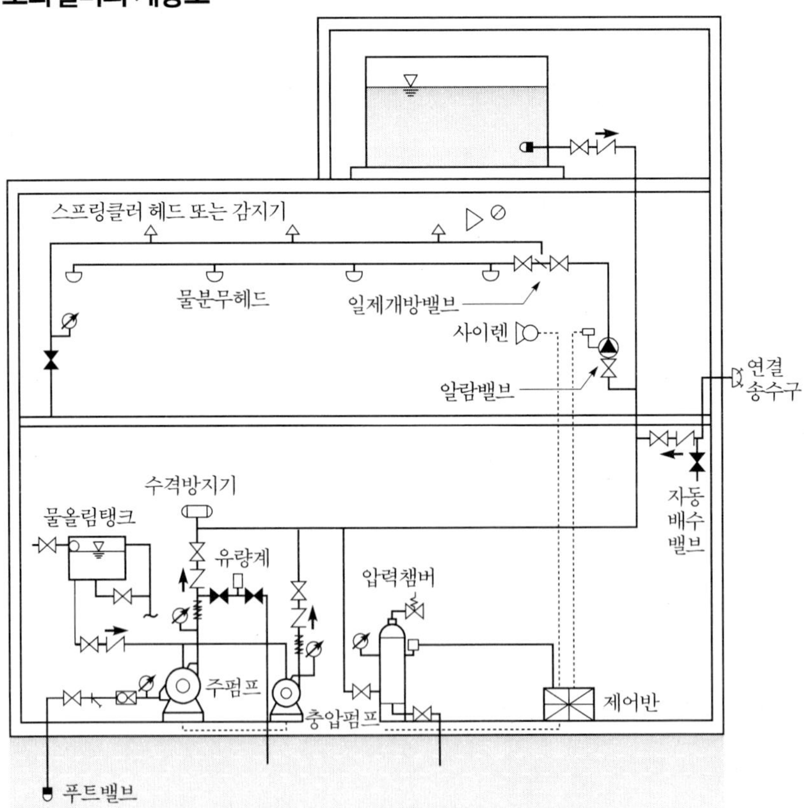

그림 3.5.1 물분무소화설비의 계통도

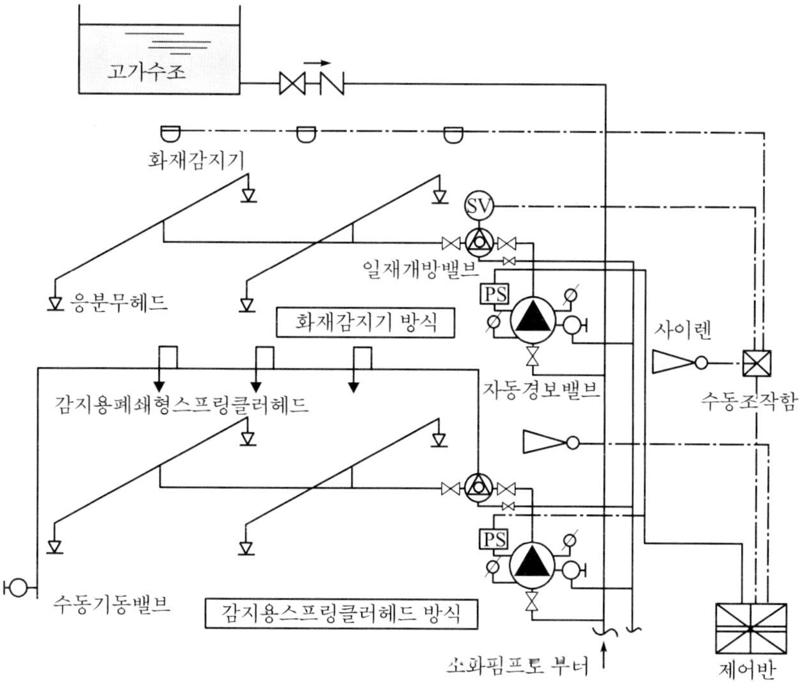

3.5.4 물분무소화설비의 종류

(1) 이동식

소화전의 동력소방펌프 기타 소화용배관의 호스에 물분무노즐을 결합하여 사용하거나 스프링클러배관에 물분무헤드를 접속하여 사용할 수 있는 방식이다.

(2) 고정식

수원, 가압송수장치, 제어밸브, 배관, 물분무헤드 등의 설비가 고정으로 설치되는 것으로 스프링클러설비의 준비작동식, 일제살수방식의 작동원리와 유사하며 수동식 및 자동식으로 대별된다. 수동식은 화재시 일제개방밸브의 수동기동에 의하여 가압송수장치를 기동 하고 가압수를 물분무헤드에서 분무하는 방식이며, 자동식은 자동화재탐지설비 또는 폐쇄형스프링클러헤드로 화재를 감지하여 유수검지장치 또는 일제개방밸브를 작동하고 가압송수장치를 기동하므로서 가압수를 물문무헤드에서 분사하는 방식이다.

3.5.4 물분무소화설비의 수원 등

(1) 수원의 종류

옥내소화전 설비를 준용하며 확보해야하는 수원의 수량은 다음과 같다.

특정소방대상물	필요저수량
차고, 주차장	바닥면적(최대 50m²) × 20ℓ × 20분
특수가연물 저장, 취급 소방대상물 또는 그 부분	바닥면적(최대 50m²) × 10ℓ × 20분
절연유 봉입 변압기	표면적(m², 바닥부분 제외) × 10ℓ × 20분
케이블 트레이, 닥트	투영된바닥면적(m²) × 12ℓ × 20분
위험물저장탱크	원주둘레길이(m) × 37ℓ × 20분
컨베이어 밸트	밸트부분의 바닥면적(m²) × 10ℓ × 20분

(2) 가압송수장치

물분무소화설비의 가압송수장치는 다음의 경우를 제외하고는 옥내소화전설비를 준용한다.

1) 펌프의 양정(H)

$$H(\text{m}) = h_1 + h_2$$

여기서 h_1 : 물분무헤드의 설계압력 환산수두(m)

h_2 : 배관의 마찰손실 수두(m)

2) 펌프의 토출량

특정소방대상물	필요저수량
차고, 주차장	바닥면적(최대 50m²) × 20ℓ
특수가연물 저장, 취급 소방대상물 또는 그 부분	바닥면적(최대 50m²) × 10ℓ
절연유 봉입 변압기	표면적(m², 바닥부분 제외) × 10ℓ
케이블 트레이, 닥트	투영된바닥면적(m²) × 12ℓ
위험물저장탱크	원주둘레길이(m) × 37ℓ
컨베이어 밸트	밸트부분의 바닥면적(m²) × 10ℓ

(3) 고가수조방식

고가수조의 자연낙차압력(수조의 하단에서 최고위 물분무헤드까지 수직거리)는 ① (1)의 펌프양정과 동일

(4) 압력수조방식

압력수조의 소요압력 $P(\text{kg/cm}^2) = P_1 + P_2 + P_3$

여기서 P_1 : 물분무헤드의 설계압력(kg/cm^2)

P_2 : 배관의 마찰손실의 수두압력(kg/cm^2)

P_3 : 낙차의 환산 수두압(kg/cm^2)

3.5.4 물분무설비의 주요 구성 및 장치

(1) 기동장치

1) 수동식 기동장치

소화설비의 가압송수장치 또는 각종 소화설비를 기동하는 시동장치로서 수동기동장치는 버튼에 의하여 전기적으로 접점을 이어주는 방식 및 기동밸브를 개방하여 설비를 가동시키는 방법으로 구분할 수 있다. 주로 화재시 접근이 용이한 장소에 설치하여야 하며 기동장치 부근의 보기 쉬운 곳에 "기동장치" 라는 표지를 설치하여야 한다.

2) 자동식 기동장치

자동화재탐지설비의 감지기작동 또는 폐쇄형스프링클러헤드(감지용헤드)의 개방으로 연동하여 경보를 발하고 가압송수장치 및 자동개방밸브를 작동시키는 장치를 말한다. 자동화재탐지설비의 수신기 등이 설치된 장소이고 상시 사람이 근무하여 화재시 즉시 기동장치를 작동시킬 수 있는 장소는 자동식으로 설치하지 아니할 수 있다.

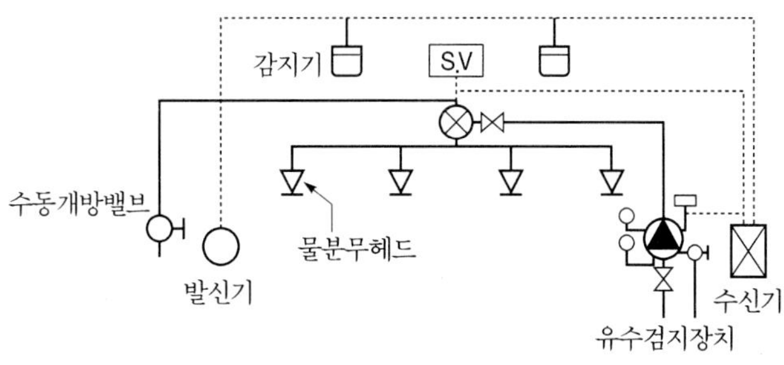

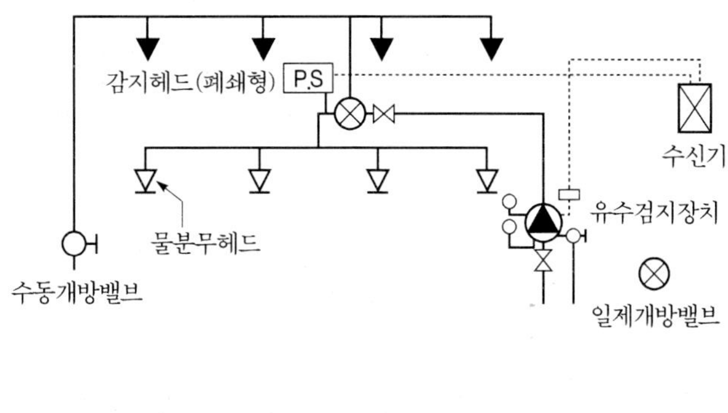

(2) 제어밸브

소화설비의 관로 도중에 설치하여 유체의 양을 줄이거나 또는 차단하기 위하여 설치되는 밸브로서 본체, 시이트, 개폐를 위한 디스크, 핸들 등으로 구성되어 있다. 제어밸브는 바닥으로부터 0.8~1.5m 위치에 설치하여야 하며, 자동식 개방밸브 및 수동식 개방밸브의 2차측 배관부분에는 당해 방수구역외에 밸브의 작동을 시험할 수 있는 장치를 설치하여야 한다.

1) 자동방식

자동개방밸브는 일제개방밸브, 준비작동식밸브를 말하는 것으로서 밸브에 솔레노이드를 설치하고 감지기의 작동에 의하여 솔레노이드를 개방시키는 전기적인 방법과 감지용 스프링클러헤드를 작동시켜 일제개방밸브를 개방시키는 기계적인 방법을 의미한다.

2) 수동방식

일제개방밸브와 유수검지장치에 설치되어 있는 솔레노이드밸브 이전의 배관에서 별도의 배관을 분기하고 수동개폐밸브를 설치하여 개방시키는 방법이다. 쉽게 접근할 수 있는 위치에 설치하여야 한다.

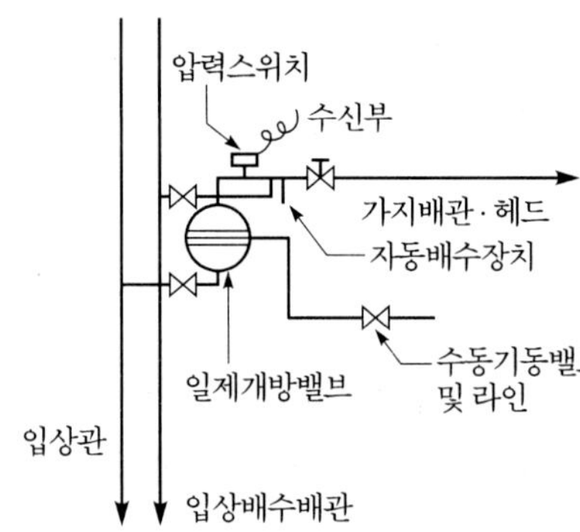

(3) 배수설비

물분무설비를 설치한 차고, 주차장에는 다음에 의하여 배수설비를 하여야 한다.

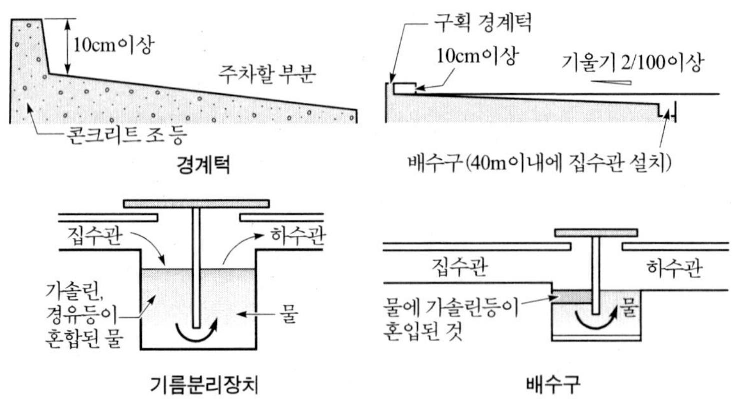

경계턱 / 배수구(40m이내에 집수관 설치)

기름분리장치 / 배수구

1) 경계턱

차량이 주차하는 장소의 적당한 곳에 10cm 이상의 경계턱으로 배수구를 설치하여야 한다.

2) 유분리장치

배수구에서 새어나온 기름을 모아 소화할 수 있도록 40m 이하마다 집수관, 소화핏트 등 기름분리장치를 설치하여야 한다.

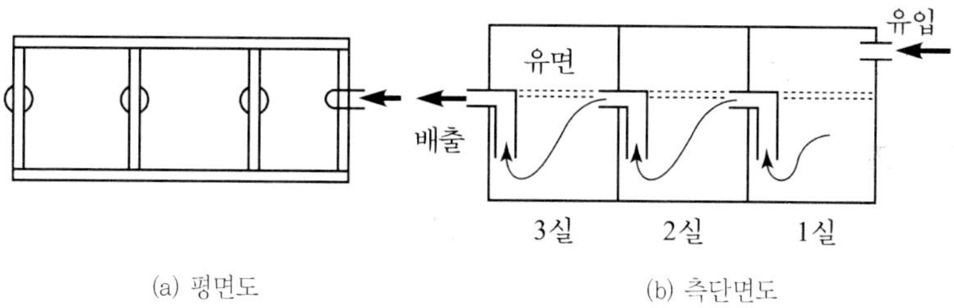

그림 3.5.2 유분리장치

3) 기울기

차량이 주차하는 바닥은 배수구를 향하여 2/100 이상의 기울기를 유지하여야 한다.

4) 배수설비의 용량

배수설비는 가압송수장치의 최대 송수 능력의 수량을 유효하게 배수할 수 있는 크기 및 기울기로 하여야 한다.

(4) 물분무헤드

화재 시 직선류 또는 나선류의 물을 충돌·확산시켜 미립자 상태로 분무함으로서 소화기능을 하는 헤드이다.

1) 충돌형 : 유수와 유수의 충돌에 의하여 미세한 물방울을 만드는 헤드를 말한다.
2) 분사형 : 소구경의 오리피스로부터 물을 고압으로 분사하여 미세한 물방울을 만드는 헤드를 말한다.
3) 선회류형 : 유수를 선회류에 의하여 확산 방출하든가 선회류와 직선류를 충돌하여 확산 방출하여 미세한 물방울을 만드는 헤드를 말한다.
4) 디프렉타형 : 유수를 디프렉타판에 충돌하여 미세한 물방울을 만드는 헤드를 말한다.
5) 슬리트형 : 유수가 슬리트에 의하여 방출하고 수막상의 분무로 미세한 물방울을 만드는 헤드를 말한다.

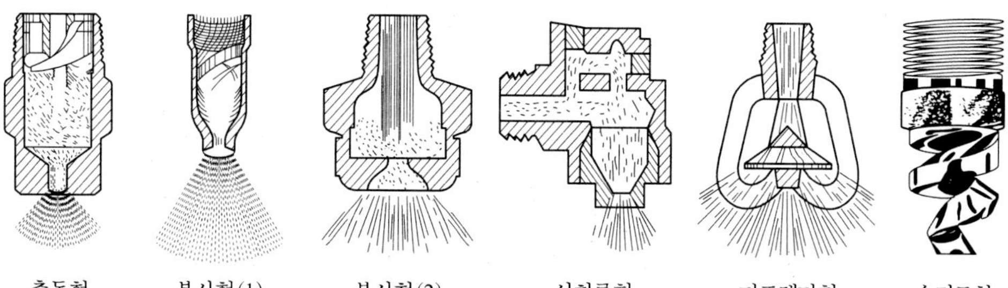

그림 3.5.3 물분무헤드의 예

(5) 표준방사량

소화설비의 헤드가 해당 소방대상물의 화재를 유효하게 소화할 수 있도록 방사하는 것으로서 방사압력에 의한 단위시간당 방사량을 말한다.

(6) 유효사정거리

소화능력을 가지면서 유효하게 방사되는 거리로서 물입자의 대부분이 도달하는 거리를 말한다.

(7) 분사각도

유효한 소화능력을 발휘할 수 있는 물입자의 방출각도를 말한다.

(8) 물분무헤드의 배치

헤드를 배치할 때에는 소방대상물의 위치나 형태에 따라, 분사각도, 유효사정거리, 방사량 등을 고려하여 사각지역이 없도록 적절히 배치하여야 한다.

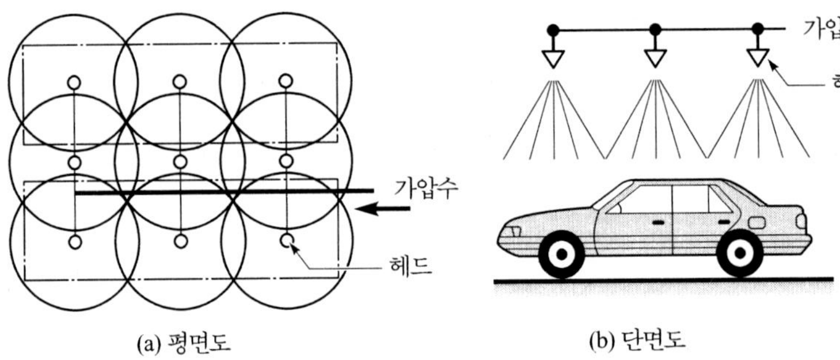

그림 3.5.4 물분무헤드 배치의 예(주차장)

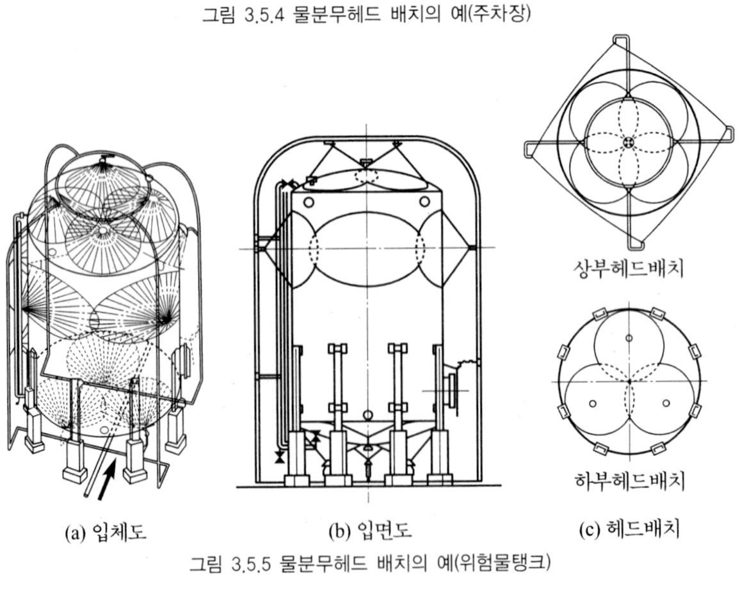

그림 3.5.5 물분무헤드 배치의 예(위험물탱크)

3.5.4 물분무소화설비의 물입자 특성과 소화메카니즘

(1) 물입자 특성

1) 스프링클러는 중력에 의해 침투하여 소화하는 반면 물분무의 경우 운동량(mv)이나 운동에너지($1/2mv^2$)에 의해 침투하여 소화하는 특성
2) 스프링클러는 중력을 이용하므로 물방울이 크면 클수록 유리하며 현열을 이용한 표면냉각 효과가 있다는 것이다.
3) 반면 물분무는 운동량을 이용하므로 물방울이 작으면 작을수록 속도를 높여 사용할 수 있다. 따라서 잠열이 효과적이고 표면냉각보다 기상냉각 효과가 유리하며 질식효과도 상대적으로 유리하다는 것이다.
4) 스프링클러헤드 : 중력에 의해 낙하 → 현열이용 → 물방울 입자↑ → 침투성능↑
5) 물분무헤드 : 운동량 이용 → 잠열이용 → 물방울 입자↓ → 기상냉각 효과↑

(2) 소화메카니즘

1) 질식작용
   ① 물분무 입자는 기화하면 체적이 약 1,700배 팽창하며, 수증기로 연소면을 피복해서 산소의 공급을 차단하여 질식소화를 한다.
   ② 질식효과의 크기 : 스프링클러헤드 〈 물분무헤드 〈 미분무헤드
2) 냉각작용(기상)
   ① 무상으로 방사된 미립자가 화열에 의해 신속하게 수증기가 되므로 다량의 증발잠열을 흡수하게 되어 기상 냉각작용을 한다.
   ② 기상냉각 효과의 크기 : 스프링클러헤드 〈 물분무헤드 〈 미분무헤드
3) 복사열 차단
   ① $O = 1-e^{csL}$: O(복사열 차단율), Cs(물입자 분포), L(물입자층 두께)
   ② 물입자분포가 많을수록, 물입자층 두께가 두꺼울수록 복사열 차단효과가 우수하다.
   ③ 복사열차단 효과의 크기 : 스프링클러헤드 〈 물분무헤드 〈 미분무헤드
4) 희석작용
   알코올 등의 수용성 액체는 방수에 의해 열기류를 냉각하면서 수용성 액체를 희석하여 연소한계 미만 농도의 수용액으로 소화를 한다.
5) 유화작용(에멀젼 효과)
   기름 표면에 방사시킴으로써 불연성의 유화층을 형성하게 되므로 유면을 덮는 유화작용을 하게 된다. 즉 석유, 그리스 등 불용성의 가연성액체의 표면에 불연성의 증기층을 형성하여 소화한다.

3.6 미분무소화설비

미분무소화설비란 NFC 750(Water Mist Fire Protection System)에 규정된 최신의 신개발 소화설비로서 상업용 선박의 소화설비를 고성능 경량화 설비로 하고 HALON설비의 대체 소화설비로서 연구, 개발된 것이다. 미분무수(Water mist)란 물방울의 입자 99%가 1.0mm(1000μm)로 이루어진 경우를 말하며 이를 소화설비에 이용하기 위해 공기, 고압력 또는 충격 등을 이용하여 물을 미분화시킨다. 미분무소화설비는 환경친화적인 설비로서 스프링클러에 비해 수손을 경감시킬 수 있으며 소화설비 이외에 폭발억제설비(Explosion Suppression System)로도 이용할 수 있다.

3.6.1 개요

미분무수설비는 최근 50년 동안 연구되어 왔으나 최근까지 크게 실용화되지는 못하고 있는실정이다. 미분무 기술에 대한 최근의 관심은 다음의 2가지로 인하여 발생하게 되었다.

1) 국제해사기구의 규정(International Marine Organization)
   모든 여객선은 2005년까지 스프링클러소화설비 혹은 이와 유사한 소화설비를 설치토록 규정 따라서 스프링클러소화설비를 대체할 고성능(저수량), 저충격, 경량의 미분무수 소화설비가 개발되어 사용을 촉진하고 있는 추세이다.
2) 할론 소화설비의 단계적 철수 및 환경에 악영향을 주지 않는 전역방출 할로겐화합물의 장점을 보존코자 하는 대체기술의 연구되어지고 있다.

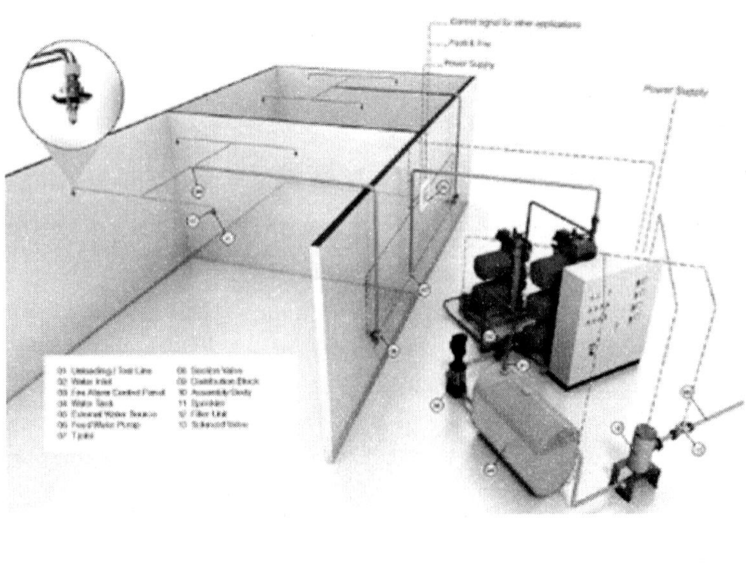

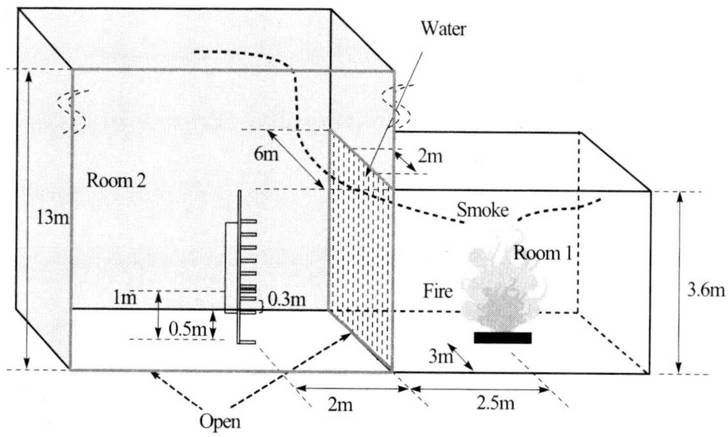

3.6.2 미분무 의의

1) 미분무수를 1,000μm(1.0mm) 미만의 Dv99로 된 물분무를 만드는 노즐/설비로 정의 이는 노즐/설비에서 방수하는 물 부피의 99%가 직경 1.0mm 미만의 물방울이어야 한다는 의미(종전 스프링클러 설비는 Dv99 5.0mm)을 가지고 있다.

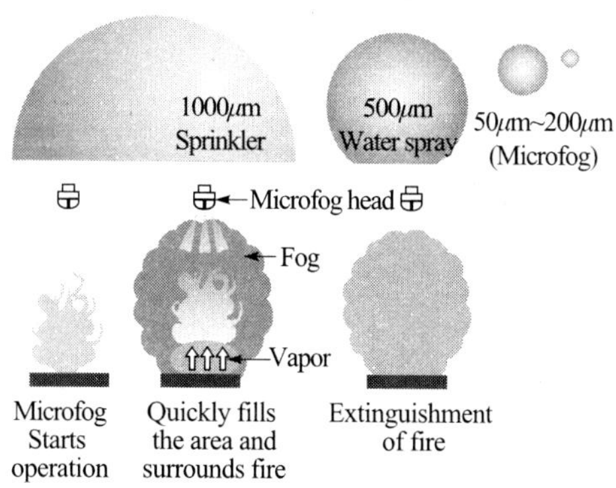

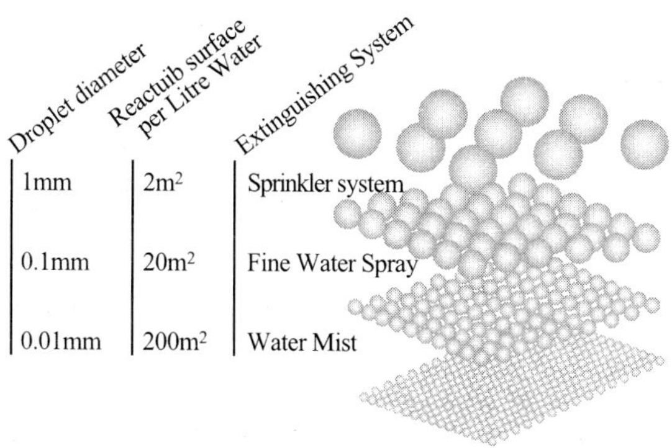

2) 미분무수 소화설비는 소화하는데 비교적 작은(400μm 미만) 물방울 분무에 의존한다. 매우 작은 물방울(100μm 미만)은 극히 낮은 낙하속도(종단속도)를 가지고 전역방출가스의 특성과 같이 장애물 주위를 움직이면서 소화한다. 또한, 이 작은 물방울은 체적대비 표면적이 크기 때문에 우수한 열전달 특성을 갖는다.

입자직경의 범위(μm)	입자직경에 상응하는 것	3m 낙하시 소요시간(초)
5,000~2,000	폭우	0.85~0.9
2,000~1,000	강한비(Sprinkler)	0.9~1.1
1,000~500	보통 비	1.1~1.6
500~100	약한 비	1.6~11
100~50	안개비(Water Mist)	11~40
50~10	습한 안개	40~1,020
10~2.0	건조한 안개	1,020~25,400
1.0~0.01	연기 안개	공기 중에 부유
0.01~0.001	연기	공기 중에 부유

3) 주요 소화효과의 메커니즘
① 기상냉각(전역방출방식 불활성가스와 같음)
② 수증기 팽창에 의한 산소희석
③ 연료표면의 가습/냉각효과
a. Water Mist가 증발하면서 주위의 열을 흡수하는 증발잠열로 인한 냉각효과
b. Water Mist의 증발에 의한 수증기의 생성과 체적의 팽창으로 인해 연소물 주위의 산소 농도가 낮아지는 효과
c. 화염주위의 Water Mist들에 의하여 화염으로부터 주위 가연성물질로 방출되는 복사열을 차폐하는 효과

3.6.3 미분무의 법적 정의

1) "미분무소화설비"란 가압된 물이 헤드 통과 후 미세한 입자로 분무됨으로써 소화성능을 가지는 설비를 말하며, 소화력을 증가시키기 위해 강화액 등을 첨가할 수 있다.
2) "미분무"란 물만을 사용하여 소화하는 방식으로 최소설계압력에서 헤드로부터 방출되는 물입자 중 99%의 누적체적분포가 400μm 이하로 분무되고 A,B,C급 화재에 적응성을 갖는 것을 말한다.
3) "미분무헤드"란 하나 이상의 오리피스를 가지고 미분무소화설비에 사용되는 헤드를

말한다.

4) "개방형 미분무헤드"란 감열체 없이 방수구가 항상 열려져 있는 헤드를 말한다.

5) "폐쇄형 미분무헤드"란 정상상태에서 방수구를 막고 있는 감열체가 일정온도에서 자동적으로 파괴·용융 또는 이탈됨으로써 방수구가 개방되는 헤드를 말한다.

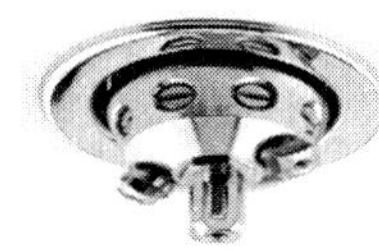

입자직경의 범위(μm)	입자직경에 상응하는 것	3m 낙하시 소요시간(초)
5,000~2,000	폭우	0.85~0.9
2,000~1,000	강한비(Sprinkler)	0.9~1.1
1,000~500	보통 비	1.1~1.6
500~100	약한 비	1.6~11
100~50	안개비(Water Mist)	11~40
50~10	습한 안개	40~1,020
10~2.0	건조한 안개	1,020~25,400
1.0~0.01	연기 안개	공기 중에 부유
0.01~0.001	연기	공기 중에 부유

Solid Stream　　Flat Spray　　Hollow Cone　　Full Cone

6) "저압 미분무 소화설비"란 최고사용압력이 1.2MPa 이하인 미분무소화설비를 말한다.

7) "중압 미분무 소화설비"란 사용압력이 1.2MPa을 초과하고 3.5MPa 이하인 미분무소화설비를 말한다.

8) "고압 미분무 소화설비"란 최저사용압력이 3.5MPa을 초과하는 미분무소화설비를 말한다.

9) "폐쇄형 미분무소화설비"란 배관 내에 항상 물 또는 공기 등이 가압되어 있다가 화재로 인한 열로 폐쇄형 미분무헤드가 개방되면서 소화수를 방출하는 방식의 미분무소화설비

를 말한다.

10) "개방형 미분무소화설비"란 화재감지기의 신호를 받아 가압송수장치를 동작시켜 미분무수를 방출하는 방식의 미분무소화설비를 말한다.

11) "유수검지장치(패들형을 포함한다.)"란 본체내의 유수현상을 자동적으로 검지하여 신호 또는 경보를 발하는 장치를 말한다.

12) "전역방출방식"이란 고정식 미분무소화설비에 배관 및 헤드를 고정 설치하여 구획된 방호구역 전체에 소화수를 방출하는 설비를 말한다.

13) "국소방출방식"이란 고정식 미분무소화설비에 배관 및 헤드를 설치하여 직접 화점에 소화수를 방출하는 설비로서 화재발생 부분에 집중적으로 소화수를 방출하도록 설치하는 방식을 말한다.

14) "호스릴방식"이란 미분무건을 소화수 저장용기 등에 연결하여 사람이 직접 화점에 소화수를 방출하는 소화설비를 말한다.

15) "교차회로방식"이란 하나의 방호구역 내에 2 이상의 화재감지기회로를 설치하고 인접한 2 이상의 화재감지기가 동시에 감지되는 때에는 미분무 소화설비가 작동하여 소화수가 방출되는 방식을 말한다.

16) "가압수조"란 가압원인 압축공기 또는 불연성 고압기체에 의해 소방용수를 가압시키는 수조를 말한다.

17) "개폐표시형밸브"란 밸브의 개폐여부를 외부에서 식별이 가능한 밸브를 말한다.

18) "연소할 우려가 있는 개구부"란 각 방화구획을 관통하는 컨베이어·에스컬레이터 또는 이와 유사한 시설의 주위로서 방화구획을 할 수 없는 부분을 말한다.

19) "설계도서"란 특정소방대상물의 점화원, 연료의 특성과 형태 등에 따라서 발생할 수 있는 화재의 유형이 고려되어 작성된 것을 말한다.

3.6.4 미분무설비의 기술

(1) 미분무화 방법 : 충격노즐, 공기 또는 가스, 미분무화 및 고압 오리피스 노즐의 사용을 들 수 있다.

(2) 기동방법 : 연기, 열감지기, 열기동장치, 수동기동장치 등 다양하다.

※ 할론 1301 전역방출방식을 대체하기에는 미흡, 선박용 스프링클러의 대체는 비교적 잘 개발되고 있음.

(3) 장점

1) 설비가격이 비교적 저렴
2) 독성이 없고 환경문제를 일으키지 않음
3) 가연성액체의 Pool Fire 및 Spray Fire를 소화할 수 있음
4) 전통적인 스프링클러설비에 비해 유속을 낮춰 사용하므로 수손을 감소시킴.
5) 전역방출설비와 같은 특정설비의 기능을 발휘할 수 있음(차폐, 장애가 있어 소화하기 어려운 화재)
6) 각종수단으로 가동이 가능
7) 전기 부도체이다.
8) 불활성 또는 폭발억제설비로 사용가능

(4) 단점

1) A급 심부화재를 완전히 소화하는데 어려움이 있다. : 저 유속 사용으로 인하여 연료표면을 적절히 적셔주지 못하기 때문임.
2) 차폐 또는 장애가 있는 화재에 대한 소화의 어려움이 있다. : 노즐의 분사패턴에서 멀리 떨어진 지역의 미분무수 밀도가 현저히 감소하는 경향 때문임.

(5) 적용 가능성 분야

1) 해상분야 적용 : 숙소공간, 가스/증기터빈 기계류 설치공간.
2) 전기설비 설치공간 : 통신기기, 컴퓨터실의 바닥공간.
3) 가연성액체 저장시설 : 도장부스, 페인트 락카실
4) 물에 민감한 장소 : 박물관, 도서관, 지하 저장시설, 예술품/희귀서적 저장소
5) 항공기 : 화물칸, 승무원 및 객실, 엔진
6) 주택
7) 경급 및 중급 위험지역(소화용수의 급수가 제한된 지역)
8) 폭발 억제

3.6.4 미분무소화설비의 분류 방법

1) 설비별 : Wet type(습식)/Preaction type(준비작동식)/Dry type(건식)/ Deluge type(일제살수식)
2) 방출방식별 : Total compartment system(전역방출방식) / Local application system (국소방출

방식)/ Zoned application system (구역별 방출방식)

3) 압력 방식별 : Low pressure system(저압식) / Intermediate pressure system(중압식) / High pressure system(고압식)

4) 미분무수 생성별 : Single fluid system(단일 유체설비) / Twin fluid system(2중 유체설비)

3.6.5 첨가제가 혼합된 미세물분무의 소화특성

(1) 개요

1) 국제해사기구 및 몬트리올 의정서에 의한 CFC약제사용 문제로 미세물분무 소화설비 관심 커짐

2) 외국에서 소화능력을 향상시키기 위하여 물에 첨가제를 첨가한 연구가 진행되고 있다

(2) 미분무수의 소화효과

1) 물의 특징

① 높은 비열과 증발잠열

② 증발시의 체적팽창

③ 미립자 방사시 표면적 커져 물과 화염의 열교환속도 증가

2) 소화특성

① 증기팽창 : 산소 농도의 희석, 발생 가연증기의 희석

② 표면적의 증대 : 열교환 속도 증대

③ 수증기막의 형성 : 유입 산소농도 저하

3) 소화성능에 영향을 미치는 요소

① 유량밀도의 분배

② 물방울의 크기

③ 속도

④ 분무각도

⑤ 무형태

⑥ 운동량

⑦ 분사특성

(3) 노즐의 특성

1) 열의 흡수 및 제거와 산소농도 제거에 가장 큰 영향을 미치는 인자

2) 인자

① 입자의 크기

② 방사 분포

③ 화염에 작용되는 유량밀도

3) 방사압력의 증가시

① 방사유량 증가

② 방사속도 증가

③ 화염 타격효과 증가

④ 물방울의 크기 감소

4) 표면장력과 점도가 증가시

① 입자 크기는 증가

② 방사 각도 작아짐

(4) 첨가제에 의한 소화성능

1) 조건

① 연료 : 에탄올, n-헵탄

② 첨가제 : 0.3[%] AFFF, 2.5[wt%]Nacl

2) 결과

① 방사압력의 증가

a. 모멘텀(운동량) 증가로 화염면 타격효과 증가

b. 화염면의 유량밀도 증가

c. 냉각작용 커져서 소화시간 짧아짐

② n-헵탄 화염의 연소시험

a. 2.5% Nacl 첨가 미세물분무수 : 일반 미분무수보다 약 90[%] 정도 소화시간 짧아짐

b. 2.5% Nacl, 0.3%AFFF 혼합 미세물분무수

: 소화시간 빠르기 일반 미분무수 〈 2.5% Nacl 첨가 〈 0.3% AFFF 첨가시

(5) 미분무 소화설비의 특성

(6) **설계요소** : 시스템에 영향을 주는 요소는 1) 액적의 크기, 2) 분출밀도, 3) 분사력, 4) 첨가제등

1) 액적의 크기와 미분무수 정의
   ① NFPA 미분무수 정의 : Dv 0.99 = 1000[μm] [1[mm]]에 해당되는 물방울의 집합적 분포
   ② 노즐의 종류와 압력에 따라 액적의 크기 변동
   ③ 소화능력은 액적의 크기와 공간에 대한 액적의 수, 양도 중요

2) 분출밀도 : 단위 체적에 대한 분당 토출량[lpm/m^3]

3) 분사력
   ① 환기가 잘 되지 않는 구획된 공간
      a. 낮은 운동량의 미분무도 효과적
      b. 폐쇄효과로 환기와 열의 억제를 동반하여 팽창된 수증기가 산소량 감소 시
   ② 환기가 잘 되는 큰공간
      a. 미분무수가 화염에 의해 증발되어 연료까지 도달하지 못할 수 있음.
      b. 충분한 운동량(분사력)이 필요

4) 방해물
   ① 방해물을 고려하여 노즐 설치 위치 선정
   ② 환기가 잘 되는 곳은 고밀도, 고분사력 시스템
   ③ 가연물 표면까지 거리 단축

5) 방출 지속력
   ① 화재의 진압여부를 판단키 어려움
   ② 일정 시간 지속 방출 요구
   ③ NRCC실험 : 방해물이 많은 경우 4분 정도

6) 유량의 확보 및 구획화
   ① 환기가 잘 되는 곳의 전역방출방식은 유량이 대규모 필요
   ② 화재의 크기에 따라 노즐 수 선정 → 유량 선정
   ③ 구역의 세분화로 화재의 검지, 제어가 용이

3.7 포소화설비

3.7.1 개요

포소화설비는 옥내소화전설비, 스프링클러설비 등 물에 의한 소화방법으로는 효과를 얻을 수 없거나 물을 방사함으로서 화재를 확대할 우려가 있는 가연성 액체의 화재에 사용되는 설비이다. 소화원리는 물과 포소화약제를 비례혼합하여 수용액 상태로 포헤드(포헤드, 홈챔버, 고정발포장치 등)의 포방출구까지 송출하고, 포방출구에서는 공기를 흡입하여 공기포를 발생시켜 방사함으로서 연소표면을 덮어 질식효과를 얻거나 포에 함유된 수분에 의한 냉각효과로서 소화하게 하는 설비이다.

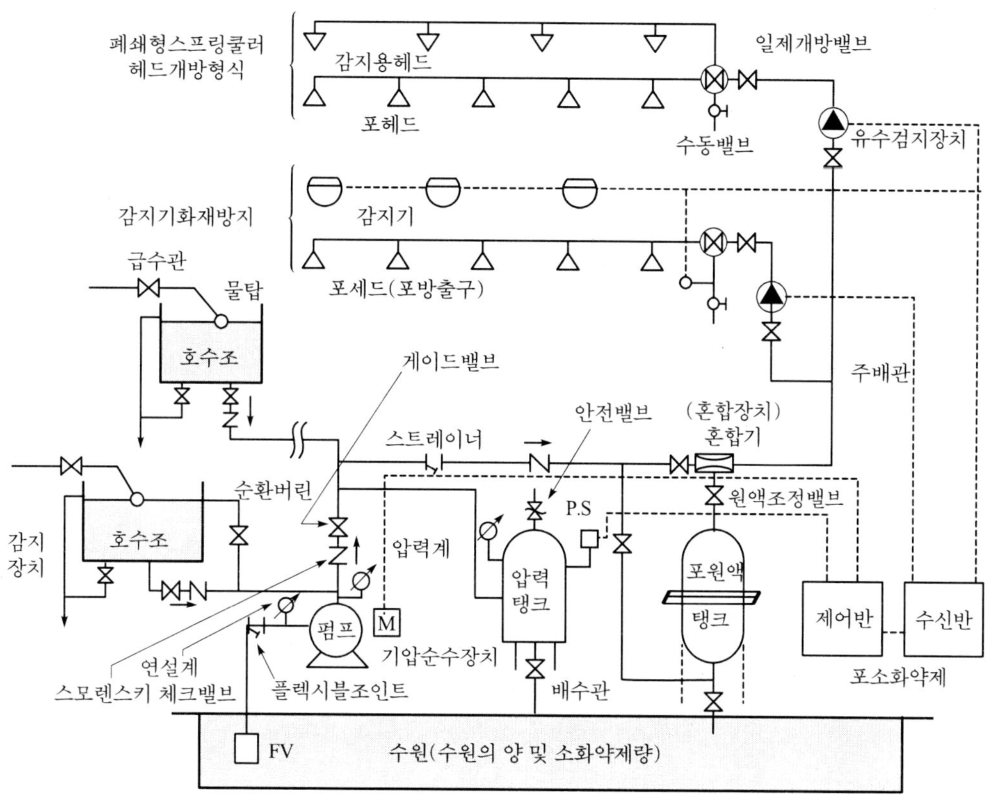

그림 3.7.1 포 소화설비 계통도

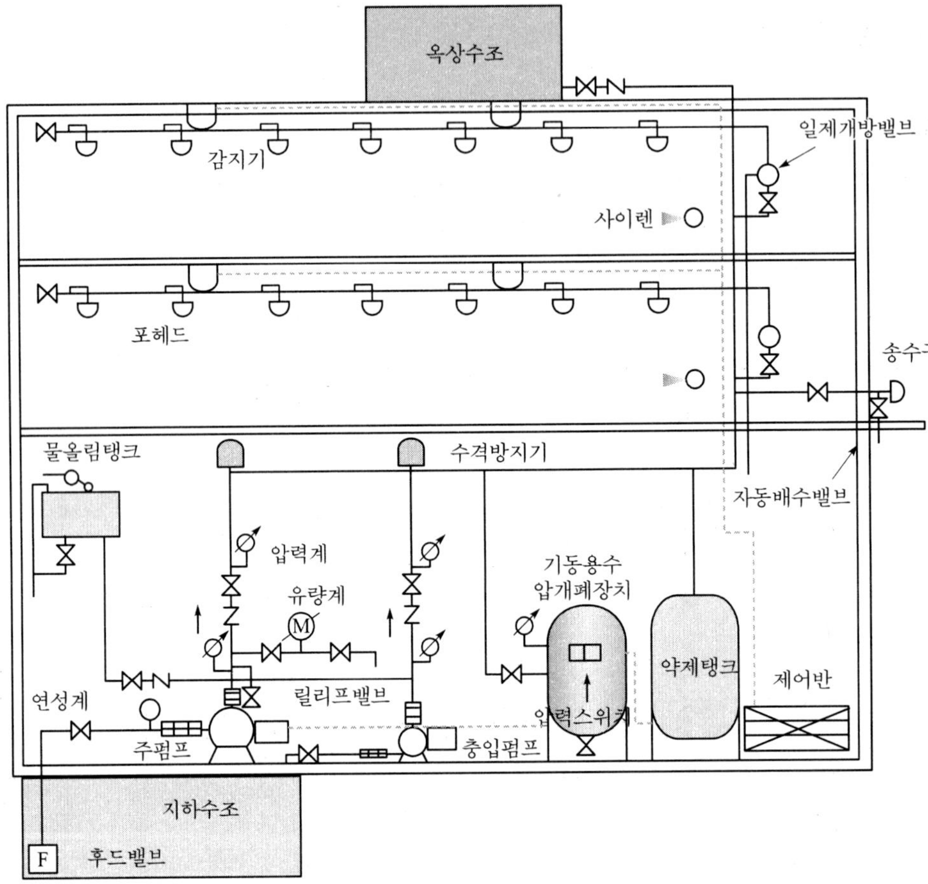

그림 3.7.2 포소화전설비(포헤드방식)의 예

3.7.2 용어

1) "전역방출방식"이란 고정식 포 발생장치로 구성되어 포 수용액이 방호대상물 주위가 막혀진 공간이나 밀폐 공간 속으로 방출되도록 된 설비방식을 말한다.
2) "국소방출방식"이란 고정된 포 발생장치로 구성되어 화점이나 연소 유출물 위에 직접 포를 방출하도록 설치된 설비방식을 말한다.
3) "팽창비"란 최종 발생한 포 체적을 원래 포 수용액 체적으로 나눈 값을 말한다.
4) "개폐표시형밸브"란 밸브의 개폐여부를 외부에서 식별이 가능한 밸브를 말한다.
5) "기동용수압개폐장치"란 소화설비의 배관내 압력변동을 검지하여 자동적으로 펌프를 기동 및 정지시키는 것으로서 압력챔버 또는 기동용압력스위치 등을 말한다.
6) "포워터스프링클러설비"란 포워터스프링클러헤드를 사용하는 포소화설비를 말한다.

7) "포헤드설비"란 포헤드를 사용하는 포소화설비를 말한다.
8) "고정포방출설비"란 고정포방출구를 사용하는 설비를 말한다.
9) "호스릴포소화설비"란 호스릴포방수구·호스릴 및 이동식 포노즐을 사용하는 설비를 말한다.
10) "포소화전설비"란 포소화전방수구·호스 및 이동식포노즐을 사용하는 설비를 말한다.
11) "송액관"이란 수원으로부터 포헤드·고정포방출구 또는 이동식포노즐에 급수하는 배관을 말한다.
12) "급수배관"이란 수원 및 옥외송수구로부터 포소화설비의 헤드 또는 방출구에 급수하는 배관을 말한다.
13) "펌프 푸로포셔너방식"이란 펌프의 토출관과 흡입관 사이의 배관도중에 설치한 흡입기에 펌프에서 토출된 물의 일부를 보내고, 농도 조정밸브에서 조정된 포 소화약제의 필요량을 포 소화약제 탱크에서 펌프 흡입측으로 보내어 이를 혼합하는 방식을 말한다.
14) "프레져 푸로포셔너방식"이란 펌프와 발포기의 중간에 설치된 벤추리관의 벤추리작용과 펌프 가압수의 포 소화약제 저장탱크에 대한 압력에 따라 포 소화약제를 흡입·혼합하는 방식을 말한다.
15) "라인 푸로포셔너방식"이란 펌프와 발포기의 중간에 설치된 벤추리관의 벤추리작용에 따라 포 소화약제를 흡입·혼합하는 방식을 말한다.
16) "프레져사이드 푸로포셔너방식"이란 펌프의 토출관에 압입기를 설치하여 포 소화약제 압입용펌프로 포 소화약제를 압입시켜 혼합하는 방식을 말한다.
17) "가압수조"란 가압원인 압축공기 또는 불연성 고압기체에 따라 소방용수를 가압시키는 수조를 말한다.
18) "압축공기포소화설비"란 압축공기 또는 압축질소를 일정비율로 포수용액에 강제 주입 혼합하는 방식을 말한다.

3.7.3 포소화전설비의 분류

(1) 설치방식에 따른 분류

1) 고정식

수원, 가압송수장치, 제어밸브, 배관, 포방출구 등의 설비가 고정으로 설치되는 방식으로서 주로 대형소방대상물 설치하는 방법이다.

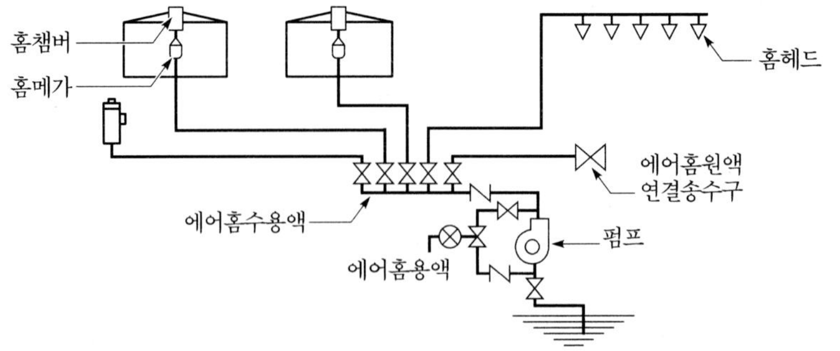

그림 3.7.3 고정식포소화설비의 구성

2) 반고정식

주요 구성부품중 일부는 고정식으로 일부는 이동식으로 사용하는 방식으로 방호대상물 근처까지는 고정식 배관을 설치하고, 포 수용액을 차량 등으로 현장에 운송하여 배관에 접속하여 포를 방사하는 형식이다.

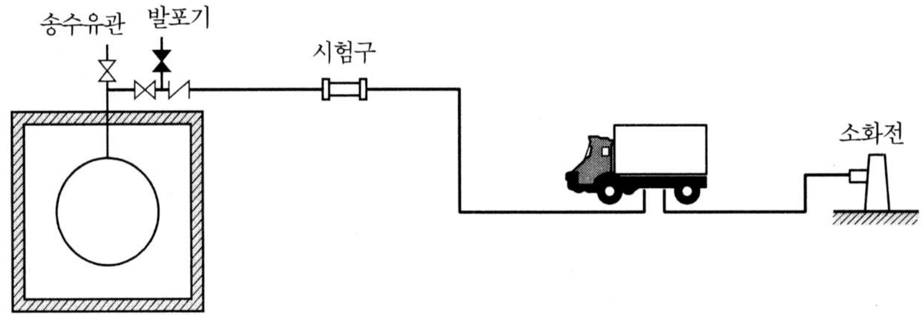

그림 3.7.4 반고정식포소화설비의 구성

3) 이동식(Mobile system)

① 저발포에 한하며 호스연결구까지는 고정되어 있지만 호스와 노즐을 이동할 수 있는 설비를 말한다.

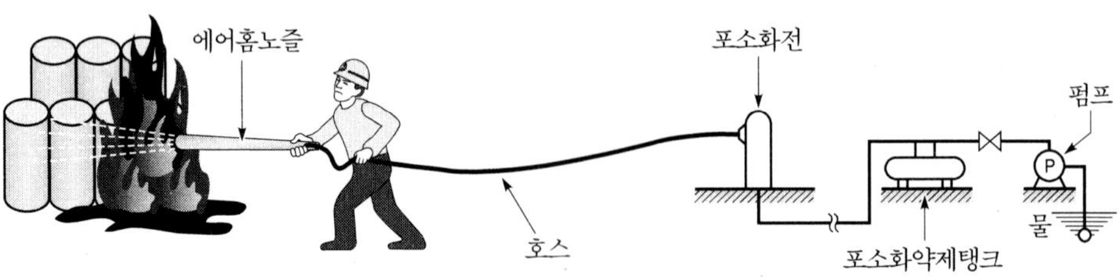

그림 3.7.5 이동식포소화설비의 구성

② 포발생장치 등이 이동할 수 있는 차량에 탑재되거나 차량에 의해 견인되어 사용되는 방식이다.

4) 간이식(Portable system)

휴대용 간이포소화설비와 같은 것으로서 포발생장치, 포수용액, 포방사장치 등을 사람이 이동하면서 사용할 수 있는 방식이다.

(2) 포 방출구(발포기)에 의한 분류

포소화설비에서 포를 형성하는 발포기로서, 포소화설비에서 혼합장치와 함께 가장 중요한 부분중의 하나이며 특히 공기포소화설비에서는 발포기의 역할이 없이는 포를 형성할 수 없다.

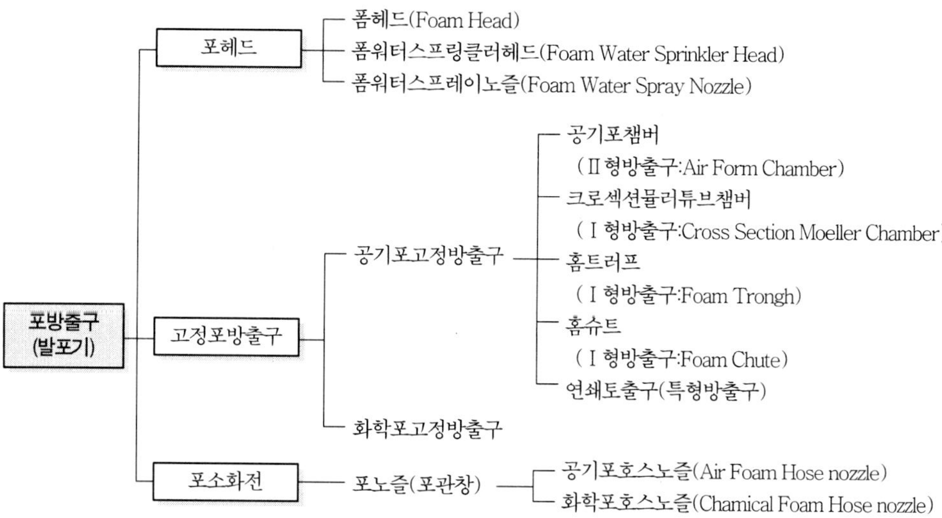

1) 고정포방출구 방식

위험물 옥외저장탱크에 폼챔버를 설치하여 포를 형성하고 방사하는 방식으로서 탱크의 직경, 포방출구의 종류에 따라 일정한 방출구를 탱크 측면에 설치한다. 고발포용은 팽창비가 80 이상 1,000 미만의 포를 방출하는 방출구를 말한다.

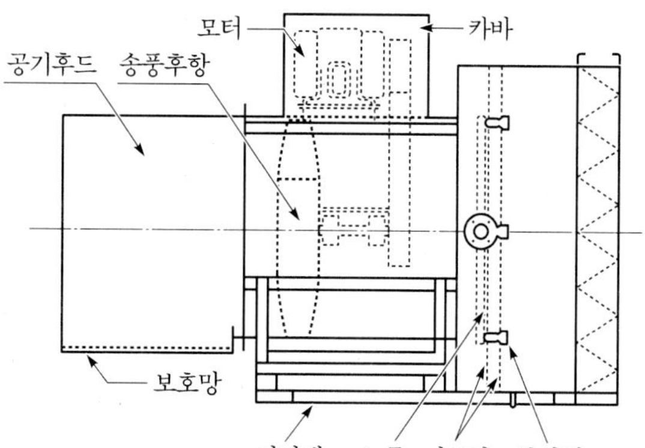

그림 3.7.6 고발포용방출구 설치의 예

폼챔버의 종류에 따라 통관과 튜브 등의 부대시설이 있는Ⅰ형(콘루프 탱크에 사용), 반사판이 있는 Ⅱ형, 표면하주입식 방출구, 반표면하 주입식방출구, 플로팅 루프 탱크에 사용되는 특형이 있다.

① 에어폼 챔버(Ⅱ형방출구: Air Foam Chamber)

이 방출구는 수직형과 수평형이 있으며 국내에서는 주로 수직형이 많이 사용된다. 이것은 가압송수된 포수용액을 공기와 혼합하여 탱크의 측면에서 방사시킨다. 반사판에 의하여 위험물탱크의 측벽을 타고 내려가 위험물의 유면을 도포하여 소화하게 된다. 특히 반사판은 가연성가스 등의 역류를 방지하며, 얇은 연판으로 되어 있어 발포기에서 발생한 포의 압력에 의하여 파괴되며, 따라서 보호판을 지나는 포는 반사판에서부터 탱크의 측벽을 따라 유면을 덮어 소화하게 된다.

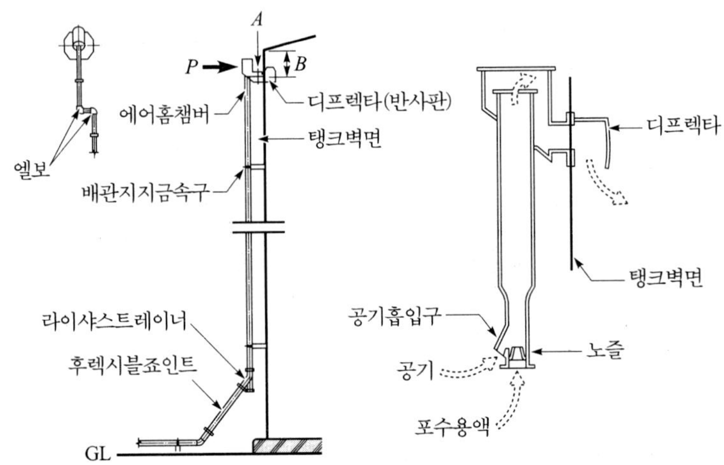

그림 3.7.7 에어폼 첨버(수직형)의 구조 및 설치 예

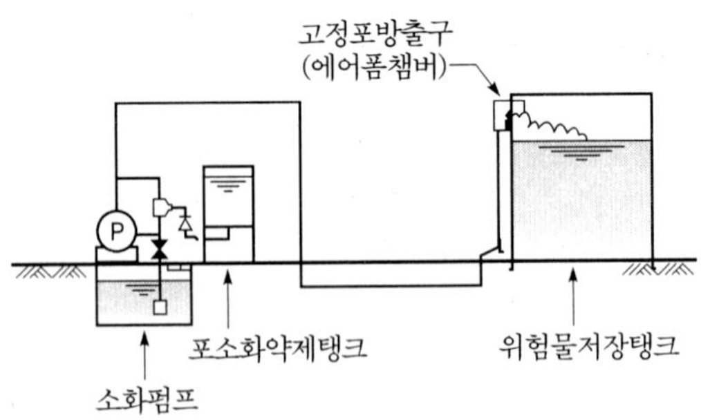

그림 3.7.8 고정포방출구의 설치(에어폼챔버)의 예

② 크로스섹션뮬러튜브챔버(Ⅰ형방출구 : Cross Section Moeller Chamber)

이 방출구는 석면튜브인 뮬러튜버를 둥글게 감아서 철재 챔버내에 수납시키고, 그 한

쪽끝은 가압송수배관에 연결하고, 말단부는 열려있는 상태로 설치한다. 끝을 고정시키지 않았기 때문에 가압송수장치에서 약제가 혼합된 수용액 상태의 가압수가 도달되면 그 압력에 의하여 튜부가 부풀어올라 위험물내부로 들어가 뮬러튜브가 전개된다. 전개된 뮬러튜브는 유면위에서 방출압력에 의해서 자유로이 이동하면서 포를 방출하고 유면을 도포하여 소화하게 된다.

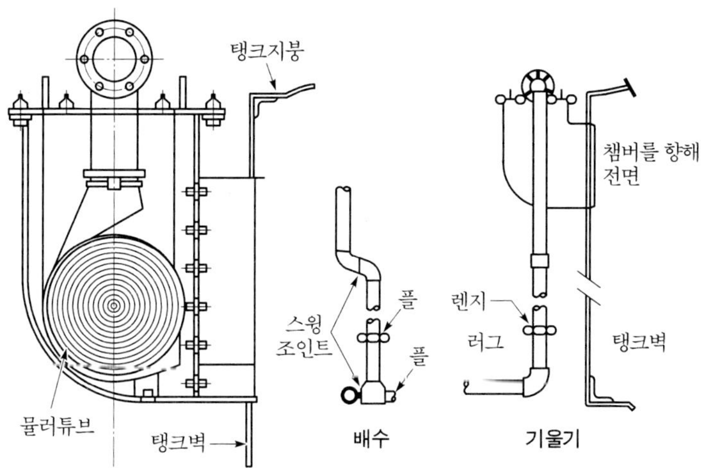

그림 3.7.9 크로스섹션뮬러튜브챔버의 구조 및 설치의 예

③ 폼프러프(Ⅰ형방출구 : Foam Trough)

이 방출구는 내유, 내식성의 강판으로 포 수송배관을 설치하는데, 송수배관을 나선형태로, 탱크바닥에서 1.2m정도의 높이에 달아내려 포가 방출되면 나선형의 포의 수송로를 따라 탱크의 가장자리로부터 유면에 도포시켜서 소화하게 된다. 이 방법은 포를 유면의 내부에서 토포하여 포가 아래에서 위로 부유하면서 위험물질의 탄산가스 함유량을 높여 불연화를 돕고 화재의 질식효과를 발휘함으로서 소화효과가 매우 우수한 방법이다. 그러나 시설비가 많이 들고 콘루프탱크에만 사용할 수 있다는 단점이 존재한다.

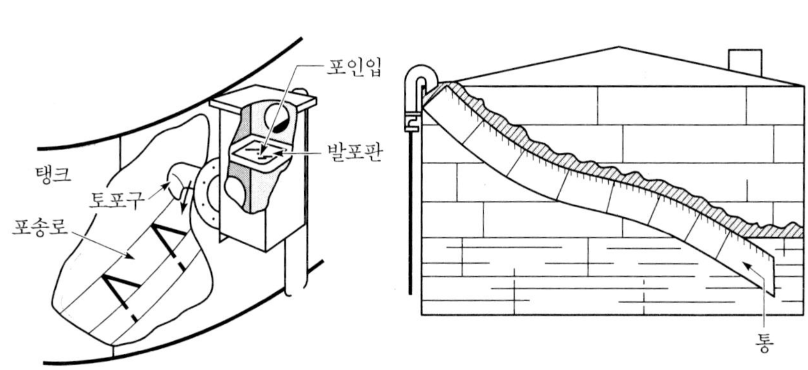

그림 3.7.10 홈프러프의 설치

④ 폼 슈트(I형토출구 : Foam Chute)

탱크 외벽에 포의 혼합챔버(성포기)를 부착하고 탱크 내면에 포토출구 및 포의 조절판이 달린 슈트를 설치하여 혼합된 포를 더욱 발포시킨 다음 폼슈트를 통해 탱크의 저면 중심부와 상부에 토포하여 소화하는 것으로서 화학포소화설비에 적합하다.

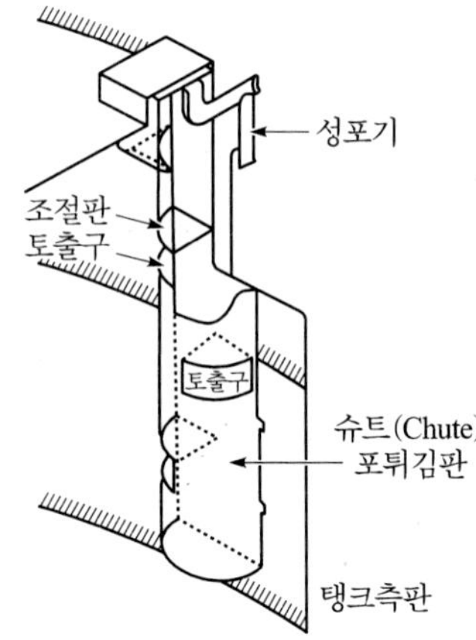

그림 3.7.11 홈슈트의 설치

⑤ 연쇄토출구(특정방출구)

이 토출구는 부판(Floating Roof)식 지붕탱크에 설치되는 것으로, 지붕판의 상하 이동에 따라 지붕판과 탱크의 측벽 사이의 공간에 포 방출이 가능한 방출구를 탱크의 원둘레를 따라 일정하게 배치하여, 동시에 포를 공급하는 것으로 다음의 2가지 종류로 구분된다.

A. 탱크의 측벽에 송액관과 포방출구를 설치하는 방법

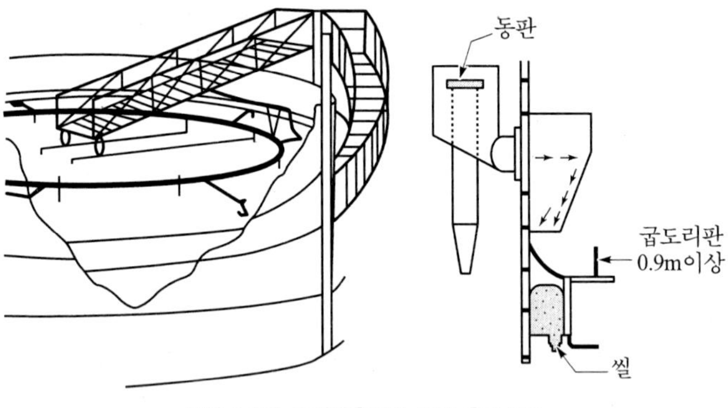

그림 3.7.12 특정방출구의 탱크 측벽설치

B. 부판(Floating Roof)식 지붕판에 송액관과 포 방출구를 설치하는 방법

부판식 지붕판의 가장자리에 원형으로 고정 송액관을 설치하고, 포 방출구를 탱크 측벽에서 설치하는 방법과 같이 설치하여 지붕판과 탱크측벽 사이의 공간에 포를 충전시키는 방법이다.

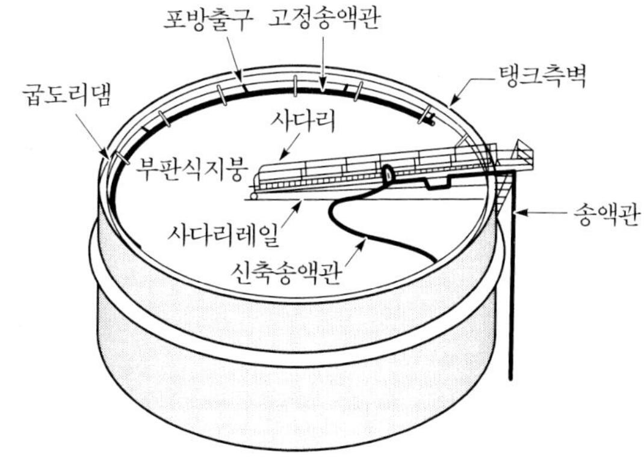

그림 3.7.13 부판식지붕판에 특정방출구 설치의 예

⑥ 표면하 주입방식(Subsurface Application)

표면하 주입방식은 위험물 탱크의 하단에 방출구를 연결하여 위험물의 액속에서 방출을 이루는 것으로 반고정식 표면하 주입방식이 주로 사용된다.

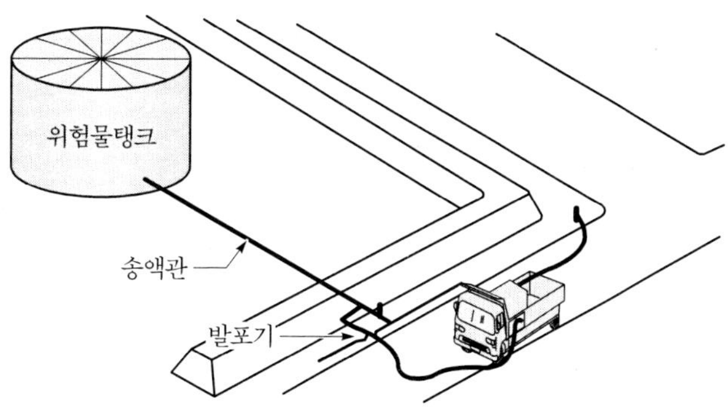

그림 3.7.14 반고정식 표면하 주입방식의 설치 예

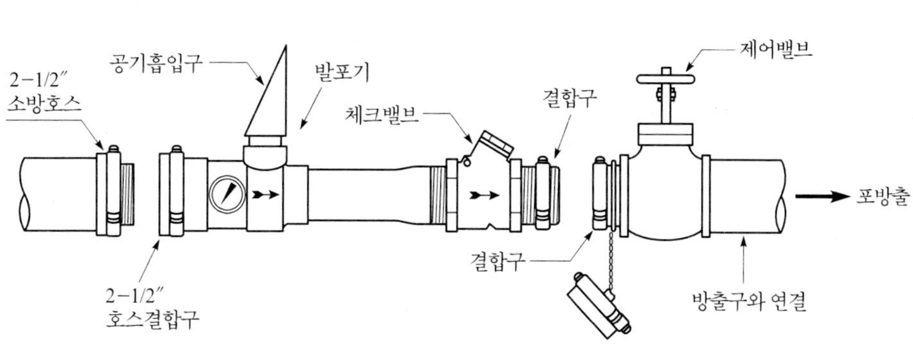

그림 3.7.15 발포기의 연결구성

2) 포헤드 방식

소방대상물에 고정식 배관을 설치하고 포헤드에 의해 포를 방사하는 고정식 방식이다. 포헤드의 종류에는 폼헤드, 폼워터스프링클러헤드, 폼워터스프레이노즐 등이 있다.

① 폼워터스프링클러헤드(Foam Water Sprinkler Head)

고정식 설치방식에 폼워터스프링클러헤드를 사용하여 화재를 소화하는 포소화설비를 말한다. 모양은 개방형스프링클러헤드와 유사하며 포소화수용액을 헤드에서 방사할 때 공기흡입구로부터 공기를 흡입 수용액과 공기가 혼합된 상태에서 수용액을 디프렉타에 충동시켜 포를 형성하여 일정한 면적에 포를 방사하는 헤드이다. 이 헤드는 상향형과 하향형이 있으며 디프렉타의 형상이 다르게 되어있다. 이 헤드는 미국에서 개발되었고 주로 격납고 등에 설치되어 사용되고 있다.

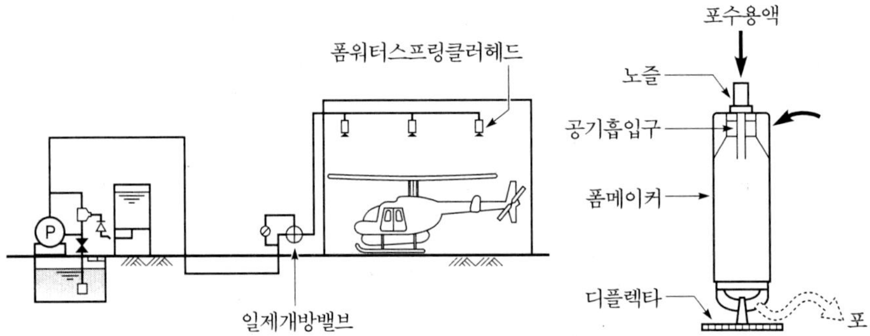

그림 3.7.16 폼워터 스프링클러헤드

② 폼워터스프레이노즐(Foam Water Spray nozzle)

포소화용액을 헤드에서 방사할 때 공기흡입구로부터 공기를 흡입 수용액과 공기가 혼합된 충돌, 선회, 분사방식 등에 의하여 포를 형성한다. 물만을 방사할 때에는 물분무헤드의 성능을 갖고 있는 것이 특징이다.

③ 포헤드(Foam Head)

고정식 설비 사용되며 송출되어온 포수용이 포헤드 그물망 안에 있는 안내깃과 반사판을 통과하면서 공기가 혼합되고, 외부의 그물망을 통과하면서 포를 형성하게 된다. 우리나라에서 포헤드라 명칭되고 있으며 주로 주차장, 제4류위험물 및 준위험물 시설에 설치되어 사용되고 있다.

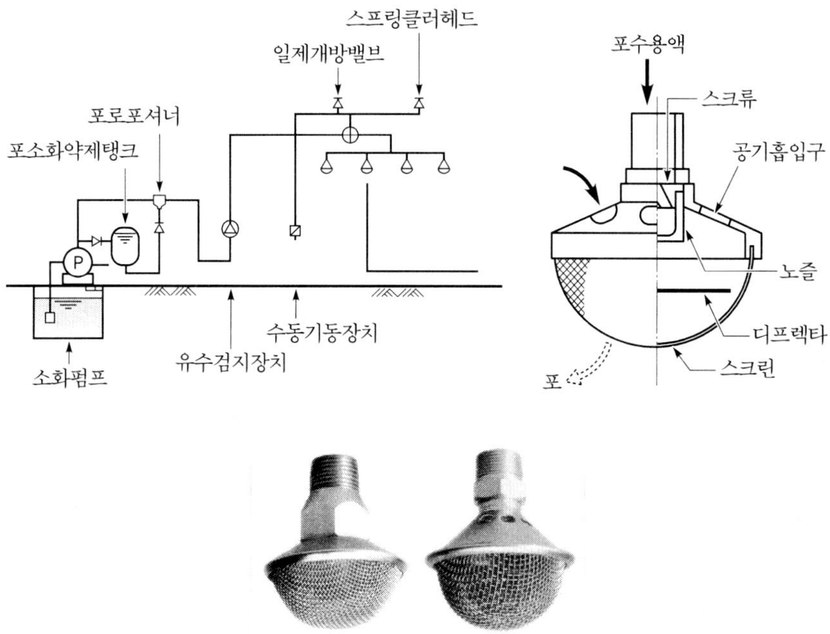

그림 3.7.17 포헤드의 예

3) 포 소화전방식

이동식 포소화설비라고도 한다. 옥·내외소화전설비와 비슷한 구조이나 특수한 노즐(Air Foam Nozzle)을 사용하여 호스로부터 압송된 물과 관로상에 설치된 포소화약제가 혼합된 포수용액이 포노즐에 유입된 공기와 혼합, 포를 형성하여 방호대상물을 수동으로 소화하는 방식이다. 포소화전설비는 화재시 연기가 충만되지 않는 옥외주차장 등의 장소에 설치하는 것이 바람직하다.

4) 호스릴 방식

포소화전과 같은 설비로 방호대상이 고정포 소화설비만으로 충분한 소화효과를 기대할 수 없는 경우에 설치하는 방식으로서 호스릴을 사용한다.

(3) 포 소화약제의 혼합장치에 의한 분류

혼합장치라는 것은 소화에 최적인 포를 형성하기 위하여 포소화약제와 물을 일정 비율(희석용량 농도로 표현)로 혼합한 포수용액을 만드는 장치를 말한다.

혼합장치는 소방대상물의 상태에 따라 비례 혼합장치와 정량 혼합장치로 분류되며, 전자는 소요 방사유량의 변화에 따라 혼입하는 포소화약제의 양을 조절하는 성능을 가진 것으로서 현재 소정의 혼합농도를 유지할 수 있는 최소의 소요방사량과 최대의 소요방사량 범위는 1대 5정도로 설정하는 것이 많다. 그리고 혼합기 내부의 기구가 바뀌는 것에 따라

1대 10정도의 범위를 갖는 것까지도 제작되고 있다. 후자는 소요 방사량이 일정하게 한정된 구역을 소화할 경우에 사용되는 방식으로, 소요유량의 변화에 따라 혼입하는 포소화약제의 양이 변화하지 않는 장치이다.

혼합장치는 어떤 환경에서도 소화효율이 가장 높은 혼합농도를 유지하는 것이 중요하다 포소화약제는 저온에서는 점도가 높아지고 고온에서는 낮게 되므로, 약제 혼입량은 저온에서는 적고 고온에서는 많게 된다. 따라서 이러한 조건들을 고려하여 현재 많이 사용되고 있는 혼합농도는 3%와 6%의 2종류가 있다. 이러한 농도범위는 기술수준에 따라 잠정적으로 3%의 경우는 3~4%, 6%의 경우는 6~8%로 범위에서 사용이 가능하다고 본다.

혼합장치는 크게 공기포 및 화학포 혼합장치로구분되며, 공기포 혼합장치는 비례혼합장치와 정량혼합장치로, 화학포 혼합장치는 분말소화약제의 일정량을 유수중에 혼입하는 건식혼합장치와 약제를 미리 수용액 상태로 저장하여 혼합시키는 습식혼합장치가 있다.

또한 공기포 혼합장치는 흡입방식에 따라 펌프 프로포셔너방식, 프레져 프로포셔너방식(압송식, 압입식), 라인 프로포셔너방식, 프레져사이드 프로포셔너방식, 석션 프로포셔너방식 등 6가지로 분류할 수 있으며, 주차장 등에는 고정식이면서 주로 프레져프로 포셔너방식이 사용되고 있다.

1) 공기포 혼합장치의 종류

① 비례혼합장치

방사유량에 비례하여 포소화약제를 규정농도 허용범위내로 혼합시키는 성능을 가지고 있으며, 유량변화는 50~200% 정격범위를 가지고, 최대와 최소의 비가 1:4 정도이다. 이 장치를 프로포셔너라고도 한다.

② 정량혼합장치

한정된 방사지역내에 방사량이 일정할 때 사용하는 장치로서, 일정한 방사량에 대하여는 포소화약제를 항상 일정하게 혼합시키는 성능이 있다.

가. 펌프프로포셔너방식

이 방식은 펌프의 포출관과 흡입관을 연결하는 바이패스배관, 흡입기 및 공기포소화약제의 농도조절밸브로 구성되어 있으며, 바이패스배관의 중간에 흡입기를 설치하여 펌프 토출수의 일부를 흡입기로 보내고 농도조절밸브로 흡입량을 조절한 다음 공기포원액조로부터 펌프의 흡입측에 공기포소화약제를 압송하여 규정농도의 수용액으로 조정하고 송액관을 통하여 발포기에 보내어 공기를 흡입, 공기포를 발생시키는 구조이다.

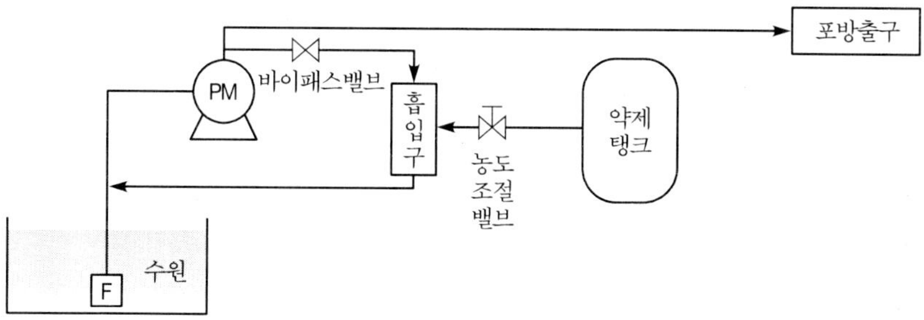

그림 3.7.18 펌프 프로포셔너 방식

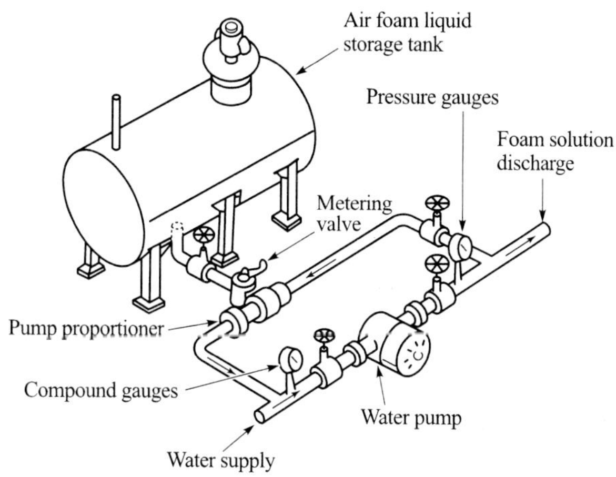

그림 3.7.19 펌프 프로포셔너 방식 배관도

따라서 펌프의 토출측과 흡입측을 보조관으로 접속하고 이 관로 도중에 송수관을 설치하는 방식이다. 송수관의 약제 흡입구에는 유량조정기구를 통하여 약제저장탱크까지의 관로를 접속한다. 펌프가 송수를 시작하면 그 일부는 송수관을 통과하여 흡수측으로 되돌아가지만 이 때에 일정량의 약제를 흡입하게 되어 펌프 중에서 소정의 희석용량농도의 포수용액이 만들어져 포방출구로 보내어지게 된다.

특히 이 방식은 균형압력손실을 고려할 필요가 없고 기구가 간단하여 많이 사용된다. 그러나 펌프의 흡입측에 적절한 압입압력을 가해지지 않으면 약제의 흡입량이 감소하거나 정상적인 혼합이 이루어지지 않음으로 사용이 불가능하다. 사용 후는 보조관 관로 및 펌프내부를 정수, 세정하는 유지관리가 필요하다.

나. 프레져프로포셔너방식

펌프와 발포기의 중간에 설치된 벤츄리관의 벤츄리 작용과 펌프 가압수의 포소화약제 저장탱크에 대한 압력에 의하여 포소화약제를 흡입, 혼합하는 방식이다.

펌프 토출측 관로에 분기배관이 설치되고 포소화약제 탱크가 접속되며 송수된 압력수의 일부는 포소화약제 탱크 내로 도입되어, 벤츄리관의 흡입작용과 도입된 물의 압력을 이용하여 혼합하는 방식이다.

소화약제탱크는 내부에 약제와 물을 분리하는 다이아후레임 또는 레버벽을 격납한 압송식과 다이아후렘이 없는 압입식이 있다. 소방대상물의 상태에 따라 유량범위가 정해지면 자동적으로 소정의 희석용량농도로 혼합가능하고 취급이 간단함으로 주차장 등에서 가장 많이 사용되고 있다.

가) 압입식

펌프의 토출측 송수배관의 일부를 포소화약제탱크에 연결하여 가압수가 탱크로 유입되면서 포소화약제의 혼합기를 거쳐 물과 포소화약제가 혼합되어 수용액 상태로 포방출구까지 보내어지는 방식이다. 이 방식은 탱크내에서 포소화약제와 물이 혼합되어 변질되거나 포형성이 떨어지는 단점이 있다.

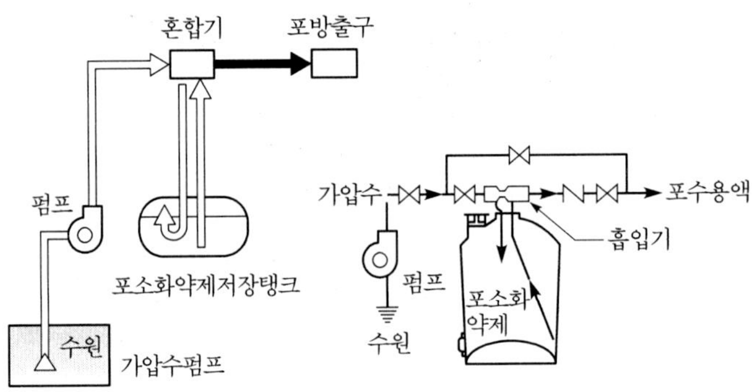

그림 3.7.20 압입식 프레져프로포셔너방식

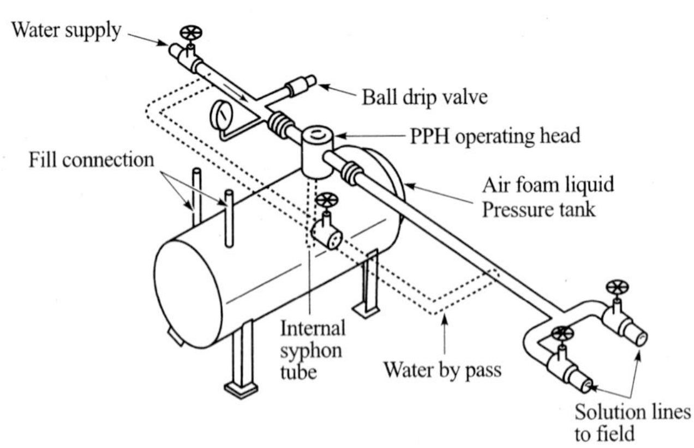

그림 3.7.21 압입식 프로포셔너방식 배관도

나) 압송식

펌프의 토출측 송수배관의 일부를 포소화약제탱크에 연결하여 가압수가 탱크

(탱크와 고무튜브로 분리되어 튜브내에 포소화약제가 저장됨)의 튜부(다이아후렘)를 밀어줌으로서 내부에 있던 포소화약제를 혼합기로 보내어 물과 포소화약제를 혼합하여 수용액 상태로 포방출구까지 보내어지는 방식이다. 이 방식은 물과 포소화약제가 분리되어 있다.

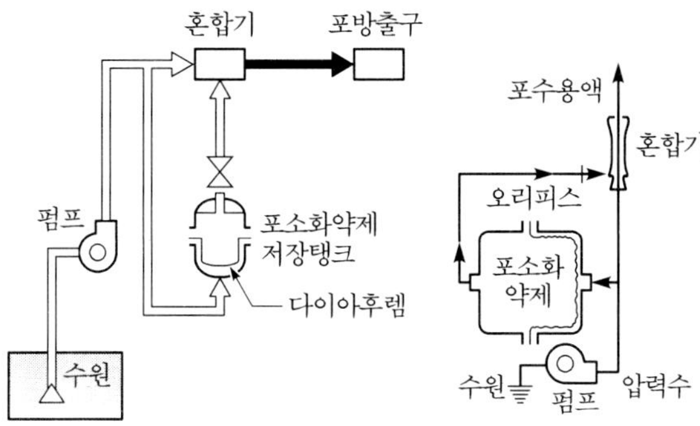

그림 3.7.22 압송식 프레져프로포셔너방식

다. 라인프로포셔너방식

이 방식은 옥외에 주로 사용되는 것으로서 펌프와 포방출구의 중간에 흡입기(벤츄리관의 벤츄리작용)를 설치하여 가압수를 보냄으로서 포소화약제가 가압수에 흡입작용을 하면서 수용액이 형성된 다음 포방출구까지 보내어 지는 방식이다. 이것은 포노즐 방출방식에 많이 사용된다.

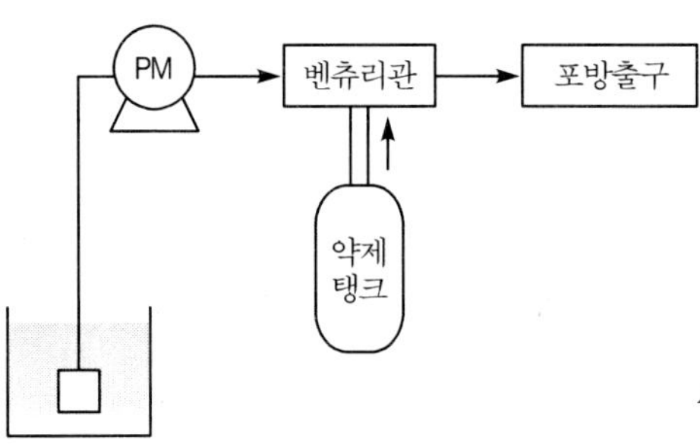

그림 3.7.23 라인프로포셔너방식

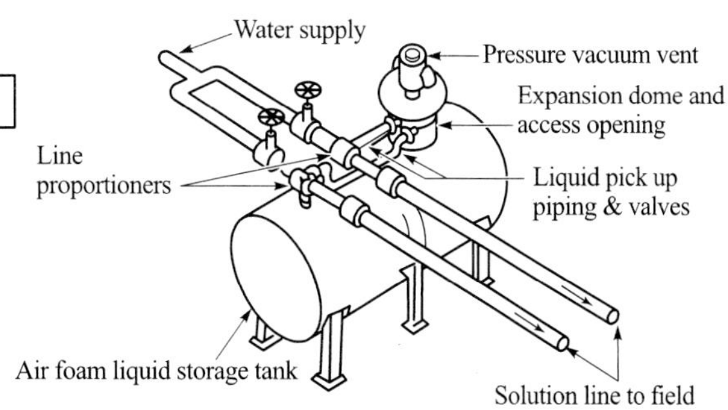

그림 3.7.24 라인프로포셔너방식의 배관 상세도

라. 프레져사이드프로포셔너방식

물 전용펌프, 포소약제 전용펌프를 각각 설치하는 방식으로서 펌프의 토출측 배관에 혼합기를 설치하고 물 펌프에 의한 가압수와 포소화약제 압입용 펌프에 의한 소화약약제를 혼합기에 보냄으로서 포수용액을 형성, 포방출구까지 보내는 방식이다. 포소화약제의 압입량은 등압밸브로 불러지는 자동밸브에 의하여 조정되며 이는 혼합기의 노즐이나 오리피스를 통과하는 물 유량의 변화(압력변화)를 감지하여 개폐 정도를 자동변화시킴으로서 조정된다. 이 방식은 위험물시설 등에 많이 사용되고 있으며, 사용 후에는 소화약제 전용펌프와 그 배관을 세척하는 유지관리가 필요하다.

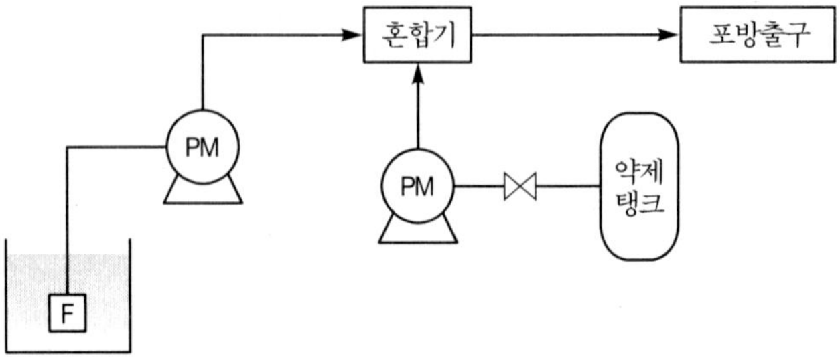

그림 3.7.25 프레져사이드 프로포셔너방식

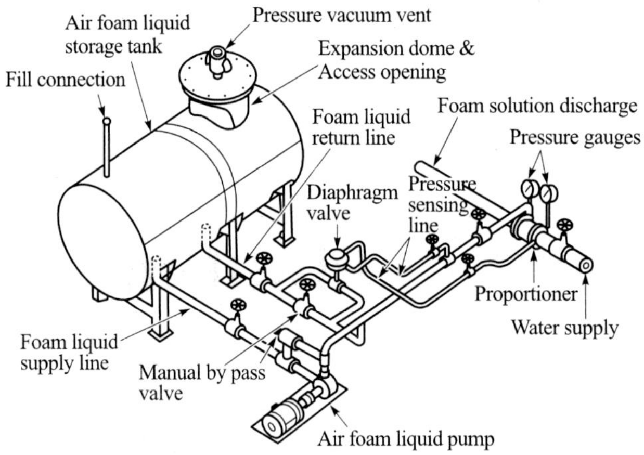

그림 3.7.26 프레져사이드 프로포셔너방식의 배관 상세도

(4) 발포배율에 따른 분류

1) 고발포설비

합성계면활성제 포소화약제를 사용하며 고발포기를 사용하여 고팽창비를 얻는다.

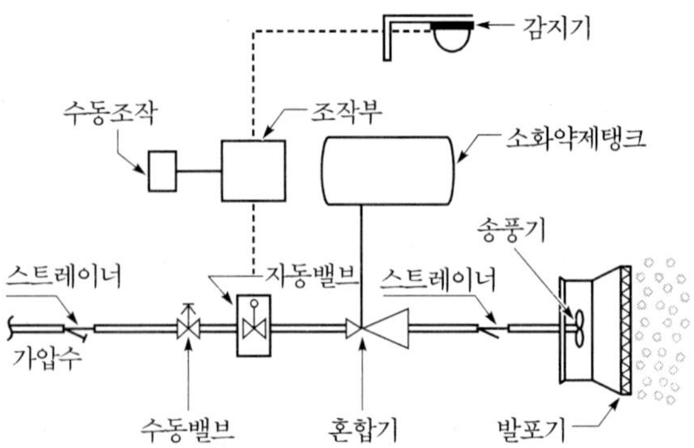

그림 3.7.27 고발포 포소화설비의 계통도

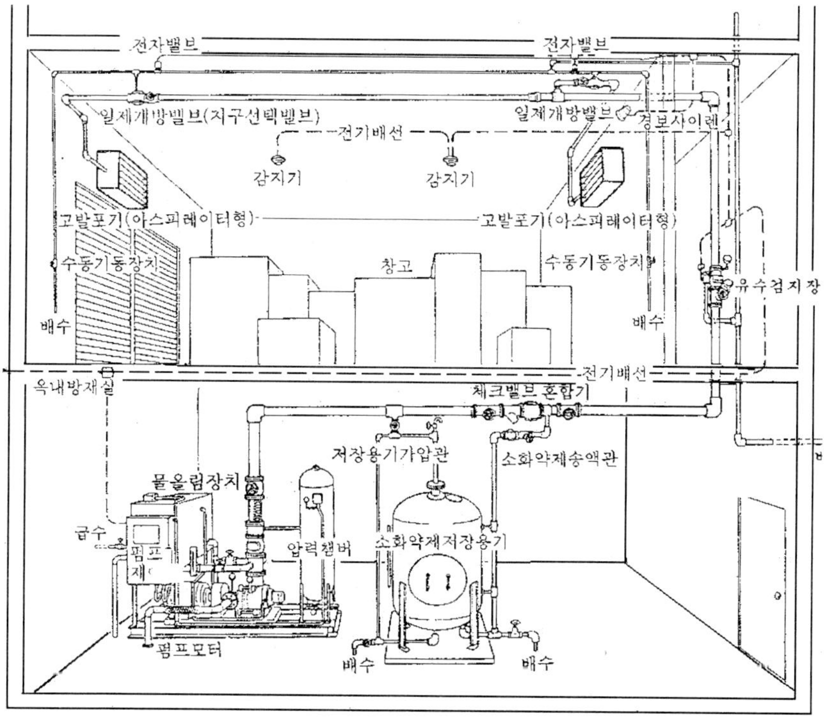

그림 3.7.28 고발포 포소화설비의 구성 예

팽창비는 80~1,000배 이상으로서, 발포는 폼헤드 등에 의하지 않고, 다량의 공기를 흡입하는 기구 즉, 포방출구로부터 수압을 이용하여 공기를 흡입하는 아스피레이터형 고발포기와 송풍기에 의해 강제적으로 공기공급을 하는 블로어발포기를 설치한다.

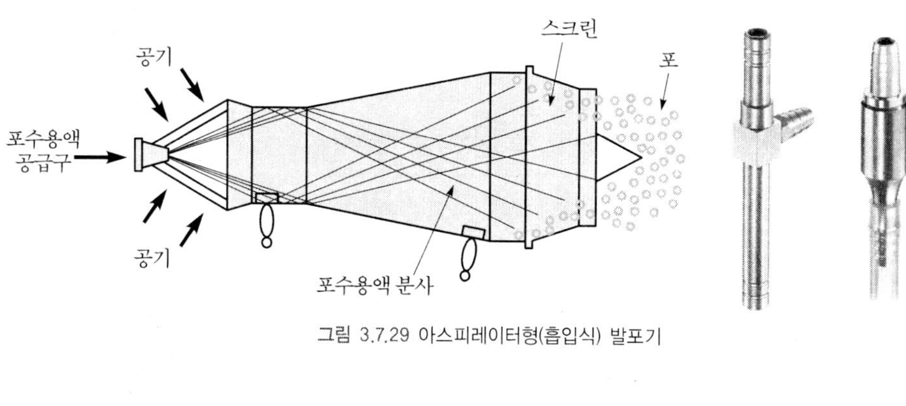

그림 3.7.29 아스피레이터형(흡입식) 발포기

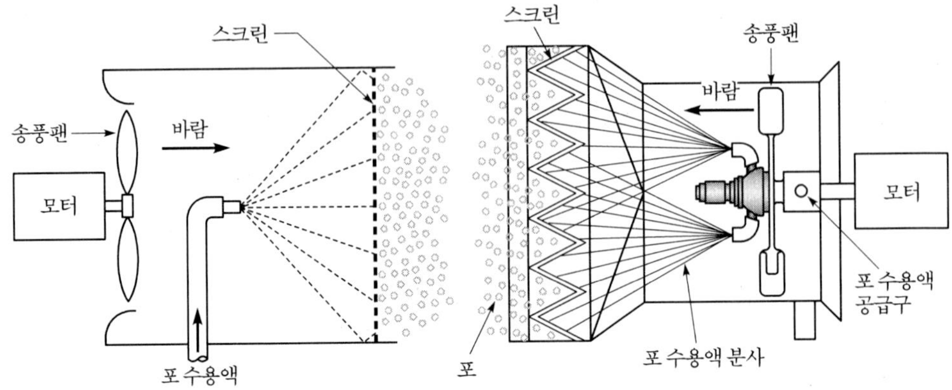

그림 3.7.30 블로어(압입식) 발포기

2) 저발포설비

이 설비는 폼헤드 등의 포방출구를 사용하는 설비로서 발포배율은 20배 이하이다. 폼헤드의 경우는 수용액을 노즐에서 분사하면서 주위의 공기를 함께 흡입한 후 헤드의 디프렉타 등에 충돌시켜 발포하는 것이다. 주로 주차장 등에는 수성막포 또는 합성계면활성제포소화약제를, 옥내저장탱크등의 주요한 위험물의 시설에는 단백포 또는 내알콜포 소화약제가 일반적으로 사용된다.

팽창비율에 따른 포의 종류	포방출구의 종류
팽창비가 20 이하인 것(저발포)	폼헤드
팽탕비가 80이상 1,000미만인 것(고발포)	고발포용 고정방출구

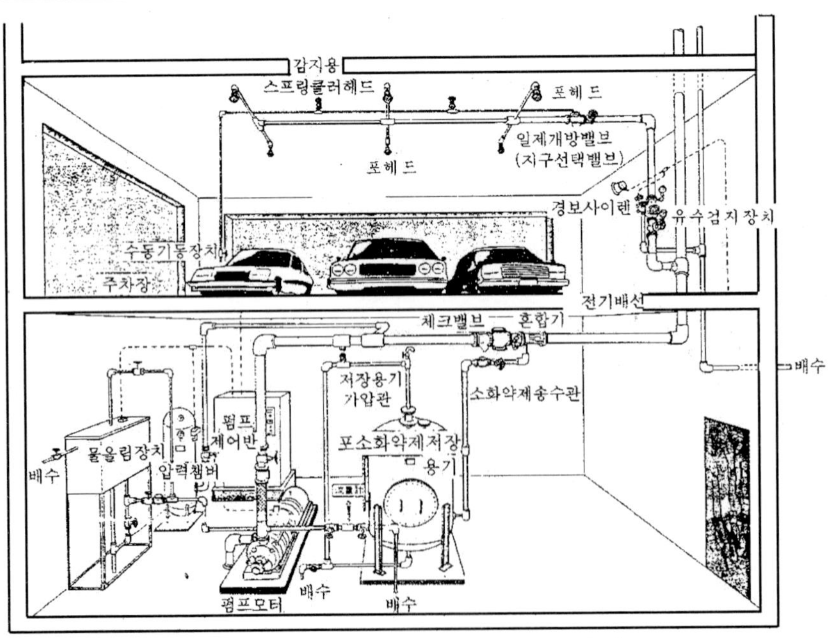

그림 3.7.31 저발포 포소화설비(포헤드 방식)의 구성 예)

3.7.4 포소화약제의 종류

포소화약제는 크게 화학포와 기계포로 나눌 수 있다. 기계포(또는 공기포)는 호칭되는 단백포소화약제, 합성계면활성제계 포소화약제로 크게 나누어져 있으며, 합성계면활성제계포소화약제는 수성막포소화약제와 합성계면활성제포소화약제로 분리되어 있다. 포소화약제가 개발된 초기는 화학포가 주류였으나 기계포의 실용화 발전에 동반하여 점점 사라지게 되었다. 다음은 각 포소화약제의 특징과 포소화설비등에 대한 사용 분류 등을 설명한 것이다.

(1) 화학포

황산알미늄[$Al_2(SO_4)_3$]과 중탄산나트륨[$NaHCO_3$]을 소화약제로 두 약제가 반응시 화학적으로 포를 발생하며 소화약제의 유지관리상 일반적으로 고정식설비에서는 사용하지 않는다.

(2) 기계포(공기포)

1) 단백포 소화약제

단백포 소화약제는 동물, 식물의 단백질로 동물의 혈액, 대두 등의 가수분해한 것을 기본 약제로 한 것이다. 여기에 화학적 안정제가 첨가되어 포가 화열에 접촉하면 표면 층이 탄화 및 결정화하게 되어 내열성이 높아지게 된다. 이것이 중유 등의 표면에 전개하면 증발을 억제하게 되어 질식소화가 가능하게 된다. 구조물 등의 수직면에서도 설치가능할 정도의 점착성을 가지고 있어 포 증발 후에 잔존물이 발생하고 부착기기의 표면을 부식시키기도 한다. 또한 이 약제에 고질소계 계면활성제(고화 탄소수소)를 첨가한 약제도 있으며 이것은 기름을 멀리하는 성질을 가지고 있고 잔존물을 발생시키지 않는 특징을 가지고 있다. 이상과 같이 석유계의 화재 소화에는 가장 유용한 성질을 가지고 있는 약제지만 앞에서 설명한 잔존물의 생성과 부식성이 있어 방출 수에 의한 세척 등 복구 작업이 비교적 간단한 소방대상물로 사용범위가 좁혀져 있는 상황이다.

그리고 이 포소화약제는 장기간 저장에 대해서는 경년 변화를 일으켜 단백질이 응집하거나 분리가 시작됨으로, 온도변화 등이 없는 상황에서도 3년~5년을 주기로 성능분석하여 교환을 실시할 필요가 있다.

2) 합성계면활성제 포소화약제

수성막포를 제외하고 합성계면활성제 포소화약제를 주원료로 하는 포소화약제를 말한다. 이 포소화약제는 탄화수소계 계면활성제를 주성분으로 하며, 여기에 포 안정제를 첨가한 것이다. 단백포 소화약제에 비해 잔존물이 없고 변질 없이 장기간 보존이 가능한 한편, 포 방출구의 방출기구에 의해 팽창비가 다른 저발포 및 고발포의 포를 생성할 수 있는 특징을 가진 포소화약제이다.

3) 수성막포소화약제

수성막포소화약제는 불소계 계면활성제를 주성분으로 한 합성계면활성제포로서 발포 후, 포에서 환원된 수용액에 의해 박막이 형성되고 이것이 기름 표면을 덮게 되어 질식소화를 이루는 것이다. 수성막포의 소화효과가 타소화약제에 비하여 좋은 점이라 하면 얇은 수성막을 형성하는데 있다. 물과 적절한 비율로 혼합되어 유면에 방사되었을 때, 수성막포는 거품을 형성함은 물론, 거품에서 흘러나온 수성막을 하나 더 형성한다. 이 얇은 막이 유면위를 덮은으로서 유류의 기화를 방지하고 기타 종래의 다른 포에 비하여 소화시간을 단축할 수 있다.

수성막포소화약제는 다른 포소화약제와는 달리 포의 팽창비율이 소화효과에 직접적인 영향을 주지는 않는다. 그 이유는 수성막이 형성되므로 적은 양의 포 거품이 형성되었을 때에도 수성막은 거품으로부터 흘러나와 형성됨으로 유류의 기화작용을 방지하여 소화작업의 극대화를 기할 수 있기 때문이다. 이러한 이유는 불이 붙지 않은 상태의 유류 유출사고시 화재예방에 특히 큰 효과를 볼 수 있다. 또한 거품에서 수성막을 계속 형성시키는 성질은 유출사고가 생겼을 때 보수 및 제거 작업에서 작업자가 거품의 파괴 여부에 관계없이 작업을 할 수 있다는 장점을 가지고 있다. 이상의 이유로 현재 고정식 포소화설비를 설치하는 주차장 등의 대부분은 이 소화약제를 사용한 설비이다.

① 수성막포 소화약제의 종류

통상적으로 수성막포도 3%형과 6%형으로 대별된다. 3%형이라 함은 물과 포원액의 구성비가 97:3으로 혼합되어 사용됨을 표기하는 것이고, 6%형이라 함은 94;6으로 혼합된 후 방출기구를 통하여 방사된다는 점에서 단백포와 다른점이 없다. 한편 3%형에는 초내한용이 개발되어 빙점이 −26 ℃인 제품으로 겨울철 추운 지방에서 보온을 하지 않고도 사용이 가능하다는 장점이 있다. 일반적인 포소화약제의 거품이 수용성 액체 위험물과 접촉되어 쉽게 파괴되는 단점을 보완한 약제가 내 알콜형 수성막포(AFFC/ATC) 제품이다. 이 약제는 소화시켜야할 위험물이 물과 반응하는 수용성 액체일 때 수성막 형성 이외에 추가로 Polymer층을 형성한다.

② 수성막포소화약제의 성능

a. 물과 적절한 비유로 혼합 사용하였을 때 단백포에 비해 3~5배이 소화효과를 나타낸다.

b. 얇은 수성막이 장시간 지속되므로 인접해 있는 기름에 연소확산을 방지할 수 있다 수성막포는 침투성을 지니고 있어 A급 화재에도 사용이 가능하다.

개요	수성막포(ℓ. W)	단백포(P. W)
소화시간	55초	3분 30초
사용약제량	25ℓ	94.8ℓ
총사용액량	416.9ℓ	1,598.8ℓ
방사율	2.04ℓpm/m²	2.04ℓpm/m²
단위면적당 수용액 사용	1.95ℓ/m²	7.44ℓ/m²

※ 1968년 12월 미국시애틀에서 실시
- 실험면적 : 214m², - 사용장소 : 자동차, - 사용연료 : 휘발유 2,653ℓ

3.7.5 포소화설비의 부속장치

(1) 포소화약제 저장탱크

사용하는 포소화약제 원액을 저장하는 용기이다.

1) 종류

① 가압식 탱크

프레져 프로포셔너방식, 펌프 프로포셔너방식 중 바이패스방식이 해당한다.

② 비가압식탱크

프레져사이드 프로포셔너방식, 펌프 프로포셔너방식, 중 흡입측설치방식, 라인 프로포셔너방식이 해당한다.

2) 구조

용기본체, 내부에 설치하는 다이아후램 등과, 본체에 프로포셔너가 고정되어 있는 것이 현재 주차장 등에 많이 사용되는 용기의 구성이다. 다이아후램이 있는 것은 사용 후 소화약제 보충 시 소약제량의 계산이 용이하여야 한다. 이동식으로 사용되는 것은 다이아후램이 없는 것을 많이 사용한다.

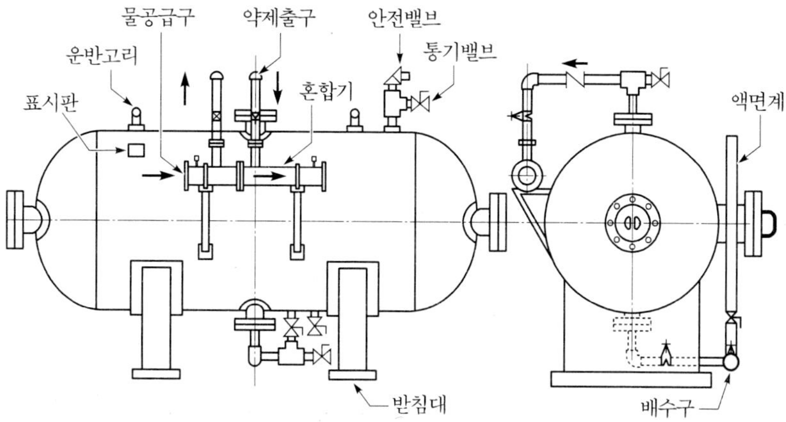

그림 3.7.32 포소화약제저장탱크(프레져프로포셔너방식)의 예

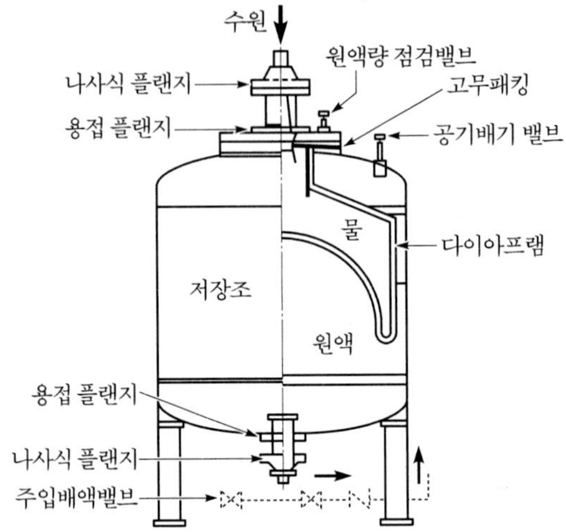

그림 3.7.33 포소화약제저장조(가압식)

3) 재질

본체 및 프로포셔너는 철재가 대부분이다. 용기는 송수압력의 가압에 따라 사용압력에 견딜 수 있는 두께로 하여야 한다. 또한 본체 내면은 원액에 접촉하는 경우와 물만이 접촉하는 경우가 있으나 모두 방청도장을 실시하고 있다. 도장재료는 제조사에 따라 다르지만 열경화성 에폭시수지, 폴레에스테르수지 및 고무라이닝 등이 일반적으로 많이 사용된다. 다이아후램은 합성고무, 천연고무 또는 돛에 쓰이는 천에 고무라이닝을 실시한 것 등이 사용된다. 이것은 작동시 급격하게 가압되므로 탱크 압력에 따라 무리가 발생하기도 하여 끊어지기도 하는 경우가 있으며, 또한 공기에 접촉하기도 하여 노화되므로 정기적인 유지관리가 필요하다.

※ 유의사항

가. 변형, 누액(漏液), 누기, 부식, 호기밸브, 통기관 등에 이상이 없는 것을 확인하여야 한다.
나. 탱크내는 반드시 공기빼기를 실시하여여야 한다.
다. 경년변화 등에 유의하고, 소화약제를 채운 경우에는 다이아프램 등이 손상하지 않도록 주의하여 점검하여야 한다.

4) 용량

포소화약제를 규정량 외에 여유분까지 포함하여 증량하여 저장하고자 하면 큰 용량의 것을 설치하게 된다. 이러한 경우 탱크 내부에 상당한 여유가 발생한다. 이러한 상태로 사용하면 그 사이에 공기가 흐르는 경우는 공기실이 만들어져 작동시 송수 또는 송액이 불가능하게 되거나 공기압축에 의하여 다이아후램 등이 파열하는 원인이 된다. 따라서 탱크내는 항시 소화약제 및 물로 가득 채워져 있도록 하여야 한다.

(2) 수동기동밸브

감지용스프링클러헤드와 동일배관에 접촉되는 밸브로서 화재시 약제의 방사는 감지용 스프링클러헤드 등에 의하나 수동에 의해서도 기동되도록 하는 것이다. 이것은 사람이 화재를 발견하여 감지헤드 등이 작동하기 이전에 수동으로 포방출을 가능하게 함으로서 조기진화 효과를 얻거나 기타 감지회로에 이상이 있을 때 수동으로 기동하여 화재진화를 실시할 수 있도록 하는 것이다. 대부분 볼밸브 형태가 많이 사용되고 있다.

(3) 일제개방밸브

주로 많이 사용되는 종류는 감압식이다. 이 밸브는 주로 천장면에 노출하여 설치함으로서 화재시 열에 노출되는 것이 많기 때문에 포방출시 포수용액에 의한 급냉작용에 충분히 견딜 수 있는 재질을 사용하는 것이 중요하다. 또한 밸브에 패킹재료를 사용하는 경우, 재질은 포수용액에 의해서 단시간내에 노화되지 않는 것으로 하여야 한다.

(4) 감지용스프링클러헤드

스프링클러설비에 사용되는 스프링클러헤드가 사용된다. 포수화설비에 사용하는 경우, 화재시 열을 감지하여 작동하면 항상 충진된 압력에 걸려있는 포수용액의 압력을 강하시키는 역할을 하게 되고, 헤드가 설치된 배관과 접속된 일제개방밸브의 내부 균형압력이 무너지게 되어 밸브가 개방된다. 또한 감지용스프링클라헤드로 사용되는 헤드는 자동화재탐지설비의 감지기로 기동되는 경우와 병합을 꾀할 필요가 있어 표시온도는 79 ℃ 미만의 것을 사용하여야 하며 생산되지 않는 표시온도의 헤드를 감지기와 병합하여 사용하는 경우는 종별 등을 한정하고 있다.

(5) 개방밸브(선택밸브)

개방밸브는 자동개방밸브 및 수동개방밸브로 구분되며, 수동개방밸브는 제1선택밸브, 제2선택밸브로 분류된다.

1) 자동개방밸브

   화재감지장치의 작동에 의하여 기계장치 또는 전기장치에 대하여 자동으로 개방되는 밸브를 말한다.

2) 수동개방밸브

   선택밸브는 방유제 밖에 설치하며, 방유제가 없는 경우는 직경 15m 미만의 탱크일 때 15m 이상, 직경 15m 이상의 탱크는 탱크의 직경이상 수평거리를 두어야 한다.

   ① 제1선택밸브

   방호구역별 선택밸브이다. 펌프실 또는 송액 주배관의 분기점에 설치한다.

② 제2선택밸브

방호대상물별 선택밸브이다. 화재시 안전하게 조작할 수 있는 장소에 설치한다.

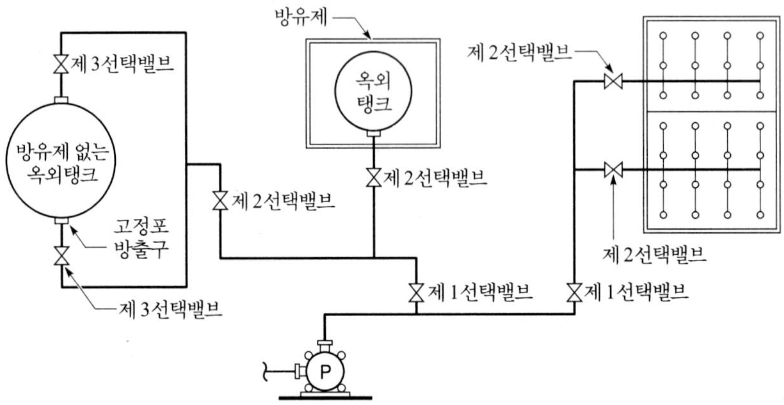

그림 3.7.34 선택밸브의 종류

3.7.6 포소화설비의 작동방법

(1) 폐쇄형스프링클러 연동방식

헤드의 표시온도는 79℃ 미만의 것을 사용하고, 헤드1개당 경계면적은 20m² 이하로 한다. 부착면의 높이는 바닥으로부터 5m 이하로 함으로서 화재를 유효하게 감지할 수 있도록 설치한다.

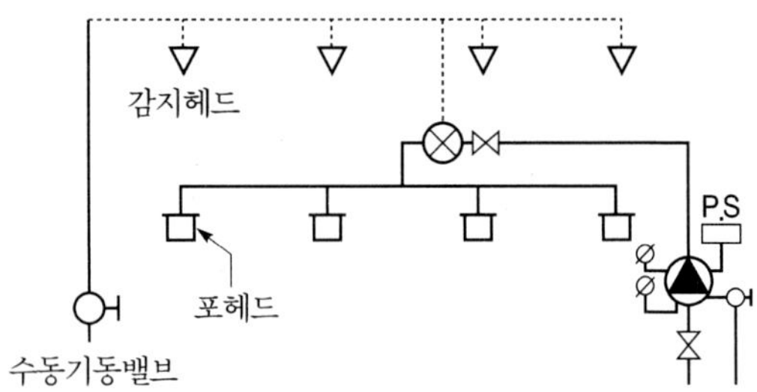

그림 3.7.35 폐쇄형스프링클러헤드를 이용한 자동기동방식

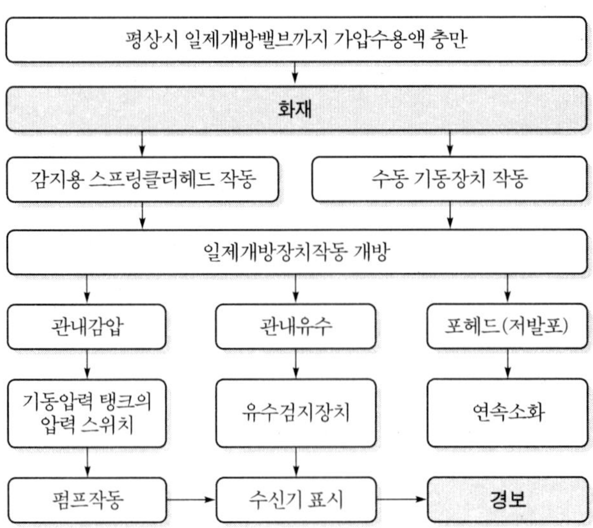

그림 3.7.36 폐쇄형스프링클러헤드와 연동한 포소화설비의 작동의 예

(2) 화재감지기 기동방식

감지기는 열에 의해 감지되는 것을 사용하여야 하며 감지기, 화재표시 및 경보장치는 자동화재탐지설비의 감지기 또는 발신기에 관한 기준에 준하여 설치한다. 또한 동결우려가 있는 장소의 자동식 기동장치는 자동화재탐지설비와 연동하도록 한다.

고발포를 사용하는(예 : 비행기 격납고 등) 포소화설비의 경우에는 자동기동방식으로는 반드시 감지기 기동방식으로 하여야 한다. 이는 고발포의 경우 스프링클러헤드에 의한 기동방식은 헤드에서 살수되는 물로 인하여 고발포의 포가 소멸되어 소화적응성이 떨어지기 때문이다.

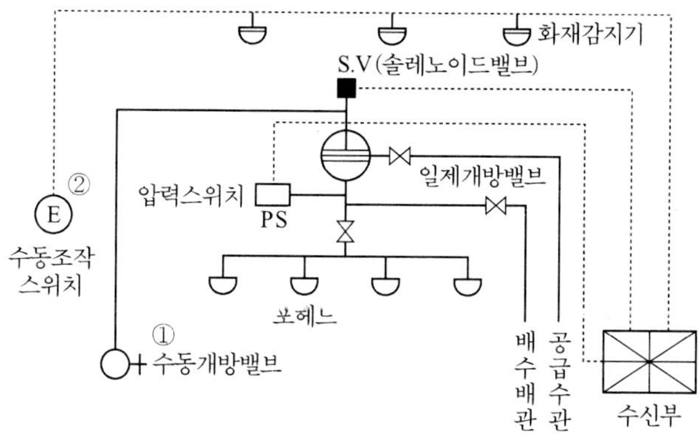

그림 3.7.37 화재감지기를 이용한 자동기동방식 예

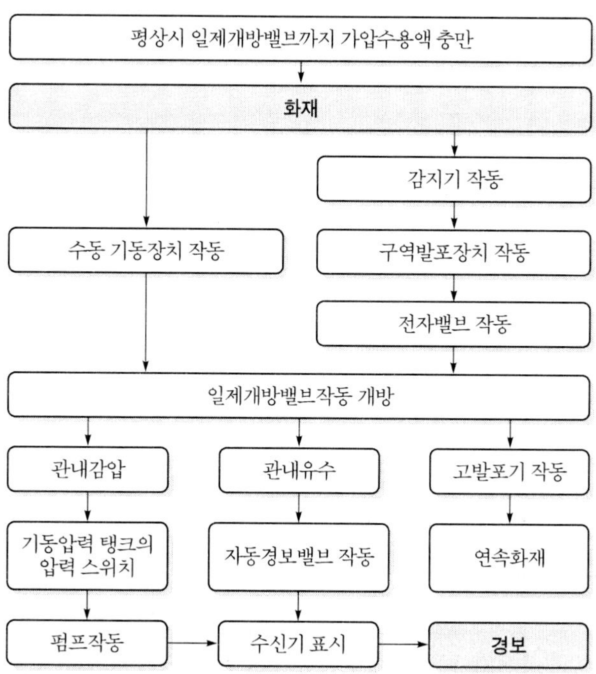

그림 3.7.38 화재감지기와 연동한 포소화설비의 작동의 예

3.7.8 포소화설비의 수원 등

(1) 수원

수원은 옥내소화전설비의 고가수조, 압력수조, 지하수조가 같은 원리로 적용된다.

(2) 가압송수장치

옥내소화전설비의 고가수조방식, 압력수조방식, 펌프방식이 같은 원리로 적용된다.

(3) 수원의 양

일반적으로는 양제농도에 따라, 농도 3%일 경우는 수원의 양을 97%로, 농도 6% 일 경우는 수원의 양을 94%로 계산한다.

1) 특수가연물을 저장, 취급하는 공장 또는 창고의 경우

① 폼워터스프링클러헤드 또는 폼헤드

$$Q = N \times QS \times 10$$

여기서 Q : 수원의 양(ℓ)

N : 바닥면적 200m^2 이내 설치된 층별 최대 헤드수

QS : N개의 헤드를 동시에 표준방사량으로 방사할 경우의 양(ℓ/min)

10 : 방사시간(분)

② 폼워터스프링클러헤드 또는 포헤드

$$Q = N \times QS \times 10$$

여기서 Q : 수원의 양(ℓ), N : 방호구역내 최대로 설치된 고정포 방출구 수

QS : N개의 고정포 방출구가 동시에 표준방사량으로 방사할 경우의 양(ℓ/min)

10 : 방사시간(분)

2) 차고 또는 주차장의 경우

① 호스릴 또는 포소화전

$$Q = N \times 6{,}000$$

여기서 Q : 수원의 양(ℓ), N : 방수구의 설치 개수(최대 5개)

6,000 : 300(ℓ/min)×20

② 포헤드 또는 고정포방출구

a. 포헤드 : 특수가연물을 저장, 취급하는 공장 또는 창고일 경우에 있어 폼워터스프

링클러헤드나 포폼헤드의 수원 용량계산식에 의한다.

b. 고정포 방출구 : 특수가연물을 저장, 취급하는 공장 또는 창고일 경우에 있어 고정포방출구의 수원 용량 계산식에 의한다.

3) 위험물 제조소 등(옥외탱크 제외)의 경우

① 폼워터스프링클러헤드, 포헤드 : 특수가연물을 저장, 취급하는 공장 또는창고일 경우에 있어 폼워터 스프링클러헤드나 폼 헤드의 수원 용량 계산식에 의한다.

② 고정포방출구 : 특수가연물을 저장, 취급하는 공장 또는 창고일 경우에 있어 고정포방출구의 수원 용량 계산식에 의한다.

③ 포소화전설비의 경우 : 차고 또는 주차장의 경우에 호스 릴 또는 포소화전의 수원 용량 계산식에 의한다.

4) 옥외 탱크 저장소의 경우

① 고정포 방출구

$$Q - [A \times Q1 \times T] + [N \times 8{,}000]$$

여기서 Q : 수원의 양(ℓ)

$[A \times Q1 \times T]$: 고정포 방출구에 필요한 수원

A : 탱크의 액표면적(m^2)

Q1 : 기준 별표7에 의한 방사밀도($\ell/m^2 \cdot min$)

T : 기준 별표7에 의한 방사시간(분)

$[N \times 8000]$: 옥외포소화전에 필요한 수원

N : 방유제의 최대 포소화전 수(3개 이상의 경우는 3개)

8,000 : 400(ℓ/min)×20분

5) 비행기 격납고

$$Q = [N1 \times Q1 \times 10] + [N2 \times 6{,}000]$$

여기서 Q : 수원의 양(ℓ)

$N1$: 비행기 격납고내 최대 설치헤드 수 또는 고정포방출구의 수

$Q1$: $N1$ 개의 헤드나 방출구가 동시에 개방한 경우의 표준 방사량(ℓ/min)

$N2$: 비행기 격납고내 최대로 설치된 호스릴 포의 방수구 수(최대 5개)

6,000 : 300(ℓ/min)×20분

3.7.9 포 소화약제량

(1) 고정포 방출구의 경우

소화약제량은 고정포방출구의 양, 보조포 소화전의 양, 송액관의 양을 더한 값으로 한다.

1) 고정포 방출구의 양

$Q = A \times Q1 \times T \times S$

여기서 Q : 포소화약제량(ℓ), A : 탱크의 액표면적(m^2)

$Q1$: 단위 포 소화수용액(ℓ/min · m^2), T : 방출시간(분), S : 농도(%)

※ 방출구가 특형일 경우는 탱크의 액표면적 A는 환상부분의 면적이 된다.

2) 보조포 소화전 양

$Q = N \times S \times 8000$

여기서 Q : 포소화약제량(ℓ), N : 호스 접결구수(최대 3개), S : 농도(%)

3) 송액관의 양

Q = 배관세척×S

여기서 Q : 포소화약제량(ℓ), S : 농도(%)

※ 여기서 75 mm이하의 송액관은 제외한다.

(2) 옥내 포소화전 또는 호스릴 방식의 경우

$Q = N \times S \times 6000$

여기서 Q : 포소화약제량(ℓ), N : 호스 접결구수(최대 5개), S : 농도(%)

※ 바닥면적 200m^2 미만일 경우 산출량의 75%를 적용할 수 있다.

(3) 포헤드 방식의 경우

$Q = N \times Q1 \times T \times S$

여기서 Q : 포소화약제량(ℓ), N : 하나의 방사구역 내 모든 포헤드의 개수

$Q1$: 표준방사량(ℓ/min), T : 10분, S : 농도(%)

※ 표준방사량은 제조사의 설계압력 방사 시 방사량으로 한다.

3.7.10 포 헤드의 설치수량 및 위치 등

(1) 포 헤드의 설치 수량

1) 폼 워터스프링클러헤드 : 총바닥면적 ÷ $8m^2$

2) 포 헤드 : 총바닥면적 ÷ $9m^2$

> ※ 1. 필요한 헤드수량 = 바닥면적 ÷ $9m^2$
>   2. 필요한 헤드수량 = (바닥면적×방사밀도) ÷ 포헤드 표준방사량
> 위의 1. 2중 큰 쪽을 택한다.

(2) 포 헤드의 배치

1) 보가 있을 경우

헤드와 보의 하단 수직거리	헤드와 보의 수평거리
0m	0.75m 미만
0.1m 미만	0.75m 이상 1m 미만
0.1m 이상 0.15m 미만	1m 이상 1.5m 미만
0.15m 미상 0.15m 미만	1.5m 이상

2) 헤드간격

① 고정식인 경우

a. 방호면적(포 헤드간격)과 방호반경

포헤드 1개의 방호면적은 법령의 규정에 의하여 바닥면적 $9m^2$당 1개 이상의 포헤드를(방호대상물 표면이 포헤드 유효방호공간내에 살수가 가능하도록) 설치되어야 한다고 규정되어 있다. 이 규정에 의한 포헤드의 유효방호공간을 명확하지는 아니하지만 본래는 스프링클러헤드의 기준에 의해 일정 방호반경으로 표현을 하고 있다. 또한 반경은 2.1m 이하로 규정하고 있다. 따라서 방호반경을 2.1m로 설정한 경우 그 포헤드간의 대각선 길이는 4.2m, 방호면적은 정방형 배치의 경우 $8.82m^2$로 한다.

$$S = 2\ r\ \cos 45^\circ$$

여기서 S : 포 헤드 상호간의 거리(m)

r : 유효반경(2.1m)

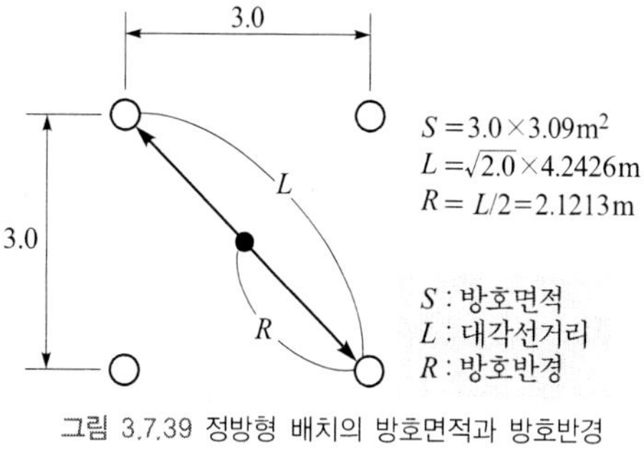

그림 3.7.39 정방형 배치의 방호면적과 방호반경

정방형 이외의 단형배치의 경우에 관해서는 다음의 표에 의한다. 소화효율을 고려하는 한변 길이의 최대는 3.6m 이하로 한다.

$X = 2r$

여기서 X : 포 헤드 대각선 거리(m)

r, : 유효반경(2.1m)

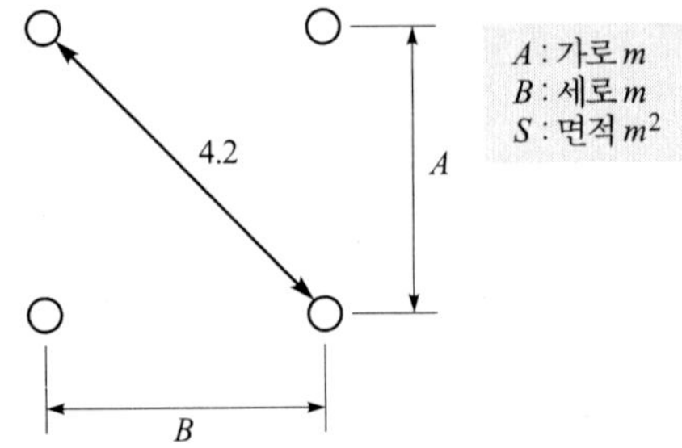

그림 3.7.40 정방형 배치의 방호면적과 방호반경

(3) 포헤드의 설치

포헤드 부착 방법은 스프링클러설비 준용 또는 포헤드의 부착을 참조하여야 한다. 다만, 스프링클러헤드의 부착 방법과 다른 점은 방사구획에 따라 다른점이 있음으로 전체적으로 포헤드의 규칙적인 배열이 어려운 경우가 많다. 현실적으로 의장상의 제약이 있으므로, 배열을 가지런하게 설계하는 방법이 시공 시 유익하고 향후 포헤드를 증설하고 설비용량 변경을 하지 못하도록 하는 차원에서 좋은 방법이라 생각된다. 이렇게 본래 기술적으로 필요한 포헤드 수보다도 많이 설치하게 되는 방사구획이 발생한다. 또한 다른 점은 하나의 방사구획 내의 포헤드에는 포수용액이 균등하게 분배되기 위한 배관형태를 생각한다. 본래 포헤드의 방사압력, 방사유량은 어떤 위치의 포헤드에 대해서도 동일한 것이 기본이다. 따라서 배관마찰저항이 동일하게 되기 위한 토너먼트식으로 포헤드를 좌우대칭으로 배열하는 방법을 고려하여도 된다.

1) 방사구획의 설정

방사구획에 관해서는 용량 등의 결정에 크게 영향을 주는 것에 관하여 설명을 서술하면 다음과 같다.

① 방사구획이란

가솔린 화재 등은 연소속도가 신속하므로 발화초기는 연소면적이 적지만 화재 열에 의해 가솔린의 증발량이 증가함과 아울러 연소면적은 급속하게 확대하는 경향을 가지고 있다. 따라서 발화초기에 연소범위를 예상하여 어느 정도 큰 면적으로 한번에 포방출 방향을 연소속도의 크기에 대응하여 방출하는 것이 가장 좋은 방법이다.

소방법령은 이 크기에 관하여 $50m^2$로 하고 있지만, 단서에서 $50m^2$ 이하의 경우에 관해 규정하고 있다. 즉 불연재료로 만들어진 벽 등으로 구획되어 화재가 일부분으로 한정된 경우만 인정된다.

방사구획의 상한에 관해서는 오히려 제한이 없는 것이 앞에 기술된 내용과 같이 연소의 효율적인 방지에 유효하다. 그러나 문제는 설비전체의 비용에 관한 것이다. 수원용량, 펌프토출량, 포소화약제 저장량, 배관구경 및 일제개방밸브, 기기의 구경 등이 모두 증가하는 것이다. 따라서 소화효과에 한계성을 가져와 경제적으로 타당한 설비의 크기가 당연히 있어 이것이 법령에서는 100m^{2}의 면적이 되도록 한다. 방사구획을 설정할 때에는 100m^2 이하를 그다지 엄밀하게 고집할 필요는 없으며 큰 구획이 있는 경우도 일반 규모의 주차장은 약 110~120m^2 정도로 할 수 있다.

② 동시방사구획이란

방사구획에서 하나의 방사구획과 이에 인접한 구획 2개의 방사구획의 합계면적에서 최대가 되는 구획을 동시방사구획이라 부른다. 동시방사구획을 설정하였을 때 수원용량, 포소화약제 저장량 및 펌프 토출량을 산출하는 경우 기본 수치로 한다. 결국 이 2개의 방사구획을 동시에 소화 가능한 능력을 가진 설비를 만들게 되어 이보다 적은 동시방사구획은 당연히 여력으로 소화 가능하도록 한다.

(4) 포헤드의 적응성

포소화설비는 소방대상물에 적응성을 가지도록 설비를 구성하는데 각각의 요소가 다음과 관련되어 설치되고 있다.

소방대상물과 방출방식 등

소방대상물	사용소화약제	팽창비	설치방식	방출방식
위험물시설	고단백포 단백포 수성막포	저발포	고정식(자동) 반고정식(수동)	고정포방출구 포헤드 폼워터스프링클러헤드
			이동식(수동)	포노즐
주차장 등	단백포 수성막포 합성계면활성제포	저발포	고정식(자동)	포헤드
			이동식(수동)	포노즐
	합성계면활성제포	고발포	고정식(자동)	고발포방출구
항공기, 회전날개 항공기 격납고	단백포 수성막포 합성계면활성제포	저발포	고정식(자동)	폼워터스프링클러헤드
			이동식(수동)	포노즐
	합성계면활성제포	고발포	고정식(자동)	고발포방출구
지정가연물	단백포 수성막포 합성계면활성제포	저발포	고정식(자동)	폼워터스프링클러헤드 포헤드
			이동식(수동)	포노즐
	합성계면활성제포	고발포	고정식(자동)	고발포방출구

3.8 강화액소방설비

3.8.1 개요

소방대상물의 다양성, 복합성 및 구조, 가연물질의 종류 및 양에 따라 예상되는 화재하중, 화염확산속도 등을 고려하여 일정한 기준이 설정됨으로서 특히 선진국에서는 상가, 주거(또는 주택)장소와 시스템적인 평가 기준을 설정하여 모드 화재에 대해 소화하고 있는 현실에서 국내의 경우는 지하다중이용업소 화재에 대한 안정성을 확보하고 있지 아니한 것이 우리의 현실 있다고 볼 수 있는 측면을 가지고 있다.

특히, 소화시스템은 건물, 사무실, 컴퓨터실, 박물관, 발전소, 공항, 공장, 선박, 항공기, 군사용, 일반음식점, 룸싸롱, 단란주점 등 사용용도가 다양하므로 시스템별로 각각 용도별, 사용실태별로 사용하는 방법 등에 대한 실재 화재에 대한 적응성 검증 등이 미진한 현실이다.

또한, 국내에서 사용되는 소화설비가 여러 가지 가있으나 대표적인 것이 스프링클러설비, 옥내소화전설비 등이 있지만 각종 시스템이 기술적, 경제적, 효과적으로 적용할 수 있는 지에 대하여 각종 실재 화재 실험을 통한 그 한계가 어느 정도의 실정에 있는 지를 파악 하여야 할 기술적인 필요성이 대두되고 있다.

물계통 소화시스템에 대하여 일부의 시스템을 도입 적용시키고는 있으나, 우리의 현실에 맞지 않고 있는 실정이며, 특히 우리의 경우는 시스템에 사용되는 재료 특성 등이 고려 되어야 하고, 기존 소화시스템을 재활용하는 기술적인 방안도 강구되어야 할 필요성도 있다.

따라서 외국에서 개발되어 국내에서 사용되고 있는 여러 종류의 소화설비에 대한 특징 및 장점을 검토하여 다중이용업소의 사용되는 소화설비 등에 대한 설비 및 기기 등에 대한 효용성 및 적응성이 실 상황에 가장 최적화된 소화설비가 될 수 있도록 하여야 한다.

그러므로 소화설비를 설치하려는 장소에서 사용목적에 따라 가장 경제적이고 합리적이면서 소화력이 우수한 소화시스템을 사용함에 따라 국민의 생명 및 재산 피해를 최소화(연기에 의한 질식 등)하는데 그 방법을 개발하여 우리 생활에서 신속하게 대응 하도록 하기 위한 것이다.

강화액의 소화원리는 화학적 소화와 물리적 소화로 구분이 되는데, 화학적소화란 소화약제를 구성하고 있는 소화성분에 의해 부촉매 효과(anticatalyst effect), 즉 연쇄반응 차단에 의한 억제소화를 의미한다. 또한 물이 주성분인 소화약제이므로 물에 의한 냉각소화 효과를 발휘하며 물이 증발하면서 강화액의 구성성분인 소화성분들이 가연물의 표면에 피복되어 산소와의 결합을 차단하는 역할을 하며, 환경친화적이고 인체에 무해한 소화약제이다.

3.8.2 강화액소화설비의 구성

감지부, 방출노즐, 방출유도관, 소화약제 및 저장용기, 수신장치, 작동장치 등으로 구성되었으며, 소화약제로 강화액을 사용하며 저장용기에 소화약제와 함께 소화약제의 방출원이 되는 압축가스(질소 등)를 봉입하여 화재에 의하여 생기는 열 또는 연기 등을 감지하고 자동적으로 소화약제를 방출하여 소화하는 설비이다.

3.8.3 용어

1) "강화액헤드"라 함은 화재 시 직선류 또는 나선류의 강화액을 충돌·확산시켜 미립 상태로 분무함으로서 소화하는 헤드를 말한다.
2) "고가수조"라 함은 구조물 또는 지형지물 등에 설치하여 자연낙차 압력으로 급수하는 수조를 말한다.
3) "압력수조"라 함은 소화용수와 공기를 채우고 일정압력 이상으로 가압하여 그 압력으로 급수하는 수조를 말한다.
4) "급수배관"이라 함은 수소 및 옥외송수구로부터 강화액 헤드에 급수하는 배관을 말한다.
5) "연성계"라 함은 대기압 이상의 압력과 대기압 이하의 압력을 측정할 수 있는 계측기를 말한다.
6) "일제개방밸브"라 함은 화재발생시 자동 또는 수동식 기동장치에 따라 밸브가 열려지는 것을 말한다.
7) "가압수조"라 함은 가압원인 압축공기 또는 불연성 고압기체에 따라 소방용수를 가압시키는 수조를 말한다.

3.8.4 소화약제

1) 「소방기본법 시행령」 별표 2의 특수가연물을 저장 또는 취급하는 소방대상물 또는 그 부분에 있어서 그 바닥면적(최대 방수구역의 바닥면적을 기준으로 하며, $50m^2$ 이하인 경우에는 $50m^2$) $1m^2$에 대하여 $10\ell/min$로 20분간 방수할 수 있는 양 이상으로 할 것
2) 차고 또는 주차장에 있어서는 그 바닥면적(최대 방수구역의 바닥면적을 기준으로 하며, $50m^2$ 이하인 경우에는 $50m^2$) $1m^2$에 대하여 $20\ell/min$로 20분간 방수할 수 있는 양 이상으로 할 것
3) 절연유 봉입 변압기에 있어서는 바닥부분을 제외한 표면적을 합한 면적 $1m^2$에 대하여 $10\ell/min$로 20분간 방수할 수 있는 양 이상으로 할 것

4) 케이블트레이, 케이블덕트 등에 있어서는 투영된 바닥면적 $1m^2$에 대하여 12ℓ/min로 20분간 방수할 수 있는 양 이상으로 할 것
5) 컨베이어벨트 등에 있어서는 벨트부분의 바닥면적 $1m^2$에 대하여 10ℓ/min로 20분간 방수할 수 있는 양 이상으로 할 것
6) 조리기구(동식물 기름사용에 한한다)를 사용하는 곳에 있어서는 형식승인 및 제품 검사의 기술기준 저장량에 따르며 형식승인 및 제품검사의 기술기준사항이 아닌 것은 제조사의 시방에 따른 저장량 이상으로 할 것

3.8.5 수조

1) 수조로 설치하는 경우에는 소방설비의 전용수조로 하여야 한다.
2) 점검에 편리한 곳에 설치할 것
3) 동결방지조치를 하거나 동결의 우려가 없는 장소에 설치할 것
4) 수조의 외측에 수위계를 설치할 것. 다만, 구조상 불가피한 경우에는 수조의 맨홀 등을 통하여 수조 안의 물의 양을 쉽게 확인할 수 있도록 하여야 한다.
5) 수조의 상단이 바닥보다 높은 때에는 수조의 외측에 고정식 사다리를 설치할 것
6) 수조가 실내에 설치된 때에는 그 실내에 조명설비를 설치할 것
7) 수조의 밑부분에는 청소용 배수밸브 또는 배수관을 설치할 것
8) 수조의 외측의 보기 쉬운 곳에 "강화액소화설비용 수조"라고 표시한 표지를 할 것.
9) 강화액소화설비의 수직배관과 수조의 접속 부분에는 "강화액소화설비용 배관"이라 고 표시한 표지를 할 것.
10) 수조는 부식의 우려가 없는 재질을 사용하거나 또는 부식방지조치를 할 것

3.8.6 가압송수장치

(1) 고가수조의 자연낙차를 이용한 가압송수장치

다음의 식에 따라 산출한 수치 이상이 되도록 할 것

$$H = h_1 + h_2$$

H : 필요한 낙차(m)
h_1 : 강화액헤드의 설계압력 환산수두(m)
h_2 : 배관의 마찰손실 수두(m)

고가수조에는 수위계·배수관·급수관·오버플로우관 및 맨홀을 설치할 것

(2) 압력수조를 이용한 가압송수장치

다음의 식에 따라 산출한 수치 이상이 되도록 할 것

$$P = p_1 + p_2 + p_3$$

P : 필요한 압력(MPa)

p_1 : 강화액헤드의 설계압력(MPa)

p_2 : 배관의 마찰손실 수두압(MPa)

p_3 : 낙차의 환산수두압(MPa)

압력수조에는 수위계·급수관·배수관·급기관·맨홀·압력계·안전장치 및 압력저하방지 를 위한 자동식 공기압축기를 설치할 것

(3) 가압수조를 이용한 가압송수장치

1) 가압수조의 압력은 규정에 따른 방수량 및 방수압이 20분이상 유지되도록 할 것
2) 가압수조는 최대상용압력 1.5배의 물의 압력을 가하는 경우 물이 새지않고 변형이 없을 것
3) 가압수조 및 가압원은 「건축법 시행령」 제46조에 따른 방화구획 된 장소에 설치할 것
4) 가압수조에는 수위계·급수관·배수관·급기관·압력계·안전장치 및 수조에 소화수와 압력을 보충할 수 있는 장치를 설치할 것

3.8.7 배관

1) 배관은 일반배관용 스테인리스 강관(KS D 3595) 또는 배관 내 사용압력이 1.2 MPa 이상일 경우에는 배관용 스테인리스 강관(KS D 3576) 또는 이와 동등 이상의 강도·내식성 및 내열성을 가진 것으로 하여야 한다. 다만, 다음의 1에 해당하는 장소에는 소방방재청장이 정하여 고시하는 성능인증 및 제품검사의 기술기준에 적합한 소방용 합성수지 배관으로 설치할 수 있다.
   ① 배관을 지하에 매설하는 경우
   ② 다른 부분과 내화구조로 구획된 덕트 또는 피트의 내부에 설치하는 경우
   ③ 천장(상층이 있는 경우에는 상층바닥의 하단을 포함한다. 이하 같다)과 반자를 불연재료 또는 준 불연재료로 설치하고 그 내부에 습식으로 배관을 설치하는 경우
2) 동결방지조치를 하거나 동결의 우려가 없는 장소에 설치하여야 한다.
3) 급수배관에 설치되어 급수를 차단할 수 있는 개폐밸브는 개폐표시형으로 하여야 한다.

4) 급수배관에 설치되어 급수를 차단할 수 있는 개폐밸브에는 그 밸브의 개폐상태를 감 시 제어반에서 확인할 수 있도록 급수개폐밸브 작동표시 스위치를 다음의 기준에 따라 설치하여야 한다.
   ① 급수개폐밸브가 잠길 경우 탬퍼스위치의 동작으로 인하여 감시제어반 또는 수신기에 표시 되어야 하며 경보음을 발할 것
   ② 탬퍼스위치는 감시제어반에서 동작의 유무확인과 동작시험, 도통시험을 할 수 있을 것
   ③ 급수개폐밸브의 작동표시 스위치에 사용되는 전기배선은 내화전선 또는 내열전선으로 설치할 것
5) 배관은 다른 설비의 배관과 쉽게 구분이 될 수 있는 위치에 설치하거나 그 배관표면 또는 배관 보온재표면의 색상을 달리하는 방법 등으로 소방용설비의 배관임을 표시 하여야 한다.
6) 분기배관을 사용할 경우에는 규정에 따라 성능시험기관으로 지정받은 기관에서 그 성능을 검증받은 것으로 설치하여야 한다.
7) 배관부속 및 밸브류는 배관과 동등이상의 강도·내식성 및 내열성 있는 것으로 설치하여야 한다.

3.8.8 송수구

강화액소화설비에는 소방펌프자동차로부터 그 설비에 송수할 수 있는 송 수구를 다음의 기준에 따라 설치하여야 한다.

1) 송수구는 화재 층으로부터 지면으로 떨어지는 유리창 등이 송수 및 그 밖의 소화작 업에 지장을 주지 아니하는 장소에 설치할 것
2) 송수구로부터 강화액소화설비의 주 배관에 이르는 연결배관에 개폐밸브를 설치한 때에는 그 개폐상태를 쉽게 확인 및 조작할 수 있는 옥외 또는 기계실 등의 장소에 설치할 것
3) 구경 65mm의 쌍구형으로 할 것
4) 송수구에는 그 가까운 곳의 보기 쉬운 곳에 송수압력범위를 표시한 표지를 할 것
5) 송수구는 하나의 층의 바닥면적이 3,000m^{2}를 넘을 때마다 1개(5개를 넘을 경우에는 5개로 한다) 이상을 설치할 것
6) 지면으로부터 높이가 0.5m 이상 1m 이하의 위치에 설치할 것
7) 송수구의 가까운 부분에 자동배수밸브(또는 직경 5mm의 배수공) 및 체크밸브를 설치할 것. 이 경우 자동배수밸브는 배관안의 물이 잘 빠질 수 있는 위치에 설치하되, 배수로 인하여 다른 물건 또는 장소에 피해를 주지 아니하여야 한다.

8) 송수구에는 이물질을 막기 위한 마개를 씌울 것

3.8.9 기동장치

(1) 수동식기동장치

1) 직접 조작 또는 원격조작에 따라 각각의 가압송수장치 및 수동식 개방밸브 또는 가 압송수장치 및 자동개방밸브를 개방할 수 있도록 설치할 것
2) 기동장치의 가까운 곳의 보기 쉬운 곳에 "기동장치"라고 표시한 표지를 할 것

(2) 자동식 기동장치

자동화재탐지설비의 감지기의 작동 또는 폐쇄형스프링클러헤드의 개방과 연동하여 경보를 발하고, 가압송수장치 및 자동개방밸브를 기동할 수 있는 것으로 하여야 한다. 다만, 자동화재탐지설비의 수신기가 설치되어 있는 장소에 상시 사람이 근무하고 있고, 화재 시 강화액소화설비를 즉시 작동시킬 수 있는 경우에는 그러하지 아니하다.

3.8.10 제어밸브 등

(1) 제어밸브

1) 제어밸브는 바닥으로부터 0.8m 이상 1.5m 이하의 위치에 설치할 것
2) 제어밸브의 가까운 곳의 보기 쉬운 곳에 "제어밸브"라고 표시한 표지를 할 것

(2) 자동 개방밸브 및 수동식 개방밸브

1) 자동개방밸브의 기동조작부 및 수동식개방밸브는 화재 시 용이하게 접근할 수 있는 곳의 바닥으로부터 0.8m 이상 1.5m 이하의 위치에 설치할 것
2) 자동개방밸브 및 수동식개방밸브의 2차 측 배관부분에는 당해 방수구역 외에 밸브 의 작동을 시험할 수 있는 장치를 설치할 것. 다만, 방수구역에서 직접 방사시험을 할 수 있는 경우에는 그러하지 아니하다.

3.8.11 강화액 헤드

강화액헤드는 표준 방사량으로 당해 방호대상물의 화재를 유효하게 소화하는데 필요한 수를 적정한 위치에 설치하여야 한다.

3.8.12 전원

1) 강화액소화설비에는 그 소방대상물의 수전방식에 따라 다음 각 호의 기준에 따른 상 용 전원회로의 배선을 설치하여야 한다. 다만, 가압수조방식으로서 모든 기능이 20분 이상 유효하게 지속될 수 있는 경우에는 그러하지 아니하다.
   ① 저압수전인 경우에는 인입개폐기의 직후에서 분기하여 전용배선으로 하여야 하며, 전용의 전선관에 호 되도록 할 것
   ② 특별고압수전 또는 고압수전일 경우에는 전력용 변압기 2차 측의 주차단기 1차 측 에서 분기하여 전용배선으로 하되, 상용전원의 상시공급에 지장이 없을 경우에는 주차단기 2차 측에서 분기하여 전용배선으로 할 것. 다만, 가압송수장치의 정격입 력전압이 수전전압과 같은 경우에는 제1호의 기준에 따른다.
2) 강화액소화설비의 비상전원은 자가발전설비 또는 축전지설비(내연기관에 따른 펌프 를 사용하는 경우에는 내연기관의 기동 및 제어용 축전지를 말한다)로서 다음의 기준에 따라 설치하여야 한다. 다만, 2 이상의 변전소(전기사업법 제67조의 규정 에 따른 변전소를 말한다. 이하 같다)에서 전력을 동시에 공급받을 수 있거나 하나의 변전소로부터 전력의 공급이 중단되는 때에는 자동으로 다른 변전소로부터 전원을 공급받을 수 있도록 상용전원을 설치한 경우와 가압수조방식에는 비상전원을 설치하 지 아니할 수 있다.
   ① 점검에 편리하고 화재 및 침수 등의 재해로 인한 피해를 받을 우려가 없는 곳에 설치할 것
   ② 강화액소화설비를 유효하게 20분 이상 작동할 수 있도록 할 것
   ③ 상용전원으로부터 전력의 공급이 중단된 때에는 자동으로 비상전원으로부터 전력을 공급받을 수 있도록 할 것
   ④ 비상전원(내연기관의 기동 및 제어용 축전기를 제외한다)의 설치장소는 다른 장소 와 방화구획 할 것. 이 경우 그 장소에는 비상전원의 공급에 필요한 기구나 설비 외의 것(열병합발전설비에 필요한 기구나 설비는 제외한다)을 두어서는 아니 된다.
   ⑤ 비상전원을 실내에 설치하는 때에는 그 실내에 비상조명등을 설치할 것

3.8.13 제어반

1) 강화액소화설비에는 제어반을 설치하되, 감시제어반과 동력제어반으로 구분하여 설치하여야 한다. 다만, 다음의 1에 해당하는 경우에는 감시제어반과 동력제어반 으로 구분하여 설치하지 아니할 수 있다.
   ① 다음의 1에 해당하지 아니하는 소방대상물에 설치되는 강화액소화설비

가. 지하층을 제외한 층수가 7층 이상으로서 연면적이 2,000m² 이상인 것

나. ①에 해당하지 아니하는 소방대상물로서 지하층의 바닥면적의 합계가 3,000m² 이상인 것. 다만, 차고·주차장 또는 보일러실·기계실·전기실 등 이와 유사한 장소의 면적은 제외한다.

② 고가수조에 따른 가압송수장치를 사용하는 강화액소화설비

③ 가압수조에 따른 가압송수장치를 사용하는 강화액소화설비

2) 감시제어반의 기능은 다음의 기준에 적합하여야 한다. 다만, 1)의 1에 해당하는 경우에는 ① 및 ④의 규정을 적용하지 아니한다.

① 비상전원을 설치한 경우에는 상용전원 및 비상전원의 공급여부를 확인할 수 있어야 할 것

② 수조 또는 물올림탱크가 저수위로 될 때 표시등 및 음향으로 경보할 것

③ 확인회로(수조 감시회로를 말한다)는 도통시험 및 작동시험을 할 수 있어야 할 것

④ 예비전원이 확보되고 예비전원의 적합여부를 시험할 수 있어야 할 것

3) 감시제어반은 다음의 기쥬에 따라 설치하여야 한다.

① 화재 및 침수 등의 재해로 인한 피해를 받을 우려가 없는 곳에 설치할 것

② 감시제어반은 강화액소화설비의 전용으로 할 것. 다만, 강화액소화설비의 제어에 지장이 없는 경우에는 다른 설비와 겸용할 수 있다.

③ 감시제어반은 다음의 기준에 따른 전용실 안에 설치할 것. 다만 1)의 1에 해당하는 경우와 공장, 발전소 등에서 설비를 집중 제어·운전할 목적으로 설치 하는 중앙제어실내에 감시제어반을 설치하는 경우에는 그러하지 아니하다.

가. 다른 부분과 방화구획을 할 것. 이 경우 전용실의 벽에는 기계실 또는 전기실 등의 감시를 위하여 두께 7mm 이상의 망입유리(두께 16.3mm 이상의 접합유리 또는 두께 28mm 이상의 복층유리를 포함한다)로 된 4m² 미만의 붙박이창을 설치할 수 있다.

나. 피난층 또는 지하 1층에 설치할 것. 다만, 다음의 1에 해당하는 경우에는 지상 2층에 설치하거나 지하 1층 외의 지하층에 설치할 수 있다.

- 건축법시행령 제35조의 규정에 따라 특별피난계단이 설치되고 그 계단(부속실을 포함한다)출입구로부터 보행거리 5m 이내에 전용실의 출입구가 있는 경우
- 아파트의 관리동(관리동이 없는 경우에는 경비실)에 설치하는 경우 다. 비상조명등 및 급·배기설비를 설치할 것

다. 「무선통신보조설비의 화재안전기준(NFSC 505)」 제6조의 규정에 따른 무선기 기

접속단자(영 별표 4 소화활동설비의 소방시설 적용기준 란 제5호의 규정에 따른 무선통신보조설비가 설치된 특정소방대상물에 한한다)를 설치할 것

라. 바닥면적은 감시제어반의 설치에 필요한 면적 외에 화재 시 소방대원이 그 감시제어반의 조작에 필요한 최소면적 이상으로 할 것

④ ③의 규정에 따른 전용실에는 소방대상물의 기계·기구 또는 시설 등의 제어 및 감시설비외의 것을 두지 아니할 것

4) 동력제어반은 다음의 기준에 따라 설치하여야 한다.

① 앞면은 적색으로 하고 "강화액소화설비용 동력제어반"이라고 표시한 표지를 설치할 것

② 외함은 두께 1.5mm 이상의 강판 또는 이와 동등 이상의 강도 및 내열성능이 있는 것으로 할 것

③ 그 밖의 동력제어반의 설치에 관하여는 3)의 ① 및 ②의 기준을 준용할 것

3.8.14 배선

1) 강화액소화설비의 배선은 「전기사업법」 제67조의 규정에 따른 기술기준에서 정한 것 외에 다음의 기준에 따라 설치하여야 한다.

① 비상전원으로부터 동력제어반 및 가압송수장치에 이르는 전원회로배선은 내화배선으로 할 것. 다만, 자가발전설비와 동력제어반이 동일한 실에 설치된 경우에는 자 가발전기로부터 그 제어반에 이르는 전원회로배선은 그러하지 아니하다.

② 상용전원으로부터 동력제어반에 이르는 배선, 그 밖의 강화액소화설비의 감시·조작 또는 표시등회로의 배선은 내화배선 또는 내열배선으로 할 것. 다만, 감시제어반 또는 동력제어반 안의 감시·조작 또는 표시등회로의 배선은 그러하지 아니하다.

2) 1의 규정에 따른 내화배선 및 내열배선에 사용되는 전선 및 설치방법은 「옥내 소화전설비의 화재안전기준(NFSC 102)」 별표 1의 기준에 따른다.

3) 강화액소화설비의 과전류차단기 및 개폐기에는 "강화액소화설비용"이라고 표시한 표지를 하여야 한다.

4) 강화액소화설비용 전기배선의 양단 및 접속단자에는 다음의 기준에 따라 표지 하여야 한다.

① 단자에는 "강화액소화설비단자"라고 표시한 표지를 부착할 것

② 강화액소화설비용 전기배선의 양단에는 다른 배선과 식별이 용이하도록 표시할 것

3.9 옥외소화전설비

3.9.1 개요

건축물내의 화재 시 해당 소방대상물의 관계자·자위소방대원 또는 상시 거주자가 이를 사용하여 화재 발화 초기에 신속하게 진압(소화)할 수 있도록 건물외부에 설치되는 소화설비로 수원·가압송수장치·배관·옥외소화전함(옥외소화전방수구·관창·호스·결합금속구·표시등)으로 구성되어 있다. 또한 아파트는 지하층은 하나의 대형 공간으로 되어 있지만 지상 층이 별개의 동으로 구성하고 있다. 따라서 지하층이 하나의 공간이기 때문에 하나의 동으로 규정하고 있어 과거에는 1층과 2층의 면적을 합산하여 옥외소화전설비 대상을 결정하였다. 그러나 옥외소화전의 설치 목적은 지상에 위치한 대형 건축물의 1층과 2층 화재 시 건축물 내부로의 진입이 어려운 경우 화재를 외부에서 진압하고자 설치한 것이다. 또한 소방서의 소방대 또한 사용이 가능하도록 하게 된 소화설비를 말을 한다.

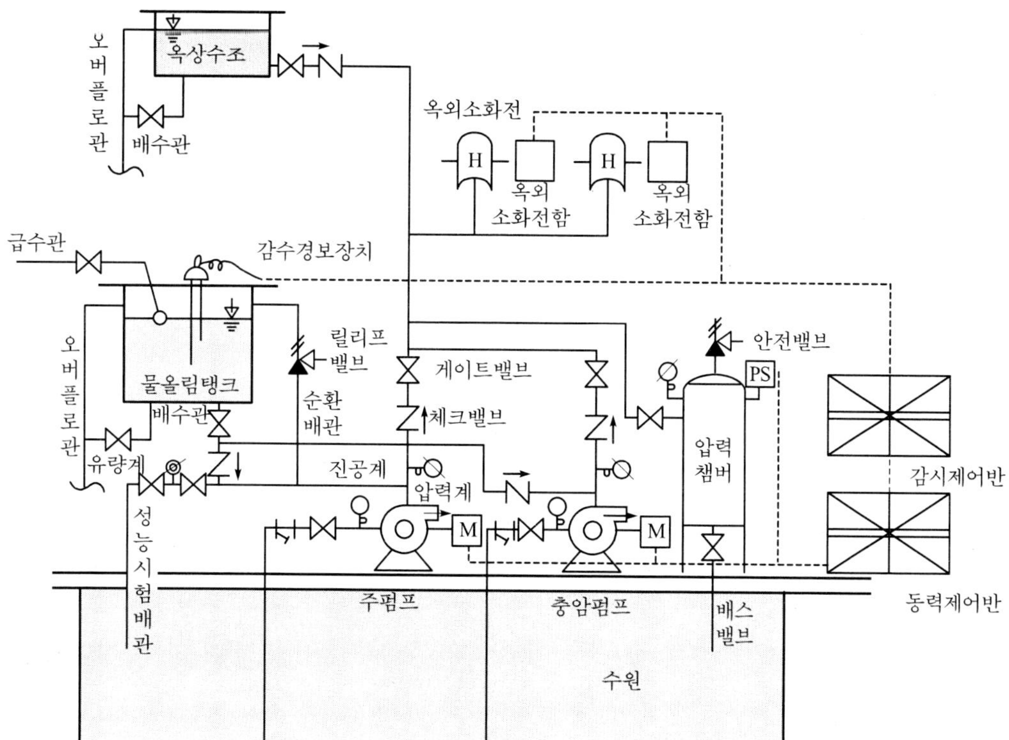

1) "고가수조"란 구조물 또는 지형지물 등에 설치하여 자연낙차 압력으로 급수하는 수조를 말한다.
2) "압력수조"란 소화용수와 공기를 채우고 일정압력 이상으로 가압하여 그 압력으로 급수하는 수조를 말한다.
3) "충압펌프"란 배관 내 압력손실에 따른 주펌프의 빈번한 기동을 방지하기 위하여 충압 역할을 하는 펌프를 말한다.
4) "연성계"란 대기압 이상의 압력과 대기압 이하의 압력을 측정할 수 있는 계측기를 말한다.
5) "진공계"란 대기압 이하의 압력을 측정하는 계측기를 말한다.
6) "정격토출량"이란 정격토출압력에서의 펌프의 토출량을 말한다.
7) "정격토출압력"이란 정격토출량에서의 펌프의 토출측 압력을 말한다.
8) "개폐표시형밸브"란 밸브의 개폐여부를 외부에서 식별이 가능한 밸브를 말한다.
9) "기동용수압개폐장치"란 소화설비의 배관 내 압력변동을 검지하여 자동적으로 펌프를 기동 및 정지시키는 것으로서 압력챔버 또는 기동용압력스위치 등을 말한다.
10) "급수배관"이란 수원으로부터 옥외소화전방수구에 급수하는 배관을 말한다.
11) "가압수조"란 가압원인 압축공기 또는 불연성 고압기체에 따라 소방용수를 가압시키는 수조를 말한다.

그림 3.9.1 포스트인디게이트 밸브

3.9.2 옥외소화전의 종류, 구조

1) "옥외소화전"이란 건물외부에 설치되어 있는 소화전을 말하며 지상용과 지하용(승하강식을 포함한다)으로 구분한다.
2) "접합부"란 옥내소화전방수구·옥외소화전을 결합금속구·소방호스 등과 연결·결합 또는 접합시키는 기능을 가진 부위를 말한다.
3) "승하강식"이란 소화전 본체가 상승 및 하강할 수 있는 구조를 말한다.
4) 옥외소화전은 지상용 및 지하용(승하강식에 한함)은 흡수관을 연결하여 사용할 수 있는 토출구나 방수총 등을 부착하여 사용할 수 있는 플랜지 등을 함께 설치할 수 있다.

종류	토출구수	호칭	구분(설치장소)
A형	1	80 이상	지상용
B형	2	100 이상	지상용
C형	3	125 이상	지상용
D형	4	150 이상	지상용
E형	1	80 이상	지하용
F형	1	100 이상	지하용
G형	2	100 이상	지하용

5) 옥외소화전의 구조 및 치수는 표를 참고로 하여야 하며 다음에 적합하여야 한다.

① 밸브의 개폐는 핸들을 좌회전할 때 열리고 우회전할 때 닫히는 구조이어야 한다.

② 옥외소화전은 본체의 양면에 보기 쉽도록 주물 된 글씨로 "소화전"이라고 표시하여야 한다.

③ 지상용 및 지하용(승하강식에 한함) 소화전의 소화용수가 통과하는 유효단면적은 밸브시트 단면적의 120% 이상이어야 한다.

④ 지상용 소화전은 지면으로부터 길이 600mm 이상 매몰될 수 있어야 하며, 지면으로부터 높이 0.5m 이상 1m 이하로 노출될 수 있는 구조이어야 한다.

⑤ 지상용 소화전의 토출구 방향은 수평 또는 수평에서 아랫방향으로 30° 이내이어야 하며, 지하용 소화전의 토출구 방향은 수직이어야 한다. 다만, 몸체 일부가 지상으로 상승하는 방식인 지하용 소화전의 토출구 방향은 수평으로 할 수 있다.

⑥ 옥외소화전은 사용 후 시트로부터 토출구까지의 담겨있는 물을 배수할 수 있도록 플러그나 콕크 그 밖의 적합한 장치를 하여야 한다.

6) 구조원리

지상식소화전의 구조는 쌍구형 지상소화전과 같이 볼타입의 배수밸브가 부착되어 개폐밸브를 개방하면 볼이배수구를 막아서 배수되지 않고, 개폐밸브를 잠그면 볼이 밑으로 떨어져 옥외소화전 몸체내의 물을 배수시키도록되어 있으나 현재 국내생산품은 그림에서처럼 배수밸브 바로 윗부분에 좌우로 배수구가 부착되고 배수밸브는없는 것이 생산되고 있다. 그 특성은 개폐밸브를 완전히 열어야 밸브디스크에 의해 배수구가 막힌다. 그러므로 사용시 완전히 열지 않으면 소화전 몸체의 배수구로 계속 압력수가 배수되어 몸체주위에 웅덩이가패이는 원인이 되므로 시공이나 유지관리시 이러한 특성을 감안하여야 할 것이다.

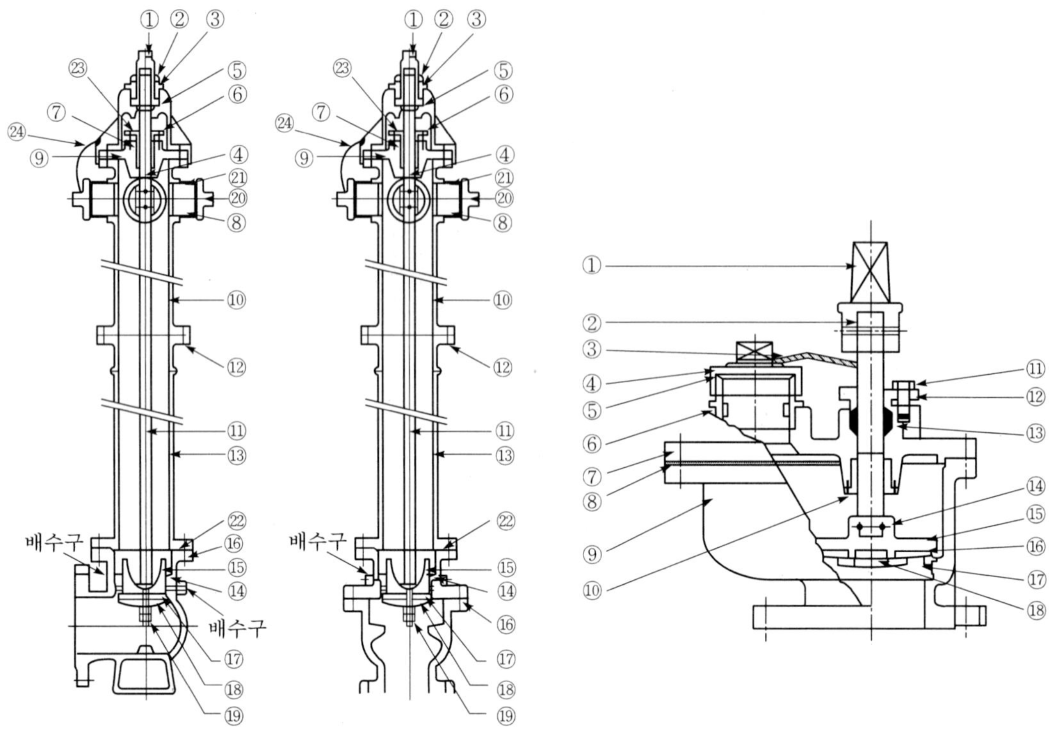

3.9.3 옥외소화전 방수구함

옥외소화전을 사용하기 위해서는 소방호스와 노즐을 연결하여야 하기 때문에 소화전 인근에 신속하게 사용할 수 있도록 소방호스와 노즐을 수납한 소화전함을 설치하도록 규정하고 있다. 다만, 설치된 소화전의 개수가 11개 이상일 경우에는 동시에 사용할 가능성이 거의 없다는 것 그리고 실제 사용량 이상으로 설치하는 것에 대한 투자비용 등을 고려하여, 소화전함의 설치 부담을 줄여주고 있다. 소화전이 아무리 많이 설치되어 있어도, 소화전 3개소에 최소한 하나의 소화전함을 설치하도록 규정하고 있다. 이는 어느 소화전의 위치에서도 바로 직근에 위치한 소화전에서 소화전함을 사용할 수 있도록 한 것이다. 이때 옥외소화전함은 가장 가까운 옥외소화전으로부터 5m 이내에 배치하여야 한다.

1) 옥외소화전설비는 건물(옥외의 설비 및 장치를 포함한다) 및 그 수용동산에 발생한 화재의 진압 또는 연소 방지를 목적으로 옥외에 설치하는 소화설비를 말한다.
2) 옥외소화전은 일반적으로 수원, 소화펌프, 전동기(또는 내연기관),기동장치, 배관 및 관부품, 방수구(호스접결구), 호스, 노즐 등과 일련의 소화용구를 수납하는 함으로 구성되며 한국화재보험협회 부설 방재시험연구원의 인증품(FILK인증품), 국가인정품(KS제품 또는 국가검정품) 또는 이와 동등 이상으로 인정되는 것이어야한다.

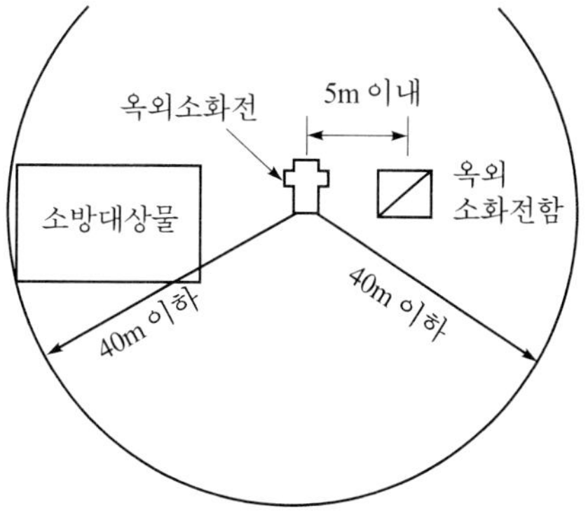

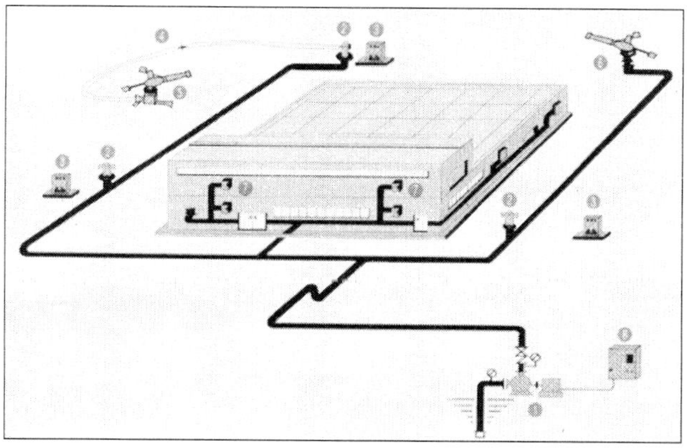

그림 3.9.2 배치도

3) 옥외소화전은 1개의 방수구(호스접결구)를 중심으로 옥외소화전(갑)의 경우 수평거리 30m, (을) 및 (병)의 경우에는 수평거리 40m의 원으로서 건축물의 외곽을 밖으로부터 포용할 수 있도록 설치하여야 한다.

4) 규정「다」에도 불구하고 옥외소화전으로 포용이 되지 않는 부분이 있는 경우에는 당해 부분을 유효하게 포용할 수 있는 옥내소화전을 옥내소화전(을)의 방수성능으로 설치하여야 한다.

옥내외소화전설비 수원의 저수량은 다음과 같이 산출한 양 이상으로 한다.

$Q = 7\text{m}^2 \times N(\leqq 2)$

N : 옥외소화전 설치개수(단, $N \leqq 2$)

7m^2은 소화전하나의 최소방수량인 350l/min에 방수시간 20분을 곱한 값이 반영된 것이다. 사용시간에 대한 기준은 명확하게 규정되어 있지 않지만 계산식에서 유추할 때 20분간 사용할 수 있는 소화용수를 확보하도록 규정하고 있는 의미라는 것을 쉽게 알 수 있다.

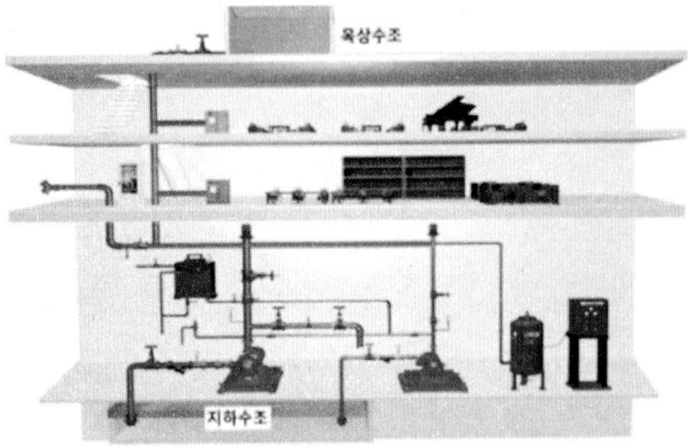

그림 3.9.3 감시제어반

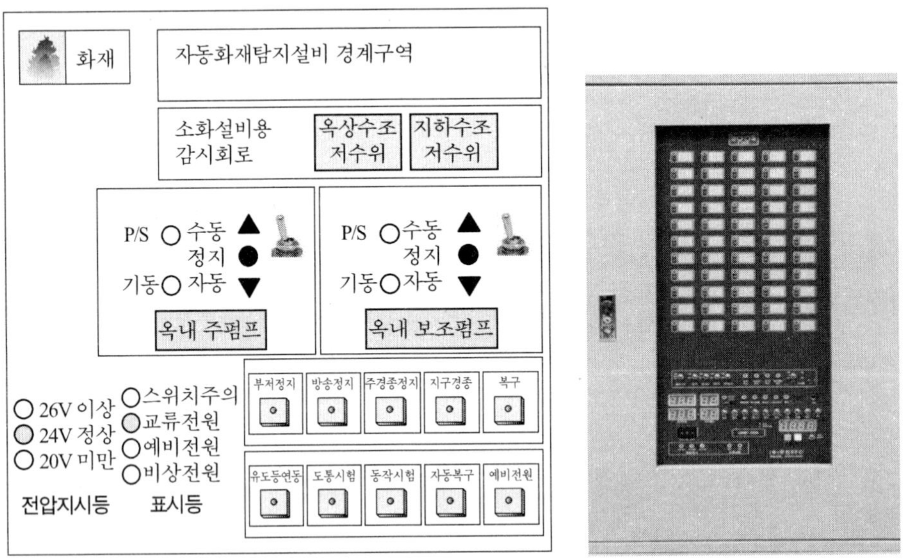

그림 3.9.4 동력제어반

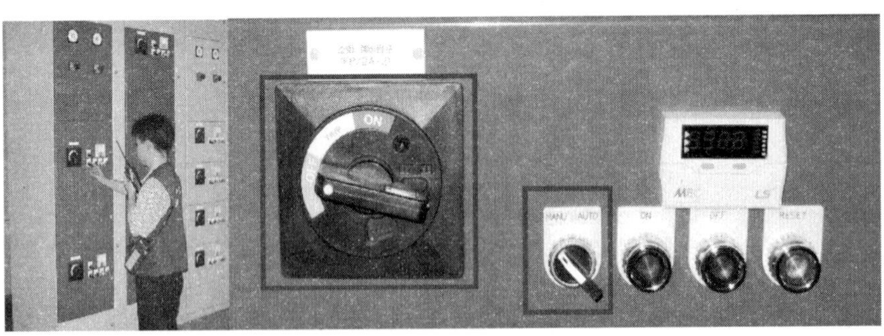

CHAPTER IV

가스계소화설비

IV 가스계소화설비

4.1 이산화탄소소화설비

불연성가스인 CO²가스를 고압가스용기에 저장해 두었다가 화재가 발생시 수동조작 및 자동기동에 의하여 배관을 통해 화재지점에 CO²가스를 방출 분사시켜 질식 및 냉각작용으로 화재를 소화하는 고정소화설비로서 대기중의 산소를 차단(산소를 15% 이하로 감소)하여 소화한다. 소화약제의 저장에 따라 고압식과 저압식이 있지만 일반적으로 고압식이 주로 사용되고 있으며 따라서 유지관리상 소화약제의 오방출 등에 대한 사고방지책 등 특히 안전측면에서의 주의가 필요하다.

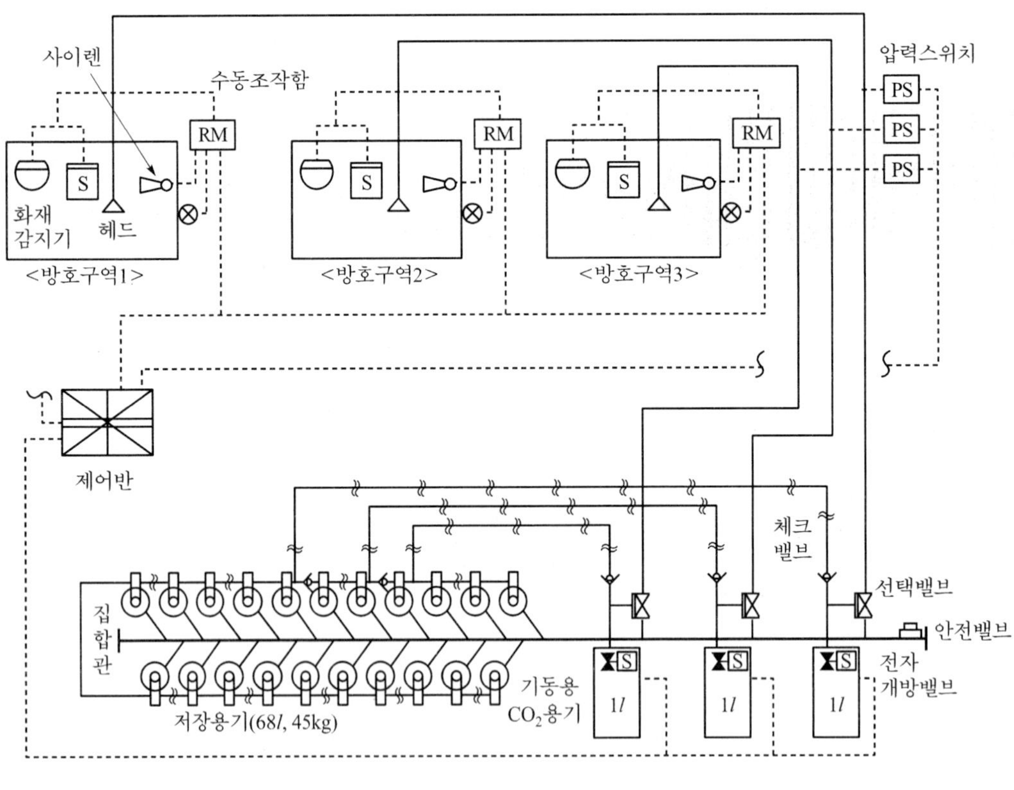

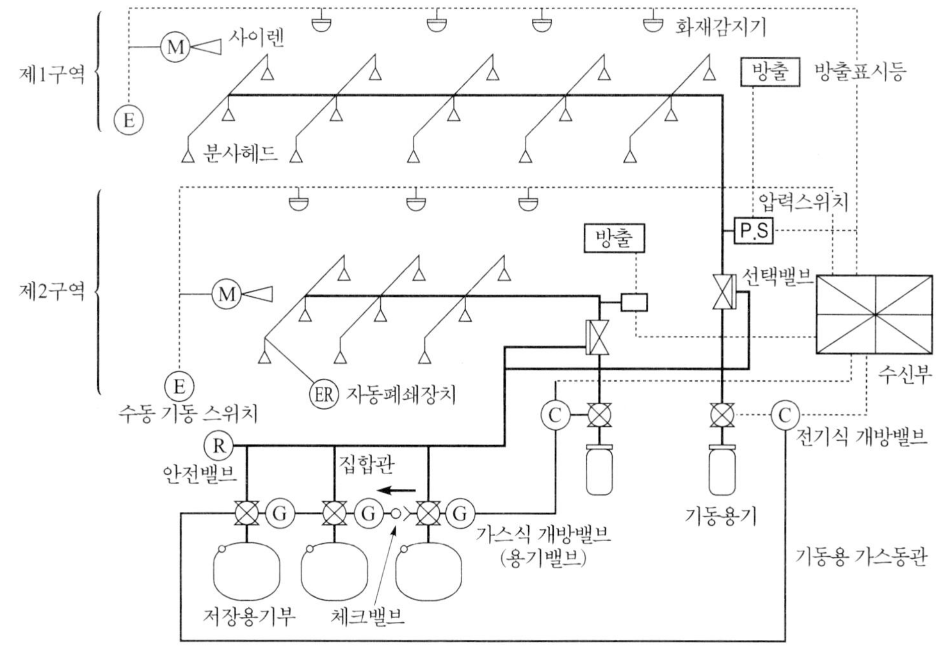

그림 4.1.1 이산화탄소소화설비(전역방출방식) 구성

4.1.1 이산화탄소 소화설비의 적용

이 설비는 특수한 위험이 있는 곳이나 고가의 장치가 있는 장소와 불활성비전도성 소화약제가 필수적이거나 장소 또는 다른 소화약제를 사용하기 어려운 곳에 많이 사용되고 있다.

(1) 적응대상

1) 인화성액체
2) 변압기, 스위치, 회로차단기, 회전기기, 발전기등의 전기설비
3) 일반가연물
4) 인화성액체를 사용하는 엔진
5) 고체 위험물 등

※ 이산화탄소소화설비는 A급 적응성이 있으나 이산화탄소소화기는 방사시 즉시 기화되어 재발화의 위험이 있음으로 A급 적응성이 없다.

(2) 비 적응대상

1) 금속수소화합물(SiH4 등)을 저장한 장소

2) 나트륨(Na), 칼륨(K), 마그네슘(Mg), 티타늄(Ti) 및 지르코늄(Zr)등 반응성 금속을 저장한 장소
3) 사람의 수용인원이 많고 2분이내에 사람이 대피할 수 없는 장소
4) 니트로셀룰로오즈와 같은 내부연소(자기연소)성 물질을 취급하는 장소 등

4.1.2 설비의 종류

(1) 고압식

20℃에서 6.0MPa(60kg/cm^2)의 압력으로 이산화탄소를 액상(68ℓ 용기)으로 저장하는 방식으로, 외부온도에 따라 내부압력이 변화된다. 밸브가 개방되면 기화되면서 방사된다. 이 방식은 방호구역이 다수 있는 장소로서 용기 저장실 설치에 제한이 없을 때 적합하다.

(2) 저압식

−18℃에서 2.1MPa(21kg/cm^2)의 압력으로 이산화탄소를 액상으로 저장하는 방식으로 언제나 −18℃의 온도를 유지해야 함으로 단열조치 및 냉동기가 필요하며 약제용기는 대형 저장탱크 1개를 사용한다. 이 방식은 용기 저장실 설치가 제한되고 용기수가 다량으로 필요한 대단위의 소방대상물에 적합하다.

4.1.3 방출방식

(1) 전역방출방식

하나의 방호구역을 방호대상물로 하여 타부분과 구획하고 분사헤드를 이용하여 방호구역 전체에 이산화탄소를 방사하는 방식이다. 개구부에 대한 가산량이 방호구역 체적에 대한 기본 가스량보다 많을 경우는 적용할 수 없다. 헤드는 방사된 소화약제가 방호구역의 전체에 균일하게 신속히 확산되는 위치에 설치하여야 하며 다음의 성능조건을 만족하여야 한다.

방사시간		헤드방사압	
표면화재	심부화재	고압식	저압식
1분	7분	2.1MPa(21kg/cm^2)	1.05MPa(10.5kg/cm^2)

(2) 국소방출방식

방호대상물을 일정한 공간으로 구획할 수 없는 경우, 국소 부분에 한하여 이산화탄소를 방

사하는 방식이다. 헤드는 소화약제의 방사에 의하여 가연물이 비산되지 않는 위치에 설치하고 다음의 성능조건을 만족하여야 한다.

방사시간	헤드방사압	
30초	고압식	저압식
	2.1MPa(21kg/cm²)	1.05MPa(10.5kg/cm²)

(3) 호스릴 방식

이동식설비이며, 화재시 호스를 이용하여 사람이 조작하는 간이설비로서, 사용자가 화재시 직접 사용하는 수동식설비이다. 현저하게 연기가 찰 우려가 없는 장소로서 다음의 경우에 한하여 적용할 수 있다. 또한 필요로 하는 성능기준은 다음과 같다.

수평거리	노즐방사량	소화약제량(노즐당)	밸브개방
15m	6.0MPa(60kg/min)	90kg	수동개폐

① 1층(또는 피난층)으로서 지상에서 개방(수동 또는 원격조작)할 수 있는 개구부의 유효면적 합계가 바닥면적의 15% 이상이 되는 부분

② 전기설비가 설치되어 있는 부분 또는 다량의 화기를 사용하는 부분(당해 설비의 주위 5m 이내 부분을 포함)의 바닥면적이 당해설비가 설치된 구획의 바닥면적 1/5 미만이 되는 경우

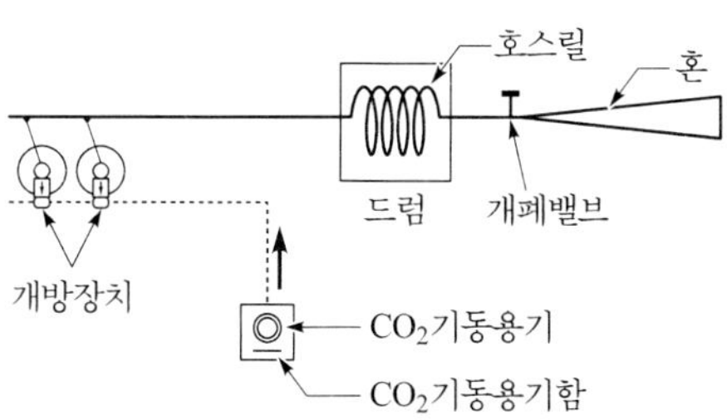

그림 4.1.2 호스릴방식의 계통도

4.1.4 설비의 작동개요 등

(1) 기동

교차회로로 구성된 화재감지기 작동(A, B감지기의 AND 회로 구성) 또는 수동기동장치에 의해 화재신호가 수신기에 통보되면 경보장치가 작동되며 화재 지구표시등이 점등된다. 이때 타이머에 의해 일정시간이 지나면(60초 이하) 기동용기의 솔레노이드밸브가 작동하고 이로 인하여 기동용 이산화탄소가스가 방출된다.

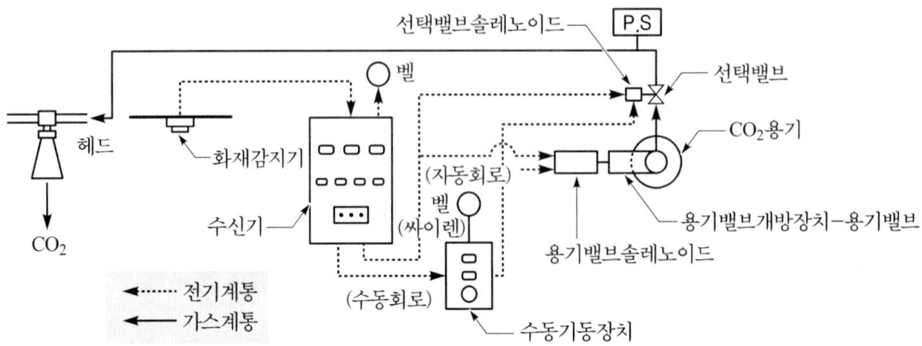

그림 4.1.3 전기개방식의 회로구성

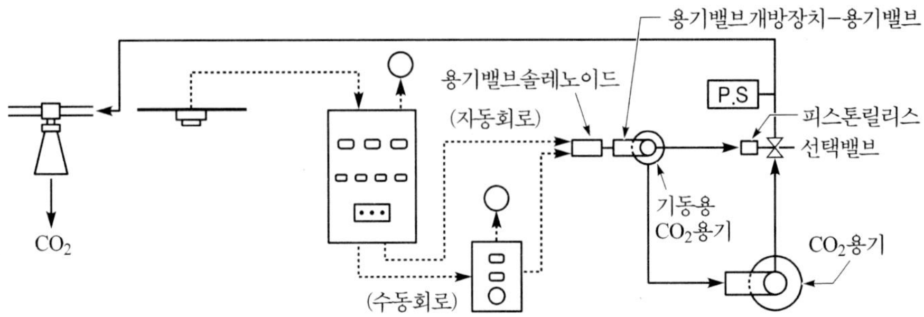

그림 4.1.4 가스압력개방식의 회로구성

(2) 가스방출

방출된 기동용 이산화탄소가스가 선택밸브 및 저장용기 밸브를 개방시킨다. 이로 인하여 이산화탄소 가스가 방출되며, 이산화탄소가스가 선택밸브를 통과할때 압력스위치가 이를 감지하여 방출표시등이 점등된다. 선택밸브를 통과한 이산화탄소가스는 분사헤드를 통하여 방사된다.

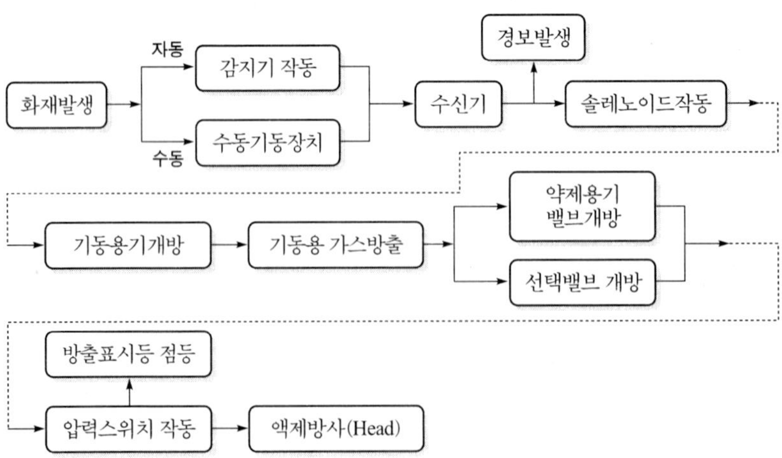

그림 4.1.5 이산화소화설비 작동순서도

4.1.5 이산화탄소 소화설비의 주요 구성요소

이산화탄소소화설비의 구성은 소화약제저장용기, 소화약제, 화재감지장치, 분사헤드, 기동장치, 음향경보장치, 방호구역자동차단장치, 제어반, 비상전원, 선택밸브, 환기설비, 방출표시장치, 방송경보장치 등으로 되어 있다.

(1) 고압식 소화약제 저장용기

이산화탄소 저장용기는 일반적으로 내용적이 68L형의 이음매 없는 용기이며 내부에 사이폰관이 있고 소화약제는 상온에서 용기에 저장되어 있다.

고압가스안전관법에 의하여 용기검사에 합격한 것을 사용하며, 충전비는 1.5 이상 1.9 이하이고 소화약제 저장량은 일반적으로 약 45kg용이 많이 사용되고 있다.

1) 외형 : 용기는 규정수량이 설치되고 용기번호는 용기증명서 번호와 일치하여야 한다.

2) 충전비

용기의 충전비는 용기내용적(ℓ)÷약제무게(kg)로서, 용기체적에 대한 가스충전량이다. 충전비는 내용적이 일정할때 약제 무게와 반비례한다. 고압식은 충전비가 1.5~1.9 이하이며, 저압식은 1.1~1.3의 값을 갖는다.

3) 용기내압 : 25MPa(250kg/cm^2)의 내압시험에 합격된 용기가 사용된다.

4) 저장용기의 개방밸브

전기식, 가스압력식 또는 기계식에 의하여 자동으로 개방되고 수동으로도 개방될 수 있어야 한다. 아울러 개방밸브에는 안전장치(안전봉판)가 설치되어 있어야 한다.

① 수동개방

수동으로 개방하는 것으로서, 안전핀을 이탈시키고 수동용 누름단추를 눌러 밸브를 개방시킨다. 원리는 스핀들이 안쪽으로 밀려 들어가면서 피스톤을 가격하고 그에 의하여 파괴침이 봉판을 뚫어 기동용 가스에 의하여 개방된 것과 같은 순서로 약제가 방출되게 된다.

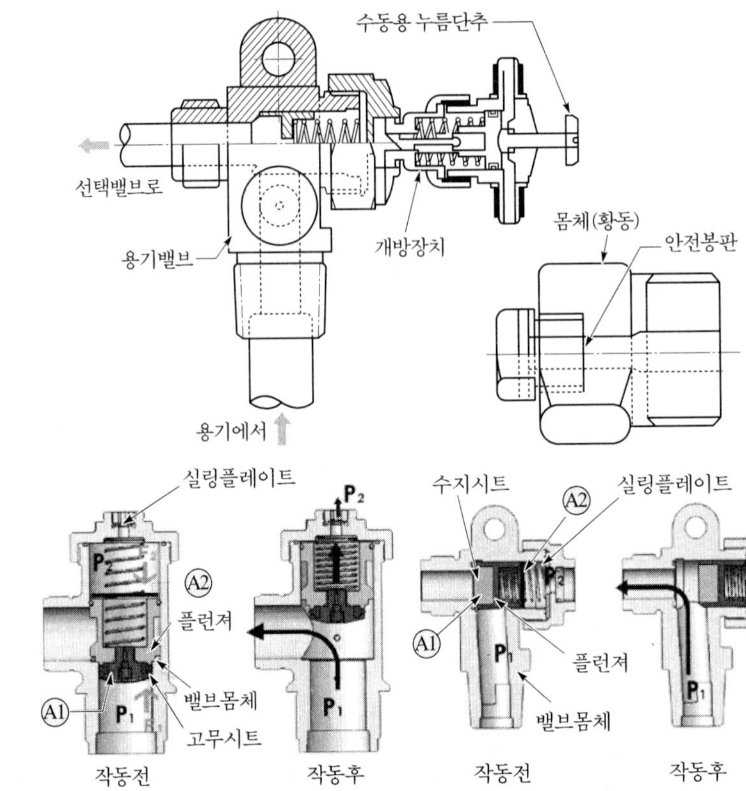

그림 4.1.6 수동식용기밸브 및 안전밸브의 구조도

② 가스압력개방식(차압식)

기동용가스가 도달되면 가스의 압력에 의하여 실린더실에 있는 피스톤을 가압하게 되고, 피스톤과 연결된 파괴침이 압쪽으로 이동하면서 봉판을 뚫게 되며 이 봉판의 파괴된 구멍으로 약제가 배출된다.

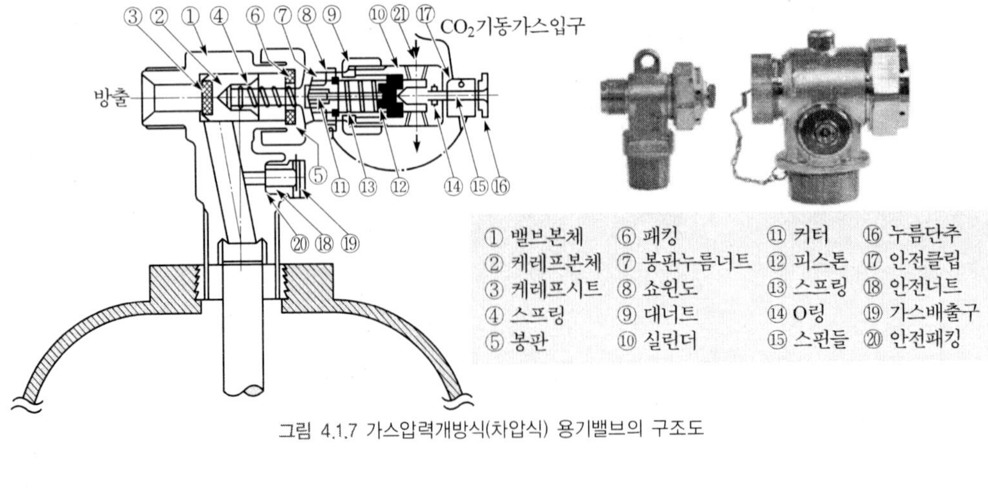

그림 4.1.7 가스압력개방식(차압식) 용기밸브의 구조도

③ 전기개방식

일반적으로 차압식 용기밸브에 가스압력식의 니들밸브를 부착하는 대신 전자밸브(솔레노이드밸브)를 부착하여 용기를 개방시킨다. 화재가 감지되면 수신부에서 기동전류가 솔레노이드밸브로 전달되고 파괴침이 용기밸브의 봉판을 뚫어서 용기 용기밸브를 개방시키게 되며, 가스개방식과의 차이점은 차압식용기밸브에 가스압력개방식의 니들밸브를 부착하는 대신 솔레노이드를 부착하는 점이 근본적인 차이점이다. 솔레노이드밸브는 저장용기마다 모든 저장용기마다 설치하는 것은 아니며, 7본 이상을 동시에 개방하는 설비의 경우는 2본 이상을 솔레노이드밸브로 설치하고 그 외의 저장용기는 가스압력개방식에 의한 니들밸브를 용기밸브에 부착하여 전기개방식의 밸브에서 동작되어 방출되는 가스의 일부를 니들밸브로 동관을 연결하여 방출가스의 압력에 의하여 개방되도록 설비를 구성한다.

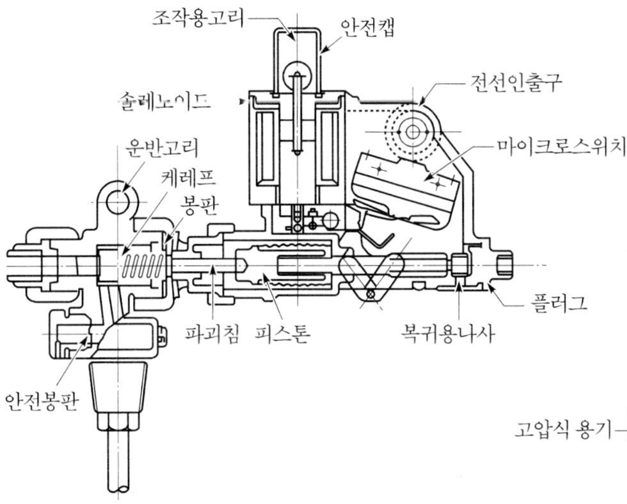

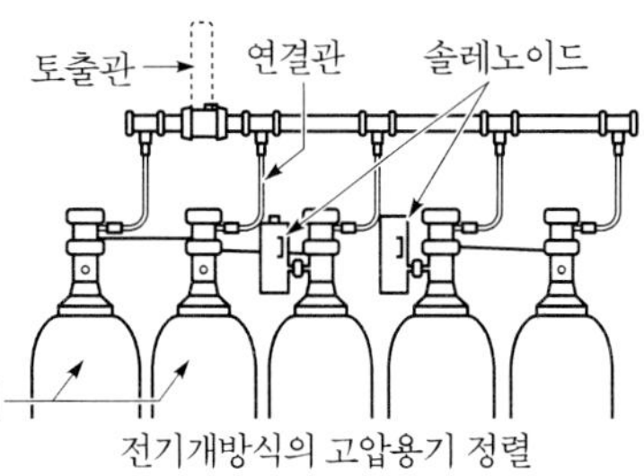

그림 4.1.8 전기개방식 용기밸브의 구조도

5) 연결관 및 집합관

연결관은 저자용기의 용기밸브에서 집합관에 연결시키는 것으로 각각의 저장용기로부터 연결하여 집합관에 모여지면 이것이 개방된 선택밸브로 이어져서 해당방호구역으로 방출되게 된다.

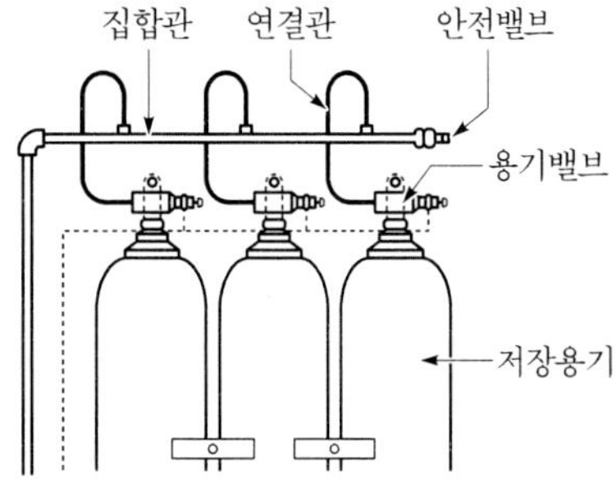

그림 4.1.9 연결관 및 집합관의 배관구성도

(2) 저압식 소화약제 저장용기

1) 내압시험압력의 0.64배 내지 0.8배 압력에서 작동하는 안전밸브를 설치하여야 한다.
2) 내압시험의 0.8배 내지 내압시험에서 작동하는 봉판을 설치하여야 한다.
3) 액면계 및 압력계를 설치하여야 한다.
4) 2.3MPa(23kg/cm^2) 이상 1.9MPa(19kg/cm^2) 이하의 압력에서 작동하는 압력경보장치를 설치하여야 한다.
5) 자동냉동장치를 설치하여 2.1MPa(21kg/cm^2)(−18 ℃) 이하의 압력을 유지하여야 한다.

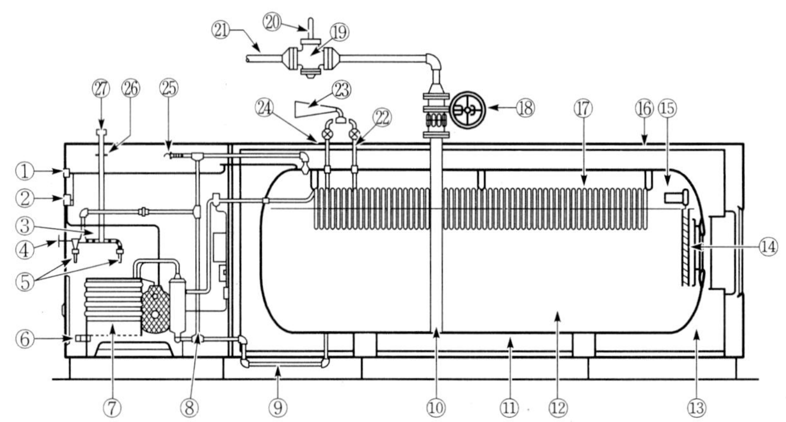

① 압력계	⑩ 사이폰관	⑲ 방출주밸브
② 액면계	⑪ 압력탱크	⑳ 방출조작용가스압력배관
③ 안전밸브(다이어후램식)	⑫ 액화 CO_2	㉑ 선택밸브측 CO_2공급관
④ 안전밸브 절환기	⑬ 단열재(인슐레이션)	㉒ 액화 CO_2충전량 90%검사관
⑤ 안전밸브(스프링식)	⑭ 맨홀뚜껑	㉓ CO_2방출검사구
⑥ CO_2보충구	⑮ CO_2 가스	㉔ 액화 CO_2충전량 100%검사관
⑦ 냉동기	⑯ 외장평철판	㉕ 방출조작용 CO_2가스압력배관
⑧ CO_2가스균형배관	⑰ 냉각코일	㉖ 안전밸브(파판식)
⑨ 액화 CO_2보충배관	⑱ 수동개폐밸브	㉗ 안전압통기구

그림 4.1.10 저압식저장 용기

(3) 선택밸브

선택밸브는 소화약제의 방사구역을 선택하기 위해서 각 구획마다 설치하는 밸브로 방호구획외의 장소에 설치한다. 내식성을 갖는 재질로서 고압력에 견디는 구조이며 작동방식은 전기 또는 가스압력에 의하여 해당 밸브를 작동시킨다. 기동용 가스압력을 받아 선택밸브만 개방시키는 것과 개방 후 다시 소화약제저장용기용 용기밸브 개방장치를 작동시키기 위한 가스유로를 갖는 구조가 있으므로 주의하여야 한다. 또한 선택밸브등(개폐밸브를 포함한다)

을 설치한 경우에는 저장용기와 선택밸브등의 사이에 안전장치 또는 파괴판을 설치하도록 되어 있다.

1) 가스압력개방식(피스톤릴리즈 방식)

기동용가스용기가 개방되면 기동가스가 선택밸브의 피스톤릴리즈를 작동시키게 되고 이것이 레치구조로 된 폐쇄장치를 해제시켜 작동되는 방식이다.

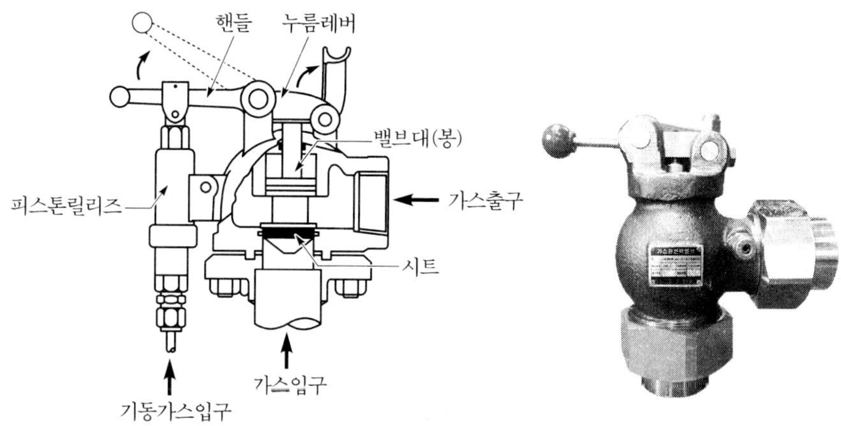

그림 4.1.11 가스압력개방식 선택밸브

2) 전기개방식(솔레노이드 방식)

전기개방식 기동용기밸브를 사용할 경우에 사용되는 것으로 화재가 감지되어 수신부에서 기동출력이 송출되면 선택밸브의 솔레노이드가 작동되어 누름레바를 헤제시키고 선택밸브를 개방시키는 구조이다. 작동원리는 가스압력개방식과 같으나 피스톤릴리즈 대신 솔레노이드밸브가 설치된다는 점에 근본적인 차이점이 있다.

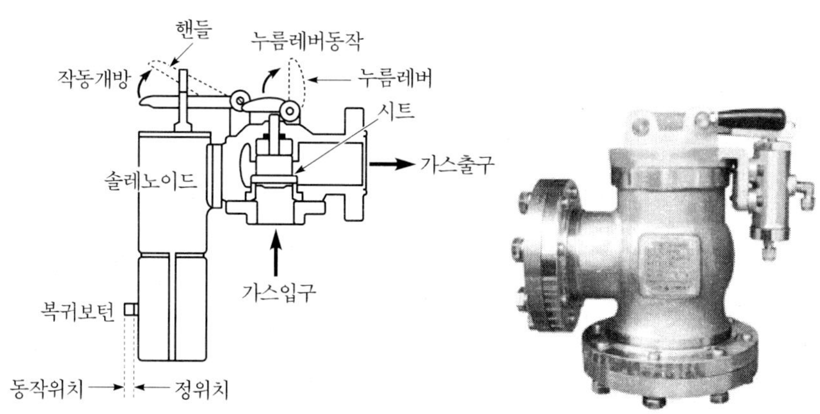

그림 4.1.12 전기개방식 선택밸브

(4) 기동용기함 및 기동용기

기동용기함은 선택밸브와 같이 하나의 방호구역마다 1개씩 설치된다. 기동용기함 내부에는 기동용기, 기동용 솔레노이드밸브, 압력스위치가 설치된다. 압력스위치는 기동용기함 내에 설치되기도 하지만 선택밸브의 2차측 배관 상에 설치하는 경우도 통용된다.

1) 기동용기 및 솔레노이드 밸브

기동용기의 용기밸브는 저장용기밸브와 같은 차압식 밸브로 크기만 소형으로 축소시킨 것으로서 내용적은 1ℓ 이상, 이산화탄소의 양은 0.6kg 이상을 충전시킨다. 기동용기의 개방은 화재감지기의 작동에 따라 수신부로부터의 기동전류에 의하여 솔레노이드밸브가 작동됨으로 파괴침이 봉판을 뚫음으로서 기동가스가 방출된다.

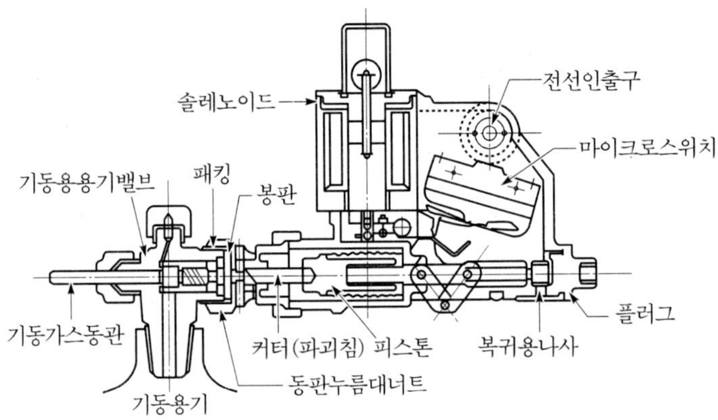

그림 4.1.13 기동용기와 솔레노이드의 구조도

2) 기동용동관의 구성

소화약제저장용기밸브는 기동용 가스에 의하여 개방되지만 기동용가스의 압력이 손실되어 충분한 압력에 미치지 못하면 파괴침이 봉판을 완전하게 뚫지 못하고 저장가스의 방출이 장시간에 걸쳐서 진행됨으로 소화에 실패하는 원인이 될 수 있다. 따라서 선택밸브 2치측으로 공급된 방출가스의 압력을 다시 저장용기로 보내서 용기밸브를 완전하게 개방시키도록 동관의 회로를 구성한다.

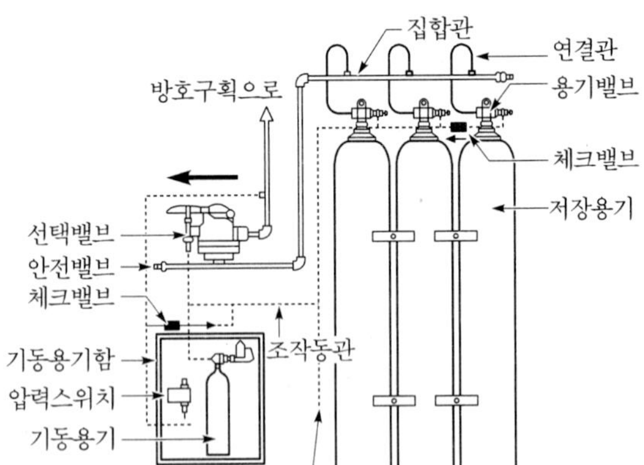

그림 4.1.14 기동용동관의 구성도

(5) 분사헤드

분사헤드의 방사압력은 고압식은 2.1MPa(21kg/cm²), 저압식은 1.05MPa(10.5kg/cm²) 이상이어야 한다. 또한 헤드의 수량은 다음의 기준에 의한 시간내에 방사할 수 있는 크기 이상의 것으로 한다.

구 분	전역방출방식		국소방출방식
	표면화재	심부화재	
방사시간	1분	7분	30초

(6) 배관 및 부속류

전용배관으로 설치하여야 하며, 강관 또는 동관을 사용한다.

1) 강관의 경우

압력배관용 탄소강관(KS D 3562)으로 이음이 없는 스케줄 80 이상(저압식은 40 이상) 또는 동등 이상의 강도를 가진 것으로 하여야 하며, 아연도금 등으로 방식처리된 것을 사용하여야 한다.

2) 동관의 경우

이음매 없는 관으로 동 및 동 합금관(KS D 5301)으로 고압식은 내압 16.5MPa(165kg/cm²), 저압식은 3.75MPa(37.5kg/cm²) 이상의 사용압력으로 하여야 한다.

3) 부속류

고압식의 경우 개폐밸브 또는 선택밸브의 1차측 배관부속은 4.0MPa(40kg/cm²) 이상, 개폐밸브 또는 선택밸브의 2차측 배관부속은 2.0MPa(20kg/cm²) 이상의 사용압력 제품을 사용하여야 하며, 저압식의 경우 1.0MPa(10kg/cm2) 이상의 사용압력에 적합한 제품을 사용하여야 한다.

(7) 화재감지기

화재감지기는 교차회로 방식으로 하고 A회로 감지기와 B회로 감지기가 동시에 작동하는 경우에 기동하는 AND회로를 구성한다. 복합형감지기, 불꽃감지기, 아날로그감지기, 다신호식감지기, 광전식분리형감지기는 신뢰도가 높은 감지기로 간주할 수 있음으로 교차회로를 구성하지 않는다. 만약 교차회로로 구성하는 경우라면 비축적형을 사용하여야 한다.

(8) 자동폐쇄장치

환기장치가 있을 경우는 이산화탄소가 방사되기 전에 환기장치를 자동 정지할 수 있도록 하고, 개구부 또는 통기구(천장으로부터 1m 이상의 아래 부분 또는 바닥으로부터 당해층 높이의

2/3 이내 부분)가 있어 이산화탄소의 유출에 의하여 소화효과를 감소시킬 우려가 있는 경우는 소화약제가 방출되기 전에 당해 개구부 또는 통기구를 자동 폐쇄할 수 있도록 하여야 한다.

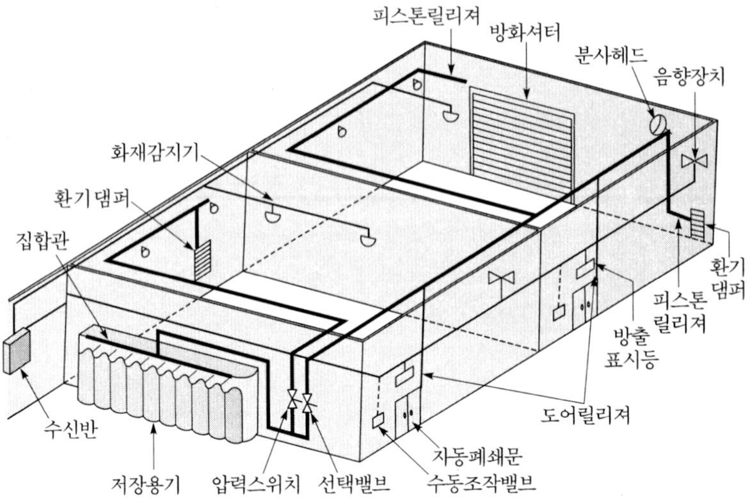

그림 4.1.15 방호구역내 자동폐쇄장치의 설치위치의 예

이산화탄소의 방출에 따라 가스의 누출이 이루어질 수 있는 곳에 댐퍼나 자동폐쇄문을 설치하여 가스의 방사와 동시에 자동적으로 개구부를 차단시키며, 이를 위한 기구로서는 피스톤릴리즈 방식이 많이 사용된다.

피스톤릴리즈는 가스압력에 의하여 작동되는 것으로서 당해 방호구역의 선택밸브 2차측 배관에서 조작동관을 분기시켜 선택밸브를 통과하여 분사헤드에서 방사되는 가스의 압력이 그대로 동관을 따라 피스톤릴리즈를 작동시켜 개구부를 차단시킨다.

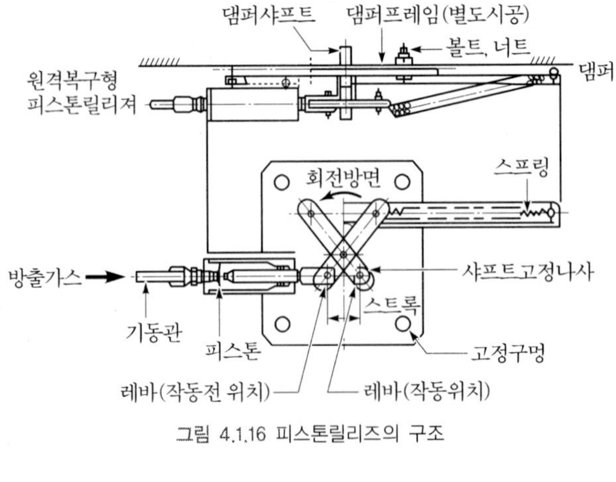

그림 4.1.16 피스톤릴리즈의 구조

피스톤릴리즈가 작동된 후 복구는 댐퍼 수동복구함을 조작함으로 이루어지며, 댐퍼 수동복구함을 열고 함내의 밸브를 개방하거나 조작버튼을 눌러 배관내의 압력을 완전히 배출시키고 폐쇄된 댐퍼나 자동개폐문을 열린 상태로 복구시킨다.

(9) 안전장치

저장용기와 선택밸브(또는 개폐장치) 사이에 설치하며(보통 집합관 말단에 설치) 17MPa(170kg/cm²)~20MPa(200kg/cm²)에서 작동하여야 한다. 이는 저장용기로부터 가스누설이 있는 경우 배관내 압력상승으로 인한 과압을 방지하기 위한 장치이다.

(10) 옥외가스 주입구

1) 대상

공장 및 창고	특수가연물을 1,000배 이상 저장·취급하는 장소
전기실, 발전실, 변전실, 축전지실, 통신기기실, 전산실	바닥면적 900m² 이상
기계장치에 의한 주차시설	주차대수 50대 이상

※ 동일한 방화구획내 2이상의 실이 설치되어 있는 경우에는 이를 1개의 실로보아 바닥면적을 산정한다.

2) 위치

스프링클러소화설비의 송수구는 유수검지장치 1차측에서 분기하여 설치하나 옥외가스 주입구는 선택밸브 2차측에서 분기하여 설치하고 체크밸브를 설치한다.

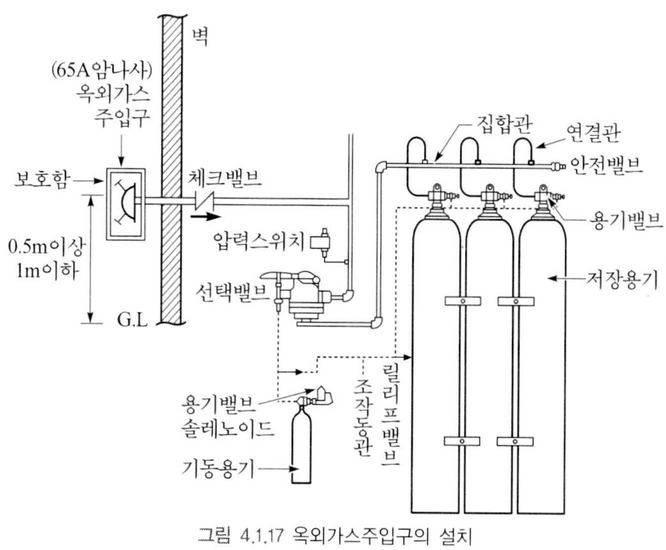

그림 4.1.17 옥외가스주입구의 설치

3) 주입구의 규격

① 구조, 모양, 치수는 송수구의 형식승인 및 제품검사의 기술기준에 의한 송수구로 하여야 한다.

② 접결구는 65mm 이상의 암나사로 하여야 한다.

③ 높이는 지면에서 0.5m 이상 1m 이하로 하여야 한다.

④ 주입구는 보호캡과 적색보호함(가로, 세로 각 30cm 이상)을 설치하여야 한다.

4) 설치기준

① 주입구는 방호구역별로 설치하여야 한다.

② 소방자동차의 통행이 쉬운 곳에 노출하여 설치하여야 하며, 주입구가 2이상일 경우에는 같은 장소에 설치하여야 한다.

4.1.6 이산화탄소 소화약제량 계산

(1) 전역방출방식

1) 표면화재

가연성액체 또는 가연성가스등에 의한 표면화재의 경우에 적용하여야 한다.

① 일반방호대상물의 경우

$$Q = V \times K1(\text{기본량}) + A \times K2(\text{가산량})$$

여기서 Q(kg) : 소화약제량

$V(m^3)$: 방호구역의 체적

$A(m^2)$: 방호구역의 개구부 면적

$K1$, $K2$: 방출계수

a. 기본량(= $V \times K1$=체적계수)

체적에 대한 기본가스량은 아래의 방출계수를 적용한다.

방호구역 체적(m^2)	방출계수 K_1 (m^2 당)	최저한도의 양(kg)
45 미만	1.00kg	45kg
45 이상~150 미만	0.90kg	
150 이상~1,450 미만	0.80kg	135kg
1,450 이상	0.75kg	1,125kg

※ 1. 불연재료나 내열성의 밀폐된 구조물의 경우는 그 체적을 제외한다.

2. 산출한 양이 최저 한도의양 미만일 경우는 최저한도의 양으로 한다.

b. 가산량(=A × $K2$ = 면적계수)

개구부에 자동폐쇄장치가 없는 경우에 누설되는 양을 보충하는 가스량으로 방출계수 $K2$는 개구부 면적(m^2)당 5kg으로 적용한다.

② 가연성액체 및 기체의 경우

최소설계농도가 34% 이하인 경우로서 방호대상물에 가연성가스 및 액체를 저장, 취급하는 경우는 다음 계산식에 의하여 산출한다.

$$Q = (V \times K1) \times N + (A \times K2)$$

여기서 Q(kg) : 소화약제량

V(m^3) : 방호구역의 체적

A(m^2) : 방호구역의 개구부 면적

$K1$, $K2$: 방출계수

N : 보정계수

a. 기본량(=V × $K1$=보정계수)

표면화재 일반방호대상물의 계산방법에 의하여 기본량을 구한 후 보정계수 그래프를 이용하여 보정계수를 구하고 이를 곱하여 산출한다.

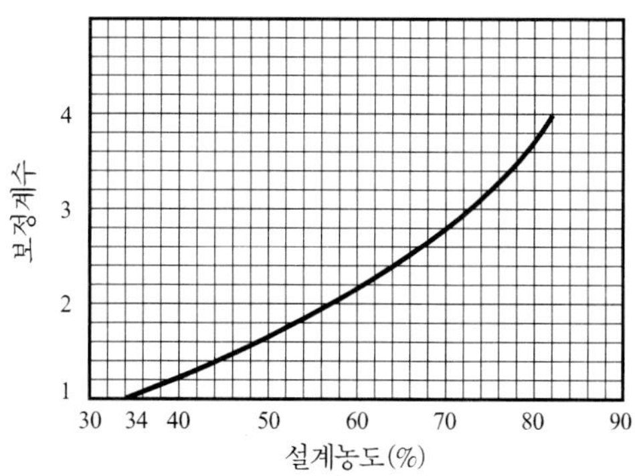

그림 4.1.18 보정계수 그래프

b. 가산량(= A × $K2$)

개구부에 자동폐쇄장치가 없는 경우에 누설되는 양을 보충하는 가스량으로 방출계수 $K2$는 개구부 면적(m^2)당 5kg으로 적용한다.

2) 심부화재

목재, 종이, 석탄, 섬유류, 합성수지 등과 같은 A급의 심부성화재일 경우에 적용한다.

$$Q = V \times K1(\text{기본량}) + A \times K2(\text{가산량})$$

여기서 Q(kg) : 소화약제량
V(m^3) : 방호구역의 체적
A(m^2) : 방호구역의 개구부 면적
$K1$, $K2$: 방출계수

a. 기본량(= $V \times K1$.)

방출계수 K1.의 적용은 아래의 표를 이용하고 기본 소화약제량을 계산한다.

방호대상물	방출계수 K_1(m^2)	설계농도(%)
유압기기를 제외한 전기설비, 케이블실	1.3 kg	50%
55m^2 미만의 전기설비	1.6 kg	50%
서고, 전자제품 창고, 목재가공품창고, 박물관	2.0 kg	65%
고무류, 면화류창고, 모피창고, 석탄창고, 집진설비	2.7 kg	75%

b. 가산량(= $A \times K2$)

개구부에 자동폐쇄장치가 없는 경우에 누설되는 양을 보충하는 가스량으로 방출계수($K2$)는 개구부 면적(m^2)당 10kg으로 적용한다.

(2) 국소방출방식

1) 평면화재

화재의 연소면이 아래와 같이 평면일 경우에 적용

① 윗면이 개방된 용기에 4류 위험물, 특수가연물(1종 및 2종 가연물에 한함)을 저장할 때

② 화재시 연소면이 1면에 한정되고 가연물이 비산할 우려가 없는 경우

$$Q = S \times K(\text{기본량}) + h(\text{할증계수})$$

여기서 Q(kg) : 소화약제량
S(m^2) : 방호대상물의 표면적
K : 방출계수(=13)
h : 할증계수(고압식=1.4, 저압식=1.1)

2) 입면화재

화재 시 연소면이 입면일 경우에 적용하며 1종 및 2종 가연물과 위험물의 2가지로 수분하여 적용

$$Q = V \times K(\text{기본량}) + h(\text{할증계수})$$

여기서 Q(kg) : 소화약제량

V(m^3) : 방호대상물의 체적

K(kg/m^3) : 방호공간 체적당 소화약제량

h : 할증계수(고압식=1.4, 저압식=1.1)

※ 1. 방호공간이란 방호대상물의 각 부분으로부터 0.6m의 거리에 의하여 둘러싸인 공간을 말한다.
2. 방호공간에서 벽이 없는 경우에는 벽이 있는 것으로 가정하고 벽의 면적을 구한다.

① 방출계수의 적용

a. 1종가연물 및 2종 가연물

$$K = 8 - 6(a/A)$$

여기서 K(kg/m^3) : 방호공간 체적당 소화약제량

a(m^2) : 방호대상물 주위이 벽면의 합계

A(m^2) : 방호공간의 벽면의 합계

b. 위험물의 경우

$$K = 2\ [\ 8 - 6(a/A)\ ]$$

여기서 K(kg/m^3) : 방호공간 체적당 소화약제량

a(m^2) : 방호대상물 주위의 벽면의 합계

A(m^2) : 방호공간의 벽면의 합계

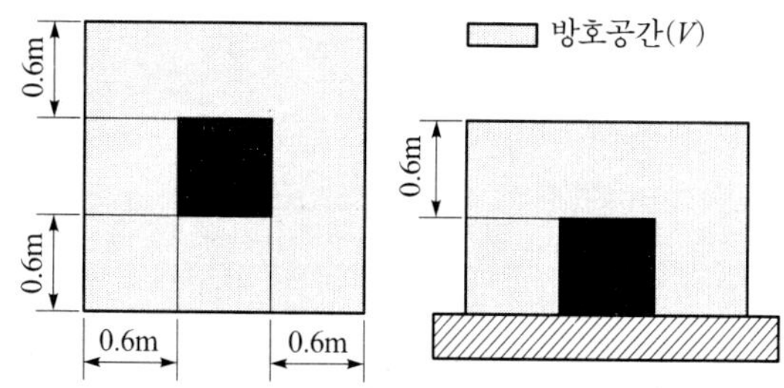

▶ 1, 2종 가연물 $Q = 8-6\ a/A$
▶ 위험물 $Q = 16-12\ a/A$

방호공간(V) : 0.6m 가상벽 내의 체적
a : 0.6m 이내의 실제 벽면적의 합계
A : 0.6m 가상 벽면적의 합계

그림 4.1.19 방호공간의 예

4.2 할론소화설비

4.2.1 개요

할로겐화합물 소화약제는 불소, 염소, 브롬, 요오드와 같은 할로겐계 원소 중 하나 또는 몇개의 원소를 함유하고 있으며 이것이 지방족탄화수소의 분자증에 존재하는 수소원자와 치환됨으로서 가연물과 산소의 연쇄화학반응을 억제하고, 냉각과 희석 작용으로 소화하는 설비이다. 할론소화약제는 할론 1101, 할론 2402, 할론 1201, 할론 1301 등이 사용되며, 화학적으로 안정된 우수한 소화성능을 지니고 있어 제4류 위험물 또는 특수가연물이나 가연성 가스, 전기설비의 화재에 유효하다. 국내에서는 할론 1301 소화약제가 주로 사용된다. 할로겐화합물 소화약제는 최초에 항공기 엔진의 소화설비용으로 개발되어 점차 그 용도가 다양화되어 왔으나 사용후 대기중의 오존층을 파괴시키는 요인으로 작용함이 밝혀짐에 따라 년차적으로 사용이 제한되어 가고 있다. 소화설비의 구성은 소화약제의 탱크, 가압용가스용기, 기동장치(CO_2 용기), 분사헤드, 화재감지장치, 음향경보장치, 배관, 전자개방장치 등으로 되어 있으며, 설비방식은 이산화탄소 소화설비와 비슷하다.

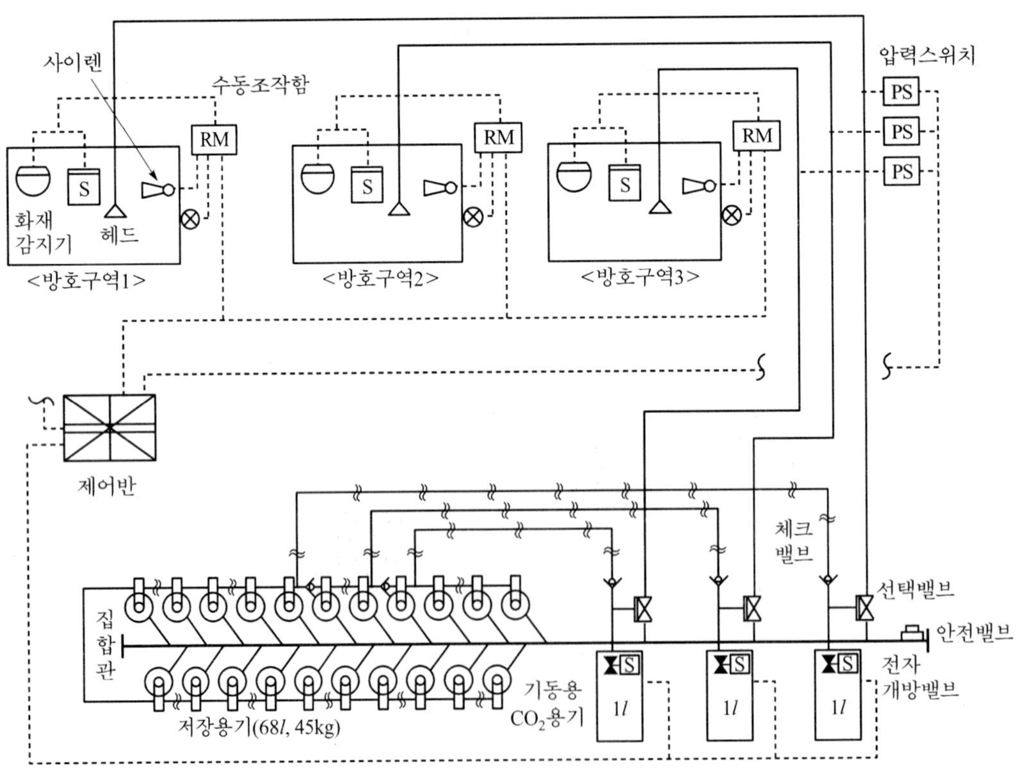

(1) 고압식계통도

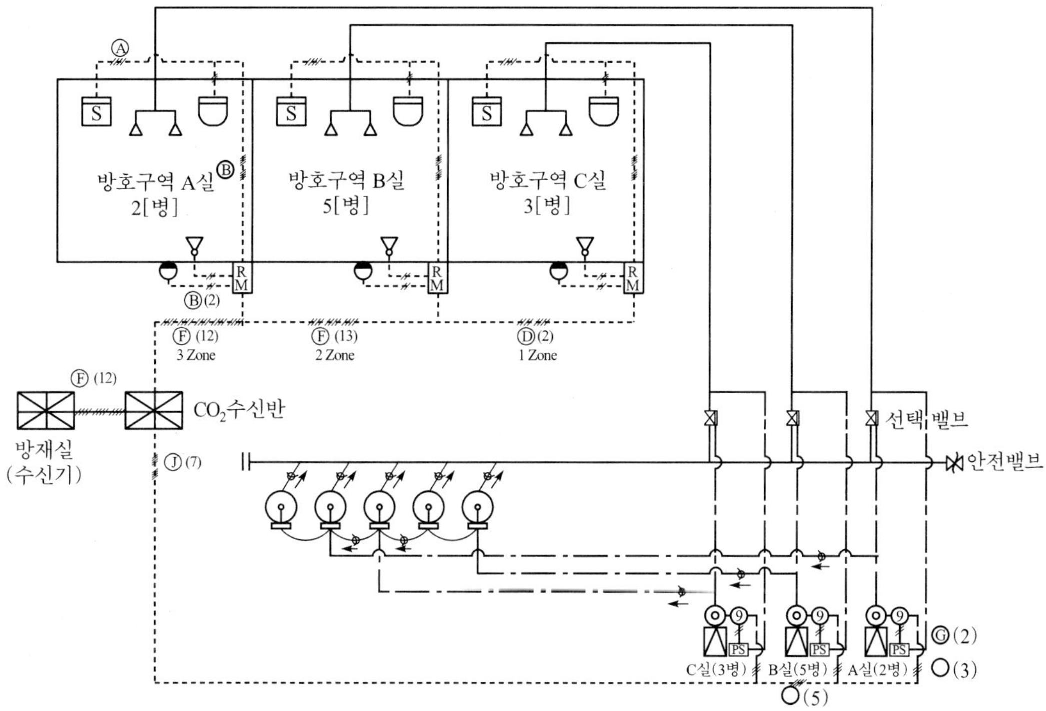

(2) 저압식계통도

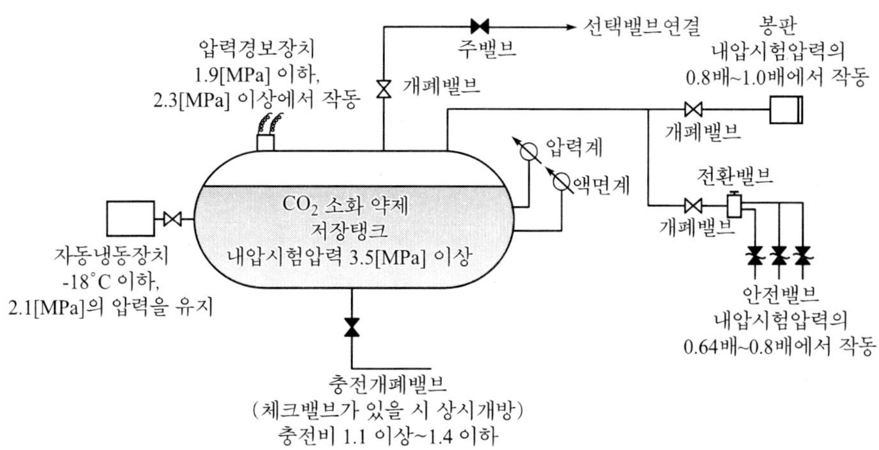

할론 사용하는 용어의 정의는 다음과 같다.

1) "전역방출방식"이란 고정식 할론 공급장치에 배관 및 분사헤드를 고정 설치하여 밀폐 방호구역 내에 할론을 방출하는 설비를 말한다.

2) “국소방출방식”이란 고정식 할론 공급장치에 배관 및 분사헤드를 설치하여 직접 화점에 할론을 방출하는 설비로 화재발생 부분에만 집중적으로 소화약제를 방출하도록 설치하는 방식을 말한다.

3) “호스릴방식”이란 분사헤드가 배관에 고정되어 있지 않고 소화약제 저장용기에 호스를 연결하여 사람이 직접 화점에 소화약제를 방출하는 이동식소화설비를 말한다.

4) “충전비”란 용기의 체적과 소화약제의 중량과의 비를 말한다.

5) “교차회로방식”이란 하나의 방호구역 내에 2 이상의 화재감지기회로를 설치하고 인접한 2 이상의 화재감지기가 동시에 감지되는 때에는 할론소화설비가 작동하여 소화약제가 방출되는 방식을 말한다.

6) “방화문”이란 「건축법 시행령」 제64조의 규정에 따른 갑종방화문 또는 을종방화문으로써 언제나 닫힌 상태를 유지하거나 화재로 인한 연기의 발생 또는 온도의 상승에 따라 자동적으로 닫히는 구조를 말한다.

(3) 소화원리

연소의 4요소 중 하나인 연쇄반응이란 화재 시 지속적으로 OH−, H+의 활성기를 발생시키는 것으로서 억제효과란 이러한 연쇄반응을 차단하여 소화하는 것이다. 즉 일종의 부촉매 역활을 하는 것으로서, 할론 소화약제의 주요 소화효과는 질식효과, 억제효과에 의한다.

(4) 장점 및 단점

1) 장점

① 저농도로 소화가 가능하므로 질식의 우려가 없다.

② 전기의 부도체로서 C급 화재에 매우 효과적이다.

③ 약제에 관련된 독성이나 부식성이 매우 낮다.

④ 소화약제는 물질의 내부까지 침투가 가능하며 소화 후 잔존물이 없다.

2) 단점

① CFC 계열의 물질로서 오존층파괴를 일으키는 등 환경에 영향을 미친다.

② 가격이 이산화탄소 등에 비해 매우 고가이다.

(5) 적응성과 비적응성

1) 적응성

① 전기 및 전자시설 등의 화재위험지역

② 원격통신설비

③ 인화성, 가연성 액체나 기체

④ 기타 고가의 시설물, 장치 등

2) 비적응성

① 자체에서 산소를 공급하는 화합물

② 반응성 금속

③ 금속수소화합물

④ 자기반응성 물질

4.2.2 할론 소화설비의 분류

방출방식에 따라 이산화탄소화설비와 동일하게 전역방출방식과 국소방출방식 및 호스릴 방식으로 구분할 수 있다. 또한 소화약제의 가압방식에 따라서는 가압식과 축압식 으로, 조작방법에 따라서는 자동식과 수동식으로 분류된다. 상온에서 소화약제의 성상은 할론 1011, 할론 2402의 경우 액체임으로 가압식 또는 축압식이 가능하고, 할론 1211과 1301은 기체임으로 축압식으로 사용한다.

(1) 저장방식에 의한 분류

1) 가압식

별도의 가압용 질소탱크를 부설하고, 방사시 가압용기내의 질소를 이용하여 할론약제를 방사하는 방식이다 이는 할론 2402이 상온에서 액체상태이기 때문에 자체 증기압만으로는 방사할 수 없고 방사는 별도의 외부 가압원이 필요하다. 따라서 가압식의 경우 할론 2402 설비에만 적용한다.

2) 축압식

저장용기 내 할론소화약제를 질소로 축압하고 방사는 축압된 질소압을 이용하여 할론 소화약제를 방사하는 방식이다.

※ 할론은 외부온도변화에 따라 기화현상의 발생으로 압력이 증가하거나 액화가 일어나 압력이 감소함으로 방사압이 균일하게 되지 않는다. 따라서 이를 방지하기 위하여 할론의 자체 증기압보다(상온에서 할론 1301은 1.4MPa(14kg/cm^2), 할론 1211은 2.5kg/cm^2) 높은 압력(할론 1301은 4.2MPa(42kg/cm^2), 할론 1211은 2.5MPa(25kg/cm^2)로 유지)으로 질소를 축압함으로서 이러한 압력변화를 방지한다. 질소는 약제와 반응하지 않는 안정된 물질이고 가압시 액화되지 않음으로 축압제로 유용하다.

(2) 방출방식에 의한 분류

1) 전역방출방식

하나의 방호구역을 방호대상물로 하여 타부분과 구획하며, 분사헤드를 이용하여 방호구역 전체 체적에 할론 소화약제를 방사하는 방식이다. 헤드는 방사된 소화 약제가 방호구역 전체에 균일하고 신속하게 확산될 수 있도록 설치하여야 하며, 방사압 및 방사시간은 아래와 같이 설정한다.

방사시간	헤드의 방사압		
	1301	1211	2402
30초	0.9MPa (9kg/cm²)	0.2MPa (2kg/cm²)	0.1MPa (1kg/cm²)

2) 국소방출방식

방호대상물을 일정한 공간으로 구획할 수 없을 경우 국소부분에 한하여 할론소화약제를 방사하는 방식이다. 헤드는 소화약제의 방사에 의하여 비산되지 않는 위치에 설치하여야 하며 방사압 및 시간을 아래와 같이 설정한다.

방사시간	헤드의 방사압		
	1301	1211	2402
30초	0.9MPa (9kg/cm²)	0.2MPa (2kg/cm²)	0.1MPa (1kg/cm²)

3) 호스릴방식(이동식)

이동식 설비로서 화재 시 사람이 호스를 이용하여 화재장소에 약제를 방사하는 수동식 설비이다. 이 방식의 할로겐소화설비는 화재 시 연기가 심하게 차서 소화활동이 곤란해질 우려가 없는 장소에만 설치할 수 있다.

① 1층(또는 피난층)에 있는 부분으로서 지상에서 개방(수동 또는 원격조작)할 수 있는 개구부 유효면적의 합계가 15% 이상이 되는 부분과 전기설비가 설치되어 있는 부분 또는 다량의 화기를 사용하는 부분(당해 주위 5m 이내의 부분을 포함)의 바닥면적이 당해설비가 설치되어 있는 구획의 바닥면적에 1/5 미만이 되는 부분

② 성능조건

가. 호스릴을 설치할 경우는 모든 방호대상물에 대해서, 방호대상물 각부분에서 호스 이동식릴까지의 수평거리는 20m 이하가 되도록 한다.

나. 호스릴을 설치하는 위치마다 저장용기 또는 저장탱크를 설치한다.

다. 저장용기의 개방밸브는 호스 설치장소에서 수동으로 개폐할 수 있는 구조이어야 한다.

라. 방사량 및 소화약제량

수평거리	노즐방사량(kg/min)			노즐당 약제 소요량(kg)		
20m	1301	1211	2402	1301	1211	2402
	35	40	45	45	50	50

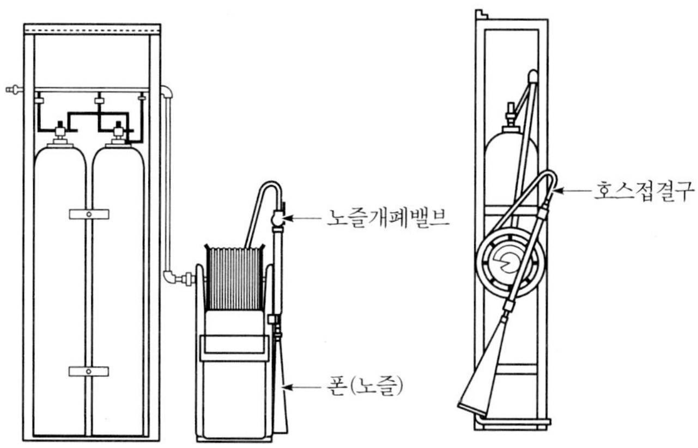

그림 4.2.1 이동식 할로겐화물 소화설비의 모양

(3) 조작방식에 의한 분류

1) 수동식

소화설비의 기동을 사람이 직접 조작을 통하여 행하는 방식이다. 저장용밸브, 저장탱크밸브 또는 기동용기밸브 등을 직접 손으로 여는 직접조작식과, 전자밸브, 가스용작동밸브등의 누름보턴 조작에 의한 원격조작식이 있다.

2) 자동식

자동화재감지장치 작동과 연동해서 소화설비의 기동이 자동적으로 행해지고, 선택밸브의 개방, 개구부의 폐쇄 등 관련장치도 모두 자동으로 조작되는 방식이다.

(4) 할론소화약제 특성

1) 브로모트리플루오로메탄("할론1301")의 소화약제의 순도는 99.6mol% 이상이어야 한다.
2) 브로모클로로디플루오로메탄("할론 1211")의 소화약제의 순도는 99.0mol% 이상이어야 한다.

4.2.3 할론 소화설비 방출 및 작동방법

(1) 방출계통도

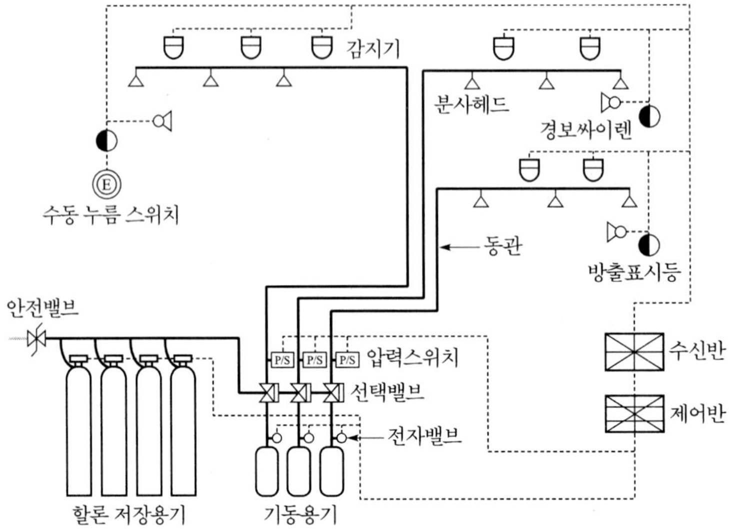

그림 4.2.2 할론소화설비의 전역방출방식

(2) 작동순서

할론소화설비의 구성 및 작동원리는 이산화탄소소화설비의 구성 및 작동원리와 거의 동일하다. 다만, 가압식의 경우에는 기동용가스(기동용기에서 방출)가 가압용가스용기, 소화약제저장용 용기밸브를 동시에 개방시키고, 가압용 가스의 공급관에는 압력조정기가 설치되어 20kg/cm^{2}이하의 압력으로 소화약제 저장용기의 소화약제를 가압하여 방출하는 점이 다르다.

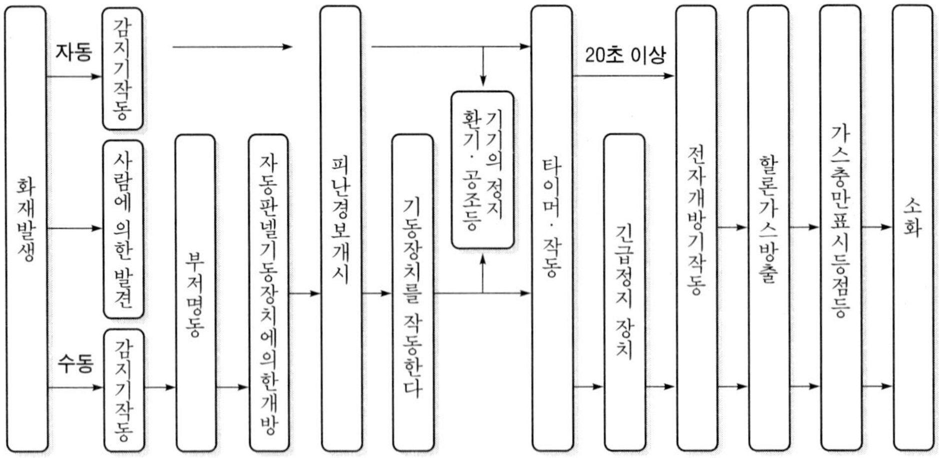

그림 4.2.3 할론 소화설비 작동 순서도

(3) 소화약제별 기본 구성 및 작동흐름

1) 할론 1301 및 할론 1211 소화설비

고압식 이산화탄소설비와 기본적인 구성이 같으며 작동흐름은 아래 그림과 같다.

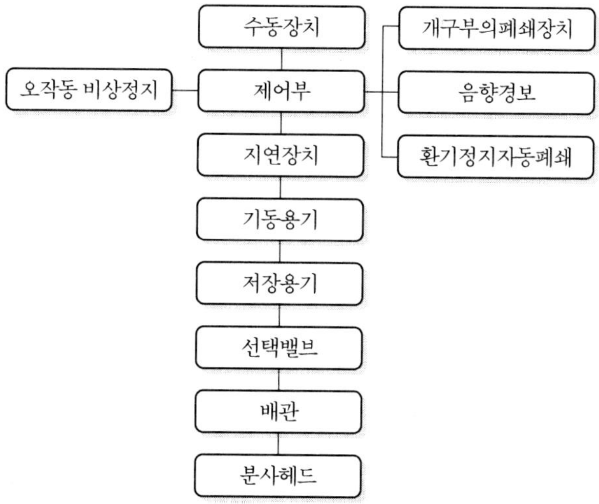

그림 4.2.4 할론1301 및 할론 1211 소화설비 구성

2) 할론 2402 소화설비

가압용가스용기가 설치되고 여기에서 방출된 압력이 할론 소화약제를 가압하여 방출하는 점이 이산화탄소소화설비와 차이점이 있다.

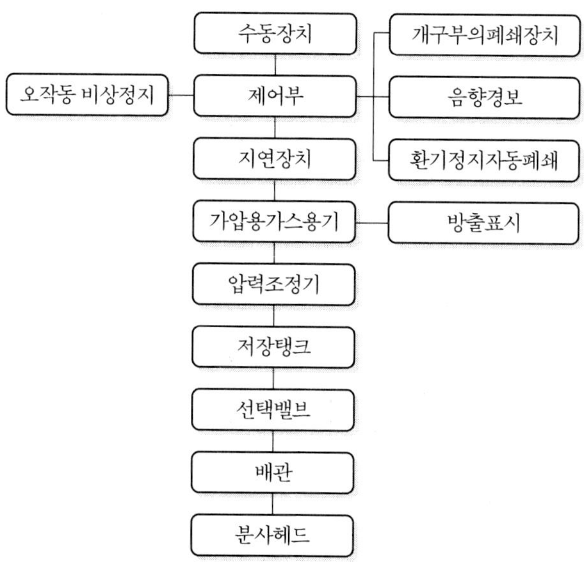

그림 4.2.5 할론 2402 소화설비 구성

4.2.3 할론 소화설비의 주요구성부 및 기능 등

(1) 할론소화약제의 저장용기

할론 소화약제의 저장용기는 가압식과 축압식의 두 종류로 분류할 수 있으며, 축압식은 소화약제 저장용기 내를 질소로 충압하여 놓는 것이고, 가압식은 별도의 질소가압 용기를 설치하여 화재발생 시 가압용기를 개방시켜 약제의 방출압력을 얻는 것이다. 할론1211 및 할론 1301은 축압식을 할론 2402은 가압식을 이용한다. 가압식은 가압 용기내의 질소압력을 21℃에서 2.5MPa(25kg/cm^2) 또는 4.2MPa(42kg/cm^2), 축압식 소화약제저장용기 내압력은 20℃에서 할론 1211은 1.1MPa(11kg/cm^2) 또는 2.5MPa(25kg/cm^2), 할론 1301은 2.5MPa(25kg/cm^2) 또는 4.2MPa(42kg/cm^2)로 충전하여야 한다.

저장압력이 2가지로 적용되는 이유는 용기의 구조에 기인하는데 이음매가 있는 저장 용기의 경우는 낮은 압력, 이음매가 없는 용기의 경우는 높은 압력을 적용한다. 일반적으로 할론 1301 소화설비의 경우 대부분 42kg/cm^2 용을 사용한다.

할론 1211과 할론 1301은 고압가스안전관리법의 대상이 되는 액화가스이므로 그 저장 용기는 고압가스안전관리법에서 정하는 검사에 합격한 것이라야 한다.

1) 가압식 저장용기

할론 2402를 사용하는 설비에 한해서 채택되는 방식으로서 할론 2402이 상온 상압상태에서 액체이므로 자체증기압만으로 방사되지 않아 별도의 가압원을 사용하는 것이다. 방사를 하기 위한 압력원으로서 질소를 충전한 가압용기를 갖추고 있다.

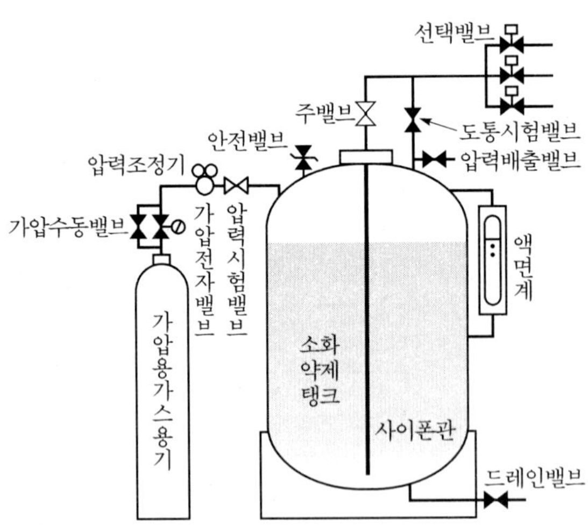

그림 4.2.6 가압식 저장용기

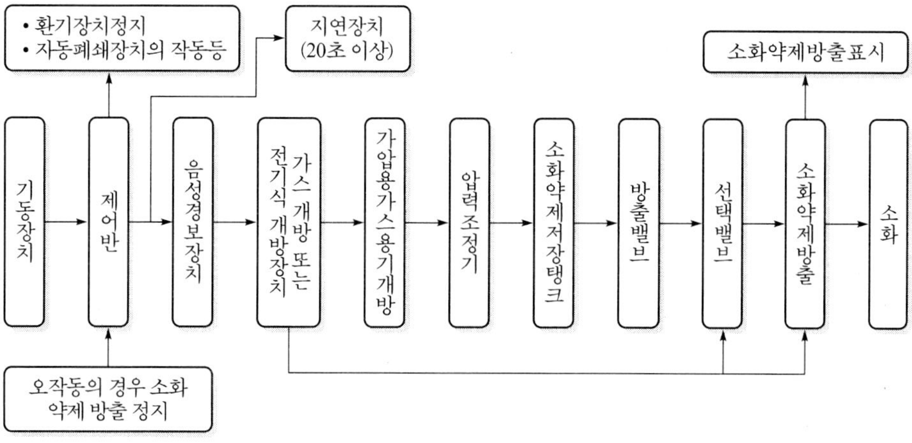

그림 4.2.7 가압식 저장용기의 작동순서

2) 축압식 저장용기

소화약제 저장용기내에 약제를 질소가스가 상시가압(축압)되어 있는 것이다. 또한 할론 1211, 할론 1301은 상온, 상압에서 가스상태이고 저장용기에 액상으로 충전 되면 자체압을 갖기는 하지만 온도의 변화에 따라 방사압력이 일정하게 유지되지 않음으로 이를 방지하기 위하여 질소압을 가한다.

※ 축압식이란 이산화탄소설비에는 없으며 할로겐소화설비에만 적용된다. 이는 이산화탄소의 증기압이 높아 자체 증기압만으로도 충분한 방출력과 일정압력의 유지가 가능하기 때문이다.

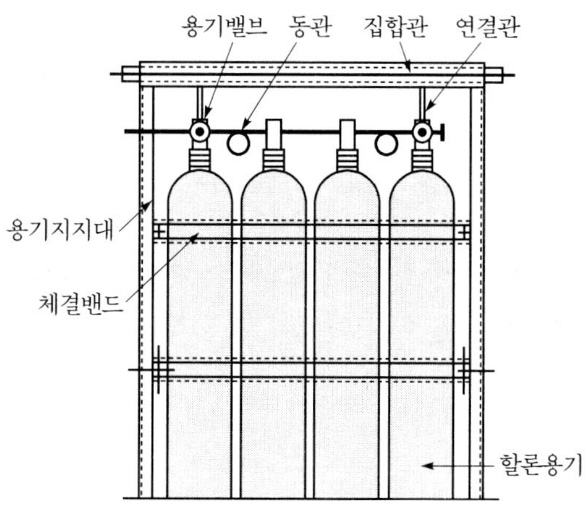

그림 4.2.8 축압식 저장용기 구조

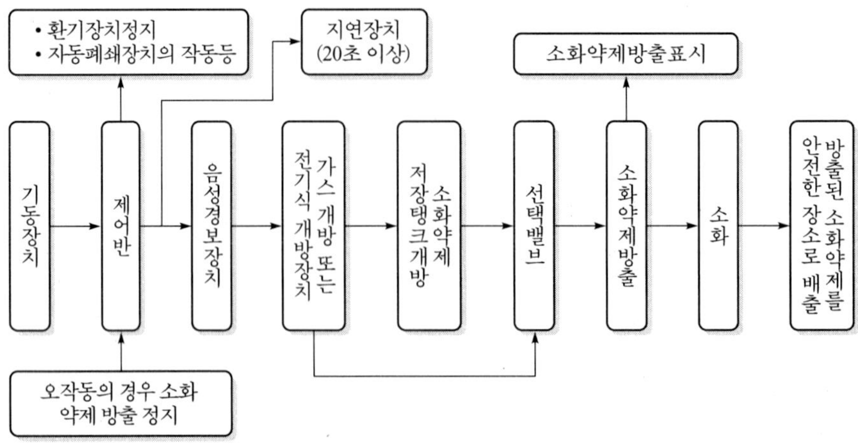

그림 4.2.7 축압식 저장용기의 작동순서

3) 충전비

충전비란 용기내용적 대 약제중량으로서, C(충전비) = V(ℓ)/W(kg)이다.

하나의 집합관에 접속되는 용기는 충전비가 동일하여야 하며 아래의 기준을 적용한다.

구분	소화약제 종류	충전비
축압식	1301	0.9 이상 1.6 이하
	1211	0.7 이상 1.4 이하
	2402	0.67 이상 2.75 이하
가압식	2402	0.51 이상 0.67 이하

(2) 가압용가스용기 및 기타 부속장치 등

가압용가스용기 및 기동용가스용기는 고압가스안전관리법령에서 정하는 고압용기를 사용한다.

1) 가압용가스용기

가압식 할론 2402 소화설비용으로는 내용적 40ℓ 정도의 질소용기를 사용하고 설비규모에 따라 하나 또는 두개를 나열하여 접속해서 사용한다. 용기밸브, 전자식 솔레노이드밸브 또는 가스압식의 피스톤밸브 등이 개폐와 기동을 위하여 함께 구성되어 사용된다. 질소 충전압은 통상 40℃에서 15.0MPa(150kg/cm^2)로 하지만, 저장탱크를 가압할 경우에는 1.5MPa(15kg/cm^2) 정도로 감압하여 충전한다.

2) 기동용 가스용기

할론소화설비에 설치하는 기동용가스용기는 통상 이산화탄소를 충전한 용기를 사용한다. 이 용기의 내용적은 1ℓ 이상으로 하고, 이산화탄소 충전량은 0.6kg 이상 충전비는 1.5 이상이어야 한다. 내압시험압력은 25.0MPa(250kg/cm^2), 안전밸브의 파괴압은 160~150MPa(160~250kg/cm^2) 범위의 것으로 한다.

3) 지연장치

전역방출방식의 경우 기동조작으로 인해 음향경보장치가 작동하고 경보와 함께 구획내의 인원이 대피할 시간적 여유가 필요하다. 이 때문에 기동회로중에 시한 계전기를 넣어 기동장치의 작동에서 저장용기의 용기밸브 또는 저장탱크의 방출밸브 개방까지를 20초 이상의 시간차를 두는 지연장치가 필요하다. 또한 실수로 기동장치를 작동시키는 경우 등에 있어서 신속히 소화약제 방출을 정지시키기 위해 수동기동장치에 복구보튼을 설치하고 지연시간 범위내에서 정지조치를 할 수 있도록 한다. 할론1301 소화설비는 소화약제 자체의 독성이 적고 방사량도 적음으로 지연장치의 설치를 규제하고 있지는 않지만 자체적으로 설치하는 것이 바람직하다.

4) 압력조정기

가압용가스용기의 가스 10~15MPa(100~150kg/cm^2) 저장용기 또는 저장탱크에서 송출하기 전에 가스압력을 2.0MPa(20kg/cm^2)이하로 압력을 감압 조정하여 유효하게 소화약제를 방사하게 하는 것이다.

5) 니들밸브(Needle Valve)

니들밸브는 용기밸브에 부착되어 화재 시에 니들 핀(Needle Pin)으로 용기밸브를 작동시키는 역할을 하며 이 니들밸브는 기동용기에서 방출된 탄산가스(CO_2)에 의하여 자동으로 작동되고, 만약 자동으로 작동되지 않을 때는 안전핀을 빼낸 후에 니들 핀을 안쪽으로 누르면 조작할 수 있는 것이다.

그림 4.2.8 니들밸브

6) 체크밸브(Check Valve)

체크밸브는 할론용기, 선택밸브와 기동용기 라인 사이에 설치되며 기동용 탄산가스(CO_2)의 역류에 의하여 소화하고자 하는 방호구역 외 타 방호구역으로 할론가스가 방출되는 것을 방지할 목적으로 사용된다.

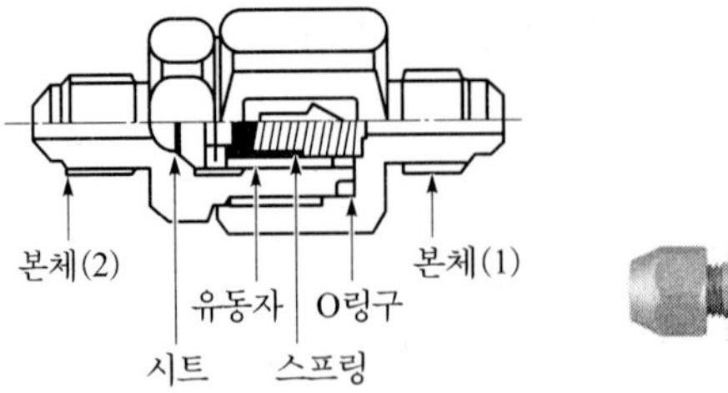

그림 4.2.9 체크밸브의 구조

7) 릴리프밸브(Relief Valve)

릴리프밸브는 배관 내에서 발생한 응축수를 제거해 주는 기능을 하는 것으로서 밸브 입출구는 동관 연결될 수 있도록 되어 있고, 황동 단조품을 니켈-크롬 도금하여 내식성 향상시킨 제품 등이 사용된다.

8) 안전밸브(Safety Valve)

안전밸브는 과압방지 밸브로서, 돌발적으로 가스압력이 높아질 때 내부 동판이 파괴 되도록 설계되어 있다. 안전밸브의 작동압력은 할론가스일 경우 5.5~8.0MPa(55~ 80kg/cm^2)이며, 밸브의 접합부나사 규격은 PT 15A/ PT 20A의 두 종류가 사용된다.

9) 음향경보장치

할론소화설비의 음향경보장치는 수동기동조작 또는 자동기동 작동과 연동해서 자동으로 울리는 것으로서 이산화탄소소화설비의 음향경보장치와 같다.

10) 선택밸브

하나의 방호구역에 방호구획이 구분되거나 방호대상물이 둘 이상 존재하는 경우에 있어 저장용기 또는 저장탱크를 공용으로 할 때에는 방호구획 또는 방호대상물마다 선택밸브를 설치해야 한다. 선택밸브의 구조 및 기능은 이산화탄소 소화설비에 사용 되는 것과 같다.

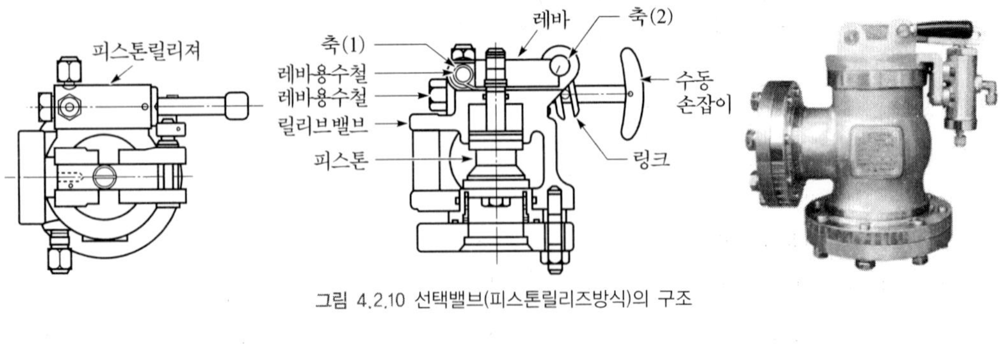

그림 4.2.10 선택밸브(피스톤릴리즈방식)의 구조

11) 기동장치(Actuating Cylinder Unit)

할론소화설비의 기동장치는 원칙적으로 수동식으로 한다. 다만, 항상 사람이 없는 방화대상물 기타 수동식이 부적당한 장소에 설치하는 것은 자동식으로 할 수 있다. 기동장치의 구조 및 기능은 이산화탄소소화설비의 기동장치와 같다. 가압식할론 2402 소화설비인 경우도 기동용가스의 경로가 가압용가스용기밸브와 선택밸브를 여는 점이 다를 뿐 그 이외의 것은 같다.

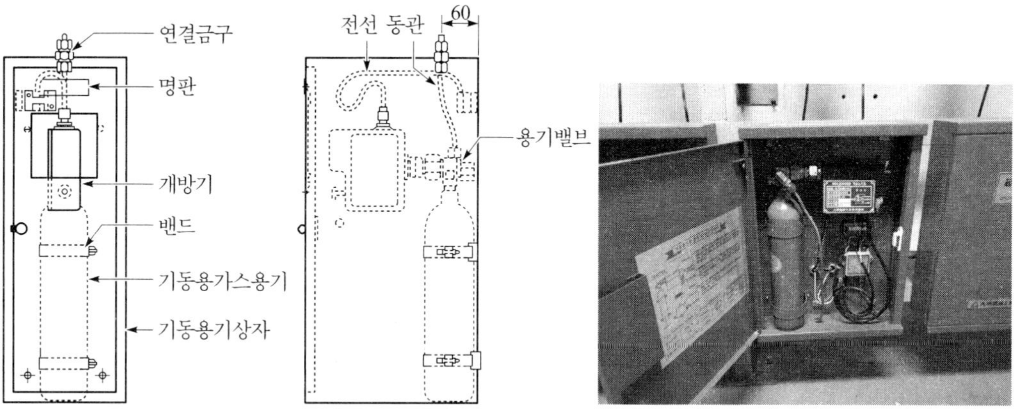

그림 4.2.11 기동장치의 구조

12) 분사헤드

① 전역방출방식

전역방출방식의 분사헤드는 할론소화약제배관에서 압송된 소화약제를 방호구획내의 전역에 걸쳐 균일하고 신속하게 확산하도록 방사한다. 분사헤드의 방사압력은 소화약제의 종별에 따라 그 최저치가 정해지며 할론 2402은 0.1MPa(1kg/cm^2), 할론1211은 0.2(2kg/cm^2), 할론 1301은 0.9(9kg/cm^2)이다. 할로겐소화설비의 설계에 있어서는 이 압력 이상의 방사압력이 되도록 축압가압가스량, 배관직경, 배관길이, 분사헤드수 및 방사율을 정한다. 각 분사헤드는 설치위치에 따라 고유의 코드번호를 갖고 방사압력에 따라 일정한 방사율로 소화약재를 방출한다. 할론 2402은 상온·상압에서 액체이므로 확산을 신속하게 하기 위해 안개모양으로 방사하는 분사헤드를 사용한다.

② 국소방출방식

국소방출방식에 사용되는 분사헤드는 방호대상물의 전체면과 용적을 모두 유효사정 범위내에 포함하도록 설치한다. 분사헤드의 최저방사 압력은 ①과 같고, 각 헤드마다 방사압력에 따라 일정한 방사율과 유효사정을 갖는다.

방출방식	분사헤드형상	소방대상물
전역방출방식		일반소방대상물
		일반소방대상물 (이중천정)
		일반소방대상물 (천정)
		-
국소방출방식	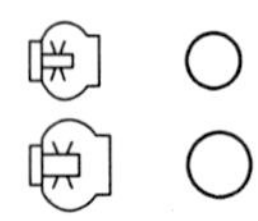	-
전역방출방식	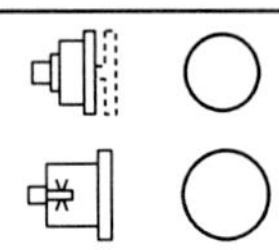	탱크류

그림 4.2.12 분사헤드의 형상과 적용 소방대상물

13) 비상전원

할로겐화물소화설비의 비상전원 및 배선은 이산화탄소 소화설비를 준용한다.

14) 배관

전용배관으로 설치하여야 하며, 강관 또는 동관을 사용한다.

① 강관의 경우

압력배관용 탄소강관(KS D 3562)으로 이음이 없는 스케쥴 80 이상(저압식은 40 이상) 또는 동등 이상의 강도를 가진 것으로 하여야 하며, 아연도금 등으로 방식처리된 것을 사용하여야 한다.

② 동관의 경우

이음매 없는 관으로 동 및 동 합급관(KS D 5301)으로 고압식은 내압 16.5MPa (165kg/cm^2), 저압식은 3.75MPa(37.5kg/cm^2)이상의 사용압력으로 하여야 한다.

③ 부속류

고압식의 경우 개폐밸브 또는 선택밸브의 1차측 배관부속은 4.0MPa(40kg/cm^2) 이상, 개폐밸브 또는 선택밸브의 2차측 배관부속은 2.0MPa(20kg/cm^2) 이상의 사용압력 제품을 사용하여야 하며, 저압식의 경우 1.0MPa(10kg/cm^2) 이상의 사용압력에 적합한 제품을 사용하여야 한다.

4.2.4 할론소화약제

화학식과 할론번호 등의 구분은 아래와 같다

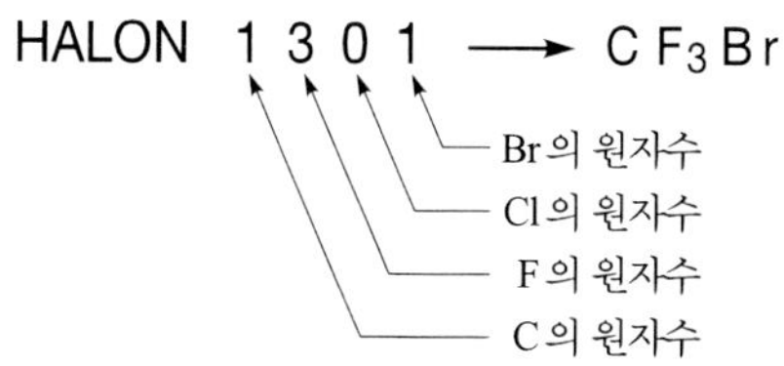

(1) 소화약제의 종류 및 특성

1) 할론 1011(CH2ClBr)

무색투명하며 특유한 냄새를 내는 불연성, 증발성 액체로서 비중은 1.94, 비점은 68℃, 유고점은 −88℃이다. 성분 중 할로겐원소는 부촉매효과를 나타내고 연소억제 효과를 나타냄으로서 유류화재를 소화한다. 소화약제자체는 전기에 대하여 부전도체이기 때문에 전기화재에도 적합하다. 그러나 금속을 부식하는 성질이 있으며 수분이 함유되면 그 성질이 더욱 강해지기 때문에 혼입을 막을 필요가 있다. 특히 소화작업 중 열기에 이하여 발생되는 증기는 사염화탄소 보다는 약하지만 독성이 있고 두통·구토 등의 중독병상을 초래함으로 주의하여야 한다.

2) 할론 1301(CF3Br)

할론로서 소화약제로 사용되며 상온 상압에서는 기체이고 가열하면 분해되어 취소를 유린한다. 이것은 탄화수소의 반응에 대하여 부촉매(연소억제) 작용을 함으로서 소화한다. 열분해시 HF등의 일부 유독물이 발생한다.

3) 할론 1211(CF2ClBr)

탄화 할로겐화합물의 일종으로 상온, 상압에서 기체이다. 할론 1301보다 독성이 높으며 따라서 밀폐된 공간에서는 사용이 제한된다. 증기압이 낮아 낮은 압력에서도 액화상태로 저장이 가능하다. ABC급 소형소화기에 주로 사용된다.

(2) 할론의 소화효과

할론소화약제의 소화작용은 할로겐원자의 억제작용에 의한 것이지만 그 효과는 F, Cl, Br의 순으로 커진다 따라서 Br 원자를 많이 갖는 것일수록 소화력이 크다. 할로겐소화약제의 소화최대농도(피크농도)를 비교하여 보면 아래의 표와 같다.(피크 농도가 작은 것일수록 소화효과가 큰 것으로 된다)

할론소화약제 피크농도(용량%)

소화약제 연료	(1) 할론 2402	(2) 할론 1211	(3) 할론 1301	소화약제 연료	(1) 할론 2402	(2) 할론 1211	(3) 할론 1301
수소	–	26.9	20.0	초산에틸	0.8	–	4.6
메탄	0.8	4.0	2.0	디에칠에테르	15.5	–	6.3
프로판	–	5.9	6.5	메탄올	16.0	24.7	–
헥산	3.5	5.8	–	에탄올	7.2	6.2	4.0
벤젠	2.5	4.8	4.3	이황화탄소	2.8	–	12.0
아세톤	2.4	4.9	5.3				

1) NATIONAL FIRE CODE NFPA NO. 12A
2) NATIONAL FIRE CODE NFPA NO. 13A
3) MOTECA TINI EDISION REPORT

(3) 할론의 농도측정

고체물질의 화재는 표면화재 상태인 불꽃(Flame fire)화재와, 심부화재 상태인 훈소(Smoldering fire)로 나눌 수 있다. 할론은 대표적인 표면화재용 약제로서 심부화재의 소화에는 적응성이 낮으며, 적용시에는 약제를 고농도로 장시간 방사하여야하나 이는 경제성이(약제 비용이 고가) 없어 적용하기 어렵다. 따라서 할론의 소화농도 기준 설정은 표준시료를 규격 실내에 방사하여 소화가 될 때의 할론농도를 측정하여 기준을 정하는 것이다.

1) 절대적 농도 측정방법

실규모의(Full scale) 실제시험을 행하여 특정화재의 진화여부를 판단한다.

2) 상대적 농도측정방법

① 불활성시험

공기와 연료의 가연성혼합물을 불연성 혼합물로 만드는데 필요한 소화약제의 농도를 측정하여 이를 기준으로 하는 방법이다.

② 불꽃 소화시험

실험실 내에서 컵버너(Cup-burner)장치를 이용하여 측정한다. 일정규모의 불꽃에 소화약제를 방사하여 소화에 필요한 약제의 농도를 측정하는 방식이다.

(4) 할론의 설계농도

1) 최소설계농도

상기의 불꽃농도 시험을 실시하여 소화농도를 측정하고 이를 최소 설계농도로 한다.

2) 최대 설계농도

최대 설계농도는 분해부산물을 최대한 억제하여 정상거주지역(Normally Occupied Area)에서 10%를 초과하지 않도록 적용한다. 따라서 국내소방법상의 할론 방출계수 0.32~0.64kg/m^3는 5%~10%농도를 의미하며 이때 5%가 최소설계농도, 10%가 최대설계농도가 된다.

(5) 할론 소화약제량 계산

할론 소화약제의 저랑량은 전역방출방식과 국소방출방식, 이동식으로 나누어 각각의 기준에 의하여 저장량을 산출 한다.

1) 전역방출방식

① 기본소화약제량

방호구역의 체적(불연재료나 내열성의 재료로 밀폐된 구조물이 있는 경우에는 그 체적을 제외) 1m^3에 대하여 다음의 양을 저장한다.

소방대상물		소화약제	소화약제량(m^3당)
차고, 주차장, 전기실, 통신기기실, 전산실 등		1301	0.32kg~0.64kg
특수가연물	1종 또는 2종가연물의 저장, 취급	1301	0.32kg~0.64kg
		1211	0.36kg~0.71kg
		2402	0.40kg~1.10kg
	고무류, 목재가공품, 톱밥, 면화류, 목모, 대패밥, 종 이조각, 사류, 볍집류 등	1301	0.52kg~0.64kg
		1211	0.60kg~0.71kg
	합성수지류	1301	0.32kg~0.64kg
		1211	0.36kg~0.71kg

② 보충량 1

방호구역의 개구부에 자동폐쇄장치를 설치하지 아니한 경우에는 위의 기준량외에 아래의 산출량을 가산하여 약제 저장량을 산출한다.

소방대상물		소화약제	소화약제 가산량(m^3당)
차고, 주차장, 전기실, 통신기기실, 전산실 등		1301	2.4kg
특수가연물	1종 또는 2종가연물의 저장, 취급	1301	2.4kg
		1211	2.7kg
		2402	3.0kg
	고무류, 목재가공품, 톱밥, 면화류, 목모, 대패밥, 종이조각, 사류, 볍집류 등	1301	3.9kg
		1211	4.5kg
	합성수지류	1301	2.4kg
		1211	2.7kg

③ 보충량 2

제4류 위험물중 아래의 위험물을 저장, 취급하는 소방대상물 또는 그 부분에 있어서는 ① 및 ②의 특수가연물에 해당하는 소화약제 저장량에다 아래의 표에 의한 기준수를 곱한 양을 저장량으로 한다.

저장, 취급대상 위험물	이황화탄소	에테르	에틸알콜	벤젠	헥산 및 펜탄
기준수	2.6	1.47	1.35	1.11	1.03

2) 국소방출방식

아래의 기준에 의하여 산출된 각각의 저장량에 할론 2402은 1.1, 1211 및 1301은 1.25를 곱하여 얻은 양 이상으로 한다.

① 제4류 위험물, 특수가연물(제1종가연물 또는 제2종 가연물에 한한다)을 윗면이 개방된 용기에 저장하는 경우와 화재 시 연소면이 1면에 한정되고, 가연물이 비산할 우려가 없는 경우에는 다음 표에 의한 양을 저장량으로 한다.

소화약제의 종별	방호대상물의 표면적 $1m^2$에 대한 소화약제의 양
할론 2402	8.8kg
할론 1211	7.6kg
하론 1301	6.8kg

② ①외 의 경우에는 방호공간 $1m^3$당 다음식에 의하여 산출된 양

$$Q = X - Y\,(a/A)$$

여기서 Q : 방호공간 $1m^3$에 대한 할로겐화합물 소화약제의 양(kg/m^3)

a : 방호공간(방호대상물의 각 부분으로부터 0.6m의 거리에 둘러쌓인 공간)에 설치된 벽 면적의 합계(m^2)

A : 방호공간의 벽면적(벽이 없는 경우에는 벽이 있는 것으로 가정한 당해부분의 면적)의 합계(m^2)

X 및 Y : 아래표에 의한 수치

소화약제의 종별	X의 수치	Y의 수치
할론 2402	5.2	3.9
할론 1211	4.4	3.3
할론 1301	4.0	3.0

3) 호스릴 방식

하나의 노즐에 대하여 할론 2402 또는 1211은 50kg, 할론 1301은 45kg 이상으로 한다.

4.3 할로겐화합물 및 불활성기체 소화설비

4.3.1 개요

가스계소화설비는 전기적으로 비전도성 소화약제가 요구되거나 소화약제 방출에 따른 장비 등의 피해를 최소화하고자 하는 목적으로 전기 및 전자시설, 통신시설, 인화성 및 가연성 액체나 기체, 고가시설물 등의 화재를 진압하기 위하여 주로 설치되는 소화설비이다. 최근 조사된 국내 가스계소화설비 소화약제량의 적용 실태를 살펴보면 이산화탄소 약 50%, 할론 40%, HCFC Blend A등 할로겐화합물 소화약제 등이 약 10%를 차지하고 있는 것으로 나타나고 있어 실제 국내 소방대상물에 설치되어 있는 가스계소화설비의 분포도 이와 비슷한 수준일 것으로 추정된다.

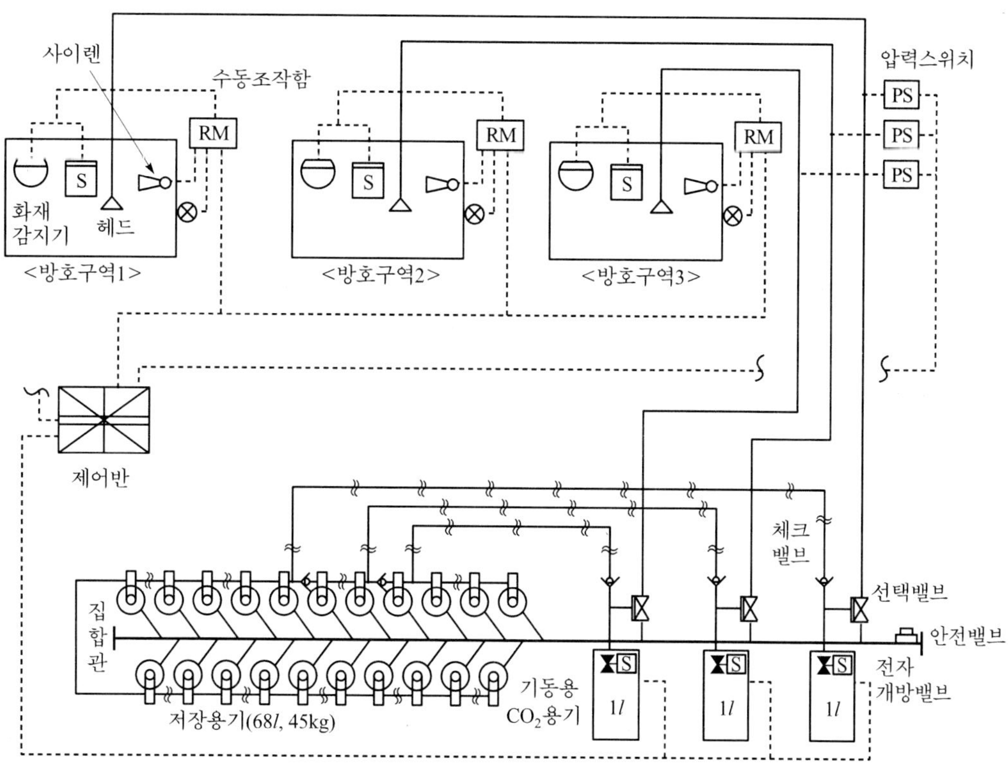

1) "할로겐화합물 및 불활성기체소화약제"란 할로겐화합물(할론 1301, 할론 2402, 할론 1211 제외) 및 불활성기체로서 전기적으로 비전도성이며 휘발성이 있거나 증발 후 잔여물을 남기지 않는 소화약제를 말한다.
2) "할로겐화합물소화약제"란 불소, 염소, 브롬 또는 요오드 중 하나 이상의 원소를 포함

하고 있는 유기화합물을 기본성분으로 하는 소화약제를 말한다.

3) "불활성기체소화약제"란 헬륨, 네온, 아르곤 또는 질소가스 중 하나 이상의 원소를 기본 성분으로 하는 소화약제를 말한다.

4) "충전밀도"란 용기의 단위용적당 소화약제의 중량의 비율을 말한다.

5) "방화문"이란 「건축법 시행령」 제64조에 따른 갑종방화문 또는 을종방화문으로써 언제나 닫힌 상태를 유지하거나 화재로 인한 연기의 발생 또는 온도의 상승에 따라 자동적으로 닫히는 구조를 말한다.

4.3.2. 할로겐화합물 및 불활성기체 소화설비의 구분

가스계소화설비의 종류는 방출방식에 따라 국소방출방식(Local Application System) 및 전역방출방식(Tatal Flooding System)으로 나누며 설계하는 방법에 따라 Pre-Engineered System 및 Engineered System으로 구분된다.

1) 국소방출방식(Local Application System)
방호구역을 폐쇄할 수 없는 곳에 설치되어 있는 방호대상물에 소화약제를 직접 방사하여 화재를 진압하는 방식으로 주로 사용되는 소화약제는 휘발성 낮은 가스계소화약제가 적합한 것으로 나타나고 있다.

2) 전역방출방식(Tatal Flooding System)
방호구역이 폐쇄되어 있는 장소의 화재를 방호구역의 전체에 소화약제를 방출하여 소화 농도를 유지함으로서 화재를 진압하는 방식을 말한다.

3) Pre-Engineered System
소화약제의 유량, 노즐압력, 소화약제의 저장량, 배관의 사용, 방출헤드 수와 종류, 방호대상 및 크기 등을 고려한 화재시험 등을 통하여 사전에 확인되어 있는 소화설비를 말한다.

4) Engineered System
방호대상물의 특성 및 방호구역 크기 등의 조건에 맞게 유량, 소화약제량, 배관, 방출헤드의 수량·배치 등을 결정하기 위하여 공학적 계산과 설계가 필요한 소화설비를 말한다.

4.3.3 할론의 규제 및 할론 대체물질 현황

"오존층보호를 위한 몬트리올의정서"가 1987년 9월 16일 조인됨에 따라 개도국 조항으로 가입한 우리나라는 1999년 7월 1일부터 하론 소화약제(하론 1301, 하론 1211)의 생산량이 동결되고 2005년부터는 이 량의 50%를 감축해야 하며 2010년부터는 하론 소화약제의 생산 및 수입이 필수용도를 제외하고는 금지될 예정에 있다. 따라서 국내 관련부처에서는 이에 대한 대비책으로 1994. 8. 18일 청정소화약제종류및기술기준(내무부고시 제1994-9호)를 고시하여 7종류의 청정소화약제를 사용할 수 있도록 하고 있다.

4.3.4 국내에서 적용되고 있는 대체물질의 문제점

할론대체물질인 청정소화약제 및 소화설비는 선진국에서 개발한 것을 그대로 국내에 도입·사용하고 있어 선진외국과 시스템 구성 등에 대한 상이함을 고려하지 않고 적용함에 따라 많은 문제점이 나타나고 있는 것이 사실이다.

미국 등 외국에서는 방호구역 마다 소화약제를 저장하는 독립배관방식으로 대부분 설치하나 국내에서는 다수의 방호구역에 대하여 소화약제를 공용하는 집합배관방식으로 설치함으로서 동일 설계프로그램 및 매뉴얼 적용에 대한 기술적인 검증이 요구되고 있다.

또한 할로겐화합물 및 불활성기체 소화설비의 특성상 설비자체의 문제점에 대한 발견이 곤란할 뿐만 아니라 소화설비의 정상작동 및 소화성능 등을 확인하기 위해서는 소화약제를 방출하는 시험을 실시하여야 하나, 소화약제의 가격이 고가로 실제 방출시험을 하는데 한계가 있어 소화설비의 성능을 효율적으로 확보할 수 없는 실정이므로 이러한 문제점을 해결하기 위해 2000. 10. 9일부터 가스계소화설비의 성능에 관한 기준을 운영하고 있다.

특히, 대부분의 일반인들은 할로겐화합물 및 불활성기체 소화약제는 인체나 환경에 완전히 무해한 것으로 알고 있으나, NFPA 2001에 의하면 할로겐화합물 및 불활성기체 소화약제란 "전기적으로 비전도성이며, 휘발성이 있고, 휘발 후 잔여물이 남지 않는 소화약제"로 정의되어 있으며, 사람이 상주 가능한 소화농도를 유지하더라도 일정시간(3분 이내)내에 대피하도록 되어있어, 할로겐화합물 및 불활성기체 소화약제소화설비가 설치된 소방대상물을 사용하는 관계인에 대한 정확한 교육 및 홍보가 필요한 실정이다.

따라서, 할로겐화합물 및 불활성기체 소화설비에 사용되는 소화약제에 대한 특성과 소화약제 방출방식인 전역방출방식·Engineered System에 대한 기술적 사항과 할로겐화합물 및 불활성기체 소화설비의 기준에 대한 기술적 사항의 이해를 높이는 방향으로 살펴보고자 한다.

4.3.5 할로겐화합물 및 불활성기체 소화약제 특성

(1) 할로겐화합물 및 불활성기체 소화약제의 종류

소화약제	소화약제
퍼플루오로부탄(이하 "FC-3-1-10"이라 한다)	C_4F_{10}
하이드로클로로플루오로카본혼화제(이하 "HCFC BLEND A"라 한다)	HCFC-123($CHCl_2CF_3$) : 4.75% HCFC-22($CHClF_2$) : 82% HCFC-124($CHClFCF_3$) : 9.5% $C_{10}H_{16}$: 3.75%
클로로테트라플루오르에탄(이하 "HCFC-124"라한다)	$CHClFCF_3$
펜타플루오로에탄(이하 "HFC-125"라 한다)	CHF_2CF_3
헵타플루오로프로판(이하 "HFC-227ea"라 한다)	CF_3CHFCF_3
트리플루오로메탄(이하 "HFC-23"라 한다)	CHF_3
헥사플루오로프로판(이하 "HFC-236fa"라 한다)	$CF_3CH_2CF_3$
트리플루오로이오다이드(이하 "FIC-13I1"라 한다)	CF_3I
불연성·불활성기체혼합가스(이하 "IG-01"이라 한다)	Ar
불연성·불활성기체혼합가스(이하 "IG-100"이라 한다)	N_2
불연성·불활성기체혼합가스(이하 "IG-541"이라 한다)	N_2 : 52%, Ar : 40%, CO_2 : 8%
불연성·불활성기체혼합가스(이하 "IG-55"이라 한다)	N_2 : 50%, Ar : 50%
도데카플루오로-2-메틸펜탄-3-원(이하 "FK-5-1-12"이라 한다)	$CF_3CF_2C(O)CF(CF_3)_2$

■ 할로겐화합물 소화약제

1. 클로로테트라플루오로에탄("HCFC-124"), 펜타플루오로에탄("HFC-125"), 헵타플루오로프로판("HFC-227ea"), 트리플루오로메탄("HFC-23") 및 헥사플루오로프로판("HFC-236fa"), 트리플루오로요다이드("FIC-13I1") 및 도데카플루오로-2-메틸 펜탄-3-원("FK-5-1-12")등의 소화약제의 순도는 99.0 mol% 이상이어야 한다.
2. HCFC BLEND A는 클로로디플루오로메탄(이하 "HCFC-22"라 한다), HCFC-124, 디클로로트리프루오로에탄(이하 "HCFC-123"이라 한다), 이소프로페닐-1-메틸시이클로헥산으로 구성되어야 하며 그 혼합 조성비는 다음과 같다.
   가. HCFC-22 (82±0.8) wt%
   나. HCFC-124 (9.50±0.9) wt%
   다. HCFC-123 (4.75±0.5) wt%
   라. 이소프로페닐-1-메틸시이클로헥산 (3.75±0.5) wt%
5. HFC BLEND B는 테트라플루오로에탄(이하"HFC-134a"라 한다), HFC-125 및 이산화탄소로 구성되어야 하며 그 혼합 조성비는 다음과 같다.
   가. HFC-134a (86±5) wt%

나. HFC-125 (9.0±3) wt%

다. CO_2 (5±2) wt%

■ 불활성기체 소화약제

1. IG-541 소화약제의 구성물은 질소(52±4) vol% , 아르곤 (40±4) vol%, 이산화탄소 (8~9) vol%로 구성되어야 한다.
2. IG-01 소화약제의 구성물은 아르곤이 99.9 vol% 이상이어야 한다.
3. IG-100 소화약제의 구성물은 질소가 99.9 vol% 이상이어야 한다.
4. IG-55 소화약제의 구성물은 질소(50±5) vol%, 아르곤(50±5) vol%로 구성되어야 한다.

(2) 할로겐화합물 및 불활성기체 소화약제의 품질기준

① 국내 품질기준

항목	소화약제	기준
함 량	FC-3-1-10 HCFC-124 HFC-23 HFC-125 HFC-227ea	99.0% 이상
	HCFC Blend A	HCFC-123 : 4.75%±0.5% HCFC-22 : 82% ±0.8% HCFC-124 : 9.5% ±0.9% $C_{10}H_{16}$: 3.75%±0.5%
	IG-541	CO_2 : 8% ±1%, N_2 : 52% ±4% Ar : 40% ±4%

② NFPA 2001 품질기준

항목	소화약제	기준
순 도	FC-3-1-10 HCFC-124 HFC-23 HFC-125 HFC-227ea HCFC Blend A	99.0% 이상
	HCFC Blend A	HCFC-123 : 4.75%±0.5% HCFC-22 : 82% ±0.8% HCFC-124 : 9.5% ±0.9% $C_{10}H_{16}$: 3.75%±0.5%
	IG-541	CO_2 : 8% +1% - 0% N_2 : 52% ±4% Ar : 40% ±4%
산 도	FC-3-1-10 HCFC-124 HFC-23 HFC-125 HFC-227ea HCFC Blend A	3.0ppm 이하
	IG-541	–

수분함유율	FC-3-1-10 HFC-23 HFC-227ea	HCFC-124 HFC-125 HCFC Blend A	0.001% 이하
	IG-541		0.005% 이하
비휘발성잔여물	FC-3-1-10 HFC-23 HFC-227ea	HCFC-124 HFC-125 HCFC Blend A	0.05g/100ml 이하
	IG-541		–

③ ISO/FDIS 품질기준

항목	소화약제		기준
순 도	FC-3-1-10		99.0% 이상
	HFC-23		99.5% 이상
	HCFC-124 HFC-227ea	HFC-125 HCFC Blend A	99.6% 이상
	IG-541		CO_2 : 99.5% 이상 N_2 : 99.99% 이상 Ar : 99.997% 이상
혼합약제 구성	HCFC Blend A		HCFC-123 : 4.75%±0.5% HCFC-22 : 82%±0.8% HCFC-124 : 9.5%±0.9% $C_{10}H_{16}$: 3.75%±0.5%
	IG-541		CO_2 : 8% ±0.4% N_2 : 52% ±3.2% Ar : 40% ±2.8%
산 도	FC-3-1-10 HFC-23 HFC-227ea	HCFC-124 HFC-125 HCFC Blend A	3×10^{-6} by mass 이하
	IG-541		–
수분함유율	FC-3-1-10 HFC-125 HCFC Blend A	HCFC-124 HFC-227ea	3×10^{-5} by mass 이하
	HFC-23		2×10^{-5} by mass 이하
	IG-541		CO_2 : $10\times10^{-6}$by mass 이하 N_2 : 3×10^{-6} by mass 이하 Ar : 3×10^{-6} by mass 이하
비휘발성잔여물	FC-3-1-10		100×10^{-6} by mass 이하
	HCFC-124 HFC-227ea	HFC-125 HCFC Blend A	0.01% by mass 이하
	HFC-23		0.1% by mass 이하
	IG-541		–

③ 설계농도

소화약제	최대허용설계농도(%)	소화약제	최대허용설계농도(%)
FC-3-1-10	40	HFC-236fa	12.5
HCFC BLEND A	10	FIC-13I1	0.3
HCFC-124	1.0	FK-5-1-12	10
HFC-125	11.5	IG-01	43
HFC-227ea	10.5	IG-100	43
HFC-23	50	IG-541	43
		IG-55	43

(3) 할로겐화합물 및 불활성기체의 물리적 성질

성질	FC-3-1-10	HCFC-124	HCFC Blend A	HFC-23	HFC-125	HFC-227ea	FK-5-1-12	IG-541
분자량	238	136.5	92.9	70	120.02	170	316.0	34.0
끓는점(1.013bar)[℃]	-2.0	-12.1	-38.3	-82.0	-48.50	-16.4	49.2	-196
어는점[℃]	-128.2	-198.9	<-107.2	-155.2	-103	-131.1		-78.5
임계온도[℃]	113.2	122.6	125	25.9	66.25	101.7		-
임계압력[bar abs]	23.23	36.20	66.50	48.36	35.95	29.12		-
임계부피[cm^3/mol]	376	243.0	170	133	210	274		-
임계밀도[kg/m^3]	633	560.7	580	525	571.9	621	1.616	-
증기압(20℃)[bar abs]	2.84	3.27	8.25	41.80	12.09	3.91	0.404	152
액체밀도(20℃)[kg/m^3]	1517	1372.9	1200	806.6	1218.0	1407		-
포화증기밀도(20℃)[kg/m^3]	24.5	20.547	31	263.0	76.92	31.176		-
과열증기비체적 (1.013bar, 20℃) [m^3/kg]	0.186	0.1708	0.259	0.3409	0.1974	0.1373		0.697

(4) 할로겐화합물 및 불활성기체의 유해성

성질	FC-3-1-10	HCFC-124	HCFC Blend A	HFC-23	HFC-125	HFC-227ea	FK-5-1-12	IG-541
LC_{50} [% 농도] 4HR 기준	>80 (20%O_2)	>23	64	>65	>70	>80	>10	-
ALC[% 농도]	>80	23-29	64	>65	>70	>80 (20%O_2)	>10	-
NOAEL[% 농도]	40	1.0	10	50	7.5	9.0	10	43
LOAEL[% 농도]	>40	2.5	10	>50	10	10.5	>10.0	52

주) LC50 : 4시간동안 쥐에게 노출 시 쥐의 약 50%가 치사하는 농도
ALC : 4시간동안 쥐에게 노출 시 쥐의 대부분이 치사하는 농도
NOAEL(No observed adverse effect level) : 생리적 또는 동물학적 해로운 효과가 관찰되지 않는 최고농도(산소농도 12% 이하와 상응)
LOAEL(Lowest observed adverse effect level) : 생리적 또는 동물학적 해로운 효과가 관찰되는 최저농도(산소농도 10% 이하와 상응)

4.3.6 할로겐화합물 및 불활성기체 소화설비의 구성

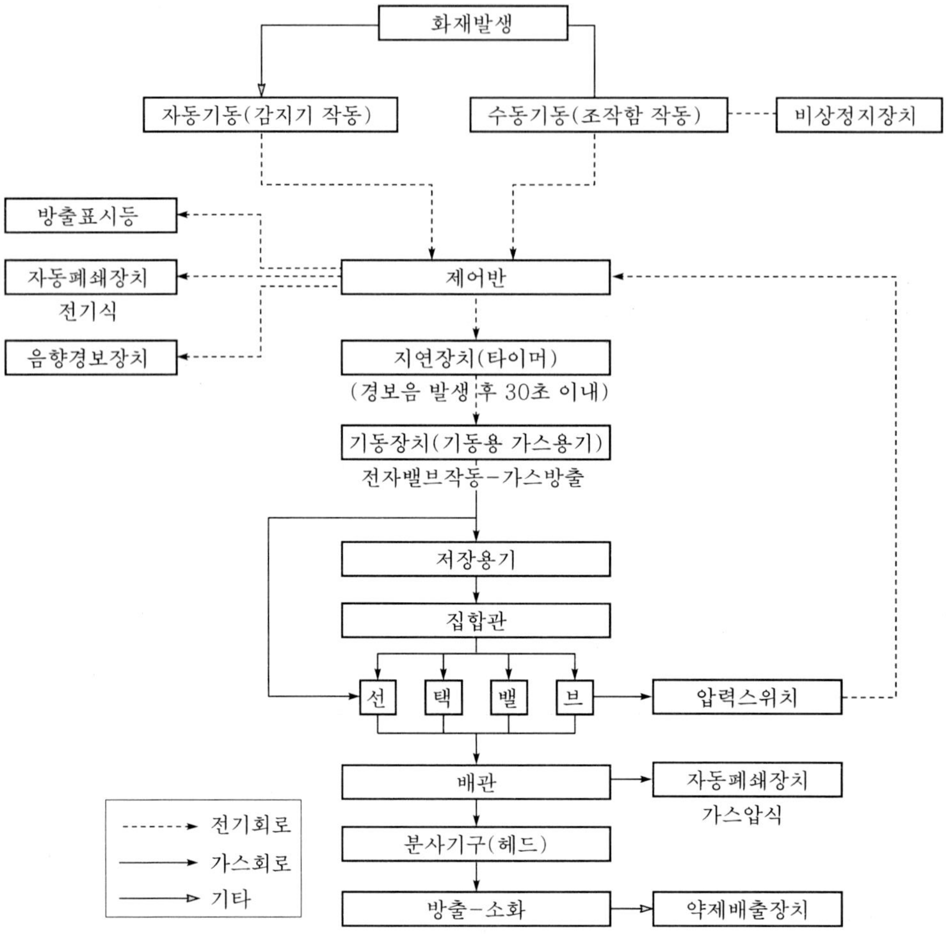

그림 4.3.1 할로겐화합물 및 불활성기체 소화설비의 작동 계통 예

(1) 저장용기

1) 할로겐화합물 및 불활성기체 소화약제의 저장용기는 충전약제 및 충전압력 등에 적합하게 설계된 용기를 선택하여야 한다.
2) 할로겐화합물 및 불활성기체 소화약제의 저장용기에는 소화약제명, 용기중량, 전체중량, 충전일시, 충전압력 및 약제체적 등을 표시하여야 한다.
3) 청정할로겐화합물 및 불활성기체 소화약제의 저장용기 및 밸브가 고압가스안전관리법에 적용이 되는 경우에는 고압가스안전관리법에서 정하는 검사를 받은 것을 사용하여야 한다.
4) 집합관에 연결되는 저장용기는 동일한 내용적을 가진 것으로 충전량 및 충전압력, 충전

비가 동일한 것을 사용하여야 한다.

5) 저장용기의 충전비, 충전압력 및, 최소사용설계압력

구분	FC-3 -1-10	HCFC BLEND A		HCFC -124		HFC -125		HFC -227ea			FK-5 -1-12	HFC -23	IG -541
최대충전 밀도 (kg/m³)	1,281.4	900.2	900.2	1,185.4	1,185.4	865	897	1,201.4	1,153.3	1,153.3	1,441.7	768.9	-
21℃충전 압력 (kg/cm²)	2,482*	4,137*	2,482*	1,655*	2,482*	2,482*	4,137*	1,034*	2,482*	4,137*	2,482*, 4,206*	4,198**	153.0
최소사용 설계압력 (kg/cm²)	2,482	4,689	2,979	1,951	3,199	3,392	5,764	1,379	2,868	5,654	2,482 4,206	9,453	-

6) 저장용기와 부품은 점검, 시험, 재충전 및 유지관리가 용이한 장소에 설치하여야 하며 가능한 방호구역으로부터 가까운 장소에 설치하여야 한다.

7) 저장용기가 여러 개일 경우에는 체크밸브 등을 설치하여 용기의 보수나 재충전 시 설비가 작동되어 소화약제가 방출되지 않도록 하여야 한다.

8) 저장용기는 개별적으로 수리와 충전 소화약제량을 계량할 수 있는 방식으로 고정하고 견고하게 설치하여야 한다.

(2) 배관

1) 배관은 전용으로 사용하여야 한다.

2) 강관을 사용하는 경우의 배관은 압력배관용 탄소강관(KS D 3562)중 이음이 없는 스케줄 40 이상의 강도를 가지는 것으로 아연도금 등에 의하여 내식처리된 것을 사용하여야 한다.

3) 동관을 사용하는 경우에는 이음매가 없는 동 및 동합금관(KS D 5301)의 것으로서 고압식은 165kg/cm² 이상, 저압식은 37.5kg/cm² 이상의 압력에서 견딜수 있는 것을 사용하여야 한다.

4) HFC-23 소화설비의 경우 배관의 직경이 25 mm 이상은 스케줄 80 이상의 것을 사용하여야 하며, IG-541 소화설비의 경우 감압장치 이전은 배관은 140kg/cm² 이상의 압력에 견딜 수 있는 것을 사용하여야 한다.

5) 배관과 배관, 배관과 배관부속 및 밸브류의 접속은 나사접합, 용접접합, 압축접합 또는 플랜지접합 등의 방법을 사용하여야 하고, 사용 배관과 동등이상의 강도 및 내식성이 있어야 하며, 방출압력에 견딜 수 있는 것을 사용하여야 한다.

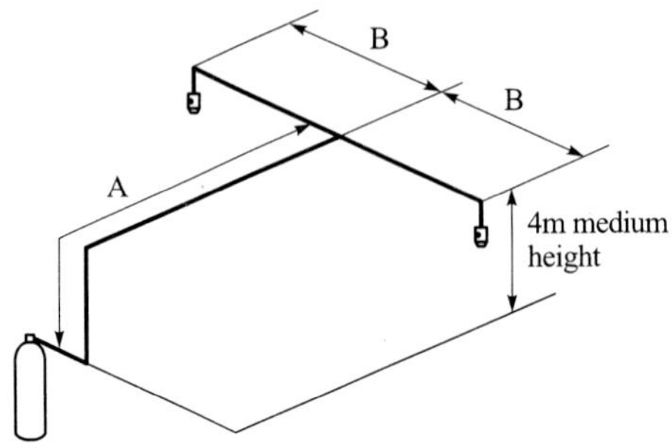

그림 4.3.2 배관부속품의 방향과 높이의 등락을 고려

(3) 기동장치

1) 기동장치의 구조는 일반적으로 아래와 같다.

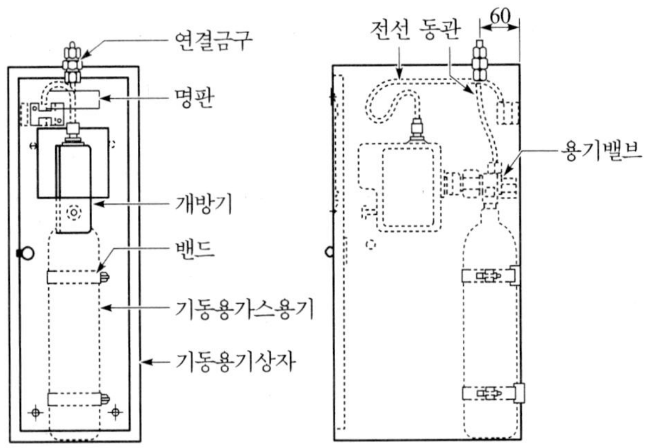

그림 4.3.3 기동장치의 일반적 구조

2) 기동장치는 소화약제방출장치나 밸브, 방출제어 및 작동정지장치를 가지고 있으며 제어장치에서 발하여진 신호 또는 수동조작에 의하여 발하여진 신호를 수신하여 전기적인 작동장치에 의하여 기동용 가스용기의 밸브를 개방하므로 충전되어 있는 고압가스가 선택밸브를 개방하고 소화약제 저장용기밸브를 개방하여 소화약제를 방출하도록 하는 장치다.
3) 기동용 가스용기는 고압가스안전관리법령에서 정하는 고압용기를 사용한다
4) 기동용 가스용기는 통상 이산화탄소 및 질소를 충전한 용기를 사용하며, 소화약제의 저장용기 및 선택밸브 등을 작동하는데 충분한 용량의 것을 사용하여야 한다.
5) 할로겐화합물 및 불활성기체 소화약제소화설비의 수동식기동장치는 다음과 같이 설치한다.

   ① 각각의 방호구역 설치

   ② 방호구역의 출입구 부근 등 조작 및 피난이 용이한 곳에 설치

③ 조작부는 바닥으로부터 0.8m 이상 1.5m 이하의 위치에 설치하고, 보호장치를 설치
④ 기동장치에는 가깝고 보기 쉬운 곳에 "할로겐화합물 및 불활성기체 소화약제 소화설비 기동장치"라는 표지를 설치
⑤ 기동장치에는 전원표시등을 설치
⑥ 방출용 스위치는 음향장치와 연동하여 조작될 수 있도록 설치
⑦ 18kg 이하의 힘을 가하여 기동할 수 있는 구조로 설치

6) 자동기동장치를 사용하는 경우에도 수동식기동장치를 설치하여야 하며, 수동식기동장치는 자동적으로 작동되는 소화약제방출장치와 선택밸브를 동시에 작동시켜야 한다.

(4) 선택밸브

1) 하나의 소방대상물에 방호하여야 할 구역이 둘 이상 존재하는 경우에는 가장 큰 방호구역에 해당하는 소화약제를 저장하므로 각각의 방호구역에 적절한 소화약제를 공급하기 위하여 소화약제가 이송하여야 하는 배관을 선택하기 위한 것으로 각각 방호구역 또는 방호대상물 마다 설치하여야 한다.
2) 선택밸브는 쉽게 작동될 수 있어야 하고 자동개방을 위하여 피스톤릴리스와 솔레노이드 밸브를 설치할 수 있으며 자동장치 고장 시에 수동으로 개방할 수 있는 장치를 설치하여야 한다.
3) 피스톤릴리스를 사용하는 경우에는 $10kg/cm^2$ 이하의 압력에서 작동되어야 하고 밸브시트를 확실하게 개방하여야 하며 볼 타입인 경우에는 $25kg/cm^2$ 이하의 압력에 작동되어야 한다.
4) 솔레노이드 밸브는 정격전압±25%에서 작동되어야 하며 밸브시트를 확실하게 열 수 있어야 한다.
5) 소화약제가 통과하는 내부는 마찰손실을 최소화기 위하여 매끈하게 다듬질하여야 한다.
6) 선택밸브의 본체는 KS D 6002(청동주물)의 6종, KS D 6001(황동주물) 2종 이상 및 KS D 5101(동 및 동합금봉) 또는 내식처리한 KS D 4101(탄소주강품)의 SC49에 적합하거나 이와 동등이상의 강도 및 내식성이 있는 재료이어야 하며 내부 각 부품은 KS D 5101(동 및 동합금봉)에 적합하거나 이와 동등이상의 강도 및 내식성이 있는 재료를 사용하여야 한다.
7) 접합부는 쉽게 접속시킬 수 있는 관플랜지, 나사 또는 용접용 소케트 등을 사용하여야 하며 관플랜지는 KS D 3503(일반구조용 압연강재)의 제2종에 적합하거나 동등 이상의 강도 및 내식성이 있는 것을 사용하여야 한다.

8) 선택밸브는 토출구의 안지름에 따라 호칭 15, 20, 32, 40, 50, 65, 80, 90, 100, 125, 150으로 구분하며 녹슬 염려가 있는 부분은 내식가공 또는 방청가공을 하여야 한다.

9) 선택밸브의 본체는 사용압력 최대값의 1.5배의 압력을 수압력으로 5분간 가하는 경우 물이 새거나 변형 등이 생기 아니하여야 하며, 밸브시트는 닫힌 상태에서 사용압력 최대값의 1.2배의 압력을 공기압 또는 질소압으로 5분간 가하는 경우에 누설되지 아니하여야 한다.

10) 선택밸브의 일반적인 구조는 다음과 같다.

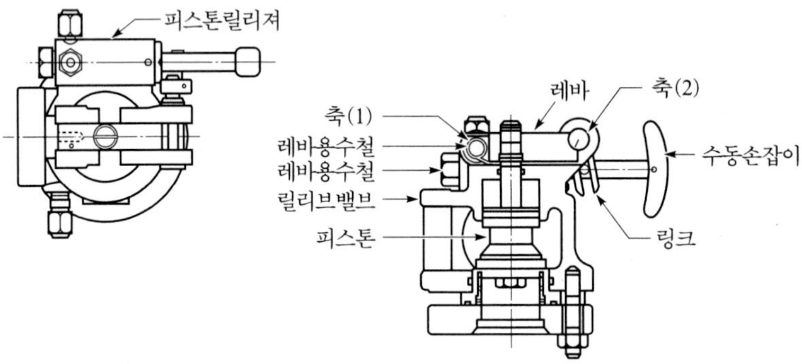

그림 4.3.4 선택밸브의 구조

(5) 방출헤드

1) 방출헤드의 유형, 수 및 배치는 방출 후 10초 이내(IG-541은 60초 이내)에 방호구역 전체가 설계농도에 도달할 수 있도록 하여야 한다.

2) 분사헤드의 설치높이는 방호구역의 바닥으로부터 최소 0.2 m이상 최대 3.7m 이하에 설치하여야 하며 천장의 높이가 3.7m를 초과하는 경우에는 추가로 다열의 방출헤드를 설치한다.

3) 방출헤드는 내식성재질을 사용하거나 부식방지를 위하여 코팅 등을 하여야 하고, 오리피스는 가능한 내식성 재질을 사용하며 방출헤드에는 오리피스 크기, 제조일자, 제조업체를 각인하여야 한다.

4) 오리피스의 면적은 방출헤드가 연결되는 배관구경면적의 70%를 초과하여서 아니되며 방출압력은 제조업체의 설계기준에서 정한 압력이상이 되어야 한다.

5) 외부물질에 의하여 방출헤드가 막힐 우려가 있는 경우에는 방출헤드에 깨지기 쉬운 디스크, 캡 또는 적절한 장치를 설치하여야 하며 이러한 장치는 소화설비 작동시 소화약제의 방출에 영향을 주지 않아야 하고 사람에 피해를 주지 않도록 설치되어야 한다.

(6) 용기밸브(Cylinder Valve)

1) 용기밸브는 소화약제저장용기에 부착된 밸브로서 저장된 소화약제의 사용압력에 견딜 수 있는 것으로 재질은 일반적으로 단조용 황동봉을 사용한다.
2) 용기밸브는 모양에 따라 F형, Y형 등으로 지칭하고 있으며, 액화가스소화약제인 경우에는 가스압식 또는 전자식의 작동핀이 동판을 파괴하면 유동자를 지지하고 있는 배압이 배출되어 유동자가 이동해서 밸브가 열리는 구조를 많이 사용 한다.
3) 압축가스 소화약제의 경우에는 기동장치에서 1 이상의 용기밸브를 개방하면 소화약제의 방출압력에 의하여 자동적으로 개방되는 구조를 사용한다.
4) 용기밸브의 구경은 저장된 소화약제를 규정된 방출시간 이내에 충분히 방출할 수 있는 구조이어야 한다.
5) 일반적으로 용기밸브에는 저장용기의 압력상승에 따른 위험을 방지하기 위하여 안전밸브가 설치되어 있다.

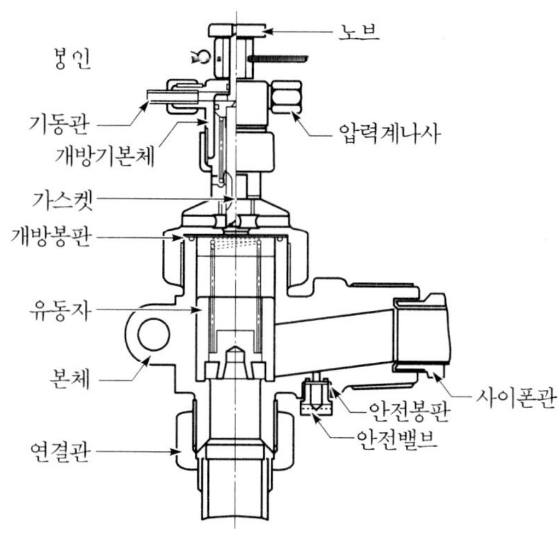

그림 4.3.5 용기밸브 구조의 예]

(7) 니들밸브(Needle Valve)

1) 니들밸브는 용기밸브에 부착되어 기동장치에서 공급되는 가스압력으로 니들 핀(Needle Pin)이 용기밸브의 봉판을 파괴하여 용기밸브를 개방한다.
2) 니들밸브는 자동으로 작동되지 않을 때는 안전핀을 빼낸 후에 니들 핀을 안쪽으로 누르면 조작할 수 있는 수동기동장치가 설치되어 있다.

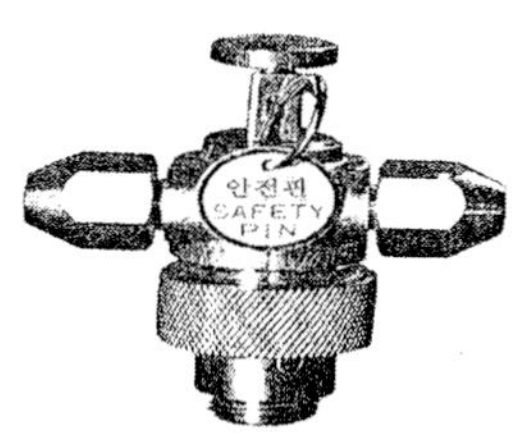

그림 4.3.6 니들밸브

(8) 체크밸브(Check Vavle)

1) 체크밸브는 역류방지기능을 가지는 것으로 집합배관 및 기동용기라인에 설치되어 선택된 방호대상에만 소화약제를 방출하기 위하여 사용된다.
2) 체크밸브에는 여러 종류가 있으나 일반적으로 아래와 같은 구조로 되어 있다.

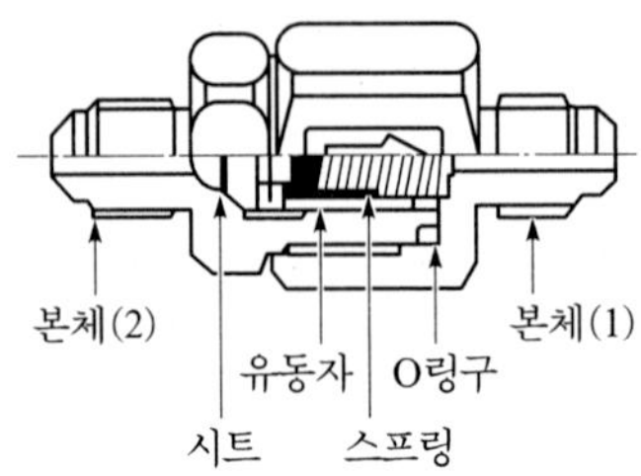

그림 4.3.7 체크밸브의 구조

(9) 안전밸브(Safety Valve)

1) 안전밸브는 소화약제저장용기 또는 방출배관 등에 돌발적인 과압이 걸려 제품이 파괴되어 발생 할 수 있는 피해를 방지하기 위하여 사용된다.
2) 안전밸브에는 일반적으로 봉판식 및 용수철식이 있으며 가스압력이 높아지면 내부 동판이 파괴되거나 개방되도록 설계되어 있다.

(10) 릴리프밸브(Relife Valve)

1) 기동용기에 연결되어 있는 동관라인에 설치되며 기용용기에서 미세하게 누설되는 가스에 의한 오작동을 방지하기 위하여 설치한다.
2) 릴리프밸브는 미세하게 누설되는 가스는 외부 배출시키고 소화설비가 작동되어 많은 가스가 유입되면 폐쇄하는 기능을 가진다.

(11) 압력스위치(Pressure Switch)

1) 압력스위치는 선택밸브 이후의 배관에서 분기하여야 하며 일반적으로 설치는 기동장치함 내에 설치된다.
2) 압력스위치는 가스가 방출하면 가스압력에 의하여 동작하여 제어반에 방출신호를 발신하고 제어반은 방호구역 외부에 설치되어 있는 방출표시등을 점등시켜 소화약제가 방출하였다는 것을 표시한다.

(12) 화재감지기

1) 할로겐화합물 및 불활성기체 소화약제 소화설비의 자동식기동장치에는 화재감지기를

설치하여야 한다.

2) 화재감지기의 회로는 하나의 방호구역에 2이상의 화재감지기회로를 설치하고 인접한 2 이상의 화재감지기가 동시에 감지되는 때에는 신호를 발하는 교차회로방식으로 하여야 한다.

3) 차동식스포트형·보상식스포트형, 정온식 감지기, 공기관식 차동식분포형감지기, 열반도체식 차동식분포형감지 및 연기감지기에 대하여 소방법령에서 정하는 바닥면적의 2분1 하인 경우에는 1개의 감지기를 설치할 수 있다.

4) 화재감지기의 설치개수는 차동식스토트형·보상식스포트형, 정온식 감지기, 공기관식 차동식분포형감지기, 열반도체식 차동식분포형감지 및 연기감지기에 대하여 소방법령에서 정하는 바닥면적에 적합한 수량을 설치하여야 한다.

(13) 제어반 및 화재표시반

1) 제어반은 수동 및 자동기동장치로 화재감지기에서의 신호를 수신하여 음향경보장치의 작동, 소화약제의 방출 또는 지연 등의 기능을 한다.

2) 제어반의 지연장치는 직원대피 또는 위험지역에 방출준비를 위하여 사용하여야 한다.

3) 화재표시반에는 다음과 같이 표시등을 설치한다.

① 방호구역마다 음향경보장치의 조작 및 감지기의 작동을 명시하는 표시등과 이와 연동하여 작동하는 벨·부자 등의 경보기를 설치하며 음향경보장치의 조작 및 감지기의 작동을 표시는 표시등은 겸용할 수 있다.

② 수동식기동장치에는 방출용 수동기동스위치의 작동을 알리는 표시등

③ 소화약제의 방출을 명시하는 표시등

④ 자동식기동장치에는 자동·수동변환을 명시하는 표시등

4) 제어반 및 화재표시반의 설치장소는 화재에 의한 영향, 진동 및 충격에 의한 영향 및 부식의 우려가 없고 점검이 편리한 장소에 설치하여야 하며 당해 회로도 및 취급설명서를 비치하여야 한다.

(14) 음향경보장치

1) 음향경보장치는 수동식기동장치의 조작과정 또는 자동식 기동장치에서는 화재감기와 연동하여 자동으로 경보를 발하여야 한다.

2) 음향경보장치는 소화약제 방사 후 1분 이상 경보하여야 하며 방호구역 또는 방호대상물에 있는 사람에게 유효하게 경보를 할 수 있도록 하여야 한다.

3) 방송에 의한 경보장치인 경우 증폭기, 재생장치는 화재 시 연소의 우려가 없고 유지관리

가 쉬운 장소에 설치하며 방호구역 또는 방호대상물이 있는 구획의 각 부분으로부터 하나의 확성기까지의 수평거리는 25m 이하가 되도록 하여야 한다.

4) 방송에 의한 경보장치는 제어반의 복구스위치를 작동하여도 경보를 계속할 수 있는 기능을 가져야 한다.

(15) 자동폐쇄장치

1) 환기장치를 설치한 것은 할로겐화합물 및 불활성기체 소화약제가 방출하기 전에 당해 환기장치를 정지할 수 있도록 하여야 한다.
2) 개구부가 있거나 천장으로부터 1m 이상의 아래 부분 또는 바닥으로부터 당해 층의 높이의 2/3 이내의 부분에 통기구가 있어 소화약제의 유출에 의하여 소화효과가 감소시킬 우려가 있는 것에 있어서는 소화약제 방출 전에 당해 개구부 및 통기구를 폐쇄할 수 있어야 한다.
3) 자동폐쇄장치는 방호구역 또는 방호대상물이 있는 구획의 외부에서 복구할 수 있는 구조이어야 하며 그 위치를 표시하는 표지를 하여야 한다.

(16) 예비전원

1) 예비전원은 할로겐화합물 및 불활성기체 소화약제 소화설비를 유효하게 작동할 수 있도록 충분한 용량을 가져야 한다.
2) 사용전원으로부터 전력공급이 중단되었을 때는 자동으로 예비전원이 공급될 수 있는 기능이 있어야 한다.
3) 예비전원은 할로겐화합물 및 불활성기체 소화약제 소화설비의 제어반 내에 또는 그 부근에 설치하여야 한다.

4.4 분말소화설비

4.4.1 개요

분말소화설비는 물에 의한 소화가 어려운 위험물이나, 고압의 전기설비 등으로 전기의 절연성이 요구되는 소방대상물에 설치하는 소화설비로서 가압용가스의 압력으로 분말소화약제를 배관을 통해 배출시키는 구조의 설비를 말한다. 구성 부품으로서는 저장용기, 화재감지장치, 기동장치, 분사헤드, 음향경보장치, 제어반, 방호구역 자동폐쇄장치, 전원 등으로 되어 있다.

분말소화설비는 소화약제와 가압가스의 충전상태에 따라서 가압가스와 분말약제를 함께 충전시킨 축압식설비와 가압용 가스용기를 별도로 설치하는 가압식설비로 구분되며 분말소화약제의 종류로는 제1종(탄산수소나트륨), 제2종(탄산수소칼륨), 제3종(제1인산암모늄) 및 제4종 분말소화약제제4종분말(탄산수소칼륨과 요소와의 혼합물)가 있다.

또한 분말소화설비는 소화성능이 우수하여 연소속도가 빠른 인화성 액체나 고전압의 전기화재 등에 적합하며 소화약제의 수명도 반영구적이어서 설비유지관리에도 경제적인 반면에 피연소물이 분말약제로 인해 영향을 미치며 배관 내를 흐를 때 분말약제의 특성상 고압을 필요로 한다는 단점이 있다.

(1) 분말소화설비의 계통도

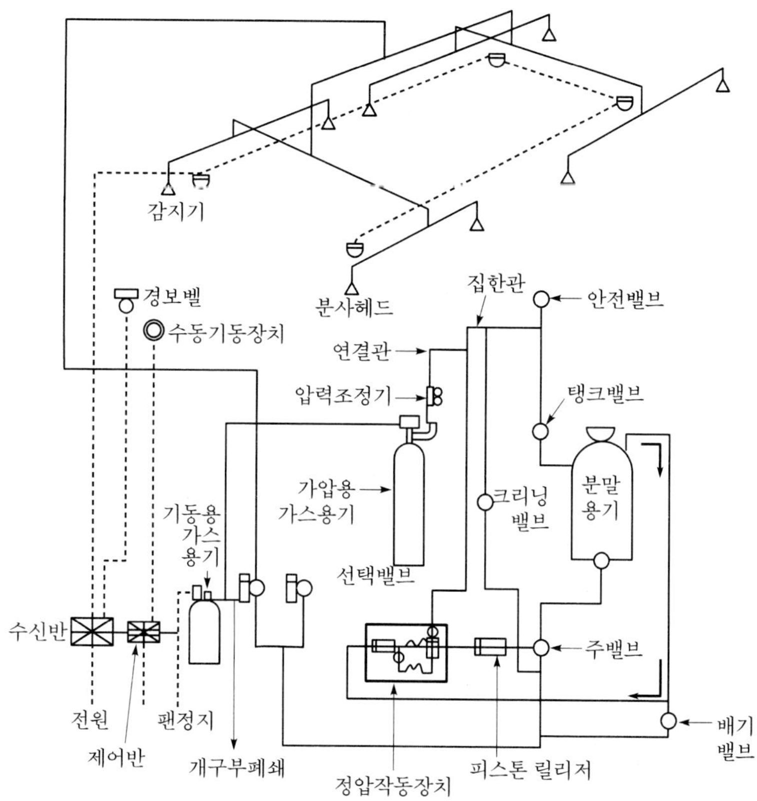

(2) 작동원리

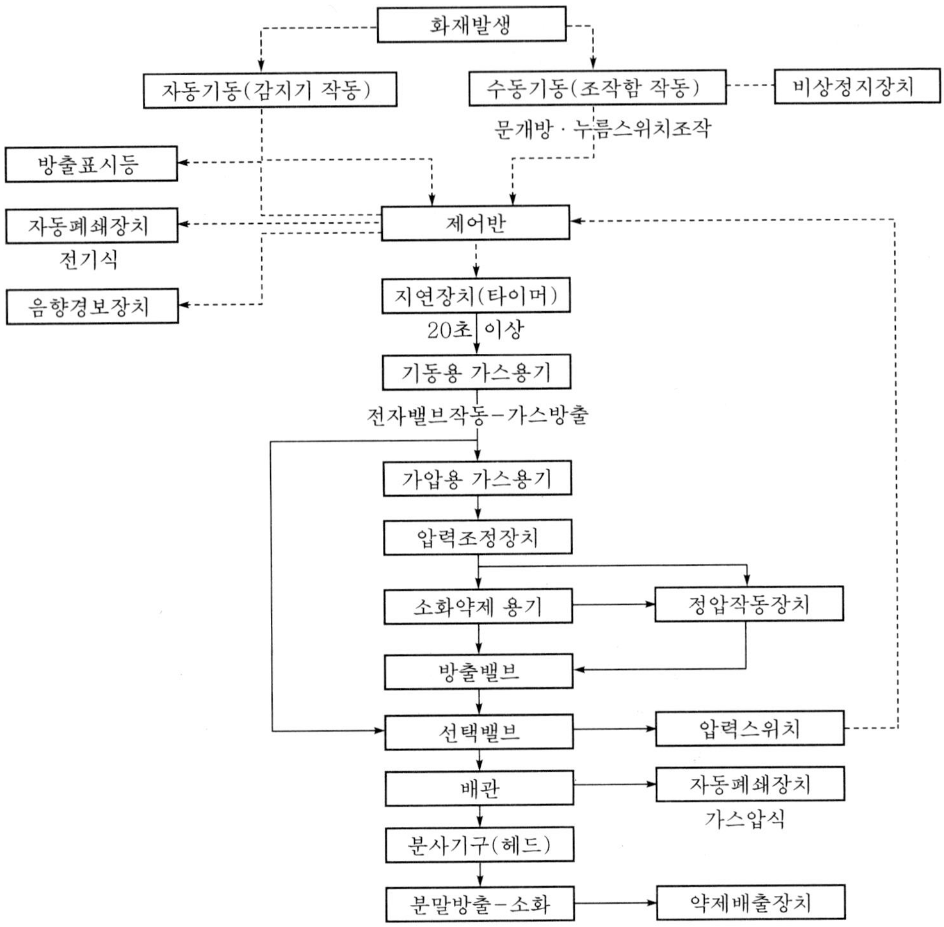
화재발생
자동기동(감지기 작동)
수동기동(조작함 작동)
비상정지장치
문개방 · 누름스위치조작
방출표시등
자동폐쇄장치
전기식
음향경보장치
제어반
지연장치(타이머)
20초 이상
기동용 가스용기
전자밸브작동 – 가스방출
가압용 가스용기
압력조정장치
소화약제 용기
정압작동장치
방출밸브
선택밸브
압력스위치
배관
자동폐쇄장치
가스압식
분사기구(헤드)
분말방출 – 소화
약제배출장치

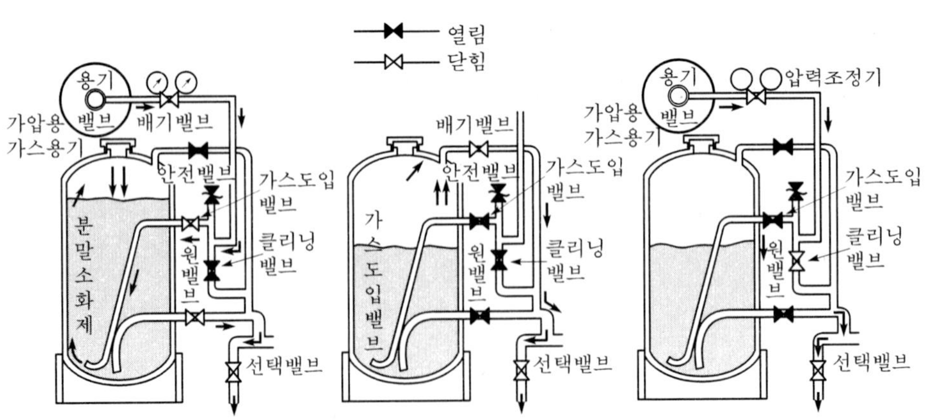
열림
닫힘
용기
밸브
가압용
가스용기
배기밸브
안전밸브
가스도입
밸브
분
말
소
화
제
원
밸
브
클리닝
밸브
선택밸브
가
스
도
입
밸
브
압력조정기

1) “전역방출방식”이란 고정식 분말소화약제 공급장치에 배관 및 분사헤드를 고정 설치하여 밀폐 방호구역내에 분말소화약제를 방출하는 설비를 말한다.
2) “국소방출방식”이란 고정식 분말소화약제 공급장치에 배관 및 분사헤드를 설치하여 직접 화점에 분말소화약제를 방출하는 설비로 화재발생 부분에만 집중적으로 소화약제를 방출하도록 설치하는 방식을 말한다.
3) “호스릴방식”이란 분사헤드가 배관에 고정되어 있지 않고 소화약제 저장용기에 호스를 연결하여 사람이 직접 화점에 소화약제를 방출하는 이동식 소화설비를 말한다.
4) “충전비”란 용기의 용적과 소화약제의 중량과의 비율을 말한다.
5) “집합관”이란 분말소화설비의 가압용가스(질소 또는 이산화탄소)와 분말소화약제가 혼합되는 관을 말한다.
6) “교차회로방식”이란 하나의 방호구역 내에 2 이상의 화재감지기회로를 설치하고 인접한 2 이상의 화재감지기가 동시에 감지되는 때에는 분말소화설비가 작동하여 소화약제가 방출되는 방식을 말한다.
7) “방화문”이란 「건축법 시행령」제64조에 따른 갑종방화문 또는 을종방화문으로써 언제나 닫힌 상태를 유지하거나 화재로 인한 연기의 발생 또는 온도의 상승에 따라 자동적으로 닫히는 구조를 말한다.

4.4.2 분말소화설비 일반적 소화효과

1) 질식효과 : 열분해시 생성되는 불연성가스(CO_2, H_2O)에 의해 공기 중의 산소농도 저하
2) 냉각효과 : 열분해시 생성되는 수증기(H_2O)의 흡열반응(증발잠열)에 의한 냉각효과
3) 복사열차단효과 ; 분말의 운무에 의한 복사열 차단
4) 연쇄반응의 차단(부촉매효과) : 열분해시 유리된 K, Na, NH_4가 연쇄반응을 일으키는 활성기(H−, OH+)를 포착하여 연쇄반응을 차단하는 화학적 효과
5) 방진효과 : 열분해 시 생성되는 메타인산(HPO_3)이 가연물 표면에 불침투층을 만들어 산소와의 접촉을 차단−제3종 분말에서만 나타나는 소화효과

4.4.3. 분말소화약제 구비조건

1) 소화약제는 현저한 독성이나 부식성이 없어야 하며 열과 접촉할 때 현저한 독성이나 부식성의 가스를 발생하지 아니하여야 한다.
   ① 일반적으로 분말소화약제는 비독성이고 비발암성이다.

② 노출에 따른 급성의 효과는 점막에 대한 자극으로 피부, 눈, 호흡기 점막에 대한 화상의가능성이 크게 된다.

③ 모든 경우 고정식 시스템 방출 시에 생기는 연기, 폼, 분진을 방호하기 위해 자급식의 호흡기구를 사용하여야 한다.

2) 분말소화약제는 방습가공을 한 나트륨 및 칼륨의 중탄산염 기타의 염류 또는 인산염류·황산염류 그 밖의 방염성을 가진 염류 (이하 "인산염류 등"이라 한다.)로서 다음에 적합하여야 한다.

① 분말의 미세한 정도는 KS A 5101-1(시험용체-1부: 금속망체)의 표준체에 통과시켰을 경우 그 잔량이 다음과 같아야 한다.

3) 분말의 성분비는 다음에 적합한 것이어야 한다.

① 주성분이 중탄산나트륨인 소화약제는 중탄산나트륨($NaHCO_3$)이 90wt% 이상이어야 한다.

② 주성분이 중탄산칼륨인 소화약제는 중탄산칼륨($KHCO_3$)이 92wt% 이상이어야 한다.

③ 주성분이 인산염류등인 소화약제는 제1인산암모늄($NH_4H_2PO_4$)등 함량이 최소 75wt% 이상이어야 하며 설계값의 −5%~+15% 이어야 한다.

4) 상대습도가 50% 이하인 대기 중에서 시료를 칭량하여 농도 95% 내지 98%의 농황산을 건조제로 사용한 데시게이터내에 18℃ 내지 24℃의 온도로 24시간 놓아둔 후 칭량하여 아래 수식으로 계산한 수분함유율이 0.2wt% 이하이어야 한다.

5) 온도가 (30±2)℃이고 상대습도가 60%인 항온항습조등에 48시간 놓아둔 후 칭량하고, 다시 온도가 (30±2)℃이고 상대습도가 80%인 항온항습조등에 48시간 놓아둔 후 칭량하여 아래의 수식으로 계산한 흡습율이 중탄산나트륨이 주성분인 것은 0.2wt%, 중탄산칼륨이 주성분인 것은 2 wt%, 인산염류 등이 주성분인 것은 1.5wt% 이하이어야 한다.

6) 겉보기비중은 0.820g/mL 이상이어야 한다.

7) 분말을 수면에 고르게 살포한 경우에 1시간 이내에 침강하지 아니하여야 한다.

8) 칼륨의 중탄산염이 주성분인 소화약제는 담회색으로 인산염 등이 주성분인 소화약제는 담홍색(또는 황색)으로 각각 착색하여야 하며 이를 혼합하지 아니하여야 한다.

9) 분말상태의 소화약제는 굳거나 덩어리지거나 변질 등 그 밖의 이상이 생기지 아니하여야 하며 페네트로메타(Penetrometer)시험기로 시험한 경우 15mm 이상 침투되어야 한다.

10) 내습성

11) 자유유동성 : 방사성능에 영향을미친다.

① 비고화(고결방지제 첨가)

② 미세한 입자 : 최적의 효과를 나타내는 입도는 20~25micron

- 소화약제분말의 크기는 1μ 이하에서 75μ까지의 범위이다. 분말크기는 소화효능에 절대적인 영향을 미치므로 분말이 성능에 영향을 주는 이러한 크기범위를 벗어나지 않도록 주의 깊은 품질관리를 필요로 한다.
- 각 분말소화약제는 고유의 크기 제한성이 있어서 어떤 크기 이하에서는 완전히 분해하거나 증발되며 그 이상의 크기에서는 완전히 분해나 증발되지 않는다. 비균질성 혼합에서 중간입자의 크기가 20~25μ 일 때 가장 좋은 결과가 얻어진다.
- 분말입자의 크기는 또한 유동특성에도 영향을 준다. 가스흐름에 부유하는 고체입자는 가스만의 경우보다 높은 압력손실을 나타낸다. 거친 분말은 낮은 유속의 원인이 되며 많은 량의 방출용 가스를 필요로 한다. 아주 미세한 분말도 비슷한 결과를 초래하지만 그 정도는 아니다.
- 입자 크기는 공기역학상의 끌림 현상에도 영향을 미친다. 큰 입자에 의해 얻어진 운동량에의해 작은 입자가 이송되어 화염의 상승기류 속으로 침투한다. 보통의 작은입자들은 침투 전에 분해되고 증발되어 버릴 것이다.

12) 경년기간이 길어야 한다.

13) 안정성이 좋아야한다.

① 분말소화약제는 낮은 온도와 통상의 온도에서 안정하며 어떤 첨가제는용융되고 높은 온도에서 점착성을 띠기 때문에 저장온도의 상한을 120°F(49℃)로규정한다.

② 화재온도에서 활성의 첨가제는 소화작용을 하는동안 분리되고분해되어 버린다

③ 여러종류의 분말약제를 무분별하게 혼합하면 큰 위험이따른다. 예로서 산성의 다목적 분말약제인 암모늄제일인산염에 랄칼리성인대부분의 다른 분말약제를 혼합하면 원하지 않는 반응에 의해 이산화탄소가스가 방출되어 고형화의 원인이 된다. 이 현상으로 소화기 외피가 폭발되는것으로 알려져 있다.

④ 분말소화약제는 다른 화학약품과도 격렬하게 반응한다.

4.4.4 분말소화약제의 특징

분말소화설비는 표면화재에 대하여 그 소화성능의 효과가 빠르며 특히 화재확대 및 급속한 인화성 액체의 화재방호에 적합하다. 소화약제는 전기절연성이 높으므로 전기설비의 방호에도 사용되며 표면화재 성상을 보이는 A급 화재에 대하여도 효과가 있다. 동력을 필요로 하지 않아 전원이 불필요하다. 그러나 분말약제는 부촉매효과에 의한 억제소화제로써 불꽃연소에는 적응성이 있으나 작열연소에는 적응성이 낮다.

(1) 장점

1) 어떠한 화재에도 최고의 소화능력을 발휘한다.
2) 우수한 소화성능 : 다른 소화설비보다 소화능력이 우수하며 소화시간이 짧다.
3) A,B,C급에 적응(3종은 A급도 적응)이 있다.
4) 소화약제의 수명이 반영구적이다.
5) 분말소화약제이므로 동결의 우려가 없고 장기간 보존성이 가능하다.
6) 소화약제는 인체에 무해하다.
7) 신속한 화재진압(녹다운효과)
8) 비전도성 : 완전절연성이므로 고전압기기의 소화에 안전하다.
9) 기구가 간단하고 유지관리가 용이하다.
10) 설비비가 경제적이다.

(2) 단점

1) 침투성이 나쁘다. 재발화 위험 : 단시간에 소화할 수 있는 반면, 분말분사로 소화에 성공하지 못했을 경우에는 분말방사전의 상태로 단시간에 되돌아가 버림으로 물이나 거품 소화설비와는 다르다.
2) 냉각효과는 약하다
3) 분말에 의한 잔유물로 인하여 미연소물의 2차 피해가 발생한다. : 방사후의 분말은 흡습하여 알칼리 혹은 약산성을나타내어 금속의 부식을 일으키기 때문에 특히 전기기기에 사용하는 경우에는방사후 즉시 청소를 하여야 한다.
4) 가시도가 약화되어 피난을 방해한다.

4.4.5 분말소화약제의 종류

(1) 제1종 분말소화약제

1) 화학기호 : $NaHCO_3$; 탄산수소나트륨
2) 적응화재 : B·C급 화재/(백색)
3) 분해반응 : $2NaHCO_3 \rightarrow Na_2CO_3 + CO_2 + H_2O$
   - 270℃에서의 분해반응 : $2NaHCO_3 \rightarrow CO_2 + H_2O + Na_2CO_3 - Q(30.3kcal)$
   - 850℃에서의 분해반응 : $2NaHCO_3 \rightarrow 2CO_2 + H_2O + Na_2O - Q(104.4kcal)$

※ 비누화현상 : 가연상태의 지방이나 식용유화재에 제1종 분말소화약제를 사용하면 탄산수소나트륨의 Na+ 이온과 기름의 지방산이 반응하여 금속비누가 생성. 이 비누가 거품을 형성하여 가연물을 덮어 산소공급을 차단하여 질식소화효과를 갖는 현상

4) 소화작용
- 질식작용 : CO_2, 수증기(H_2O)에 의해
- 냉각작용 : H_2O 및 흡열반응에 의해
- 희석작용 : 분말미립자에 의해
- 부촉매작용 : Na에 의한 부촉매작용(산소와 반응)
- Knock Down 효과

(2) 제2종 분말소화약제

1) 화학기호 : $NaKCO_3$; 탄산수소칼륨
2) 적응화재 : B·C급 화재 / 자색
3) 분해반응 : $2KHCO_3 \rightarrow K_2CO_3 + CO_2 + H_2O$
- 190℃에서의 분해반응 : $2KHCO_3 \rightarrow CO_2 + H_2O + K_2CO_3 - 29.8kcal$
- 850℃에서의 분해반응 : $2KHCO_3 \rightarrow 2CO_2 + H_2O + K_2O - 127.1kcal$

※ Knock-down효과 : 연소중인 불꽃의 규모보다 분말소화약제의 방출율을 크게하여 불꽃을 입체적으로 포위하면서 부촉매작 용에 의해 연쇄반응을 차단시켜 순식간(10~20초)에 불꽃을 사그라지게 하여 소화하는 효과

4) 소화작용
- 질식작용 : CO_2
- 냉각작용 : H_2O 및 흡열반응에 의해
- 희석작용
- 부촉매작용
- 녹다운효과
- 소화성능이 제1종 분말보다 약2배 크다.

(3) 제3종 분말소화약제

1) 화학기호 : $NH_4H_2PO_4$; 제1인산암모늄
2) 적응화재 : A(차고, 주차장)·B·C급 화재 / 담홍색
3) 분해반응 :
- 166℃에서의 분해반응 : $NH_4H_2PO_4 \rightarrow NH_3 + H_3PO_4$(올소인산)
  $NH_4H_2PO_4 \rightarrow NH_3 + H_2O + HPO_3 - 76.95kcal$(메타인산)

4) 전해반응
- 360℃에서의 전해반응 : $NH_4H_2PO_4 \rightarrow NH_4^+ + H_2PO_4^-$

※ 방진효과 : 제1인산암모늄($NH_4H_2PO_4$)이 열분해시 생성되는 메타인산(HPO_3)은 부착력이 우수하여 가연물의 표면에 부착하고 유리상의 피막을 형성. 이 피막은 가연물과 산소와의 접촉을 차단시킴으로서 A급 화재에서의 잔진 현상을 방지

5) 소화작용
- 소화약제의 분말 운에 의한 자유기(활성종)의 흡착
- 질식작용 : NH_3 ,H_2O
- 냉각작용 : NH_4^+에 의해
- H_3PO_4(올소인산)에 의한 탈수 탄화
- 열분해 반응 과정에서 생성된 메타인산의 방진작용
- 목재,섬유,종이 등을 구성하고 있는 섬유소를 연소하기 어려운 탄소로 급속히 변화시키는 작용에 의하여 섬유소를 불활성 탄소화 불로 분해하여 연소를 차단한다.
- 사용 후 주의사항

  제1 인산암모늄은 열에 의하여 열 분해물인 메타인산, 암모니아 및 수증기를 생성하며, 이 때 생성된 암모니아는 사람의 호흡기와 피부에 미세한 영향을 미치므로 제3종 소화분말을 충전한 소화기나 소화설비를 사용한 후에는 질소를 깨끗이 닦아야 한다.

(4) 제4종 분말소화약제

1) 화학기호 : $NaKCO_3$ + $(NH_2)_2CO$ = 탄산수소칼륨 + 요소
2) 적응화재 : B·C급 화재 / 회색
3) 분해반응 : $2KHCO_3 + (NH_2)_2CO \rightarrow K_2CO_3 + 2NH_3 - 2CO_2 - Q$
4) 전해반응 : $KHCO_3 + (NH_2)_2CO \rightarrow K^+ + HCO_3^- + 2H^+ + CO_3^{-2} + NH_3$
5) 소화작용
- 질식작용 : NH_3 ,CO_2 등의 가스에 의해
- 냉각작용 : 흡열반응에 의해
- 부촉매작용 : NH_4+에 의해
- 고가이며 국내에는 미보급

※ 소화효과 강도 : 제4종 〉 제3종·제2종 〉 제1종

4.4.6 분말 소화약제의 효과 및 작용

(1) 분말소화약제의 Knock Down 효과

분말 소화약제가 연소중의 가연물에 분사되면 우선 가연물의 표면을 덮어서 산소공급

을 차단하여 질식시키며, 동시에 분말이 불꽃을 포위하여 활성종을 흡착하고 부촉매작용에 의해 연소의 연쇄반응을 억제하여 순식간에 불꽃이 꺼지게 하는데 이를 분말소화약제의 Knock Down 효과라고 한다. 일반적으로 약제 방사 후 약 10~20초 내에 소화된다.

(2) 분말 소화약제의 비누화 현상

제 1종 분말 소화약제를 지방이나 식용유의 화재에 사용하면 중탄소오다의 이온과 기름의 지방산이 결합하여 비누거품을 형성하게 된다. 이 비누 거품이 가연물을 덮어 산소공급을 차단하여 소화효과를 높이게 되는데 이를 분말소화약제의 비누화현상이라고 한다.

(비누분자는 친유기인 알킬리(R–)와 친수기인 카아복실기의 알칼리염으로, 기름과 친유기가 결합하고 친수기는 물쪽으로 향하여 기름을 둘러싸 전체적으로 친수의 집단이 되므로 물에 잘 분산된다(계면 활성제의 기능) 분말소화제에서는 분말운(미세가루)에 의한 자유기(radical)의 흡착이 기름의 친유기가 기름과 결합하는 것과 흡사하기 때문에 비누화현상이라 한다.)

(3) 방진작용

가연물질이 숯불 형태로 연소하는 것을 방지하는 작용으로 숯불에 용착하여 유리상의 피막을 이루어 방진하므로 재 연소 방지효과가 크다.

(4) Knock Down 효과

분말소화약제의 소화특성의 하나로서 약제 방사 개시 후 10~20초 이내에 소화하는 것을 말하며, 30초 이내에 녹다운이 되지 않으면 소화불가능으로 판단되며 이는 불꽃 규모에 비하여 방출율이 부족할 때 발생한다. 분말소화약제는 연소중의 불꽃을 입체적으로 포위하여 주로 부촉매작용에 의해 연쇄반응을 중단시켜 순식간에 불꽃이 사그라지게 하는데 이를 불꽃의 녹다운 또는 분말 소화약제의 녹다운효과라고 한다.

(5) 식용유화재에 대해 인산암모늄계 소화약제보다 중탄산나트륨계약제가 재발화 방지효과가 좋은 이유

1) 인산암모늄계(제3종 분말소화약제) – $NH_4H_2PO_4$(제일인산암모늄)

화재 시 열분해에 의해 메타인산, 암모니아, 수증기의 생성물이 생기는데 메타인산(HPO_3)은 가연물의 표면에 부착되어 산소와 접촉을 차단하기 때문에 제1종, 제2종분말 소화약제보다 20~30% 소화효과가 더 크다. 그러나 식용유화재에는 비누화현상을 일으키지 못하기 때문에 적당하지 않다.

2) 중탄산 나트륨계(제1종 분말소화약제)– $NaHCO_3$

식용유 화재에는 가연물과 직접 반응하여 비누화현상을 일으키므로 질식소화 및 재발화까지 방지하므로 효과가 있다. 이 경우 비누화가 일어나고 수증기와 비누가 포를 형성하며, 이때 발생하는 탄산가스 및 글리세린의막이 소화를 돕는다.

4.4.7 Dry chemical과 Dry Powder 소화약제의 차이점

(1) Chemical

1) CO_2나 할론소화약제의 대체 소화약제로서 고체 분말이 질소나 이산화탄소 속에 부유상태로 있는 것이며, 분말은 10~75μm 크기로서 불활성 가스에 의해 방출된다.
2) Dry chemical의 주된 소화메카니즘은 활성종의 제거에 의한 연쇄반응의 절단이며 이외에 냉각작용, 질식작용, 희석작용도 하게 된다.
3) 자기반응성 약품, 반응성 금속, 심부화재 등에는 사용할 수 없다.
4) Engineered System 또는 Pre-Engineered System 으로 이용되며 Enginering 기술의 발달로 2상계 흐름의 문제들도 해결된 상태이다.

(2) Dry Powder

1) 금속화재용 분말약제로 고온의 가연성금속화재에 사용하는 소화약제들을 의미한다.
2) 않은 금속들이 물과는 격렬하게 발열하며 반응하기 때문에 Wet Chemical 이나 물을 금속화재에 사용할 수는 없다. 고온의 금속이 물과 접촉하면 수소를 발생하며 급격히 연소하기 때문이다.
3) 대표적 Dry Poeder 약제의 작용

PyreneG-1

- 분말상 Graphite(흑연)와 인산화합물이 주성분이다.
- 가열 될 때 인산화합물은 증기를 발생하여 연소되는 금속으로서 산소공급을 차단하며, Graphite는 전도에 의한 방출로 금속자체온도를 발화점 이하로 냉각시킨다.
- 심한 역화의 위험성 때문에 쇼벨이나 손수레로만 적용되며 매우 근접한 위치에서 주의깊게 한꺼번에 적용하여 금속세공 부스러기, Chip,분진 등의 화염확산이나 폭발을 방지하여야 한다.
- Dry Powder는 연소되는 금속위에 1인치 두께의 피막을 형성하도록 하여 금속이 냉각될 때까지 교란 받지 않고 그 상태가 유지되도록 하여야 한다.

Met-L-X

- 염화나트륨이나 일반소금에고화방지용 첨가제나 Plastic 이 첨가되며 Plastic은 녹아서 Powder를 연소되는 금속의 cake 속으로 스며들 게 한다.

- Met-L-X 와 이와 유사한 분말들은 소화기 내에 내장될 수도 있으며 그 한계는 10피트까지이다.
- 분출되는분말과 함께 연소금속의 조각들이 주위로 날리지 않도록 상당한 주의를 기울여야한다.
- 금속의 수직 표면에 달라붙어 커다란 연소금속 화재에 이용될 때 큰 이점이 있게 된다.

4.4.8 분말소화제의 용도별 적용

(1) CDC분말소화제

1) 개요

분말소화제는 모두 속소성으로 그 소화성능이 큰 것이 특징인데, 오일화재에 사용하는 경우 단숨에 전체 오일면을 소화하지 않으면 불꽃이 역화하게 되고, 한번에 소화해도 화재가 있으면 재차 발화한다는 결점이 있다. 이에 대해 거품에 의한 소화는 소화속도는 지연되지만 거품으로 뒤덮인 오일면은 상당히 긴 시간 재연되지 않고 오일면의 거품층을 점차 확대힘으로써 근 화재도 소화할 수 있나는 이졈이 있나. 따라서 분말의 속소성과 거품의 지속 안정성의 두가지 장점을 갖춘 CDC(Compatible Dry Chemical) 분말소화제가 개발되었으며, 이를 2약제 소화방식(Twin Agent System)이라 한다

2) 분말소화제와 포소화제의 조합

① TWIN 20/20 : ABC 분말약제 20kg + 수성막포 20리터

② TWIN 40/40 : ABC 분말약제 40kg + 수성막포 40리터

3) 용도

항공기의 불시착시 인명구조는 일각을 다투므로 속소성과 지속 안정성이 모두 요구되므로 이약제가 사용된다.

(2) 습식소화약제(Wet chemical)

1) 개요

습식 화학약제는 탄산칼륨(K2CO3) 또는 아세틱칼륨(KC2H3O2)의물슬러리(Water Slurry)이며 이에 의한 소화는 냉각작용과 연쇄절단에의해 이루어진다.

2) 용도의 제한성

① 이 시스템은 사전설계시스템으로주방용구의 방호에 필수적으로 사용된다. 이들은 채소유를 조리매체로사용하는 깊은 지방튀김설비의 방호에 사용된다.

② 노즐방위와관련된 분말약제 시스템에 적용되는 제한성은 습식시스템에서는약제가

잘 혼합된 슬러리로서 매우 높은 점성의 액체로 작용하기때문에 적용되지 않는다.

③ 이 시스템의 배관망은 스프링클러시스템과 유사하게 설치된다

(3) 분말에어로졸시스템 (Particulate Aerosol System)

1) 알칼리 금속염이 주성분인 분말소화약제의우수한 소화성능은 이미 입증되어 있으며 특히 입자크기가 작아질수록더 우수한 소화성능을 보이고 있다. 따라서 수 마이크론 크기 이하의 미립자로 제조하여 대기중에 에어로졸로 분사효시키면훨씬 더 우수한 소화성능은 물론 화염으로의 침투성을 개선할수 있는 원리를 이용한 소화시스템이다.

2) 이 소화시스템은 크게 EMAA(EncapsulatedMicron Aerosol Agents)와 SPFE(Solid Particulate FireExtinguishment)의 두가지로 구분된다. EMMA는 외부에 독립된장치로 에어로졸을 형성시키는 방법이며 SPFE는 화염과의 연쇄반응에의해 에어로졸을 형성시키는 방법이다.

3) 이 소화시스템의 소화작용은 화염중 연쇄반응의반응 라디컬제거, 냉각, 화염전파속도의 지연 등에 의하여 이루어진다. 그러나 이 소화시스템을 실제로 적용하기 위해서는 설계 및 엔지니어링 기술이 계속 발전되고 인체에의 독성 등이 명확히 규명되어야 한다.

4.4.9 분말소화설비의 구성 장치

(1) 분말소화약제 용기

1) 저장용기(가압용 가스의 저장용기를 포함)는 고압가스안전관리법에 의한 용기검사에 합격한 것이어야 한다.

2) 제3종분말 저장용기의 내용적은 소화약제 1kg 당 1.0ℓ 이어야 한다.

3) 저장용기에는 충전 약제량, 소화약제의 종류, 최고사용압력(가압식에 한함), 제조년월일, 제조자명을 보기 쉬운 곳에 표시해야 한다.

4) 저장용기의 충전비는 1.0 이상으로 하여야 한다.

5) 저장용기(가압용 가스의 저장용기 포함)에는 용기밸브 및 압력의 과다상승방지를 위해 가압식의 것에 있어서는 최고사용압력의 1.8배 이하, 축압식의 것에 있어서는 용기의 내압시험압력의 0.8배 이하의 압력에서 작동하는 안전밸브를 설치해야 한다.

6) 가압용 가스용기에는 25kgf/cm^2 이하의 압력으로 조정할 수 있는 압력조정장치를 설치해야 한다.

7) 분말소화설비에는 기동장치의 작동 후, 저장용기 내의 압력이 설정압력에 도달한 후, 저장용기의 주밸브를 개방하는 정압작동장치를 설치해야 한다.

8) 저장용기 및 배관에는 잔류 소화약제를 처리할 수 있는 청소장치를 설치해야 한다.

9) 축압식 분말소화설비에는 사용압력의 범위를 표시한 지시압력계를 설치해야 한다.

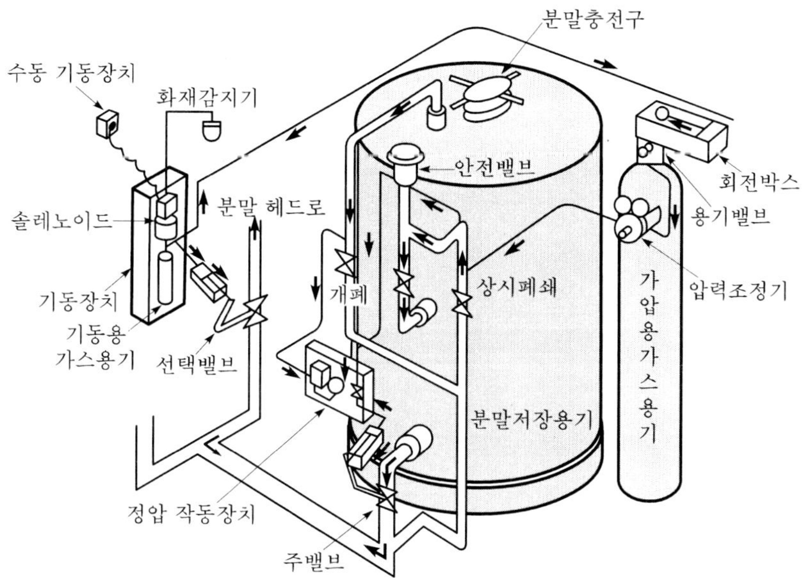

(2) 가압용 가스용기

1) 분말소화약제의 가압용 가스용기는 분말소화약제의 저장용기에 접속하여 설치해야 한다.

2) 분말소화약제의 가압용 가스용기를 3본 이상 설치한 경우에는 2개 이상의 용기에 전자 개방밸브(Solenoid Valve)를 설치해야 한다.

3) 가압용 또는 축압용 가스는 다음 기준에 의하여 설치해야 한다.

① 가압용 또는 축압용 가스는 질소가스 또는 이산화탄소(소규모의 경우)로 한다.

② 가압용 가스로 질소가스를 사용하는 것에 있어서의 질소가스는 소화약제 1kg 마다

40ℓ(35℃, 0kg/cm² 상태에서 환산한 것) 이상, 이산화탄소를 사용하는 것에 있어서의 이산화탄소는소화약제 1kg 당 20kg에 배관의 청소에 필요한 양(소화약제 1kg 당 약 20g)을 가산한 양 이상으로 하여야 한다. 다만, 배관의 청소용 이산화탄소는 별도의 용기에 저장해야 한다.

③ 축압용 가스로 질소가스를 사용하는 것에 있어서의 질소가스는 소화약제 1kg 마다 10ℓ(35℃, 0kg/cm² 상태에서 환산한 것) 이상, 이산화탄소를 사용하는 것에 있어서의 이산화탄소는 소화약제 1kg 당 20kg에 배관의 청소에 필요한 양(소화약제 1kg 당 약 20g)을 가산한 양 이상으로 하여야 한다. 다만, 배관의 청소용 이산화탄소는 별도의 용기에 저장해야 한다.

④ 배관의 청소에 필요한 양의 가스는 별도의 용기에 저장해야 한다.

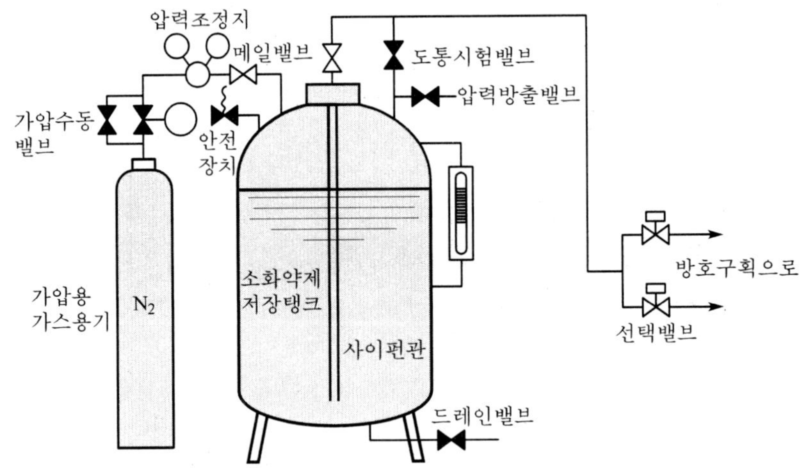

(3) 기동장치

1) 일반사항

① 분말소화설비가 설치된 부분의 출입구 등의 보기 쉬운 곳에 소화약제의 방출을 표시하는 표시등을 설치해야 한다.

② 모든 기동장치에는 그 담당하는 방호범위를 명시해야 한다.

③ 모든 작동장치는 사용조건에 적합하게 설계되어야 하고, 쉽게 작동하지 않는 상태로 되거나 우발적인 작동 가능성이 없도록 하여야 한다.

④ 모든 작동장치에는 최소 및 최대 온도한계를 표시해야 하고, 0℃~49℃의 온도범위에서 작동해야 한다.

⑤ 기동장치는 기계적, 화학적 기타 손상을 받을 우려가 없고, 화재 시에도 안전한 장소

에 설치하거나 적절한 방호조치를 하여야 한다.

2) 자동식 기동장치

자동식 기동장치는 자동화재탐지설비의 감지기의 작동과 연동하는 것으로서 다음 기준에 의하여 설치해야 한다.

① 자동식 기동장치에는 수동으로도 기동할 수 있는 구조로 하여야 한다.

② 자동방출방식은 화재의 감지와 경보, 분말소화약제의 방출 및 개구부 폐쇄 등은 전부 자동으로 이루어져야 한다.

3) 수동식 기동장치

수동식 기동장치는 다음에 의하여 설치해야 한다.

① 전역방출방식은 방호구역마다, 국소방출방식은 방호대상물마다 설치해야 한다.

② 당해 방호구역의 출입구 부분 등 조작을 하는 자가 쉽게 피난할 수 있는 장소에 설치해야 한다.

③기동장치의 조작부는 바닥으로부터 높이 0.8m 이상 1.5m 이하의 위치에 설치하고, 보호판 등에 의한 보호장치를 설치해야 한다.

④ 기동장치에는 그 가까운 곳의 보기 쉬운 곳에 "분말소화설비 기동장치"라고 표시한 표지를 부착해야 한다.

⑤ 전기를 사용하는 기동장치에는 전원표시등을 설치해야 한다.

⑥ 기동장치의 방출용 스위치는 음향경보장치와 연동하는 것으로 하여야 한다.

⑦ 수동식 기동장치를 기계적으로 조작하는 경우, 작동하는 힘은 18kgf(178N) 이상의 힘이나 35cm 이상의 움직임이 필요해서는 안 된다.

⑧ 수동식 기동장치는 자동화재탐지설비로 항시 감시하고, 화재발생 직후에 기동 조작할 수 있는 체제를 갖추어야 한다.

⑨ 모든 수동식 기동장치에는 작동지침(그림문자나 글씨크기 6mm 이상)이 있어야 한다.

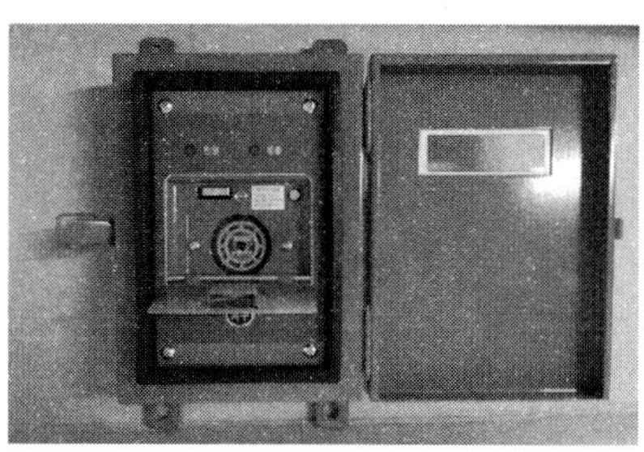

4) 배관

① 배관은 전용으로 설치해야 한다.

② 강관을 사용하는 경우의 배관은 아연도금에 의한 배관용 탄소강관(KS D 3507)이나 이와 동등이상의 강도, 내식성 및 내열성이 있는 것으로 하여야 한다.

[참고] 주철 배관 및 관부속품을 사용해서는 안 됨.[NFPA 17]

③ 축압식 분말소화설비에 사용하는 것 중 20℃에서 압력이 25kgf/cm^2 이상 42kgf/cm^2 이하인 것에 있어서는 압력배관용 탄소강관(KS D 3562) 중 이음이 없는 스케줄 40 이상의 것 또는 이와 동등 이상의 강도가 있는 것으로서 아연도금으로 방식 처리된 것을 사용해야 한다.

④ 동관을 사용하는 경우의 배관은 고정압력 또는 최고사용압력의 1.5배 이상의 압력에 견딜 수 있는 것을 사용해야 한다.

⑤ 배관은 각 분사헤드에서 동일한 양을 방출하도록 설치해야 하고, 원칙적으로 토너먼트 방식으로 하여야 한다.

⑥ 분말소화약제와 가압용 가스의 혼합물을 배관으로 방출할 때, 이 혼합물의 흐름은 2-상 흐름이기 때문에 흐름의 방향이 바뀌면 분말소화약제와 가압용 가스가 분리될 수 있으므로, 방출 시 분말소화약제를 적절히 분배하기 위해 방향전환 후, 티에서 접근이 정확히 이루어지도록 특별히 주의해야 한다.

⑦ 배관은 팽창, 수축에 대해 적절한 여유를 두어 견고하게 지지하고, 기계적, 화학적 손상을 입지않도록 설치해야 한다. 특히, 폭발위험이 있는 장소의 배관은 견고한 지지물에 가설해야 한다.

⑧ 배관은 배관내의 이물질을 제거하기 위하여 분사헤드를 설치하기 전에 건조한 공기 등으로 불어내어야 한다.

5) 밸브

① 밸브류는 내식 금속제 또는 방식처리를 한 것으로서, 제조자명 및 형식이 표시된 것으로 압력손실이 명시된 것으로 하여야 한다.

② 밸브류는 개폐위치나 개폐방향을 표시한 것으로 하여야 한다.

③ 하나의 소방대상물 또는 그 부분에 2 이상의 방호구역 또는 방호대상물이 있는 분말소화약제의 저장용기를 공용하는 경우에는 다음 기준에 의하여 선택밸브를 설치해야 한다.

(a) 방호구역 또는 방호대상물마다 설치해야 한다.

(b) 방호구역 이외의 장소에 설치해야 한다.

(c) 각 선택밸브에는 그 담당 방호구역 또는 방호대상물을 표시해야 한다.

(d) 선택밸브는 급속 개방형이어야 하고, 분말소화약제의 자유로운 이동이 가능해야 한다.

④ 선택밸브 등의 배치에 따라 설치된 배관이 폐쇄상태로 되는 곳(집합관 등)에는 안전밸브를 설치해야 하고, 안전밸브에서 분말소화약제를 방출하는 경우에는 인명의 위험을 방지하도록 조치를 취해야 한다.

⑤ 배관의 관부속품 및 밸브류는 배관과 동등 이상의 강도 및 내식성이 있는 것으로 하여야 한다.

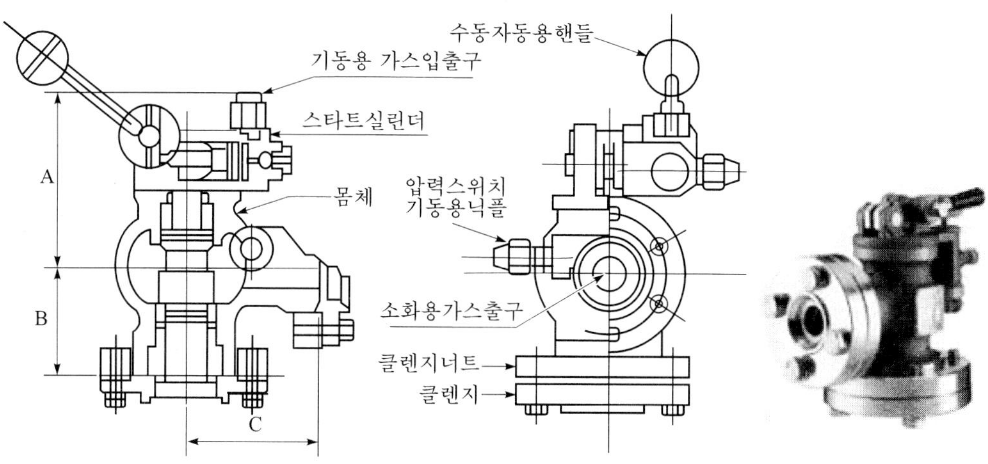

6) 분사헤드

① 분사헤드는 종별 및 형식, 형식승인번호, 제조연월 및 제조번호, 제조업체명 또는 상호 등이 표시된 것이어야 하고, 등가오리피스 면적, 방출량, 방출거리 및 방출형태를 명시해야 한다.

② 오리피스는 방출 압력에 견디는 내식 금속제 또는 내·외면에 내식 처리한 금속제이어야 한다.

③ 분사헤드는 기계적, 화학적 손상을 입지 않도록 설치해야 한다.

④ 전역방출방식의 분사헤드는 다음 기준에 의하여 설치해야 한다.

(a) 방출된 소화약제가 방호구역의 전역에 균일하게 신속히 확산될 수 있도록 하여야 한다.

(b) 분사헤드의 방출압력은 $1kgf/cm^2$ 이상이어야 한다.

(c) 규정에 의한 소화약제의 소요량을 30초 이내에 방출할 수 있는 것으로 하여야 한다.

⑤ 국소방출방식의 분사헤드는 다음 기준에 의하여 설치해야 한다.

(a) 분사헤드는 부착위치가 쉽게 이탈하지 않도록 배관에 부착하고, 배관을 견고히 지지해야 한다.

(b) 소화약제의 방출에 의하여 가연물이 비산하지 아니하는 장소에 설치해야 한다.

(c) 분사헤드의 방출압력은 $1kgf/cm^2$ 이상이어야 한다.

(d) 규정에 의한 소화약제의 소요량을 30초 이내에 방출할 수 있는 것으로 하여야 한다.

⑥ 분사헤드에 이물질이 부착 또는 침입할 우려가 있는 장소는 분말소화약제를 방출할 때 용이하게 파괴되는 안전봉판 또는 탈락하는 캡을 설치해야 한다.

(7) 제어반 등

1) 분말소화설비의 제어반 및 화재표시반은 다음에 의하여 설치해야 한다.

2) 주전원이 정지한 경우에는 자동적으로 예비전원으로 전환되고, 주전원이 정상상태로 복귀한 경우에는 자동적으로 예비전원으로부터 주전원으로 전환되는 기능이 있어야 한다.

3) 제어반은 분말소화설비의 전용으로 하여야 한다.

[참고] 다른 설비의 사고 등에 의한 영향을 받지 아니하도록 되어 있는 경우에는 제외.

4) 제어반에는 화재표시반의 기능이 있어야 한다.

[참고] 자동화재탐지설비의 수신기에 제어반의 화재표시반의 기능을 가지고 있는 것에 있어서는 제외함.(제어반은 수동식 기동장치나 감지기로부터 신호를 수신하여 음향경보장치의 작동

5) 소화약제의 방출이나 지연 기타의 제어기능을 갖는 것이어야 하고, 제어반에는 전원표시등을 설치해야 한다.

6) 화재표시반은 제어반으로부터 신호를 수신하여 작동하는 기능을 갖는 것으로서, 다음

기준에 의하여 설치해야 한다.

① 각 방호구역마다 음향경보장치의 조작 및 감지기의 작동을 명시하는 표시등과 이와 연동하여 작동하는 벨, 부자 등의 경보장치를 설치해야 한다. 이 경우, 음향경보장치의 조작 및 감지기의 작동을 명시하는 표시등은 겸용할 수 있다.

② 수동식 기동장치의 경우에는 그 방출용 스위치와 작동을 명시하는 표시등을 설치해야 한다.

③ 소화약제의 방출을 명시하는 표시등을 설치해야 한다.

④ 자동식기동장치의 경우에는 자동, 수동의 전환을 명시하는 표시등을 설치해야 한다.

7) 기동식의 벽, 배연경계벽, 댐퍼 및 배출기의 작동은 감지기와 연동되어야 하며, 예상배연구역(또는 인접장소) 및 제어반에서 수동으로 기동하도록 하여야 한다.

8) 제어반 및 화재표시반의 설치장소는 화재에 의한 영향, 진동, 충격에 의한 영향 및 부식의 위험이 없고 점검에 편리한 장소에 설치해야 한다.

9) 제어반 및 화재표시반에는 당해 설비의 회로도 및 취급설명서를 비치해야 한다.

(8) 화재감지기

분말소화설비의 자동식 기동장치는 다음 기준에 의한 화재감지기를 설치해야 한다.

1) 각 방호구역내의 화재감지기의 감지에 의하여 자동적으로 작동되도록 하여야 한다.

2) 화재감지기의 회로는 교차회로방식으로 설치해야 한다. 다만, 복합형감지기 또는 불꽃감지기, 아날로그식 감지기, 다신호식감지기, 광전식감지기로 설치하는 경우에는 그러하지 아니한다.

3) 교차회로방식에 사용되는 감지기, 유류취급장소 등 급속한 연소확대가 우려되는 장소에 사용되는 감지기 및 축적기능이 있는 수신기에 연결하여 사용되는 감지기는 축적기능이 없는 것으로 설치해야 한다.

4) 화학공장, 격납고, 제련소 등과 같은 장소에는 분리형 광전식 감지기 또는 불꽃감지기를 설치할 수 있으며, 이 경우 각 감지기의 공칭감시거리(公稱監視距離) 및 공칭시야각(公稱視野角) 등 감지기의 성능을 고려해야 한다.

5) 교차회로내의 각 화재감지기 회로별로 설치된 화재감지기 1개가 담당하는 바닥면적은 자동화재탐지설비의 화재안전기준"에서 정한 바닥면적으로 한다.

6) 화재감지기를 복합형 감지기 또는 소방시설용 특수감지기를 설치하고자 하는 경우에는 자동화재탐지설비의 화재안전기준"에 적합하게 설치해야 한다.

4.4.10 경보장치

(1) 일반사항

1) 분말소화설비가 작동 준비완료 및 작동한 것을 나타내는 방출표시램프 등의 표시기를 출입구의 보기 쉬운 곳에 설치해야 한다.
2) 분말소화약제의 방출에 의해 인명에 위험을 줄 우려가 있는 장소에는 사이렌 등의 방출 경보장치를 설치해야 한다.
3) 분말소화설비의 방출경보와 화재경보의 음색을 구별해야 한다.
4) 청각장애인을 위한 경광등을 출입구의 보기 쉬운 곳에 설치할 수 있다.

(2) 분말소화설비의 음향경보장치는 다음 기준에 의하여 설치해야 한다.

1) 수동식 기동장치를 설치하는 경우에는 그 기동장치의 조작과정에서, 자동식 기동장치를 설치하는 경우에는 화재감지기와 연동하여 자동으로 경보를 발하는 것으로 하여야 한다.
2) 소화약제의 방출 개시 후, 1분 이상 경보를 계속 발할 수 있는 것으로 하여야 한다.
3) 방호구역 또는 방호대상물이 있는 구획 내에 있는 사람에게 유효하게 경보할 수 있는 것으로 하여야 한다.

(3) 방송에 의한 경보장치를 설치하는 경우, 다음 기준에 의하여 설치해야 한다.

1) 증폭기 재생장치는 화재 시 연소의 우려가 없고, 유지관리가 용이한 장소에 설치해야 한다.
2) 방호구역 또는 방호대상물이 있는 구획의 각 부분으로부터 하나의 확성기까지의 수평거리는 25m 이하가 되도록 하여야 한다.(3) 제어반의 복구스위치를 조작하여도 경보를 계속 발할 수 있는 것으로 하여야 한다.

(4) 수동식 제어반

1) 음향경보기동신호를 입력했을 때, 음향경보장치가 작동해야 한다.
2) 1)에 이어서, 방출기동신호를 입력했을 때, 방출기동회로가 작동해야 한다. 이 경우에, 방출기동회로(국소방출방식 전용의 것은 제외)는 기동방출신호를 입력한 후에 용기밸브나 방출밸브 개방장치의 작동신호를 발할 때까지의 시간이 20초 이상이 되도록 지연이 되고 또한, 지연시간이 용이하게 조정되지 않도록 조치된 것이어야 한다.
3) 2)의 20초 이상의 지연사이의 방출정지신호가 입력될 때, 방출기동회로의 작동은 정지해야 한다.
4) 방출표시등용 압력스위치의 신호가 입력된다든가, 방출표시용 및 방출표시등용의 신호

가 출력되어야 한다.

(5) 자동식 제어반

1) 자동수동절환스위치가 자동측의 경우

① 하나의 화재신호를 입력했을 때, 화재의 의미를 표시해야 한다

② 1) ①에 이어서, 다른 화재신호가 입력됐을 때, 음향경보장치가 작동하고, 방출기동회로가 작동해야 한다. 이 경우에, 방출기동회로(국소방출방식 전용의 것은 제외)는 기동방출신호를 입력한 후에 용기밸브나 방출밸브 개방장치의 작동신호를 발할 때까지의 시간이 20초 이상이 되도록 지연이 되고 또한, 지연시간이 용이하게 조정되지 않도록 조치된 것이어야 한다.

2) 자동수동절환스위치가 수동측의 경우

① 화재신호를 입력했을 때, 화재의 의미를 표시 및 제어반 내의 음향경보장치가 작동해야 한다.이 경우에, 방출기동회로는 작동하지 않아야 한다.

② 그 밖의 기능은 1) 내지 4)에 따라야 한다.

4.4.11 자동폐쇄장치

분말소화설비를 설치한 소방대상물 또는 그 부분에 대하여는 다음 기준에 의하여 자동폐쇄장치를 설치해야 한다.

1) 환기장치를 설치한 경우, 분말소화약제가 방출되기 전에 당해 환기장치가 자동적으로 작동 정지 할 수 있도록 하여야 한다.
2) 개구부가 있거나 천장으로부터 1m 이상의 아래 부분 또는 바닥으로부터 당해 층의 높이의 2/3이내의 부분에 통기구가 있어, 분말소화약제의 유출에 의하여 소화효과를 감소시킬 우려가 있는 경우에는 분말소화약제가 방출되기 전에 당해 개구부 및 통기구를 폐쇄할 수 있도록 하여야 한다.
3) 자동폐쇄장치는 방호구역 또는 방호대상물이 있는 구획의 밖에서 복구할 수 있는 구조로 하어야하고, 그 위치를 표시하는 표지를 부착해야 한다.

4.4.12 전원

1) 분말소화설비의 상용전원은 "옥내소화전소화설비 화재안전기준"을 준용한다.
2) 분말소화설비(호스릴방식은 제외)의 비상전원은 "옥내소화전설비 화재안전기준"을 준용한다.

3) 예비전원은 다음 기준에 의하여 설치해야 한다.

① 제어반의 주전원으로 사용해서는 안 된다.

② 제어반의 예비전원은 원통밀폐형 니켈카드뮴축전지 또는 무보수밀폐형 연축전지로서 그 용량은 감시상태를 60분간 계속한 후, 최대부하에서 20분 이상 견딜 수 있는 용량이어야 한다.

③ 전기적 기구에 의한 자동충전장치 및 자동과충전방지장치를 설치하여야 하고, 과충전상태가 되어도 성능 또는 구조에 이상이 생기지 아니하는 축전지를 설치한 경우에는 자동과충전방지장치를 설치하지 아니할 수 있다.

④ 전기적 기구에 의한 자동과방전장치를 설치하여야 하고, 과방전상태가 되어도 성능 또는 구조에 이상이 생기지 아니하는 축전지를 설치한 경우에는 자동과충전방지장치를 설치하지 아니할 수 있다.

⑤ 예비전원을 병렬로 접속하는 경우에는 역충전방지 등의 조치를 강구해야 한다.

4) 제어반은 전원전압이 정격전압의 ±20% 범위에서 변동하는 경우에도 기능에 이상이 생기지 아니하여야 한다.

4.4.13 작동장치

(1) 정압작동장치

화재 시 방호구역내의 거주자가 안전하게 대피한 다음 분말을 방사하여 소화함으로써 거주자의 질식사를 방지하기 위해서 설치한 장치이다.

가압용 가스용기에서 가압가스가 약제탱크 내에 유입되면 분말약제와 가압가스가 소화하기 적당한 상태로 혼합되는 데에는 15~30초 정도가 소요된다. 이후, 약제 저장탱크 내의 압력이 설정된 압력에 이르면 주 밸브를 개방시키기 위한 장치이다.

1) 정압작동장치의 종류

① 봉판식

소화약제 탱크의 가압가스가 유입되어 소정압력에 이르면 봉판을 파괴하고 방출밸브를 개방하 는 방식

② 스프링식

소화약제 탱크에 가압가스가 유입되어 소정압력에 이르면 스프링이 밸브를 밀어올려 방출밸브를 개방하는 방식

③ 기계식

저장탱크에 가압가스 유입되어 소정압력에 이르면 밸브의 레버를 당겨서 방출밸브 를 개방하는 방식(소화약제 저장탱크 내의 압력이 가압용 가스 압력에 의하여 설정된 압력에 이르면 스프링의 힘으로 밸브가 작동되어 작동레버를 잡아당겨 주 밸브를 개방하는 방식)

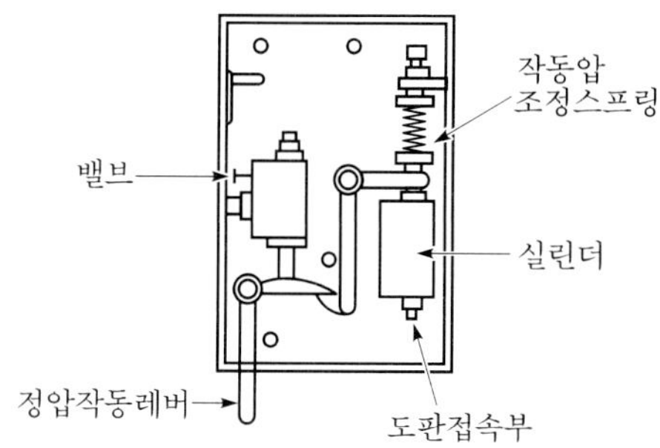

④ 전기식(시한릴레이식타이머방식)

소화약제 저장탱크 내의 압력이 가압용 가스 압력에 의하여 설정된 압력에 이르는 시간을 미리 설정하여 주 밸브를 개방하는 방식(설비의 기동과 동시에 시한릴레이가 작동하여 설정시간이 되면 전자밸브를 작동시켜 방출밸브를 개방하는 방식)

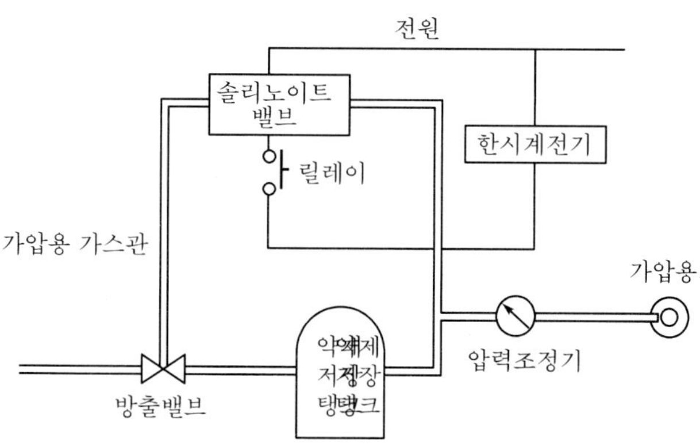

⑤ 가스압력식(압력스위치방식)

소화약제 저장탱크 내의 압력이 가압용 가스 압력에 의하여 설정된 압력에 이르면 압력스위치가 닫혀 전자밸브(솔레노이드밸브)를 개방시킴으로서 가압용 가스를 공급함으로써 주 밸브를 개방하는 방식(소화약제탱크에 가압가스가 유입되어 소정압력에 이르면 스위치가 솔레노이드밸브를 개방하여 방출밸브를 개방하는 방식)

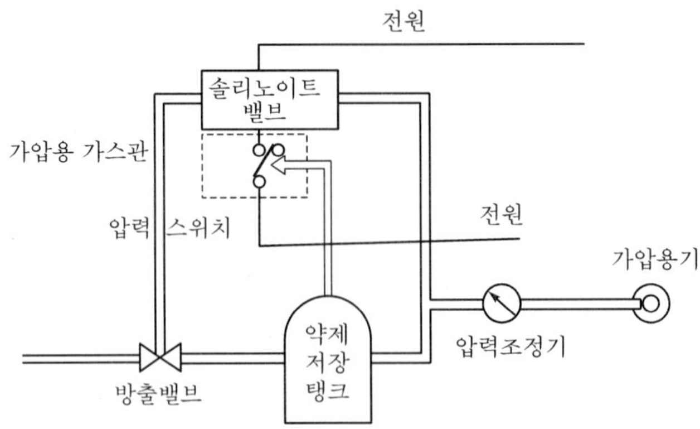

(2) 압력조정기

압력조정기는 가압용 질소가 통상 15MPa(150kg/cm²)의 압력으로 봄베에 충전되어 있으나 이 압력을 소화약제 방출압의 1.5~2.0MPa(15~20kg/cm²)로 감압하여 소화약제 저장용기로 도입시키기 위해 사용하는 것으로, 저장용기의 압력이 낮을 때에는 개방하여 가스를 보내고 적정압력에 달하면 개방을 정지하는구조로 되어 있다. 소화제 방출에 필요한 충분한 가스량을 보내질 수 있는 대용량이 필요하다.

1) 분말소화약제의 가압용 가스용기를 3본 이상 설치한 경우에는 2개 이상의 용기에 전자 개방밸브를 부착한다.
2) 2.5MPa(25kg/cm²) 이하의 압력에서 조정이 가능한 압력조정기 설치

(3) 기동장치

기동장치로서는 가압용 가스와 별도로기동용 가스를 사용하고 가압용 가스용기의 용기밸브를 개방하는 장치가 일반적으로 사용된다. 기동용 가스용기의 용기밸브는 인력 또는 솔레노이드와 스프링을 이용한전기적 조작봉으로 봉판을 파손하고 개방된다.

1) 기동용 가스는 일반적으로 CO_2가 사용된다.
2) 전역방출식의 경우 기동버튼 조작에서소화약제 방출까지의 시간이 20초 이상 되도록 하는 지연장치가 설치된다.

CHAPTER V

피난구조설비

V 피난구조설비

5.1 피난기구

화재가 발생했을 때 연기가 충만하여 계단으로 피난할 수 없거나 승강기를 사용할 수 없는 경우에는 창이나 발코니를 통해 피난하여야 한다. 피난설비는 위험지역으로부터 탈출하기 위해 사용하는 기계, 기구 또는 설비로 미끄럼대, 피난사다리, 구조대, 완강기, 피난교, 피난트랩, 피난로프, 미끄럼봉, 공기매트, 기타 피난기구 등이 있다.

화재가 발생했을 때에 당황하여 무리한 행동을 하기 쉬우므로 피난기구는 쉽게 눈에 띨 수 있는 위치에 배치하며 설치장소에는 피난기구의 위치를 알리는 발광식 또는 축광식 표지와 그 사용방법을 표시한 표지를 부착하도록 하고 있다.

피난기구의 용어는 다음과 같다.

1. "피난사다리"란 화재 시 긴급대피를 위해 사용하는 사다리를 말한다.
2. "완강기"란 사용자의 몸무게에 따라 자동적으로 내려올 수 있는 기구중 사용자가 교대하여 연속적으로 사용할 수 있는 것을 말한다.
3. "간이완강기"란 사용자의 몸무게에 따라 자동적으로 내려올 수 있는 기구중 사용자가 연속적으로 사용할 수 없는 것을 말한다.
4. "구조대"란 포지 등을 사용하여 자루형태로 만든 것으로서 화재시 사용자가 그 내부에 들어가서 내려옴으로써 대피할 수 있는 것을 말한다.
5. "공기안전매트"란 화재 발생시 사람이 건축물 내에서 외부로 긴급히 뛰어 내릴 때 충격을 흡수하여 안전하게 지상에 도달할 수 있도록 포지에 공기 등을 주입하는 구조로 되어 있는 것을 말한다.
7. "다수인피난장비"란 화재 시 2인 이상의 피난자가 동시에 해당층에서 지상 또는 피난층으로 하강하는 피난기구를 말한다.
8. "승강식 피난기"란 사용자의 몸무게에 의하여 자동으로 하강하고 내려서면 스스로 상승하여 연속적으로 사용할 수 있는 무동력 승강식피난기를 말한다.
9. "하향식 피난구용 내림식사다리"란 하향식 피난구 해치에 격납하여 보관하고 사용 시에는 사다리 등이 소방대상물과 접촉되지 아니하는 내림식 사다리를 말한다.

인명구조기구의 용어는 다음과 같다.

1. "방열복"이란 고온의 복사열에 가까이 접근하여 소방활동을 수행할 수 있는 내열피복을 말한다.
2. "공기호흡기"란 소화활동 시에 화재로 인하여 발생하는 각종 유독가스 중에서 일정시간 사용할 수 있도록 제조된 압축공기식 개인호흡장비(보조마스크를 포함한다)를 말한다.
3. "인공소생기"란 호흡 부전 상태인 사람에게 인공호흡을 시켜 환자를 보호하거나 구급하는 기구를 말한다.
4. "방화복"이란 화재진압 등의 소방활동을 수행할 수 있는 피복을 말한다.

5.1.1 금속제 피난사다리

5.1.1.1 개요

피난사다리는 화재시 긴급대피에 사용하는 금속제사다리를 말하며, 소방대상물에 고정·반고정하여 사용하거나 이동하여 벽등에 기대어 세우는 방식으로 사용되는 피난기구이다.

5.1.1.2 피난사다리의 종류

금속제피난사다리의 종류는 크게 나누어서 고정식피난사다리, 올림식피난사다리, 내림식피난사다리로 구별할 수 있으며 구조에 따라서는 수납식, 접는식, 신축식 등으로 나눌 수 있다.

(1) 고정식피난사다리

항시 사용 가능한 상태로 소방대상물에 고정되어 사용되는 사다리를 말한다.

1) 수납식 : 횡봉을 종봉내에 수납해 두었다가 사용할 때 횡봉을 꺼내어 사용하는 고정식사다리를 말한다.
2) 접는식 : 사다리의 하부가 접는 구조로 되어 있는 고정식사다리를 말한다.
3) 신축식 : 사다리의 하부가 신축할 수 있는 구조로 되어 있는 고정식사다리를 말한다.

(2) 올림식피난사다리

소방차등에 적재되거나 이동 가능한 사다리로 소방대상물에 올려 받쳐서 사용하는 피난사다리를 말한다.

1) 신축식올림식피난사다리

   2단 이상으로 구성되어 있으며 평상시에는 각 단을 축첩하여 보관하며 사용시에는 신축하여 사용하는 식피난사다리를 말한다.

2) 굴절식올림식피난사다리

2단 이상으로 구성되어 있으며 평상시에는 각 단을 굴절하여 보관하며 사용시에는 적당히 펴서 사용하는 피난사다리를 말한다.

(3) 내림식피난사다리

평상시에는 접어둔 상태로 두었다가 사용시에 소방대상물에 걸어 내린 후 사용하는 피난사다리를 말한다.

1) 굴절식내림식피난사다리

종봉을 굴절하여 보관하였다가 사용시에 펴서 사용하는 피난사다리를 말한다.

2) 와이어식내림식피난사다리

종봉이 와이어로 되어 있는 내림식피난사다리를 말한다.

3) 체인식내림식사다리

종봉이 앵커 체인으로 되어 있는 내림식피난사다리를 말한다.

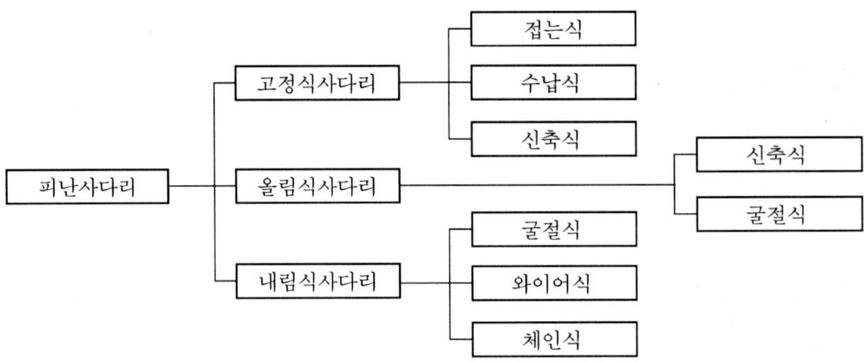

그림 5.1.1 피난사다리의 분류

5.1.2 구조대

구조대는 포지등을 사용하여 자루형태로 만든 것으로서 화재시 사용자가 그 내부에 들어가서 타고 내려옴으로서 대피할 수 있는 것을 말하며, 피난계단이 화재와 연기 때문에 사용할 수 없을 때 직접 지상으로의 피난이 가능하도록 한다. 주로 피난이 늦어진 사람들의 구출을 목적으로 한 피난기구이다.

5.1.2.1 구조대의 종류

(1) 경사강하식구조대

소방대상물에 비스듬하게 고정시키거나 설치하여 사용자가 미끄럼식으로 타고 내려옴으로서 대피할 수 있는 구조대를 말한다.

(2) 수직강하식구조대

소방대상물(옥내·옥외) 또는 소방자동차등에 수직으로 설치하여 사용하며, 사용자의 강하속도를 포지본체 내부에 설치된 스프링, 스판고무등으로 긴박하여 완화시키거나 강하방향을 연속적으로 바꾸어 감속시켜줌으로서 피난할 수 있는 구조대를 말한다.

5.1.2.2 경사강하식구조대

(1) 구조, 성능

천으로 만들어진 긴 미끄럼대 같은 것이기 때문에 피난자가 연속하여 내려올 수 있어 많은 사람이 빨리 피난할 수 있다 구조대의 본체(포지 및 전장지지재), 입구틀, 지지틀, 하부지지장치 등으로 구성되어 있다.

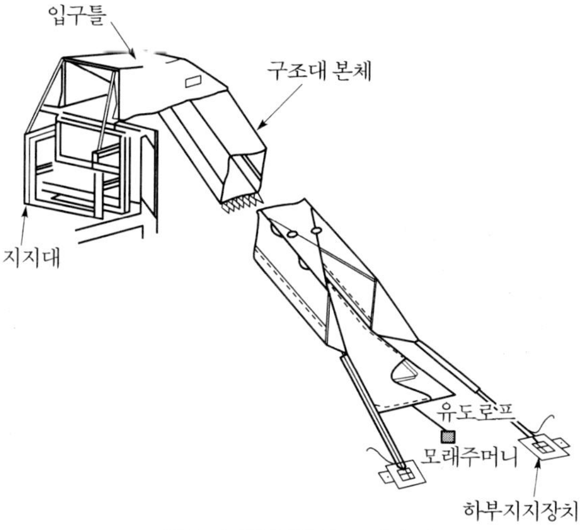

그림 5.1.2 경사강하식구조대의 예

1) 지지틀

건물의 창틀이나 새시등에 하중을 걸 수 없기 때문에 구조대에 걸리는 하중을 지지틀로 받아낸다. 지지틀은 보통 건물의 바닥이나 대들보에 앵커등으로 고정시켜둔다.

2) 입구틀

구조대 본체에 사람이 들어갈 수 있도록 통로를 확보하기 위한 틀이다 .금속재료로 제작되며 구조대 본체(포지)와는 로프 등으로 견고하게 결합되어 있다. 입구틀의 입구는 지름 50cm 이상의 구체가 통과 할 수 있는 공간을 확보하여야 한다.

3) 하부지지장치

구조대를 길게 펼치어 하중을 지탱해 주기 위한 지지장치로서 피난자가 원활히 내려올 수 있도록 해주며 본체의 전장지지대와 연결되어 있다. 옛날에는 사람의 손으로 구조대를 잡는 일이 많았지만 요즘에는 지상고정장치를 사용하여 지탱하는 것이 일반적이다.

4) 구조대 본체

피난자가 미끄러져 내려오는 터널상태의 포지전체를 말한다. 끝부분에는 길이 4m 이상, 지름 4mm 이상의 유도선이 부착되어 있고 유도선 끝에는 중량 300g 이상의 모래주머니가 설치되어 있다 또한 피난자가 땅에 닿을때 충격을 받는 부분에는 완충장치로서 받침포 등을 부착하며 출구부분에는 좌우 각각 3개 이상의 손잡이가 부착되어 있다.

5.1.2.3 수직강하식구조대

수직강하식구조대는 옥내 또는 옥외에서 구조대본체(포지)를 수직으로 매달어 사용하며 피난자의 강하속도를 신축포지, 스프링 등에 의하여 감속하여 안전하게 지상에 닿도록 하는 피난기구이다. 현재 국내에서 생산되는 제품으로는 옥내용, 옥외용, 소방자동차용이 있으며 지상의 구조원을 필요로 하지 않고 혼자서 조작 피난 할 수 있다.

그림 5.1.2 소방차용수직구조대의 예

그림 5.1.3 옥내용수직구조대의 예

(1) 수직강하식의 종류

1) 경사식(斜行式)

구조대본체(포지) 내부에 꾸불꾸불한 모양의 통로를 설치하여 일정한 간격마다 강하방향을 바꾸어 감속 강하하게 된다.

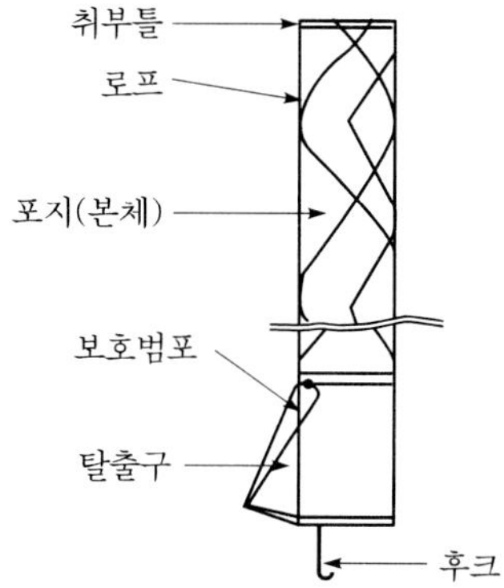

그림 5.1.4 경사식수직구조대의 예

2) 수축식(緊迫式)

구조대본체(포지) 내부에 신축성 있는 스판용고무나 스테인레스재료의 신축스프링을 사용하여 이 수축부에서의 팽창 수축에 의한 감속으로 강하하게 된다.

3) 나선식(螺線式)

일정한 각도로 나선형 주름을 지게하여 이 주름에 의하여 감속·강하하게 된다.

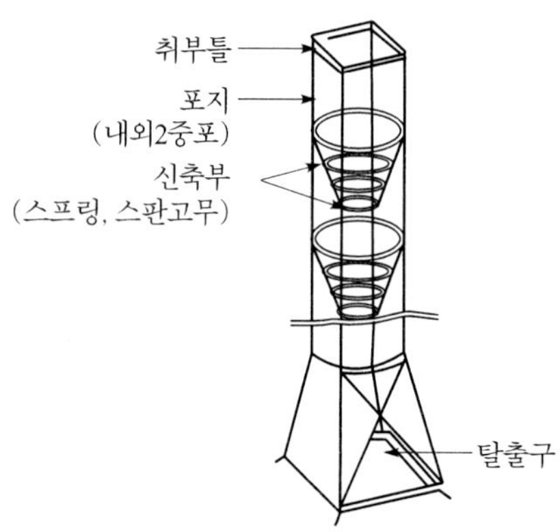

그림 5.1.5 수축식수직강하식구조대의 예

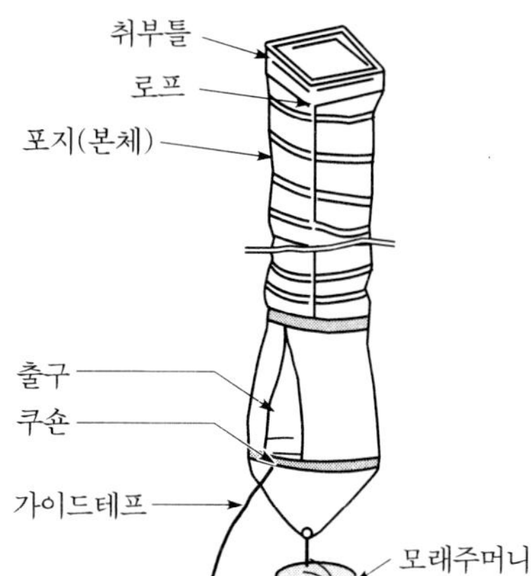

그림 5.1.6 나선식수직강하식구조대의 예

(2) 조작 및 강하요령

1) 자루속으로 발부터 들어간다.

2) 수축식의 경우 손과 발의 벌림에 의하여 속도를 조절하며, 경사식과 나선식은 발을 적당히 사용하여 강하속도를 조절하며 하강한다.

3) 하강이 완료되면 다리부터 꺼내어 지상에 내린다.

5.1.3 완강기

5.1.3.1 개요

피난기구는 어떤 조건하에서도 사람의 손을 빌리지 않고 간단한 조작으로 안전하게 피난할 수 있는 것이어야만 한다. 그 목적을 위해 고안된 것이 완강기이다. 현재는 그 특성을 살려 소방대가 고층에서 구조하기 위한 구조기구로서도 사용할 수 있게 되었다.

5.1.3.2 완강기의 종류

완강기는 사용방법에 따라 1인용 및 다수인용(2인용, 3인용)의 것이 있으나 현재 국내에서는 다수인용은 제작 및 사용이 되지 않고 있으며 사용횟수에 따라 완강기와 간이완강기로 구분되어 진다.

(1) 완강기

지지대에 걸어서 사용자의 몸무게에 의하여 자동적으로 내려올 수 있는 기구중 사용자가 교대하여 연속적으로 사용할 수 있는 것을 말한다.

(2) 간이완강기

지지대 또는 단단한 물체에 걸어서 사용자의 몸무게에 의하여 자동적으로 내려올 수 있는 기구중 사용자가 교대하여 연속적으로 사용할 수 없는 일회용의 것을 말한다.

5.1.3.3 구조 및 성능

(1) 구조 및 기능

완강기는 사용자가 타인의 힘을 빌리지 않고 스스로의 힘만으로 안전하게 연속 교대로 강하할 수 있는 것이어야 한다. 완강기의 종류로는 유성치차식, 원심식, 치차식, 유압식등이 있다. 유성치차식 및 치차식은 강하에 의한 로프주행이 조속기내의 V폴리를 회전시키고, 그 회전속도가 치차에 의해 증속(하강력은 감소)된 후 원심력브레이크를 작동시켜 사용자의 강하속도를 제어하는 기구로 강하속도는 사용자의 체중차에 관계없이 규정범위내에서 유지된다 로프의 양단에 설치된 벨트를 사용하여 두레박식으로 연속 강하할 수 있도록 되어 있다. 유압식인 경우는 기름의 점성력에 의해 브레이크를 작동시킨다.

1) 완강기의 구성

완강기는 속도조절기(조절기), 속도조절기의연결부(후크), 로프, 연결금속구 및 벨트로 구성되어 있다.

2) 기능

① 속도조절기(조속기)

완강기의 주요부분으로 피난자의 하강속도를 조절하는 것으로, 피난자의 체중에의해 주행하는 로프가 V홈을 설치한 도르래를 회전시켜 기어기구에 의하여 원심브레이크를 작동시켜 하강속도를 일정한 범위로 제어하는 것이다.

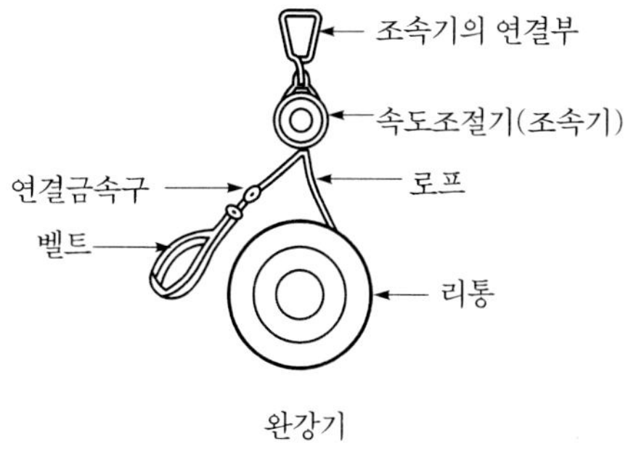

그림 5.1.7 완강기의 구성

② 속도조절기의 연결부(후크)

소방대상물에 설치되어 있는 설치기구에 연결되어 완강기 본체와 사용자의 체중을 지지하는 것으로서 설치기구에 용이하게 결합할 수 있으며 사용중에 분해 되거나 파손되지 않는 구조로 되어 있다.

③ 로프

직경 3mm 이상의 와이어르프를 심으로하여 외장을 면사로 꼬면서 덮어 씌운 것으로서 길이를 달리하여 층별로 적용하여 사용할 수 있으며 벨트와는 연결금속구로 연결되어 있고 릴통에 수납되어 있다.

④ 연결금속구 및 벨트

벨트는 로프의 양단에 연결되어 사용자의 가슴둘레에 맞추어서 몸을 유지하는 것으로서 면직물(자동차용안전벨트 소재와 동일)로 되어 있으며 연결금속구는 벨트와 로프를 연결하는 강재로 된 금속구이다.

(2) 성능

1) 완강기의 최대사용하중은 1인을 기준으로 하여 100kg 이상으로 설계 및 제작되어 있다.

2) 완강기의 최대사용자수는(1회에 강하할 수 있는 사용자의 최대수) 완강기의 최대사용 하중을 80kg으로 나누어 얻은 값으로 한다.

3) 완강기는 최대사용자수(1회강하시)에 상당하는 수의 벨트가 부착되어 있다.
4) 완강기의 강하속도는 25kg, 65kg, 80kg, 100kg, 최대사용자수에 65kg,·80kg,을 곱하여 얻은 값의 하중 또는 최대사용하중을 각각 가한 경우 어느 경우에도 16cm 이상 150cm 미만이어야 한다.

5.2 인명구조기구

인명구조 시에 화재 발생하는 상태에 따라 적절한 응급처치를 수행하여 살리거나 아니면 필요할 경우 병원으로 빨리 이송하여 생명을 살리는 일련의 행위를 하기 위하여 사용하는 기구를 말한다.

첫 번째가 화재 장비나 기구를 이용하여 구조하는 방법으로, 가장 안전하고 효과적인 방법이다. 그리고 두 번째가 구조자가 화재안전장구(방화복, 공기호흡기, 헬멧 등)를 착용하고 구조하는 방법 등이 있다.

5.2.1 방열복

화재발생시 소방관등이 고온의 복사열에 가까이 접근하여 소방활동을 수행할 수 있는 내열피복을 말한다.

또한 대형화재로 인하여 복사열이 강한 경우에 소방관 화재 속에서 인명구출 또는 소화 활동시 착용하는 옷입니다. 방열복은 내열성이 강한 아라미드 섬유의 표면에 알루미늄으로 특수 코팅한 겉감과 내열섬유의 중간층, 안감 등 여러 겹으로 되어 있어 열을 반사시키고 차단하여 화재로부터 보호하여 주는 것이다.

방열복은 방열상의, 방열하의, 방열두건, 방열장갑, 속복형방열복으로 구성되어 있다.

1. "방열복"이라 함은 고온의 복사열에서 가까이 접근할 수 있는 내열피복을 말하며, 방열상의, 방열하의, 방열장갑, 방열두건, 방열화로 분리한다.
2. "방열상의"라 함은 손과 머리를 제외한 상반신과 팔의 보호를 위하여 상체에 입는 옷을 말한다.
3. "방열하의"라 함은 발을 제외한 하반신의 보호를 위하여 하체에 입는 옷을 말한다.
4. "방열장갑"이라 함은 손과 손목의 보호를 위하여 착용하는 장갑을 말한다.
5. "방열두건"이라 함은 머리 부분의 보호를 위하여 머리에 쓰는 두건을 말한다.

Feature

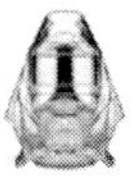

방열두건
폴리카보네이트 열차단성 내열수지에 반사광, 자외선에 강한 특수코팅과 UV코팅 및 긁힘방지 코팅된 구조

방열하의
착용성이 좋도록 멜빵이 부착된 구조

방열장갑
5지형이며 손바닥 부분은 가죽 처리되어 유리 및 날카로운 파편들로부터 손을 보호하는 구조

방열덮개 및 방열화
작업자의 발을 보호하고 방수성이 우수하며 방열덮게를 착용하여 열 보호성이 뛰어남

Option

방열상의(외장형)
열풍차단을 위해앞채움용 덮게를 부착 벨크로를 사용하여 탈부착이 용이

방열상의(내장형)
공기호흡기를 착용한 상태로 입는 보호복. 외부의 고열로부터 공기호흡기를 보호할 수 있음

5.2.2 공기호흡기

공기호흡기라 함은 소화활동시 화재로 인하여 발생하는 각종 유독가스 환경하에서 일정시간동안 인명구조활동 등에 사용할 수 있도록 제조된 압축공기식 개인호흡장비로서 면체, 고압공기용기, 공급밸브, 배기밸브, 감압밸브, 등지개, 압력지시계, 경부장치, 급기호스 등으로 구성된 것을 말한다. 공기호흡기의 최고충전압력은 150kg/cm^{2}이상으로 충전하여 분당 40L씩 호흡시 용기별로 30분, 40분, 50분 이상 사용할 수 있는 용량이어야 한다.

5.2.2.1 공기호흡기의 종류

(1) 음압형공기호흡기

흡기에 따라 열리고 흡기가 정지했을때 및 배기할 때에 닫히는 디맨드밸브를 갖춘 공기호흡기를 말한다.

(2) 양압형공기호흡기

면체내의 압력이 외기압보다 항상 일정한 압력 만큼 높은 것으로서 면체내의 압력이 일정압력 이하가 되면 작동되는 압력디맨드밸브를 갖춘 공기호흡기를 말한다.

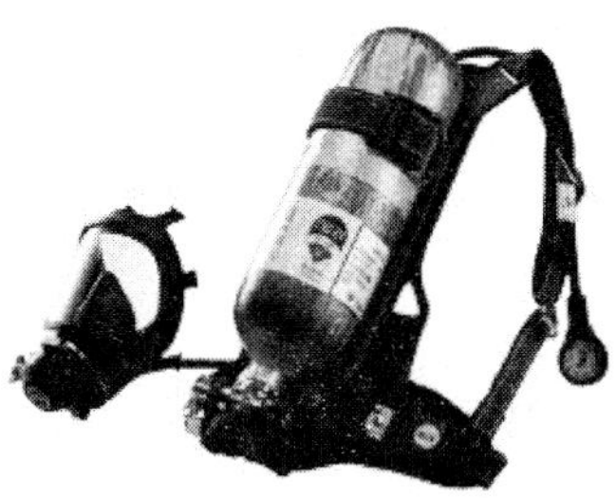

5.2.2.2 음압형(디맨드형)공기호흡기

(1) 구조

음압형공기호흡기는 역류방지밸브, 등지개, 고압공기용기, 고압호스, 조정기 및 면체로 구성되며 고압공기용기내의 공기를 감압하여 사용하는 구조이다. 고압공기용기내의 고압공기는 역류방지밸브, 고압호스를 통하여 조정기에 들어간다 조정기내에서는 감압밸브가 있는 것은 감압된뒤(감압밸브가 없는 것은 직접) 디맨드밸브로 들어가, 흡기할때에만 디맨드밸브가 열려 호기에 필요한 만큼의 공기가 흡기관과 공급 밸브를 통해 면체내에 들어간다. 공기를 내쉴때 공급밸브는 닫혀 공급되는 공기의 흐름을 멈추고 내쉰 공기는 배기밸브를 통하여 외부에 배출된다.

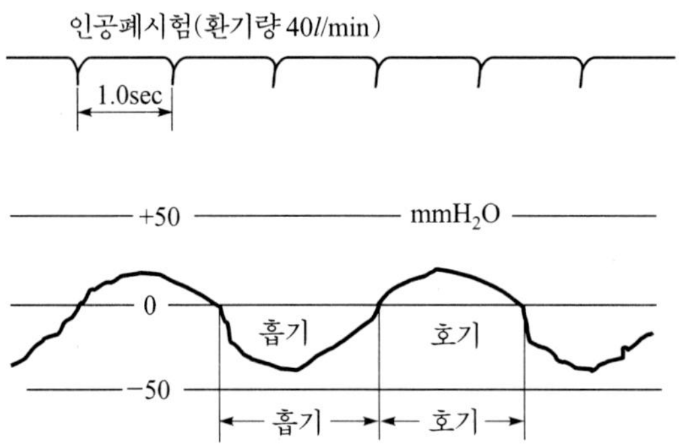

그림 5.1.8 압형(디맨드형)공기호흡기의 호흡저항(면체내의 압력)

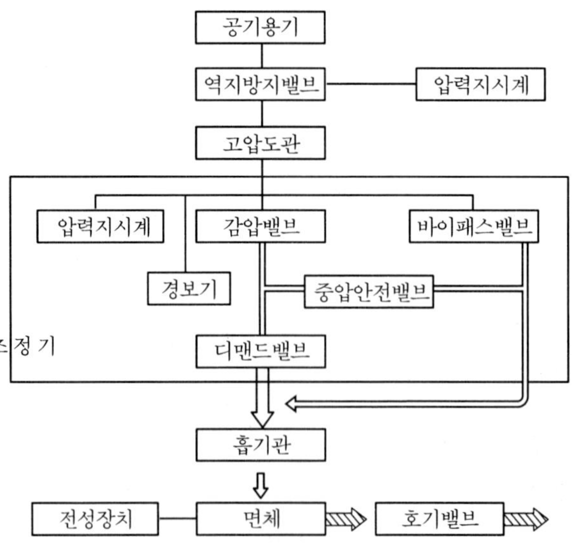

그림 5.1.9 음압형(디멘드형)공기호흡기 계통도 예

1) 등지게

합성수지재의 등에 대는 판을 말한다 고압공기용기를 장착할 수 있는 구조로 되어있으며 밴드 등이 설치되어 있다.

2) 고압공기용기

고압가스안전관리법의 적용을 받아서 가스안전공사의 용기검사에 합격한 것이어야 한다 용기내의 용적은 일반적으로 5~8L 내·외이고 최고충전압력은 150~300kg/cm^{2}의 것이 사용되고 있다.

충전장치의 대부분이 150kg/cm^{2}이기 때문에 고압공기용기도 150kg/cm^{2}의 것이 대부분이었으나 최근에는 300kg/cm^{2}의 것도 사용되고 있다. 재질은 크롬몰리브덴강, 니켈크롬몰리브덴강, 특수강, 경합금이 이용될 수 있으나 최근에는 FW 재질의 용기가 사용되고 있다. 특히 FW 용기는 항공우주재료인 S-2 유리섬유와 에폭시 수지로 이루어진 고강도 FRP와 알루미늄 합금제 라이너와의 적층구조 용기로 FRP 층은 강의 약 2배에 해당하는 인장강도를 가지고 있으며 비중은 강의 1/4로 가볍기 때문에 동일 내용적, 동일충전압력의 강제용기에 비하여 약 40%의 경량화가 실현되고 있다.

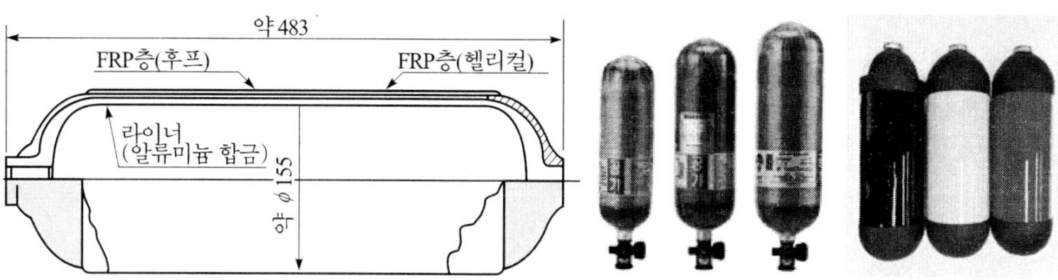

그림 5.1.10 FRP고압공기용기의 예

3) 고압용기역류방지밸브

용기의 용기출입구에 설비된 밸브로 고압도관과의 결합과 밸브의 개폐조작이 용이하게 행해질 수 있게 배려되어 있다. 역류방지밸브를 밑으로 향해서 사용하는 것은 용기내부의 녹 등이 조정기쪽에 방출되지 않도록 필터 또는 사이폰관이 용기쪽에 설치된 것이다 또한 역류방지밸브도 고압공기용기와 같이 고압가스안전관리법의 적용을 받아서 검사에 합격된 것을 사용하여야 한다.

4) 고압호스

통상 와이어블레이드로 보강된 고압고무호스가 사용되고 있다. 용기 역류방지밸브쪽은 패킹 또는 0-링을 통하여 공구나 손으로 잠금으로서 결합된다. 용기쪽에 감압기구를 가지는 공기호흡기의 경우에는 중압호스가 면체까지 직결되어 있다.

5) 조정기

① 감압밸브

용기안의 고압공기를 피스톤 또는 스프링 등의 평형에 의해 중압(5~7kg/cm^2)으로 감압해서 디맨드밸브에 공급한다. 이방식은 2단 감압식으로 불리며 육상용 공기호흡기로서 일반적으로 사용된다 또 감압밸브를 사용하지 않고 디맨드밸브만으로 감압하는 방식은 1단 감압식으로 불리워지고 있다. 감압밸브는 디맨드밸브와 함께 공기호흡기의 심장부에 해당하며 작은 오차가 성능에 직접 영향을 미치기 때문에 분해 및 조정을 해서는 안된다. 감압밸브의 고압쪽에는 먼지 등 이물질의 진입을 막기 위해 필터가 설치되어 있다.

② 디맨드밸브

공기를 들이쉴 때 공기를 저압(대기압)으로 감압해서 공급하는 밸브로 흡기에 의한 디멘드밸브 실내가 음압이 되면 다이아후렘을 안쪽으로 끌어 당겨 틸트밸브를 눌러내린다. 이때 중압쪽의 공기가 틸트밸브를 통해 저압이 되어 흡기관쪽에 공급된다. 흡기가 정지하면 틸트밸브는 원상태로 돌아가 공기의 공급이 멈춰진다.

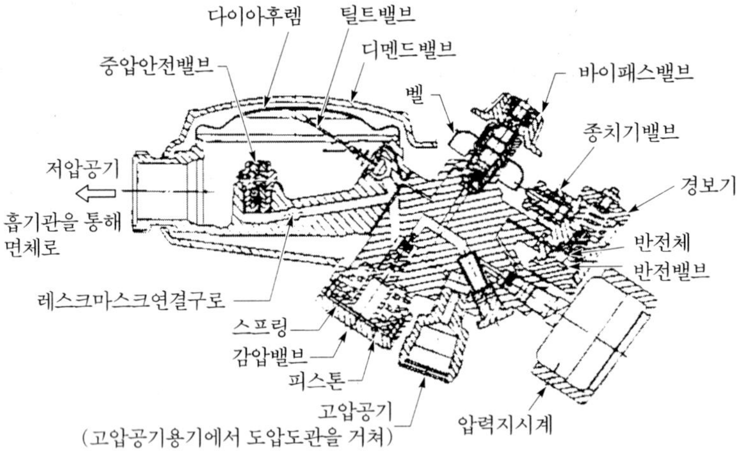

그림 5.1.11 조정기의 구조 예(2단감압식)

③ 바이패스밸브

감압밸브 및 디맨드밸브를 경유하지 않고 직접 고압공기를 저압(대기압)으로 감압해서 면체쪽에 인도하기 위한 수동식의 밸브로 조작이 용이하도록 조정기 전면에(또는 면체) 조작부가 설치되어 있다.

이것은 감압밸브 또는 디맨드밸브의 고장에 의해 공기의 공급이 정지 또는 부족한 경우에 개방하는 비상용 밸브이다. 개방했을 때는 공기가 여분으로 흘러 사용시간이 짧아지기 때문에 평상시에는 닫아 두어야만 한다.

④ 중압안전밸브

중압부의 압력이 상승했을 때의 안전밸브로 약 6~10kg/cm²정도로 설정되어 있다.

6) 압력지시계

조정기의 고압쪽에 설치되어 있으며 역류방지밸브를 개방했을 때 용기의 공기압력을 지시한다. 눈금은 10kg/cm² 단위마다 새겨져 있고, 최고 충전압력과 경보기 설정압력이(최고충전압력이 150kg/cm², 8ℓ 이상일 경우엔 30~33kg/cm², 200kg/cm², 6ℓ 이상일 경우는 40~44kg/cm², 300kg/cm², 4.6ℓ 이상일 경우는 53~58kg/cm²의 범위) 명시되어 있으며 지침은 어두운 곳에서도 확인할 수 있도록 축광도료 등이 사용되고 있다.

7) 경보기

고압용기압력이 설정압력 이하가 되어 공기잔량이 적어지게 되었을 때 공기호흡기를 착용한 사람에게 위험을 알리는 장치로서 고압공기에 의해 타종(휘슬) 하는 것과 공급을 일시 정지하게 하는 것 등이 있다. 통상 경보 설정압력은 6)의 압력지시계 표시 압력으로 설정되어 있다.

8) 급기호스

조정기와 면체사이를 연결하는 고무호스로 공기호흡기를 착용한 사람의 머리부분에 움직임을 방해하지 않으며 어떠한 방향으로 구부러져도 통기에 지장이 없는 구조로 되어 있다.

9) 면체

본체는 고무제, 안면랜즈, 폴리카보네이트 등 자기소화성의 플라스틱 재료가 사용되고 전면형의 방식이 대부분이다. 전면형인 경우 코덮개의 면체공간은 180 mℓ이하로 제한되며, 확보되어야 하는 면체의 시야도는 표 5.6.5와 같다.

5.2.2.3 양압형(압력디맨드형)공기호흡기

음압형(디맨드형)공기호흡기는 공기를 내보낼 때 면체내의 압력은 외기압력에 비해 플러스 압력(양압)이 되나 공기를 들이쉴 때에는 외기압력보다 약간 마이너스(음압)이 된다. 이런일은 면체의 기밀성이 불안정할 경우 예를 들면 면체의 착용이 불량하거나, 수염을 깎지 않았을 때, 공기를 들이 쉬면 외부공기가 면체내에 침입할 염려가 있다. 특히 고도의 기밀성이 필요한 원자력시설 등에 사용할 경우에는 문제가 될 수 있다.

양압형(압력디맨드형)공기호흡기는 음압형공기호흡기에서 음압이었던 흡기때도 플러스(양압)을 보존 유지하는 기능을 가진다. 호흡중에는 면체내의 압력이 항상 양압으로 유지되어, 외기의 침입에 대한 방어보호에 대해서 뛰어난 안정성을 가진 호흡기이다. 원자력시설용 뿐만 아니라 소방활동용으로도 적합하여 최근의 공기호흡기의 주류를 이루고 있다.

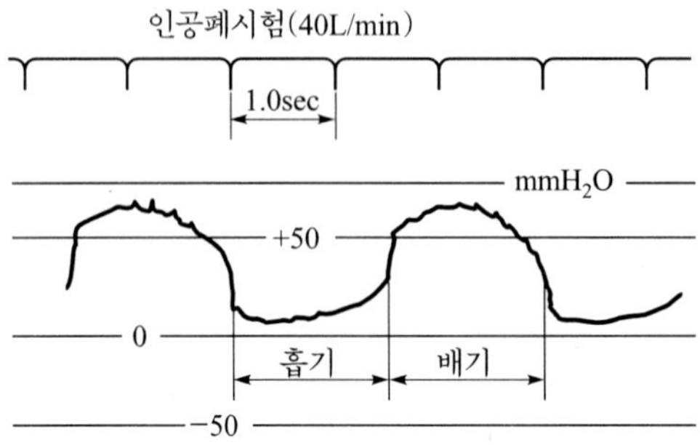

그림 5.1.12 양압형(압력디맨드형)공기호흡기의 호흡저항(면체내압력)

(1) 구조

양압형(압력디맨드형)공기호흡기의 계통은 아래 그림 5.6.6과 같다.

이는 음압형공기호흡기의 면체에서 면체내의 압력이 항상 양압을 유지될 수 있도록 디맨드(음압형)밸브 대신 압력디맨드(양압형)밸브를 부착하고, 호기밸브의 작동설정압력이 다르게 한 것이다. 기타 부속장치의 구조 및 성능은 디맨드(음압형)과 같다.

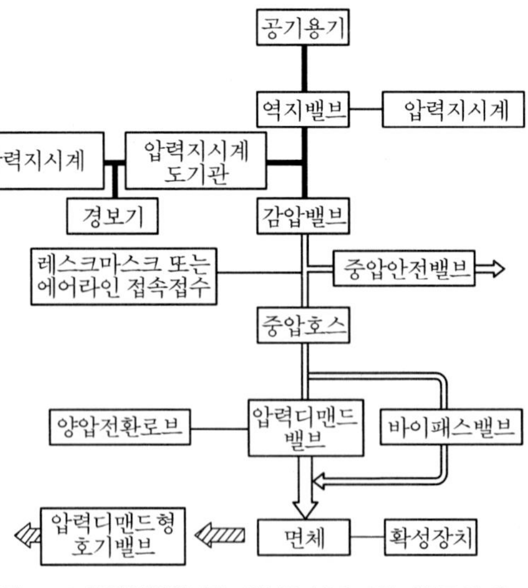

그림 5.1.13 양압형(압력디맨드형) 공기호흡기의 계통도의 예

5.2.2.4 공기호흡기의 성능

(1) 호흡유량과 호흡유량

흡기유량과 흡기저항의 일례를 그림 5.6.7에서 나타낸다. 소화활동은 공기호흡기를 착용한 사람의 장비무게가 크고 긴장도가 지극히 높은 작업을 하기 때문에 평상시의 작업에 비해서는 상당히 호흡량이 많은 것으로 알려져 있다.

호흡량은 공기호흡기를 착용한 사람의 체력, 경험, 작업량, 긴장도에 의해 크게 변화 하지만 경험적으로

30~40ℓ/min ················ 평균작업
50~60ℓ/min ················ 심한작업
80ℓ/min ··················· 최대치

로 생각할 수 있다.

평균 작업시의 최대흡기저항은 30mmH_2O 정도로서 폐쇄식호흡기나 스쿠바(SCUBA)에 비해 낮으며 호기저항 또한 호기밸브를 개방식으로 채택하여 낮으므로 타 용도로 사용되는 공기호흡기에 비하여 사용시 힘이 덜드는 기종이다.

(2) 용기내 압력과 호흡유량의 한계

조정기로부터 보급된 흡기유량은 한계가 있어 공기호흡기를 사용함에 따라 용기내의 압력감소와 함께 차츰 저하하는 경향이 보인다.

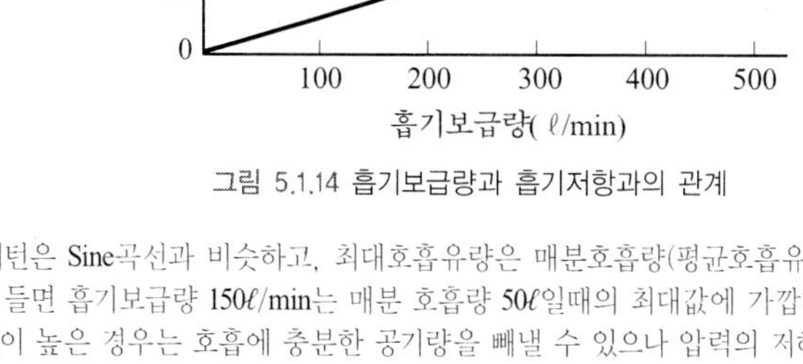

그림 5.1.14 흡기보급량과 흡기저항과의 관계

(주) 호흡패턴은 Sine곡선과 비슷하고, 최대호흡유량은 매분호흡량(평균호흡유량)의 대략 3배 정도로 생각할 수 있다. 예를 들면 흡기보급량 150ℓ/min는 매분 호흡량 50ℓ일때의 최대값에 가깝다.
용기내압력이 높은 경우는 호흡에 충분한 공기량을 빼낼 수 있으나 압력의 저하와 함께 호흡량은 점차로 적어지게 되어 어느 압력 이하에서는 호흡에 요구되는 유량의 보급이 곤란하게 되어진다.
이 한계압력은 호흡량 및 공기호흡기의종류에 의한 차이가 인정되지만 일반적으로 용기내압력이 5~10kg/cm² 이하로 떨어지면 소화활동의 호흡량에 대응할 수 없게 된다. 이 때문에 사용가능시간 및 탈출개시압력을 결정하는 경우에는 이 압력을 여유압력으로 제외하여 계산할 필요가 있다.

5.3 인공소생기

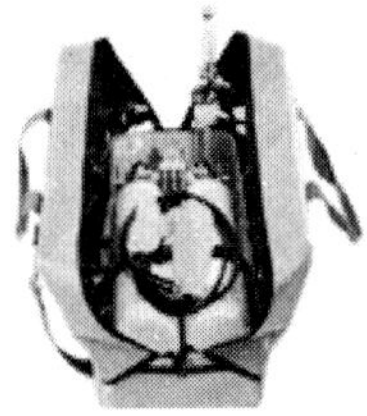

화재 시 또는 긴급 상황에서의 위급상태에 빠진 사람에게 인공호흡을 강제로 시켜거나 구급하거나 보호하는 기구로 휴대용 산소소생기는 경량의소생기, 흡입기, 산소공급기 등 구급활동에 필요한 장비를 말한다.

5.4 소방용방화복

화재현장에서 화재진압 시 신속하고 간편하게 착용하고 열방호 및 방수성능등으로 화기로부터 대원의 신체를 보호하기 위한 것이다. 구성은 겉감, 중간층, 안감, 팰트, 물흡착방지천, 지퍼, 반사테이프, 메크로로 되어 있다.

1) 화학보호복(일체형) : 각종 산업시설 및 일상에서 유사시에 발생 또는 누출되는 치명적인 맹독성 가스나 화학성 물질로부터 구조대원의 신체를 보호하고 원활한 인명구조 활동을 할 수 있도록 착용하는 장비이다. 유해 화학사고시 사용 및 추운 곳에서도 사용, 화생방 및 유해화학물질 취급 시 사용한다.
2) 방사선보호복 : 방사능 누출사고 시 구조대원의 신체 보호 장비이다.

CHAPTER VI

소화용수설비

VI 소화용수설비

소화수조(저수조) 설비란 대규모의 부지 위에 축조된 건축물·고층건축물 등과 같이 많은 양의 소화용수를 필요로 하는 소방대상물의 인근에 설치하여 소방대상물의 화재 발생시 소화약제로 사용되는 물을 유효적절하게 사용할 수 있도록 소화수조·저수조 등에 저장하여 두는 설비이다.

1. "소화수조 또는 저수조"란 수조를 설치하고 여기에 소화에 필요한 물을 항시 채워두는 것을 말한다.
2. "채수구"란 소방차의 소방호스와 접결되는 흡입구를 말한다.

6.1 소화수조 및 저수조

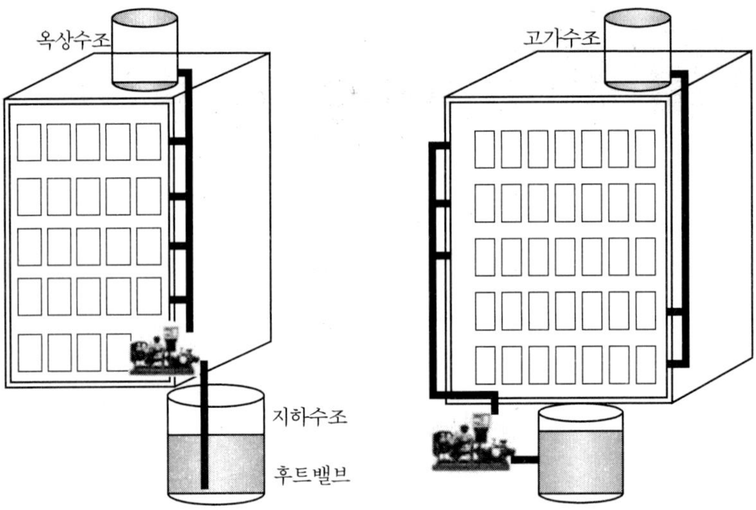

(a) 지하수조 방식　　(b) 고가수조 방식

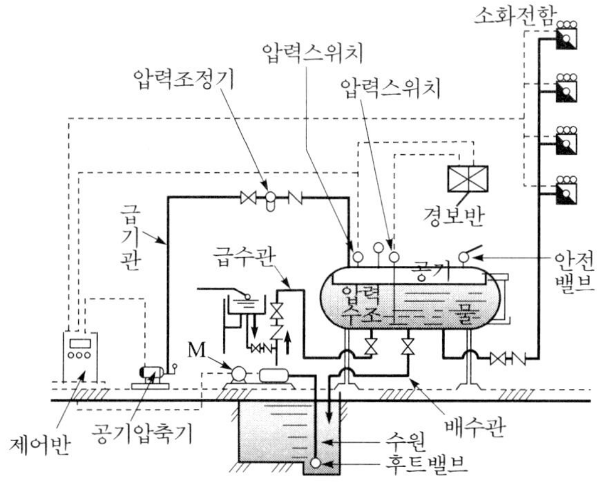

(c) 압력수조 방식

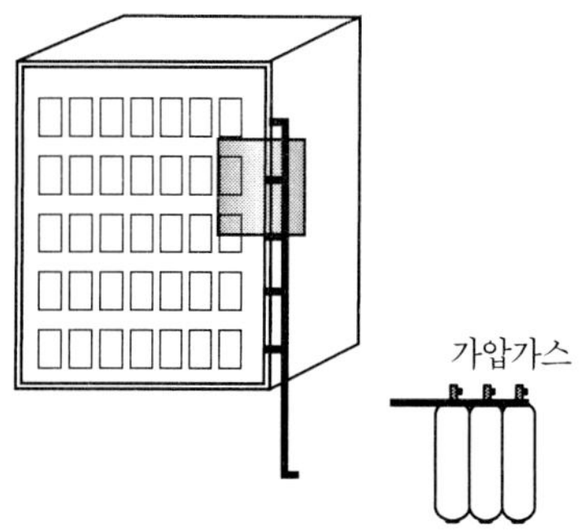

(d) 가압수조 방식

6.1.1 소화수조 등

(1) 설치위치

소화수조, 저수조의 채수구 또는 흡수관투입구는 소방펌프자동차의 채수구로부터 2m 이내의 지점까지 접근할 수 있는 위치에 설치하여야 한다.

(2) 설치기준

1) 소화수조 또는 저수조를 지하에 설치하는 경우 소화용수설비의 흡수관 투입구는 그 한 변이 0.6m 이상이거나 직경이 0.6m 이상인 것으로 하고, 소화약제인 물의 소요수량이 80m³ 미만인 것에 있어서는 1개 이상, 80m³ 이상인 것에 있어서는 2개 이상을 설치하여야 한다.
2) 소화용수설비에 설치하는 채수구에는 표의 기준에 의하여 소방용 호스 또는 소방용 흡수관에 사용하는 구경 6mm 이상의 나사식 급속결합구를 설치하여야 한다.

소화용수설비의 소요수량에 따른 채수구의 수

소요수량	20m³ 이상 40m³ 미만	40m³ 이상 100m³ 미만	100m³ 이상
채수구의 수	1개	2개	3개

3) 채수구는 지면으로부터 높이가 0.5m 이상 1.0m 이하의 위치에 설치하고, "채수구"라고 표시한 표지를 하여야 한다.

6.1.2 수원의 양

소화수조 또는 저수조의 저수량은 소방대상물의 연면적을 표에 의한 기준면으로 나누어 얻은 수에 $20m^3$을 곱하여 얻은 양 이상으로 하여야 한다.

소방대상물별 기준면적

소방대상물의 구분	면적
지상 1층 및 2층의 바닥 면적의 합계가 $15000m^2$ 이상인 소방대상물	$7500m^2$
그 밖의 소방대상물	$12500m^2$

6.1.3 가압송수장치

(1) 가압송수장치의 설치

소화수조(저수조)설비의 소화용수가 지면으로부터의 깊이(수조내부바닥까지의 깊이)가 4.5m 이상인 지하에 설치되어 있는 경우에는 표에 의한 가압송수장치를 설치하여야 한다.

소요수량에 따른 가압송수장치의 양수량(L/분)

소요수량	20m 이상 40m 미만	40m 이상 100m 미만	100m 이상
가압송수장치의 1분당 양수량	1100L 이상	2200L 이상	3300L 이상

6.2 상수도소화용수설비

소화용수설비의 소화수조 또는 저수조를 설치하는 소방대상물의 규모보다 작은 연면적 $5,000m^2$ 이상인 소방대상물 또는 지상에 노출된 탱크의 저장용량의 합계가 100톤 이상인 가스시설에 설치하는 소화용수설비로서 상수도 배관에 설치하는 공공의 소화전·급수탑 등을 말한다.

6.2.1 용어

1) "호칭지름"이란 일반적으로 표기하는 배관의 직경을 말한다.
2) "수평투영면"이란 건축물을 수평으로 투영하였을 경우의 면을 말한다.

6.2.2 설치기준

1) 호칭지름 75mm 이상의 수도배관에 호칭지름 100mm 이상의 소화전을 접속할 것
2) 1)에 따른 소화전은 소방자동차 등의 진입이 쉬운 도로변 또는 공지에 설치할 것
3) 1)에 따른 소화전은 특정소방대상물의 수평투영면의 각 부분으로부터 140m 이하가 되도록 설치할 것

CHAPTER VII

소화활동설비

Ⅶ 소화활동설비

7.1 연결송수관설비

7.1.1 개요

연결송수관설비는 일반적으로는 연소가 확대된 화재에 대해 소방대의 도착에 따라 소방활동을 용이하게 하기 위하여 설치하는 것이다. 연결송수관설비는 소방대상물의 외벽등에 설치되는 것으로서 쌍구형송수구와 배관 및 소방대상물의 소정의 위치에 설치된 방수구로 구성된다. 특히 송수구는 소방펌프자동차의 접근이 용이한 장소에 설치하여야 하며, 방수구는 그 층의 모든 부분에서 방수구까지의 수평거리가 50m 반경의 원으로 포함할 수 있는 위치(아케이드 또는 도로용으로 공유되어 있는 부분은 25m)에 설치하여야 한다. 또한 일반소방대상물에 설치한 방수구는 계단실, 비상용 엘리베이터 승강로비, 기타 이와 유사한 장소에서 소방대가 유효하게 소방활동을 할 수 있는 위치에 설치한다.

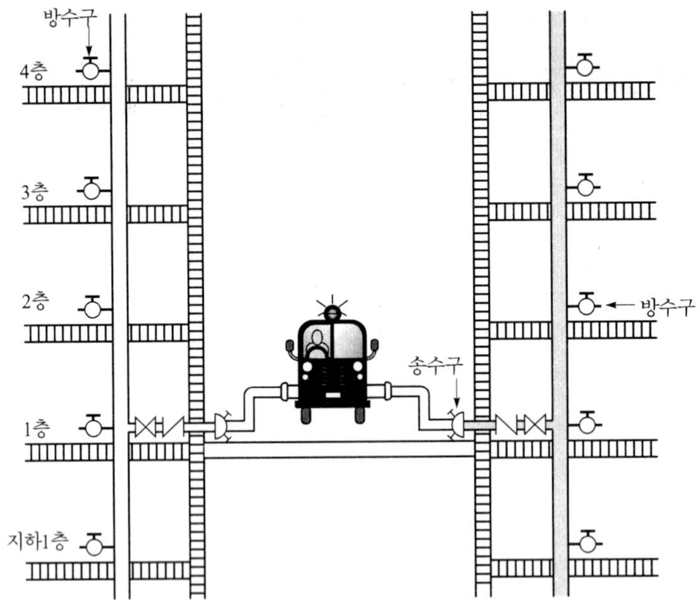

그림 7.1.1 연결송수관설비의 계통도

또한 건식과 습식으로 구분하며 건식의 경우 평상시에는 배관내에 소화용수가 들어 있지 않으며 소방펌프자동차로부터 송수구에서 송수되는 것을 말한다. 습식의 경우 지면으로부터 높이 31m 이상의 건축물 또는 11층 이상의 건축물에 설치되는 것으로서 당시 배관내에는 고가수조에 의하여 소화용수가 충만되어 있으며 소방펌프자동차로부터 송수시 생기는 수격작용을 방지하면서 방수구에서 즉시 방수가 가능하도록 하는 것이다.

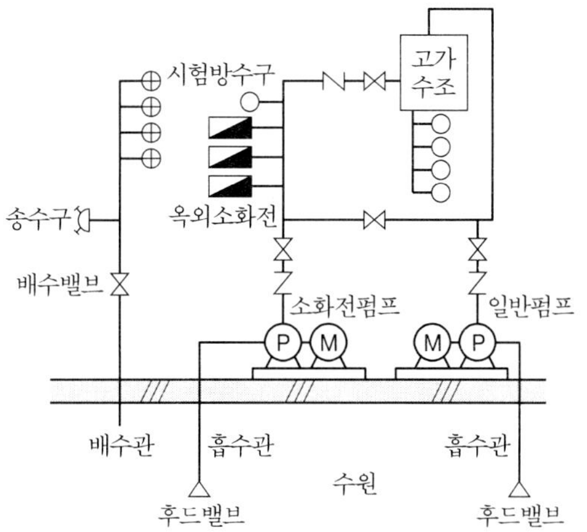

그림 7.1.2 옥내소화전방수구와를 겸용하지 않는 건식의 경우

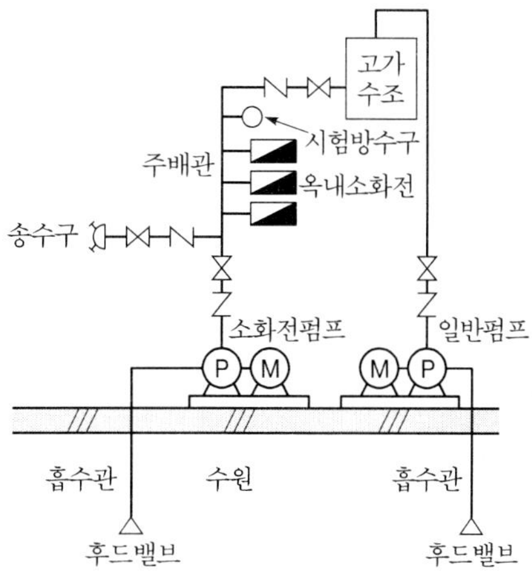

그림 7.1.3 옥내소화전방수구와 겸용한 습식

7.1.2 송수구의 종류, 구조, 재질

송수구에는 그림과 같이 노출형, 매립형, 스텐드형 3종류가 있으며, 스프링클러설비의 전용송수구 또는 연결살수시설 송수구와 같은 형식의 것이 있다. 송수구 접속구의 재질은 KS D 6002(청동주물), 본체는 KS B 6002(청동주물) 또는 KS D 4301(회주철품)에 적합한 재질 또는 이것과 동등 이상의 강도, 내식성을 보유하는 것이다. 송수구의 소방호스용연결속구는 나사식과 차입식이 있다. 관할소방대의 소방호스용연결금속구와 정확하게 연결되어야 하므로 호칭크기와 접합부를 충분히 고려한 후 소방호스용연결금속구를 사용하여야 한다.

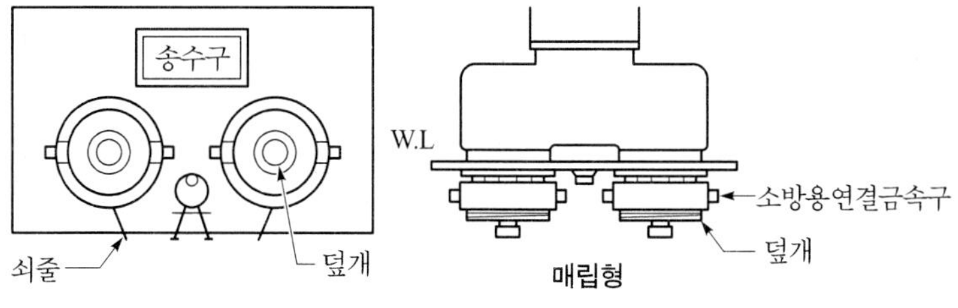

송수구의 종류

종 류	접합부(개)	배관용나사(mm)	용도
C형	1	80이상	매립형
D형	2	80	돌출형
E형	2	100	돌출형
F형	2이상	100 이상	매립형

7.1.3 방수구, 방수용기구 등

(1) 방수구

방수구는 종래 소방대가 사용하는 소화전용의 것으로서 방수구와 소방호스용연결금속구는 나사식 및 차입식의 것이 있다. 방수구의 호칭은 65mm가 대부분이며 주 재질은 KS D 6002(청동주물), 또는 KS D 5101(황동주물)을 사용한다. 방수구는 옥내소화전방수구와 함께 옥내소화전함에 설치하거나 또는 단독으로 방수구함에 보관하는 방법으로 하며 노출해서 설치해도 지장은 없다. 또한 지하층을 제외한 층수가 11이상(조례에서 31m 이상)의 층에 설치할 경우에는 방수구를 쌍구형으로 하여야 한다. 보통은 단구형을 2개 부착하는 경우가 많다.

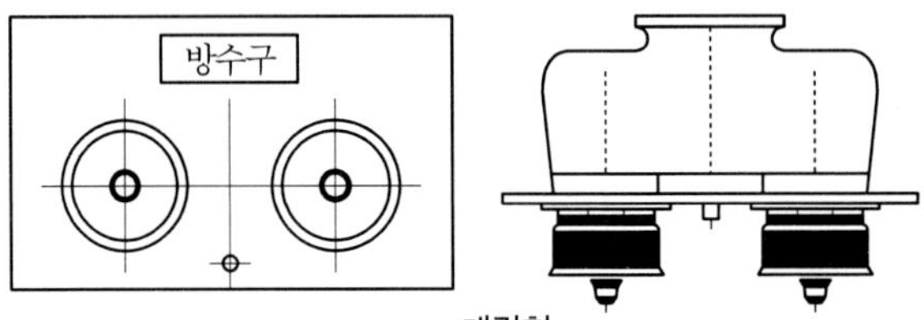

매립형

방수구의 종류

종 류	접합부(개)	배관용나사(mm)	용도
A형	1	65	돌출형
B형	2	100이상	매립형

(2) 방수용기구함

지하층을 제외한 층수가 11 이상의 층에 설치하는 방수용기구는 65mm×20m 소방호스 4개 및 노즐 둘 이상을 보관함에 보관하고, 하나의 직통계단에 대해서는 3층이내 마다에 하나의 방수구로부터 보행거리 5m 이내에 설치한다.

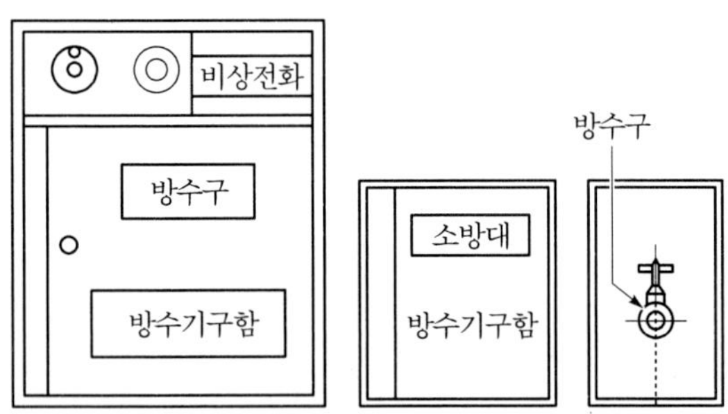

그림 7.1.4 방수용기구함

또한, 화재안전기준에 따라, 스프링클러설비가 설치되어 있고 방수구의 수가 2개소 이상 있는 층에 대하여는 방수구를 단구로 할 수 있다. 방사형 관창과 소방호스(20m) 2개를 연결해 두어야 되므로 충분히 간격으로 하여야 한다.

7.1.4 배관

배관은 전용으로 하고 KS D 3507(배관용탄소강 강관), KS D 3562(압력배관용탄소강 강관)

등에 적합한 재질에 아연도금이나 기타의 내식조치를 강구한 것을 사용하며 관의 접속은 나사식으로 하여야 한다. 다만, 차입식, 용접식의 관이음 또는 내열조치를 강구한 플랜지 이음을 사용할 때에는 그러하지 아니하다.

관이음 및 밸브류의 재질은 KS D 5101 또는 KS D 6002에 적합한 것을 사용하고, 회주철은 화재시 연소의 우려가 있는 장소에 설치해서는 않된다. 또한 가스켓트는 KS M 6614에 적합한 재료를 사용하다.

7.1.5 높이 70m를 넘는 건축물에 설치하는 가압송수장치

높이가 70m를 넘는 건축물의 가압송수장치는 화재등의 재해로 인한 피해의 우려가 적은 장소에 송수상 지장이 없도록 설치하여야 한다. 구체적으로는 이 가압송수장치는 부스타펌프로서 소방펌프자동차의 송수압력을 보호하기 위해서 중간층에 설치하는 것이다. 부스타펌프의 양정은 최상층에서 방수압력이 10kg/cm² 이상(※1)이고 최소 양수량은 2,400ℓ/min 이상(※2)이 필요하다.

> ※ 1. 포그건을 사용해서, 최상층에서 400ℓ/min, 지하층에서 400ℓ/min 동시 방수시
> ※ 2. 호크건 이외의 노즐을 사용하여 최상층에서 6kg/cm²일 때 1,200ℓ/min, 지하층에서 1,200ℓ/min 동시 방수시

가압송수장치로서 부스타펌프를 사용했을 경우의 배관 예이다.

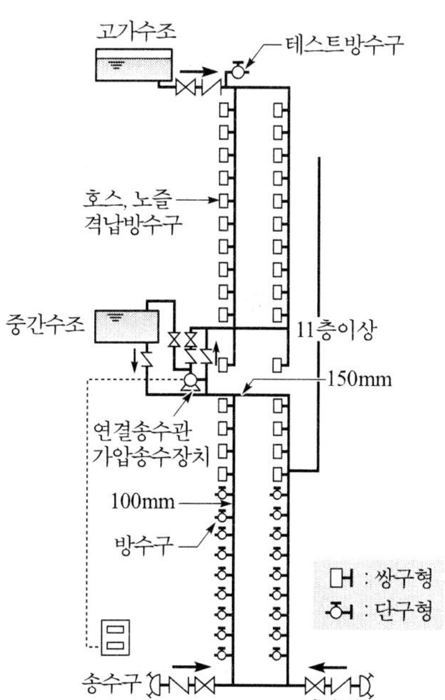

그림 7.1.5 연결송수관설비의 배관 계통도

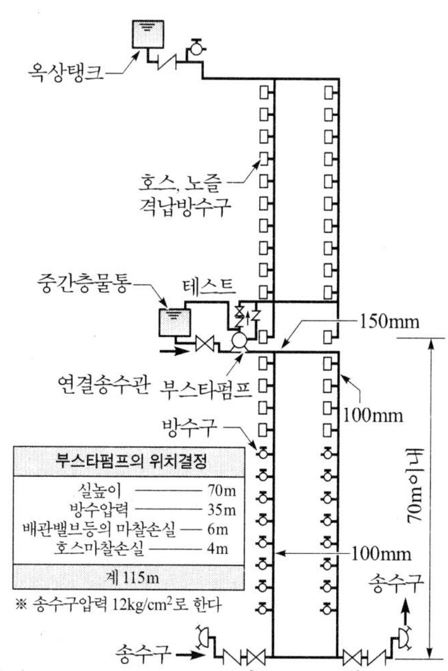

그림 7.1.6 고층건축물에 설치하는 연결송수관의 예

7.2 연결살수설비

7.2.1 개요

연결살수설비는 소방활동상 필요한 시설로서 송수구, 살수헤드 및 이들을 연결하는 배관 등으로 구성되고 가압송수장치가 필요없는 설비이다. 화재시 송수구에 연결되는 소방펌프자동차(송수능력은 소방펌프의 형식승인 및 검정기술에서 정하는 B-1급 이상의 펌프로 한다)에서의 송수에 의하여 배관을 지나 해당 설비의 송수구역에 부착된 살수헤드에서 일정범위의 유량을 살수함에 따라 소방대의 유효한 소방작업 및 활동을 행할 수 있도록 설치된 연결살수설비이다.

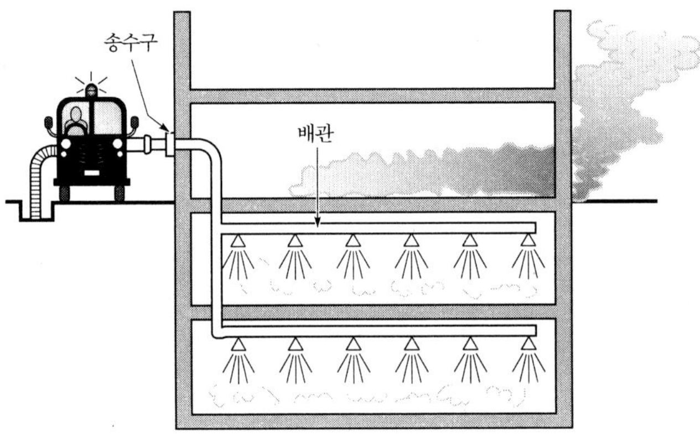

그림 7.2.1 연결살수설비 구성도

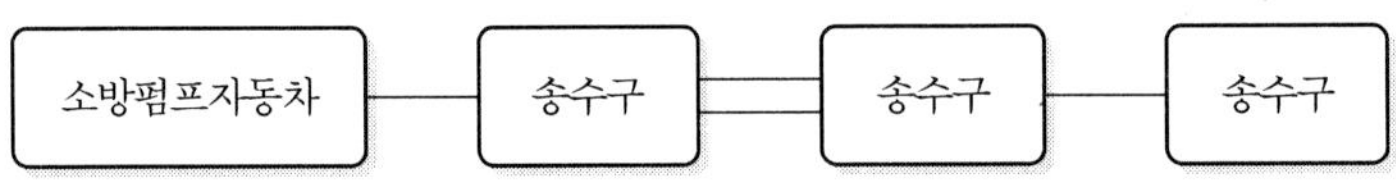

그림 7.2.2 연결살수설비의 지층 개략도

따라서 설치장소는 지하가, 일반빌딩의 지하등 연기가 현저하게 체류하고 있는 장소에서 소방활동이 곤란하게 될 것이 예상되는 장소에 설치한다. 종별로는 배관내에 평소 물이 들어있지 않은 건식(乾式)과 고가수조등을 설치해서 항상 배관내 충수(充水)되어 있는 습식(濕式)등에 있다.

7.2.2 살수헤드의 기능과 구성 및 재질

(1) 기능과 구성

살수헤드는 폐쇄형과 개방형헤드가 있고 개방형헤드에 관해서는 살수헤드의 성능시험기준에 적합한 제품을 사용하여야 한다. 개방형헤드는 개방형스프링클러헤드와 구조적으로 유사하지만 방수압력 5kg/cm^{2}에서 전 방수량이 169~194ℓ/min의 범위내의 것으로 1,000℃의 시험조 안에서 10분간 가열하고 물속에 투입하였을 경우 성능에 영향이 없어야 한다.

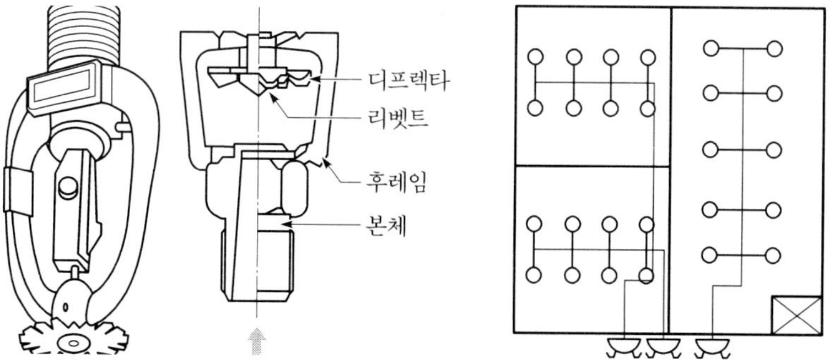

그림 7.2.3 살수헤드수 송수구역의 구분

또한 살수헤드를 경사면에 부착하는 경우에는 경사면에 직각이 되도록(그림 참조) 부착하여야 한다.

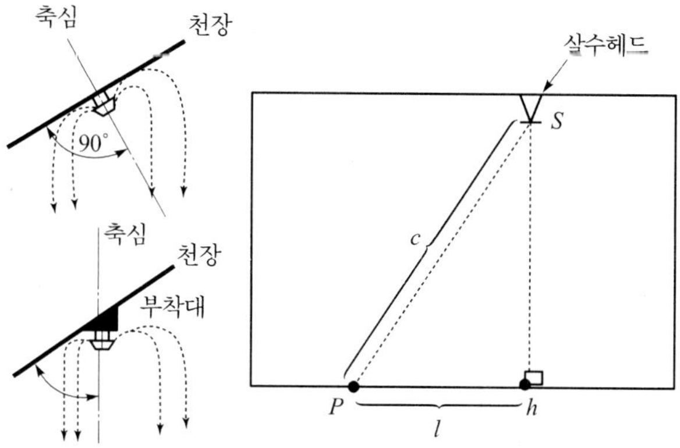

그림 7.2.4 경사면에 살수헤드 부착방법

(2) 재질

재질은 KS D 3503(일반구조용압연강재), KS D 3501(열간압연강판 및 강대) 또는 KS D 3710(탄소강 단강품)등의 내식성과 내열성이 있는 것이 사용되고 크롬도금등 방청처리를 실시한 것을 사용하고 있다.

7.2.3 송수구

송수구는 쌍구형으로 접합부 호칭 65mm것을 사용하여야 한다. 그러나 헤드의 부착 개수가 4개이하인 경우는 단구형을 사용하여도 된다. 또한 지상식과 지하식의 옥외소화전이 있지만 소방펌프자동차가 용이하게 접근할 수 있는 것을 전제하여 설치해야 한다.

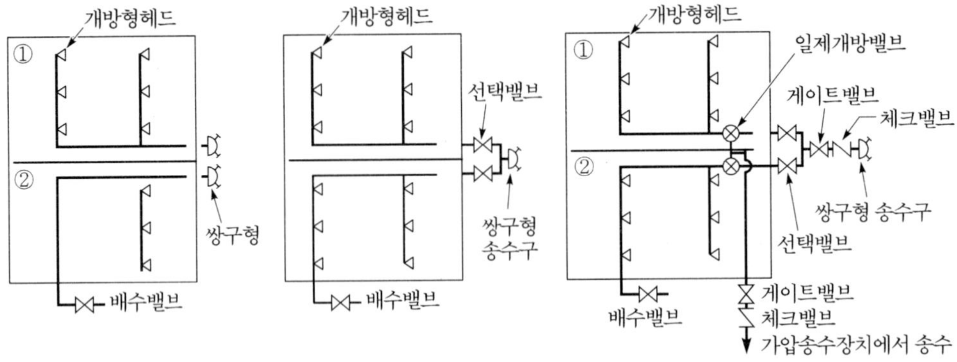

그림 7.2.5 연결살수설비 송수구의 계통도

7.2.4 선택밸브

선택밸브는 송수구역을 선택하는 것으로 KS B 4301(회주철 밸브)이 사용되고 있으며 개폐 상태를 용이하게 확인할 수 있는 것을 사용해야 한다. 또한 하나의 송수구에 접속할 수 있는 선택밸브의 갯수는 송수구의 구경을 고려하여 2개이하로 하여야 한다. 선택밸브는 방수구 근처로서 화재의 우려가 없는 장소에 설치한다. 선택밸브로서 일제개방밸브를 사용할 경우 조작부분은 송수구 가까이에 설치하고 일제개방밸브는 화재위험이 없는 장소에 설치해도 좋다. 그러나 일제개방밸브를 사용할 경우 고가수조등은 습식으로 설치하고 항시 개폐시험이 가능한 배관으로 한다.

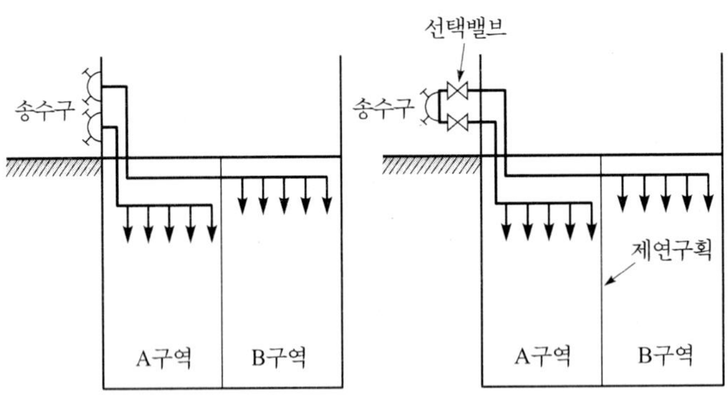

그림 7.2.6 연결살수설비 송수구역에 따른 선택밸브 구성

7.2.5 배관

배관은 전용으로 하고 재질은 KS D 3507(배관용탄소강 강관), KS D 3562(압력배관용탄소강 강관)등에 적합한 것에 아연도금 기타의 내식조치를 강구한 것을 사용하며 관의 접속은 나사식으로 하여야 한다. 단만, 차입식, 용접식의 관이음 또는 내열조치를 강구한 플랜지 이

음을 사용할 때에는 그러하지 아니하다.

관이음 및 밸브류의 재질은 KS D 5101 또는 KS D 6002에 적합한 것을 사용하고, 회주철은 화재시 연소의 우려가 있는 장소에 설치하여서는 아니된다. 또한 가스켓트는 KS M 6614을 사용하다.

배관의 지름은 32mm 이상으로 하여야 하며, 하나의 송수구역에 접속하는 살수헤드의 수에 따라서 그 방수량 및 살수헤드에서의 속도수두, 실양정, 배관, 밸브류 또는 송수구의 모든 마찰손실 수두를 계산(C:120)해서 정하여야 한다. 그리고 배관중에서 물이 남아 고이는 경우에는 배수를 할 수 있는 조치를 강구하여야 한다.

지지대 금속구 및 매다는 금속구등은 배관중량, 유체중량, 열팽창 및 수격작용등을 고려하여 전단력 및 장력에 충분히 견디는 것을 사용하고 집중하중이 걸리는 장소에는 고정하여야 한다.

부착장소와 배관의 호칭(개방형 헤드인 경우)

살수헤드의 설치개수	1개	2개	3개	4개 또는 5개	6개 이상 10개 이하
관의호칭	32mm	40mm	50mm	65mm	80mm

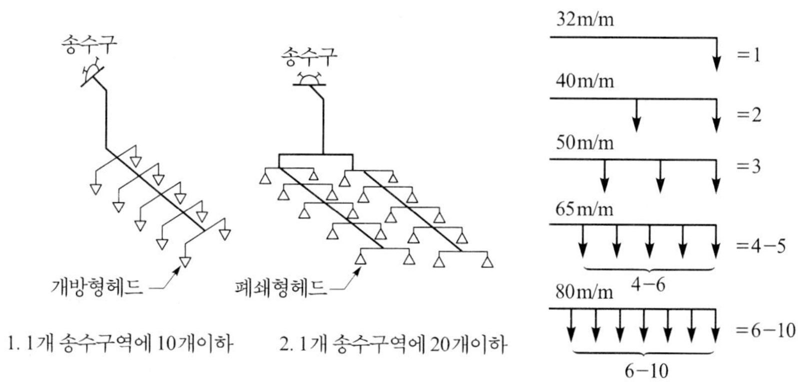

그림 7.2.7 살수헤드수와 배관의 크기 관계

지지(支持)간격

관의호칭(A)	32	40	50	65	80	90 이상
지지간격(m)	1.5	2	3	2.5	2.5	3

7.2.6 표시

송수구 근처에는 보기 쉬운 부분에 연결살수설비의 송수구가 있는 표식을 설치하여야 하며 송수구역 선택밸브 및 송수구를 명시한 계통도를 설치하여야 한다.

7.3 제연설비

7.3.1 개요

화재시에 발생하는 연기로 인한 피해에는 시각장해, 유독가스와 열기가스에 의한 생리적 영향등이 있다. 즉 연기속에서는 피난경로가 보이지 않고 유독가스로 인해 신체의 부자유, 열기가스를 호흡함으로 인한 호흡기의 손상이 온다. 제연설비의 목적은 옥외로 연기를 배출하거나 피난계단등 방호구역내에 연기의 침투를 막음으로서 피해를 감소시키고 거주자의 안전한 피난을 확보하며 소방대의 소화활동을 용이하게 한다.

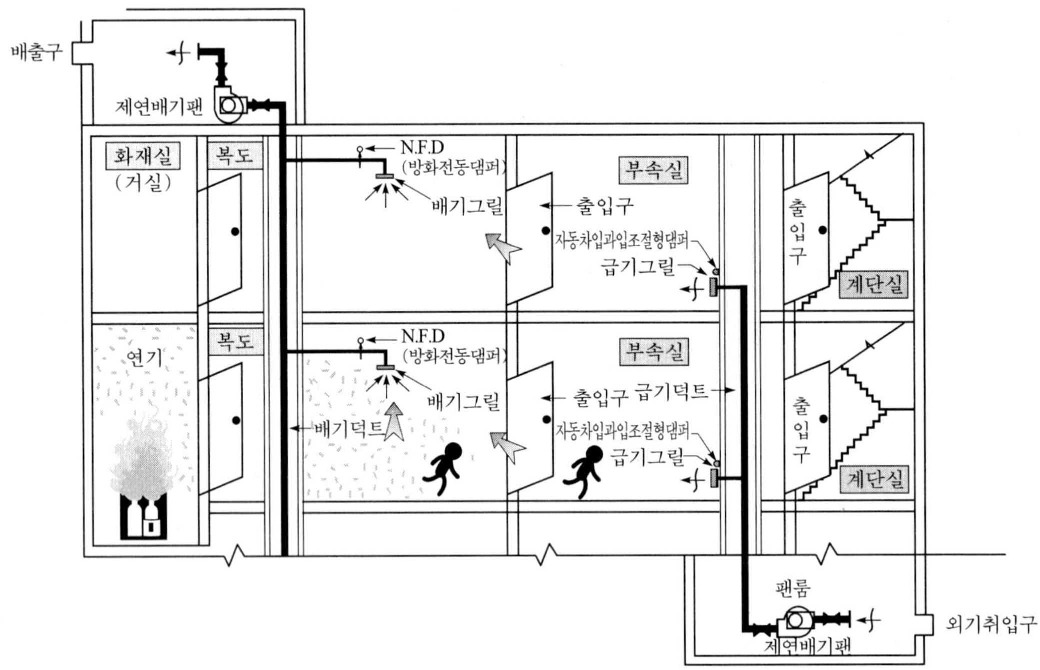

(1) 연기의 특성과 유동

연기란 기체 가운데 완전 연소되지 아니한 가연물질인 고체의 미립자가 부유하는 것이다. 이러한 연기는 건물 내에서 근무 또는 종사하는 사용자를 위험한 상황에 처하게 하는 요인이 되는데 연기는 습기가 많을 때 전달속도가 빨라져서 사람이 방호할 수 있는 능력을 저하시키며 호흡 중 폐속에 흡입되어 혈압이 떨어지고 혈액순환의 장애를 초래케 하여 사람을 사상에 이르게 한다. 또는 화재가 일정한 공간에서 발생하였다 하더라도 연기는 계단, Elevator shaft 등을 통하여 확산되면서 인명의 안전에 지대한 영향을 주고 있다.

(2) 연기의 특성

1) 연기의 정의

화재 현장에서 발생되는 연기는 시야를 차단하고 일정 공간에서 산소농도를 저하시켜 사람의 질식을 유발하고 높은 온도에서 대류현상에 의하여 인접 공간으로 전이된다. 이러한 연기는 과학적으로는 여러 가지 용어가 있는데 일반적으로 다음과 같다.

① 연소물질에서 발생하는 고온의 수증기와 가스

② 불완전연소 물질과 응축된 물질 (미립자)

③ 불에 의하여 가열되고 상승하는 plume에 흡입된 공기

화재에서는 위 세 종류를 합해서 연기라고 한다.

2) 연기의 유동

연기는 앞서 언급한 바와 같이 여러 채널로 이동하게 되는데 특히, 연기 유체의 이동은 힘의 불균형에서 발생한다. 이러한 힘의 불균형은 기계적, 유체역학적 또는 열역학적 상태에 기인하며 힘을 압력으로 나타내고 건물내의 임의의 공간에 작용하는 전체 힘을 4개의 성분으로 표현된다.

① stack 효과 또는 stack effect (굴뚝효과)

② wind pressure 효과 (풍압)

③ 기계적 공기조절 (바람과 송풍기)

④ fire stack 효과 (stack pressure도 火災가 진행되는 연소과정 중에 발생하는 높은 온도의 가스에 의하여 증대된다.)

3) 연기의 유동수단

화재 현장에서의 연기는 열에 의하여 유동 확산되며 연소는 수평방향일 때 0.5~1.0m/sec 정도이며, 수직방향은 2~3m/sec 내외이고 계단이나 통로 등에서 상부가 개구 되어 있을 때는 3~5m/sec 이상일 때도 있다. 구체적 연기 유동의 수단으로는 계단(stair), Elevator, pipe shaft, 채광 및 환기용(Light and Ventilation) shaft나 자동활송운반장치(Conveyor shaft), 세탁물투하장치(Linen chute, Laundry Chute), 쓰레기투하장치(Rubbish chute, Dust chute) 등과 DUCT(공기, 가스, 먼지, 폐기물 등을 통과시키는 장치)와 EPS(전 선로) 또 pit, trench 등을 통하여 유동하면서 특히 계단이나 엘리베이터 등 피난경로에 침투하여 인명안전에 영향을 가져온다. 또한 연기는 직접적인 장애 요인 외에 연기를 보는 것만으로도 화재를 인식하여 정신적 긴장 또는 panic상태에 빠지게 되어 2차 피해가 발생하게 된다. 이와 같이 연기의 다양한 유동성 때문에 예상밖의 곳에서 많은 피해를 일으킬 수 있으며, 그 불투명성으로 인하여 시야차단 뿐만 아니라 소방대의 구조 등 사고수습 활동

에도 장애가 크다. 과거 우리 나라에서도 대연각 호텔 화재에서 볼 수 있듯이 2층에서 발생한 화재가 21층에 투숙한 사람까지 사상자를 냈던 것을 상기할 수 있다. 자료가 빈약하여 구체적으로 언급하기는 어렵지만 1차 연기의 피해 후 2차 연소로 피해자가 많았다. 또한 1980년 미국 Las vegas의 MGM Grand Hotel 화재의 경우도 1층 식당부분에서 발생한 화재로 총 사망자가 85명에 이르렀고 이중 61명이 16층과 26층 사이에서 사망하였다.

(3) 연기제어의 필요성

1) 필요성

재난계획이나 설계에 있어서 연기 제어는 그 기술성 때문에 자칫 소홀하기 쉬우나 어떤 방재계획보다 가장 우선하여 계획되어야 하고 이는 또한 건축분야와 기계분야, 전기제어분야까지 포괄적으로 사려 깊게 연구하여야 한다. 제연은 일반적으로 법규에 규정된 배연량과 배연 방식 등에 따라서 그 기본 개념이 정하여져 있지만, Artium 이라던지 백화점 등 특수장소의 경우 사실상 법규에 만족시키기도 어렵고 기능면에서도 명쾌하게 제연이 곤란할 수 밖에 없도록 시공되어 왔고, 이렇듯 기본계획·설계·시공이 미흡한 상태에서 사후 유지관리(maintenance)가 제대로 될 수도 없고, 된다 해도 의미가 없는 상태로 오늘에 이르렀기 때문에 Smoke control 기대는 처음부터 불가했였다. 무용설비로 전략되어 국내에 이 분야를 연구한 실적도 공식적으로 없는 실정이다. 이러한 현실을 감안하여 방재전문기관과 기술계, 학계 등에서는 우선적으로 거실 배연도 중요하지만 특별피난계단이나 비상용승강기의 승강장을 Escape Route로써 보장하기 위하여 깊이 연구하여야 한다. 특히 몇 년전 연구와 기술기반이 빈약한 상태에서 우리나라에서는 고시가 마련 됐으나 건축분야의 설계자나 시공자 등이 등한시하여 이의 시행이 어려웠다. 또한 기술적인 집약이 안되어 여과 없이 간과 하여 온 것이 사실이다.

2) 선진국의 경우

건물 화재시 연기에 의한 피해(인명피해)를 최소화하기 위하여 적극적인 연기 제어방법(Active smoke control)과 수동적 제어방법 (Passive smoke control)을 지속적으로 연구하고 기술개발에 노력해 왔다.

① Active smoke control

화재 발생구역 (Fire Area)에서 생성된 연기를 기계적인 수단으로 외부에 배출시키는 방법으로 이를 위하여 건물공간 특성에 맞는 화재하중곡선(Design Fire) Zone model과 같은 simulation 기법을 보유하고 있다. 또한 연기 배출이 공조설비에 의해 행하여지는 경우 화재 및 연기가 공조시설로 인하여 건물 전층에 확산되는 것을 방지하기 위하여 Fire Damper, Smoke Damper 등의 열 및 연기 차단 성능이 확보되도록 관련

시험규정이 존재하고 있다.(UL555. UL555S. NFC 90A. 92A 참고)

② Passive smoke control

초고층 건물의 출현과 함께 탈출 및 구조 장비의 유용성이 미흡하고 피난 Route 및 피난시간이 길어짐에 따라 건물에 연기가 침투하지 못하도록 Smoke Free 와 Safety Zone을 설정하여 피난 및 소방대의 각종 진압·구조활동이 원할하도록 도모하고 있다. 특히, Smoke Free와 구역 등 조성하기 위하여 당해 구역에 공기를 유입시켜 적절한 차압을 유지시키고 있고 이를 위하여 화재 감지에 의해 작동되는 급기설비를 설계하고 있다. 가압(pressurization) 제연 설계방법에는 Elevator shaft, 계단실, 부속실 가압과 같은 방식이 개발되고 있다.

(4) 연기량의 계산 및 연기 simulation

Escape Route인 특별피난계단에서의 인명 안전에 필요한 피난 시간의 simulation이 이루어져야 하며 이를 기초로 제연의 방식이나 배연량, fan의 배치 등이 과학적으로 검증과정을 거쳐 충실하게 수행되어야 한다. 또한 연기 발생량은 NFC 92B code에 제시된 기준을 적용하고 있으나 화재에서의 발열량과 연소 생성물이 중요한 변수이며 실제로 정확하게 산출해 내기도 쉽지 않다.

1) 연기의 제어 방법

① Smoke Barrier (방연막) 설치

연기를 차단하기 위한 벽 또는 문 설치로 연기 이동을 제어한 것이다.

② 급기가압 (Pressurization)

연기 차단벽에 의하여 구획된 보호 공간을 화재실로부터 연기의 유입을 막는 기능이며 이때의 압력차는 거실의 경우 12.4㎩이다.

> Pascal(Pa): 파스칼, 국제단위계 (SI)의 압력단위. 1 Pa는 $1m^2$의 면적에 가해지는 1 N의 힘과 동일

③ 공기흐름에 의한 제어

화재실로부터 개구부를 통한 연기의 유입을 반대로 흐르게 함으로서 막는 방법이다.

④ 강제배연(Smoke venting, Ventilation system)

배기 FAN을 사용 외부로 연기를 배출, 환기하기 위한 것이다.

⑤ 자연배연

공간의 상부에 배기창을 만들어 축기 후 배연(Smoke tower, 배기창, 부동력 fan등)한 것이다.

7.3.2 제연설비의 대상

(1) 건축법령상 건축물 대상

1) 6층 이상의 건축물로서 관람집회시설, 종교집회장, 장례식장, 운동시설, 위락시설, 전시시설, 운수시설(다중이 이용되는 시설에 한한다), 관광휴게시설, 판매시설, 숙박시설, 유스호스텔, 의료시설, 아동시설, 노인시설, 업무시설 및 연구소의 거실에는 건설부령이 정하는 바에 의하여 제연설비를 설치하여야 한다. 다만, 피난층의 경우에는 그러하지 아니하다(요약 : 인구밀도가 높아 인명안전을 중시하는 건물).
2) 특별피난계단의 구조 : 건축물의 내부와 계단실은 노대를 통하여 연결하거나 외부를 향하여 열 수 있는 창문 또는 국토해양부령이 정하는 제연설비가 있는 부속실을 통하여 연결하여야 한다.
3) 제연설비의 설치위치는 다음과 같다.
   ① 거실 및 통로등
   ② 특별 피난계단의 부속실
   ③ 비상용 승강구 로비, 지하가의 지하도

(2) 소방법령상 건축물 대상

1) 관람집회 및 운동시설로서 무대부의 바닥면적이 200m² 이상인 것
2) 근린생활 및 위락시설·판매시설 및 숙박시설로서 지하층 또는 무창층의 바닥면적이 1,000m² 이상인 것
3) 시외버스정류장·철도역사·공항시설·해운시설의 대합실 또는 휴게실로서 지하층 또는 무창층의 바닥면적이 1,000m² 이상인 것
4) 지하가로서 연면적 1,000m² 이상인 것과 지하가터널로서 길이가 1,000m 이상
5) 특수장소에 부설된 특별 피난계단 및 비상용 승강기의 승강장
6) 제연설비의 설치위치
   ① 지하실
   ② 극장등의 무대부
   ③ 백화점등 지하실 또는 무창층

소방법령의 제연설비는 소방대의 소방활동을 용이하게 하는 것을 목적으로 하고 있지만, 건축법령에 기초하는 제연설비는 건물 거주자의 피난을 용이하게 하는 것을 목적으로 하고 있다. 이 때문에 건축법령에 기준한 제연설비 기준쪽이 소방법보다도 까다로운 내용으로 되어있다. 따라서 건축법령에 기초하는 제연설비가 설치되어 있는 경우와 소방법령에 기초하는 제연설비는 설치가 상호 면제되도록 되어있는 경우도 있다.

7.3.3 제연의 원리와 특성

(1) 제연원리

제연을 하게 되는 자연적 힘은 연기 비중차에 의한 상향 유동 특성과 팽창력이라고 할 수 있다. 화재실을 밀폐하게 되면 연기의 체적팽창력이 발생하고 대기압과의 차압에 의해 연기를 외부로 방출되게 된다. 연기의 유출량 계산식은 다음과 같이 나타낼 수 있다.

$$\Delta P = \text{내·외부압력차} = \lambda \frac{L}{D} \cdot \frac{v^2}{2g} \gamma = \lambda \frac{L}{D} \cdot \frac{\gamma}{2g} (\frac{Q}{A})^2$$

연기의 방출량은 연기 팽창압력과 제연창의 면적에 비례하게 된다. 물론 계산식은 일종의 이론개념이며, ΔP는 실제로 연기유출에 의해 감소되고 화재 진행에 따라 압력을 보충 받게 된다. 또한 외부공기와 내부연기의 비중차에 의한 배출력, 풍압에 의한 효과도 가감되어야 한다. 따라서 복도가 가압되어 정압이라 할지라도 화재실 내의 압력보다 크지는 못하기 때문에 제연창에 의한 제연은 밀폐상태를 조건으로 하여야 한다.

(2) 제연의 특성

밀폐된 장소의 화재는 제연으로 인하여 공기가 보급되므로 어느 정도의 손실이 발생할 수 있다. 또한 제연은 화재 초기단계에서 이루어져야 하며 그 이후는 화재진압에 역효과가 나타나므로 피난통로의 가압만 이루어지도록 하는 것이 가장 적절한 방법이라고 할 수 있다. 다만, 화재가 방화구획의 일부분에 한정되는 경우에는 연기로 인한 피해는 최소화할 수 도 있다.

(3) 제연설비의 작동방법

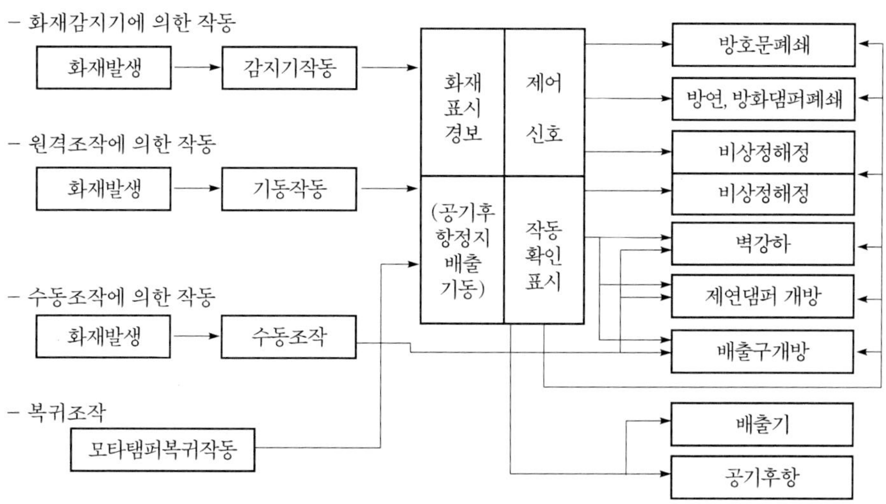

그림 7.3.1 제연설비의 작동도

7.3.4 제연방식

제연방식은 연기를 막기 위하여 여러가지의 수단과 방법이 고려된다. 자연제연은 급배기에 송풍기를 사용하지 않고 창등의 개구부에서 연기의 부력으로 제연하는 것이다. 기계제연은 급·배기의 어느 한쪽이나 또는 전부를 송풍기로 강제제연 하는 것이다. 기계제연 방식중에 많이 사용되는 것은 자연급기, 기계제연방식이다. 그러나 최근에는 화재실 주위의 복도등에 기계급기하고, 화재실보다 복도등의 압력을 올려 화재실에서의 연기의 유출을 방지하는 제연방식이 주목되고 있다. 현재 실제로 이용되고 있는 제연 및 제연방식을 크게 대별하면 4종류로 분류할 수 있으며 이중 기계제연방식은 급배기의 어느 쪽에 기계력을 이용하는가에 따라 적용방식이 다르다. 기계배기로서 일반적으로 채용되고 있는 분류법에 의하면 다음의 3개방식으로 분류된다.

1. 자연제연방식(자연급기·자연제연)
2. 밀폐제연방식
3. 스모그타워제연방식
4. 기계제연방식 – 제1종 기계제연방식(기계급기·기계제연)
   – 제2종 기계제연방식(기계급기·자연제연)
   – 제3종 기계제연방식(자연급기·기계제연).

(1) 자연제연방식(자연급기·자연제연)

자연제연방법은 자연환기에 의하여 연기를 외부로 배출하는 방식이다. 연기는 온도의 상승에 의하여 체적이 팽창하기 때문에 외부로 배출하지 않을 경우는 그 팽창압력에 의해 복도나 다른 거실로 확산되어 인명손실을 촉진시킨다.

이 방식은 전원이나 복잡한 장치가 불필요하며 평상시의 환기에도 겸용할 수 있으므로 방재설비의 유휴화방지의 장점이 있다. 단만, 풍상측을 개구하면 제연효과가 감소되고 경우에 따라서는 반대로 다른 방으로의 연기누출을 초래하게 된다. 고층빌딩 등에서는 건물의 층간 구획이 충분히 이루워지지 않는 상태에서 저층부에서 개구하면 연돌효과를 조장하여 도리어 연기의 전반확산을 일으킬 우려가 있다.

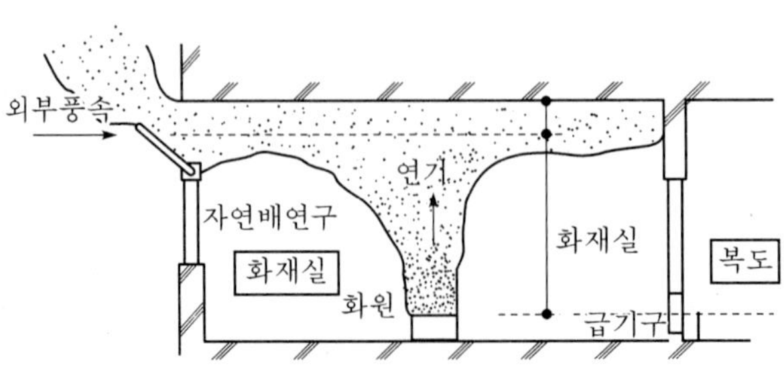

그림 7.3.2 자연제연방식

(2) 밀폐식제연방식

밀폐도가 높은 벽이나 문으로서 화재를 밀폐하여 연기의 유출 및 신선한 공기의 유입을 억제하여 제연하는 방식으로서 공동주택이나 호텔등 구획을 작게 할 수 있는 건물에 적합하다. 기계제연을 행할 경우라도 화재의 최종단계에서는 화재실의 밀폐를 할 필요가 있다. 그러한 의미에서는 제연의 기본이 되는 방식이라고 말할 수 있다.

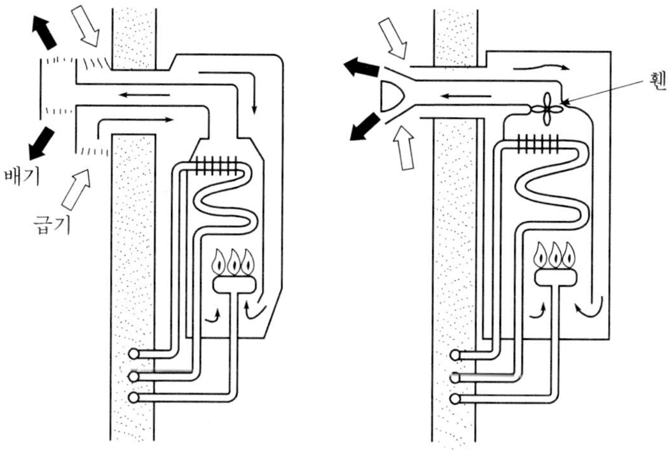

그림 7.3.3 밀폐식제연방식

(3) 스모그타워제연방식

제연 전용의 샤프트를 설치하고 화재시 온도상승에 의해 생긴 부력 및 배출측에 설치한 루프모니터 등의 흡인력을 통기력으로 하여 제연하는 방식으로서 고층 빌딩에 적합하다. 이 장치는 간단하고 배출축의 내열성을 고려하면 어느 정도의 고온 연기에서도 제연할 수 있는 장점이 있다.

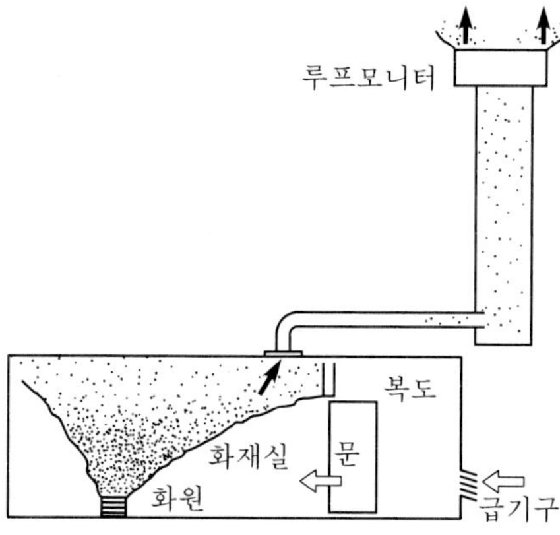

그림 7.3.4 스모그타워제연방식

(4) 기계제연방식

기계제연방식은 국소식제연방식과 중앙식제연방식으로 구별된다. 국소식제연방식이란 각 실마다에 팬을 설치하여 제연을 행하는 것이며 세로로 닥트공간 확보가 불가능한 장소나 기존건물에 응용하는 경우에 이 방식을 사용하는 것이지만 일반적으로 경제성이 없다. 또한 배출기가 산재하여 정비 시간이 많이 소요되므로 채용되지 않고 있다. 중앙식제연방식은 건물을 몇 개의 구획을 구분하고 각 구획마다에 배출기를 설치하여 닥트로 각 실의 제연을 행하는 것으로서 현재 많이 사용되고 있는 방식이다. 이 방식으로 제연을 할 경우에는 건물 전체를 어떻게 구획하여 분류하느냐에 따라 제연효과에 큰 영향을 미치기 때문에 구획 분할에 대한 충분한 고려가 있어야 한다. 기계제연방식은 3가지로 분류되며 설비의 구성은 다음 그림과 같다.

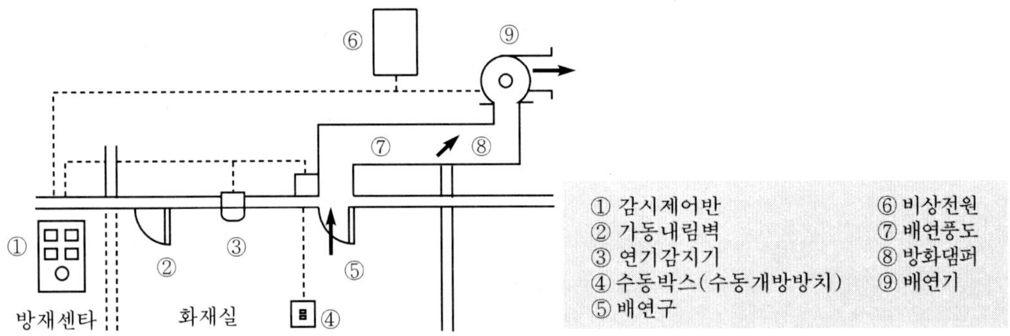

그림 7.3.5 기계제연방식

1) 제1종 기계제연방식(기계급기·기계제연)

화재실에 대해서 기계제연을 행하는 동시에 복도나 계단실을 통해서 기계력에 의한 강제급기를 행하는 방식이다. 급기량은 배기량보다 적게 제어하여 화재실의 내압을 부압으로 유지하고 화재실로부터의 누연을 방지한다. 이 방식은 화재실로부터의 누연을 방지함과 더불어 계단전실 등의 중요 피난로를 확보하는데는 유효하지만 급기와 제연 모두 기계력에 의존하기 때문에 장치가 복잡하고 풍량의 조절에도 주의하여야 한다.

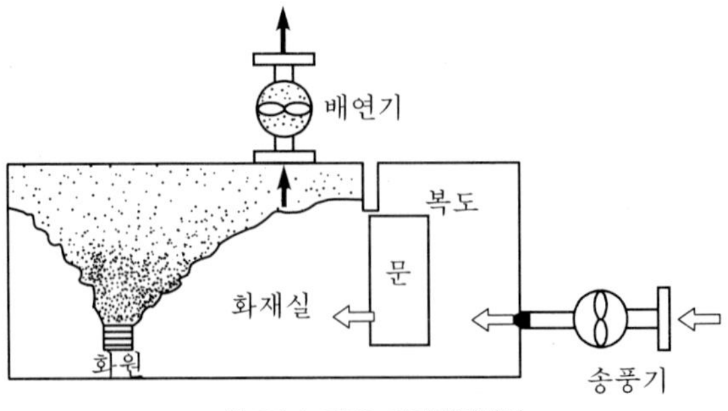

그림 7.3.6 제1종 기계제연방식

2) 제2종 기계제연방식

복도, 계단부실, 계단실등 피난통로로서 중요한 부분에 대해서 신선한 공기를 송풍기에 의해 급기하고 그 부분의 압력을 화재실보다는 상대적으로 높도록하여 연기의 침입을 방지하는 방식으로서 가압제연방식 또는 가압차연방식이라고도 한다. 이 방식의 단점은 과잉급기가 되면 화재확산을 촉진시킬 우려가 있고 공기의 도피구가 확보되어 있지 않은 상태에서 가압하면 화재확산을 촉진시키고 열기나 연기류가 복도로 역류할 위험이 발생될 수 있는 단점이 있다.

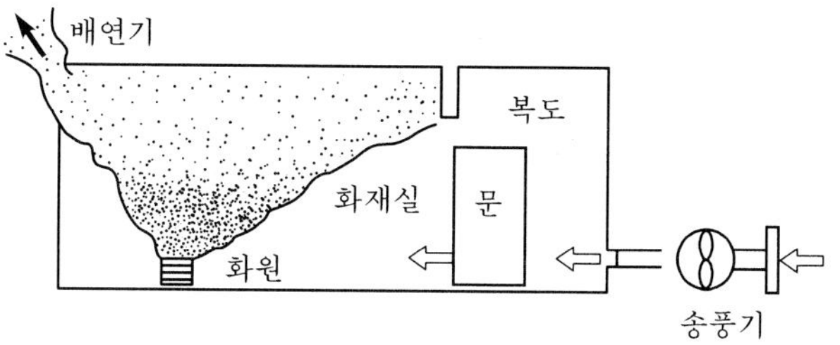

그림 7.3.7 제2종 기계제연방식

3) 제3종 기계제연방식(자연급기·기계제연)

화재로 인하여 발생한 연기를 화재실의 상부로부터 배출기로 흡입하여 옥외로 배출하는 방식이다. 연기의 유동을 방지하고 흡입효과를 증대시키기 위하여 제연수직벽이나 접어올림천장등을 병행한다. 현재 가장 많이 사용하는 제연방식으로서 초기화재에 있어서 화재실의 내압을 낮추고 연기를 다른 구획으로 누출시키지 않는 점에서 우수한 방식이라고 할 수 있다. 그렇지만 화재가 진행하여 연기의 양이 많아지면 흡입을 다 할 수 없는 우려가 있고 연기의 온도가 상승하면 각종 기계의 내열성에도 한계가 있으므로 퓨즈탬퍼를 설치하여 제연을 중지할 필요가 있다. 또한 거실을 모두 제연대상으로 하였을때는 방호범위가 넓어 효과적인 제연이 어려운 점이 있다.

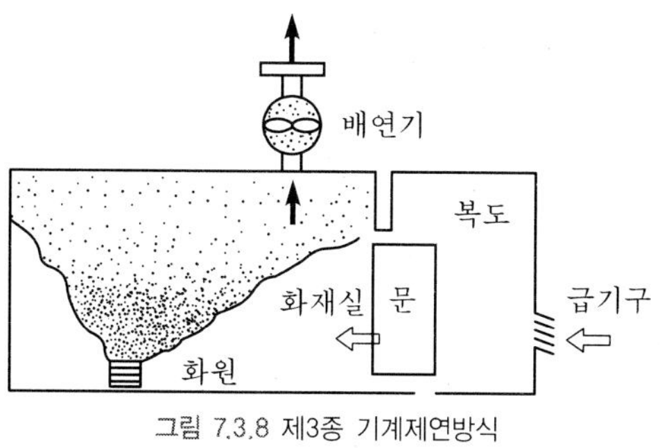

그림 7.3.8 제3종 기계제연방식

(5) 기계제연방식에서 연기확산 방지위치

기계력에 의한 제연을 고려할 때 우선 결정하지 않으면 안되는 것은 연기를 어떤 위치에서 처리하고 어떤 곳에서 앞으로는 더 이상 연기를 들어가지 않도록 방지할 것인가를 고려하는 것이다.

1) 일반적으로 사무실 → 복도 → 계단전실 → 계단이라는 안전구획을 설정한 경우
2) 사무실에서 화재가 발생한 것을 가정하면 연기를 복도에도 나오지 않도록 하는 것
3) 복도까지는 연기가 차지만 다른 부근에는 들어가지 않도록 하는 것
4) 전실까지는 연기가 충만하여도 할 수 없지만 계단 만은 최후까지 지키도록 하든가 하는 것

7.3.5 제연방식에 사용되는 구성기기 및 작동원리등

(1) 배출구

1) 배출구 의의

배출구는 화재로 인해 발생한 연기를 제연하기 위해 천장 또는 벽위에 설치하는 연기의 흡입구로서 일반적으로 항시 폐쇄되어 있는 상태에서 화재가 발생했을 경우에는 수동이나 연기감지기의 연동 또는 원격조작에 의해 개방됨과 동시에 배출기가 작동하는 구조로 되어 있다. 또한 배출기는 1대가 여러개의 제연구획을 담당(일반적으로 2곳 정도의 제연구획내 제연이 가능)하고 있으므로 동시에 여러개의 배출구가 개방하고 있으면 유효한 제연이 불가능하다는 것이다. 이 때문에 항상 배출구를 폐쇄해 두고 화재가 발생한 부분의 배출구만을 개방하도록 되어있다. 배출구는 그 형상에 따라 점형배출구와 선형배출구(슬릿드형)으로 나누어 진다. 점형배출구는 일반적으로 둥근형 또는 사각형의 배출구이다. 선형배출구는 복도등의 폭 전체의 길이에 설치하는 대단히 좁고 긴 형상의 것이기 때문에 n점형배출구에 비해서 연기의 유동저지(流動沮止)라는 점에서 유효하다.

2) 설치위치, 배출구 및 작동원리등

연기의 성질상 배출구는 천장부근의 상부(천정밑 80cm 이내)에 설치되어 있으므로 위치가 높아 수동으로 개폐조작을 할 수 없는 경우가 있다. 이런 것들은 조작하기 쉬운 위치(바닥면에서의 높이 0.8~1.5m)에 수동개방장치를 설치한다. 수동개방 장치를 설치하는 경우의 배출구는 회전식창 또는 밖으로(안으로) 미는식의 창으로 하는 것이 많다. 회전식은 체인을 잡아당김으로 해서 회전하면서 개방되고 밖으로(안으로) 미는식은 줄을 당김으로서 래치를 풀려 중력에 의하여 개방하는 구조로 되어 있다. 또한 밖으로(안으로) 미는식은 개방했을 때 어느 정도의 충격이 가해지므로 이것을 부드럽게 하기 위해서 쇽

업쇼바를 부착하고 있다. 배출구의 크기는 다음의 표 6.3.1에 나타난 것과 같다.

자연제연방식의 배출구

종별	배출구의 크기
거실 및 복도등에 설치하는 것	제연구획의 바닥면적의 1/50 이상
특별 피난계단의 부속실에 설치하는 것	$4m^2$ 이상
비상용 엘리베이터의 승강로비에 설치하는 것	$4m^2$ 이상(특별 피난계단의 부속실과 겸용하는 승강로비에 있어서는 $6m^2$ 이상)
지하가의 지하도에 설치하는 것.	제연구획의 바닥면적의 1/50 이상

특수한 제연구의 예로서 천장 챔버방식이 있다. 이것은 아래의 그림 6.3.9에 표시한 것과 같이 하나의 제연구획이 여러개의 방으로 나누어져 있는 경우에 사용되는 것으로서 천장위를 풍도의 일부라고 생각하는 방식으로 각 방의 배출구는 배출풍도에 직결되어 있지는 않다. 즉 천장위를 부압으로 만들어 이 안의 연기를 빨아들이는 것이다.

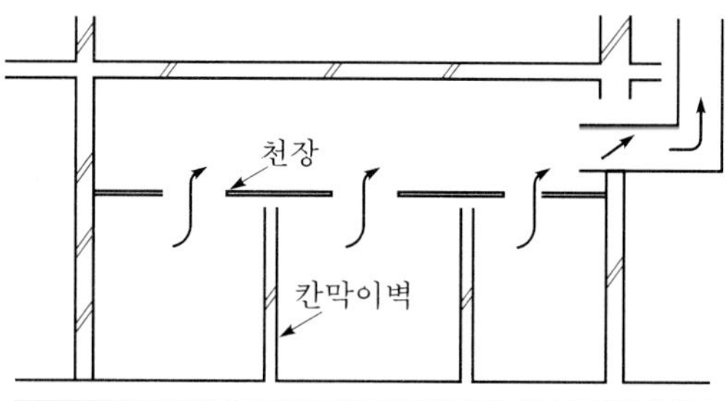

그림 7.3.9 천장챔버방식

3) 배출구의 크기에 따른 설치

배출구의 크기를 이론적으로 설계하기 위해서는 화재하중이나 연소속도, 온도를 가정하여 연기의 양을 환기이론에 의해서 계산하면 되는 것이지만 실제로 화재현상 자체는 주위의 조건에 따라서 변화가 많으므로 계산치로 산출하기가 어려운 실정이다. 따라서 실용적인 방법으로서 법령에서 규정한 기준치를 적용하여 배출구의 크기를 정할 수 있다.

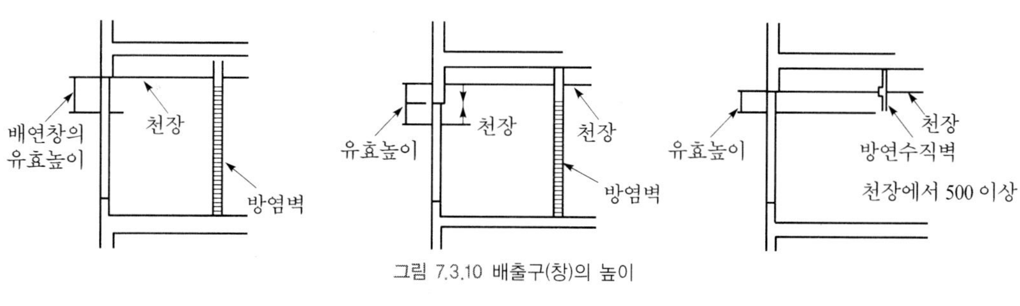

그림 7.3.10 배출구(창)의 높이

자연배출구는 바닥면적의 1/50이라는 것이 건축법령에 정해져 있지만 창의 유효높이가 문제가 있다. 배출구는 천장으로부터 80cm 이내에 설치하도록 되어 있다. 이것은 창이 80cm 이상이라도 유효면적은 천장으로부터 80cm의 곳에서 잘리고 만다는 것이다. 이것은 특별피난계단부실 등이 바닥면으로부터 천장까지의 높이에 1/2이상의 부분을 배출구로 인정 하면 크게 달라진다. 이 유효높이 80cm는 그림에 나타난 것과 같이 창의 상단, 제연수직벽과의 상호위치에 의해서 감소된다. 이것은 또한 창의 형태에 의해서도 유효분이 감소된다.

4) 배출구 설치시의 주의사항

① 배출구는 그 제연구획의 모든 부분으로부터 30m 이내이어야 한다.

② 배출구는 천장으로부터 80cm 이내의 거리(길이가 가장 짧은 제연벽의 길이가 80cm에 미치지 않을 때는 그 값 이내의 거리)에 있는 부분에 설치하여야 한다. 다만, 천장 높이가 3m 이상인 건축물과 건축물의 부분에 설치된 배출구는 바닥면에서 높이 2.1m 이상 또는 천장높이의 1/2 이상의 벽에 설치할 수 있다.

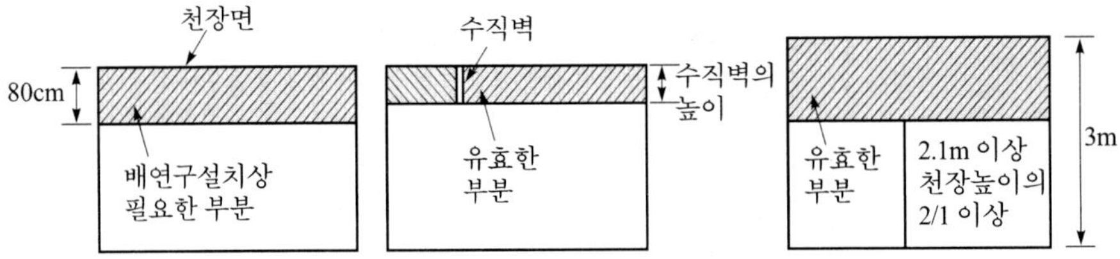

그림 7.3.11 배출구 설치상 부분

③ 배출구는 될 수 있는 한 높은 위치에 설치하여야 한다.

④ 외부로 유출방지를 위해서는 그 개구부의 상단에 수직벽 등의 바로 앞에 설치하면 유효하다.

⑤ 배출구의 크기에 대한 구체적인 기준은 없지만 유효개구부에 있어서의 흡입 풍속을 10m/s 이하가 되도록 결정하여야 하며 흡입풍속이 빠르게 할 경우 공기를 흡입하는 비율이 높아진다. 또한 배출구의 최소 개구면적은 400m^2 정도로 하는 것도 좋다.

5) 배출구 유지관리

① 소정 위치에 확실하게 고정되어야 한다.

② 배출구 주변에 작동을 방해하는 것이 없어야 한다.

③ 변형, 파손 및 탈락 등이 없어야 한다.

④ 구동부는 탈락, 비틀어짐이 없이 원활하게 작동하여야 한다.

⑤ 수동조작함은 소정의 위치에 설치되어 취급방법이 명시되어야 하며, 또 보기 쉬운 곳에 설치하여야 한다.

⑥ 기동레버가 원활하게 작동되어야 한다.

⑦ 릴리즈 와이어는 연결부에 느슨함이 없고, 절손, 파손, 또는 활차 등으로부터 이탈되지 아니하여야 한다.

⑧ 제어반 또는 연동기로부터의 신호 및 수동 조작함의 조작에 의해 확실하게 작동되어야 한다.

(2) 제연구획

1) 의의

제연구획은 화재에 의해 발생한 연기가 광범위하게 확산하는 것을 방지하고 동시에 제연효율을 높이기 위해서 구획하며 불연구조의 칸막이 벽 또는 천장에서 아랫방향으로 50cm(지하가의 지하도에 있어서는 80cm) 이상 늘어뜨린 벽으로 둘러쌓아 구획하기도 한다. 일반적으로 건축물은 500m^2(지하가의 지하도는 300m^2) 이내마다 제연구획되어 있지만 건축물에 따라서는 천장이 낮기 때문에 항시 내림벽을 설치하면은 사용하기 불편할 경우도 있다. 이런 경우는 배출구의 개방장치와 연동해서 내림벽을 구성하는 구조로 한다. 이것은 배출구가 개방되면 동시에 천장에서 철판제등의 판넬이 내려오는 것으로 평상시는 천장에 감겨져 있다. 이런 종류의 것을 가동내림벽이라고 한다.

2) 제연구획 기준

제연구획을 평면적으로 구성하는 것은 벽, 칸막이, 제연 수직벽이다. 원칙적으로 실면적 1,000m^2 이내이고 또한 배출구로부터의 거리가 40m 이내가 되는 벽 또는 칸막이로 구성된 실은 그 실 자체가 하나의 제연구획이 된다. 그러나 1,000m^2 이상의 실이나 배출구로부터 거리가 40m를 초과하는 경우에는 그 실은 제연 수직벽에 의해 구획하여 제연구획을 만들지 않으면 안된다.

① 제연구획이 2개 플로어에 걸친 경우는 원칙적으로 동일 제연구획으로서 인정되지 않는다. 그러나 바람이 통하는 부분이 있는 경우에는 아래 그림과 같이 하층의 바람이 통하는 부분의 주위에 구획을 하고, 바람이 통하는 부분의 밑부분만이 상부층의 구획과 동일하게 같이 구획안에 칸막이가 있는 경우 A + B 〈 40m가 되도록 설정한다.

② 구획을 설정할 경우에는 배출구로부터 그 구획의 모든 부분까지의 거리가 40m 이내가 되도록 설정하지 않으면 안된다. 즉 아래 그림과 같이 되도록 되어 있다.

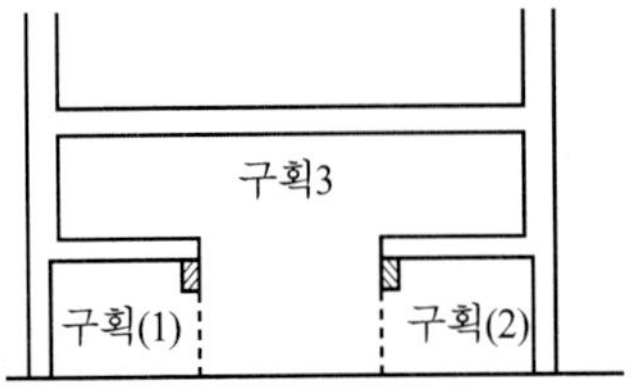

그림 7.3.12 제연구획

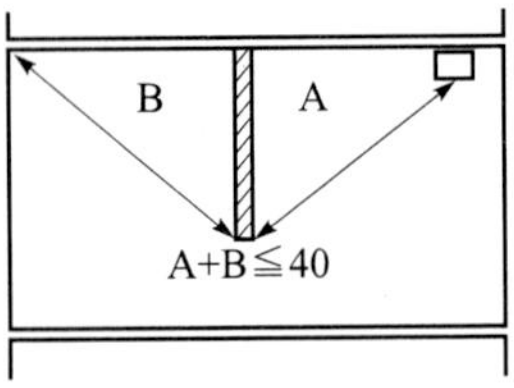

그림 7.3.13 배출구의 거리

(3) 배출풍도

1) 의의

배출풍도는 배출구에서 빨아들인 연기를 배출기까지 유도하는 유로(流路)로 천장 뒤나 벽골조내에 설치되고 있다. 배출풍도는 배출기 용량의 최대로 제연하기 때문에 높은 기밀성이 요구된다. 이에 사용하는 재료로서는 아연강판 등이 일반적이고 수직의 주풍도에 콘크리트 구조의 벽골조를 사용하는 경우라도 내부에 아연철강판의 풍도를 설치하고 있다. 배출풍도로 유입되는 연기로 인하여 상당히 고온이 됨으로 근접한 곳에 가연물이 있으면 그 가연물이 타버리게 된다. 이것을 막기위하여 배출풍도는 가연물에서 떨어져 설치하든지 그 부분을 암벽(Rock wall)이나 유리벽(Glass wall)등의 불연성 단열재료로 피복되어 있다. 배출풍도가 방화구획을 관통하는 부분에는 방화댐퍼가 설치되어 있다. 화재가 연소확대해서 배출구에서 들어온 화염이 풍도내를 통과하는 경우에는 화재실의 제연이 무의미 할 뿐만 아니라 배출풍도를 연소경로로 해서 다른 방화구획으로 화재를 확대시키게 된다. 따라서 배출풍도내의 연기온도가 연소방지상 위험하게 되었을 때 그 경우에 제연을 자동적으로 정지시킬 필요가 있다. 이 자동정지장치로서 방화댐퍼가 있다. 이 자동정지장치로서의 방화댐퍼는 온도퓨즈가 용해됨에 따라 날개가 유로를 폐쇄하는 구조로 되어있다.

배출기를 운전하면 진동이 상당이 크다. 이 진동이 배출풍도로 전달되면 여러 종류의 장해가 생겨나기 때문에 진동을 배출풍도로 전하지 않는 조치로서 배출풍도와 배출기를 아스베스트제의 풍도로 접속한다. 또한 배출기에 근접한 위치의 배출풍도를 구부려 설치하면 와류를 일으켜서 배출기 성능이 현저하게 저하되므로 굽은 부분의 내부에 가이드밸브를 설치해서 이것을 방지하고 있다.

그림 7.3.14 방화댐퍼

2) 설치 및 유지관리

① 설치는 견고하고 단열재의 파손이 없어야 한다.

② 풍도가 가연물과 접촉되어서는 아니된다.

③ 방화구획 관통부는 모르타르 등으로 완전히 메꾸어져야 한다.

④ 공기누설이 없어야 한다.

(4) 배출기

1) 의의

배출기는 이른바 송풍기로서 배출풍도내를 부압함으로써 연기를 빨아들이고 외부로 배출하는 것이다. 설치장소는 옥상에 하는 경우가 많다. 옥상은 화재의 영향을 적게 받고 연기의 배출확산이 용이하다는 이점이 있다.

2) 배출기의 종류 및 용량

① 종류

배출기는 일반적으로 공조등에 사용되고 있는 원심형 [리미트로드형, 터보형, 다익형(多翼形)], 축류형(軸流形)등의 송풍기가 사용되고 있지만 고온의 연기를 대상으로 하고 있기 때문에 열에 대한 조치가 필요하게 된다. 연기에 대해서 가장 문제가 되는 것은 베어링으로서 일반적으로 베어링은 고온에 오랜시간 사용하면 윤활유가 현저하게 노화해서 타버리게 된다. 이것을 방지하기 위해서 베어링부에 냉각팬을 설치하는 등의 조치가 강구되고 있다. 또한 전동기나 구동벨트도 열의 영향을 받기 쉬우므로 배출기와의 사이에 경사열판 등이 설치되고 있다.

가. 원심형으로서는 다익형, 터보형, 리미트로드형으로 분류한다.

- 다익형 : 실록팬(Sirrocco Pan)이라고도 부르며, 건축물의 환기나 공조설비에 많이 사용되는 것으로서 터어보형과 리미트로드형에 비하여 풍량, 정압이 같은 경우에는 가장소형에 속하게 되며, 설치비용이 저렴하여 많이 사용되고 있으나 효율이 낮으며 동력비가 크다.

그림 7.3.15 Sirrocco Pan

- 터보형 : 싸일런트 팬이라고도부르며 150~250mmH_2O 정도의 고압으로도 가능한 것으로서 주로 고속용 닥트에 사용되고 있다. 설치비용이 많이들어 사용 빈도는 적으나 효율이 좋다.

- 리미트로드형 : 다익형과 터보형의 장점을 종합한 것으로서 두가지의 형에 중간 정도에 특성을 가지고 있다. 크기는 터보형보다 적고 다익형보다는 약 30% 정도 크며, 효율은 다익형보다 좋다.

나. 축류형은 정압이 낮고 풍량이 큰 경우에 많이 사용되고 있으나 원심형보다는 소음이 큰것이 단점이며 닥트형과 벽붙임형으로 구분된다.

다. 닥트형 : 제연닥트내에 설치하는 송풍기를 말한다.

라. 벽붙임형 : 벽에 설치하는 송풍기를 말한다.

② 용량

배출기의 용량은 표와 같다. 표의 값은 배출구 위치에서의 제연량을 나타내고 있음으로 배출풍도의 누기 및 마찰손실 등을 고려해서 표 의 값보다 큰 용량의 기종이 설치되고 있다.

배출기의 용량

거실의 바닥면적	배출기의 용량
바닥면적이 400m² 미만	바닥면적 1m²당 1m³/min 이상
바닥면적이 400m² 초과 (직경 40m 이내)	40,000m³/hr 이상(단, 제연경계의 높이에 따라 다름) – 2m 이하 : 40,000m³/hr – 2.5m 이하 : 45,000m³/hr – 3m 이하 : 50,000m³/hr – 3m 초과 : 60,000m³/hr
바닥면적이 400m² 초과 (직경 40m 초과)	45,000m³/hr 이상(단, 제연경계의 높이에 따라 다름) – 2m 이하 : 45,000m³/hr – 2.5m 이하 : 50,000m³/hr – 3m 이하 : 55,000m³/hr – 3m 초과 : 65,000m³/hr

배출기의 구동장치에는 전동기를 사용하지만 비상전원 또는 이것 대신의 비상동력이 부착되어 있다. 즉 화재가 발생했을 때 상용전원이 사용가능한 동안은 상용전원으로 구동하고 상용전원이 사용 불가능한 경우에는 자동적으로 비상전원에 의한 구동 또는 배출기 전용 엔진에 의해 구동으로 전환하는 구조로 되어 있다.

③ 성능

배출기의 성능은 다음 표와 같이 나타낼 수 있다.

배출기의 성능 등

종류		통칭	효율(%)	정압범위(mmH_2O)
원심형	다익형	실록팬	40~60	10~80
	터보형	싸일렌트팬	70~80	100~250
	리미트로드형		55~65	50~200
축 류 형	닥트형		70~80	0~12
	벽붙임형		70~80	25~32

– 송풍기의 동력공급 전동기 용량 계산식은 다음과 같다.

$$P(\text{kW}) = \frac{Q \times P}{6{,}120 \times E} \times K$$

Q = 풍량 (m^3/min)　　　P = 전압 (mmH_2O)

E = 송풍기의 전동기 효율(%)　　　K = 여유계수(1.1)

④ 설치 및 유지관리

가. 보수 점검이 용이한 위치에서 확실하게 고정하여야 한다.

나. 배출기 주위에 연소 우려가 있는 물건이 없어야 한다.

다. 배출풍도와의 접속부에 이상이 없어야 한다.

라. 기동신호에 의해 확실하게 작동되어야 한다.

마. 배출기의 능력에 이상이 없어야 한다.

(5) 제연댐퍼(Dump)

1) 댐퍼의 구조

그림 7.3.16 댐퍼의 구조

2) 설치 및 유지관리

① 적정위치에 확실하게 고정되어 화재시 풍도가 낙하하지 않는 구조로 하여야 한다.

② 댐퍼에 근접한 점검구가 있고, 용이하게 점검이 가능하여야 한다.

③ 녹이 나지 않아야 하며, 샤프트의 회전이 원활하게 작동되어야 한다.

④ 댐퍼의 날개가 비틀리지 않아야 하며, 완전 폐쇄되어야 한다.

⑤ 구동장치는 퓨즈의 용융이나 연기감지기 등의 신호로 확실하게 작동하여야 한다.

(6) 가동식 제연수직벽

1) 구조

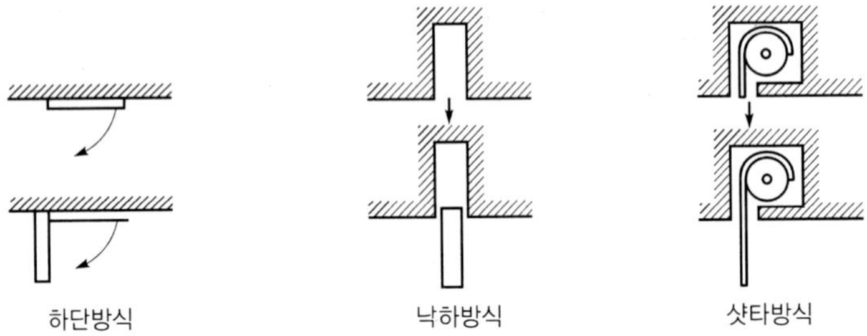

2) 설치 및 유지관리

① 소정 위치에 확실하게 고정되어 있어야 한다.

② 변형, 파손 및 탈락 등이 없어야 한다.

③ 수직벽의 작동시 장해물 등에 의한 지장이 없어야 한다.

④ 구동장치는 제어반 또는 연동기로부터의 신호에 따라 확실하게 작동되어야 하며, 수동조작에 의해서도 확실하게 작동되어야 한다.

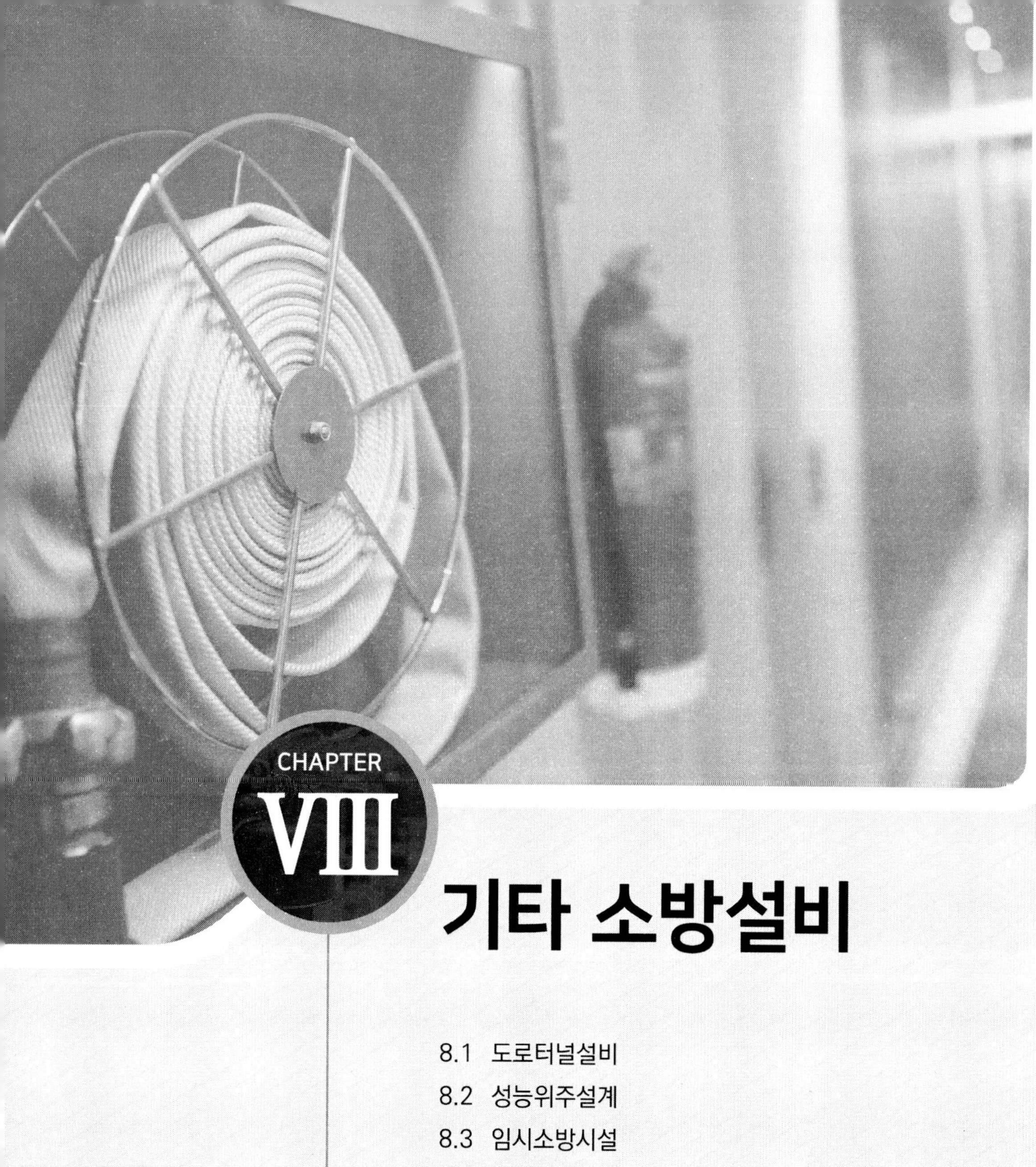

CHAPTER VIII

기타 소방설비

Ⅷ 기타 소방설비

8.1 도로터널설비

8.1.1 개요

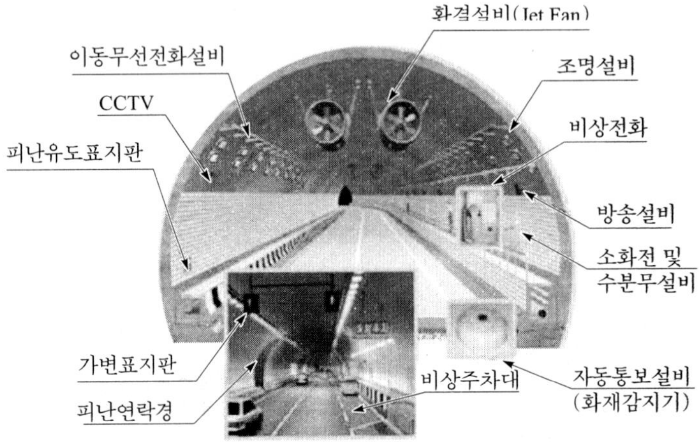

8.1.2 용어

1) "도로터널"이란 「도로법」제8조에서 규정한 도로의 일부로서 자동차의 통행을 위해 지붕이 있는 지하 구조물을 말한다.
2) "설계화재강도"란 터널 화재시 소화설비 및 제연설비 등의 용량산정을 위해 적용하는 차종별 최대열방출률(MW)을 말한다.
3) "종류환기방식"이란 터널 안의 배기가스와 연기 등을 배출하는 환기설비로서 기류를 종방향(출입구 방향)으로 흐르게 하여 환기하는 방식을 말한다.〈개정 2012. 8. 20.〉
4) "횡류환기방식"이란 터널 안의 배기가스와 연기 등을 배출하는 환기설비로서 기류를 횡방향(바닥에서 천장)으로 흐르게 하여 환기하는 방식을 말한다.〈개정 2012. 8. 20.〉
5) "반횡류환기방식"이란 터널 안의 배기가스와 연기 등을 배출하는 환기설비로서 터널에 수직배기구를 설치해서 횡방향과 종방향으로 기류를 흐르게 하여 환기하는 방식을 말한다.
6) "양방향터널"이란 하나의 터널 안에서 차량의 흐름이 서로 마주보게 되는 터널을 말한다.

7) “일방향터널”이란 하나의 터널 안에서 차량의 흐름이 하나의 방향으로만 진행되는 터널을 말한다.

8) “연기발생률”이란 일정한 설계화재강도의 차량에서 단위 시간당 발생하는 연기량을 말한다.

9) “피난연결통로”란 본선터널과 병설된 상대터널이나 본선터널과 평행한 피난통로를 연결하기 위한 연결통로를 말한다.

10) “배기구”란 터널 안의 오염공기를 배출하거나 화재발생시 연기를 배출하기 위한 개구부를 말한다.

8.2.2 소화기

소화기는 다음의 기준에 따라 설치하여야 한다.

1) 소화기의 능력단위(「소화기구의 화재안전기준(NFSC 101)」 제3조제6호에 따른 수치를 말한다. 이하 같다)는 A급 화재는 3단위 이상, B급 화재는 5단위 이상 및 C급 화재에 적응성이 있는 것으로 할 것

2) 소화기의 총중량은 사용 및 운반이 편리성을 고려하여 7kg 이하로 할 것

3) 소화기는 주행차로의 우측 측벽에 50m 이내의 간격으로 2개 이상을 설치하며, 편도2차선 이상의 양방향 터널과 4차로 이상의 일방향 터널의 경우에는 양쪽 측벽에 각각 50m 이내의 간격으로 엇갈리게 2개 이상을 설치할 것

4) 바닥면(차로 또는 보행로를 말한다. 이하 같다)으로부터 1.5m 이하의 높이에 설치할 것

5) 소화기구함의 상부에 “소화기”라고 조명식 또는 반사식의 표지판을 부착하여 사용자가 쉽게 인지할 수 있도록 할 것

8.1.3 옥내소화전설비

옥내소화전설비는 다음 각 호의 기준에 따라 설치하여야 한다.

1) 소화전함과 방수구는 주행차로 우측 측벽을 따라 50m 이내의 간격으로 설치하며, 편도 2차선 이상의 양방향 터널이나 4차로 이상의 일방향 터널의 경우에는 양쪽 측벽에각각 50m 이내의 간격으로 엇갈리게 설치할 것

2) 수원은 그 저수량이 옥내소화전의 설치개수 2개(4차로 이상의 터널의 경우 3개)를 동시에 40분 이상 사용할 수 있는 충분한 양 이상을 확보할 것

3) 가압송수장치는 옥내소화전 2개(4차로 이상의 터널인 경우 3개)를 동시에 사용할 경우 각 옥내소화전의 노즐선단에서의 방수압력은 0.35MPa 이상이고 방수량은 190ℓ/min

이상이 되는 성능의 것으로 할 것. 다만, 하나의 옥내소화전을 사용하는 노즐선단에서의 방수압력이 0.7MPa을 초과할 경우에는 호스접결구의 인입측에 감압장치를 설치하여야 한다.

4) 압력수조나 고가수조가 아닌 전동기 및 내연기관에 의한 펌프를 이용하는 가압송수장치는 주펌프와 동등 이상인 별도의 예비펌프를 설치할 것
5) 방수구는 40mm 구경의 단구형을 옥내소화전이 설치된 벽면의 바닥면으로부터 1.5m 이하의 높이에 설치할 것
6) 소화전함에는 옥내소화전 방수구 1개, 15m 이상의 소방호스 3본 이상 및 방수노즐을 비치할 것
7) 옥내소화전설비의 비상전원은 40분 이상 작동할 수 있을 것

8.1.4 물분무소화설비

물분무소화설비는 다음의 기준에 따라 설치하여야 한다.

1) 물분무 헤드는 도로면에 $1m^2$당 6ℓ/min 이상의 수량을 균일하게 방수할 수 있도록 할 것
2) 물분무설비의 하나의 방수구역은 25m 이상으로 하며, 3개 방수구역을 동시에 40분 이상 방수할 수 있는 수량을 확보 할 것
3) 물분무설비의 비상전원은 40분 이상 기능을 유지할 수 있도록 할 것

8.1.5 비상경보설비

비상경보설비는 다음의 기준에 따라 설치하여야 한다.

1) 발신기는 주행차로 한쪽 측벽에 50m 이내의 간격으로 설치하며, 편도 2차선 이상의 양방향 터널이나 4차로 이상의 일방향 터널의 경우에는 양쪽의 측벽에 각각 50m 이내의 간격으로 엇갈리게 설치할 것.
2) 발신기는 바닥면으로부터 0.8m 이상 1.5m 이하의 높이에 설치할 것
3) 음향장치는 발신기 설치위치와 동일하게 설치할 것. 다만, 「비상방송설비의 화재안전기준(NFSC 202)」에 적합하게 설치된 방송설비를 비상경보설비와 연동하여 작동하도록 설치한 경우에는 비상경보설비의 지구음향장치를 설치하지 아니할 수 있다.
4) 음량장치의 음량은 부착된 음향장치의 중심으로부터 1m 떨어진 위치에서 90dB 이상이 되도록 할 것
5) 음향장치는 터널내부 전체에 동시에 경보를 발하도록 설치할 것
6) 시각경보기는 주행차로 한쪽 측벽에 50m 이내의 간격으로 비상경보설비 상부 직근에 설

치하고, 전체 시각경보기는 동기방식에 의해 작동될 수 있도록 할 것

8.1.6 자동화재탐지설비

1) 터널에 설치할 수 있는 감지기의 종류는 다음의 어느 하나와 같다.
   ① 차동식분포형감지기
   ② 정온식감지선형감지기(아날로그식에 한한다. 이하 같다.)
   ③ 중앙기술심의위원회의 심의를 거쳐 터널화재에 적응성이 있다고 인정된 감지기
2) 하나의 경계구역의 길이는 100m 이하로 하여야 한다.
3) 제1항에 의한 감지기의 설치기준은 다음 각 호와 같다. 다만, 중앙기술심의위원회의 심의를 거쳐 제조사 시방서에 따른 설치방법이 터널화재에 적합하다고 인정되는 경우에는 다음 각 호의 기준에 의하지 아니하고 심의결과에 의한 제조사 시방서에 따라 설치할 수 있다.
   ① 감지기의 감열부(열을 감지하는 기능을 갖는 부분을 말한다. 이하 같다)와 감열부 사이의 이격거리는 10m 이하로, 감지기와 터널 좌·우측 벽면과의 이격거리는 6.5m 이하로 설치할 것
   ② 제1호에도 불구하고 터널 천장의 구조가 아치형의 터널에 감지기를 터널 진행방향으로 설치하고자 하는 경우에는 감열부와 감열부 사이의 이격거리를 10m 이하로 하여 아치형 천장의 중앙 최상부에 1열로 감지기를 설치하여야 하며, 감지기를 2열 이상으로 설치하고자 하는 경우에는 감열부와 감열부 사이의 이격거리는 10m 이하로 감지기 간의 이격거리는 6.5m 이하로 설치할 것
   ③ 감지기를 천장면(터널 안 도로 등에 면한 부분 또는 상층의 바닥 하부면을 말한다. 이하 같다)에 설치하는 경우에는 감지기가 천장면에 밀착되지 않도록 고정금구 등을 사용하여 설치할 것
   ④ 형식승인 내용에 설치방법이 규정된 경우에는 형식승인 내용에 따라 설치할 것. 다만, 감지기와 천장면과의 이격거리에 대해 제조사의 시방서에 규정되어 있는 경우에는 시방서의 규정에 따라 설치할 수 있다.
4) 제2항에도 불구하고 감지기의 작동에 의하여 다른 소방시설 등이 연동되는 경우로서 해당 소방시설 등의 작동을 위한 정확한 발화위치를 확인할 필요가 있는 경우에는 경계구역의 길이가 해당 설비의 방호구역 등에 포함되도록 설치하여야 한다.
5) 발신기 및 지구음향장치는 제6조를 준용하여 설치하여야 한다.

8.1.8 비상조명등

비상조명등은 다음의 기준에 따라 설치하여야 한다.

1) 상시 조명이 소등된 상태에서 비상조명등이 점등되는 경우 터널 안의 차도 및 보도의 바닥면의 조도는 10ℓx 이상, 그 외 모든 지점의 조도는 1ℓx 이상이 될 수 있도록 설치할 것
2) 비상조명등은 상용전원이 차단되는 경우 자동으로 비상전원으로 60분 이상 점등되도록 설치할 것
3) 비상조명등에 내장된 예비전원이나 축전지설비는 상용전원의 공급에 의하여 상시 충전 상태를 유지할 수 있도록 설치할 것

8.1.9 제연설비

1) 제연설비는 다음 각 호의 사양을 만족하도록 설계하여야 한다.
   ① 설계화재강도 20MW를 기준으로 하고, 이 때 연기발생률은 $80m^3/s$로 하며, 배출량은 발생된 연기와 혼합된 공기를 충분히 배출할 수 있는 용량 이상을 확보할 것
   ② 제1호에도 불구하고 화재강도가 설계화재강도 보다 높을 것으로 예상될 경우 위험도 분석을 통하여 설계화재강도를 설정하도록 할 것
2) 제연설비는 다음 각 호의 기준에 따라 설치하여야 한다.
   ① 종류환기방식의 경우 제트팬의 소손을 고려하여 예비용 제트팬을 설치하도록 할 것
   ② 횡류환기방식(또는 반횡류환기방식) 및 대배기구 방식의 배연용 팬은 덕트의 길이에 따라서 노출온도가 달라질 수 있으므로 수치해석 등을 통해서 내열온도 등을 검토한 후에 적용하도록 할 것
   ③ 대배기구의 개폐용 전동모터는 정전 등 전원이 차단되는 경우에도 조작상태를 유지할 수 있도록 할 것
   ④ 화재에 노출이 우려되는 제연설비와 전원공급선 및 제트팬 사이의 전원공급장치 등은 250℃의 온도에서 60분 이상 운전상태를 유지할 수 있도록 할 것
3) 제연설비의 기동은 다음 각 호의 어느 하나에 의하여 자동 또는 수동으로 기동될 수 있도록 하여야 한다.
   ① 화재감지기가 동작되는 경우
   ② 발신기의 스위치 조작 또는 자동소화설비의 기동장치를 동작시키는 경우
   ③ 화재수신기 또는 감시제어반의 수동조작스위치를 동작시키는 경우
4) 비상전원은 60분 이상 작동할 수 있도록 하여야 한다.

8.1.9 연결송수관설비

연결송수관설비는 다음 각 호의 기준에 따라 설치하여야 한다.

1) 방수압력은 0.35MPa 이상, 방수량은 400L/min 이상을 유지할 수 있도록 할 것
2) 방수구는 50m 이내의 간격으로 옥내소화전함에 병설하거나 독립적으로 터널출입구 부근과 피난연결통로에 설치할 것
3) 방수기구함은 50m 이내의 간격으로 옥내소화전함 안에 설치하거나 독립적으로 설치하고, 하나의 방수기구함에는 65mm 방수노즐 1개와 15m 이상의 호스 3본을 설치하도록 할 것

8.1.10 무선통신보조설비

1) 무선통신보조설비의 무전기접속단자는 방재실과 터널의 입구 및 출구, 피난연결통로에 설치하여야 한다.
2) 라디오 재방송설비가 설치되는 터널의 경우에는 무선통신보조설비와 겸용으로 설치할 수 있다.

8.1.11 비상콘센트설비

비상콘센트설비는 다음 각 호의 기준에 따라 설치하여야 한다.

1) 비상콘센트설비의 전원회로는 단상교류 220V인 것으로서 그 공급용량은 1.5KVA 이상인 것으로 할 것.
2) 전원회로는 주배전반에서 전용회로로 할 것. 다만, 다른 설비의 회로의 사고에 따른 영향을 받지 아니하도록 되어 있는 것은 그러하지 아니하다. 〈개정 2012. 8. 20.〉
3) 콘센트마다 배선용 차단기(KS C 8321)를 설치하여야 하며, 충전부가 노출되지 아니하도록 할 것
4) 주행차로의 우측 측벽에 50m 이내의 간격으로 바닥으로부터 0.8m 이상 1.5m 이하의 높이에 설치할 것

8.2 성능위주설계

8.2.1 개요

"성능위주의 설계"란 공학적인 방법을 사용하여 화재로부터 얼마나 안전을 확보하여 그 목적을 달성하기 위함.즉 최소한의 비용으로 최대한의 효과를 얻을 수 소방시설을 구축하는 것이다.

또한, 소방대상물 내에 가연물에서 발생하는 화재하중(Fire Load)의 정도에 따라 적용할 수 있는 소방시설 및 피난시설을 설정하여 설치하는 것으로서 가장 기본적인 것은 소방대상물 내에 가연물의 종류, 이 종류에 대한 발열량, 연소속도 등의 자료를 확보하고 설계되어야 한다.

법령용어의 정의는 "특정소방대상물(신축의 경우에 한한다)에 대해 해당 특정 소방대상물의 용도·위치·구조·수용인원·가연물의 종류 및 양 등을 고려하여 설계하는 것을 말한다."로 되어 있다.

(1) 성능위주설계의 목적

1) 소방대상물 내에 가연물에서 발생하는 화재하중(Fire Load)의 정도에 따라 적용할 수 있는 소방시설 및 피난시설을 설정하여 설치하는 것
2) 가장 기본적인 것은 소방대상물 내에 가연물의 종류, 이 종류에 대한 발열량, 연소속도 등의 자료를 확보하고 설계
3) 화재로부터 인명 및 재산의 안전을 도모하고 화재 시 소방대원의 원활한 구조활동 및 소화진압활동을 효과적으로 할 수 있어야 한다.
4) 가장 화재 시 인접한 건축물의 안전성을 확보하고, 불특정 다수인이 사용하는 소방대상물 구조 및 사용용도 적합성이 있어야 한다.
5) 건축물의 기능을 극대화하고 경제성을 확보하여야 한다.

(2) 성능위주설계의 특성

1) 자율적, 창의적인 설계

   성능위주설계는 법은 최소한의 규정이며, 설계자의 창의력을 충분하게 발휘할 수 있는 설계

2) 과학적, 정량적인 설계

   성능위주설계는 화재시뮬레이션, 피난시뮬레이션등의 공학적기법을 이용한 과학적이고 정량적인 설계

3) 경제적인 설계

성능위주설계는 화재가혹도에딱 맞는 설계를 함으로서 All or Nothing 개념에서 매우 경제적인 설계

(3) 성능위주설계의 개념

1) 과거에는 화재에 대한 체계적이고 과학적인 연구가 미비했기 때문에 여러 화재사건 및 실험을 기초로 하여 이미 검증된 사항을 기준(Prescriptive)으로 정하는 법규위주로 설계
2) 법규위주 설계는 유연성등이 전혀 없는 획일적 적용 변별력 상실
3) 특정부분에 필요가 없고 과도한 소방시설을 설치(이중설치)
4) 소방시설이 집중되어야 하는 곳에는 부족하고 다른 부분에 집중

8.2.2 성능위주설계의 국외 동향

- 소방분야의 선진국인 미국을 비롯하여일본, 영국, 스웨덴, 호주, 뉴질랜드, 캐나다 등은 빠르게 성능위주의 방화설계를 도입하기 법적인 조치를 활발하게 추진하고 있음
- 소방분야에 대한 학문적, 기술적인 연구가 활발하며 소방분야에 관련된 가장 큰 관심거리는 바로 성능위주의 방화설계(Performance Based Fire Safety Design)
- 영국, 스웨덴, 호주, 뉴질랜드에서는 이미 성능기준을 도입하였고, 일본, 미국, 캐나다에서는 일부 도입하여 사용 중에 있는 현실이다.

(1) 영국

1985년에 Building Act를 개정하여 과거의 법 기준을 정리 통합하였고, 그때 성능적인 표현을 사용하여 법문을 기술하였고, 법의 요구를 실현하는 방법(사양)에 대한 기술적인 내용을 법조문에서 삭제. 그 대신 법의 요구를 실현하는 구체적인 방법으로 법적 구속력을 갖지 않는 승인기준서를 지정하였다.

(2) 뉴질랜드

1) Building Code에서는 목적과 기능요건 및 성능요구만 기술
2) 화재 관련 부분은 발화방지, 피난수단, 연소방지, 구조안전성 4항목
3) 적합한 요소사양은 승인기준서로 분리하여 상세한 규정
4) 이 체계는 영국 및 스웨덴의 방식에서 빠진 부분을 완결한 것으로 법체계상 가장 순수한 성능기준 체계
5) 성능 요구부분은 명확한 정량적 표현은 아니고 '○○에 대해 적절하게 ㅁㅁ할 것'이라는

기술로 정성적으로 명시

6) 설계자, 주인, 및 행정당국의 재량에 맡기고 있음

(3) 호주

1) 호주의 체계는 뉴질랜드와 아주 유사하며 목적과 기능요건에 이어서 정성적인 성능요구(일부는 정량적)
2) 법규는 화재관련부분만 약 180항. 호주에서도 성능기준의 적용에 따르는 재량의 신뢰성 확보를 위해 제3자인 전문가에 의한 심사가 채택
3) 건물의 화재 시 설계자, 심사자의 법적 책임의 전가를 위해 보험시스템

(4) 일본

1) 일본은 화재안전공학(Fire Safety Engineering)의 발전을 건축법과 연관되게 발전
2) 화재하중, 화재 시나리오,안전요소, 평가기준 등 안전에 필요한 최소등급 체계
3) 성능기준의 배경은 현행법의 배경에 있는 목적(발화방지, 피난 안전확보, 인명안전)마다에 규정
4) 물리적 공학적 근거를 바탕으로 설계의 자유성을증대시키는 규정
5) 1993년 건설부에서 5년 동안의 성능기준에 관한 계획을 발표(SOPRO)
6) 기존의 사양 중심적인 규제들을 좀더 공학적으로 해석을 하는데 목적이 있었고, 일본실정의 성능기준에 적합하게 설계

(5) 캐나다

1) 「성능기준」의구축 – 목적지향형 기준 (Objective Based Code, OBC)
2) 피난시설용량, 경로의 명쾌성, 내장제한, 연기제어, 낙하 방지 등의 대책을 결부시켜 이것을 기능요건이라 부르는 것이 특징

(6) 미국

1) 3대 모델코드를 바탕으로 각 주마다 기준을 작성. 성능기준의 도입과 동시에 통일 연방코드의 작성을 지향한 작업을 ICC (International Code Council)가 추진
2) 기술적인 지원은SFPE(Society of Fire protection Engineer)를 중심으로 한 FOCUS GROUP이 담당
3) 성능위주 소방설계(pbd)는 1980년대 중반 영국과 일본에서 개념이 시작–1980년대 후반 호주에서 나온 warren center report에서 비로소 세계적인 관심–현재 호주, 캐나다, 핀란드, 프랑스, 영국, 일본, 네덜란드, 뉴질랜드, 노르웨이, 폴란드, 스페인, 스웨덴, 미국,

싱가포르, 홍콩 등에서 뿐만아니라 말레이시아, 태국, 인도네시아, 인도 등 비교적 한국보다 덜 발전되었다고 생각되는 국가들조차 부분적으로 PBD에 의한 설계를 허용

8.2.3 소방시설등의 성능위주설계 방법 및 기준

1) 최근에는 화재분야의 전반적 발전으로 화재발생시 일어나는 여러 가지 현상들에 대한 실제에 가까운 예측을 하여 적용이 가능
2) 소방대상물별 화재발생 시 정확한 거동을 예측하고 이에 대한 예방대책을 강구하는 체계를 구축
3) 화재로부터 인명 및 재산 보호를 최대한 확보하고,최소한의 비용으로 최대의 효과를 얻을 수 있도록 성능위주의 설계가 가장 기본
4) 우리나라의 소방시설 등의 성능위주 설계 방법 및 기준을 제정하여 화재 및 피난시뮬레이션 시나리오 유형 7단계로 구성되어 운영
5) 소방시설 등의 성능위주설계 방법 및 기준(소방청고시)

8.2.4 성능위주설계를 해야 할 특정소방대상물 범위

1) 연면적 20만 제곱미터 이상인 특정소방대상물(아파트를 제외)
2) 건축물의 높이가 100미터 이상인 특정소방대상물(지하층을 포함한 층수가 30층 이상인 특정소방대상물) - 아파트를 제외
3) 연면적 3만 제곱미터 이상인 철도역사 및 공항시설
4) 하나의 건축물에 영화상영관이 10개 이상인 특정소방대상물

8.2.5 성능위주설계를 할 수 있는 자의 자격

(1) 성능위주설계자의 자격

1) 전문소방시설설계업을 등록한 자
2) 전문소방시설설계업 등록기준에 따른 기술인력을 갖춘 자로서 소방청장이 정하여 고시하는 연구기관 또는 단체

(2) 기술인력

1) 소방기술사 2인 이상

8.2.6 성능위주설계의 장단점

구분	법적기준	성능위주
장점	• 법규 준수여부 확인이 용이 • 법규 적용에 높은 수준의 기술을 요구하지 않음	• 실행목표에 적합한 획기적 설계가 가능 • 신기술의 신속한 적용이 용이 • 설계의 유연성을 확보, 경제적 설계가능 • 법규의 국제화가 가능 • 무역의 기술장벽 제거 • 내용이 복잡하지 않음
단점	• 법규 체계가 복잡하다 • 신기술 대처 등 유연성이 부족 • 경제적 설계가 어렵다 • 안전확보 방법이 획일적	• 목표하는 안전수준을 계량화 어려움 • 적용초기에는 기술적 이해를 위해 교육 • 법규 준수여부를 확인 곤란 • 성능평가를 위해 컴퓨터 모델링이 필요

8.2.7. 성능위주설계의 체계

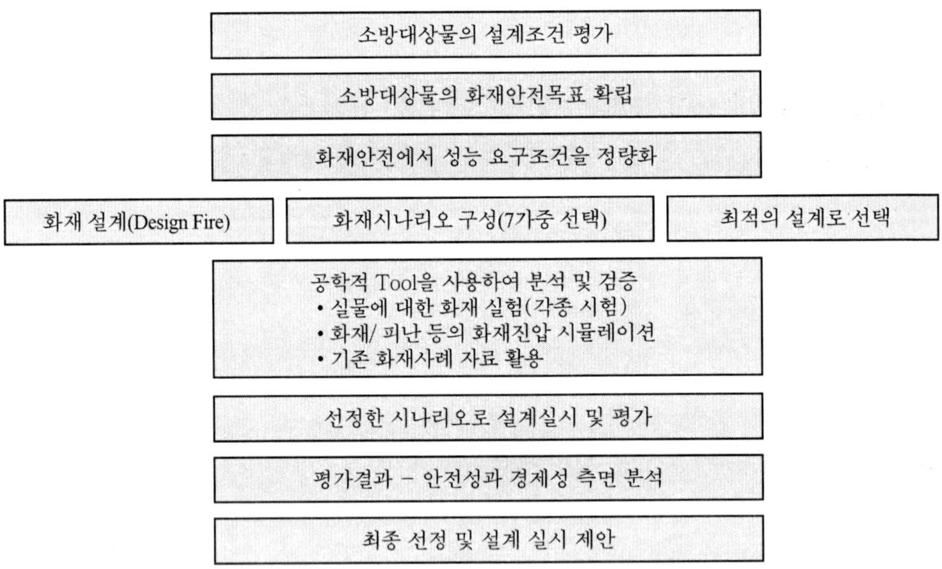

8.2.8 화재 및 피난시뮬레이션의 시나리오 작성기준

(1) 공통사항

1) 시나리오는 실제 건축물에서 발생 가능한 시나리오를 선정하되, 건축물의 특성에 따라 제2호의 시나리오 적용이 가능한 모든 유형 중 가장 피해가 클 것으로 예상되는 최소 3개 이상의 시나리오에 대하여 실시 한다.

2) 시나리오 작성 시 2에 따른 기준을 적용한다.

(2) 시나리오 유형

1) 시나리오 1

① 건물용도, 사용자 중심의 일반적인 화재를 가상한다.

② 시나리오에는 다음 사항이 필수적으로 명확히 설명되어야 한다.

가) 건물사용자특성
나) 사용자의 수와 장소
다) 실 크기
라) 가구와 실내 내용물
마) 연소 가능한 물질들과 그 특성 및 발화원
바) 환기조건
사) 최초 발화물과 발화물의 위치

③ 설계자가 필요한 경우 기타 시나리오에 필요한 사항을 추가할 수 있다.

2) 시나리오 2

① 내부 문들이 개방되어 있는 상황에서 피난로에 화재가 발생하여 급격한 화재연소가 이루어지는 상황을 가상 한다.

② 화재시가능한 피난방법의 수에 중심을 두고 작성 한다.

3) 시나리오 3

① 사람이 상주하지 않는 실에서 화재가 발생하지만, 잠재적으로 많은 재 실자에게위험이 되는 상황을 가상한다.

② 건축물 내의 재실자가없는 곳에서 화재가 발생하여 많은 재실자가 있는 공간으로 연소 확대되는 상황에 중심을 두고 작성한다.

4) 시나리오 4

① 많은 사람들이 있는 실에 인접한 벽이나 덕트공간 등에서 화재가 발생한 상황을 가상한다.

② 화재 감지기가 없는 곳이나 자동으로 작동하는 화재진압 시스템이 없는 장소에서 화재가 발생하여 많은 재실자가있는 곳으로의 연소확대가 가능한 상황에 중심을 두고 작성한다.

5) 시나리오 5

① 많은 거주자가 있는 아주 인접한 장소 중 소방시설의 작동 범위에 들어가지 않는 장소에서 아주 천천히 성장하는 화재를 가상한다.

② 작은 화재에서 시작하지만 큰 대형화재를일으킬 수 있는 화재에 중심을 두고 작성한다.

6) 시나리오 6

① 건축물의 일반적인 사용 특성과 관련, 화재하중이 가장 큰 장소에서 발생한 아주 심각한 화재를 가상한다.

② 재실자가 있는 공간에서 급격하게 연소확대되는 화재를 중심으로 작성한다.

7) 시나리오 7

① 외부에서 발생하여 본 건물로 화재가 확대되는 경우를 가상한다.

② 본 건물에서 떨어진 장소에서 화재가 발생하여 본 건물로 화재가 확대되거나 피난로를 막거나 거주가 불가능한 조건을 만드는 화재에 중심을 두고 작성한다.

(3) 시나리오 적용 기준

1) 인명안전 기준

<table>
<tr><th>구분</th><th colspan="2">성능기준</th><th>비고</th></tr>
<tr><td>호흡 한계선</td><td colspan="2">바닥으로부터 1.8m 기준</td><td></td></tr>
<tr><td>열에 의한 영향</td><td colspan="2">60° C 이하</td><td></td></tr>
<tr><td rowspan="3">가시거리에 의한 영향</td><td>용도</td><td>허용가시거리 한계</td><td rowspan="3">단, 고휘도 유도등, 바닥유도등, 축광 유도표지 설치시, 집회시설 판매시설 7m 적용 가능</td></tr>
<tr><td>기타시설</td><td>5m</td></tr>
<tr><td>집회시설
판매시설</td><td>10m</td></tr>
<tr><td rowspan="4">독성에 의한 영향</td><td>성분</td><td>독성기준치</td><td rowspan="4">기타, 독성가스는 실험결과에 따른 기준치를 적용 가능</td></tr>
<tr><td>CO</td><td>1,400ppm</td></tr>
<tr><td>O2</td><td>15% 이상</td></tr>
<tr><td>CO2</td><td>5% 이하</td></tr>
</table>

2) 피난가능시간 기준

용 도	W1	W2	W3
사무실, 상업 및 산업건물, 학교, 대학교 (거주자는 건물의 내부, 경보, 탈출로에 익숙하고, 상시 깨어 있음)	< 1	3	> 4
상점, 박물관, 레져스포츠 센터, 그 밖의 문화집회시설 (거주자는 상시 깨어 있으나, 건물의 내부, 경보, 탈출로에 익숙하지 않음)	< 2	3	> 6
기숙사, 중/고층 주택 (거주자는 건물의 내부, 경보, 탈출로에익숙하고, 수면상태일 가능성 있음)	< 2	4	> 5
호텔, 하숙용도 (거주자는 건물의 내부, 경보,탈출로에익숙하지도 않고, 수면상태일 가능성 있음)	< 2	4	> 6
병원, 요양소, 그 밖의 공공 숙소 (대부분의 거주자는 주변의 도움이 필요함)	< 3	5	> 8

8.3 임시소방시설

8.3.1 개요

소화기, 간이소화장치, 비상경보장치, 간이피난유도선으로써 화재위험이 있는 건축공사 현장에 임시소방시설 설치 의무화로 하였다.(2015.01. 08 시행)

피난가능시간 기준

구분			주요기능과 설치기준
소화기	 분말소화기	 대형소화기	• 화재현장 주변에 비치하여 화재 발생 시 인근 작업자가 수동 조작하여 소화활동에 활용 • 화재위험작업지점 5m 이내 소형소화기 2개, 대형소화기 1개
간이소화장치	 간이소화전	 간이호스릴	• 공사장에 설치된 상수도배관에 연결하거나 이동용 임시가압장치(펌프)를 이용하여 물을 방사할 수 있도록 설치 • 20분 이상의 수원과 방수압 0.1MPa, 방수량 65L/min
비상경보장치	 비상벨(경종)	 휴대용확성기	•화재를 발견한 작업자가 수동으로 조작, 화재발생 사실을 주변에 알려 피난을 유도하는데 활용 •작업지점 5m 이내 확성기, 비상벨, 사이렌 비치
간이피난 유도선	 라이트라인	 피난유도선	•광원점 등 방식의 배선을 지하층, 무창층의 작업장에서 피난로를 따라 설치 •바닥으로부터 1m 이하에 설치

8.3.2 용어

1)"소화기"란 「소화기구의 화재안전기준(NFSC101)」 제3조제2호에서 정의하는 소화기를 말한다.

2) "간이소화장치"란 공사현장에서 화재위험작업 시 신속한 화재 진압이 가능하도록 물을 방수하는 이동식 또는 고정식 형태의 소화장치를 말한다.

3) "비상경보장치"란 화재위험작업 공간 등에서 수동조작에 의해서 화재경보상황을 알려줄

수 있는 설비(비상벨, 사이렌, 휴대용확성기 등)를 말한다.

4) "간이피난유도선"이란 화재위험작업 시 작업자의 피난을 유도할 수 있는 케이블형태의 장치를 말한다.

8.3.3 소화기의 성능 및 설치기준은 다음과 같다.

1) 소화기의 소화약제는 「소화기구의 화재안전기준(NFSC101)」의 별표 1에 따른 적응성이 있는 것을 설치하여야 한다.

2) 소화기는 각층마다 능력단위 3단위 이상인 소화기 2개 이상을 설치하고, 「화재예방, 소방시설 설치·유지 및 안전관리에 관한 법률 시행령」(이하 "영"이라 한다) 제15조의5제1항에 해당하는 경우 작업종료 시까지 작업지점으로부터 5m 이내 쉽게 보이는 장소에 능력단위 3단위 이상인 소화기 2개 이상과 대형소화기 1개를 추가 배치하여야 한다.

8.3.4 간이소화장치 성능 및 설치기준은 다음과 같다.

1) 수원은 20분이상의 소화수를 공급할 수 있는 양을 확보하여야 하며, 소화수의 방수압력은 최소 0.1MPa 이상, 방수량은 65L/min 이상 이어야 한다.

2) 소방시설법 영 제15조의5제1항에 해당하는 작업을 하는 경우 작업종료 시까지 작업지점으로부터 25m 이내에 설치 또는 배치하여 상시 사용이 가능하여야 하며 동결방지조치를 하여야 한다.

3) 넘어질 우려가 없어야 하고 손쉽게 사용할 수 있어야 하며, 식별이 용이하도록 "간이소화장치" 표시를 하여야 한다.

8.3.5 비상경보장치의 성능 및 설치기준은 다음과 같다.

1) 비상경보장치는 영 제15조의5제1항에 해당하는 작업을 하는 경우 작업종료 시까지 작업지점으로부터 5m 이내에 설치 또는 배치하여 상시 사용이 가능하여야 한다.

2) 비상경보장치는 화재사실 통보 및 대피를 해당 작업장의 모든 사람이 알 수 있을 정도의 음량을 확보하여야 한다.

8.3.6 간이피난유도선의 성능 및 설치기준은 다음과 같다.

1) 간이피난유도선은 광원점등방식으로 공사장의 출입구까지 설치하고 공사의 작업 중에는 상시 점등되어야 한다.

2) 설치위치는 바닥으로부터 높이 1m 이하로 하며, 작업장의 어느 위치에서도 출입구로의 피난방향을 알 수 있는 표시를 하여야 한다.

8.3.7 설치종류 세부사항

1) 임시소방시설을 설치하여야 하는 화재위험 작업장의 종류
2) 인화성·가연성·폭발성 물질 취급 또는 가연성 가스 발생 작업
2) 용접·용단 등 불꽃 발생 또는 화기 취급 작업
3) 전열기구, 가열전선 등 열 발생 작업 등
4) 부유분진을 발생시킬 수 있는 작업 등

8.4 내진설계

8.4.1 개요

설계지진에 의해 입력된 에너지를 충분히 견디거나, 소산시키거나, 저감시키도록 하여 시설물에 요구되는 내진성능수준을 유지하도록 구조요소의 제원 및 상세를 결정하는 작업이다. 또한, 설계지진(design earthquake)은 시설물의 부지에서 설계지반운동을 유발하는 지진이며, 성능기반 내진설계(performance-based seismic design)는 엄격한 규정 및 절차에 따라 설계하는 사양 기반설계에서 벗어나서 목표로 하는 내진성능수준을 달성할 수 있는 다양한 설계기법의 적용을 허용하는 설계이다.

그리고 내진설계는 우리나라의 내진설계는 1962년 건축법 제10조에 "건축물은~지진 등에 안전한 구조를 가져야 한다"고만 규정하다가, 1988년에 비로소 지진하중 및 지진구역을 명시하고 내진설계 대상을 명시하였다.

1988년	1995년	2005년	2015년	2017년 2월	2017년 12월	2018년 7월
6층 이상 100,000m^2 이상	6층 이상 10,000m^2 이상	3층 이상 1,000m^2 이상	3층 이상 500m^2 이상	2층 이상 500m^2 이상	2층 이상 200m^2 이상 모든 신축주택	소규모건축 구조 기준 마련 (목구조)

그림 8.4.1 연도별 내진설계 의무 대상 기준 정리표

8.4.2 적용범위

옥내소화전설비, 스프링클러설비, 물분무등소화설비(성능시험배관, 지중매설배관, 배수배관 등은 제외)

8.4.3 용어의 정의

1) "내진"이란 면진, 제진을 포함한 지진으로부터 소방시설의 피해를 줄일 수 있는 구조를 의미하는 포괄적인 개념을 말한다.
2) "면진"이란 건축물과 소방시설을 지진동으로부터 격리시켜 지반진동으로 인한 지진력이 직접 구조물로 전달되는 양을 감소시킴으로써 내진성을 확보하는 수동적인 지진 제어 기술을 말한다.
3) "제진"이란 별도의 장치를 이용하여 지진력에 상응하는 힘을 구조물 내에서 발생시키거나 지진력을 흡수하여 구조물이 부담해야 하는 지진력을 감소시키는 지진 제어 기술을 말한다.
4) "수평지진하중(Fpw)"이란 지진 시 흔들림 방지 버팀대에 전달되는 배관의 동적지진하중 또는 같은 크기의 정적지진하중으로 환산한 값으로 허용응력설계법으로 산정한 지진하중을 말한다.
5) "세장비(L/r)"란 흔들림 방지 버팀대 지지대의 길이(L)와, 최소단면2차반경(r)의 비율을 말하며, 세장비가 커질수록 좌굴(buckling)현상이 발생하여 지진 발생 시 파괴되거나 손상을 입기 쉽다.
6) "지진거동특성"이란 지진발생으로 인한 외부적인 힘에 반응하여 움직이는 특성을 말한다.
7) "지진분리이음"이란 지진발생시 지진으로 인한 진동이 배관에 손상을 주지 않고 배관의 축방향 변위, 회전, 1° 이상의 각도 변위를 허용하는 이음을 말한다. 단, 구경 200mm 이상의 배관은 허용하는 각도변위를 0.5° 이상으로 한다.
8) "지진분리장치"란 지진 발생 시 건축물 지진분리이음 설치 위치 및 지상에 노출된 건축물과 건축물 사이 등에서 발생하는 상대변위 발생에 대응하기 위해 모든 방향에서의 변위를 허용하는 커플링, 플렉시블 조인트, 관부속품 등의 집합체를 말한다.
9) "가요성이음장치"란 지진 시 수조 또는 가압송수장치와 배관 사이 등에서 발생하는 상대변위 발생에 대응하기 위해 수평 및 수직 방향의 변위를 허용하는 플렉시블 조인트 등을 말한다.
10) "가동중량(Wp)"이란 수조, 가압송수장치, 함류, 제어반등, 가스계 및 분말소화설비의 저장용기, 비상전원, 배관의 작동상태를 고려한 무게를 말하며 다음 각 목의 기준에

따른다.

가) 배관의 작동상태를 고려한 무게란 배관 및 기타 부속품의 무게를 포함하기 위한 중량으로 용수가 충전된 배관 무게의 1.15배를 적용한다.

나) 수조, 가압송수장치, 함류, 제어반등, 가스계 및 분말소화설비의 저장용기, 비상전원의 작동상태를 고려한 무게란 유효중량에 안전율을 고려하여 적용한다

11) "근입 깊이"란 앵커볼트가 벽면 또는 바닥면 속으로 들어가 인발력에 저항할 수 있는 구간의 길이를 말한다.

12) "내진스토퍼"란 지진하중에 의해 과도한 변위가 발생하지 않도록 제한하는 장치를 말한다.

13. "구조부재"란 건축설계에 있어 구조계산에 포함되는 하중을 지지하는 부재를 말한다.

14) "지진하중"이란 지진에 의한 지반운동으로 구조물에 작용하는 하중을 말한다.

15) "편심하중"이란 하중의 합력 방향이 그 물체의 중심을 지나지 않을 때의 하중을 말한다.

16) "지진동"이란 지진 시 발생하는 진동을 말한다.

17) "단부"란 직선배관에서 방향 전환하는 지점과 배관이 끝나는 지점을 말한다.

18) "S"란 재현주기 2400년을 기준으로 정의되는 최대고려 지진의 유효수평지반가속도로서 "건축물 내진설계기준(KDS 41 17 00)"의 지진구역에 따른 지진구역계수(Z)에 2400년 재현주기에 해당하는 위험도계수(I) 2.0을 곱한 값을 말한다.

19) "Ss"란 단주기 응답지수(short period response parameter)로서 유효수평지반가속도 S를 2.5배한 값을 말한다.

20) "영향구역"이란 흔들림 방지 버팀대가 수평지진하중을 지지할 수 있는 예상구역을 말한다.

21) "상쇄배관(offset)" 이란 영향구역 내의 직선배관이 방향전환 한 후 다시 같은 방향으로 연속될 경우, 중간에 방향전환 된 짧은 배관은 단부로 보지 않고 상쇄하여 직선으로 볼 수 있는 것을 말하며, 짧은 배관의 합산길이는 3.7m 이하여야 한다.

22) "수직직선배관"이란 중력방향으로 설치된 주배관, 교차배관, 가지배관 등으로서 어떠한 방향전환도 없는 직선배관을 말한다. 단, 방향전환부분의 배관길이가 상쇄배관(offset) 길이 이하인 경우 하나의 수직직선배관으로 간주한다.

23) "수평직선배관"이란 수평방향으로 설치된 주배관, 교차배관, 가지배관 등으로서 어떠한 방향전환도 없는 직선배관을 말한다. 단, 방향전환부분의 배관길이가 상쇄배관(offset) 길이 이하인 경우 하나의 수평직선배관으로 간주한다.

24) "가지배관 고정장치"란 지진거동특성으로부터 가지배관의 움직임을 제한하여 파손, 변형 등으로부터 가지배관을 보호하기 위한 와이어타입, 환봉타입의 고정장치를 말한다.
25) "제어반등"이란 수신기(중계반을 포함한다), 동력제어반, 감시제어반 등을 말한다.
26. "횡방향 흔들림 방지 버팀대"란 수평직선배관의 진행방향과 직각방향(횡방향)의 수평지진하중을 지지하는 버팀대를 말한다.
27) "종방향 흔들림 방지 버팀대"란 수평직선배관의 진행방향(종방향)의 수평지진하중을 지지하는 버팀대를 말한다.
28) "4방향 흔들림 방지 버팀대"란 건축물 평면상에서 종방향 및 횡방향 수평지진하중을 지지하거나, 종·횡 단면상에서 전·후·좌·우 방향의 수평지진하중을 지지하는 버팀대를 말한다.

8.4.4 공통 적용사항

1) 소방시설의 내진설계에서 내진등급, 성능수준, 지진위험도, 지진구역 및 지진구역계수는 "건축물 내진설계기준(KDS 41 17 00)"을 따르고 중요도계수(Ip)는 1.5로 한다.
2) 지진하중은 다음 각 호의 기준에 따라 계산한다.
   ① 소방시설의 지진하중은 "건축물 내진설계기준" 중 비구조요소의 설계지진력 산정방법을 따른다.
   ② 허용응력설계법을 적용하는 경우에는 제1호의 산정방법 중 허용응력설계법 외의 방법으로 산정된 설계지진력에 0.7을 곱한 값을 지진하중으로 적용한다.
   ③ 지진에 의한 소화배관의 수평지진하중(Fpw) 산정은 허용응력설계법으로 하며 다음 각호 중 어느 하나를 적용한다.
      가. Fpw = Cp×Wp
         Fpw : 수평지진하중
         Wp : 가동중량
         Cp : 소화배관의 지진계수(별표 1에 따라 선정한다.)
      나. 제1호에 따른 산정방법 중 허용응력설계법 외의 방법으로 산정된 설계지진력에 0.7을 곱한 값을 수평지진하중(Fpw)으로 적용한다.
   ④ 지진에 의한 배관의 수평설계지진력이 0.5Wp을 초과하고, 흔들림 방지 버팀대의 각도가 수직으로부터 45도 미만인 경우 또는 수평설계지진력이 1.0Wp를 초과하고 흔들림 방지 버팀대의 각도가 수직으로부터 60도 미만인 경우 흔들림 방지 버팀대는 수평설계지진력에 의한 유효수직반력을 견디도록 설치해야한다.

3) 앵커볼트는 다음 각 호의 기준에 따라 설치한다.
   ① 수조, 가압송수장치, 함, 제어반등, 비상전원, 가스계 및 분말소화설비의 저장용기 등은 "건축물 내진설계기준" 비구조요소의 정착부의 기준에 따라 앵커볼트를 설치하여야 한다.
   ② 앵커볼트는 건축물 정착부의 두께, 볼트설치 간격, 모서리까지 거리, 콘크리트의 강도, 균열 콘크리트 여부, 앵커볼트의 단일 또는 그룹설치 등을 확인하여 최대허용하중을 결정하여야 한다.
   ③ 흔들림 방지 버팀대에 설치하는 앵커볼트 최대허용하중은 제조사가 제시한 설계하중값에 0.43을 곱하여야 한다.
   ④ 건축물 부착 형태에 따른 프라잉효과나 편심을 고려하여 수평지진하중의 작용하중을 구하고 앵커볼트 최대허용하중과 작용하중과의 내진설계 적정성을 평가하여 설치하여야 한다.
   ⑤ 소방시설을 팽창성·화학성 또는 부분적으로 현장타설된 건축부재에 정착할 경우에는 수평지진하중을 1.5배 증가시켜 사용한다.
4) 수조·가압송수장치·제어반등 및 비상전원 등을 바닥에 고정하는 경우 기초(패드 포함) 부분의 구조안전성을 확인하여야 한다.

8.4.5 수원

수조는 다음의 기준에 따라 설치하여야 한다.

1) 수조는 지진에 의하여 손상되거나 과도한 변위가 발생하지 않도록 기초(패드포함), 본체 및 연결부분의 구조안전성을 확인하여야 한다.
2) 수조는 건축물의 구조부재나 구조부재와 연결된 수조 기초부(패드)에 고정하여 지진 시 파손(손상), 변형, 이동, 전도 등이 발생하지 않아야 한다.
3) 수조와 연결되는 소화배관에는 지진 시 상대변위를 고려하여 가요성이음장치를 설치하여야 한다.

8.4.6 가압송수장치

1) 가압송수장치에 방진장치가 있어 앵커볼트로 지지 및 고정할 수 없는 경우에는 다음 각 호의 기준에 따라 내진스토퍼 등을 설치하여야 한다. 다만, 방진장치에 이 기준에 따른 내진성능이 있는 경우는 제외한다.

① 정상운전에 지장이 없도록 내진스토퍼와 본체 사이에 최소 3mm 이상 이격하여 설치한다.

② 내진스토퍼는 제조사에서 제시한 허용하중이 제3조의2제2항에 따른 지진하중 이상을 견딜 수 있는 것으로 설치하여야 한다. 단, 내진스토퍼와 본체사이의 이격거리가 6mm를 초과한 경우에는 수평지진하중의 2배 이상을 견딜 수 있는 것으로 설치하여야 한다.

2) 가압송수장치의 흡입측 및 토출측에는 지진 시 상대변위를 고려하여 가요성이음장치를 설치하여야 한다.

8.4.7 배관

1) 배관은 다음의 기준에 따라 설치하여야 한다.

① 건물 구조부재간의 상대변위에 의한 배관의 응력을 최소화하기 위하여 지진분리이음 또는 지진분리장치를 사용하거나 이격거리를 유지하여야 한다.

② 건축물 지진분리이음 설치위치 및 건축물 간의 연결배관 중 지상노출 배관이 건축물로 인입되는 위치의 배관에는 관경에 관계없이 지진분리장치를 설치하여야 한다.

③ 천장과 일체 거동을 하는 부분에 배관이 지지되어 있을 경우 배관을 단단히 고정시키기 위해 흔들림 방지 버팀대를 사용하여야 한다.

④ 배관의 흔들림을 방지하기 위하여 흔들림 방지 버팀대를 사용하여야 한다.

⑤ 흔들림 방지 버팀대와 그 고정장치는 소화설비의 동작 및 살수를 방해하지 않아야 한다.

2) 배관의 수평지진하중은 다음 각 호의 기준에 따라 계산하여야 한다.

① 흔들림 방지 버팀대의 수평지진하중 산정 시 배관의 중량은 가동중량(Wp)으로 산정한다.

② 흔들림 방지 버팀대에 작용하는 수평지진하중은 제3조의2제2항제3호에 따라 산정한다.

③ 수평지진하중(Fpw)은 배관의 횡방향과 종방향에 각각 적용되어야 한다.

3) 벽, 바닥 또는 기초를 관통하는 배관 주위에는 다음 각 호의 기준에 따라 이격거리를 확보하여야 한다. 다만, 벽, 바닥 또는 기초의 각 면에서 300mm 이내에 지진분리이음을 설치하거나 내화성능이 요구되지 않는 석고보드나 이와 유사한 부서지기 쉬운 부재를 관통하는 배관은 그러하지 아니하다.

① 관통구 및 배관 슬리브의 호칭구경은 배관의 호칭구경이 25mm 내지 100mm 미만인

경우 배관의 호칭구경보다 50mm 이상, 배관의 호칭구경이 100mm 이상인 경우에는 배관의 호칭구경보다 100mm 이상 커야 한다. 다만, 배관의 호칭구경이 50mm 이하인 경우에는 배관의 호칭구경 보다 50mm 미만의 더 큰 관통구 및 배관 슬리브를 설치할 수 있다.

② 방화구획을 관통하는 배관의 틈새는 「건축물의 피난·방화구조 등의 기준에 관한 규칙」 제14조제2항에 따라 인정된 내화충전구조 중 신축성이 있는 것으로 메워야 한다.

4) 소방시설의 배관과 연결된 타 설비배관을 포함한 수평지진하중은 제2항의 기준에 따라 결정하여야 한다.

8.4.8 지진분리이음

1) 배관의 변형을 최소화하고 소화설비 주요 부품 사이의 유연성을 증가시킬 필요 가 있는 위치에 설치하여야 한다.

2) 구경 65mm 이상의 배관에는 지진분리이음을 다음 각 호의 위치에 설치하여야 한다.

① 모든 수직직선배관은 상부 및 하부의 단부로 부터 0.6m 이내에 설치하여야 한다. 다만, 길이가 0.9m 미만인 수직직선배관은 지진분리이음을 설치하지 아니할 수 있으며, 0.9m ~ 2.1m 사이의 수직직선배관은 하나의 지진분리이음을 설치할 수 있다.

② 8.4.6의 3) 본문의 단서에도 불구하고 2층 이상의 건물인 경우 각 층의 바닥으로부터 0.3m, 천장으로부터 0.6m 이내에 설치하여야 한다.

③ 수직직선배관에서 티분기된 수평배관 분기지점이 천장 아래 설치된 지진분리이음보다 아래에 위치한 경우 분기된 수평배관에 지진분리이음을 다음 각 목의 기준에 적합하게 설치하여야 한다.

가. 티분기 수평직선배관으로부터 0.6m 이내에 지진분리이음을 설치한다.

나. 티분기 수평직선배관 이후 2차측에 수직직선배관이 설치된 경우 1차측 수직직선배관의 지진분리이음 위치와 동일선상에 지진분리이음을 설치하고, 티분기 수평직선배관의 길이가 0.6m 이하인 경우에는 그 티분기된 수평직선배관에 가목에 따른 지진분리이음을 설치하지 아니한다.

④ 수직직선배관에 중간 지지부가 있는 경우에는 지지부로부터 0.6m 이내의 윗부분 및 아랫부분에 설치해야 한다.

3) 8.4.7의 3)의 ①에 따른 이격거리 규정을 만족하는 경우에는 지진분리이음을 설치하지 아니할 수 있다.

8.4.9 지진분리장

지진분리장치는 다음의 기준에 따라 설치하여야 한다.

1) 지진분리장치는 배관의 구경에 관계없이 지상층에 설치된 배관으로 건축물 지진분리이음과 소화배관이 교차하는 부분 및 건축물 간의 연결배관 중 지상 노출 배관이 건축물로 인입되는 위치에 설치하여야 한다.
2) 지진분리장치는 건축물 지진분리이음의 변위량을 흡수할 수 있도록 전후좌우 방향의 변위를 수용할 수 있도록 설치하여야 한다.
3) 지진분리장치의 전단과 후단의 1.8m 이내에는 4방향 흔들림 방지 버팀대를 설치하여야 한다.
4) 지진분리장치 자체에는 흔들림 방지 버팀대를 설치할 수 없다.

8.4.10 흔들림 방지 버팀대

1) 흔들림 방지 버팀대는 다음의 기준에 따라 설치하여야 한다.
   ① 흔들림 방지 버팀대는 내력을 충분히 발휘할 수 있도록 견고하게 설치하여야 한다.
   ② 배관에는 8.4.7의 2)에서 산정된 횡방향 및 종방향의 수평지진하중에 모두 견디도록 흔들림 방지 버팀대를 설치하여야 한다.
   ③ 흔들림 방지 버팀대가 부착된 건축 구조부재는 소화배관에 의해 추가된 지진하중을 견딜 수 있어야 한다.
   ④ 흔들림 방지 버팀대의 세장비(L/r)는 300을 초과하지 않아야 한다.
   ⑤ 4방향 흔들림 방지 버팀대는 횡방향 및 종방향 흔들림 방지 버팀대의 역할을 동시에 할 수 있어야 한다.
   ⑥ 하나의 수평직선배관은 최소 2개의 횡방향 흔들림 방지 버팀대와 1개의 종방향흔들림 방지 버팀대를 설치하여야 한다. 다만, 영향구역 내 배관의 길이가 6m 미만인 경우에는 횡방향과 종방향 흔들림 방지 버팀대를 각 1개씩 설치 할 수 있다.
2) 소화펌프(충압펌프를 포함한다. 이하 같다) 주위의 수직직선배관 및 수평직선배관은 다음의 기준에 따라 흔들림 방지 버팀대를 설치한다.
   ① 소화펌프 흡입측 수평직선배관 및 수직직선배관의 수평지진하중을 계산하여 흔들림 방지 버팀대를 설치하여야 한다.
   ② 소화펌프 토출측 수평직선배관 및 수직직선배관의 수평지진하중을 계산하여 흔들림 방지 버팀대를 설치하여야 한다.
3) 흔들림 방지 버팀대는 소방청장이 고시한 「흔들림 방지 버팀대의 성능인증 및 제품검사

의 기술기준」에 따라 성능인증 및 제품검사를 받은 것으로 설치하여야 한다.

8.4.11 수평직선배관 흔들림 방지 버팀대

1) 횡방향 흔들림 방지 버팀대는 다음호의 기준에 따라 설치하여야 한다.

① 배관 구경에 관계없이 모든 수평주행배관·교차배관 및 옥내소화전설비의 수평배관에 설치하여야 하고, 가지배관 및 기타배관에는 구경 65mm 이상인 배관에 설치하여야 한다. 다만, 옥내소화전설비의 수직배관에서 분기된 구경 50mm 이하의 수평배관에 설치되는 소화전함이 1개인 경우에는 횡방향 흔들림 방지 버팀대를 설치하지 않을 수 있다.

② 횡방향 흔들림 방지 버팀대의 설계하중은 설치된 위치의 좌우 6m를 포함한 12m 이내의 배관에 작용하는 횡방향 수평지진하중으로 영향구역내의 수평주행배관, 교차배관, 가지배관의 하중을 포함하여 산정한다.

③ 흔들림 방지 버팀대의 간격은 중심선을 기준으로 최대간격이 12m를 초과하지 않아야 한다.

④ 마지막 흔들림 방지 버팀대와 배관 단부 사이의 거리는 1.8m를 초과하지 않아야 한다.

⑤ 영향구역 내에 상쇄배관이 설치되어 있는 경우 배관의 길이는 그 상쇄배관 길이를 합산하여 산정한다.

⑥ 횡방향 흔들림 방지 버팀대가 설치된 지점으로부터 600mm 이내에 그 배관이 방향전환되어 설치된 경우 그 횡방향 흔들림방지 버팀대는 인접배관의 종방향 흔들림 방지 버팀대로 사용할 수 있으며, 배관의 구경이 다른 경우에는 구경이 큰 배관에 설치하여야 한다.

⑦ 가지배관의 구경이 65mm 이상일 경우 다음 각 목의 기준에 따라 설치한다.

가. 가지배관의 구경이 65mm 이상인 배관의 길이가 3.7m 이상인 경우에 횡방향 흔들림 방지 버팀대를 제9조제1항에 따라 설치한다.

나. 가지배관의 구경이 65mm 이상인 배관의 길이가 3.7m 미만인 경우에는 횡방향 흔들림 방지 버팀대를 설치하지 않을 수 있다.

⑧ 횡방향 흔들림 방지 버팀대의 수평지진하중은 별표 2에 따른 영향구역의 최대허용하중 이하로 적용하여야 한다.

⑨ 교차배관 및 수평주행배관에 설치되는 행가가 다음 각 목의 기준을 모두 만족하는 경우 횡방향 흔들림 방지 버팀대를 설치하지 않을 수 있다.

가. 건축물 구조부재 고정점으로부터 배관 상단까지의 거리가 150mm 이내일 것

나. 배관에 설치된 모든 행가의 75% 이상이 가목의 기준을 만족할 것

다. 교차배관 및 수평주행배관에 연속하여 설치된 행가는 가목의 기준을 연속하여 초과하지 않을 것

라. 지진계수(Cp) 값이 0.5 이하일 것

마. 수평주행배관의 구경은 150mm 이하이고, 교차배관의 구경은 100mm 이하일 것

바. 행가는 「스프링클러설비의 화재안전기준」 제8조제13항에 따라 설치할 것

2) 종방향 흔들림 방지 버팀대는 다음의 기준에 따라 설치하여야 한다.

① 배관 구경에 관계없이 모든 수평주행배관·교차배관 및 옥내소화전설비의 수평배관에 설치하여야 한다. 다만, 옥내소화전설비의 수직배관에서 분기된 구경 50mm 이하의 수평배관에 설치되는 소화전함이 1개인 경우에는 종방향 흔들림 방지 버팀대를 설치하지 않을 수 있다.

② 종방향 흔들림 방지 버팀대의 설계하중은 설치된 위치의 좌우 12m를 포함한 24m 이내의 배관에 작용하는 수평지진하중으로 영향구역내의 수평주행배관, 교차배관 하중을 포함하여 산정하며, 가지배관의 하중은 제외한다.

③ 수평주행배관 및 교차배관에 설치된 종방향 흔들림 방지 버팀대의 간격은 중심선을 기준으로 24m를 넘지 않아야 한다.

④ 마지막 흔들림 방지 버팀대와 배관 단부 사이의 거리는 12m를 초과하지 않아야 한다.

⑤ 영향구역 내에 상쇄배관이 설치되어 있는 경우 배관 길이는 그 상쇄배관 길이를 합산하여 산정한다.

⑥ 종방향 흔들림 방지 버팀대가 설치된 지점으로부터 600mm 이내에 그 배관이 방향전환되어 설치된 경우 그 종방향 흔들림방지 버팀대는 인접배관의 횡방향 흔들림 방지 버팀대로 사용할 수 있으며, 배관의 구경이 다른 경우에는 구경이 큰 배관에 설치하여야 한다.

8.4.12 수직직선배관 흔들림 방지 버팀대

수직직선배관 흔들림 방지 버팀대는 다음의 기준에 따라 설치하여야 한다.

1) 길이 1m를 초과하는 수직직선배관의 최상부에는 4방향 흔들림 방지 버팀대를 설치하여야 한다. 다만, 가지배관은 설치하지 아니할 수 있다.

2) 수직직선배관 최상부에 설치된 4방향 흔들림 방지 버팀대가 수평직선배관에 부착된 경우 그 흔들림 방지 버팀대는 수직직선배관의 중심선으로부터 0.6m 이내에 설치되어야 하고, 그 흔들림 방지 버팀대의 하중은 수직 및 수평방향의 배관을 모두 포함하여야 한다.

3) 수직직선배관 4방향 흔들림 방지 버팀대 사이의 거리는 8m를 초과하지 않아야 한다.

4) 소화전함에 아래 또는 위쪽으로 설치되는 65mm 이상의 수직직선배관은 다음 각 목의 기준에 따라 설치한다.

   ① 수직직선배관의 길이가 3.7m 이상인 경우, 4방향 흔들림 방지 버팀대를 1개 이상 설치하고, 말단에 U볼트 등의 고정장치를 설치한다.

   ② 수직직선배관의 길이가 3.7m 미만인 경우, 4방향 흔들림 방지 버팀대를 설치하지 아니할 수 있고, U볼트 등의 고정장치를 설치한다.

5) 수직직선배관에 4방향 흔들림 방지 버팀대를 설치하고 수평방향으로 분기된 수평직선배관의 길이가 1.2m 이하인 경우 수직직선배관에 수평직선배관의 지진하중을 포함하는 경우 수평직선배관의 흔들림 방지 버팀대를 설치하지 않을 수 있다.

6) 수직직선배관이 다층건물의 중간층을 관통하며, 관통구 및 슬리브의 구경이 제6조제3항제1호에 따른 배관 구경별 관통구 및 슬리브 구경 미만인 경우에는 4방향 흔들림 방지 버팀대를 설치하지 아니할 수 있다.

8.4.13 흔들림 방지 버팀대 고정장치

흔들림 방지 버팀대 고정장치에 작용하는 수평지진하중은 허용하중을 초과하여서는 아니된다.

8.4.14 가지배관 고정장치 및 헤드

1) 가지배관의 고정장치는 다음에 따라 설치하여야 한다.

   ① 가지배관에는 별표 3의 간격에 따라 고정장치를 설치한다.

   ② 와이어타입 고정장치는 행가로부터 600mm 이내에 설치하여야 한다. 와이어 고정점에 가장 가까운 행거는 가지배관의 상방향 움직임을 지지할 수 있는 유형이어야 한다.

   ③ 환봉타입 고정장치는 행가로부터 150mm이내에 설치한다.

   ④ 환봉타입 고정장치의 세장비는 400을 초과하여서는 아니된다. 단, 양쪽 방향으로 두 개의 고정장치를 설치하는 경우 세장비를 적용하지 아니한다.

   ⑤ 고정장치는 수직으로부터 45° 이상의 각도로 설치하여야 하고, 설치각도에서 최소 1340N 이상의 인장 및 압축하중을 견딜 수 있어야 하며 와이어를 사용하는 경우 와이어는 1960N 이상의 인장하중을 견디는 것으로 설치하여야 한다.

   ⑥ 가지배관 상의 말단 헤드는 수직 및 수평으로 과도한 움직임이 없도록 고정하여야 한다.

⑦ 가지배관에 설치되는 행가는「스프링클러설비의 화재안전기준」제8조제13항에 따라 설치한다.

⑧ 가지배관에 설치되는 행가가 다음 각 목의 기준을 모두 만족하는 경우 고정장치를 설치하지 않을 수 있다.

가. 건축물 구조부재 고정점으로부터 배관 상단까지의 거리가 150mm 이내일 것

나. 가지배관에 설치된 모든 행가의 75% 이상이 가목의 기준을 만족할 것

다. 가지배관에 연속하여 설치된 행가는 가목의 기준을 연속하여 초과하지 않을 것

2) 가지배관 고정에 사용되지 않는 건축부재와 헤드 사이의 이격거리는 75mm 이상을 확보하여야 한다.

8.4.15 제어반 등

제어반 등은 다음의 기준에 따라 설치하여야 한다.

1) 제어반등의 지진하중은 제3조의2제2항에 따라 계산하고, 앵커볼트는 제3조의2제3항에 따라 설치하여야 한다. 단, 제어반등의 하중이 450N 이하이고 내력벽 또는 기둥에 설치하는 경우 직경 8mm 이상의 고정용 볼트 4개 이상으로 고정할 수 있다.

2) 건축물의 구조부재인 내력벽·바닥 또는 기둥 등에 고정하여야 하며, 바닥에 설치하는 경우 지진하중에 의해 전도가 발생하지 않도록 설치하여야 한다.

3) 제어반등은 지진 발생 시 기능이 유지되어야 한다.

8.4.16 유수검지장치

유수검지장치는 지진발생시 기능을 상실하지 않아야 하며, 연결부위는 파손되지 않아야 한다.

8.4.17 소화전함

소화전함은 다음의 기준에 따라 설치하여야 한다.

1) 지진 시 파손 및 변형이 발생하지 않아야 하며, 개폐에 장애가 발생하지 않아야 한다.

2) 건축물의 구조부재인 내력벽·바닥 또는 기둥 등에 고정하여야 하며, 바닥에 설치하는 경우 지진하중에 의해 전도가 발생하지 않도록 설치하여야 한다.

3) 소화전함의 지진하중은 제3조의2제2항에 따라 계산하고, 앵커볼트는 제3조의2제3항에 따라 설치하여야 한다. 단, 소화전함의 하중이 450N 이하이고 내력벽 또는 기둥에 설치

하는 경우 직경 8mm 이상의 고정용 볼트 4개 이상으로 고정할 수 있다.

8.4.18 비상전원

비상전원은 다음의 기준에 따라 설치하여야 한다.

1) 자가발전설비의 지진하중은 제3조의2제2항에 따라 계산하고, 앵커볼트는 제3조의2제3항에 따라 설치하여야 한다.
2) 비상전원은 지진 발생 시 전도되지 않도록 설치하여야 한다.

8.4.19 가스계 및 분말소화설비

1) 이산화탄소소화설비, 할론소화설비, 할로겐화합물 및 불활성기체소화설비, 분말소화설비의 저장용기는 지진하중에 의해 전도가 발생하지 않도록 설치하고, 지진하중은 제3조의2제2항에 따라 계산하고 앵커볼트는 제3조의2제3항에 따라 설치하여야 한다.
2) 이산화탄소소화설비, 할론소화설비, 할로겐화합물 및 불활성기체소화설비, 분말소화설비의 제어반 등은 제14조의 기준에 따라 설치하여야 한다.
3) 이산화탄소소화설비, 할론소화설비, 할로겐화합물 및 불활성기체소화설비, 분말소화설비의 기동장치 및 비상전원은 지진으로 인한 오동작이 발생하지 않도록 설치하여야 한다.

8.5 고층건축물

8.5.1 개요

하늘을 찌를 듯이 솟은 아주 높은 고층 건물을 뜻한다.[1] 한자를 풀어 보면 "하늘(天, sky)"을 "긁는(摩, scrape)" 높은 건물(樓)이라는 뜻이다. 초고층 건물(超高層建物, 영어 : tall building)이라고도 한다. 어느 정도 높이 이상의 건물을 마천루로 분류할지에 대한 공식적이거나 세계 공통인 기준은 없고 보통 200m 이상의 고층 건물들을 마천루로 분류한다. 국내에서 초고층 건물은 건축법 시행령 제2조 18에 의하면 높이 200m 이상 또는 50층 이상인 건축물을 말한다.

1930년에 당시 완공된 크라이슬러 빌딩이 제일 높았던 세계 은행 건물의 높이를 앞지르고 최고층 마천루가 되었다. 그리고, 그 이듬해인 1931년 엠파이어 스테이트 빌딩이 완공될 때까지 최고층 마천루의 자리를 차지하였다.

그 다음으로, 약 40년 후인 1972년에 완공된 세계 무역 센터가 제일 높은 마천루가 되었다. 이듬해 1973년에 완공된 윌리스 타워가 442미터로 세계에서 제일 높아졌다.

약 25년이 지난 1998년에 말레이시아에 452미터로 지어진 페트로나스 트윈 타워가 제일 높아졌고, 2004년에 중화민국 타이베이시에 509미터로 타이베이 101이 지어지면서 500m를 넘겼다. 그러나 6년 만인 2010년에 이를 훨씬 뛰어넘는 부르즈 할리파가 건설되어, 지금까지도 세계에서 가장 높은 마천루가 되었다. 2010년 1월 4일 부르즈 할리파가 828미터로 개장하며 세계 최대의 마천루이자 건축물이 되었다. 2016년 3월 17일 상하이 타워가 632미터로 개장하며 세계 두 번째로 높은 마천루이자 건축물이 되었다. 2012년 사우디아라비아 메카에 위치한 아브라즈 알 바이트타워가 601미터로 세계에서 세 번째로 높은 마천루이다. 2016년에 중국 선전에 위치한 핑안 파이낸스 센터가 599.1미터로 세계에서 네 번째로 높은 마천루가 되었다.

2017년 4월 3일 서울에 위치한 롯데월드타워가 555미터로 세계에서 다섯 번째로 높은 초고층 건물이다.

8.5.2 적용범위

고층건축물에 설치하는 소방시설과 「초고층 및 지하연계 복합건축물 재난관리에 관한 특별법 시행령」 제14조제2항에 따라 피난안전구역에 설치하는 소방시설은 이 기준에서 정하는 규정에 적합하게 설비를 설치하고 유지·관리하여야 한다.

8.5.3 용어의 정의

1) "고층건축물"이란 건축법 제2조제1항제19호 규정에 따른 건축물을 말한다.
2) "급수배관"이란 수원 및 옥외송수구로부터 옥내소화전 방수구 또는 스프링클러헤드, 연결송수관 방수구에 급수하는 배관을 말한다.

8.5.4 옥내소화전설비

1) 수원은 그 저수량이 옥내소화전의 설치개수가 가장 많은 층의 설치개수(5개 이상 설치된 경우에는 5개)에 $5.2m^3$(호스릴옥내소화전설비를 포함한다)를 곱한 양 이상이 되도록 하여야 한다. 다만, 층수가 50층 이상인 건축물의 경우에는 $7.8m^3$를 곱한 양 이상이 되도록 하여야 한다.
2) 수원은 제1호에 따라 산출된 유효수량 외에 유효수량의 3분의 1 이상을 옥상(옥내소화전설비가 설치된 건축물의 주된 옥상을 말한다. 이하 같다)에 설치하여야 한다. 다만,

옥내소화전설비의 화재안전기준 (NFSC 102) 제4조제2항제3호 또는 제4호에 해당하는 경우에는 그러하지 아니하다.

3) 전동기 또는 내연기관을 이용한 펌프방식의 가압송수장치는 옥내소화전설비 전용으로 설치하여야 하며, 옥내소화전설비 주펌프 이외에 동등 이상인 별도의 예비펌프를 설치하여야 한다.
4) 급수배관은 전용으로 하여야 한다. 다만, 옥내소화전설비의 성능에 지장이 없는 경우에는 연결송수관설비의 배관과 겸용할 수 있다.
5) 50층 이상인 건축물의 옥내소화전 주배관 중 수직배관은 2개 이상(주배관 성능을 갖는 동일호칭배관)으로 설치하여야 하며, 하나의 수직배관의 파손 등 작동 불능 시에도 다른 수직배관으로부터 소화용수가 공급되도록 구성하여야 한다.
6) 비상전원은 자가발전설비, 축전지설비(내연기관에 따른 펌프를 사용하는 경우에는 내연기관의 기동 및 제어용 축전지를 말한다) 또는 전기저장장치(외부 전기에너지를 저장해 두었다가 필요한 때 전기를 공급하는 장치)로서 옥내소화전설비를 40분 이상 작동할 수 있을 것. 다만, 50층 이상인 건축물의 경우에는 60분 이상 작동할 수 있어야 한다.

8.5.5 스프링클러설비

스프링클러설비는 다음항의 기준에 따라 설치하여야 한다.

1) 수원은 스프링클러설비 설치장소별 스프링클러헤드의 기준개수에 3.2m^3를 곱한 양 이상이 되도록 하여야 한다. 다만, 50층 이상인 건축물의 경우에는 4.8m^3를 곱한 양 이상이 되도록 하여야 한다.
2) 스프링클러설비의 수원은 제1호에 따라 산출된 유효수량 외에 유효수량의 3분의 1이상을 옥상(스프링클러설비가 설치된 건축물의 주된 옥상을 말한다. 이하 같다)에 설치하여야 한다. 다만, 스프링클러설비의 화재안전기준(NFSC103) 제4조제2항제3호 또는 제4호에 해당하는 경우에는 그러하지 아니하다.
3) 전동기 또는 내연기관을 이용한 펌프방식의 가압송수장치는 스프링클러설비 전용으로 설치하여야 하며, 스프링클러설비 주펌프 이외에 동등 이상인 별도의 예비펌프를 설치하여야 한다.
4) 급수배관은 전용으로 설치하여야 한다.
5) 50층 이상인 건축물의 스프링클러설비 주배관 중 수직배관은 2개 이상(주배관 성능을 갖는 동일호칭배관)으로 설치하고, 하나의 수직배관이 파손 등 작동 불능 시에도 다른 수직배관으로부터 소화용수가 공급되도록 구성하여야 하며, 각 각의 수직배관에 유수

검지장치를 설치하여야 한다.

6) 50층 이상인 건축물의 스프링클러 헤드에는 2개 이상의 가지배관 양방향에서 소화용수가 공급되도록 하고, 수리계산에 의한 설계를 하여야 한다.

7) 스프링클러설비의 음향장치는 스프링클러설비의 화재안전기준(NFSC 103) 제9조에 따라 설치하되, 다음의 기준에 따라 경보를 발할 수 있도록 하여야 한다.
   ① 2층 이상의 층에서 발화한 때에는 발화층 및 그 직상 4개층에 경보를 발할 것
   ② 1층에서 발화한 때에는 발화층·그 직상 4개층 및 지하층에 경보를 발할 것
   ③ 지하층에서 발화한 때에는 발화층·그 직상층 및 기타의 지하층에 경보를 발할 것

8) 비상전원을 설치할 경우 자가발전설비, 축전지설비(내연기관에 따른 펌프를 사용하는 경우에는 내연기관의 기동 및 제어용 축전지를 말한다) 또는 전기저장장치(외부 전기에너지를 저장해 두었다가 필요한 때 전기를 공굽하는 장치)로서 스프링클러설비를 40분 이상 작동할 수 있을 것. 다만, 50층 이상인 건축물의 경우에는 60분 이상 작동할 수 있어야 한다.

8.5.6 비상방송설비

1) 비상방송설비의 음향장치는 다음의 기준에 따라 경보를 발할 수 있도록 하여야 한다.
   ① 2층 이상의 층에서 발화한 때에는 발화층 및 그 직상 4개층에 경보 를 발할 것
   ② 1층에서 발화한 때에는 발화층·그 직상 4개층 및 지하층에 경보를 발할 것
   ③ 지하층에서 발화한 때에는 발화층·그 직상층 및 기타의 지하층에 경보를 발할 것

2) 비상방송설비에는 그 설비에 대한 감시상태를 60분간 지속한 후 유효하게 30분 이상 경보할 수 있는 축전지설비(수신기에 내장하는 경우를 포함한다) 또는 전기저장장치(외부 전기에너지를 저장해 두었다가 필요한 때 전기를 공급하는 장치)를 설치할 것〈개정 2016. 7. 13.〉

8.5.7 자동화재탐지설비

1) 감지기는 아날로그방식의 감지기로서 감지기의 작동 및 설치지점을 수신기에서 확인할 수 있는 것으로 설치하여야 한다. 다만, 공동주택의 경우에는 감지기별로 작동 및 설치지점을 수신기에서 확인할 수 있는 아날로그방식 외의 감지기로 설치할 수 있다.

2) 자동화재탐지설비의 음향장치는 다음 각 호의 기준에 따라 경보를 발할 수 있도록 하여야 한다.
   ① 2층 이상의 층에서 발화한 때에는 발화층 및 그 직상 4개층에 경보를 발할 것

② 1층에서 발화한 때에는 발화층·그 직상 4개층 및 지하층에 경보를 발할 것

③ 지하층에서 발화한 때에는 발화층·그 직상층 및 기타의 지하층에 경보를 발할 것

3) 50층 이상인 건축물에 설치하는 통신·신호배선은 이중배선을 설치하도록 하고 단선(斷線) 시에도 고장표시가 되며 정상 작동할 수 있는 성능을 갖도록 설비를 하여야 한다.

① 수신기와 수신기 사이의 통신배선

② 수신기와 중계기 사이의 신호배선

③ 수신기와 감지기 사이의 신호배선

4) 자동화재탐지설비에는 그 설비에 대한 감시상태를 60분간 지속한 후 유효하게 30분 이상 경보할 수 있는 축전지설비(수신기에 내장하는 경우를 포함한다) 또는 전기저장장치(외부 전기에너지를 저장해 두었다가 필요한 때 전기를 공급하는 장치)를 설치하여야한다. 다만, 상용전원이 축전지설비인 경우에는 그러하지 아니하다. 〈개정 2016. 7. 13.〉

8.5.8 특별피난계단의 계단실 및 부속실 제연설비

특별피난계단의 계단실 및 그 부속실 제연설비의 화재안전기준(NFSC 501A)에 따라 설치하되, 비상전원은 자가발전설비 등으로 하고 제연설비를 유효하게 40분 이상 작동할 수 있도록 할 것. 다만, 50층 이상인 건축물의 경우에는 60분 이상 작동할 수 있어야 한다.

8.5.9 피난안전구역의 소방시설

「초고층 및 지하연계 복합건축물 재난관리에 관한 특별법시행령」 제14조제2항에 따라 피난안전구역에 설치하는 소방시설은 별표 1과 같이 설치하여야 하며, 이 기준에서 정하지 아니한 것은 개별 화재안전기준에 따라 설치하여야 한다.

8.5.10. 연결송수관설비

1) 연결송수관설비의 배관은 전용으로 한다. 다만, 주배관의 구경이 100mm 이상인 옥내소화전설비와 겸용할 수 있다.

2) 연결송수관설비의 비상전원은 자가발전설비, 축전지설비(내연기관에 따른 펌프를 사용하는 경우에는 내연기관의 기동 및 제어용 축전지를 말한다) 또는 전기저장장치(외부 전기에너지를 저장해 두었다가 필요한 때 전기를 공급하는 장치)로서 연결송수관설비를 유효하게 40분 이상 작동할 수 있어야 할 것. 다만, 50층 이상인 건축물의 경우에는 60분 이상 작동할 수 있어야 한다.

8.5.11 내진등급

1) 시설물의 내진등급은 중요도에 따라서 내진특등급, 내진Ⅰ등급, 내진Ⅱ등급으로 분류한다.
2) 내진특등급은 지진 시 매우 큰 재난이 발생하거나, 기능이 마비된다면 사회적으로 매우 큰 영향을 줄 수 있는 시설의 등급을 의미한다.
3) 내진Ⅰ등급은 지진 시 큰 재난이 발생하거나, 기능이 마비된다면 사회적으로 큰 영향을 줄 수 있는 시설의 등급을 의미한다.
4) 내진Ⅱ등급은 지진 시 재난이 크지 않거나, 기능이 마비되어도 사회적으로 영향이 크지 않은 시설의 등급을 의미한다.
5) 시설물의 구체적인 내진등급 분류 기준은 4.3의 기본개념에 따라 해당 시설물의 내진설계기준에서 정의한다.

8.5.12 내진성능수준

1) 시설물의 내진성능수준은 기능수행수준, 즉시복구수준, 장기복구/인명보호수준과 붕괴방지수준으로 분류하며, 시설물의 중요도에 따라 요구되는 내진성능수준을 만족하도록 설계하여야 한다.
2) 기능수행수준은 설계지진하중 작용 시 구조물이나 시설물에 발생한 손상이 경미하여그 구조물이나 시설물의 기능이 유지될 수 있는 성능수준 이다.
3) 즉시복구수준은 설계지진하중 작용 시 구조물이나 시설물에 발생한 손상이 크지 않아 단기간 내에 즉시 복구되어 원래의 기능이 회복될 수 있는 성능수준 이다.
4) 장기복구/인명보호수준은 설계지진하중 작용 시 구조물이나 시설물에 큰 손상이 발생할 수 있지만 장기간의 복구를 통하여 기능 회복이 가능하거나, 시설물에 상주하는 인원 또는 시설물을 이용하는 인원에 인명손실이 발생하지 않는 성능수준 이다.
5) 붕괴방지수준은 설계지진하중 작용 시 구조물이나 시설물에 매우 큰 손상이 발생할 수는 있지만 구조물이나 시설물의 붕괴로 인한 대규모 피해를 방지하고, 인명 피해를 최소화하는 성능수준이다.
6) 각 시설물의 특성을 고려한 내진성능수준의 구체적인 정의는 해당 시설물의 내진설계기준에서 규정한다.

8.5.13 설계지반운동 수준

설계지반운동 수준은 다음과 같이 분류한다.

1) 평균재현주기 50년 지진지반운동 (5년내 초과확률 10%)
2) 평균재현주기 100년 지진지반운동 (10년내 초과확률 10%)
3) 평균재현주기 200년 지진지반운동 (20년내 초과확률 10%)
4) 평균재현주기 500년 지진지반운동 (50년내 초과확률 10%)
5) 평균재현주기 1,000년 지진지반운동 (100년내 초과확률 10%)
6) 평균재현주기 2,400년 지진지반운동 (250년내 초과확률 10%)
7) 평균재현주기 4,800년 지진지반운동 (500년내 초과확률 10%)

참고문헌

1. Property Loss Prevention Data Sheets 4-10, DRY CHEMICAL SYSTEMS, 1998 edition
2. 粉末消火設備標準基準, 平成12年4月1日. 損害保険料率算定會
3. 粉末消火設備規則, 平成元年4月1日. 損害保険料率算定會
4. 消防設備技術基準早わかり(第8版), オーム社編
5. 消火設備アタシク講座, 高木任之著, 近代消防社
6. EA FIRE SAFETY KFS 1025-2001 STANDARDS KFS 1025
7. 소화설비기준 STANDARD FOR DRY CHEMICAL EXTINGUISHING SYSTEMS
8. 화재예방, 소방시설 설치·유지 및 안전관리에 관한 법률(약칭: 소방시설법), 시행령, 시행규칙
9. 국가화재안전기준(각 고시 등)
10. 형식승인 및 제품검사의 기술기준
11. 성능인증 및 제품검사의 기술기준
12. 내진설계 일반(KDS 17 10 00 : 2018)
13. 기타 소방관계 자료
14. 강화액소화설비의 화재안전기준개발연구, 2012. 12, 한국소방안전협회

저자 소개

백 창 선

학 력 : 강원대학교 재해방재 (Ph D.)

학회 활동

- 한국화재소방학회 평생회원
- 한국화재소방학회 평의원
- 문화재방재학회 평생회원

대외 활동

- 강원도 소방시설 등 성능위주설계확인·평가 위원 ('12.02 ~'18. 01)
- 한국소방산업기술원 기술사업이사 ('14.04 ~'16.04)
- 한국소방산업기술원 직원 ('83.03 ~'14.04)
- 중앙소방안전기술위원회 기술위원 ('09.06 ~'12.05)
- 방재 및 소화장비(국내 ISO/TC21)위원회 전문위원 ('08.07 ~'09.07)
- 국내 ISO/TC94/SC15위원회 심의위원 ('07.02 ~'11.05)
- 강원대학교 재난관리공학과 ('16.03 ~ '22.02)
- 경북전문대학교 소방안전관리과 ('17.03 ~ '20.02)
- 단국대행정법법무대학원('20.03~'22.03 현재)

저서 등

- 소방실무문제집 공저 (1994)
- 소방관계법규총해설집(상,하권) 공저 (1994)
- 소방실무문제집 공저 (1994)
- 소방관계법규총해설집(상,하권) 공저 (1994)
- 화재안전기준해설서(스프링클러소화설비) 집필 (2007)
- 화재안전기준해설서(가스계소화설비) 감수 (2008)
- 소방장비 공저 (1판-2010, 2판-2015)
- 생활용품 화재안전성능 등급분류에 관한 연구(박사) (2015)
- 소화설비론 (2018)

소방기계시설론 정가 23,000원

저자 : 백창선

발행인 : 임정대
발행처 : 도서출판 화수목

인쇄 : 2022년 6월 17일
발행 : 2022년 6월 24일

등록 : 제2014-000166호

주소 : 서울시 마포구 신촌로 2길 5-15
전화 : 02-338-9119
팩스 : 02-335-2201

ISBN 979-11-89933-27-2 (93530)